普通高等教育“十二五”规划教材

工程图学与 CAD 基础教程

主　编　穆浩志
副主编　柴富俊　张淑梅　柳　丹
参　编　徐　艳　董培蓓　盖　青　王晓菲
主　审　董国耀

机 械 工 业 出 版 社

本书是根据教育部高等学校工程图学教学指导委员会制定的“普通高等院校工程图学课程教学基本要求”及《技术制图》《机械制图》《CAD 工程制图规则》等国家标准，并结合多年教学经验编写而成的。

本着以厚基础、强实践、注重形象思维与创造性思维相融合的能力培养为指导思想，编写过程中力求以构形思维为主线，使图学知识与计算机三维造型方法相融合，强化创新意识和创新能力的培养，使教材内容针对性、实用性强，知识体系结构模块化，使教材体系与人才培养相呼应。

为配合教材的使用，同时编写了《工程图学与 CAD 基础教程习题集》与教材一同出版。

本书内容包括工程图学基础、专业绘图基础、CAD 基础三大部分。工程图学基础部分包括投影理论基础（画法几何的点、线、面、体的投影）和制图基础（构形方法基础、表达技术基础、绘图能力基础、工程规范基础）。专业绘图基础部分包括零件图、标准件和常用件、装配图。CAD 基础部分包括 AutoCAD 绘图基础、AutoCAD 绘制工程图与三维实体造型。

本书可作为高等院校工科本科、高等职业教育、成人高等教育的机械类及近机械类各专业的教学用书，也可供工科其他专业使用和工程技术人员参考。

图书在版编目（CIP）数据

工程图学与 CAD 基础教程 / 穆浩志主编．—北京：机械工业出版社，2014.7（2017.10 重印）
普通高等教育“十二五”规划教材
ISBN 978-7-111-46623-9

Ⅰ.①工…　Ⅱ.①穆…　Ⅲ.①工程制图-AutoCAD 软件-高等学校-教材
Ⅳ.①TB237

中国版本图书馆 CIP 数据核字（2014）第 136965 号

机械工业出版社（北京市百万庄大街 22 号　邮政编码 100037）
策划编辑：舒　恬　责任编辑：舒　恬　任正一　杨　璇
版式设计：霍永明　责任校对：陈延翔
封面设计：张　静　责任印制：李　昂
三河市宏达印刷有限公司印刷
2017 年 10 月第 1 版・第 4 次印刷
184mm×260mm・26 印张・653 千字
标准书号：ISBN 978-7-111-46623-9
定价：54.80 元

凡购本书，如有缺页、倒页、脱页，由本社发行部调换

电话服务	网络服务
服务咨询热线：010-88379833	机 工 官 网：www.cmpbook.com
读者购书热线：010-88379649	机 工 官 博：weibo.com/cmp1952
	教育服务网：www.cmpedu.com
封面无防伪标均为盗版	金 书 网：www.golden-book.com

前　言

本书是根据教育部高等学校工程图学教学指导委员会制定的“普通高等院校工程图学课程教学基本要求”及《技术制图》《机械制图》《CAD 工程制图规则》等国家标准，并结合多年教学经验编写而成的。

在编写过程中，本着以厚基础、强实践、注重形象思维与创造性思维相融合的能力培养为指导思想，编写过程中力求以构形思维为主线，使图学知识与计算机三维造型方法相融合，强化创新意识和创新能力的培养，使教材内容针对性、实用性强，知识体系结构模块化，使教材体系与人才培养相呼应。为配合教材的使用，同时编写了《工程图学与 CAD 基础教程习题集》与教材一同出版。

本书内容包括工程图学基础、专业绘图基础、CAD 基础三大部分。工程图学基础部分包括投影理论基础（画法几何的点、线、面、体的投影）和制图基础（构形方法基础、表达技术基础、绘图能力基础、工程规范基础）。专业绘图基础部分包括零件图、标准件与常用件、装配图。CAD 基础部分包括 AutoCAD 绘图基础、AutoCAD 绘制工程图与三维实体造型。

本书的特点与创新：

1. 注重创新能力培养

在介绍知识的过程中有意识地强化对科学思维和创新能力的培养。并以构形思维为主线，使图学知识与计算机三维造型方法相融合，以启发学生，使其逐步学会科学的思维方法，增强创新能力。在章节编排上：

1）把二维图形的构形及绘制独立成章，方便读者学习理解计算机绘图中用以边界、面域概念构建三维实体，在方法上激发学生的创新思维能力。

2）把传统的立体、相贯立体、组合体的形成与计算机几何构形的概念相结合，有助于学生理解工程形体与投影图之间的关系，也有利于学生对计算机三维造型方法的学习和创新。

2. 注重工程实际能力的培养

本书所选图例尽量结合工程实际与专业要求，对零件图、装配图均以实际零件和部件画出，并配有立体图，学生可以结合教材，通过观察实际零、部件理解所学知识。全书全部采用中华人民共和国最新颁布的《技术制图》与《机械制图》国家标准，满足目前社会的需求。

3. 注重用 CAD 绘制工程图样方法的介绍

本书选用 AutoCAD 2012 版本作为教学内容，侧重介绍软件菜单的操作方法，这样读者不管遇到哪个版本的 AutoCAD 均会使用。在内容编写上重点介绍使用 CAD 绘制工程图样的方法，通过 AutoCAD 绘制机械工程图样、三维立体造型以及由三维立体生成二维投影图的方法的介绍，提升读者空间逻辑思维能力和想象力，锻炼计算机绘图的技巧。此外，运行AutoCAD 2012版本的计算机内存仅需2GB即可，降低了CAD教学的硬件成本。

本书可作为高等院校工科本科、高等职业教育、成人高等教育的机械类、近机械类各专业的教学用书，也可供工科其他专业使用和工程技术人员参考。

本书由穆浩志任主编，柴富俊、张淑梅、柳丹任副主编。参加编写的有穆浩志（第1、14章）、董培蓓（第2、3章）、柳丹（第4、10章）、王晓菲（第5、13章）、徐艳（第6章）、柴富俊（第7、11章）、张淑梅（第8、9章）、盖青（第12章）。

北京理工大学董国耀教授认真审阅了本书，并提出了许多宝贵意见和建议，在此表示衷心的感谢。

本书在编写过程中参考了部分文献（见书后参考文献），在此向文献作者致以诚挚的谢意。

本书获天津理工大学教材建设基金项目资助（2013年）。

由于水平有限，书中难免有欠妥之处和错误，恳请读者批评、指正。

编　者

目　录

第1章 绪 论

【本章学习提要】

通过本章的学习，了解工程图学课程的研究对象、性质和任务及学习方法。掌握投影法的基本概念、投影法分类及投影特性。

1.1 工程图学与CAD基础课程介绍

1.1.1 本课程的研究对象和性质

工程图学是以图形为研究对象，用图形表达设计思维、交流与传递产品信息的一门学科。根据投影原理、标准或有关规定表示工程对象，并有必要的技术说明的图称为“图样”，即工程图样。工程图样可以表达构思和设计要求；是指导生产、装配、检验、维修等必需的重要技术资料。工程图样可以用二维图形表达，也可以用三维图形表达；可以用手工绘制，也可以由计算机生成。

在机械、电子、航空航天、电气信息、农业、土木建筑、化工、运输、气象工程等领域，要实现工程与产品信息的技术交流，仅通过文字与语言的表达是远远不够的，许多问题也难于表达清楚。利用工程图样对工程与产品信息进行表达，具有**直观性、形象性、简洁性、准确性、通用性**的特点。因此，工程图样作为工程与产品信息的载体，早已成为工程界表达与交流的技术语言。

工程图学课程的理论严谨，实践性强，与工程实践联系密切，对培养空间逻辑思维能力和空间分析能力、掌握科学思维方法，绘制和阅读工程图样具有重要作用。作为工程图形技术基础课程之一的工程图学课程，是工程技术人员和科技工作者学习和掌握工程图形技术、培养创新思维的基础；是高等院校理工科专业必修的技术基础课；是后续专业课程学习和实践的平台。图形素质是工程技术人员和科技工作者的基本工程素质之一。

1.1.2 本课程的内容、任务和学习方法

1. 本课程的内容、任务

本课程的内容包括工程图学基础、专业绘图基础、CAD基础三大模块。

工程图学基础部分包括投影理论基础（画法几何的点、线、面、体的投影）和制图基础（构形方法基础、表达技术基础、绘图能力基础、工程规范基础）。这部分是工程图学的理论基础，是培养空间思维和逻辑思维能力的基础；培养用投影图表达物体的内外形状和大小的绘图能力，以及根据投影图想象空间物体内外形状的读图能力；培养创造性构形设计能力。通过工程规范基础的学习，了解和掌握制图的基础知识和基本规定，培养制图的操作技能和工程规范。

专业绘图基础部分培养工程技术人员绘制和阅读机械图样的基本能力和查阅有关的国家标准的能力；培养工程意识和标准化意识。

CAD 基础部分介绍了利用 AutoCAD 绘制机械工程图样、三维立体造型以及由三维立体生成二维投影图的方法。应学会使用绘图软件绘制工程图样及利用计算机进行三维造型设计的技能。

总之，本课程的任务在于：

1）培养使用投影的方法用二维平面图形表达三维空间形状的能力。

2）培养对空间形体的形象思维能力。

3）培养创造性构形设计能力。

4）培养使用绘图软件绘制工程图样及进行三维造型设计的能力。

5）培养仪器绘制、徒手绘画和阅读专业图样的能力。

6）培养工程意识，贯彻、执行国家标准的意识。

2. 本课程的学习方法

1）在学习过程中，既要注重基本概念和基本规律的掌握，又要注重实践，多观察、思考、研讨自己身边的所见产品，借助模型、轴测图、实物等增加生产实践知识和表象积累，培养和发展空间想象能力和思维能力。将物体和图样相结合，由浅入深，通过由空间到平面，由平面到空间的反复读、画、想的实践进行学习。同时要及时、认真地完成习题和作业。

2）通过典型 CAD 软件的学习，掌握用计算机绘制二维图形和三维实体造型的基本方法和技能。

3）在正确使用绘图工具和仪器的同时，应注重徒手绘图能力的培养。

4）在绘图过程中，培养工程和生产责任意识。图样是工程施工和产品生产的依据，关乎产品质量与生命安全，因此遵守并执行《技术制图》和《机械制图》等国家标准及有关技术标准要仔细认真、一丝不苟。必须认识到国家标准的权威性和法制性。树立遵守国家标准的意识，才能绘制和看懂符合国家标准的图样，掌握工程界的语言。

1.2 投影法的基本知识

在日常生活中，物体在光线照射下会在墙壁或地面上留下它的影子，这就是我们常见的投影现象。投影法就是根据这一自然现象经过科学抽象总结出来的。GB/T 16948—1997《技术产品文件　词汇　投影法术语》、GB/T 14692—2008《技术制图　投影法》和 GB/T 13361—2012《技术制图　通用术语》规定：投射线通过物体，向选定的平面投射，并在该面上得到图形的方法称为投影法；所有投射线的起源点称为投射中心；发自投射中心且通过被表示物体上各点的直线称为投射线；在投影法中得到投影的面称为投影面；根据投影法所得到的图形称为投影图。

如图 1-1 所示，P 为一平面，S 为平面外一定点，AB 为空间一直线段。连接 SA、SB，并延长 SA，与平面 P 分别交于点 a 和点 b。其中定点 S 称为投射中心，直线 SA、SB 称为投射线，平面 P 称为投影面，线段 ab 称为空间直线段 AB 在平面 P 上的投影。

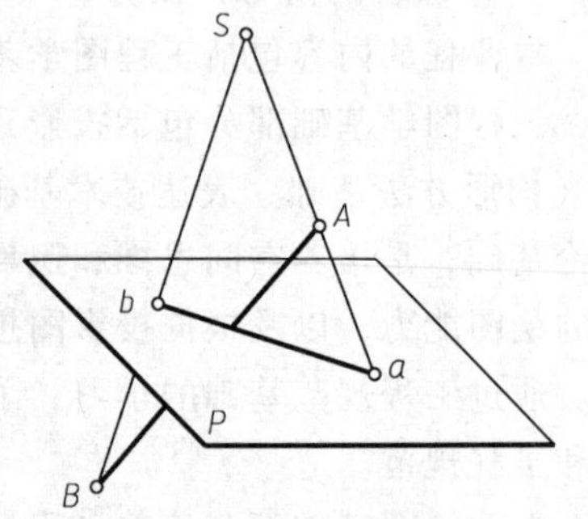

图 1-1　投影图

投影法分为中心投影法和平行投影法。投影分为正投影、斜投影和中心投影。投影法和投影的基本分类如图 1-2 所示。

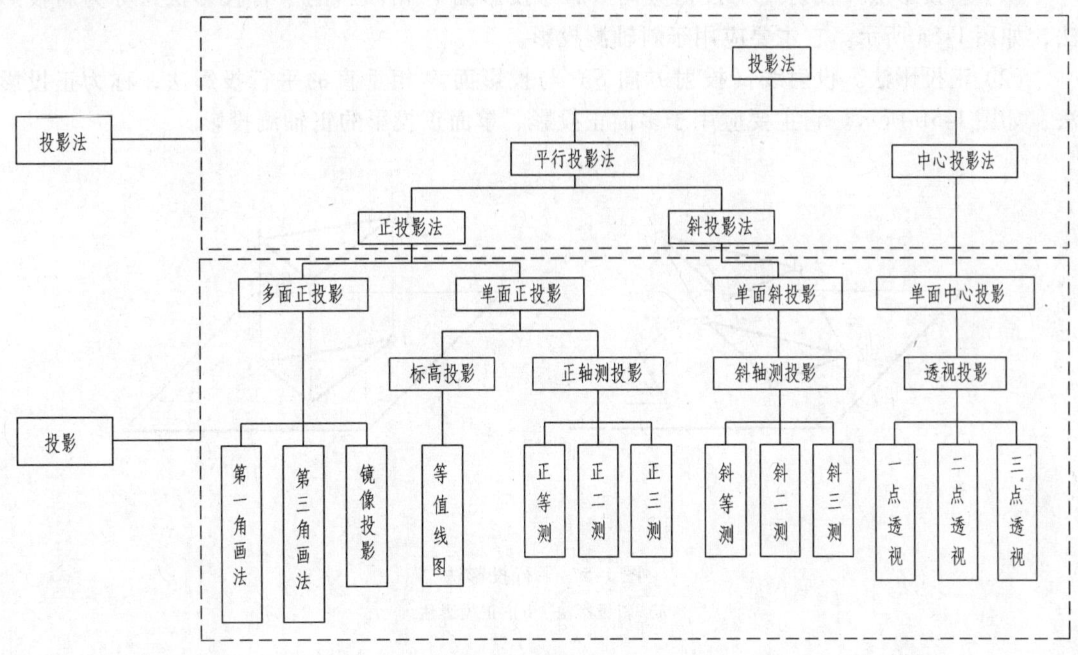

图 1-2　投影法和投影的基本分类

1. 中心投影法

投射线汇交于一点的投影法称为中心投影法。如图 1-3 所示，过投射中心 S 与 $\triangle ABC$ 各顶点连直线 SA、SB、SC，并将它们延长交于投影面 P，得到 a、b、c 三点。连接点 a、b、c，所得 $\triangle abc$ 就是空间 $\triangle ABC$ 在投影面 P 上的投影。从图 1-3 中不难看出，中心投影法得到的投影大小与物体相对投影面所处位置的远近有关，因此投影不能反映物体表面的真实形状和大小，但图形具有立体感，直观性强，常用于透视图，如图 1-4 所示。日常生活中的照相、电影、艺术绘画和人的眼睛看立体都是中心投影的现象。

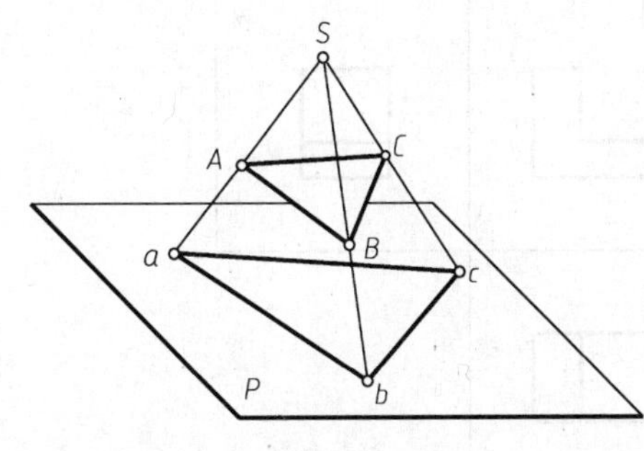

图 1-3　中心投影法

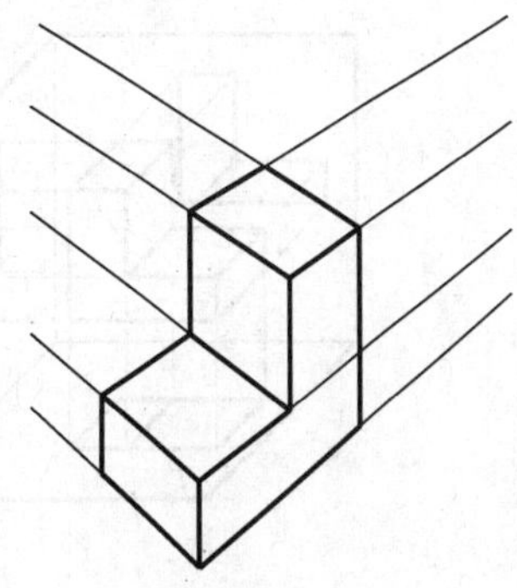

图 1-4　透视图

2. 平行投影法

投射线相互平行的投影法称为平行投影法。当投射中心 S 沿某一不平行于投影面的方向移至无穷远处时，投射线被视为互相平行，如图1-5所示。此时投射线的方向为投射方向。按投射线与投影面的相对位置不同，平行投影法又分为斜投影法和正投影法。

（1）斜投影法　投射线（投射方向 S）与投影面 P 相倾斜的平行投影法，称为斜投影法，如图1-5a所示。它主要应用于斜轴测投影。

（2）正投影法　投射线（投射方向 S）与投影面 P 相垂直的平行投影法，称为正投影法，如图1-5b所示。它主要应用于多面正投影、单面正投影的正轴测投影。

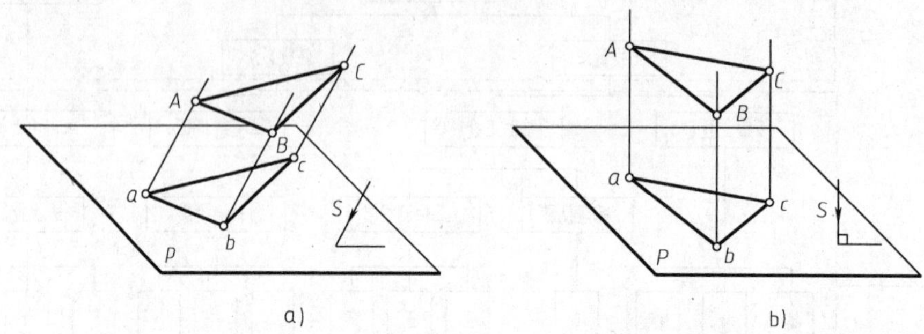

图1-5　平行投影法

a）斜投影法　b）正投影法

1）多面正投影。物体在互相垂直的两个或多个投影面上所得到的正投影。将这些投影面旋转展开到同一图面上，使该物体的各面正投影图有规则地配置，并且相互之间形成对应关系，这样的图形称为多面正投影或多面正投影图（GB/T 16948—1997）。多面正投影图的第一角画法，如图1-6所示，它的优点是能反映物体的真实形状和大小，即度量性好，且作图简便，因此机械工程图样的表达常用正投影法，如果不特别说明，本教材中所称的“投影”均指正投影。它的缺点是直观性较差，所以工程上常辅以轴测图。

2）正轴测投影。用正投影法得到的轴测投影。

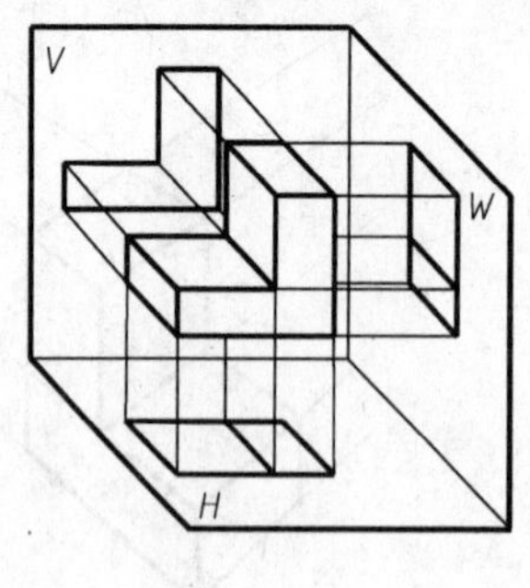

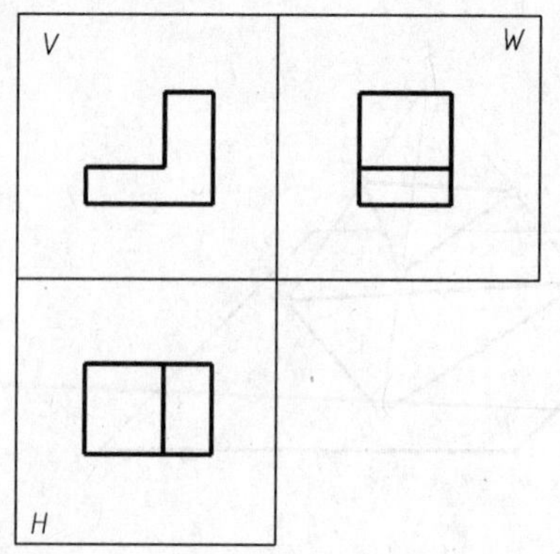

图1-6　多面正投影图

1.3 平行投影的投影特性

1. 实形性

当直线或平面图形与投影面 P 平行时，其在该投影面上的投影反映直线的实长或平面图形的实形，这种投影特性称为实形性。如图 1-7 所示，直线 $AB//$面 P，则 $ab = AB$；$\triangle ABC//$面 P，则$\triangle abc \cong \triangle ABC$。

2. 积聚性

当直线或平面与投射方向 S 平行时，其在投影面上的投影分别积聚为点或直线，这种投影特性称为积聚性。如图 1-8 所示，直线 AB 平行于投射方向 S，则 ab 在投影面 P 上积聚为一点；$\triangle ABC$ 平行于投射方向 S，则$\triangle ABC$ 在投影面 P 上的投影积聚为直线。

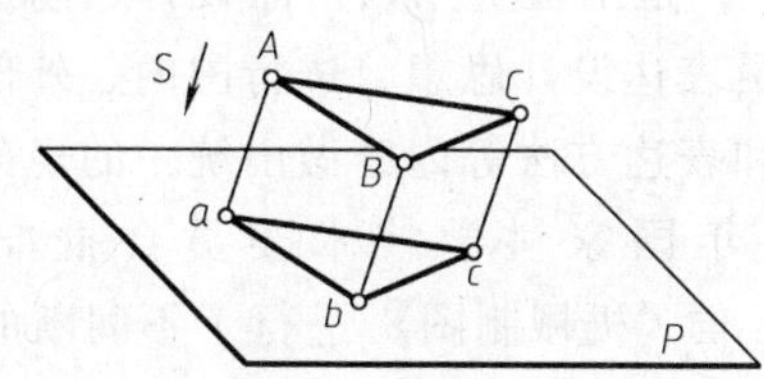

图 1-7　实形性

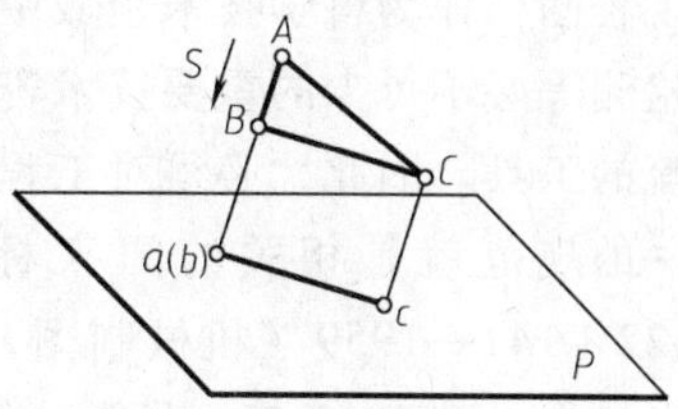

图 1-8　积聚性

3. 类似性

直线或平面图形倾斜于投影面时，即直线或平面与投影面 P 既不平行也不垂直，直线在该投影面上的投影小于原线段实长；平面图形在该投影面上的投影不反映空间平面图形的实际大小，平面图形变成小于原图形的类似形。这种投影特性称为类似性，如图 1-9 所示。

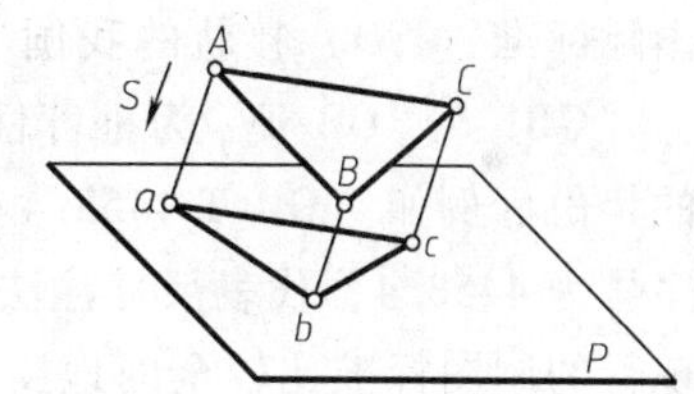

图 1-9　类似性

第2章 制图基本知识和基本技能

【本章学习提要】

本章主要介绍国家标准《技术制图》和《机械制图》的基本规定，及使用绘图仪器和徒手绘图的基本技能。通过上述学习，建立标准化意识，掌握绘图方法，形成严谨、规范的绘图习惯。

2.1 国家标准《技术制图》和《机械制图》中的若干基本规定

工程图样作为科学技术领域中的一种通用“语言”，是工程上用以产品设计、制造、安装和检测等必不可少的重要技术资料，是工程技术人员表达设计思想、进行国内、外信息技术交流的工具。因此，必须对工程图样的内容、格式和表达方法等内容做出统一的规范，这个统一的规范就是相关的国家标准。我国自1959年国家科学技术委员会批准发布“GB122～141—1959《机械制图》”。之后，对国家标准《机械制图》进行了不间断的制定和修订工作，到2012年，我国从技术制图国家标准、专业或行业制图标准、CAD制图国家标准、CAD文件管理国家标准四个方面修订了制图标准。标准是随着科学技术的发展和经济建设的需要而发展变化的，由国家标准化主管机构依据国际标准组织的标准，制定并颁布了与国际标准（ISO）接轨的我国《技术制图》和《机械制图》国家标准，简称国标，其代号为“GB”（“GB/T”为推荐性国标），字母后面的两组数字分别表示标准顺序号和标准批准的年份。例如“GB/T 4458.4—2003 《机械制图 尺寸注法》”即表示机械制图标准的顺序号为4458.4，代表尺寸注法部分，2003表示批准发布年份为2003年。

现行的制图标准比较全面地反映了绘制机械图样常用的制图规范，消除了国际间的技术壁垒，促进了国际间的技术交流和贸易往来。所以，我们必须认识到国家标准的严肃性、权威性和法制性，增强标准意识。在绘制工程图样时，必须自觉严格地遵守这些规定。《技术制图》是我国基础技术标准之一，它包括机械制图、工程建设制图、电器制图和其他制图四类。

本节就国家标准《技术制图》和《机械制图》中关于图纸幅面和格式、标题栏及明细栏、比例、字体、图线、尺寸注法等的有关规定作简要介绍，其他标准将在后面有关章节中叙述。

2.1.1 图纸幅面和格式（GB/T 14689—2008）

1. 图纸幅面尺寸和代号

绘制图样时，应优先采用表2-1中规定的基本幅面。表2-1中幅面尺寸的意义如图2-2、图2-3所示。

各号图纸基本幅面的关系如图2-1所示。它们之间的关系是沿某一号幅面的长边对折，即为下一号幅面的大小。必要时，也允许选用规定的加长幅面。这些幅面的尺寸由基本幅面的短边成整数倍增加后得出。

表 2-1　基本幅面　（单位：mm）

幅面代号		A0	A1	A2	A3	A4
尺寸 $B \times L$		841 × 1189	594 × 841	420 × 594	297 × 420	210 × 297
周边尺寸	a	25				
	c	10			5	
	e	20		10		

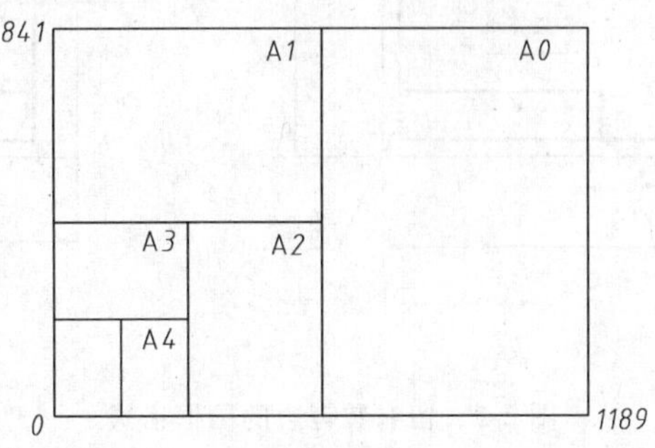

图 2-1　各号图纸基本幅面的关系

2. 图框格式

图框是图纸上限定绘图区域的线框。在图纸上必须用粗实线画出图框，图样画在图框内部。图框的格式分不留装订边（图 2-2）和留有装订边（图 2-3）两种，但同一产品的图样只能采用一种格式。加长幅面的图框尺寸，按所选用的基本幅面大一号的图框尺寸确定。

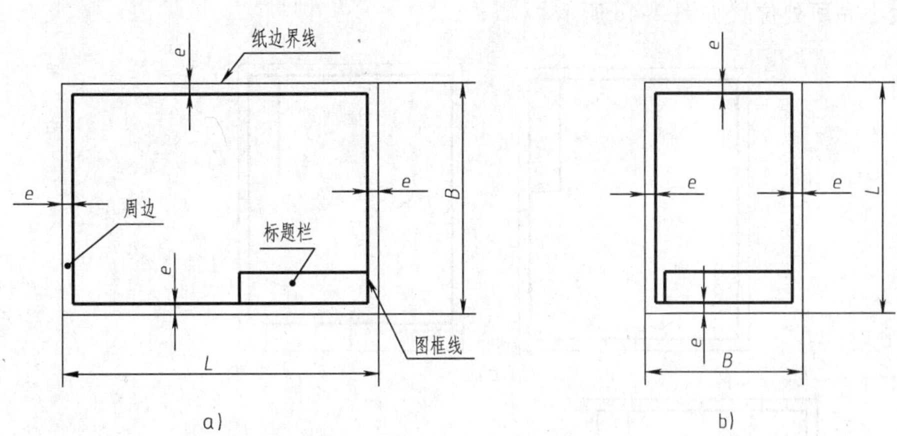

图 2-2　不留装订边的图框格式

3. 标题栏的方位

每一张图纸上都必须画出标题栏。标题栏应位于图纸的右下角，如图 2-2 和图 2-3 所示。当标题栏的长边置于水平方向并与图纸的长边平行时，则构成 X 型图纸，如图 2-2a 和图 2-3a 所示。若标题栏的长边与图纸的长边垂直时，则构成 Y 型图纸，如图 2-2b 和图 2-3b 所示。在此情况下，看图的方向与看标题栏的方向一致。为了充分利用预先印制的图纸，允许将 X 型图纸的短边置于水平位置使用（如 A3 竖放），或将 Y 型图纸的长边置于水平位置使用（如 A4 横放），此时，看图的方向与标题栏中文字填写的方向不一致，其看图方向应以方向符号为准，如图 2-4 所示。

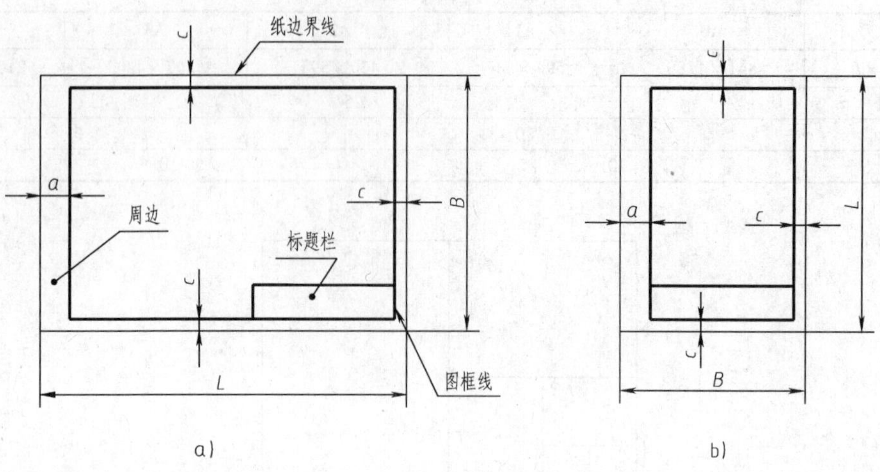

图 2-3　留有装订边的图框格式

4. 附加符号

1）对中符号。为了使图样复制和缩微摄影时定位方便，对各号图纸均应在图纸各边长的中点处分别画出对中符号。对中符号用粗实线绘制，线宽不小于 0.5mm，长度从图纸边框开始画至图框内约 5mm，对伸入标题栏部分省略不画，如图 2-4a、b 所示。

2）方向符号。方向符号是在使用预先印制好的图纸时，为了明确绘图与看图时图纸的方向，应在图纸的下边对中符号处画出一个方向符号。该符号是用细实线绘制的等边三角形，其大小和所处位置如图 2-4c 所示。

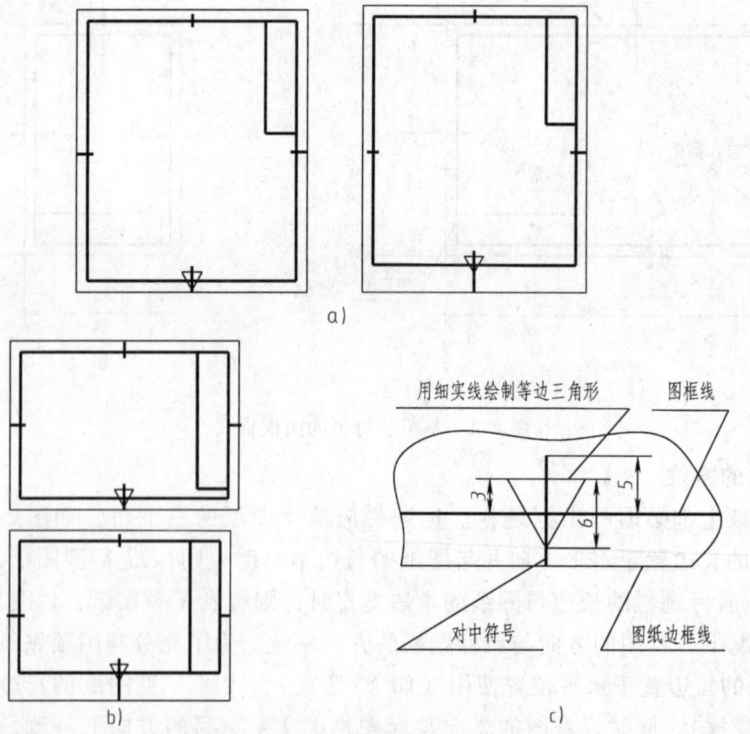

图 2-4　对中符号和方向符号

2.1.2　标题栏及明细栏（GB/T 10609.1—2008、GB/T 10609.2—2009）

标题栏反映了一张图样的综合信息，是图样的一个重要组成部分。GB/T 10609.1—2008 对标题栏的内容、格式与尺寸作了规定，如图 2-5 所示。学校制图作业中零件图的标题栏推荐采用图 2-6 所示的简化格式和尺寸。学校制图作业中装配图的标题栏及明细栏推荐采用图 2-7 所示的简化格式和尺寸。

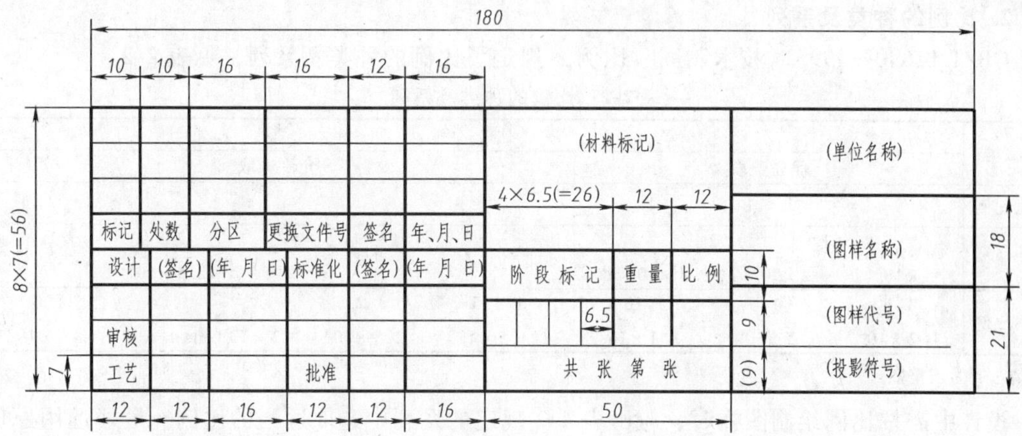

图 2-5　标题栏的内容、格式与尺寸

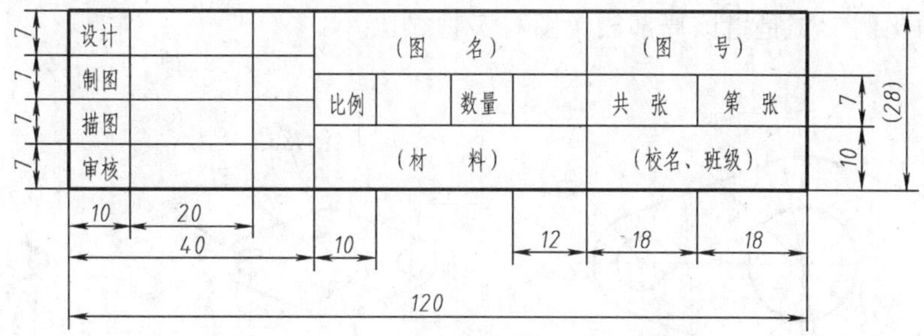

图 2-6　学校制图作业中零件图所用标题栏的格式和尺寸

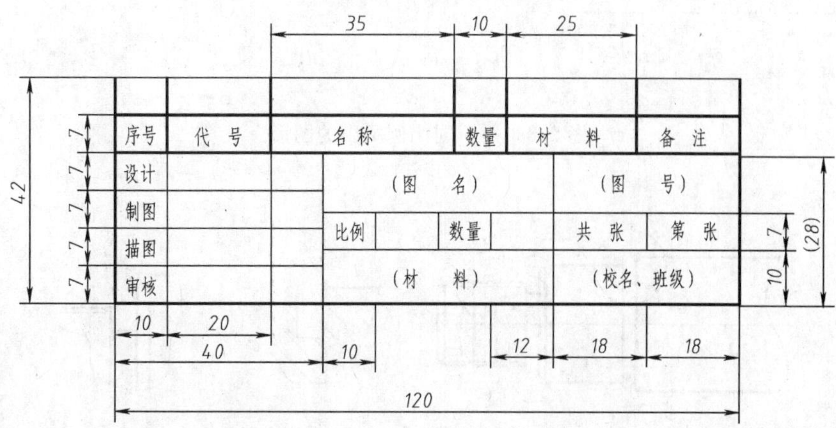

图 2-7　学校制图作业中装配图所用标题栏及明细栏的格式和尺寸

2.1.3 比例（GB/T 14690—1993）

1. 比例

图样中图形与实物相应要素的线性尺寸之比称为比例。比值为 1 的比例为原值比例，即 1∶1；比值大于 1 的比例为放大比例，如 2∶1 等；比值小于 1 的比例为缩小比例，如 1∶2 等。

2. 比例的种类及系列

GB/T 14690—1993《技术制图　比例》规定了比例的种类及系列，见表 2-2。

表 2-2　比例的种类及系列

种　类	比　例	
	优先选取	允许选取
原值比例	1 ∶ 1	
放大比例	5∶1　2∶1 5×10^n∶1　2×10^n∶1　1×10^n∶1	4∶1　2.5∶1 4×10^n∶1　2.5×10^n∶1
缩小比例	1∶2　1∶5　1∶10 1∶2×10^n　1∶5×10^n　1∶1×10^n	1∶1.5　1∶2.5　1∶3　1∶4　1∶6 1∶1.5×10^n　1∶2.5×10^n　1∶3×10^n　1∶4×10^n　1∶6×10^n

注：n 为正整数。

设计中需按比例绘制图样时，应由表 2-2 规定的系列中选取适当的比例。最好选用原值比例。根据机件的大小和复杂程度也可以选取放大或缩小比例。无论放大或缩小，标注尺寸时必须标注机件的实际尺寸，如图 2-8 所示。对同一机件的各个视图应采用相同的比例。当机件某部位上有较小或较复杂的结构需要用不同的比例绘制时，则必须另行标注，如图 2-9 所示，图中的比例 2∶1 是指该局部放大图与实物之比。

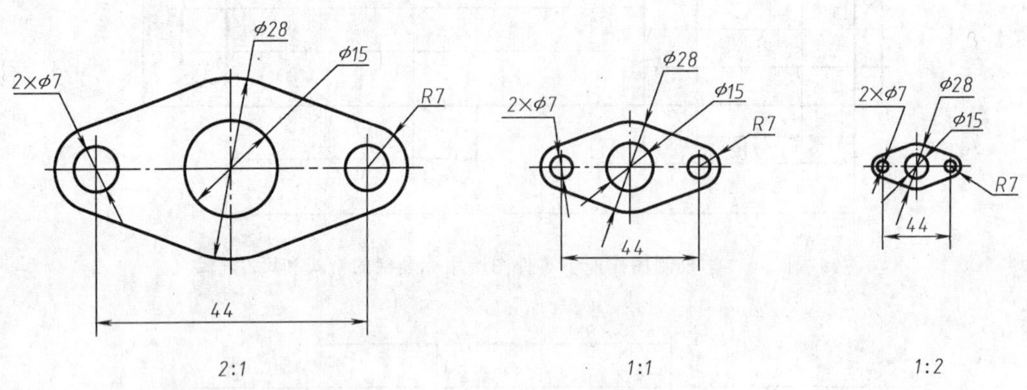

图 2-8　用不同比例画出的图形

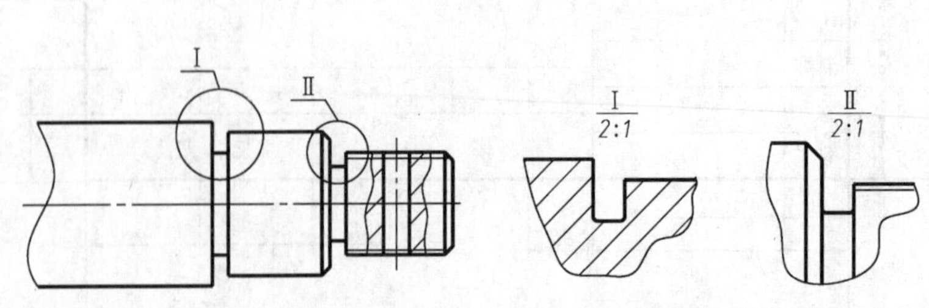

图 2-9　较小或较复杂结构的另行标注

3. 比例的标注方法

比例的符号应以"∶"表示。比例的表示方法如 1∶1、1∶500、20∶1 等。比例一般应标注在标题栏中的比例栏内。必要时可在视图名称的下方或右侧标注比例，如：

$$\frac{\mathrm{I}}{2:1}\qquad \frac{A\text{向}}{1:100}\qquad \frac{B\text{—}B}{2.5:1}\qquad \underline{\text{平面图}}\,1:10$$

2.1.4　字体（GB/T 14691—1993）

字体是指图样中汉字、字母和数字的书写形式。图样中书写的字体必须做到字体工整、笔画清楚、间隔均匀、排列整齐。字体的高度用 h 表示的公称尺寸系列为：1.8、2.5、3.5、5、7、10、14、20（单位均为 mm）。如需要书写更大的字，其字体高度应按$\sqrt{2}$的比率递增。字体高度代表字体的号数。

1. 汉字

汉字应写成长仿宋体字，并应采用中华人民共和国国务院正式公布推行的《汉字简化方案》中规定的简化字。汉字的高度 h 不应小于 3.5mm，其字宽一般为 $h/\sqrt{2}$。长仿宋体汉字示例如图 2-10 所示。

10 号字

字体工整　笔画清楚　间隔均匀　排列整齐

7 号字

横平竖直注意起落结构均匀填满方格

5 号字

技术制图机械电子汽车航空船舶土木建筑矿山井坑港口纺织服装

3.5 号字

螺纹齿轮端子接线设计描图审核材料学校班级标题栏图框销子轴承螺母减速器球阀

图 2-10　长仿宋体汉字示例

长仿宋体字的书写要领是：横平竖直、注意起落、结构均匀、填满方格。

2. 字母及数字

字母及数字有直体和斜体、A 型和 B 型之分。斜体字字头向右倾斜，与水平基准线成 75°；A 型字体的笔画宽度（d）为字高（h）的十四分之一；B 型字体的笔画宽度（d）为字高（h）的十分之一。常用字母和数字的字型结构示例如图 2-11 所示。

3. 综合应用规定

用作分数、指数、极限偏差、注脚等的字母及数字，一般应采用小一号的字体。综合应用示例如下：

$$10\mathrm{Js}\,(\pm 0.003)\qquad \mathrm{M24-6h}\qquad \phi 25\,\frac{\mathrm{H6}}{\mathrm{m5}}\qquad \frac{\mathrm{II}}{2:1}\qquad \frac{A\curvearrowleft}{5:1}$$

图 2-11　常用字母和数字的字型结构示例

2.1.5　图线（GB/T 4457.4—2002）

1. 图线及其应用

图线是指起点和终点间以任何方式连接的一种几何图形，形状可以是直线或曲线、连续线或不连续线。机械图样中常用的图线名称、线型及应用见表 2-3。各种线型在图样上的应用如图 2-12 所示。

表 2-3　图线名称、线型及应用

代码 NO.	线型及名称	一般应用
01.2	粗实线	可见棱边线；可见轮廓线；相贯线、螺纹牙顶线；螺纹长度终止线；齿顶圆（线）；表格图、流程图中的主要表示线；模样分型线；剖切符号用线
01.1	细实线	过渡线；尺寸线；尺寸界线；剖面线；指引线和基准线；重合断面的轮廓线；短中心线；螺纹牙底线；尺寸线的起止线；表示平面的对角线；零件形成前的弯折线；范围线及分界线；重复要素表示线（如齿轮的齿根线）；锥形结构的基面位置线；叠片结构位置线（如变压器叠钢片）；辅助线；不连续同一表面连线；成规律分布的相同要素连线；投影线；网格线
01.1	波浪线	断裂处的边界线；视图和剖视图的分界线
01.1	双折线	断裂处的边界线；视图和剖视图的分界线
02.1	细虚线	不可见棱边线；不可见轮廓线
04.1	细点画线	轴线；对称中心线；分度圆（线）；孔系分布的中心线；剖切线
05.1	细双点画线	相邻辅助零件的轮廓线；可动零件的极限位置的轮廓线；重心线；成形前轮廓线；剖切面前的结构轮廓线；轨迹线；毛坯图中制成品的轮廓线；特定区域线；工艺用结构的轮廓线；延伸公差带的表示线；中断线

注：1. 表中粗、细线的宽度比例为 2∶1。
2. 代码中的前两位数字表示基本线形，最后一位数字表示线宽种类，其中“1”表示细，“2”表示粗。
3. 波浪线和双折线在同一张图样中一般采用一种。

所有线型的宽度（d）系列为：0.13、0.18、0.25、0.35、0.5、0.7、1、1.4、2（单位均为 mm）。一般粗实线宜在 0.5～2mm 之间选取，应尽量保证在图样中不采用宽度小于 0.18mm 的图线。

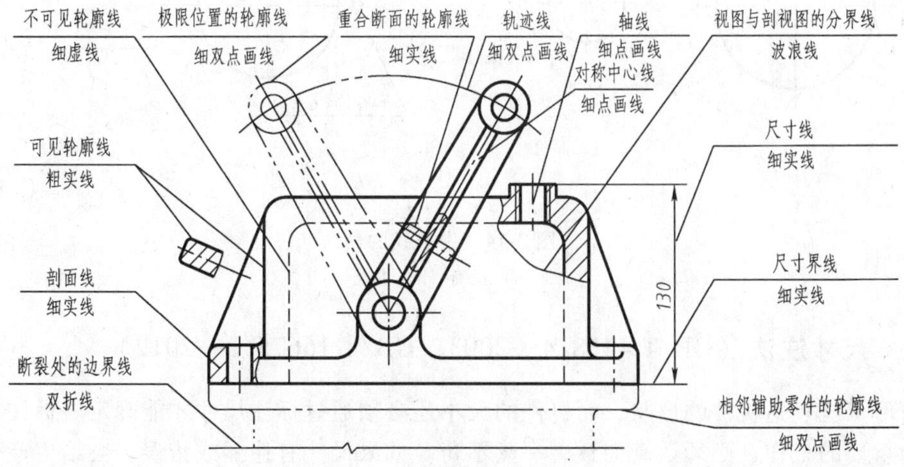

图 2-12　图线应用举例

2. 图线画法

1）在同一图样中，同类图线的宽度应一致。虚线、细点画线、细双点画线的线段长度和间隔应各自大致相等。一般在图样中应保持图线的均匀一致，如图 2-13 所示。

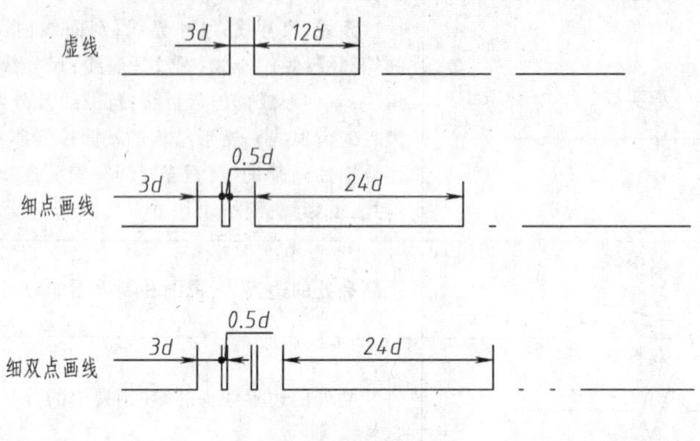

图 2-13　图线规格

2）两条平行线（包括剖面线）之间的距离应不小于粗实线的两倍宽度，其最小距离不得小于 0.7mm。

3）绘制点画线的要求是：以画为始尾，以画相交，而不应是点或间隔，且超出图形轮廓 2 ~ 5mm。在较小的图形上绘制细点画线或细双点画线有困难时，可用细实线代替，如图 2-14 所示。

4）当某些图线重合时，应按粗实线、虚线、细点画线的顺序，只画前面的一种图线。

5）当图线相交时，应以画线相交，不留空隙；当虚线是粗实线的延长线时，衔接处要留出空隙，如图 2-15 所示。

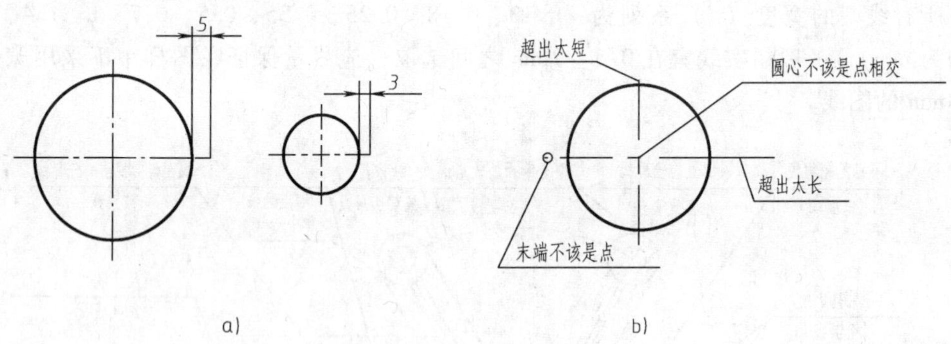

图 2-14　中心线的画法

a）正确　b）错误

2.1.6　尺寸注法（GB/T 4458.4—2003、GB/T 16675.2—2012）

图形只能表达机件的形状，而机件的大小还必须通过标注尺寸才能确定。标注尺寸是一项极为重要的工作，必须认真细致、一丝不苟。如果尺寸有遗漏或错误，会给生产带来困难和损失。

一张完整的图样，其尺寸标注应正确、完整、清晰、合理。本节仅介绍国家标准“尺

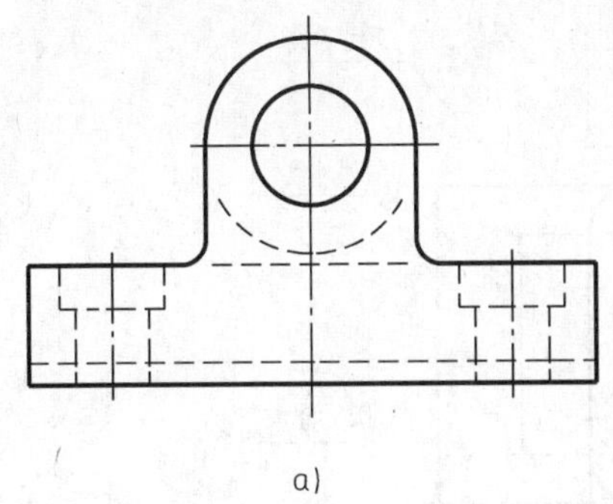

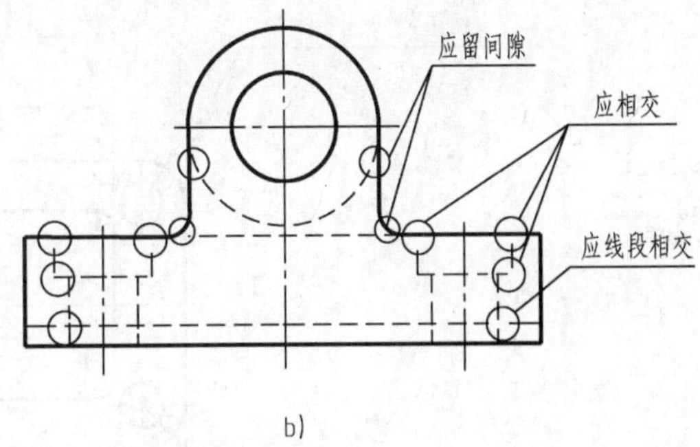

图 2-15　图线相交和衔接的画法
a）正确　b）错误

寸注法”（GB/T 4458.4—2003）中有关如何正确标注尺寸的若干规定。有些内容将在后面的有关章节中讲述，其他的有关内容可查阅国家标准。

1. 基本规定

1）机件的真实大小应以图样上所标注的尺寸数值为依据，与图形大小及绘图的准确度无关。

2）图样中（包括技术要求和其他说明）的尺寸，以毫米为单位时，不需注明单位符号（或名称）。如采用其他单位，则应注明相应的单位符号。

3）机件的每一个尺寸，一般只标注一次，并应标注在反映该结构最清晰的图形上。

4）图样中所注尺寸，为该图样所示机件的最后完工尺寸，否则应另加说明。

2. 尺寸的组成及标注

一个完整的尺寸应包含尺寸界线、尺寸线、尺寸线终端、尺寸数字四个尺寸要素。

（1）尺寸界线　尺寸界线表示尺寸的范围。

1）尺寸界线用细实线绘制，并应由图形的轮廓线、轴线或对称中心线处引出。也可利用轮廓线、轴线或对称中心线作为尺寸界线。

2）尺寸界线一般与尺寸线垂直，必要时才允许倾斜，并应超出尺寸线终端约 2 ~ 3mm，如图 2-16 所示。

（2）尺寸线　尺寸线表示所标注尺寸的方向。

1）尺寸线必须用细实线单独画出，不能用其他图线代替，一般也不得与其他图线重合或画在其延长线上，如图 2-17b 所示。

2）标注线性尺寸时，尺寸线应与所标注的线段平行。相同方向的各尺寸线的间距要均匀，间隔应大于 6mm，以便注写尺寸数字和有关符号，如图 2-16 所示。

3）标注尺寸时，应尽量避免尺寸线与尺寸线之间及尺寸界线和尺寸线相交。图 2-17a 中的尺寸 18、50、28、20 的标注为错误标注。

4）相互平行的尺寸，小尺寸应在里即靠近图形，大尺寸应在外即依次等距离的平行外移。图 2-17a 中的尺寸 18、28、20、50 的标注为错误标注。

（3）尺寸线终端　尺寸线终端有两种形式，箭头或细斜线，如图 2-18 所示。

1）箭头的画法如图 2-19a 所示。机械图样中一般采用箭头作为尺寸线的终端。箭头尖端与尺寸界线接触，不得超出也不得离开，如图 2-18a 所示。图 2-20 所示为箭头常见的错

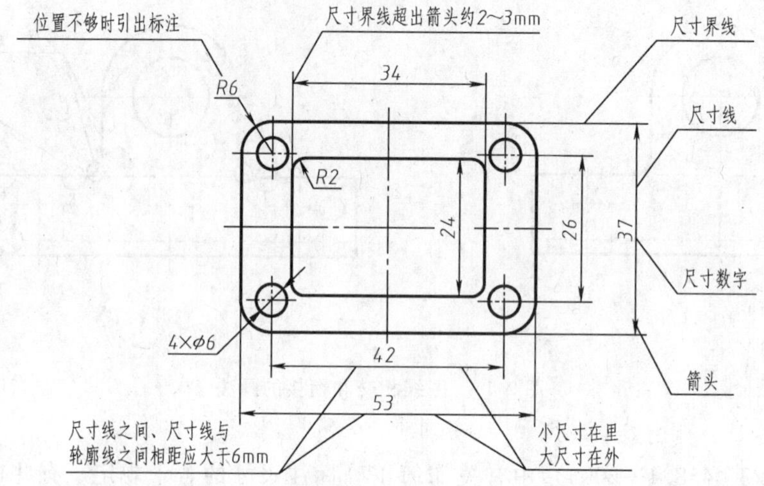

图 2-16　尺寸的组成及标注示例

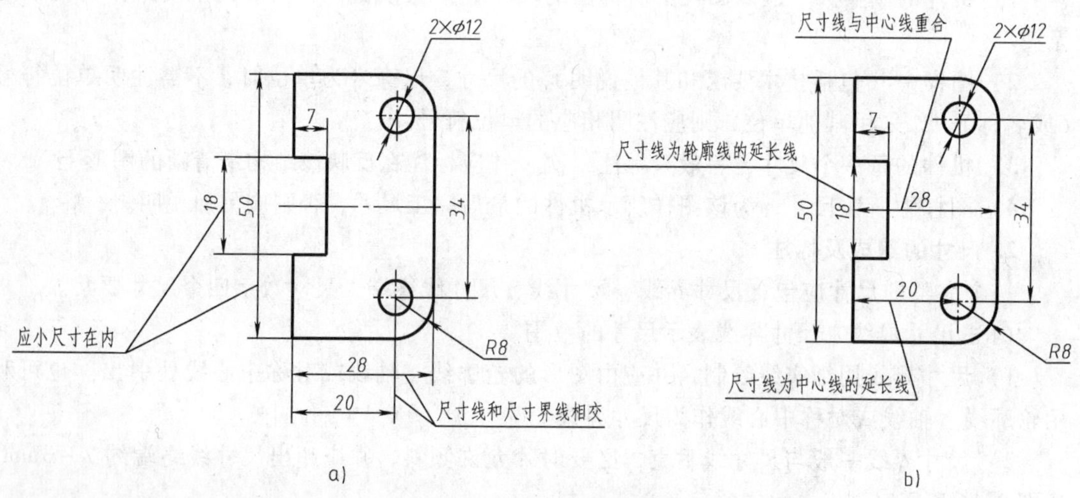

图 2-17　标注尺寸常见的错误

误画法。

2）细斜线的画法如图 2-19b 所示。当尺寸线终端采用细斜线形式时，尺寸线与尺寸界线必须相互垂直。在同一张图样中只能采用一种尺寸线终端形式。

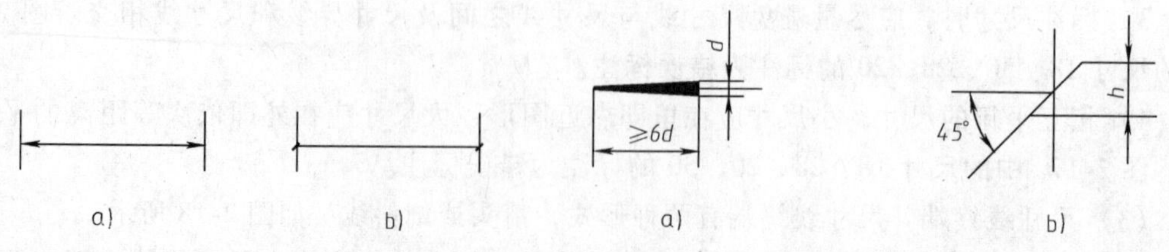

图 2-18　尺寸线终端的两种形式　　图 2-19　箭头和细斜线的画法

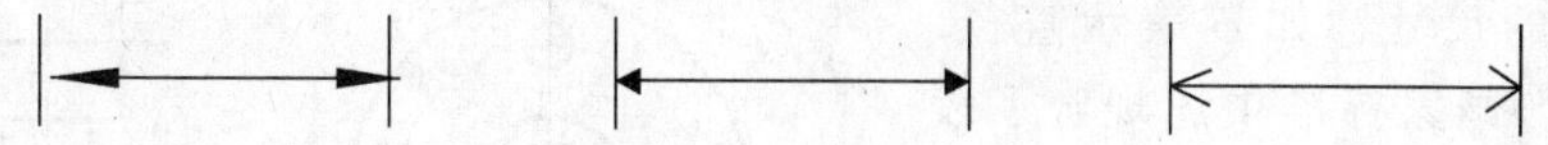

图 2-20　箭头常见的错误画法

(4) 尺寸数字

1) 线性尺寸的数字一般注写在尺寸线上方，也允许注写在尺寸线的中断处。在同一张图样中尺寸数字的大小应一致。位置不够时可引出标注。

2) 线性尺寸数字的方向，有两种注写方法，一般在机械图样中应采用方法 1 注写；在不致引起误解时，也允许采用方法 2。但在一张图样中，应尽可能采用同一种方法。

方法 1：数字应按图 2-21a 所示的方向注写。当尺寸线呈铅垂方向时，尺寸数字在尺寸线左侧，字头朝左。其余方向时，字头有朝上的趋势。尽可能避免在 30°范围内标注尺寸，当无法避免时可按图 2-21b 所示的形式标注。

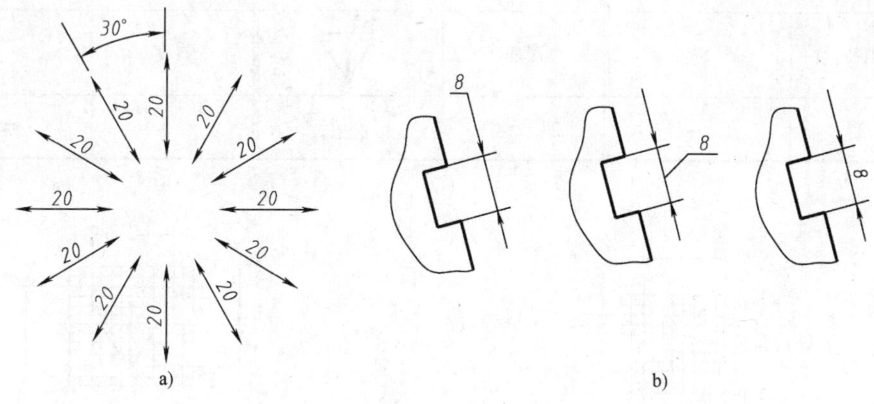

图 2-21　尺寸数字的注写方向

方法 2：对于非水平方向的尺寸，其数字可水平地注写在尺寸线的中断处，如图 2-22 所示。

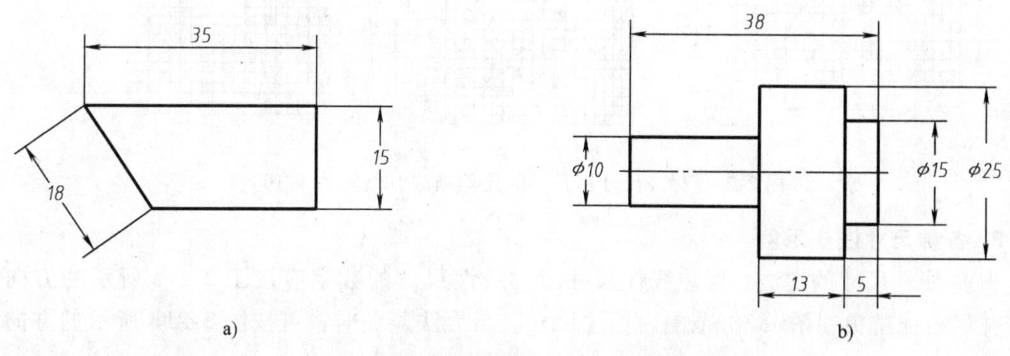

图 2-22　非水平方向的尺寸注法

3) 尺寸数字不可被任何图线所通过。当尺寸数字不可避免被图线通过时，图线必须断开，如图 2-23 所示。

4）尺寸数字前面的符号用来区分不同类型的尺寸，如 ϕ 表示直径、R 表示半径。国家标准中还规定了表示特定意义的符号和缩写词，见表 2-4。标注尺寸用符号的比例画法如图 2-24 所示。标注尺寸的符号及缩写词应符合表 2-4 和 GB/T 18594—2001 中的有关规定。

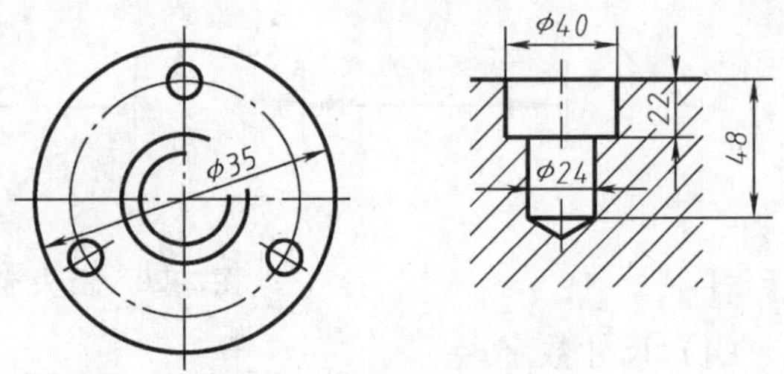

图 2-23　图线通过尺寸数字时的处理

表 2-4　表示特定意义的符号和缩写词

名称	符号或缩写词	名称	符号或缩写词	名称	符号或缩写词
直径	ϕ	均布	EQS	埋头孔	⌵
半径	R	45°倒角	C	弧长	⌒
球直径	$S\phi$	正方形	□	展开长	(展开长符号)
球半径	SR	深度	↧	斜度	∠
厚度	t	沉孔或锪平	⌴	锥度	◁

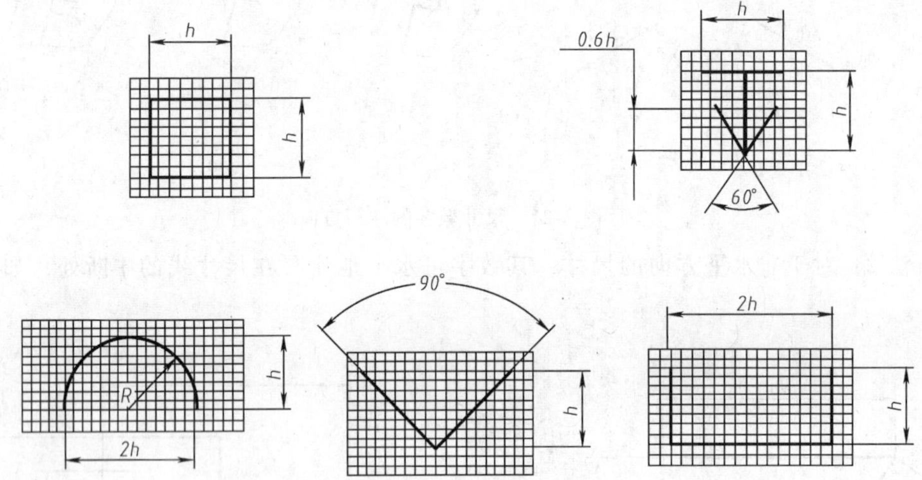

图 2-24　标注尺寸用符号的比例画法（线宽为 $h/10$）

3. 各种尺寸注法示例

（1）线性尺寸的注法　标注线性尺寸时，线性尺寸的数字应按图 2-21a 所示的方向注写，并尽可能避免在图示 30°范围内标注尺寸。当无法避免时，可按图 2-21b 所示的方向进行标注。

（2）角度尺寸的注法　标注角度尺寸时，尺寸界线应沿径向引出，尺寸线画成圆弧，圆心是角的顶点，如图 2-25a 所示。尺寸数字一律水平书写，即字头永远朝上，一般注写在尺寸线的中断处，如图 2-25b 所示。角度尺寸必须注明单位。

(3) 圆、圆弧及球面尺寸的注法

1) 标注圆的直径时，应在尺寸数字前加注符号“ϕ”；标注圆弧半径时，应在尺寸数字前加注符号“R”。圆的直径和圆弧半径的尺寸线的终端应画成箭头，并按图 2-26 所示的方法标注。当圆弧的弧度大于 180°时，应在尺寸数字前加注符号“ϕ”；当圆弧弧度小于或等于 180°时，应在尺寸数字前加注符号“R”。

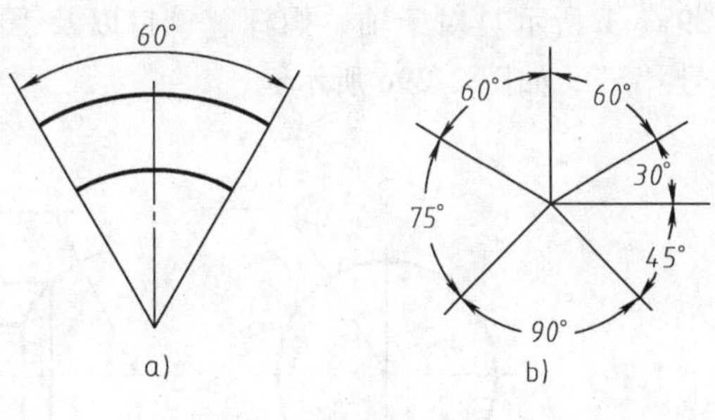

图 2-25　角度尺寸的注法

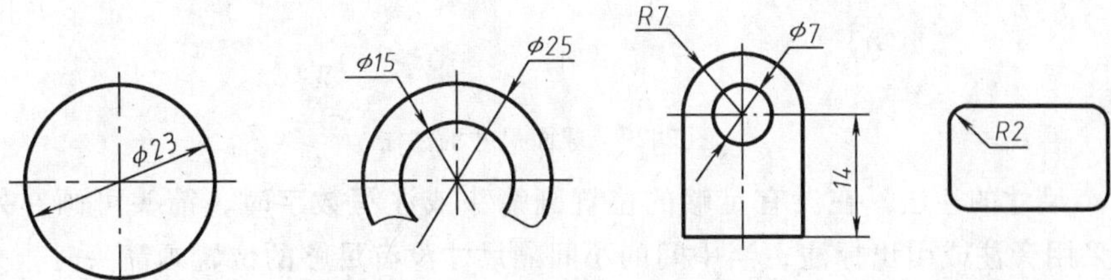

图 2-26　圆及圆弧尺寸的注法

2) 标注半径尺寸时，必须标注在投影为圆弧实形的图形上，且尺寸线应通过圆心，如图 2-27 所示。

3) 在同一个图形中，对于尺寸相同的孔，可以在一个孔上注出其尺寸和数量，如图 2-16 中的 4 × ϕ6、图 2-17 中的 2 × ϕ12。

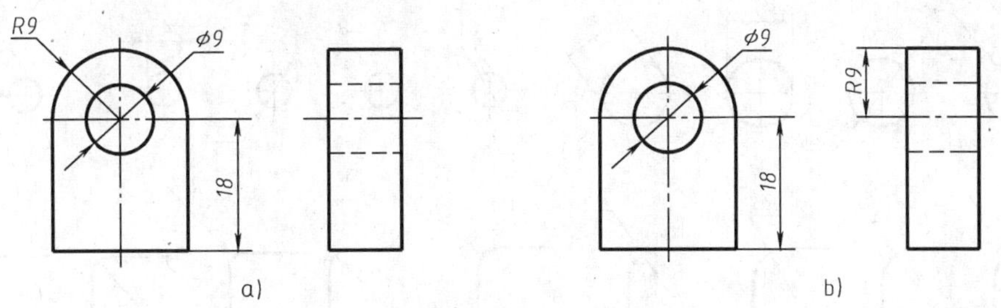

图 2-27　半径尺寸正误标注对比

a) 正确　b) 错误

4) 当圆弧的半径过大或在图纸范围内无法按常规标出其圆心位置时，可按图 2-28a 所示的形式标注。若不需要标出其圆心位置时，可按图 2-28b 所示的形式标注。

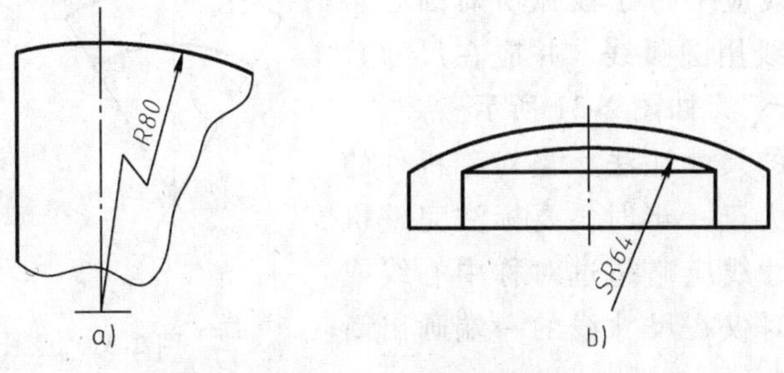

图 2-28　圆弧半径较大时的注法

5）标注球面的直径或半径时，应在尺寸数字前分别加注符号“$S\phi$”或“SR”，如图 2-29a、b 所示。对于轴、螺杆、铆钉以及手柄等的端部，在不致引起误解的情况下可省略符号“S”，如图 2-29c 所示。

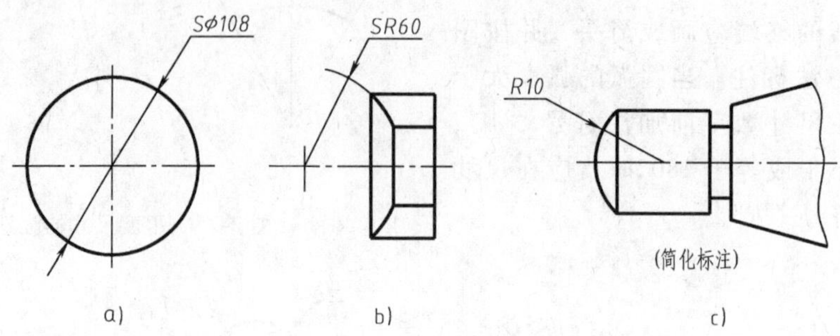

图 2-29　球面尺寸的注法

（4）小尺寸的注法　在没有足够的位置画箭头或注写数字时，箭头可画在外面，尺寸数字也可采用旁注或引出标注；当中间的小间隔尺寸没有足够的位置画箭头时，允许用圆点或细斜线代替箭头，如图 2-30 所示。

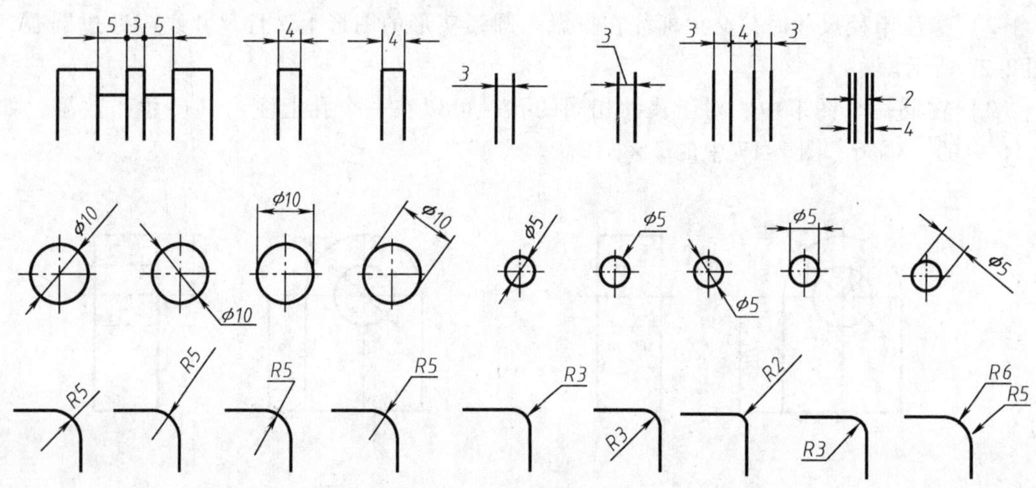

图 2-30　小尺寸的注法

（5）弦长、弧长的注法　标注弦长尺寸时，尺寸界线应平行于该弦的垂直平分线；标注弧长尺寸时，尺寸界线应平行于该弧所对圆心角的角平分线，尺寸线用圆弧线，并应在尺寸数字左方加注符号“⌒”，如图 2-31 所示。

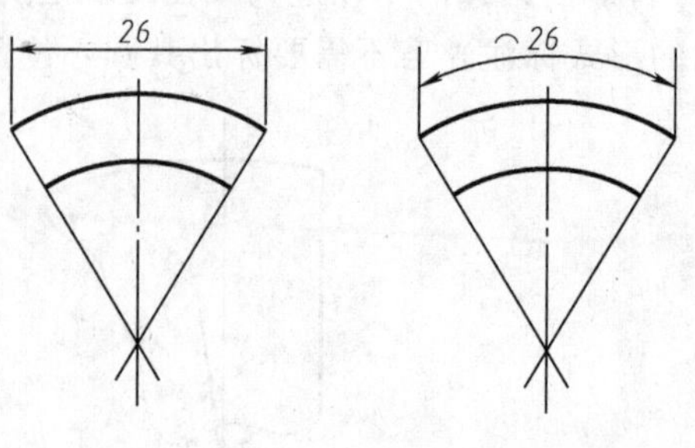

图 2-31　弦长、弧长的注法

（6）对称图形的尺寸注法　当对称机件的图形只画出一半或大于一半时，要标注完整机件的尺寸数值。尺寸线应略超过对称中心线或断裂处的边界，此时仅在尺寸线的一端画出箭头，如图 2-32 所示。

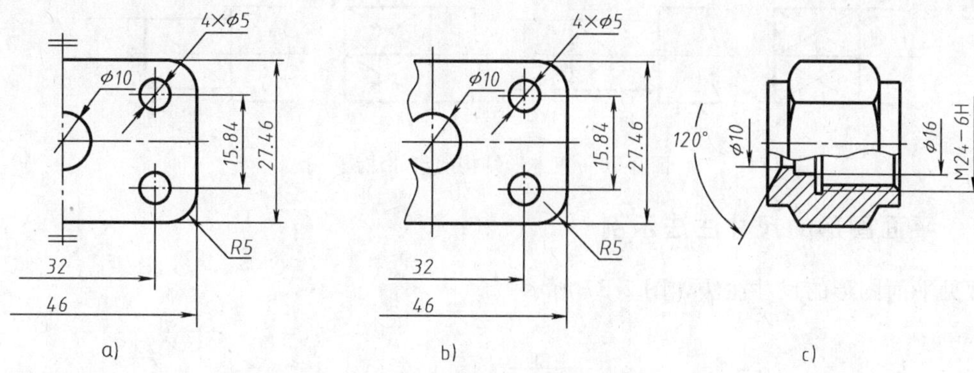

图 2-32　对称图形的尺寸注法

（7）其他结构尺寸的注法

1）光滑过渡处的尺寸注法。如图 2-33 所示，在光滑过渡处标注尺寸时，必须用细实线将轮廓线延长，从它们的交点处引出尺寸界线。尺寸界线一般应与尺寸线垂直，必要时允许倾斜。尺寸线应平行于两交点的连线。

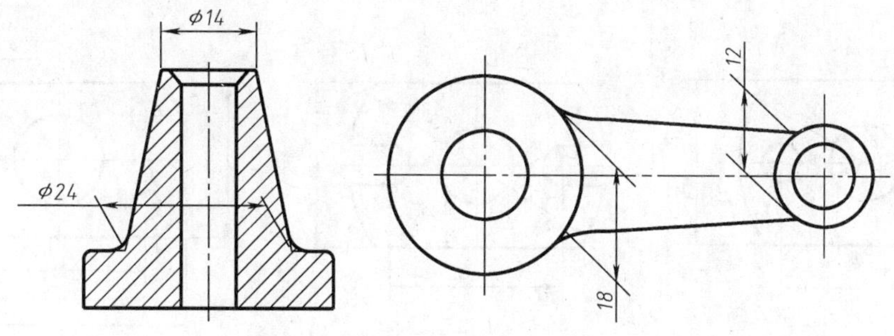

图 2-33　光滑过渡处的尺寸注法

2）标注板状零件的厚度时，可在尺寸数字前加注符号“t”，如图 2-34 所示。

3）当需要指明半径尺寸是由其他尺寸所确定时，应用尺寸线和符号“R”标出，但不要注写尺寸数字，如图 2-35 所示。

图 2-34　板状零件厚度的注法

图 2-35　半径尺寸有特殊要求时的注法

4）标注剖面为正方形结构的尺寸时，可在正方形边长尺寸数字前加注符号“□”，如图 2-36a、b 所示；或用“14×14”代替“□14”，如图 2-36c、d 所示。图 2-36 中相交的两条细实线是平面符号（当图形不能充分表达平面时，可用这个符号表达平面）。

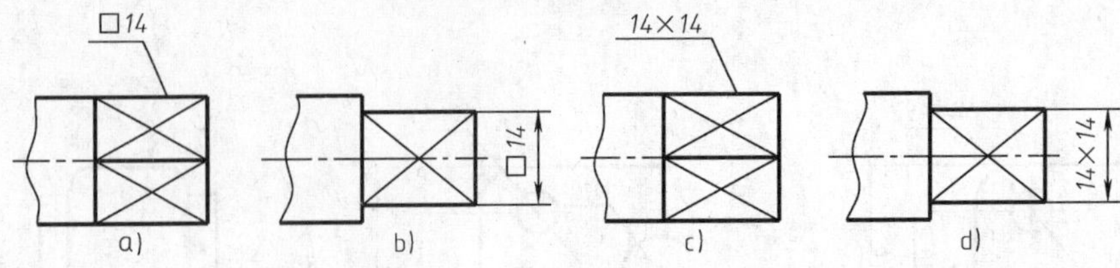

图 2-36　正方形结构的尺寸注法

2.1.7　平面图形的尺寸注法示例

常见平面图形的尺寸注法如图 2-37 所示。

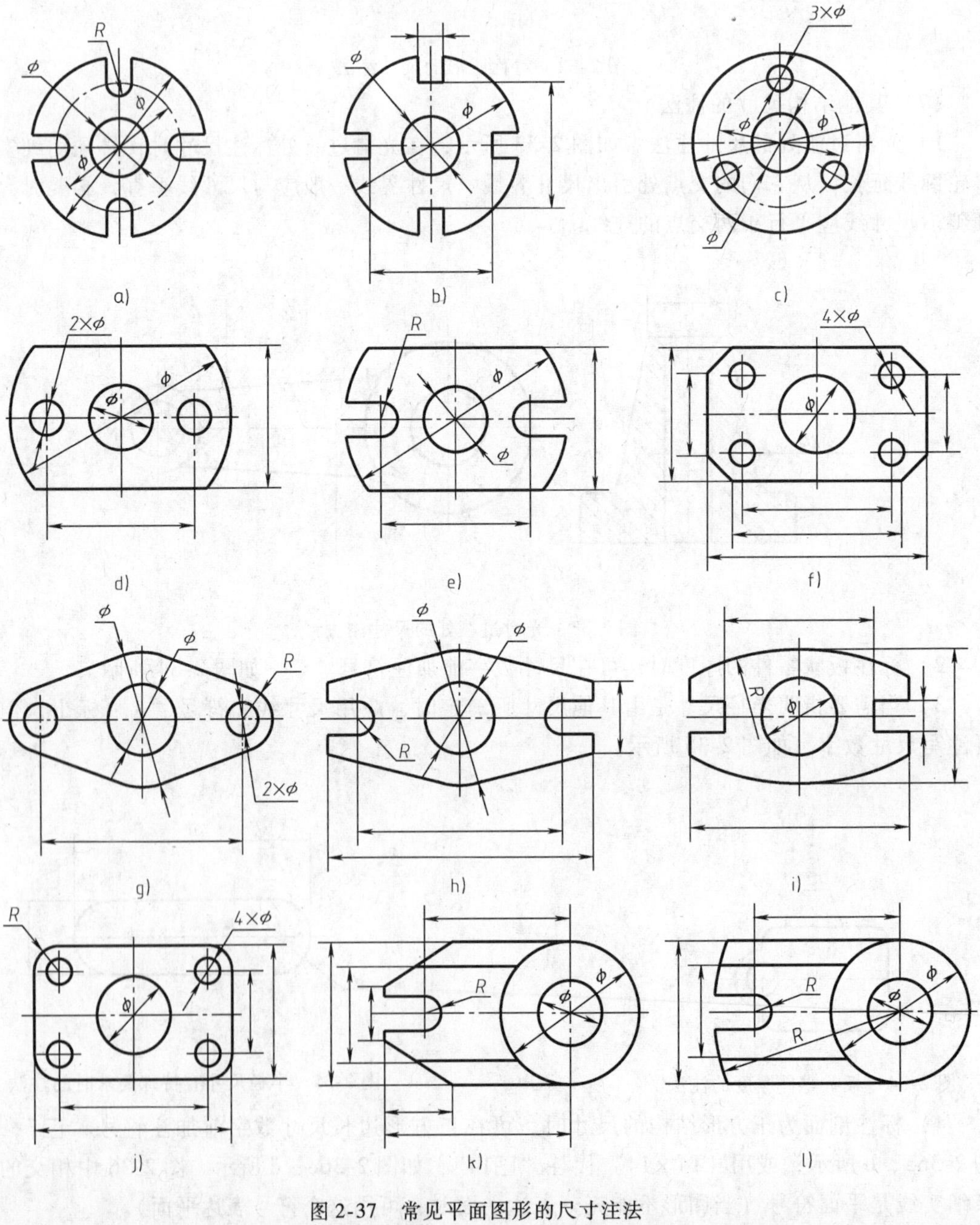

图 2-37　常见平面图形的尺寸注法

2.2　绘图工具和仪器的使用方法

正确使用绘图工具和仪器是保证绘图质量、提高绘图速度的重要因素。本节主要介绍常用的绘图工具和仪器的使用方法。

2.2.1　图板

图板的板面应平整，工作边应平直。绘图时将图纸用胶带纸固定在图板的适当位置上，如图 2-38 所示。

2.2.2　丁字尺

丁字尺由尺头和尺身两部分组成（图 2-38），尺身带有刻度，便于画线时直接度量。使用时，必须将尺头靠紧图板左侧的工作边，上下移动丁字尺，并利用尺身的工作边画出水平线，如图 2-39 所示。

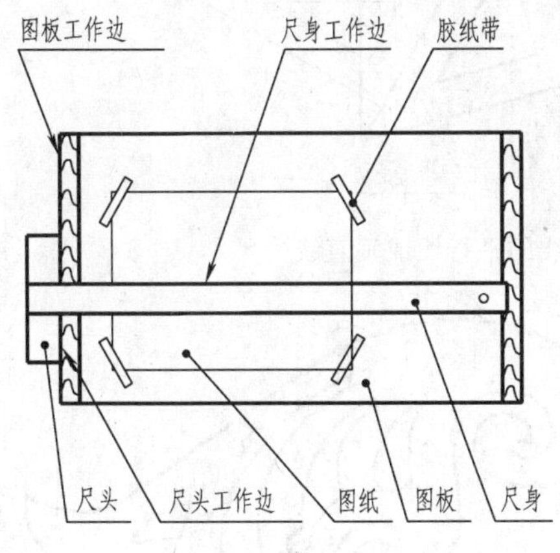

图 2-38　图板与丁字尺

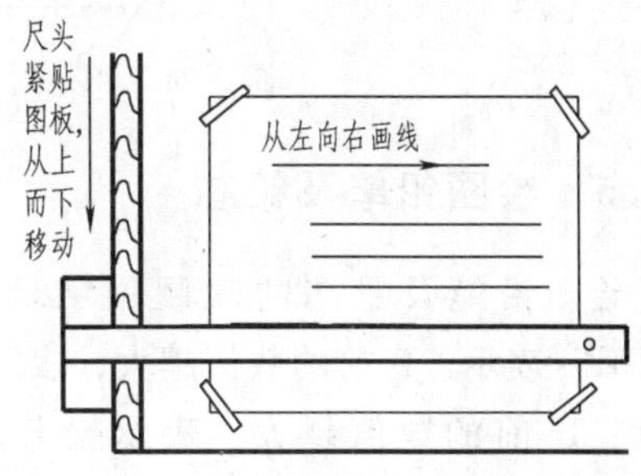

图 2-39　图板与丁字尺配合画水平线

2.2.3　三角板

一副三角板有两块，一块是 45°三角板，另一块是 30°和 60°三角板。三角板和丁字尺配合使用，可画垂直线和 30°、45°、60°以及 $n\times15°$ 的各种斜线，如图 2-40 所示。此外，利用一副三角板，还可以画出已知直线的平行线或垂直线，如图 2-41 所示。

2.2.4　曲线板

曲线板是用来光滑连接非圆曲线上诸点时使用的工具，其使用方法如图 2-42 所示。使用方法为：首先找曲线上与曲线板连续四个点贴合最好的轮廓，画线时只连前三个点，然后再连续贴合后面未连线的四个点，仍然连前三个点，这样中间有一段前后重复贴合两次，如此依次逐段描绘，以便使整条曲线光滑。

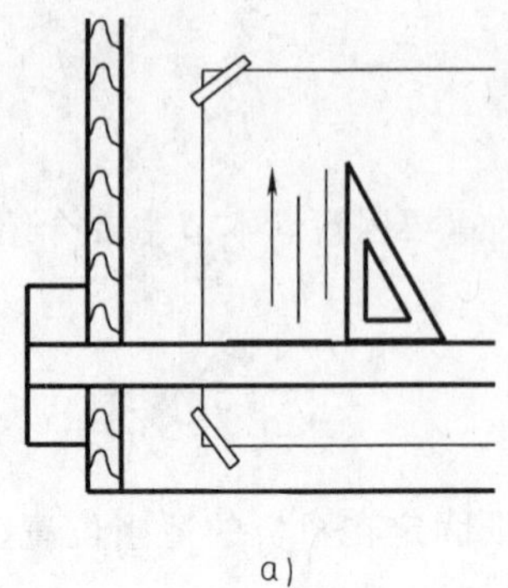

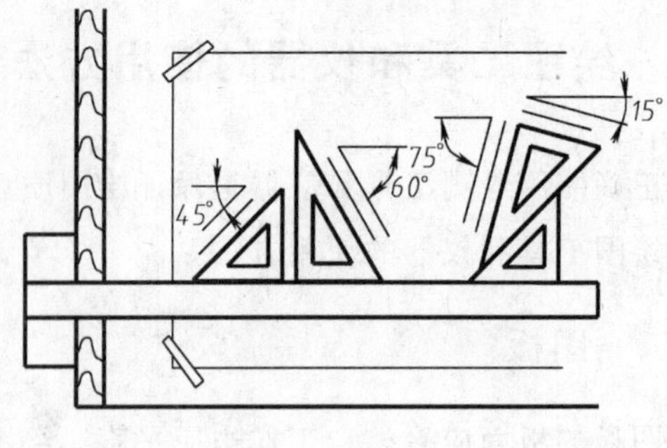

图 2-40 三角板与丁字尺配合使用画线

a）画垂直线 b）画 15°倍数的斜线

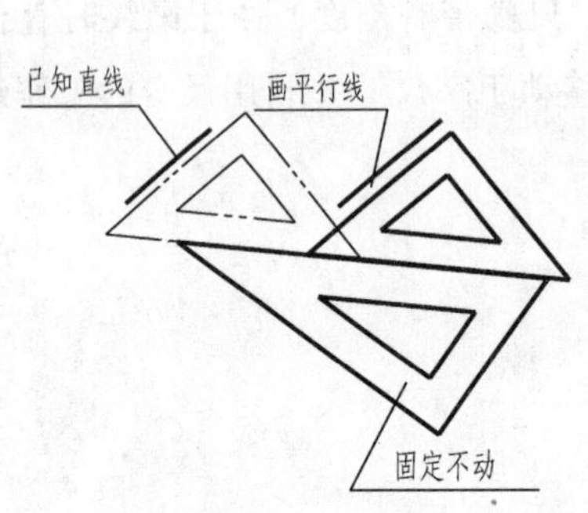

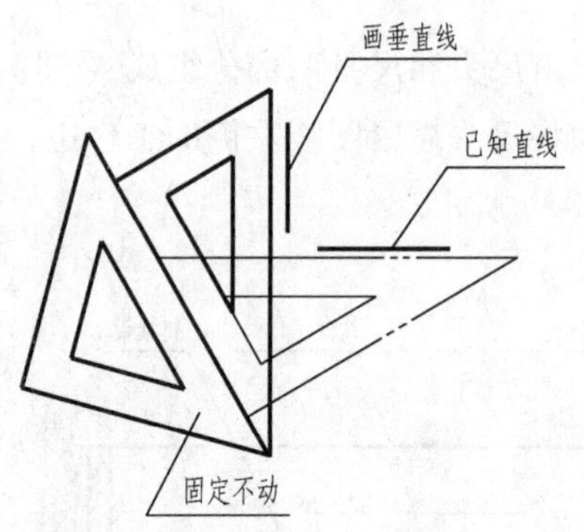

图 2-41 用一副三角板画已知直线的平行线或垂直线

2.2.5 绘图铅笔及铅芯

绘图铅笔及铅芯的软硬用字母“B”和“H”表示。B 前的数值越大，表示铅芯越软；H 前的数值越大，表示铅芯越硬。HB 表示铅芯软硬适中。绘图时，应根据不同用途，按表 2-5 选用适当的铅笔及铅芯，并将其削磨成一定的形状。

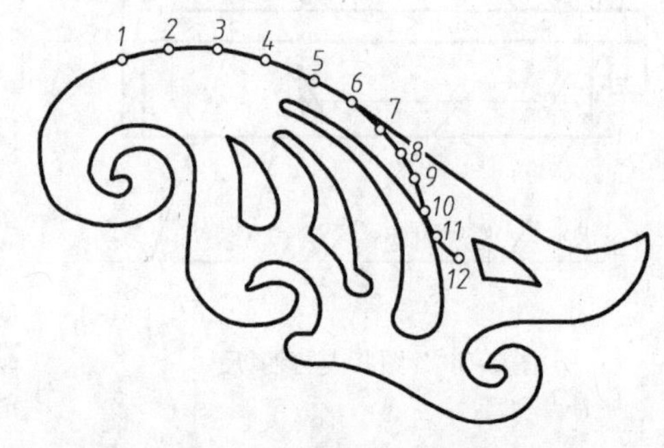

图 2-42 用曲线板画曲线

表 2-5 铅笔及铅芯的选用

	用途	软硬代号	削磨形状	示意图
铅笔	画细线	2H 或 H	圆　锥	
	写　字	HB 或 B	钝圆锥	
	画粗线	B 或 2B	截面为矩形的四棱柱	

（续）

	用途	软硬代号	削磨形状	示　意　图
圆规用铅芯	画细线	H 或 HB	楔　形	
	画粗线	2B 或 3B	正四棱柱	

2.2.6　绘图仪器

图 2-43 所示为一盒绘图仪器。图中：①鸭嘴笔圆规插头；②加长杆；③圆规插头；④弹簧规；⑤大号直线鸭嘴笔；⑥分规；⑦圆规；⑧小号直线鸭嘴笔；⑨中号直线鸭嘴笔；⑩铅芯盒。

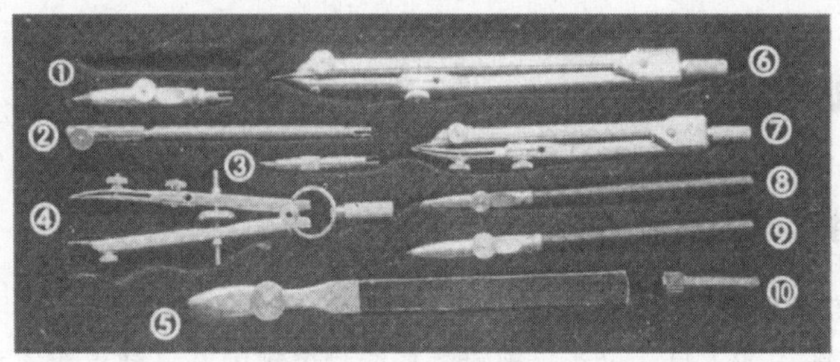

图 2-43　绘图仪器

1. 圆规

圆规的钢针有两种不同的针尖。画圆时用带台肩的一端，并把它插入图板中，钢针应调整到比铅芯稍长一些，如图 2-44 所示。画圆时应根据圆的直径不同，尽量使钢针和铅芯插腿垂直纸面，一般按顺时针方向旋转，注意用力要均匀，如图 2-45 所示。若需画特大的圆或圆弧时，可接加长杆。画小圆可用弹簧圆规。若用钢针接腿替换铅芯插腿时，圆规可作分规用。

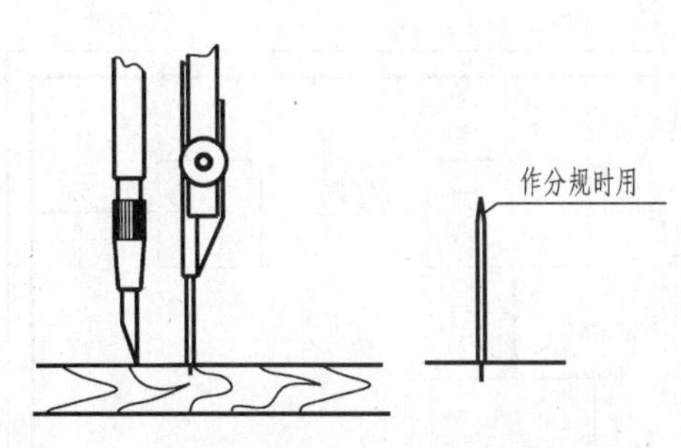

图 2-44　圆规钢针、铅芯及其位置

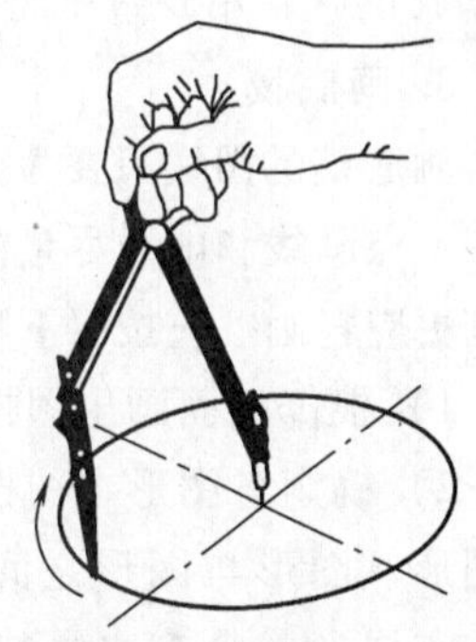

图 2-45　画圆时的手势

2. 分规

分规用来截取线段、等分线段和量取尺寸，如图 2-46 所示。先用分规在三棱尺上量取所需尺寸，如图 2-46a 所示，然后再量到图纸上去，如图 2-46b 所示。图 2-47 所示为用分规截取若干等份线段的作图方法。

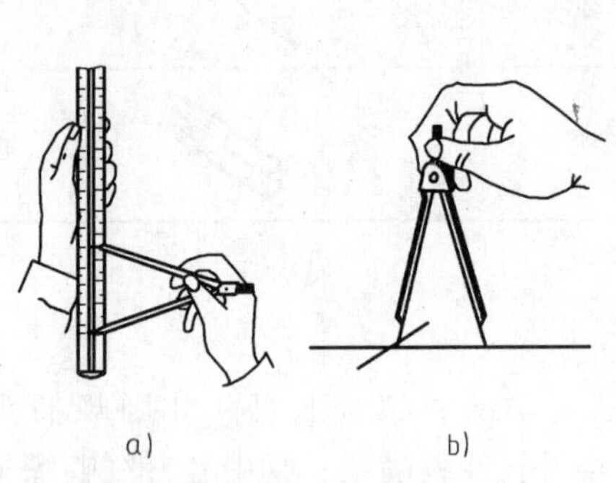

图 2-46　分规的用法

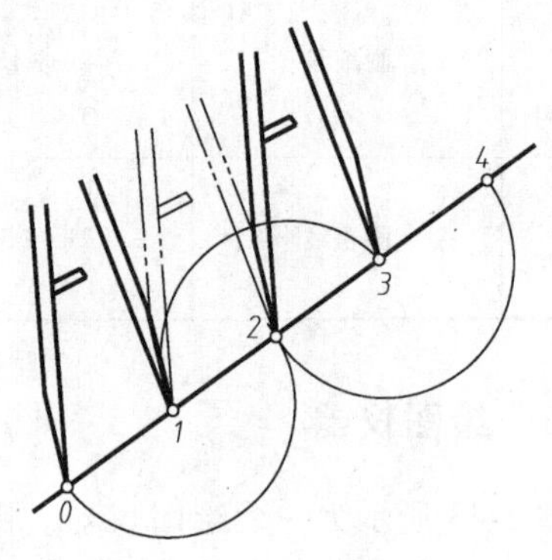

图 2-47　用分规截取若干等份线段的作图方法

2.3　绘图技能

2.3.1　仪器绘图

1. 绘图前的准备工作

首先准备好绘图用的工具、仪器，把铅笔按线型要求削好（建议粗实线用 B 或 2B 铅笔绘制，按线宽将铅笔截面削成矩形；虚线用 H 或 2H 铅笔绘制，字体用 HB 铅笔绘制，按虚线和字体笔宽将铅笔削成锥状或圆头；细实线用 2H 或 H 铅笔绘制，按细线宽度将铅笔削成尖锥状或铲状），圆规铅芯比铅笔软一号。然后用软布把图板、丁字尺和三角板擦净。最后把手洗净。

2. 固定图纸

按图样的大小选择图纸幅面。先用橡皮检查图纸的正反面（易起毛的是反面），然后把图纸铺在图板左方，使下方留有放丁字尺的地方，并用丁字尺比一比图纸的水平边是否放正。放正后，用胶带纸将图纸固定，用一张洁净的纸盖在上面，只把要画图的地方露出来。

3. 画底稿

画底稿的图线只要大致清晰，不可太粗太深。点画线和虚线尽量能区分出来。作图线则更应轻画。应按以下顺序画出底稿。

1）根据幅面画出图框和标题栏。

2）确定各图形在图框中的位置。图框与图形、图形与图形之间应留出间隔。图形的布局通常是在水平或铅直方向上使图框与图形的间隔为全部间隔的 30%，两图形之间的间隔为 40%，这种布局方法简称 3∶4∶3 布局法，如图 2-48 所示。

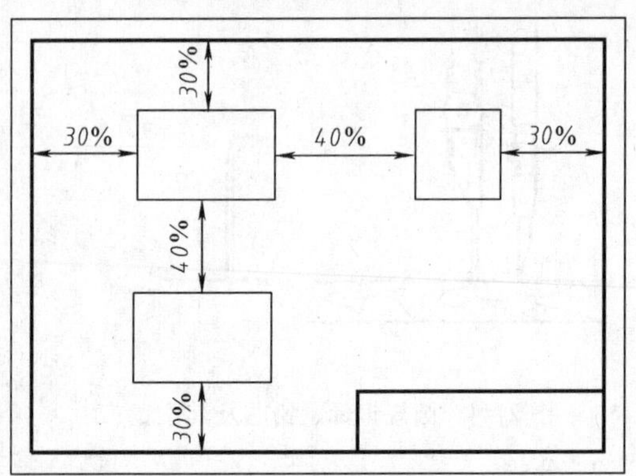

图 2-48　图形布局

3）画图形的底稿。底稿应从轴线、中心线或主要轮廓线开始画起，以便度量尺寸。为提高绘图速度和质量，在作图过程中，对图形间相同尺寸应一次量出或一次画出，避免时常调换工具。

4. 描深图线

描深图线时，按不同的线型选择不同的铅笔（粗实线使用 B 或 2B 铅笔）。描深过程中要保持笔端的粗细一致。修磨过的铅笔在使用前要试描，以核对图线宽度是否合适。描深时用力要均匀。描错或描坏的图线，用擦图片来控制擦去的范围，然后用橡皮顺纸纹擦。

注意：描深的步骤与画底稿的步骤不同。应先将尺寸标出，再描深细实线（有些细实线要一次画出，不再描深，如剖面线、尺寸线等），最后描深粗实线。各种线型还应按以下顺序成批描出。

1）描深所有圆及圆弧（当有几个圆弧相连接时，应从第一个开始，按顺序描深，才能保证相切处光滑连接）。

2）从图的左上方开始顺次向下描深所有的水平线。

3）再以同样顺序描深所有垂直线。

4）描深所有的斜线。

5. 填写标题栏

将标题栏的全部内容填写清楚。

6. 校核全图

如核对全图无误，应在标题栏中“制图”一格内签上制图者的姓名及日期，然后取下图纸。一张画好的图样，线型应正确，线条应粗细分明，且作图准确、图面整洁、字体工整。图 2-49 所示为绘制零件图的方法和步骤。

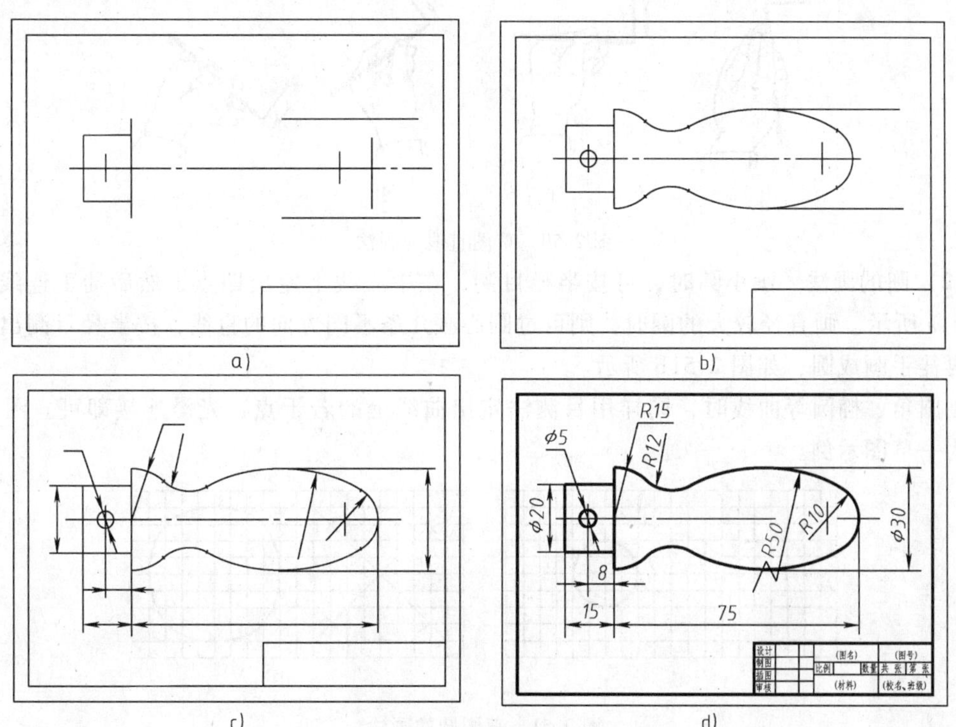

图 2-49　绘制零件图的方法和步骤

2.3.2　徒手草图

1. 草图的概念

草图是不借助仪器，仅用铅笔以徒手、目测的方法绘制的图样。由于绘制草图迅速简便，所以有很大的实用价值，常用于创意设计、测绘机件和技术交流中。

草图不要求按照国家标准规定的比例绘制，但要求正确目测实物形状及大小，基本上把握住形体各部分之间的比例关系。判断形体间的比例要从整体到局部，再由局部返回整体，相互比较。如一个物体的长、宽、高之比为 4: 3: 2，画此物体时，就要保持物体自身的这种比例。

草图不是潦草的图，除比例一项外，其余都必须遵守国家标准规定，要求做到图线清晰，粗细分明、字体工整等。

为了便于控制尺寸的大小，经常在网格纸上画徒手草图。网格纸不要求固定在图板上，为了作图方便可任意转动和移动。

2. 草图的绘制方法

（1）直线的画法　水平直线应自左向右，铅垂线应自上而下画出，眼视终点，小指压住纸面，手腕随线移动。画水平线和铅垂线时，要充分利用坐标纸的方格线；画 45°斜线时，应利用方格的对角线方向，如图 2-50 所示。

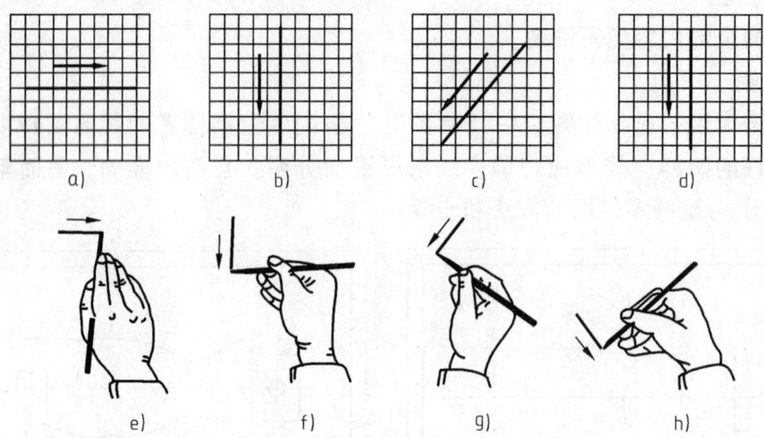

图 2-50　草图直线的画法

（2）圆的画法　画小圆时，可按半径目测，在中心线上定出四点，然后徒手连线，如图 2-51a 所示。画直径较大的圆时，则可过圆心画几条不同方向的直线，按半径目测出一些点，再徒手画成圆，如图 2-51b 所示。

画圆角、椭圆等曲线时，同样用目测法定出曲线上的若干点，光滑连接即可。图 2-52 所示为一草图示例。

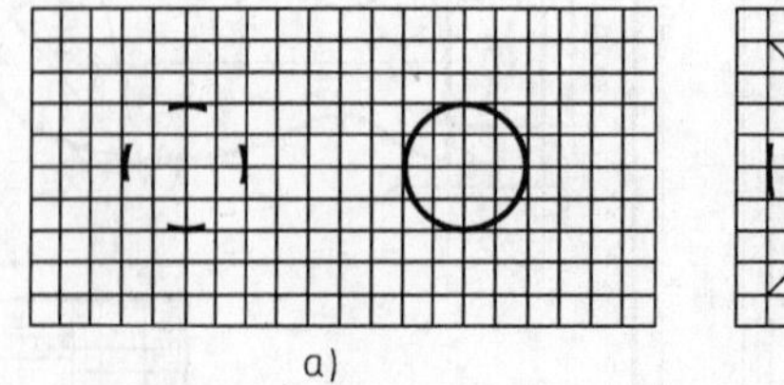

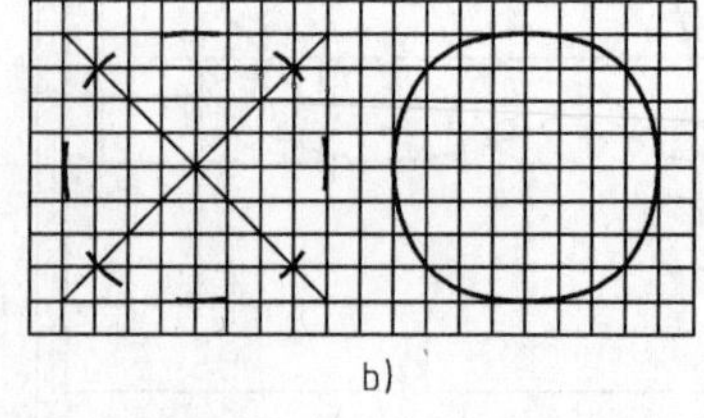

图 2-51　草图圆的画法

a）小圆　b）大圆

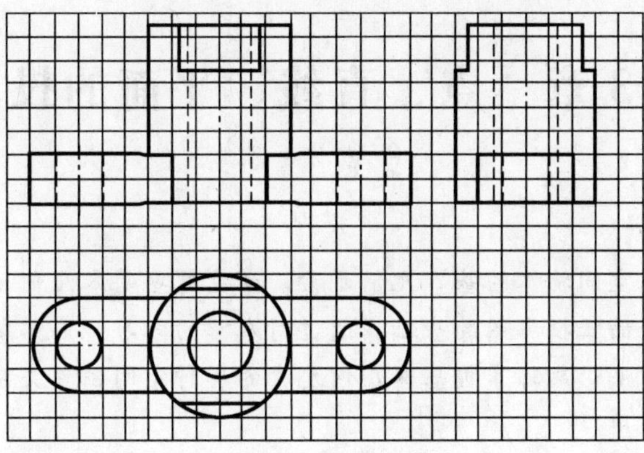

图 2-52　草图示例

第3章　点、直线、平面的投影

【本章学习提要】

点、线、面是构成空间物体的基本几何元素。研究这些基本几何元素的投影特性和画图方法是正确画出物体多面正投影图的基础。通过对本章的学习，应熟练掌握点、直线、平面的正投影特性和作图方法；熟练掌握基本几何元素的各种空间位置关系的投影特性和作图方法；了解换面法及其应用。

3.1　点的投影

过空间点 A 向 H 面作投射线（垂线），与 H 面的交点 a 即为空间点 A 在 H 面上的投影（空间点用大写字母表示，投影点用相应的小写字母表示），如图 3-1a 所示。由图 3-1b 中可以看出，A、B、C 三点是同一条投射线上的点，其在 H 面上的投影重合为一点 a（b）（c）。显然，若已知投影点 a、b、c，则不能唯一确定点 A、B、C 的空间位置。

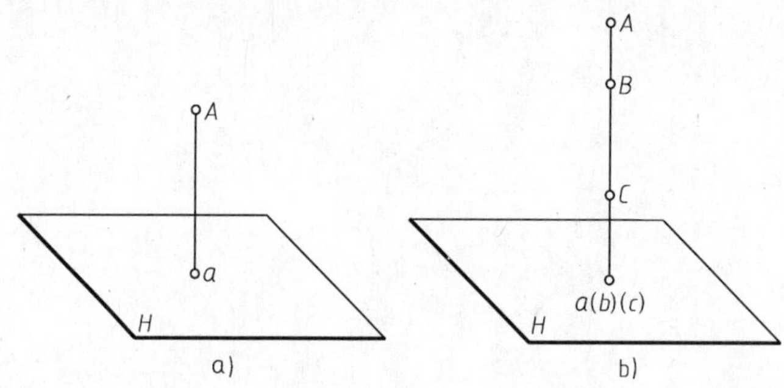

图 3-1　点在一个投影面上的投影

3.1.1　点在两投影面体系中的投影

1. 两投影面体系的建立

空间两个互相垂直的投影面构成两投影面体系，如图 3-2a 所示。一个为水平放置的投影面，用 H 表示；另一个为正对观察者垂直放置的投影面，用 V 表示。H 和 V 两投影面的交线称为投影轴，用 OX 表示。

2. 点的两面投影图和投影规律

空间点 A 位于 V 面和 H 面构成的两投影面体系中，如图 3-2a 所示。由点 A 分别向 V 面和 H 面作垂线，得垂足 a' 和 a。点 a' 和点 a 分别为空间点 A 的正面投影和水平投影。从图 3-2a 中可以看出，点在两投影面体系中的投影可以唯一确定点的空间位置。

为了把空间的两面投影表示在同一平面上，需要将投影面展平。展平方法为：V 面不动，将 H 面绕 OX 轴向下旋转 90°，使 H 面与 V 面在同一个平面上，如图 3-2b 所示。在实际画图时，不必画出投影面的边框，点 A 的投影图如图 3-2c 所示。由图 3-2 可概括出点的如下投影规律：

1）点的两投影连线与投影轴垂直。因为过点 A 向投影面所作的垂线 Aa' 和 Aa 分别垂直于 V 面和 H 面，则 V 面和 H 面的交线 OX 轴垂直于 Aa' 和 Aa 所组成的平面以及该平面上所有的直线，如图 3-2a 所示。所以 $a'a_X$ 和 aa_X 都垂直于 OX 轴。当 H 面绕 OX 轴旋转至与 V 面重合时，$a'a_X$ 和 aa_X 成为垂直于 OX 轴的一条直线。

2）点的投影到投影轴的距离等于该点到投影面的距离。点 A 的正面投影 a' 到 OX 轴的距离等于空间点 A 到 H 面的距离，即 $a'a_X = Aa$；点 A 的水平投影 a 到 OX 轴的距离等于空间点 A 到 V 面的距离，即 $aa_X = Aa'$。

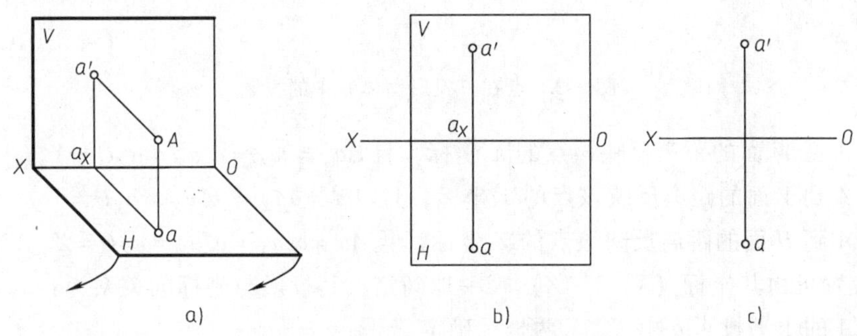

图 3-2　点在两投影面体系中的投影

3.1.2　点在三投影面体系中的投影

1. 三投影面体系的建立

为了完整清晰地表达物体的形状和结构，需要在两投影面体系的基础上再增加一个投影面，形成三投影面体系，如图 3-3a 所示。三投影面体系是由 H、V 面以及同时与它们均垂直的侧立投影面 W（简称侧面或 W 面）构成。H、V 和 W 三个投影面两两相交，得到的三条交线称为投影轴。其中 H 面与 V 面的交线为 X 轴；H 面与 W 面的交线为 Y 轴；V 面与 W 面的交线为 Z 轴。由于 H、V 和 W 面互相垂直，所以 X、Y 和 Z 轴也互相垂直，且交于一点，该点称为原点 O。

2. 点在三投影面体系中的投影

如图 3-3a 所示，空间点 A 处于 V 面、H 面和 W 面构成的三投影面体系中，点 A 在 V 面上投影为 a'，在 H 面上投影为 a，在 W 面上的投影为 a''。

空间三面投影的展平方法为：V 面不动，H 面绕 X 轴向下旋转 90°与 V 面重合；W 面绕 Z 轴向右旋转 90°与 V 面重合，如图 3-3b 所示。省略投影面边框线，即得到点的三面投影图，如图 3-3c 所示。

投影面展平后，由于 V 面不动，所以 X 轴和 Z 轴的位置不变。而 Y 轴被分为两支，一支随 H 面向下旋转与 Z 轴重合在一条直线上，用 Y_H 表示，另一支随 W 面向右旋转与 X 轴重合在一条直线上，用 Y_W 表示。

3. 点的三面投影与直角坐标的关系

如图 3-3a 所示，三投影面体系相当于空间坐标系，其中 H、V 和 W 投影面相当于三个坐标面，投影轴相当于坐标轴，投影体系原点相当于坐标原点。并规定 X 轴由原点 O 向左为正向；Y 轴由原点 O 向前为正向；Z 轴由原点 O 向上为正向。所以点 A 到三投影面的距离反映该点的 X、Y、Z 坐标，即

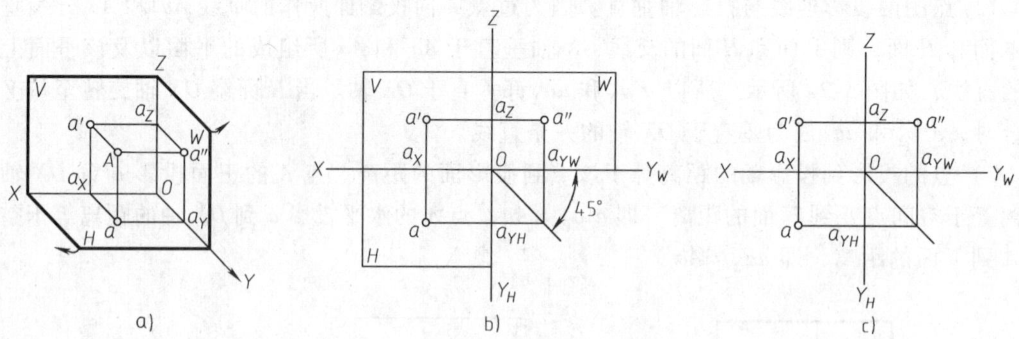

图 3-3　点在三投影面体系中的投影

1）点 A 到 W 面的距离反映该点的 X 坐标，且 $Aa''=aa_Y=a'a_Z=a_XO=X$。

2）点 A 到 V 面的距离反映该点的 Y 坐标，且 $Aa'=aa_X=a''a_Z=a_YO=Y$。

3）点 A 到 H 面的距离反映该点的 Z 坐标，且 $Aa=a'a_X=a''a_Y=a_ZO=Z$。

点的位置可由其坐标（X，Y，Z）唯一地确定，其投影与坐标的关系为：

1）点 A 的水平投影 a 由 X、Y 两坐标确定。

2）点 A 的正面投影 a'由 X、Z 两坐标确定。

3）点 A 的侧面投影 a''由 Y、Z 两坐标确定。

总之，根据点的坐标（X，Y，Z）可在投影图上确定该点的三个投影，由点的投影图可得到该点的三个坐标。其中点的任一投影均反映该点的两个坐标；任意两个投影均反映该点的三个坐标，即能确定该点在空间的位置。

4. 点在三投影面体系中的投影规律

1）点的正面投影与水平投影的连线垂直于 X 轴，两投影均反映此点的 X 坐标，所以又称为“长对正”。

2）点的正面投影与侧面投影的连线垂直于 Z 轴，两投影均反映此点的 Z 坐标，所以又称为“高平齐”。

3）点的水平投影到 X 轴的距离等于该点的侧面投影到 Z 轴的距离，两投影均反映此点的 Y 坐标，所以又称为“宽相等”。

【例 3-1】 已知空间点 A（12，10，16）、点 B（10，12，0）和点 C（0，0，14），试作点的三面投影图。

分析：点 A 的三个坐标均为正值，故点 A 的三个投影分别在三个投影面内；点 B 的 Z 坐标等于零，即点 B 到 H 面的距离等于零，故点 B 在 H 面内；点 C 的三个坐标中，$X=0$，$Y=0$，即点 C 到 W 面和 V 面的距离都等于零，故点 C 在 Z 轴上。

根据点 A 的坐标和投影规律，先画出点 A 的三面投影图，如图 3-4a 所示。

作图步骤如下：

1）在 OX 轴上自点 O 向左量 12mm，确定点 a_X。

2）过点 a_X 作 OX 轴垂线，沿着 Y_H 轴方向自点 a_X 向下量取 10mm 得点 a，再沿 Z 轴方向自点 a_X 向上量取 16mm 得点 a'。

3）按照点的投影规律作出点 a''，即完成点 A 的三面投影图。

用同样的方法可作出 B、C 两点的三面投影图，如图 3-4b 所示。

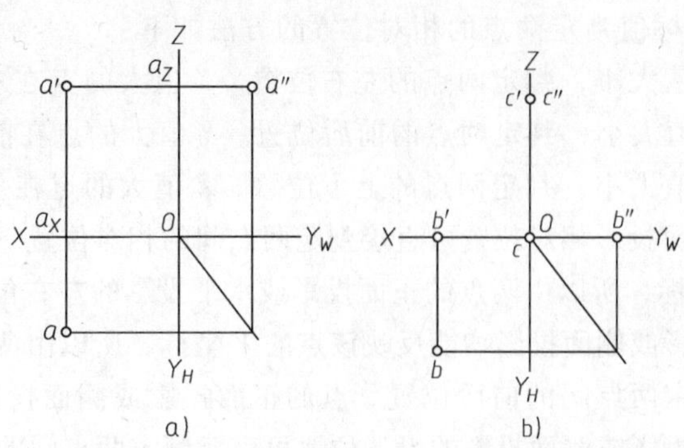

图 3-4　已知点的坐标求作点的三面投影

通过上例可以看出：

① 点的三个坐标都不等于零时，点的三个投影分别在三个投影面内。

② 点的一个坐标等于零时，点在某投影面内，点的这个投影与空间点重合，另两个投影在投影轴上。

③ 点的两个坐标等于零时，点在某投影轴上，点的两个投影与空间点重合，另一个投影在原点。

④ 点的三个坐标等于零时，点位于原点，点的三个投影都与空间点重合，即都在原点。

【例 3-2】 已知点 A 的正面投影 a'和水平投影 a，如图 3-5a 所示。求作该点的侧面投影 a''。

作图：由点的投影规律可知，$a'a'' \perp OZ$，$a''a_Z = aa_X$，故过 a'作直线垂直于 OZ 轴，交 OZ 轴于 a_Z，在 $a'a_Z$的延长线上量取 $a''a_Z = aa_X$，如图 3-5b 所示。也可以利用 45°斜线作图，如图 3-5c 所示。

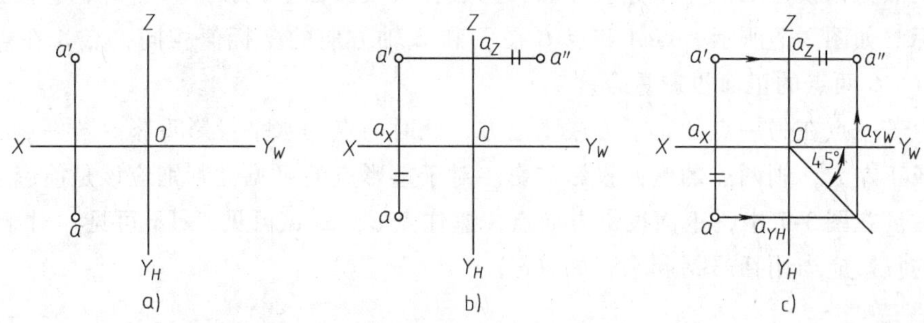

图 3-5　已知点的两个投影求点的第三个投影

a）已知　b）解法 1　c）解法 2

3.1.3　两点的相对位置及重影点

1. 两点的相对位置

空间两点的相对位置是指以某点为基准，空间两点的左右，前后和上下位置关系。通过比较两点相应坐标值的大小或同面投影的相对位置即可判定两点的空间相对位置。

图 3-6 中有两个点 A（X_A，Y_A，Z_A）、B（X_B、Y_B、Z_B），由于 a'在 b'左方（或 a 在 b 的左方），即 $X_A > X_B$，所以点 A 在点 B 的左方；由于 a 在 b 的前方（或 a''在 b''的前方），即 $Y_A > Y_B$，所以点 A 在点 B 的前方；由于 a'在 b'的下方（或 a''在 b''的下方），即 $Z_A < Z_B$，所以点 A 在点 B 的下方。由此可知，点 A 在点 B 之左、之前和之下。

总之，由两点的坐标值判定两点的相对位置的方法如下：

1）比较两点的 X 值大小，判定两点的左右位置，X 值大的点在左，小的点在右。

2）比较两点的 Y 值大小，判定两点的前后位置，Y 值大的点在前，小的点在后。

3）比较两点的 Z 值大小，判定两点的上下位置，Z 值大的点在上，小的点在下。

同样，由两点的同面投影相对位置可直接判定两点间的相对位置。点的正面投影或水平投影均能反映该点的 X 坐标，所以由两点的正面投影或水平投影的左右位置可直接判定两点间的左右位置。点的水平投影或侧面投影均能反映该点的 Y 坐标，所以由两点的水平投影或侧面投影的前后位置可直接判定两点间的前后位置。点的正面投影或侧面投影均能反映该点的 Z 坐标，所以由两点的正面投影或侧面投影的上下位置可直接判定两点间的上下位置。

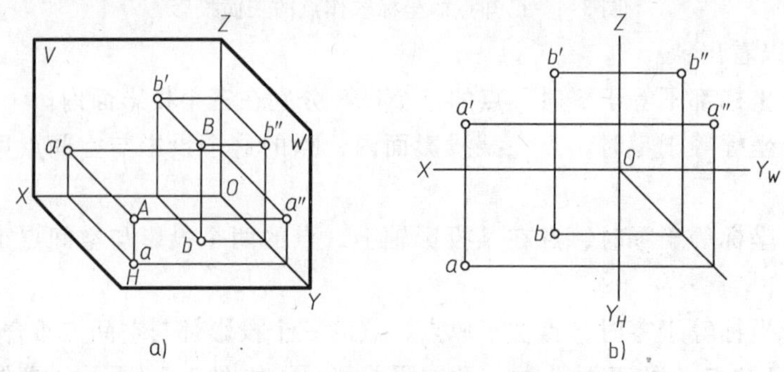

图 3-6　两点间的相对位置

a）立体图　b）投影图

2. 重影点及其可见性

当空间两点位于某一投影面的同一条投射线上时，则两点在该投影面上的投影重合为一点，称这两点为该投影面的重影点。显然，两点在某投影面上的投影重合时，它们必有两对相等的坐标。如图 3-7 所示，点 A 和点 C 在 X 和 Z 轴方向的坐标值相同，点 A 在点 C 的正前方，故 A、C 两点的正面投影重合。

同理，若一点在另一点的正下方或正上方，此时两点的水平投影重影。若一点在另一点的正右方或正左方，则两点的侧面投影重影。对于重影点的可见性判别应该是前遮后、上遮下、左遮右。在图 3-7 中，正面投影方向点 A 遮住点 C，故 a' 可见，c' 不可见。对于重影点，不可见点的投影应当用括号括起来，如（c'）。

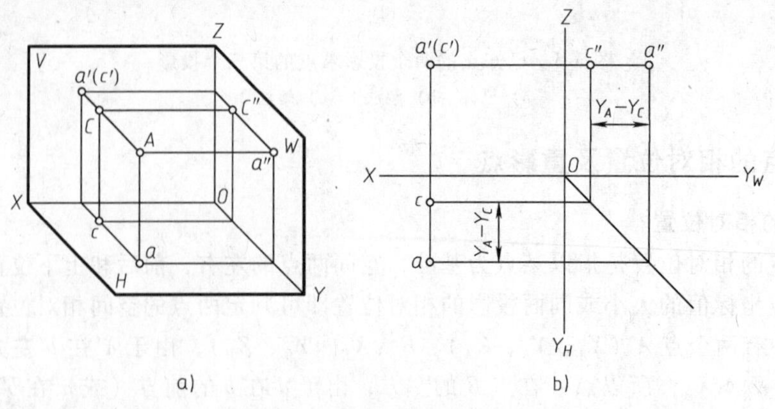

图 3-7　重影点及其可见性

a）立体图　b）投影图

3.2　直线的投影

直线的投影可由直线上两点的投影来确定。由正投影法的基本投影特性可知：一般情况下直线的投影仍为直线，特殊情况下积聚为一点，当直线与投影面平行时，直线的投影反应其实长，如图 3-8 所示。

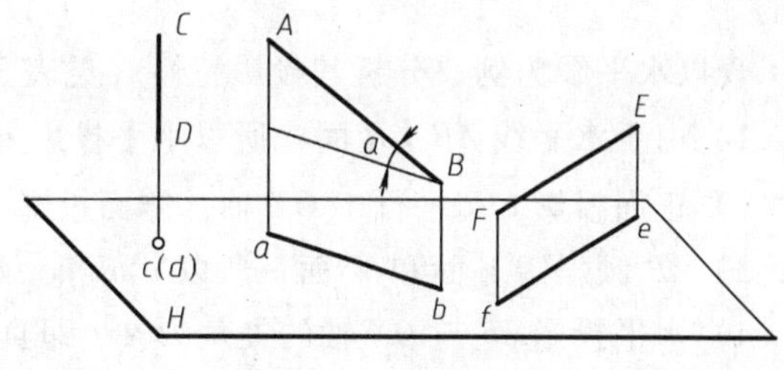

图 3-8　直线的投影

在投影图中，各几何元素在同一投影面上的投影称为同面投影。要确定直线的投影，只要找出直线段上两端点的投影，并将两端点的同面投影连接起来即得直线在该投影面上的投影。

3.2.1　各种位置直线的投影特性

根据直线在三面投影体系中的位置，可将直线分为三类：一般位置直线、投影面平行线和投影面垂直线。通常把投影面平行线和投影面垂直线称为特殊位置直线。

1. 一般位置直线

一般位置直线是指对三个投影面都倾斜的直线。直线对 H、V、W 三个投影面的倾角分别用 α、β、γ 表示，如图 3-9 所示。一般位置直线在各投影面上的投影都是变短的、倾斜于投影轴的直线段，投影与投影轴的夹角不反映直线对投影面的倾角。三个投影即不反映实长也没有积聚性，直线段 AB 的实长与投影的关系如下

$$\overline{ab} = \overline{AB}\cos\alpha;\quad \overline{a'b'} = \overline{AB}\cos\beta;\quad \overline{a''b''} = \overline{AB}\cos\gamma$$

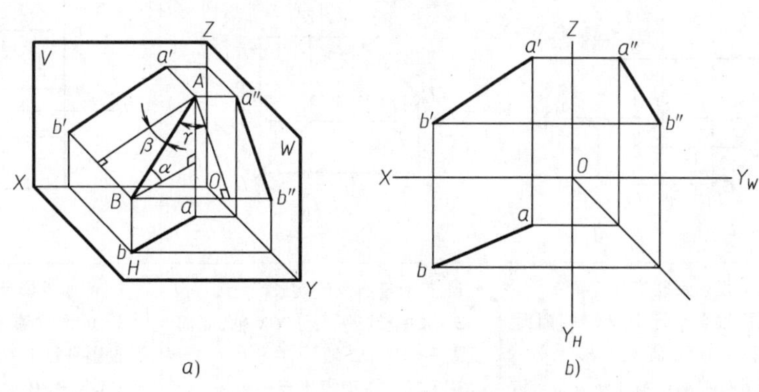

图 3-9　一般位置直线的投影

a）立体图　b）投影图

一般位置直线的投影特性可归纳为三点：

1）一般位置直线的三个投影对三个投影轴既不垂直也不平行。

2）一般位置直线的任何一个投影均小于该直线的实长。

3）一般位置直线的任何一个投影与投影轴的夹角，均不反映空间直线与投影面间的倾角。

2. 投影面平行线

投影面平行线是指仅平行于某一个投影面的直线。这类直线有三种：仅平行于 H 面的直线称为水平线；仅平行于 V 面的直线称为正平线；仅平行于 W 面的直线称为侧平线。在三投影面体系中，若投影面平行线仅平行于某一个投影面，则它与其他两个投影面均是倾斜的。

现以水平线为例，分析其投影特性（见表 3-1）。

1）由于水平线 $AB /\!/ H$ 面，所以水平投影 ab 反映该直线的实长，即 $\overline{ab}=\overline{AB}$。

2）正面投影 $a'b'$ 平行于 OX 轴，侧面投影 $a''b''$ 平行 OY_W 轴。

3）AB 倾斜于 V 面和 W 面，所以 $a'b'$ 和 $a''b''$ 均小于实长 AB。

4）水平投影 ab 与 OX 轴的夹角为 β（即直线 AB 与 V 面的倾角），与 OZ 轴的夹角为 γ（即直线 AB 与 W 面的倾角），而 α（即直线 AB 与 H 面的倾角）为 0°。同样，正平线和侧平线也有类似的投影特性。投影面平行线的投影特性及其图例见表 3-1。

表 3-1　投影面平行线的投影特性及其图例

名称	水平线	正平线	侧平线
轴测图	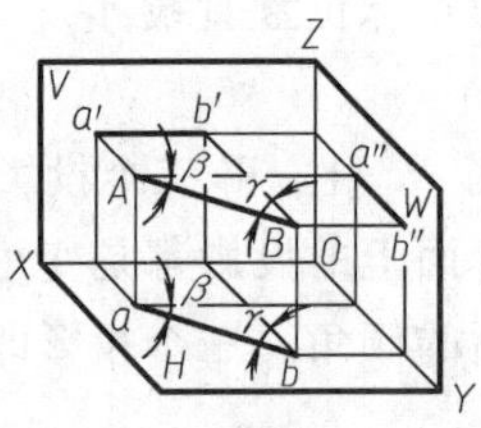	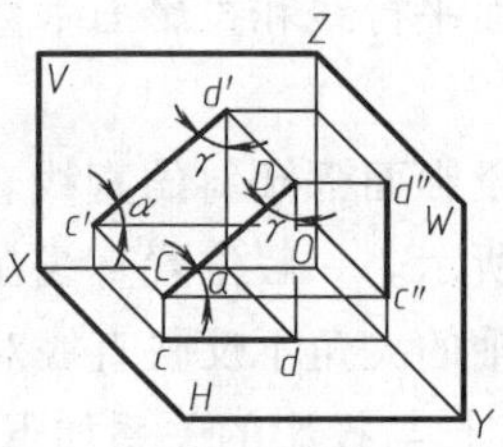	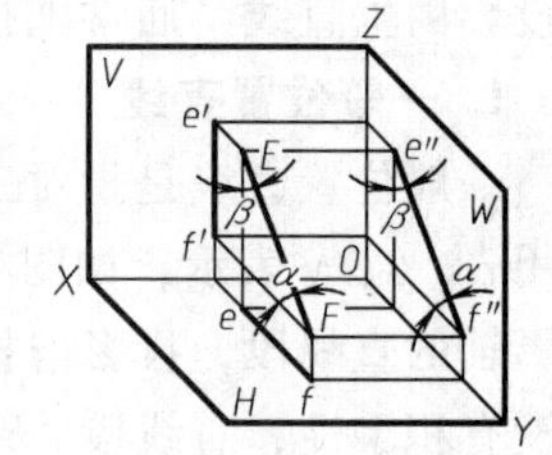
投影图	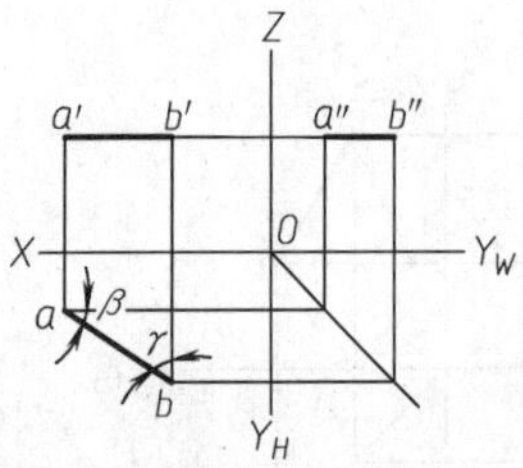	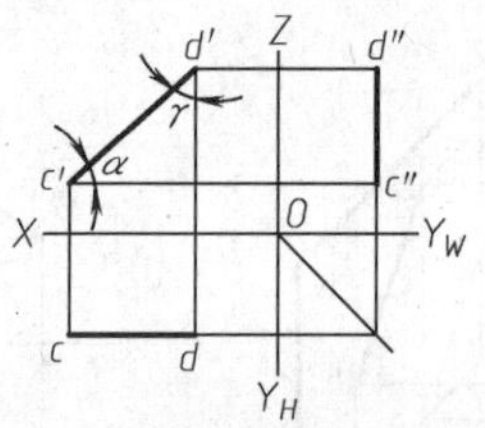	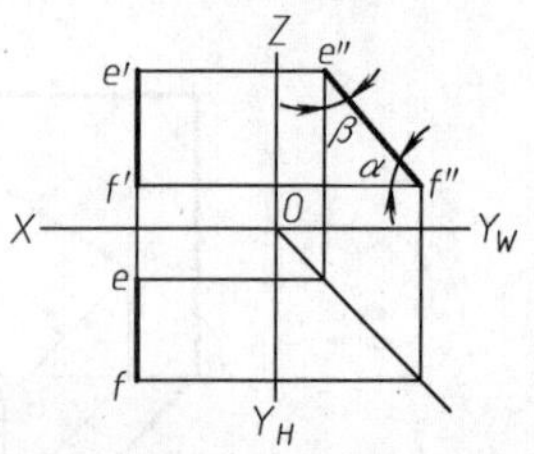
投影特性	1. 水平投影反映实长 2. 正面投影平行于 OX 轴，侧面投影平行于 OY_W 轴 3. $\alpha=0°$，水平投影反映 β、γ	1. 正面投影反映实长 2. 水平投影平行于 OX 轴，侧面投影平行于 OZ 轴 3. $\beta=0°$，正面投影反映 α、γ	1. 侧面投影反映实长 2. 正面投影平行于 OZ 轴，水平投影平行于 OY_H 轴 3. $\gamma=0°$，侧面投影反映 α、β
	小结：1. 直线在所平行的投影面上的投影反映该直线的实长及倾角 2. 直线的其他两个投影均小于直线的实长，且分别平行于该投影面所包含的两个投影轴		

总之，投影面平行线在该投影面上的投影为倾斜线，且反映该直线的实长和对其他两投影面的倾角；直线的其他两个投影均小于直线的实长，且分别平行于该投影面所包含的两个投影轴。

在读图时，凡遇到一个投影是平行于投影轴的直线，而相应的另一个投影是倾斜于投影轴的直线时，则它就是倾斜投影所在投影面的平行线。

3. 投影面垂直线

投影面垂直线是指垂直于某一个投影面的直线。这类直线有三种：垂直于 H 面的直线称为铅垂线；垂直于 V 面的直线称为正垂线；垂直于 W 面的直线称为侧垂线。在三投影面体系中，若投影面的垂直线垂直于某个投影面，则它必然同时平行于其他两个投影面。

现以铅垂线为例，分析其投影特性（见表 3-2）。

1）由于 $AB \perp H$ 面，所以其水平投影 ab 具有积聚性，积聚为一点。

2）正面投影 $a'b'$ 垂直于 OX 轴；侧面投影 $a''b''$ 垂直于 OY_W 轴。

3）正面投影 $a'b'$ 和侧面投影 $a''b''$ 均反映实长，即 $\overline{a'b'}=\overline{a''b''}=\overline{AB}$。

4）由于 $AB \perp H$ 面，所以 $\alpha=90°$；又由于 $AB /\!/ V$ 面，$AB /\!/ W$ 面，所以 β、γ 均为 0。

同样，正垂线和侧垂线也有类似的投影特性。投影面垂直线的投影特性及其图例见表 3-2。

表 3-2　投影面垂直线的投影特性及其图例

名称	铅垂线	正垂线	侧垂线
轴测图	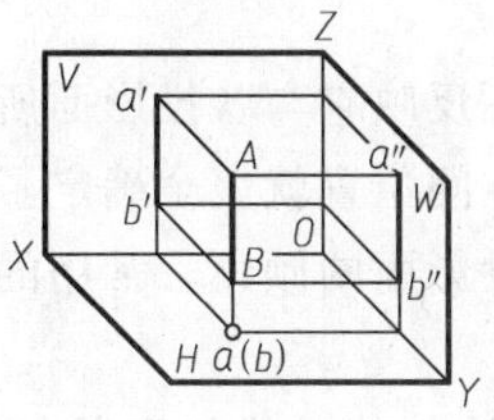	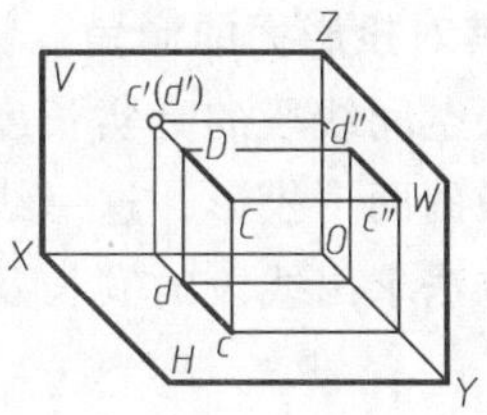	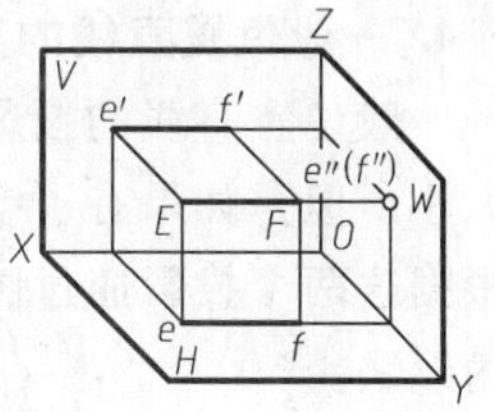
投影图	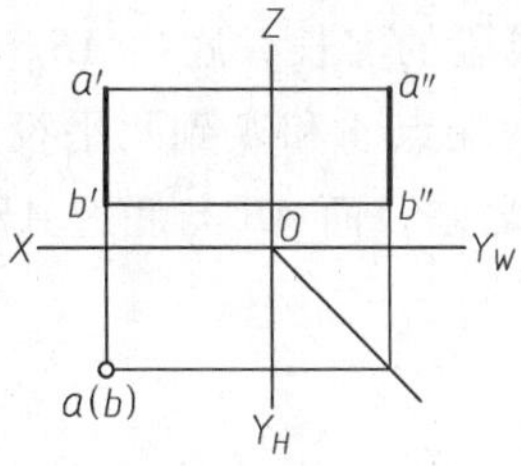	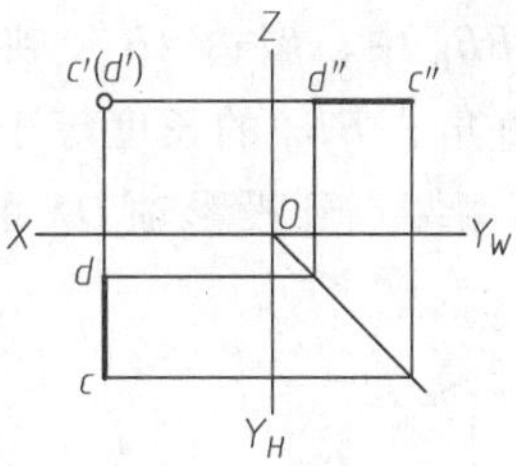	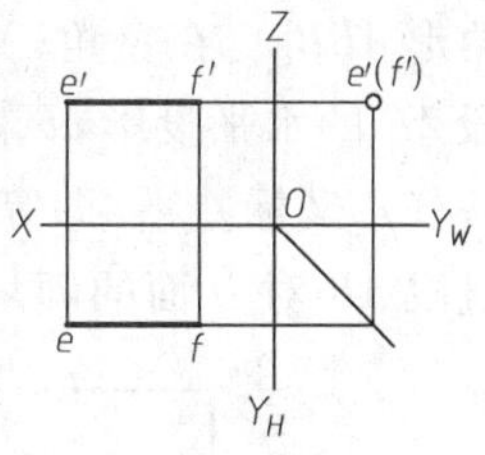
投影特性	1. 水平投影积聚成为一点 2. 正面投影和侧面投影均反映实长，且分别垂直于 OX、OY_W 轴 3. $\alpha=90°$，β、γ 均为 0°	1. 正面投影积聚成为一点 2. 水平投影和侧面投影均反映实长，且分别垂直于 OX、OZ 轴 3. $\beta=90°$，α、γ 均为 0°	1. 侧面投影积聚成为一点 2. 水平和正面投影均反映实长，且分别垂直于 OY_H、OZ 轴 3. $\gamma=90°$，α、β 均为 0°
	小结：1. 直线在所垂直的投影面上的投影积聚成点 2. 直线的其他两个投影均分别垂直于该投影面所包含的两个投影轴，且反映实长		

总之，当直线垂直于某个投影面时，它在该投影面上的投影积聚为一点，其他两投影分别垂直于该投影面所包含的两个投影轴，且均反映此直线的实长。

在读图时，凡遇到一个投影积聚为一点的直线时，它一定是该投影面的垂直线。

【例 3-3】 三棱锥的三面投影图如图 3-10 所示。判别棱线 SB、SC、CA 是什么位置直线？

分析：SB 的三面投影为 sb、$s'b'$、$s''b''$。因为 $sb /\!/ OX$ 轴、$s''b'' /\!/ OZ$ 轴、$s'b'$ 倾斜于投影

轴，所以 SB 是正平线。SC 的三面投影 sc、$s'c'$、$s''c''$都倾斜于投影轴，所以 SC 是一般位置直线。CA 的正面投影 $c'a'$积聚为一点，水平投影 $ca \perp OX$ 轴，侧面投影 $c''a'' \perp OZ$ 轴，所以 CA 是正垂线。

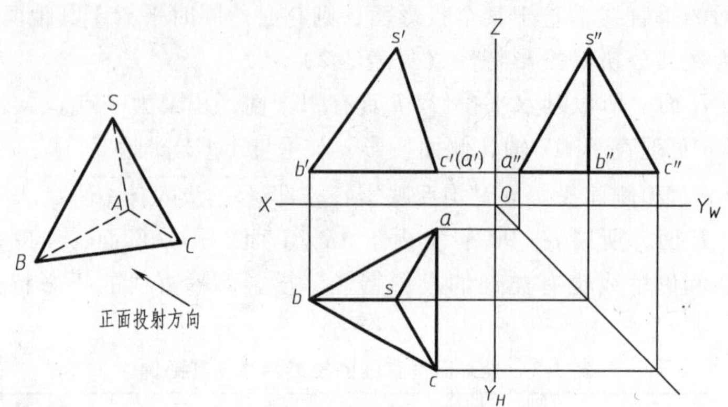

图 3-10　三棱锥的三面投影图

4. 一般位置直线的实长及其对投影面的倾角

一般位置直线的投影不反映空间线段的真实长度，也不反映它与各投影面所成夹角的真实大小。但是如果有了空间线段的两个投影，这一线段的空间位置就完全确定了。因此，可以根据这两个投影通过图解的方法求出线段的实长及其对投影面的倾角。常用的方法是直角三角形法。

图 3-11a 所示为用直角三角形法求一般位置直线的实长及其对投影面的倾角的作图原理。AB 为一般位置直线。过端点 A 作平行其水平投影 ab 的直线并交 Bb 于点 B_0，构成直角三角形 ABB_0。在直角三角形 ABB_0 中，斜边 AB 反映空间线段的实长，底边 AB_0 的长度等于线段 AB 的水平投影 ab，另一直角边 BB_0 的长度等于线段两端点 A 和 B 到水平投影面的距离之差（Z 坐标差），即等于 $a'b'$两端点到投影轴 OX 的距离之差，而 AB 与底边 AB_0 的夹角即为线段 AB 对 H 面的倾角 α。

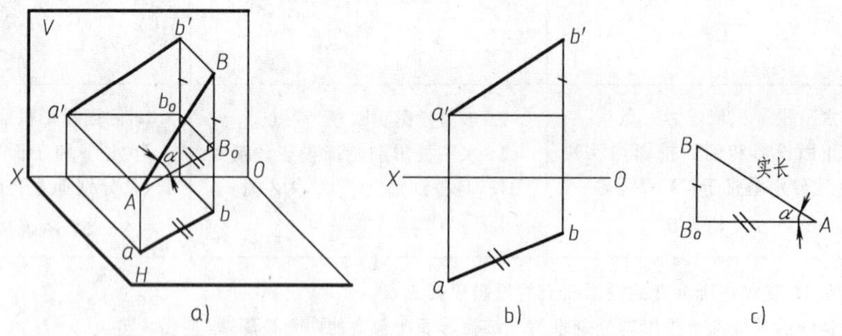

图 3-11　直角三角形法

a）立体图　b）投影图　c）求解三角形

根据上述分析，只要用一般位置直线在某一投影面的投影作为直角三角形的一边，用直线的两端点到该投影面的距离差作为另一直角边，即可作出直角三角形。此直角三角形的斜边反映空间线段的真实长度，而斜边与底边的夹角就是空间线段对该投影面的倾角，这就是直角三角形法。

根据上述分析，结合 AB 的三面投影图，讨论求 AB 的实长和对三个投影面的倾角 α、

β、γ。利用直线的水平投影和 Z 坐标差，能够求出实长及 α；利用直线的正面投影和 Y 坐标差，能够求出实长及 β；利用直线的侧面投影和 X 坐标差，能够求出实长及 γ。如图 3-12a、b 所示。

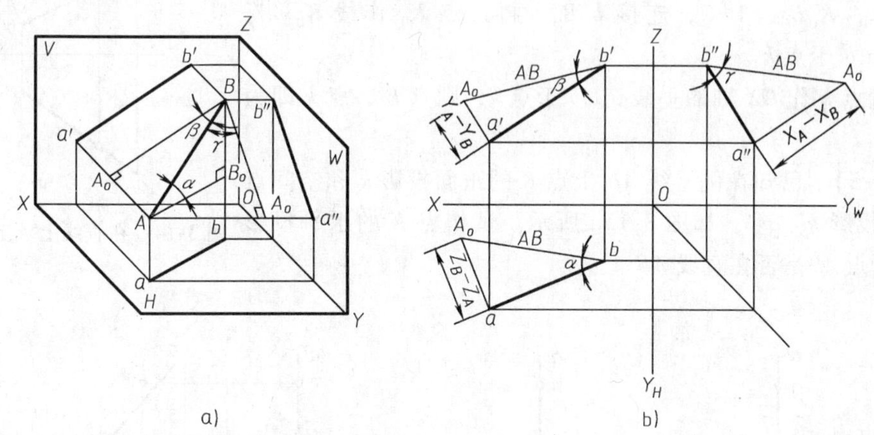

图 3-12　线段的实长和对三个投影面的倾角

a）立体图　b）投影图

3.2.2　点与直线的相对位置

点与直线的相对位置有两种情况，即点在直线上和点不在直线上。

1. 点在直线上

在三投影面体系中，若点在直线上，则其投影特性为：点的各投影必在该直线的同面投影上，且点分割直线的比例在投影以后保持不变。

如图 3-13 所示，点 K 在直线 AB 上，则水平投影 k 在 ab 上，正面投影 k'在 $a'b'$上。反之，若点的各投影分别在直线的同面投影上，且分割线段的各投影长度之比相等，则该点在此直线上。

如图 3-13 所示，点 K 的水平投影 k 在 ab 上，正面投影 k'在 $a'b'$上，且 $\overline{ak}:\overline{kb}=\overline{a'k'}:\overline{k'b'}$，则点 K 在直线 AB 上，且 $\overline{AK}:\overline{KB}=\overline{ak}:\overline{kb}=\overline{a'k'}:\overline{k'b'}$。

2. 点不在直线上

若点不在直线上，则点的各投影不符合点在直线上的投影特性。反之，点的各投影不符合点在直线上的投影特点，则该点不在直线上。如图 3-13 所示，点 M 不在直线 AB 上，虽然其水平投影 m 在 ab 上，但其正面投影 m'并不在 $a'b'$上。

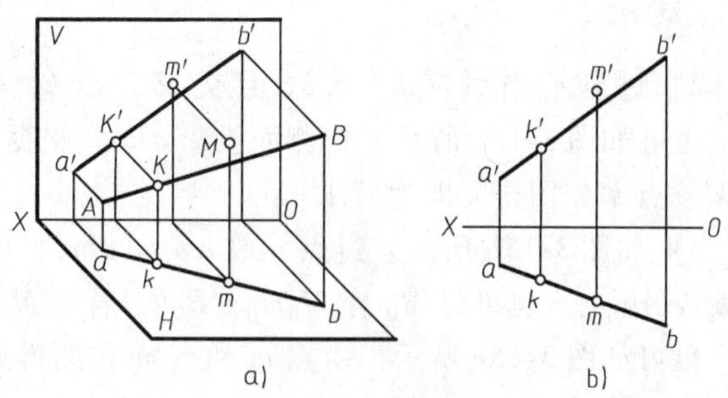

图 3-13　点与直线的相对位置

a）立体图　b）投影图

一般情况下，根据两面投影即可判定点是否在直线上，但仅知投影面平行线的两个与投影轴平行的投影时，则需用定比分割法或三面投影来判定。

【例 3-4】　已知直线 AB 的两面投影 ab 和 $a'b'$，如图 3-14 所示。试在该直线上取点 K，使 $\overline{AK}:\overline{KB}=1:2$。

分析：点 K 在直线 AB 上，则有 $\overline{AK}:\overline{KB}=\overline{a'k'}:\overline{k'b'}=\overline{ak}:\overline{kb}=1:2$。

作图步骤：

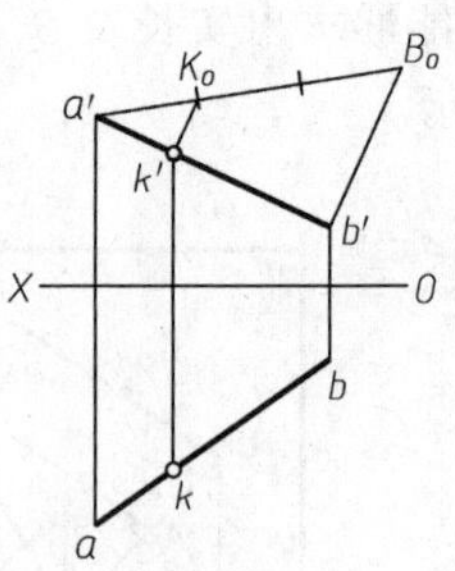

图 3-14　在直线上求定比分点

1）过点 a' 作任一斜线 $a'B_0$。取任意单位长度，在该斜线上截取 $\overline{a'K_0}:\overline{K_0B_0}=1:2$，连接 $b'B_0$。再过点 K_0 作线 $K_0k'/\!/B_0b'$，交 $a'b'$ 于点 k'。

2）过点 k' 作 OX 轴的垂线交 ab 于点 k，则点 k'、点 k 即为所求。

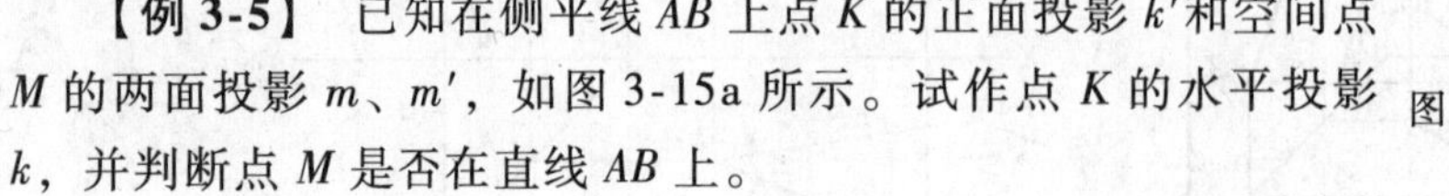

【例 3-5】 已知在侧平线 AB 上点 K 的正面投影 k' 和空间点 M 的两面投影 m、m'，如图 3-15a 所示。试作点 K 的水平投影 k，并判断点 M 是否在直线 AB 上。

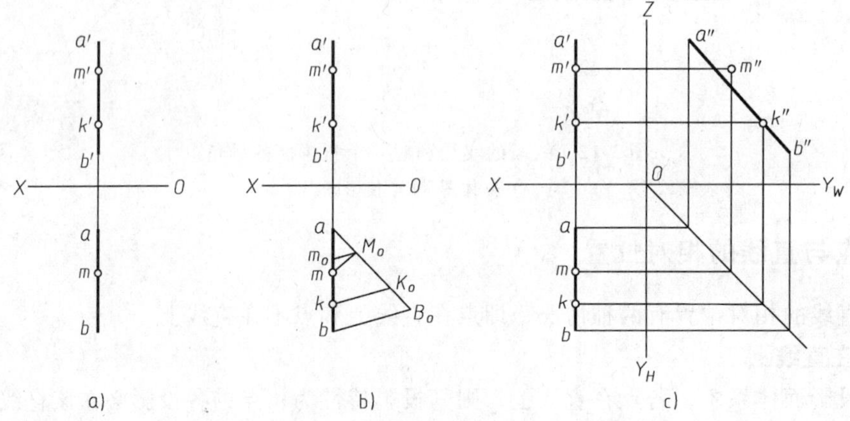

图 3-15　判断点与直线的相对位置

a）已知　b）解法 1　c）解法 2

分析：由于点 K 在直线 AB 上，利用定比分割法，根据点 K 的正面投影 k' 求出点 K 的水平投影 k。

作图步骤：

1）如图 3-15b 所示，过点 a 作任一斜线 aB_0，且截取 $\overline{aK_0}=\overline{a'k'}$、$\overline{K_0B_0}=\overline{k'b'}$，连接 B_0b。

2）过点 K_0 作线 $K_0k/\!/B_0b$，且交 ab 于点 k，则点 k 即为所求。

也可如图 3-15c 所示，作侧面投影 $a''b''$，根据点的投影规律，由点 k' 作图得点 k''，再由点 k'、点 k'' 作图得 k 即为所求。

3）如图 3-15b 所示，过点 a 取 $\overline{aM_0}=\overline{a'm'}$，由于连线 M_0m 不平行于 B_0b，判定点 M 不在线段 AB 上。也可过 M_0 作 $M_0m_0/\!/B_0b$，若点 M 在 AB 上，其水平投影应位于点 m_0 处。

也可如图 3-15c 所示，由点 m 和点 m' 作图得点 m''，由于点 m'' 不在 $a''b''$ 上，故而判定点 M 不在直线 AB 上。

3.2.3　两直线的相对位置

空间两直线的相对位置有三种情况：平行、相交和交叉。由于相交两直线或平行两直线在同一平面上，因此又称共面直线，而交叉两直线不在同一平面上，故又称异面直线。

1. 平行两直线

平行两直线的投影特性为：

1）平行两直线的同面投影互相平行。反之，若两直线在同一投影面上的投影都相互平行，则空间两直线一定平行。

2）平行两线段之比等于其投影之比。

如图 3-16 所示，若空间两直线相互平行，则两直线的同面投影也相互平行，即若 $AB /\!/ CD$，则 $ab /\!/ cd$、$a'b' /\!/ c'd'$。如果从投影图上判别两条一般位置直线是否平行，只要看它们的两个同面投影是否平行即可。如果两直线为投影面平行线时，通常要看第三个同面投影。例如在图 3-17 中，AB、CD 是两条侧平线，它们的正面投影及水平投影均相互平行，即 $a'b' /\!/ c'd'$、$ab /\!/ cd$，但它们的侧面投影并不平行，因此，AB、CD 两直线的空间位置并不平行。请读者思考，还有其他判定方法吗？

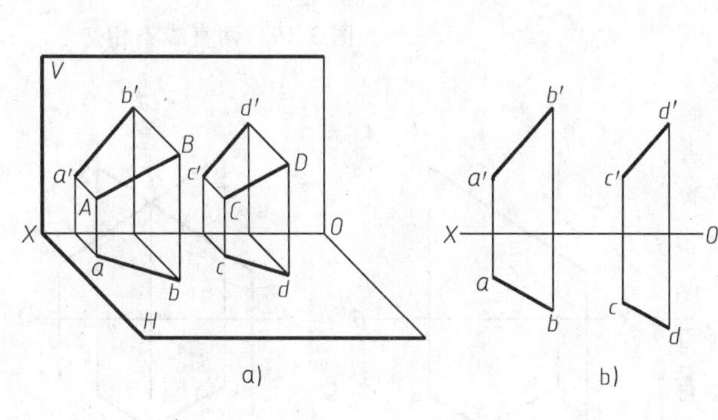

图 3-16　平行两直线
a）立体图　b）投影图

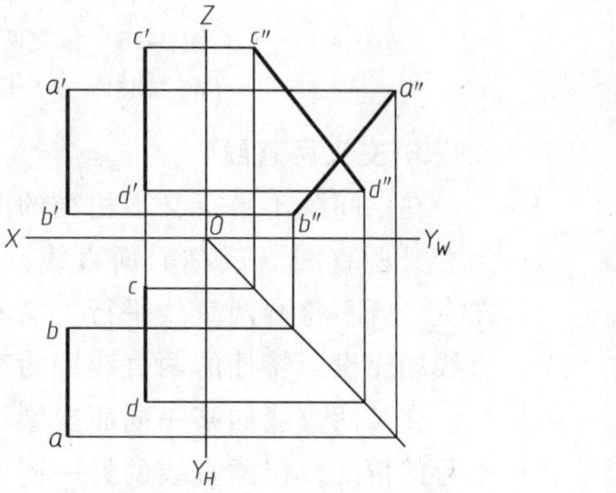

图 3-17　两直线不平行

2. 相交两直线

空间相交两直线的交点是两直线的共有点，所以，若空间两直线相交，则它们在投影图上的同面投影也分别相交，且交点的投影符合点的投影规律，如图 3-18a 所示。

两直线 AB、CD 交于点 K，点 K 是两直线的共有点，所以 ab 与 cd 交于点 k，$a'b'$与 $c'd'$ 交于点 k'，kk'连线必垂直于 OX 轴，如图 3-18b 所示。

注意：如果两直线中有一直线为投影面平行线，则要看同面投影的交点是否符合点在直线上的定比关系，或是看在其所平行的投影面上的两直线投影是否相交，且交点是否符合点的投影规律，如图 3-19 所示。

【例 3-6】　已知相交两直线 AB、CD 的水平投影 ab、cd 及直线 CD 和点 A 的正面投影 $c'd'$和 a'，求直线 AB 的正面投影 $a'b'$，如图 3-20a 所示。

分析：利用相交两直线的投影特性，可求出交点 K 的两投影 k、k'，再运用点线从属原理即可得 $a'b'$。

作图步骤：

1）两直线的水平投影 ab 与 cd 相交于点 k，即交点 K 的水平投影。

2）过点 k 作 OX 轴的垂线，求得 $c'd'$上的点 k'。

3）连接点 a'和点 k'并将其延长。

4）再过点 b 作 OX 轴垂线与 $a'k'$ 延长线相交于点 b'，$a'b'$ 即为所求。

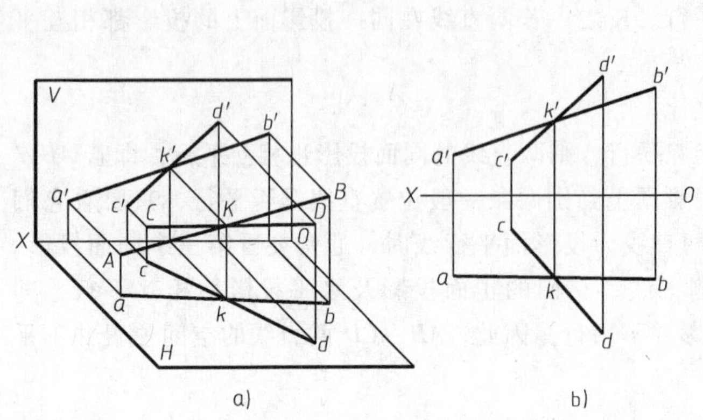

图 3-18　相交两直线

a）立体图　b）投影图

图 3-19　两直线不相交

3. 交叉两直线

在空间既不平行又不相交的两直线称为交叉两直线（或称异面直线）。在投影图上，既不符合两直线平行，又不符合两直线相交投影特性的两直线即为交叉两直线。交叉两直线的某一同面投影可能会有平行的情况，但两直线的另一同面投影是不平行的，如图 3-21 所示。图 3-17 所示的两侧平线 AB、CD 也属交叉两直线。

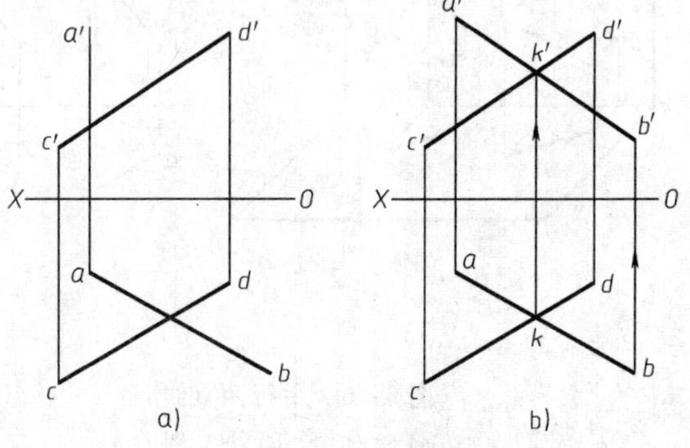

图 3-20　补全与另一直线相交直线的投影

a）已知　b）题解

交叉两直线在空间不相交，其同面投影的交点是两直线在该投影面上的重影点。如图 3-22 所示，分别位于直线 AB 上的点Ⅰ和直线 CD 上的点Ⅱ的正面投影 1′和 2′重合，所以点Ⅰ和点Ⅱ为对 V 面的重影点，利用该重影点的不同坐标值 Y_{I} 和 Y_{II} 决定其可见性。由于 $Y_{\text{I}} > Y_{\text{II}}$，所以，点Ⅰ的 1′遮住了点Ⅱ的 2′，这时点 1′为可见，点 2′为不可见，不可见点需加注括号。

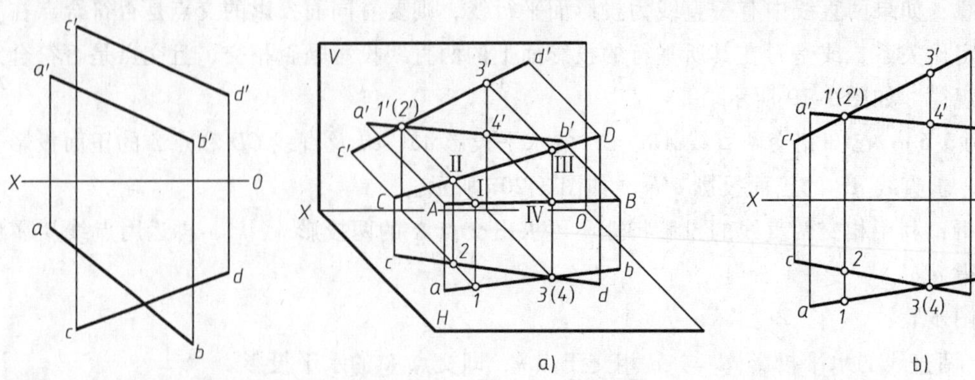

图 3-21　交叉两直线的投影

图 3-22　交叉两直线

a）立体图　b）投影图

同理，若水平投影有重影点需要判别其可见性，只要比较两重影点的 Z 坐标即可。显然 $Z_{\mathrm{III}} > Z_{\mathrm{IV}}$，对于 H 面来讲，Z 坐标大的点在上，上面的点遮住了下面的点，所以，点3可见，点4不可见，不可见点加注括号。

4. 垂直两直线

空间互相垂直的两直线，若同时平行于某一投影面，则两直线在该投影面上的投影仍互相垂直；若都不平行于某一投影面，其投影不垂直。

如果两直线互相垂直，且其中有一条直线平行于某一投影面，则两直线在该投影面的投影仍互相垂直，这一投影特性称为直角投影定理。利用这一定理，可进行有关空间几何问题的图示与图解。如图3-23a所示，AB、BC 为互相垂直的两直线，其中 BC 平行于 H 面（即水平线），AB 为一般位置直线。现证明两直线的水平投影 ab 和 bc 仍互相垂直，即 $bc \perp ab$。

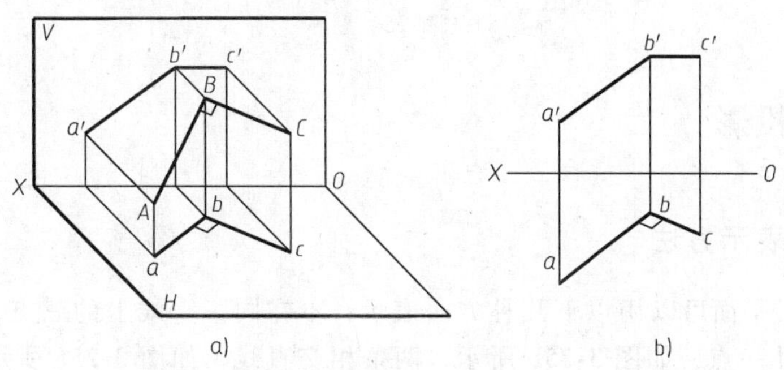

图3-23　直角投影定理

a）立体图　b）投影图

证明：因 $BC \perp Bb$，$BC \perp AB$，所以 BC 垂直于平面 $ABba$；又因 $BC /\!/ bc$，所以 bc 也垂直于平面 $ABba$。根据初等几何定理可知，bc 垂直于平面 $ABba$ 上的所有直线，故 $bc \perp ab$，如图3-23a所示。

反之，若相交两直线在某一投影面上的投影互相垂直，且其中一直线平行于该投影面，则两直线在空间必互相垂直。如图3-23b所示，相交两直线 AB 与 BC 中的 BC 的正面投影 $b'c' /\!/ OX$ 轴，所以 BC 为水平线。又 $\angle abc = 90°$，则空间两直线 $AB \perp BC$。

【例3-7】 已知正平线 BC 和点 A 的两面投影，求点 A 到直线 BC 的距离 AK，如图3-24a所示。

分析：点到直线的距离即由点向该直线作垂线，则点到垂足的线段长即为距离。应作出距离的投影和实长。由于正平线 BC 与距离 AK 垂直相交，根据直角投影定理可知，它们的正面投影互相垂直。做出垂足 K，并与点 A 用直线连接既得距离，再用直角三角形法求实长。

如图3-24b所示，作图步骤：

1）过点 a' 作直线 $a'k' \perp b'c'$，得交点 k'，再由点 k' 作点 k，连线 ak，即得距离 AK 的两面投影。

2）根据 A、K 两点的 Y 坐标差作直角三角形 $\triangle a'k'K_0$，则斜边 $a'K_0$ 即为距离 AK 的实长。

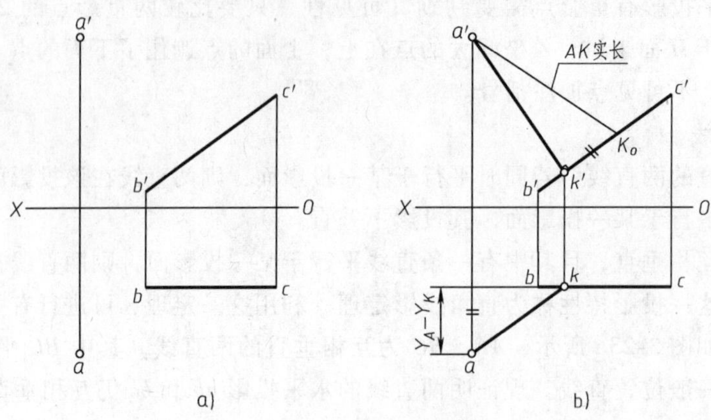

图 3-24　求点到直线的距离

a）已知　b）题解

3.3　平面的投影

3.3.1　平面的表示方法

一般情况下，平面可以用以下几种方法表示：不在同一直线上的三点，如图 3-25a 所示；一直线及线外一点，如图 3-25b 所示；两条相交直线，如图 3-25c 所示；两条平行直线，如图 3-25d 所示；任意的平面图形，如图 3-25e 所示。

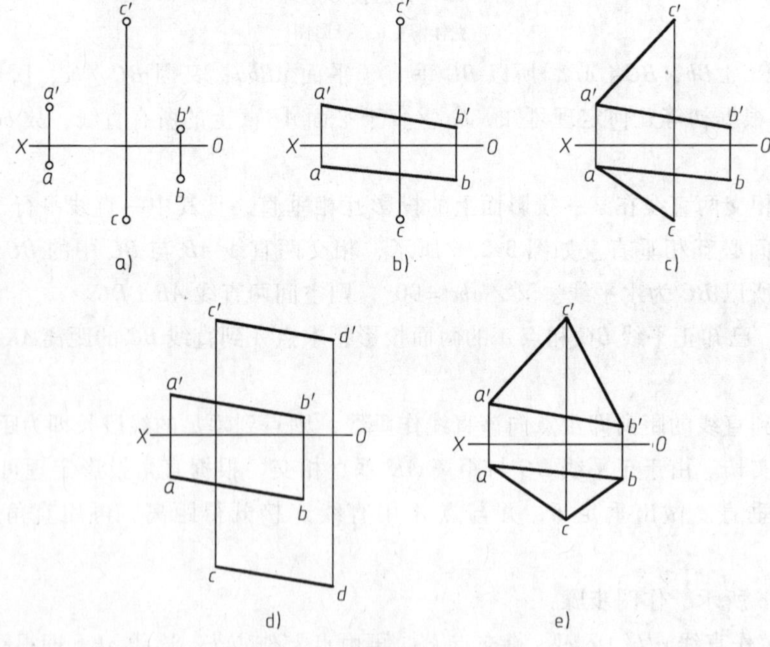

图 3-25　平面的表示方法

3.3.2　各种位置平面的投影特性

按平面在投影体系中的相对位置不同，可将其分为三类：一般位置平面、投影面平行面和投影面垂直面。投影面平行面和投影面垂直面又称为特殊位置平面。

1. 一般位置平面

对三个投影面都倾斜的平面称为一般位置平面。如图 3-26 所示，一般位置平面的三面投影均不反映平面的实形，也不反映平面对投影面的倾角。

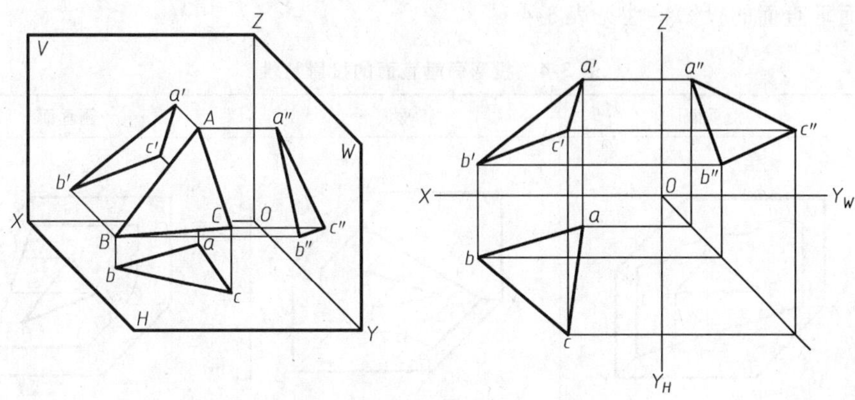

图 3-26　一般位置平面的投影特性

2. 投影面平行面

仅平行于一个投影面的平面称为投影面平行面。平行于 H 面的平面称为水平面，平行于 V 面的平面称为正平面，平行于 W 面的平面称为侧平面。

投影面平行面的投影特性见表 3-3。

表 3-3　投影面平行面的投影特性

名称	水平面	正平面	侧平面
轴测图			
投影图			
投影特性	1. 水平投影反映平面的实形 2. 正面投影积聚为一条直线且平行于 OX 轴 3. 侧面投影积聚为一条直线且平行于 OY_W 轴	1. 正面投影反映平面的实形 2. 水平投影积聚为一条直线且平行于 OX 轴 3. 侧面投影积聚为一条直线且平行于 OZ 轴	1. 侧面投影反映平面的实形 2. 正面投影积聚为一条直线且平行于 OZ 轴 3. 水平投影积聚为一条直线且平行于 OY_H 轴
	小结:1. 平面在所平行的投影面上的投影反映该平面图形的实形 2. 平面的其他两个投影均积聚为直线,且平行于相应的投影轴		

3. 投影面垂直面

只垂直于某一个投影面，而对另两个投影面均倾斜的平面称为投影面垂直面。只垂直于 H 面的平面称为铅垂面，只垂直于 V 面的平面称为正垂面，只垂直于 W 面的平面称为侧垂面。

投影面垂直面的投影特性见表 3-4。

表 3-4　投影面垂直面的投影特性

名称	铅垂面	正垂面	侧垂面
轴测图	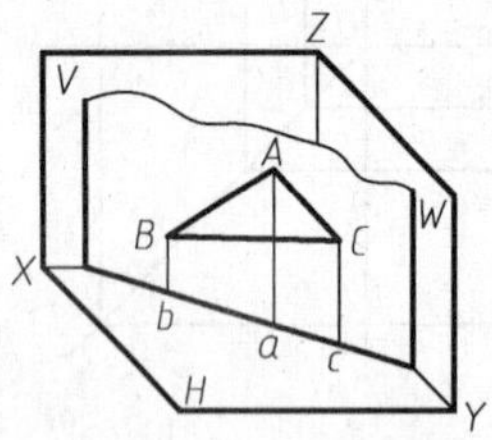	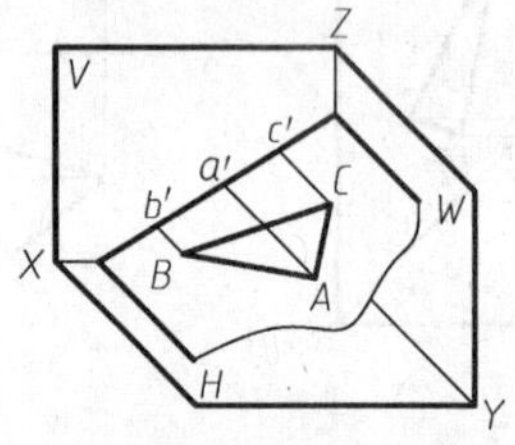	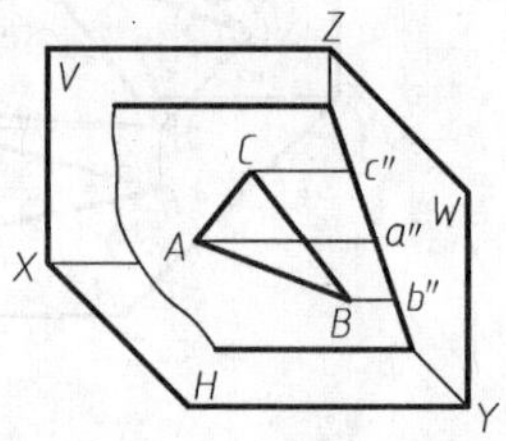
投影图	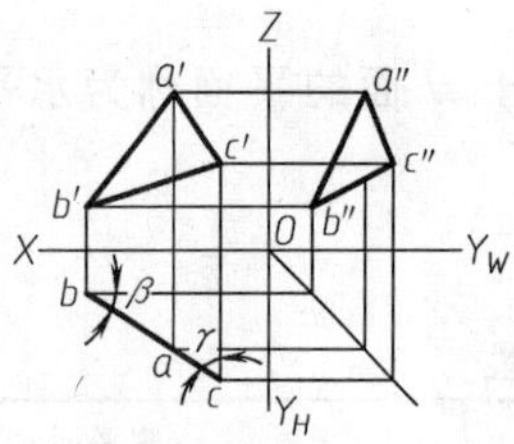	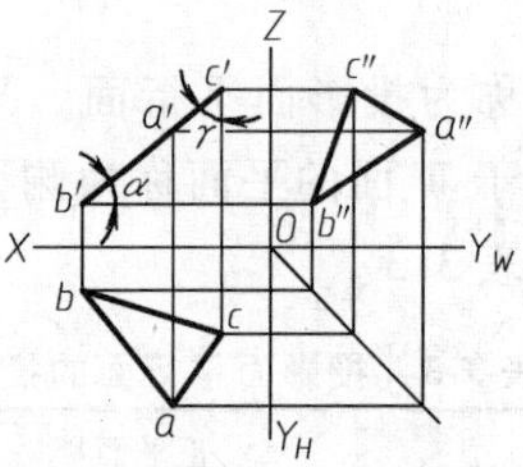	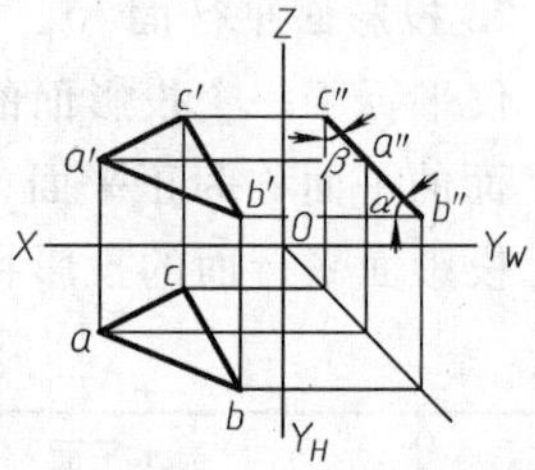
投影特性	1. 水平投影积聚为一条直线且倾斜于投影轴 2. 水平投影与 OX、OY_H 轴的夹角反映 β 和 γ 3. 正面投影和侧面投影均为平面图形的类似形 4. 水平迹线有积聚性，与水平积聚投影重合	1. 正面投影积聚为一条直线且倾斜于投影轴 2. 正面投影与 OX、OZ 轴的夹角反映 α 和 γ 3. 水平投影和侧面投影均为平面图形的类似形 4. 正面迹线有积聚性，与正面积聚投影重合	1. 侧面投影积聚为一条直线且倾斜于投影轴 2. 侧面投影与 OY_W、OZ 轴的夹角反映 α 和 β 3. 水平投影和正面投影均为平面图形的类似形 4. 侧面迹线有积聚性，与侧面积聚投影重合
	小结：1. 平面在所垂直的投影面上的投影积聚成倾斜于投影轴的直线，且反映该平面对其他两个投影面的倾角 2. 平面的其他两个投影均为缩小了的类似形		

3.3.3　平面内取直线和点

1. 平面内取直线

直线在平面内的几何条件是：直线通过平面内的两点；直线通过平面内的一点，且平行于平面内的一条已知直线。

因此，在平面内作直线，一般是在平面内先取两已知点，然后连线；或者是在平面内取一已知点作平面内某已知直线的平行线，如图 3-27 所示。

【例 3-8】　如图 3-28a 所示，求作△ABC 内的一条直线 EF。

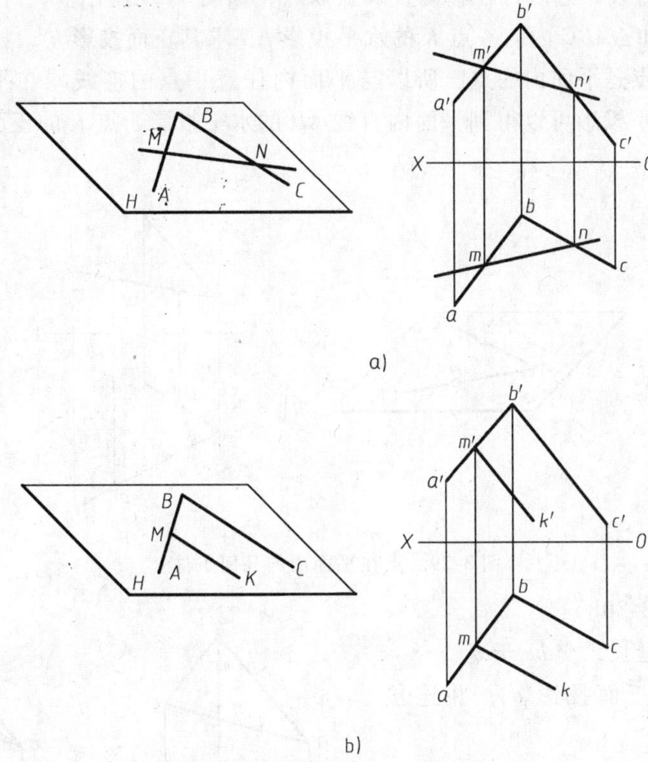

图 3-27　直线在平面内的条件

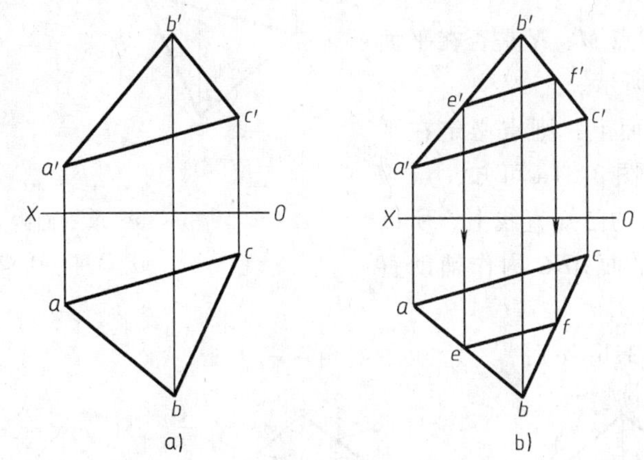

图 3-28　在平面内作直线

a）已知　b）题解

分析：△*ABC* 的三条边均为已知直线，可在任意两条边上各取一点，然后连线即可。

作图步骤（图 3-28b）：

1）在 *AB* 边上作点 *E* 的两面投影。

2）在 *BC* 边上作点 *F* 的两面投影。

3）分别连接点 *E* 和点 *F* 的同面投影即为所求（本例有无穷解）。

2. 平面内取点

点在平面上的几何条件是：点在平面内的一已知直线上。因此，平面上取点时，一般是在平面内先作辅助直线，然后再在辅助直线上取点，如图3-29所示。

【例3-9】 已知△ABC内的一点K的水平投影k，求其正面投影k'，如图3-30a所示。

分析：因为K点是平面内的点，所以与平面内任意一点的连线均在平面内。因此，连接点A和点K的水平投影可以得到平面内直线AD的水平投影，点K的正面投影则一定在直线AD的正面投影上。

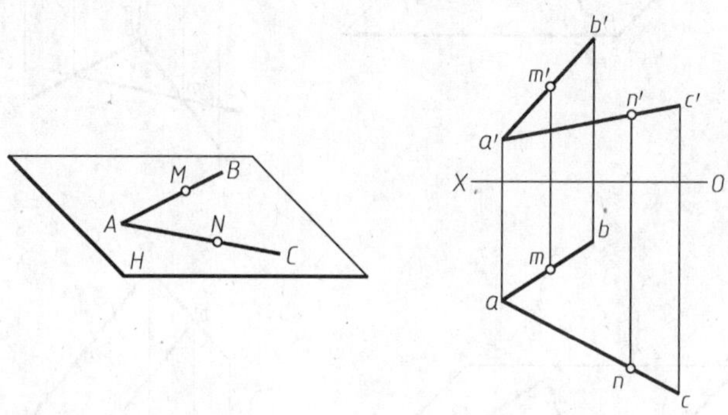

图3-29　点在平面内的几何条件

作图步骤（图3-30b）：

1）连接ak并延长，交bc于d。

2）求点D的正面投影d'，并连接$a'd'$。

3）过点k作OX轴的垂线，与$a'd'$交于点k'，点k'即为所求。

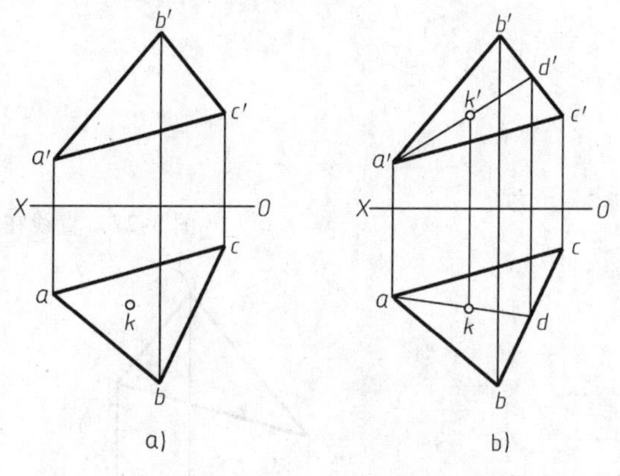

图3-30　求平面内点的投影

a）已知　b）题解

【例3-10】 判别点M、N是否在平面ABC上，如图3-31a所示。

分析：若点在平面上，则点必定在平面内的一直线上。由图3-31a可知，点M和N均不在平面ABC的已知直线上，所以需过点M和点N在平面ABC内作辅助直线来判断。

作图步骤（图3-31b、c）：

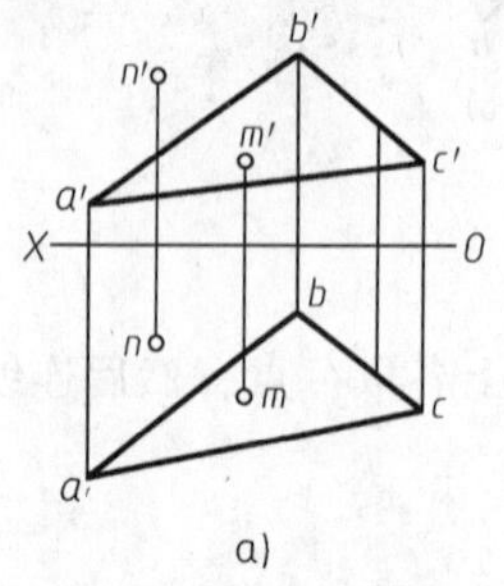

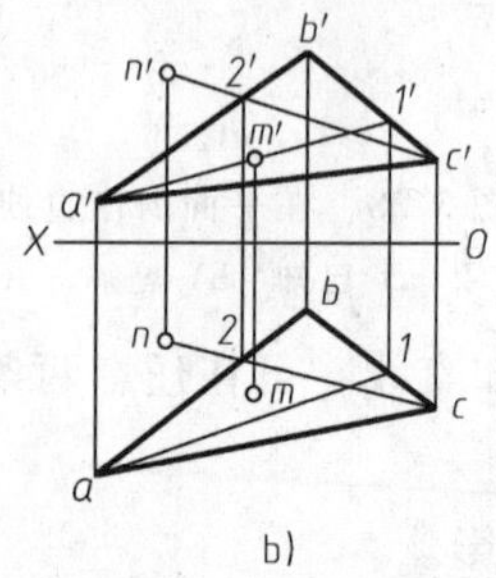

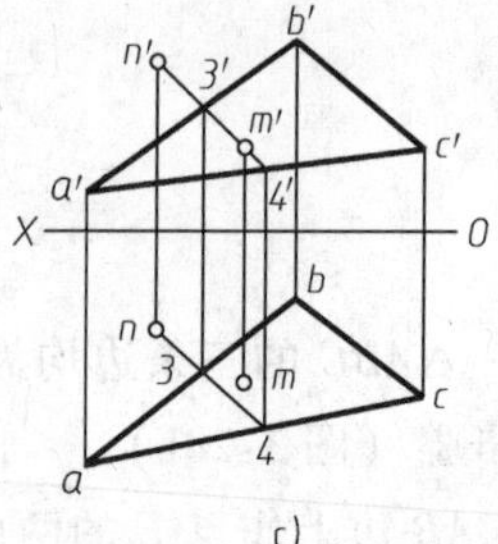

图3-31　判别点是否在平面上

a）已知　b）解法1　c）解法2

解法1：

1）连接$a'm'$并延长与$b'c'$交于点1′。

2）过点$1'$作 OX 轴垂线得点1，连接 $a1$。

3）由于 m 不通过 $a1$，即空间点 M 不在 AⅠ上，所以判断点 M 不在平面 ABC 上。

同理，作直线 CⅡ，判断点 N 在平面 ABC 上。

解法2：

1）连接 $m'n'$ 并延长，与 $\triangle a'b'c'$ 的 $a'b'$ 和 $a'c'$ 边分别交于点$3'$和点$4'$。

2）过点$3'$和点$4'$作 OX 轴垂线，与 ab 和 ac 交于点3和点4。

3）由于点 n 在34的延长线上，而点 m 不在34的延长线上，故而判定空间点 N 在平面 ABC 上，空间点 M 不在平面 ABC 上。

【例3-11】 已知平面 $ABCD$ 的水平投影 $abcd$ 和 AB、BC 两边的正面投影 $a'b'$、$b'c'$，如图3-32a所示，完成该平面的正面投影。

分析：平面 $ABCD$ 的四个顶点均在同一平面上。由已知三个顶点 A、B、C 的两面投影可确定平面 $\triangle ABC$，点 D 必在该平面上。所以根据已知 d，由面上取点的方法求得 d' 后，再依次连线即为所求。可以选取不同的辅助线，得到以下两种解法。

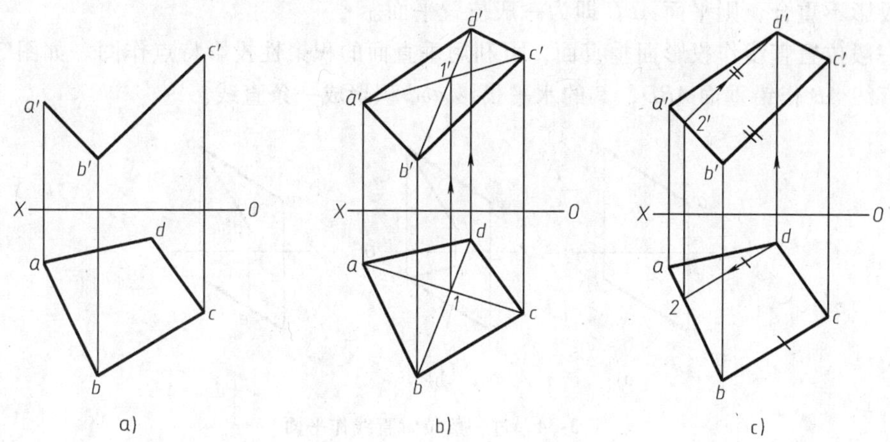

图3-32　补全平面的投影

a）已知　b）解法1　c）解法2

作图步骤（图3-32b、c）：

解法1：

1）四边形 $ABCD$ 的两对角线 AB、BC 交于点Ⅰ，连对角线的同面投影可得点1、$1'$。

2）过 d 作 OX 轴垂线，并与 $b'1'$ 延长线交于点 d'，连接 $a'd'c'$ 即为所求。

解法2：

1）过点 d 作直线 $d2 /\!/ bc$，并交 ab 于点2。由于点Ⅱ在 AB 上，可得点$2'$。

2）过点$2'$作 $b'c'$ 的平行线，并与过点 d 作的 OX 轴垂线交于点 d'，连接 $a'd'c'$ 即为所求。

3.3.4　过已知点或直线作平面

1. 过已知点作平面

若没有其他附加条件，过已知点可作无数个一般位置平面或投影面垂直面，但只能作一个水平面、一个正平面或一个侧平面。例如过已知点 K（图3-33a），分别作一般位置平面 AKB（图3-33b）、正垂面 AKB（图3-33c）、正平面 ABK（图3-33d）。

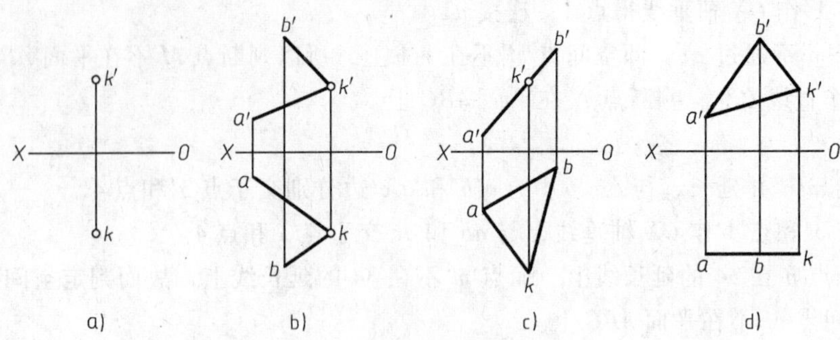

图 3-33　过已知点作平面

a）已知点　b）一般位置平面　c）正垂面　d）正平面

2. 过已知直线作平面

（1）过一般位置直线作平面　过一般位置直线（图 3-34a）作一般位置平面时，若无其他附加条件可作无数个。如图 3-34b 所示，过 *AB* 上任一点 *B* 作一般位置直线 *BC*，且两直线的同面投影不重合，则平面 *ABC* 即为一般位置平面。

过一般位置直线作投影面垂直面，可利用垂直面的积聚性投影特点作图。如图 3-34c 所示，过直线 *AB* 作铅垂面 *ABD*，其的水平投影 *abd* 积聚成一条直线。

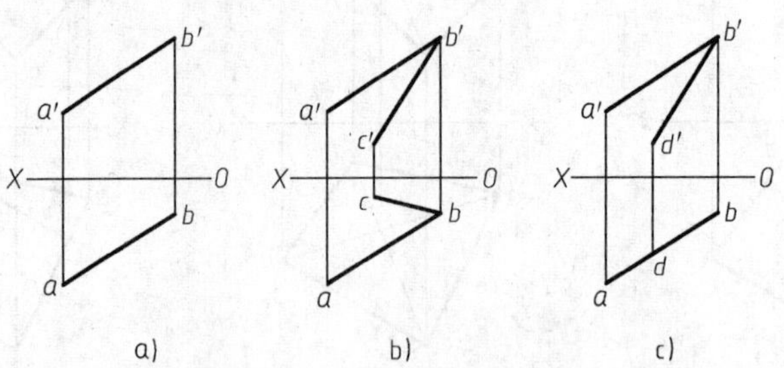

图 3-34　过一般位置直线作平面

a）一般位置直线　b）一般位置平面　c）铅垂面

过一般位置直线不能作投影面的平行面，这是由于一般位置直线的三面投影均为倾斜线，没有与投影轴平行的投影。

（2）过投影面平行线作平面　过投影面平行线可作一般位置平面，投影面平行面和垂直面，但需分析具体情况。例如，过已知水平线 *AB*（图 3-35a），分别作一般位置平面 *ABC*（图 3-35b）和水平面 *ABD*（图 3-35c）。此外，过水平线还可作铅垂面，但不能作其他投影

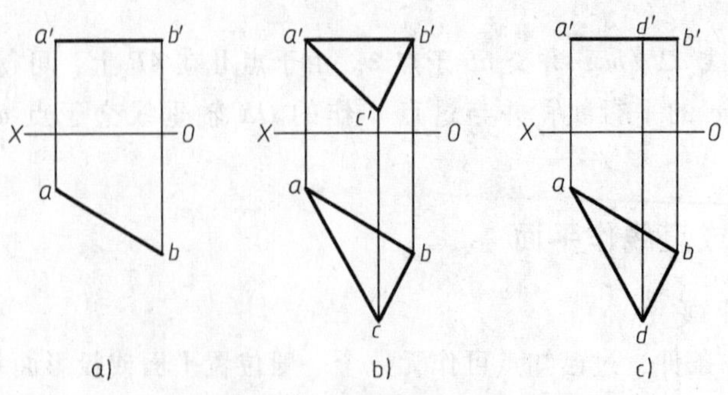

图 3-35　过投影面平行线作平面

a）水平线　b）一般位置平面　c）水平面

面平行面和垂直面。过已知正平线，侧平线作平面的情况相同。

（3）过投影面垂直线作平面　过投影面垂直线不能作一般位置平面，虽然可以作投影面垂直面和平行面，但也需分析具体情况。例如，过已知正垂线（图3-36a）分别作正垂面 *ABC*（图3-36b）和水平面 *ABD*（图3-36c）。此外还可以作侧平面，但不能作其他投影面平行面和垂直面。过已知铅垂线、侧垂线作平面的情况相同。

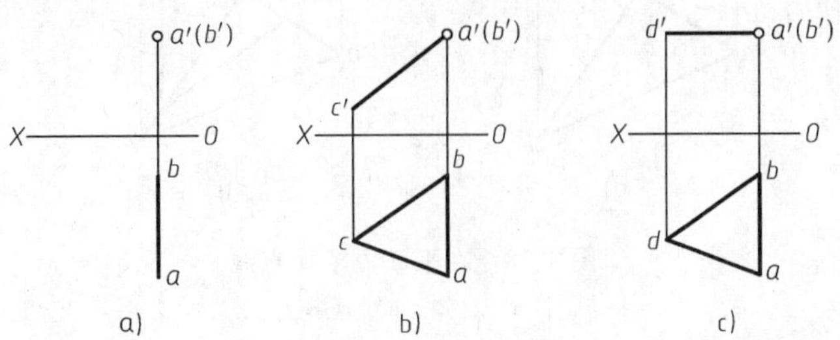

图3-36　过投影面垂直线作平面
a）正垂线　b）正垂面　c）水平面

3.3.5　平面内的特殊位置直线

1. 平面内的投影面平行线

平面内的投影面平行线有三种：在平面内且平行于 *H* 面的直线是平面内的水平线；在平面内且平行于 *V* 面的直线是平面内的正平线；在平面内且平行于 *W* 面的直线是平面内的侧平线。求平面内的投影面平行线的作图依据是：所求直线既要符合投影面平行线的投影特性，又要符合直线在平面内的几何条件。

【例3-12】　如图3-37a所示，求作△*ABC* 内的一条正平线。

分析：用任意正平面截切△*ABC* 所得的交线均为△*ABC* 内的正平线，所以，可过△*ABC* 内任意点作面内正平线。正平线的水平投影平行于 *OX* 轴，故应先作正平线的水平投影。

作图步骤（图3-37b）：

1）过点 *a* 作 *OX* 轴平行线交 *bc* 于点 *d*，*ad* 即为所求正平线的水平投影。

2）从点 *d* 作 *OX* 轴垂线交 *b′c′* 于点 *d′*。

3）连接 *a′d′*即为所求正平线的正面投影（本例有无数解）。

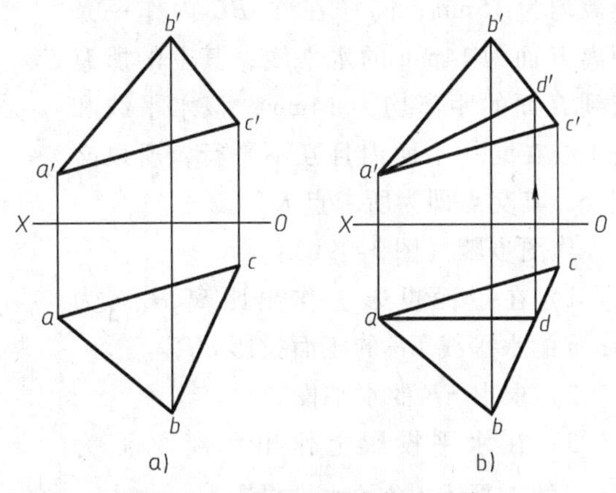

图3-37　在平面内求作正平线
a）已知　b）题解

【例3-13】　在△*ABC* 内作一条直线 *EF*，使 *EF*//*H* 面，且距 *H* 面15mm，如图3-38a所示。

分析：所求直线为水平线，水平线的正面投影平行于 *OX* 轴，且反映直线到 *H* 面的距离。因此，在正面投影上作距离 *OX* 轴为15 mm的平行线，该直线与平面的正面投影任意两边的交点的连线即为所求水平线的正面投影。然后再按照面内求作直线的方法即可得到该水平线的水平投影。

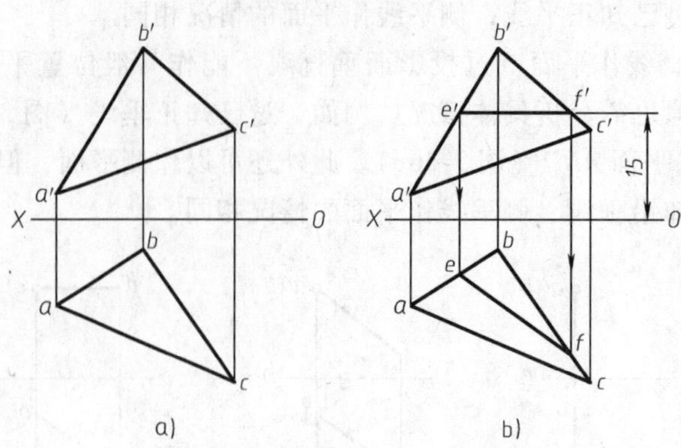

图 3-38　在平面内求作直线

a）已知　b）题解

作图步骤（图 3-38b）：

1）在正面投影上作距离 OX 轴为 15 mm 的水平线，交 $a'b'$ 于点 e'，$b'c'$ 于点 f'，连接 $e'f'$ 即为所求水平线的正面投影。

2）求出 AB 边和 BC 边上的点 E、F 的水平投影 e 和 f。

3）连接 ef 即为所求水平线的水平投影。

【例 3-14】　在△ABC 内求一点 K，使该点距 H 面 14mm，距 V 面 15mm，如图 3-39a 所示。

分析：在△ABC 内作一条距离 V 面为 15mm 的正平线，其上的所有点到 V 面的距离均为 15mm；同样在△ABC 内作一条距离 H 面为 14mm 的水平线，其上的所有点到 H 面的距离均为 14mm。该水平线和正平线在同一平面内且互不平行，所以必相交，其交点即为所求点 K。

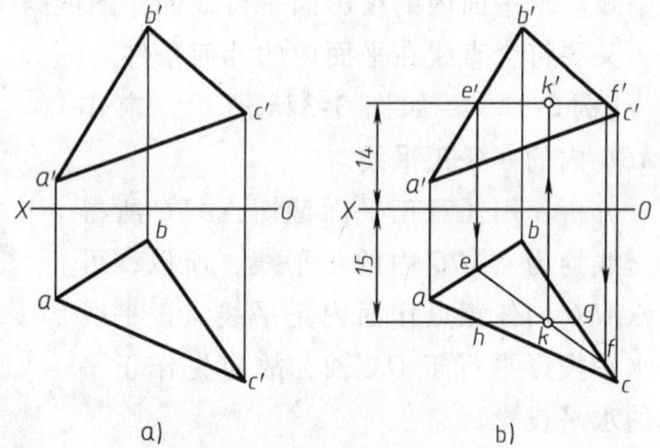

图 3-39　在平面内求作点

a）已知　b）题解

作图步骤（图 3-39b）：

1）在正面投影上作出距离 H 面为 14mm 的水平线 EF 的正面投影 $e'f'$。

2）求出 EF 的水平投影 ef。

3）在水平投影上作出距离 V 面为 15mm 的正平线 HG 的水平投影 hg，ef 与 hg 的交点即为点 K 的水平投影 k。

4）过点 k 作 OX 轴垂线交 $e'f'$ 于点 k'，点 k' 即为所求点 K 的正面投影。

2. 平面对投影面的最大斜度线

在平面内且垂直于同一平面内投影面平行线的直线称为平面对该投影面的最大斜度线。在平面内且垂直于面内水平线的直线称为平面对 H 面的最大斜度线，在平面内且垂直于面内正平线的直线称为平面对 V 面的最大斜度线，在平面内且垂直于面内侧平线的直线称为平面对 W 面的最大斜度线。

平面对投影面的最大斜度线的投影特性是：在平面内所有直线当中平面对某投影面的最大斜度线对该投影面的倾角最大。利用平面对投影面的最大斜度线可测定此平面对该投影面的倾角。

如图 3-40 所示，直线 AB 是平面 P 对 H 面的最大斜度线，可以证明平面内所有直线当中直线 AB 对 H 面的倾角最大。证明如下：

设点 B 在平面 P 与 H 面的交线上，点 C 为该交线上除点 B 外的任意一点，则点 B 和点 C 的水平投影均与自身重合。并设直线 AB 对 H 面的倾角为 α，直线 AC 对 H 面的倾角为 α_1。

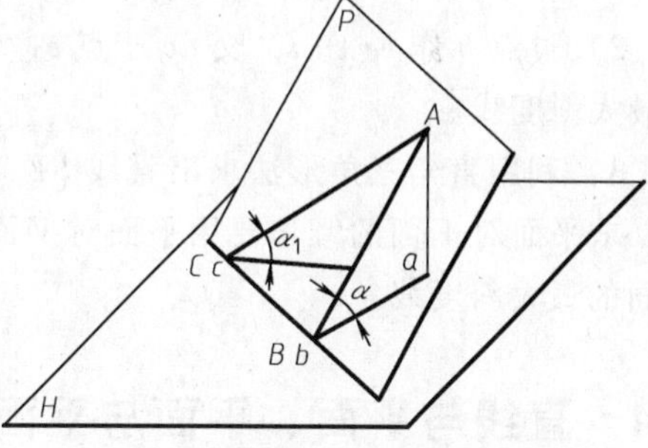

图 3-40　最大斜度线对投影面的倾角最大

$\because$ $Aa \perp H$ 面

$\therefore$ $Aa \perp aB$，$Aa \perp aC$

$\therefore$ $\sin\alpha = \dfrac{Aa}{AB}$，$\sin\alpha_1 = \dfrac{Aa}{AC}$

$\because$ AB 是平面 P 对 H 面的最大斜度线，且 BC 为平面 P 内的水平线。

$\therefore$ $AB \perp BC$

$\therefore$ $AB < AC$

$\therefore$ $\sin\alpha > \sin\alpha_1$

$\therefore$ $\alpha > \alpha_1$

由此说明，在平面 P 内直线 AB 对 H 面的倾角 α 大于其他任意过点 A 的直线对 H 面的倾角 α_1，即平面内所有直线当中某投影面的最大斜度线对该投影面的倾角最大。

在图 3-40 中，已经证明了 $AB \perp BC$，又因为 BC 是平面 P 与 H 面的交线，是一条水平线，所以根据直角投影定理，必有 $ab \perp bc$，而 bc 和 BC 是重合的，所以 $ab \perp BC$。因此，AB 和 ab 同时垂直于 BC，故 AB 和 ab 的夹角 α 即为平面 P 与 H 面的二面角，所以 α 也就是平面 P 对 H 面的倾角。

因此，平面对 H 面的最大斜度线的倾角 α 就等于平面对 H 面的倾角 α，平面对 V 面的最大斜度线的倾角 β 就等于平面对 V 面的倾角 β，平面对 W 面的最大斜度线的倾角 γ 就等于平面对 W 面的倾角 γ。

【例 3-15】　求 $\triangle ABC$ 对 H 面的最大斜度线和平面的倾角 α，如图 3-41a 所示。

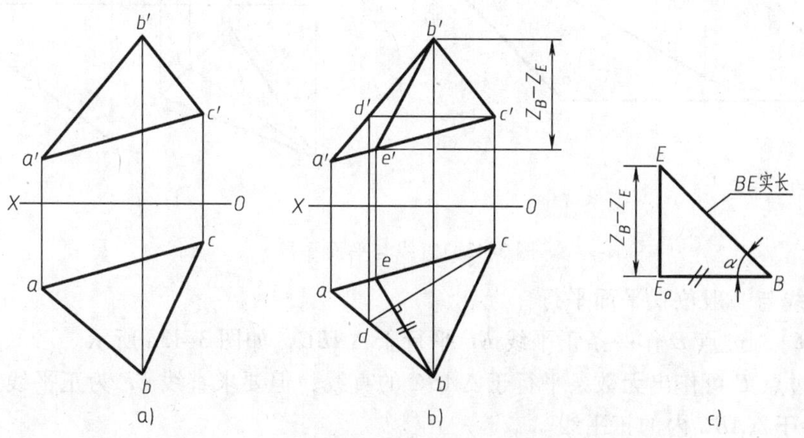

图 3-41　求平面对 H 面的最大斜度线及倾角

a）已知　b）求最大斜度线　b）求倾角

分析：求平面对 H 面的最大斜度线先要在平面内求出一条水平线，再利用直角投影定理求出最大斜度线的投影。平面对 H 面的最大斜度线的 α 角即为平面的倾角 α。

作图步骤（图 3-41b、c）：

1）作平面内任一条水平线 CD 的投影 $c'd'$ 和 cd。

2）过点 b 作 $be \perp cd$，交 ac 于点 e，作出 BE 的正面投影 $b'e'$，BE 直线即为平面对 H 面的最大斜度线。

3）利用直角三角形法求出直线 BE 对 H 面的倾角 α，该角即为平面对 H 面的倾角 α。

求平面对 V 面的倾角要用平面对 V 面的最大斜度线，求平面对 W 面的倾角要用平面对 W 面的最大斜度线。

3.4　直线与平面、平面与平面的相对位置

直线与平面或平面与平面的相对位置分为平行、相交和垂直三种，其中垂直是相交的特殊情形。直线与平面以及两平面平行、相交和垂直的作图是解决空间几何元素的定位和度量问题的基础。

3.4.1　平行

1. 直线与平面平行

直线与平面平行的几何条件是：如果平面外一直线和这个平面内的一直线平行，那么这条直线和这个平面平行。

如图 3-42a 所示，直线 AB 平行于平面 P 内的直线 CD，则直线 AB 与平面 P 平行。图 3-42b所示为说明此定理的投影图，图中 $\triangle ABC$ 内的直线 A Ⅰ 和直线 DE 的同面投影分别平行。

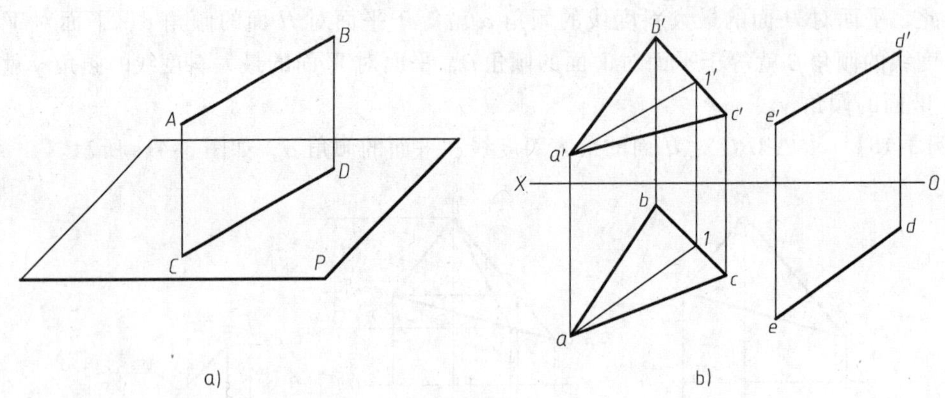

图 3-42　直线与平面平行

（1）直线与一般位置平面平行

【例 3-16】　过点 E 作一条正平线 EF 平行于 $\triangle ABC$，如图 3-43a 所示。

分析：过点 E 可作出无数条平行于 $\triangle ABC$ 的直线，但要求直线 EF 为正平线，所以直线 EF 必须平行于 $\triangle ABC$ 内的正平线。

作图步骤（图 3-43b）：

1）在 $\triangle ABC$ 内任作一条正平线 B Ⅰ（$b1$、$b'1'$）。

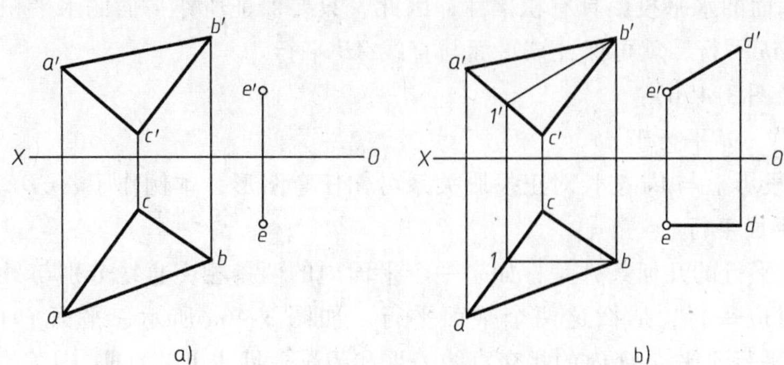

图 3-43 作直线与平面平行

a）已知 b）题解

2）过点 e' 作 $e'd' /\!/ b'1'$，过点 e 作 $ed /\!/ b1$。直线 DE 即为所求。

（2）直线与投影面垂直面平行　若平面为投影面垂直面，直线与其平行，则直线的投影平行于平面有积聚性的同面投影。如图 3-44 所示，$\triangle ABC$ 为铅垂面，其水平投影 abc 积聚成一直线，直线 $DE /\!/ \triangle ABC$，因此，$de /\!/ abc$。

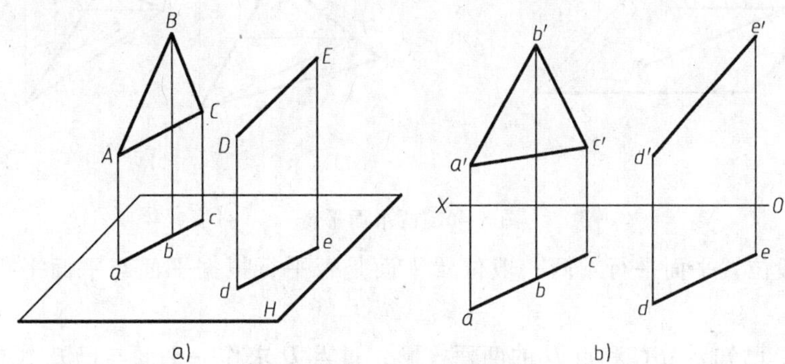

图 3-44 直线与投影面垂直面平行

a）立体图 b）投影图

【例 3-17】 已知直线 AB 和点 C 的两面投影，包含点 C 作一个铅垂面平行于直线 AB，如图 3-45a 所示。

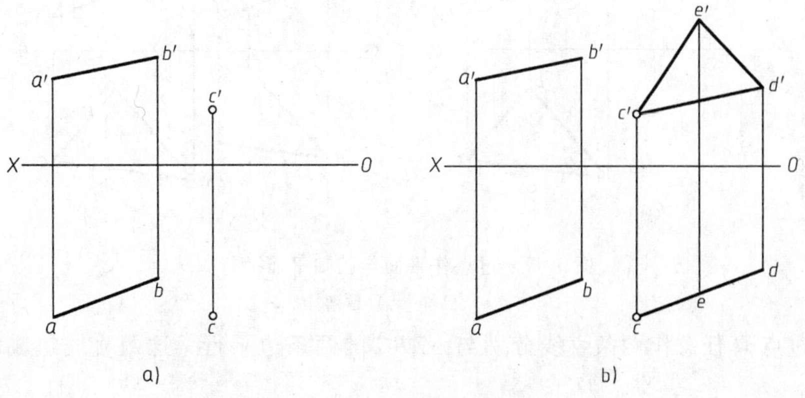

图 3-45 包含点作铅垂面平行于直线

a）已知 b）题解

分析：铅垂面的水平投影具有积聚性，因此，只要保证所作平面的水平积聚投影与直线*AB*的水平投影*ab*平行，就可保证该平面与直线*AB*平行。

作图步骤（图3-45b）：

1）过点*c*作*ced*平行于*ab*。

2）在正面投影上与*de*按长对正投影关系可作任意图形，本例作了△*CDE*。

2. 平面与平面平行

平面与平面平行的几何条件是：如果一个平面内的两条相交直线分别与另一个平面内的两条相交直线对应平行，那么这两个平面平行。如图3-46a所示，平面*P*内的相交直线ⅠⅡ、Ⅰ*C*分别平行于平面*Q*内的相交直线*D*Ⅲ和*D*Ⅳ，即ⅠⅡ∥*D*Ⅲ，Ⅰ*C*∥*D*Ⅳ，那么平面*P*与平面*Q*平行。图3-46b所示为两平面平行的投影图。

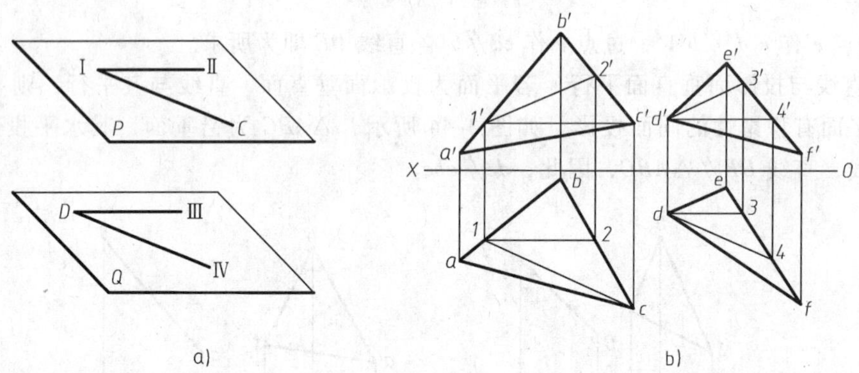

图3-46　两平面平行

（1）两一般位置平面平行　两一般位置平面是否平行根据平面与平面平行的几何条件判断即可。

【例3-18】　已知△*ABC*和点*D*的两面投影，过点*D*求作一平面与已知△*ABC*平行，如图3-47a所示。

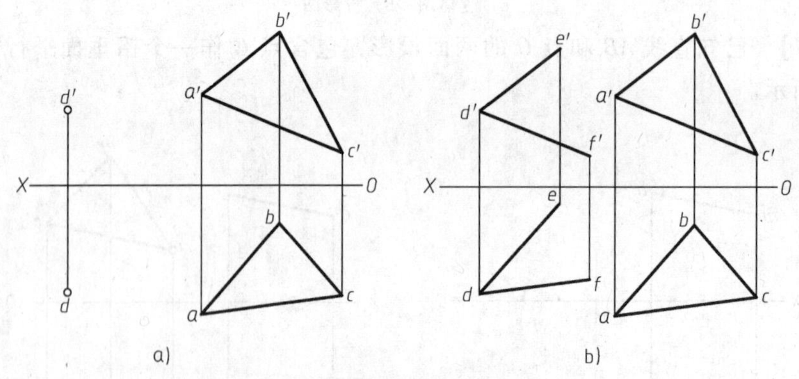

图3-47　过点作平面与已知平面平行

a）已知　b）题解

分析：过点*D*任意作两条直线分别与△*ABC*的两条边平行，这两直线组成的平面即与△*ABC*平行。

作图步骤（图3-47b）：

1）过点*D*作*DE*∥*AB*（*d'e'*∥*a'b'*，*de*∥*ab*）。

2）过点 D 作 $DF /\!/ AC$（$d'f' /\!/ a'c'$，$df /\!/ ac$），由 DE 和 DF 组成的平面即为所求。

（2）两投影面垂直面平行　当平行两平面均为某投影面垂直面时，它们有积聚性的同面投影必平行，如图 3-48 所示。平面 $P \perp H$ 面，平面 $Q \perp H$ 面，且平面 $P /\!/$ 平面 Q（$a'b' /\!/ d'e'$、$b'c' /\!/ e'f'$），则 $abc /\!/ def$。

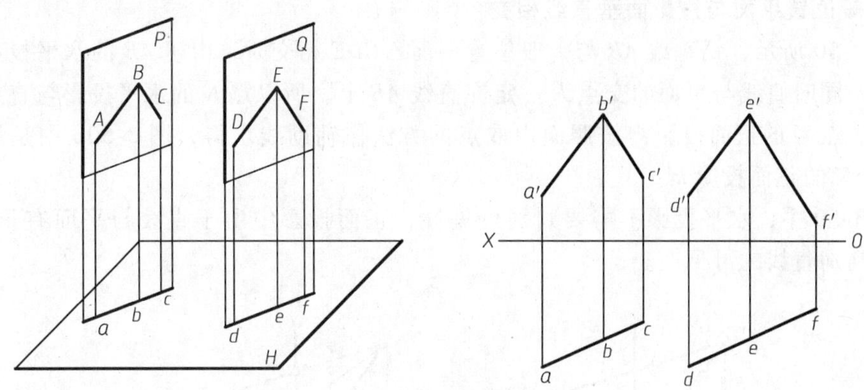

图 3-48　两投影面垂直面平行

两投影面垂直面平行的判别方法是，只要两投影面垂直面的同面积聚投影互相平行，则该两平面平行。

3.4.2　相交

在空间中，若直线与平面、平面与平面之间不平行，则必相交。直线与平面交于一点，该点是直线与平面的共有点。两平面交于一直线，该直线是两平面的共有线。

本节只介绍特殊情况下直线与平面、平面与平面相交的情况。

1. 一般位置直线与投影面垂直面相交

如图 3-49 所示，铅垂面 $\triangle CDE$ 与一般位置直线 AB 相交时，由于铅垂面的水平投影积聚为直线，所以该直线与已知直线的水平投影的交点即为直线与平面的交点 K 的水平投影 k。同时根据交点是直线与平面的共有点可知，点 K 的正面投影一定在直线的正面投影 $a'b'$ 上，至此即可求出点 K 的正面投影 k'，如图 3-49b 所示。

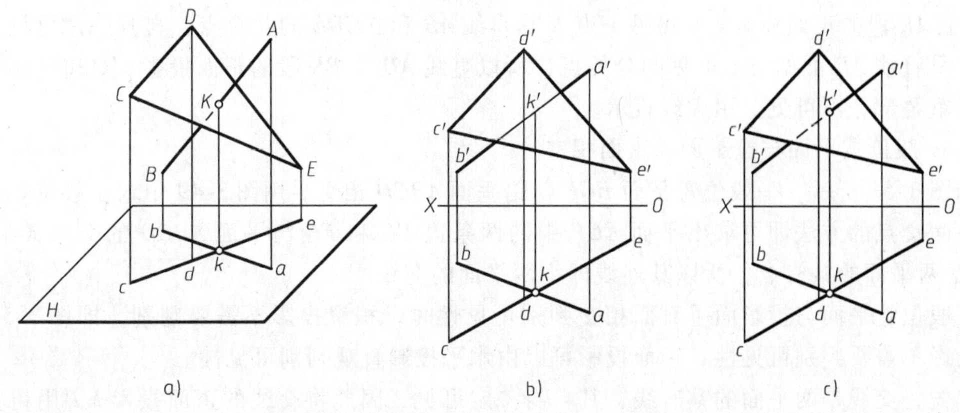

图 3-49　一般位置直线与铅垂面相交求交点

a）直线与铅垂面相交　b）已知　c）求交点

在图 3-49 中，平面的水平投影具有积聚性，所以直线的水平投影不用判别可见性，只有同面投影重叠的正面投影部分才要判别。利用水平投影判断：以点 k 为界，bk 段在 cde 之后，ak 段在 cde 之前，所以正面投影上 $b'k'$ 段和平面的正面投影重叠部分不可见，$a'k'$ 段可见，如图 3-49c 所示，被平面遮挡的部分要用虚线表示。

2. 一般位置平面与投影面垂直线相交

如图 3-50 所示，铅垂线 AB 与一般位置平面△CDE 相交时，由于 AB 的水平投影积聚成为一个点，同时直线与平面的交点 K 一定在直线 AB 上，所以点 K 的水平投影与直线的积聚投影重合。点 K 的正面投影需按照面内取点的方法作辅助线求得，图 3-50b 中是用辅助线 EF 求得点 K 的正面投影 k'。

在图 3-50 中，水平投影不需要判别可见性，正面投影中由于直线与平面有重叠部分，所以需要判别直线的可见性。

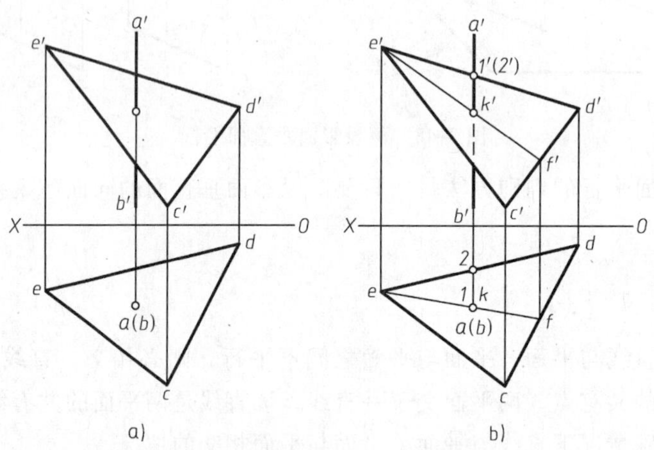

图 3-50 一般位置平面与铅垂线相交求交点

a) 已知 b) 题解

利用重影点判定可见性。在正面投影中，选取一条和已知直线在正面投影上有重影点的直线。如图 3-50b 所示，选取直线 ED。先判断直线 ED 和已知直线 AB 在正面投影上的重影点 1′、2′的可见性。由水平投影可以看出，AB 上的点Ⅰ在前，ED 上的点Ⅱ在后，所以正面投影重影点处 1′可见，2′不可见。由此断定，在该重影点处直线 AB 可见，ED 不可见，即直线 AB 上 AK 段的正面投影 $a'k'$可见。点 K 是直线 AB 和△CDE 的共有点，自身一定可见，而且它还是直线 AB 可见与不可见的分界点，所以直线 AB 上 BK 段的正面投影 $b'k'$和平面的正面投影重叠部分不可见，用虚线表示。

3. 一般位置平面与投影面垂直面相交

如图 3-51 所示，一般位置平面 EGF 与铅垂面 $ABCD$ 相交。用图 3-49 中求一般位置直线与铅垂面交点的方法即可求出平面 EGF 中的两条边 EG 和 FG 与平面 $ABCD$ 的交点 K 和 L。K、L 是两平面的共有点，所以其连线即为两平面的交线。

一般位置平面与投影面垂直面相交判别可见性时，积聚投影不需要判别，即图 3-51 中水平投影不需要判别可见性。正面投影可以由水平投影直观判别可见性。

首先，交线是两平面的共有线，其自身一定可见，因此将交线的正面投影 $k'l'$用粗实线画出。同时交线还是平面可见与不可见部分的分界线。在图 3-51 中，由水平投影可以看出，平面 EGF 中的 $k'l'f'e'$部分可见，用粗实线画出，$k'l'g'$和平面 $ABCD$ 的正面投影重叠部分不

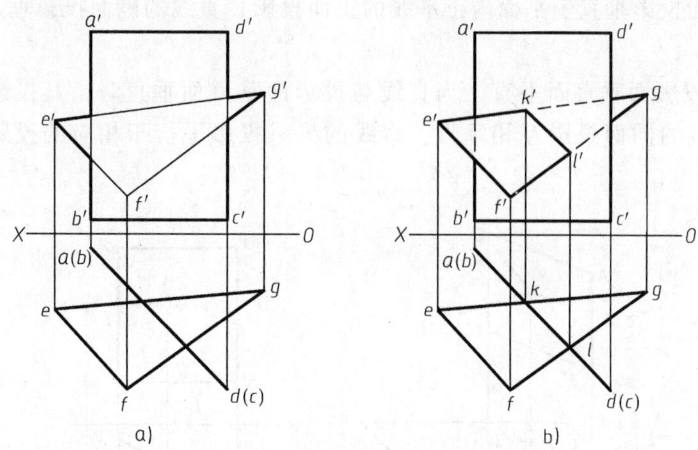

图 3-51　一般位置平面与铅垂面相交求交线
a）已知　b）求交线

可见，用虚线画出。而平面 *ABCD* 的正面投影被 $k'l'f'e'$ 遮挡住的部分不可见，其余部分可见。

需要注意的是，两平面相交判别可见性时，只需判别图上几何图形有限范围内的可见性，图上几何图形有限范围内不重叠的部分不需要判别可见性，均用粗实线画出。

3.4.3　垂直

在解决距离、角度等度量问题时，经常要用到线面垂直和面面垂直的作图。垂直分为直线与平面垂直和平面与平面垂直。

1. 直线与平面垂直

（1）直线与一般位置平面垂直　在初等几何中，直线与平面垂直的判定定理为："如果一直线和平面内两相交直线均垂直，则该直线垂直于这个平面"。此时，直线与平面内的所有直线垂直，该定理是进行直线与平面垂直作图的依据。如图 3-52 所示，直线 *LK* 垂直于平面内两相交直线 *AB* 和 *CD*，所以直线 *LK* 垂直于平面 *P*。

在图 3-53 中，设直线 $LK \perp \triangle ABC$，点 *K* 为垂足，则直线 *LK* 一定垂直于平面内过点 *K* 的水平线 *BD* 和正平线 *CE*，根据直角投影定理，则必有 $lk \perp bd$，$l'k' \perp c'e'$。所以直线垂直于平面的投影特性是："如果直线垂直于平面，则直线的水平投影垂直于平面内水平线的水平

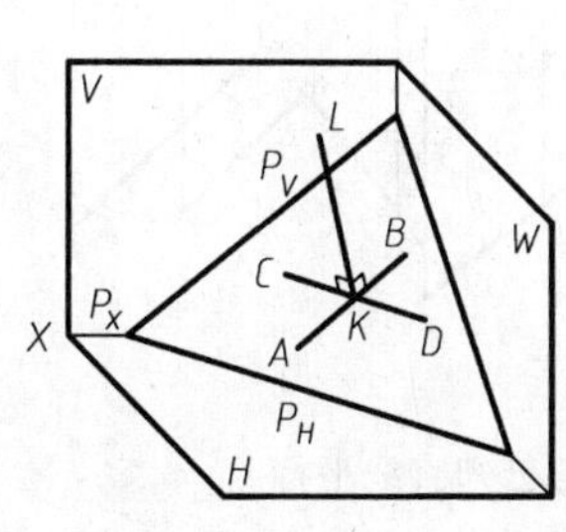

图 3-52　直线垂直于平面的几何条件

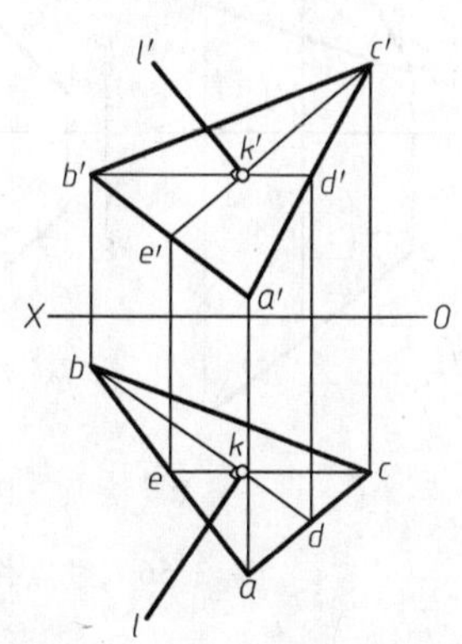

图 3-53　直线垂直于平面的投影特性

投影，直线的正面投影垂直于平面内正平线的正面投影，直线的侧面投影垂直于平面内侧平线的侧面投影。”

（2）直线与投影面垂直面垂直　当直线与投影面垂直面垂直时，其投影特性是：平面的积聚投影与直线的同面投影互相垂直，直线的另一投影平行于相应的投影轴，如图 3-54 所示。

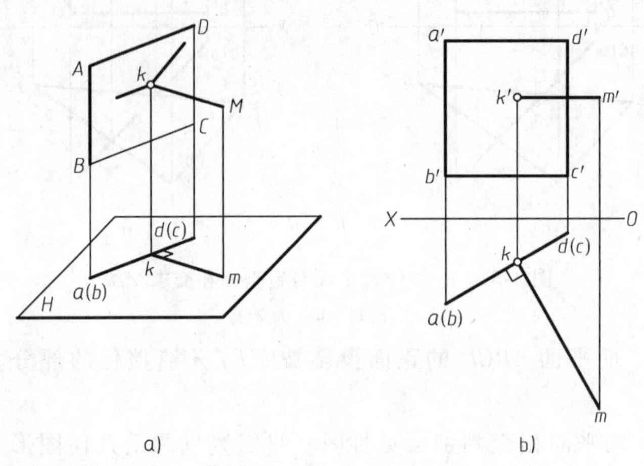

图 3-54　直线与投影面垂直面垂直的投影特性

a）立体图　b）投影图

2. 平面与平面垂直

在初等几何中，两平面垂直有如下定理：“若一直线垂直于一个平面，则包含此直线的一切平面都与该平面垂直。”如图 3-55 所示，直线 KL 垂直于平面 P，则包含该直线的平面 S 和平面 R 都与平面 P 垂直。同时，如果平面 R 与平面 P 垂直，那么过平面 R 内任意一点 A 作平面 P 的垂线 AB，则 AB 必在平面 R 内。

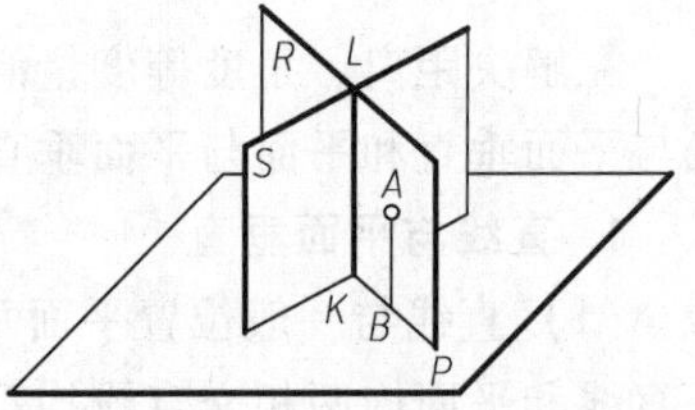

图 3-55　两平面垂直的条件

【例 3-19】　过点 K 作一平面垂直于△ABC 并与直线 DE 平行，如图 3-56a 所示。

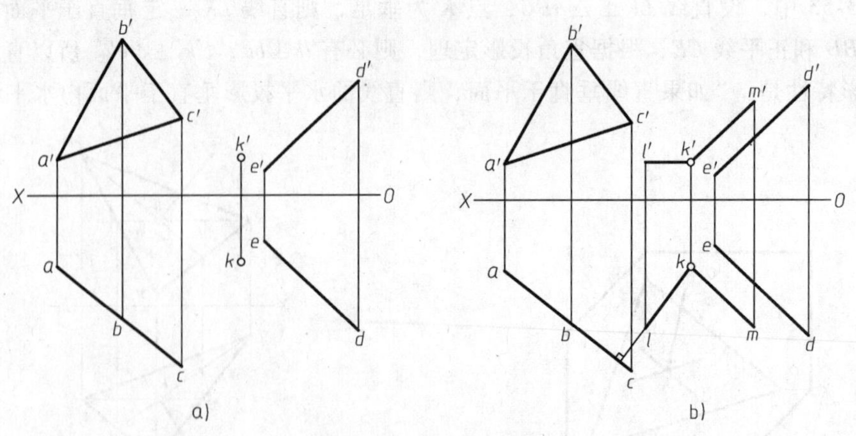

图 3-56　过点作平面与已知平面垂直且与已知直线平行

a）已知　b）题解

分析：过点 K 作△ABC 的垂直面可以作出无数个，只要先过点 K 作出△ABC 的垂线，包含该垂线的任意平面均与△ABC 垂直。过点 K 作直线 DE 的平行面也可以作出无数个，只要先过点 K 作直线 DE 的平行线，包含该平行线的任意平面（不包含直线 DE）都与直线 DE 平行。所以，由过点 K 作的△ABC 的垂线和过点 K 作的直线 DE 的平行线所组成的平面同时满足这两个条件，该平面即为所求。

本例中△ABC 是铅垂面，所以过点 K 所作的△ABC 的垂线一定是水平线，其正面投影平行于 OX 轴。

作图步骤（图 3-56b）：

1）过点 K 作△ABC 的垂线 KL（$k'l' /\!/ OX$ 轴，$kl \perp abc$）。

2）过点 K 作直线 DE 的平行线 KM（$km /\!/ de$，$k'm' /\!/ d'e'$）。由直线 KL 和 KM 组成的平面即为所求。

3.5　换面法

当空间几何元素处于一般位置时，它们的投影不具有积聚性，也不反映真实大小。为了使几何元素相对投影面处于特殊位置，使它们的投影具有积聚性，或能反映真实大小，从而有利于解决某些定位和度量问题（如距离、实形大小、交点、交线、倾角等），常用变换投影面的方法，简称换面法解决这些问题。

3.5.1　换面法的变换规则

1. 基本概念

换面法是保持空间几何元素的位置不动，用一个新的投影面替换原有的某一个投影面，使空间几何元素在新投影面体系中处于有利于解题的位置。如图 3-57 所示，铅垂面△ABC 在 V 面和 H 面构成的投影面体系（简称 V/H 体系）中的两个投影都不反映实形。若取一平行于△ABC 且垂直于 H 面的 V_1 面来替换 V 面，则 V_1 面和 H 面构成新的投影面体系 V_1/H。在新体系中，△ABC 对 V_1 面的投影 $a_1'b_1'c_1'$反映△ABC 的实形。

在上述变换过程中，原 V 面称为旧投影面；H 面称为不变换投影面；V_1 面称为新投影面。原投影轴 X 称为旧轴。V_1 面和 H 面的交线 X_1 称为新轴。$a'b'c'$称为旧投影；abc 称为不变投影；$a_1'b_1'c_1'$称为新投影。

显然，新投影面不能任意选择，它必须符合如下两个基本条件：

1）新投影面必须垂直于任一原投影面，以便构成新的两投影面体系，这样才能利用投影规律作出新的投影图。

2）新投影面必须使空间几何元素处在最利于解题的位置，这样才能达到简化解题的目的。

2. 换面法的换面规律

在图 3-58a 中，点 A 在 V/H 体系中的两个投影为 a、a'。现在如要变换点 A 的正面投影，可根据需要选取一铅垂面 V_1 来替换 V 面作为新的正立投影面，它与 H 面形成新的两投影面体系 V_1/H。

由点 A 向 V_1 面作垂线，其垂足 a_1'即为点 A 的新正面投影。令 V_1 面绕新轴 X_1 旋转到与 H 面重合，则 a 和 a_1'两点一定在 X_1 轴的同一条垂线上，即 $aa_1' \perp X_1$。

由于 V/H 体系和 V_1/H 体系具有公共的 H 面，即在变换过程中，点 A 与 H 面的相对位置仍保持不变，因此点 A 到 H 面的距离（即点 A 的 Z 坐标）在变换前后两个体系中都是相同的，即 $a'a_x = a_1'a_{x1}$。

根据上述分析，在投影图上按下述步骤作图，如图 3-58b 所示。

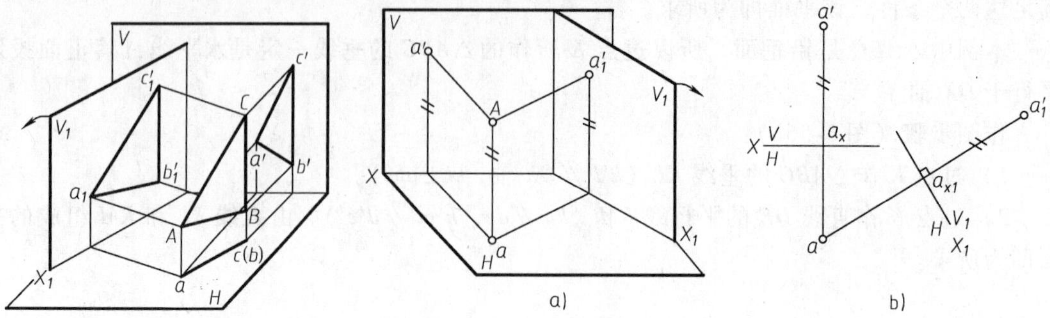

图 3-57 用 V_1 面代替 V 面

图 3-58 变换点 A 的正面投影

1）在适当位置取新轴 X_1。

2）由点 a 向 X_1 轴作垂线，使其与 X_1 轴相交于点 a_{x1}。

3）在此垂线上取一点 a_1'，使 $a_1'a_{x1} = a'a_x$，点 a_1'即为点 A 的新投影。

图 3-59 所示为由 V/H 体系变换成 V/H_1 体系的作图过程，即用新的投影面 H_1 来替换 H 面。其作图方法与图 3-58 所示类似。由于 a 和 a_1 的 Y 坐标相同，即 $a_1a_{x1} = aa_x$，据此便可确定点 A 的新投影 a_1。

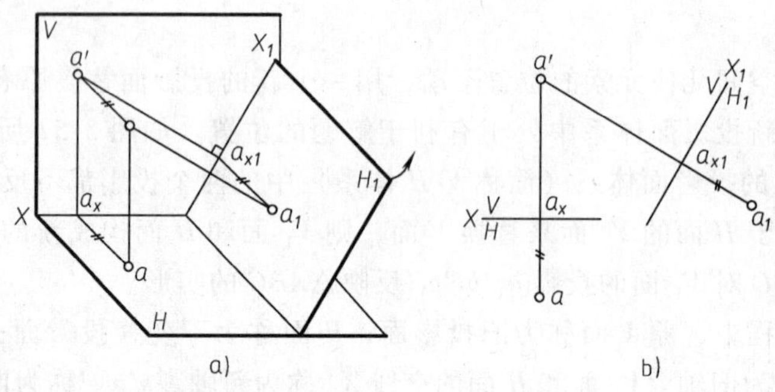

图 3-59 变换点 A 的水平投影

由此可知，无论变换点 A 的正面投影还是水平投影，点在新、旧两投影面体系中的投影之间，具有下列换面规律：

1）新投影与不变投影之间的连线必垂直于新轴（如 $a_1'a \perp X_1$、$a_1a' \perp X_1$）。

2）新投影到新轴的距离等于旧投影到旧轴的距离（如 $a_1'a_{x1} = a'a_x$、$a_1a_{x1} = aa_x$）。

在上述变换 V 面和 H 面时，只是用一个新投影面来替换原来两个投影面中的一个即完成解题，因此称为一次变换投影面（简称一次换面）。根据几何元素所处的空间位置和解题要求，有时只需变换一次投影面，有时却需要变换两次或多次投影面。

3.5.2 换面法的基本作图问题

1. 一次换面

应用一次换面可以解决以下四个基本作图问题。

（1）将一般位置直线变换成新投影面平行线　如图 3-60 所示，AB 为一般位置直线，若要将它变换成新投影面平行线，可选新投影面 V_1 代替 V 面，使 V_1 面既平行直线 AB 又垂直于 H 面。这时 AB 在 V_1/H 体系中成为正平线。由于正平线的水平投影平行于投影轴，所以新轴一定平行于直线的水平投影（不变投影）ab。作图时，可在投影图的适当位置作 X_1 轴平行 ab。然后分别求出直线 AB 两端点的新正面投影 a_1'和 b_1'。连接点 a_1'和点 b_1'即为直线 AB 的新正面投影。由于直线 AB 在 V_1/H 体系中平行于 V_1 面，所以 $a_1'b_1'$反映直线 AB 的实长，$a_1'b_1'$与新轴 X_1 的夹角反映 AB 对 H 面的倾角 α。

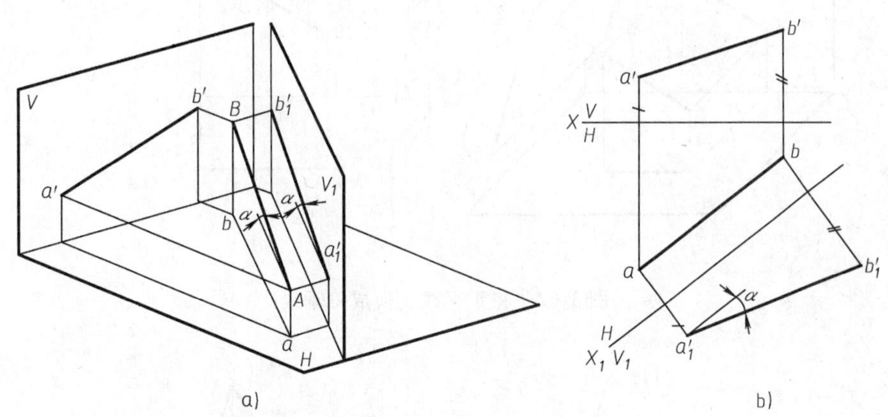

图 3-60　将一般位置直线变换成正平线

同理，也可以用新投影面 H_1 代替 H 面，使一般位置直线 AB 变换成 H_1 面的平行线，即新的水平线，如图 3-61 所示。作图时，首先在适当位置作新轴 X_1 平行于 $a'b'$，然后求作直线 AB 在 V/H_1 体系中的新投影 a_1b_1。此时 a_1b_1 反映直线 AB 实长，而 a_1b_1 与新轴 X_1 的夹角则为直线 AB 对 V 面的倾角 β。

（2）将投影面平行线变换成新投影面垂直线　如图 3-62 所示，AB 为正平线，若要将它变换成新投影面垂直线，则新投影面必须建立在 V 面上，使 H_1 面垂直于直线 AB 和 V 面。此时在 V/H_1 体系中，直线 AB 变换成铅垂线。由于铅垂线的正面投影垂直于投影轴，所以新轴 X_1 必垂直于 $a'b'$。作图时，先在适当位置作新轴 X_1 垂直 $a'b'$，然后利用点 a、b 到 X 轴的距离，求得 AB 在 H_1 面上的新投影 a_1、b_1（积聚为一点）。

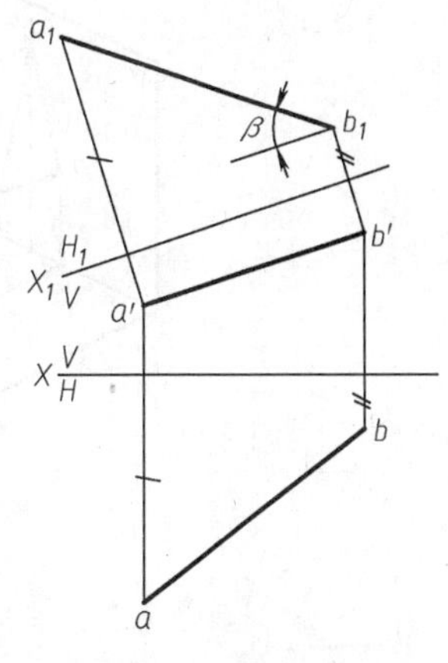

图 3-61　将一般位置直线变换成水平线

（3）将投影面垂直面变换成新投影面平行面　在图 3-63 中，已知△ABC 为一铅垂面，若建立一新投影面 V_1 与△ABC 平行，则 V_1 面一定垂直于 H 面。这时在 V_1/H 体系中，△ABC 变成正平面。由于正平面的水平投影平行于投影轴，所以新轴 X_1 必平行于直线 abc。作图时，先在适当位置作新轴 X_1 平行于直线 abc，然后求出△ABC 的新投影 $a_1'b_1'c_1'$。此时 $a_1'b_1'c_1'$反映△ABC 的实形。

（4）将一般位置平面变换成新投影面垂直面　根据两平面垂直定理可知，新投影面只要垂直于△ABC 上的一条直线，那么△ABC 即垂直于该投影面。为此可在△ABC 上任取一投影面平行线作为辅助线，例如取一水平线 AK，如图 3-64a 所示。再作 V_1 面垂直水平线 AK，则 V_1 面即可满足既垂直 H 面又垂直△ABC 的要求。作图时，先在△ABC 上作一水平线

AK（ak，$a'k'$），然后作新轴 X_1 垂直于直线 ak，并求出△ABC 的新正面投影 $a_1'b_1'c_1'$，如图 3-64b 所示。由于△ABC 在 V_1/H 体系中已成为新投影面垂直面，所以 $a_1'b_1'c_1'$必积聚为一直线，且该直线与新轴 X_1 的夹角反映△ABC 对 H 面的倾角 α。

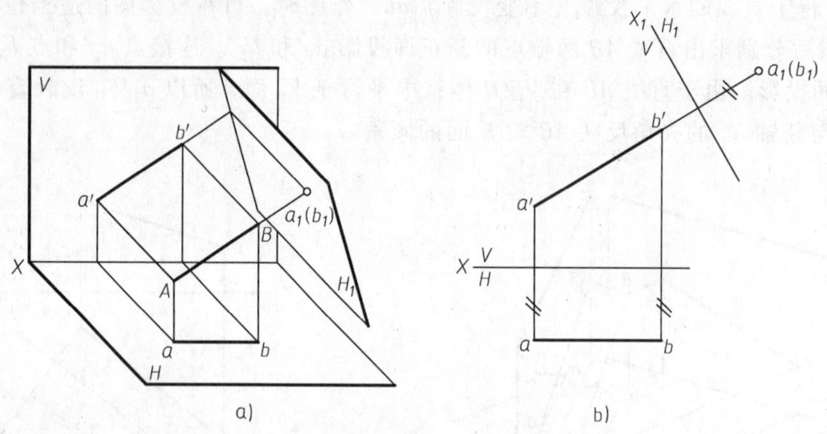

图 3-62　将正平线变换成铅垂线

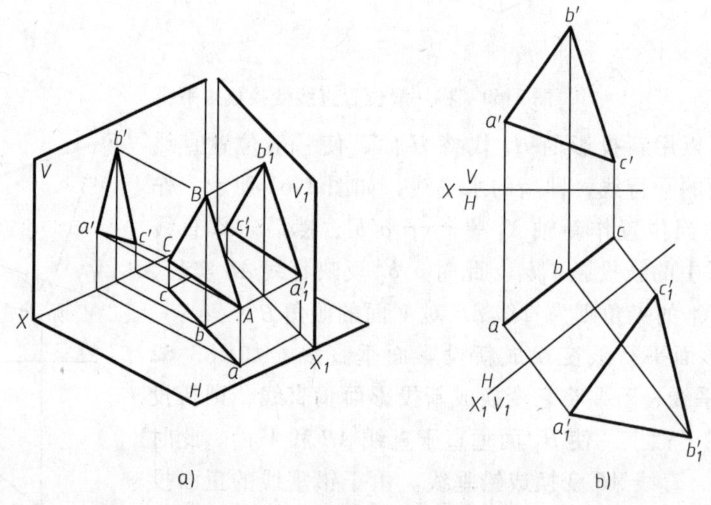

图 3-63　将铅垂面变换成正平面

同理，欲将一般位置平面变换成 H_1 面的垂直面，则需要在△ABC 上作一正平线 AK，并取 H_1 面垂直于该正平线，读者可自行分析作图。

2. 二次换面

在运用换面法来解决实际问题时，更换一次投影面有时不足以解决问题，而必须更换两次或更多次。

点在换面时的换面规律，不仅适用于一次换面，对二次或多次换面也同样适用。如图 3-65 所示，在进行第二次换面时，新投影面 H_2 应垂直于 V_1 面，形成 V_1/H_2 体系。此时，X_2 为新轴，X_1 为旧轴，H_2 为新投影面，H 为旧投影面，V_1 为不变投影面，a_2 为新投影，a 为旧投影，a_1'为不变投影。由于在第二次变换过程中，点 A 相对于 V_1 面的位置不变，故 $a_2a_{x2}=aa_{x1}$，仍然反映新投影到新轴的距离等于旧投影到旧轴的距离这一变换规律。

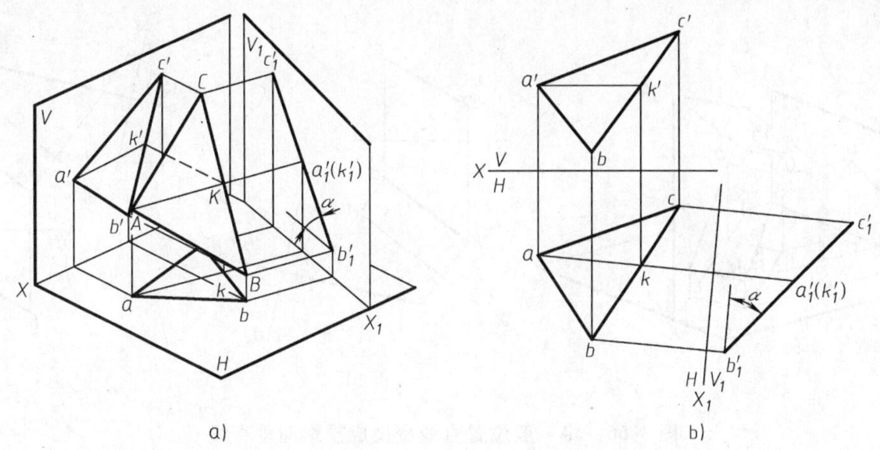

图 3-64　将一般位置面变换成垂直面

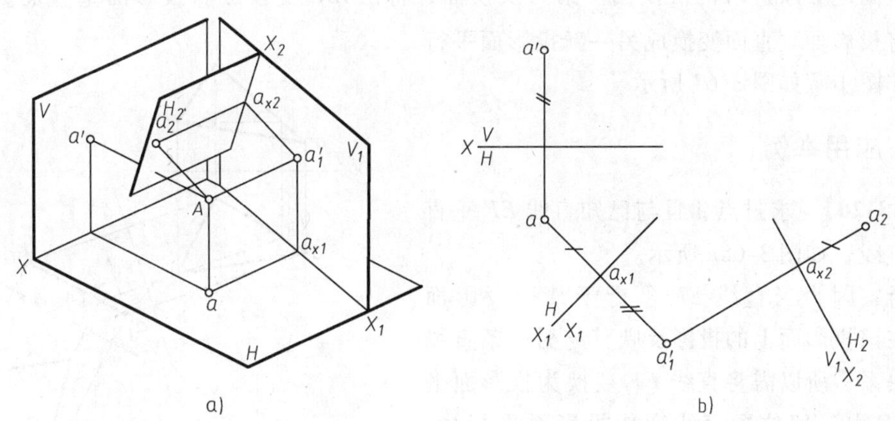

图 3-65　点的二次变换

图 3-65 所示为点在 V/H 体系中经过二次换面的投影情况，其变换次序是：$V/H \rightarrow V_1/H \rightarrow V_1/H_2$。显然，变换次序也可按 $V/H \rightarrow V/H_1 \rightarrow V_2/H_1$ 的方式进行。但应注意，V 面和 H 面必须交替进行变换。

应用二次换面可以解决以下两个基本作图问题。

（1）将一般位置直线变换成新投影面垂直线　欲将一般位置直线 AB 变换成新投影面垂直线，则必须使新投影面垂直于直线 AB。现因 AB 为一般位置直线，垂直于直线 AB 的平面必为一般位置平面，它与原有的任一投影面都不能构成互相垂直的两投影面体系。因此，要解决这一问题需进行两次换面。首先将直线 AB 变换成投影面平行线，然后再变换成另一投影面垂直线，如图 3-66a 所示。

作图步骤如图 3-66b 所示。先取 X_1 轴平行于直线 ab，经一次换面后，将直线 AB 变换成 V_1 面的平行线，然后再取 X_2 轴垂直于直线 $a_1'b_1'$，经第二次换面后，直线 AB 在 V_1/H_2 体系中变换成 H_2 面的垂直线。

图 3-66c 所示为先变换 H 面，再变换 V 面，使直线 AB 成为 V_2 面的垂直线的情况。

（2）将一般位置平面变换成新投影面平行面　欲将一般位置平面△ABC 变换成新投影面平行面，只进行一次换面是不能达到目的。这是因为直接取一平行于△ABC 的新投影面，

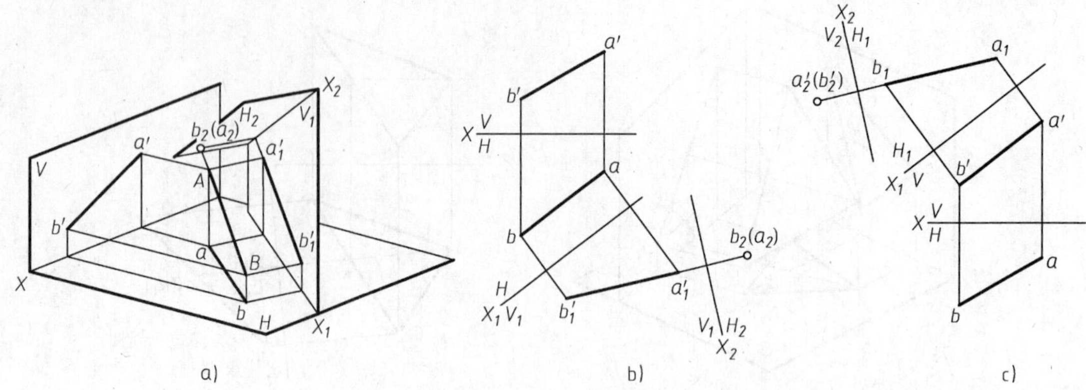

图 3-66　将一般位置直线变换成投影面垂直线

则该投影面仍为一般位置平面，不能与原有投影面构成互相垂直的两投影面体系。因此，要解决这一问题必须进行两次换面。第一次换面，将△ABC 变换成新投影面垂直面。第二次换面，将投影面垂直面变换成另一新投影面平行面，其作图步骤如图 3-67 所示。

3.5.3　应用举例

【例 3-20】　求过点 A 且与已知直线 EF 垂直相交的直线，如图 3-68a 所示。

分析：因为当直线 EF 平行于某一投影面时，它在该投影面上的投影反映其与另一条直线的垂直关系，所以需将直线 EF 变换为投影面平行线。EF 由一般位置直线变成投影面平行线，只需变换一次投影面。

作图步骤（图 3-68b）：

1）将直线 EF 变换为 V_1 面的平行线。

2）点 A 随同直线 EF 一起变换，得点 a_1'。

3）根据直角投影定理，过点 a_1' 向直线 $e_1'f_1'$ 作垂线，与直线 $e_1'f_1'$ 交于点 k_1'。点 k_1' 即为两线垂直相交后的交点 K 在 V_1 面上的投影。

4）由点 k_1' 求出点 k 及点 k'，连接 ak 及 $a'k'$ 即为所求直线 AK 的投影。

【例 3-21】　图 3-69a 给出了交叉两输油管 AB 与 CD 的位置，现要在两管之间用一根最短的管子将它们连接起来，求连接点的位置及连接管的长度。

分析：两输油管 AB、CD 是一般位置的交叉两直线，它们之间的最短距离为其公垂线的长度。公垂线通常也是一般位置直线。因此，本题

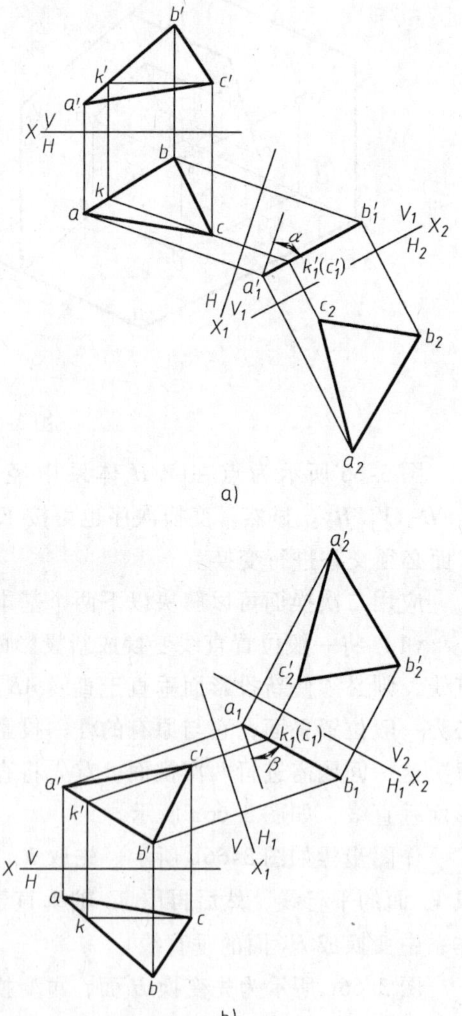

图 3-67　将一般位置平面变换成投影面平行面

可归结为求交叉两直线公垂线的实长，即通过投影变换使公垂线呈现为投影面平行线。

若将两交叉直线之一变换为新投影面垂直线，则公垂线 KL 必平行于新投影面，其新投影反映实长，且与另一直线在新投影面上的投影反映直角。

作图步骤（图 3-69b）：

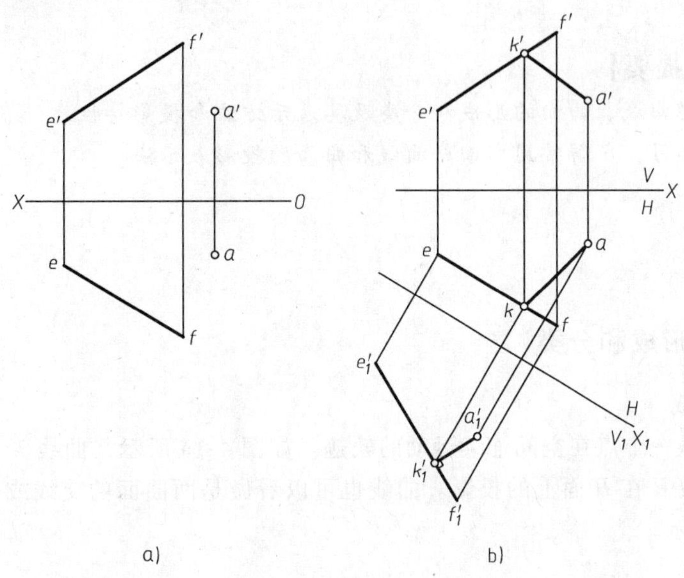

图 3-68　过点 A 作直线 AK 与直线 EF 垂直相交

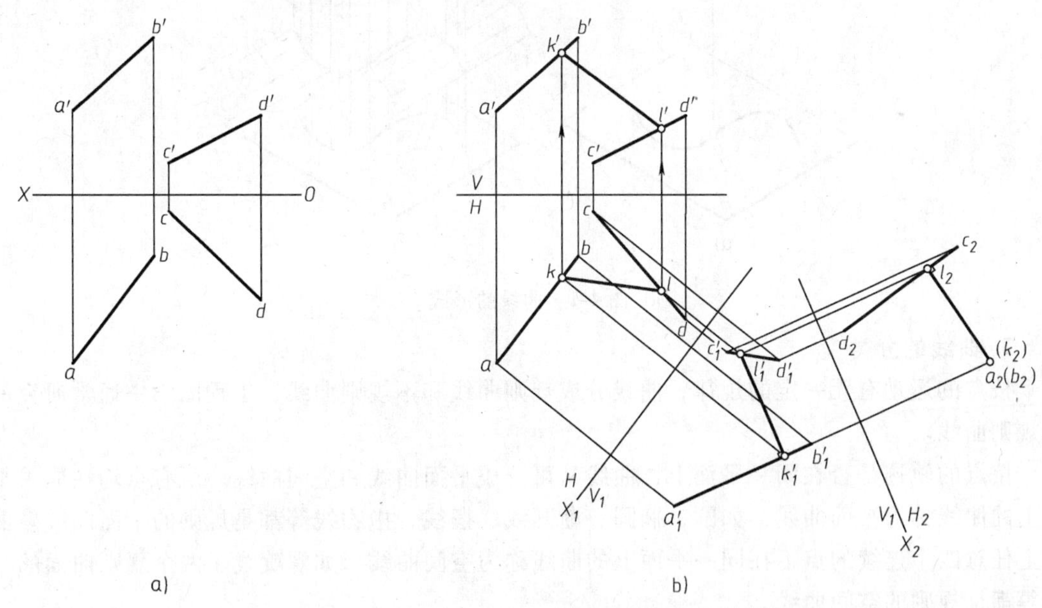

图 3-69　求交叉两直线的最短距离

1）先将直线 AB 在 V_1/H 体系中变换为 V_1 面的平行线，再在 V_1/H_2 体系中变换为 H_2 面的垂直线，此时 AB 直线的投影积聚为一点，直线 CD 也随之作相应的变换。

2）过点 $a_2(b_2)$ 作 $k_2l_2 \perp c_2d_2$（$k_1'l_1' /\!/ X_2$ 轴），k_2l_2 即为公垂线 KL 在 H_2 面上的投影。然后返回求出公垂线 KL 在 H、V 面上的投影（kl、$k'l'$）。K 及 L 为两油管间距离最短的连接点，k_2l_2 即为连接管的实长。

第4章　曲线、曲面的构形及其投影

【本章学习提要】

本章主要介绍曲线、曲面的形成和分类及其表示方法和投影特性。

通过本章的学习，了解常用非回转曲线和曲面的投影表示法。

4.1　曲线

4.1.1　曲线的形成和分类

1. 曲线的形成

曲线可以看做一个点在空间连续运动的轨迹。如图4-1a所示，曲线K为点A运动的轨迹，曲线k是曲线K在H面上的投影。曲线也可以看做是两曲面的交线或平面与曲面的交线，如图4-1b所示。

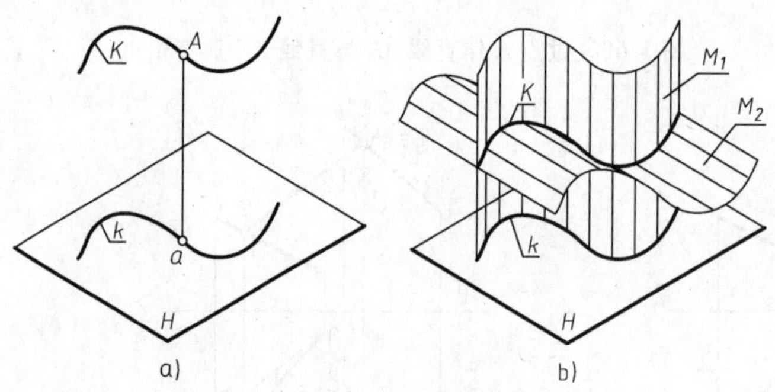

图4-1　曲线的形成

2. 曲线的分类

按点的运动有无一定的规律，曲线分成规则曲线和不规则曲线，工程图学中通常研究的是规则曲线。

按点的轨迹是否在同一平面上，曲线又可分成平面曲线和空间曲线。所有点均在同一平面上的曲线称为平面曲线，如圆、椭圆、渐开线、摆线、抛物线等都是规则的平面曲线。曲线上任意四个连续的点不在同一平面上的曲线称为空间曲线，如螺旋线、两个规则曲面的交线等都是规则的空间曲线。

4.1.2　曲线的表示法

因为曲线是点的集合，所以绘制曲线投影的一般方法是，画出曲线上一系列点的投影，并将各点的同面投影光滑地顺次连接起来就得到该曲线的投影。若能画出曲线上一些特殊点，如极限位置点（最高点、最低点、最左点、最右点、最前点及最后点等）、端点、切点，则可更确切地表示曲线。图4-2a所示为绘制曲线L投影的方法，在曲线L上取A、B、

C、D、E 五个点，分别作出这些点的 H 面和 V 面投影，并将 a、b、c、d、e 五个点和 a'、b'、c'、d'、e'五个点分别光滑顺次连接，得到曲线 L 的水平投影 l 和正面投影 l'。图 4-2b 所示为投影图，图中的点 A 为曲线上的最高点；点 B 为曲线上的最左点；点 C 为曲线上的最前点；点 E 为曲线上的最低点、最右点、最后点。

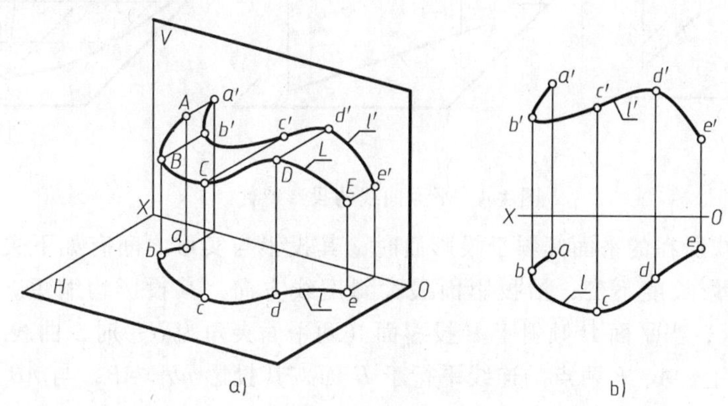

图 4-2　曲线的投影

4.1.3　曲线的投影特性

曲线的投影特性：

1）曲线的投影一般仍为曲线。在图 4-2a 中，曲线 L 向投影面（H 面或 V 面）投影时，形成一个投射柱面，该柱面与投影面（H 面或 V 面）的交线必为一曲线，故曲线的投影仍为曲线。

2）属于曲线上的点，其投影必在该曲线的同面投影上。在图 4-2 中，点 B 属于曲线 L，则它的水平投影 b 必在曲线的水平投影 l 上，它的正面投影 b'必在曲线的正面投影 l'上。

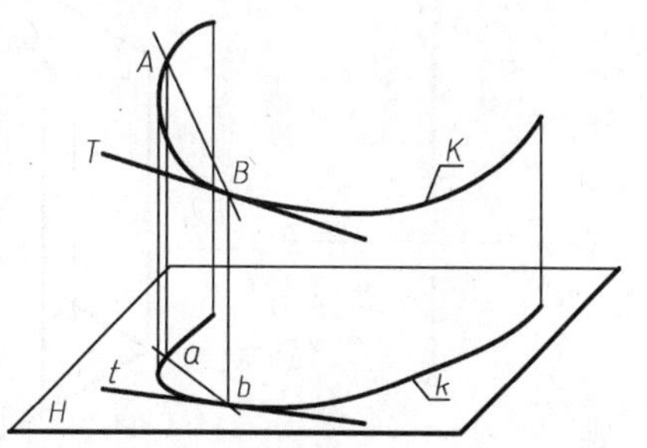

图 4-3　直线与曲线相切的投影

3）若一直线与曲线相切，一般情况下，它们的同面投影也都相切，且切点不变。在图 4-3 中，直线 BT 与曲线 K 相切于点 B。可把直线 AB 看做曲线 K 的割线，当点 A 无限趋于点 B 时，割线 AB 成为切线 BT。同时，点 A 的投影 a 也趋近于点 B 的投影 b。因此，割线 AB 的投影 ab 即成为曲线投影的切线 bt。切线的投影与曲线的投影仍切于点 B 的投影 b 处。

4.1.4　平面曲线的投影特性

平面曲线除具有上述投影特性外，还具有下列投影特性：

1）当平面曲线所在的平面平行于某一投影面时，曲线在该投影面上的投影反映实形。在图 4-4a 中，曲线 K 在平面 P 上，当平面 P 平行于 H 面时，其 H 面投影 k 反映实形。

2）当平面曲线所在的平面垂直于某一投影面时，曲线在该投影面上的投影积聚成一条直线段。在图 4-4b 中，曲线 K 在平面 P 上，当平面 P 垂直于 H 面时，其 H 面投影 k 积聚成一条直线段。

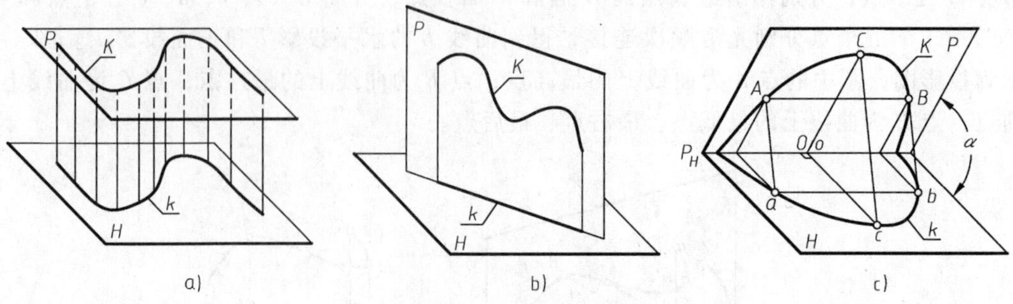

图 4-4　平面曲线的投影特性

3）当平面曲线所在的平面倾斜于投影面时，其投影与实形之间有如下关系：沿投影面平行线方向，其投影长度不变；沿投影面最大斜度线方向，其投影均缩短。在图 4-4c 中，曲线 K 在平面 P 上，当平面 P 倾斜于 H 投影面（两平面夹角为 α）时，曲线 K 在 H 面的投影为 k。在曲线 K 上，A、B 两点的连线平行于 H 面，其投影 $ab=AB$，与 AB 平行的所有线段的投影也互相平行且投影长度均不变；而曲线 K 上的点 C 与点 O（平面 P 与 H 面交线上的点）的连线垂直于平面 P 的迹线 P_H，CO 为 P 面对 H 面的最大斜度线，点 O 的投影为 o，C 点的投影在 k 上，则 $co=CO\cos\alpha$，即与 CO 平行的所有线段的投影均相应缩短。

【例 4-1】　已知一圆属于铅垂面 P（P 与 V 面的夹角为 β），直径为 $2R$，并已知该圆中心 O 的两个投影 o 和 o'，如图 4-5a 所示。完成圆的正面投影和水平投影。

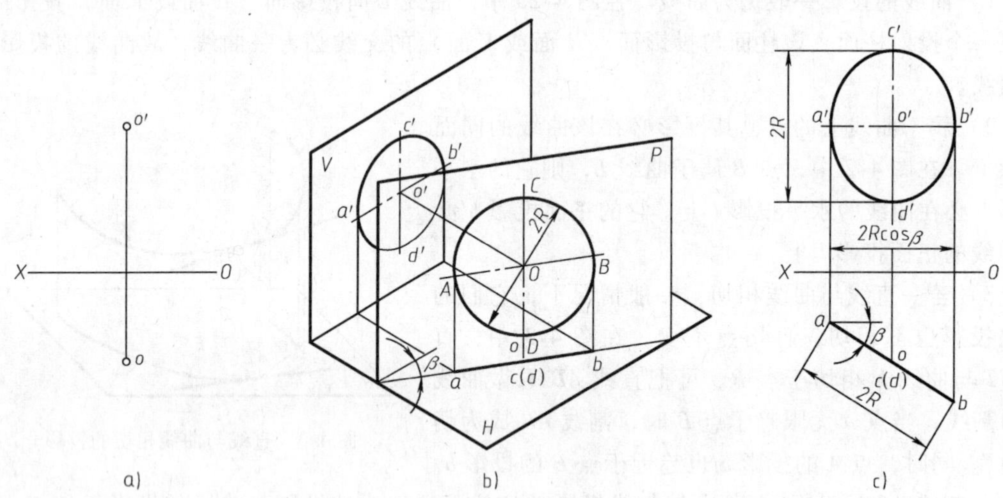

图 4-5　铅垂面上圆的投影

分析：如图 4-5b 所示，该圆处于铅垂面上，根据平面曲线的投影特性可知，其水平投影聚集成一直线段 ab，$ab=2R$，且 ab 与 OX 轴的夹角为 β。因铅垂面对 V 面倾斜，故该圆的 V 面投影为一椭圆，其长轴 $c'd'$为圆上的铅垂直径 CD 的投影，$c'd'=CD=2R$，短轴 $a'b'$为圆上水平直径 AB 的投影，$a'b'=AB\cos\beta=2R\cos\beta$（用作图的方法直接做出 $a'b'$更为简便）。该圆与 W 面的投影也为椭圆（投影、分析略）。

作图步骤（图 4-5c）：

1）过点 o 作一与 OX 轴夹角为 β 的直线 ab，取 $oa=ob=R$，ab 即为圆的水平投影。

2）过 o'作直线垂直于 OX 轴，在其上取 $o'c'=o'd'=R$，$c'd'$ 即为椭圆的长轴。

3）根据 ab 求出 $a'b'$，$a'b'$ 即为椭圆的短轴。

4）由求出的长短轴画出椭圆。

【例 4-2】 已知一般位置平面上有一圆，其中心为 O，直径为 $2R$，完成圆的正面投影和水平投影，如图 4-6 所示。

分析：该圆所处的平面对两个投影面都倾斜，所以在这两个投影面上的投影均为椭圆，故首先要确定长、短轴的方向和长度。

从图 4-6 中可知，圆 O 的正面投影为椭圆 o'。它长轴为正平线 Ⅰ Ⅱ 的正面投影 $1'2'$，其长度等于圆 O 的直径；短轴为 $3'4'$，其垂直于 $1'2'$，作出短轴的水平投影，用直角三角形法求出其实长。椭圆 o' 的作图过程如图 4-7a 所示。

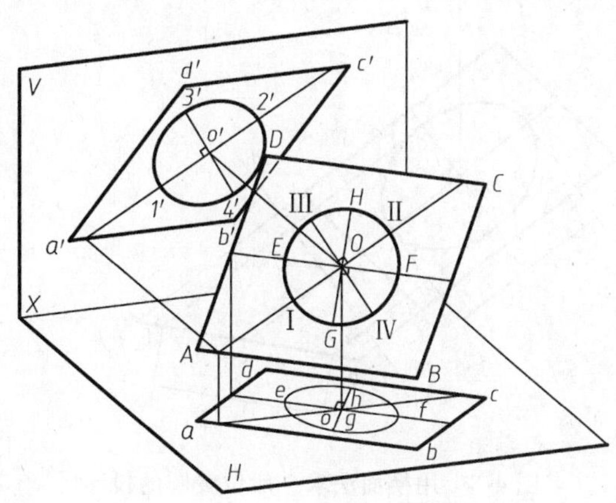

图 4-6　一般位置圆的投影

圆 O 的水平投影为椭圆 o。它的长轴为水平线 EF 的水平投影 ef，其长度也等于圆 O 的直径；短轴 gh 与长轴垂直，同理由直角三角形法求出其实长。椭圆 o 的作图过程如图 4-7b 所示。

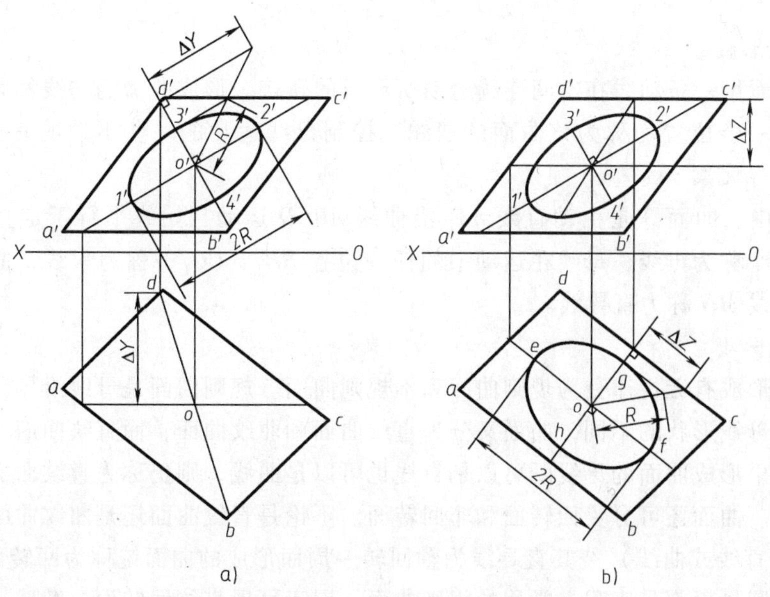

图 4-7　直角三角形法求一般位置圆的投影

也可用换面法求得一般位置圆的投影（分析略），如图 4-8 所示。

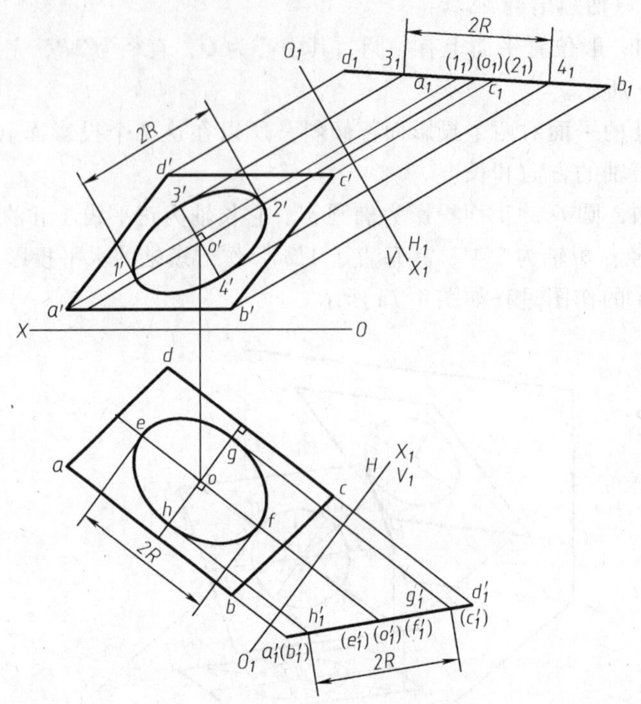

图 4-8　用换面法求一般位置圆的投影

4.2　曲面

4.2.1　曲面的形成和分类

1. 曲面的形成

曲面可以看做一条动线在空间连续运动所形成的轨迹。形成曲面的动线称为母线。母线在曲面上的每一个位置均称为该曲面的素线。控制母线运动的一些不动的几何元素（点、线和面）称为导元素。

在图 4-9 中，曲面 S 是由动直线 AA_1 沿曲线 $ABCD$ 运动且始终平行于定直线 MN 形成的。动直线 AA_1 称为母线，母线在运动中的任一位置 BB_1、CC_1…称为素线，曲线 $ABCD$ 称为曲导线，直线 MN 称为直导线。

2. 曲面的分类

曲面按其形成有无规律分为规则曲面和不规则曲面。规则曲面是母线沿导元素规则运动而形成的。按母线形状的不同，曲面又分为直纹曲面和曲纹曲面，而直纹曲面又有可展和不可展之分。如果形成曲面的母线既可以是直线也可以是曲线，则仍称为直纹曲面，如图4-10 所示的圆柱面。曲面还可分为回转面和非回转面。不论是直纹曲面还是曲纹曲面，它们当中凡属于母线（直线或曲线）绕其直导线为轴回转一周而形成的曲面统称为回转面。

圆锥面、圆柱面都是工程上常用的规则曲面，属于可展直纹回转面。圆球、圆环和一般回转面属于不可展曲纹回转面。这些回转面将在后面讨论。

注意：同一曲面可用不同的方法形成。图 4-10 所示的圆柱面，可以看做直母线 AB 沿曲导圆 C 且平行于直导线 OO_1 运动的轨迹如图 4-10a 所示；也可看做圆母线 C 沿直导线 OO_1 运动的轨迹，如图 4-10b 所示。当遇到具体的曲面时，应选取作图最简便的一种形成方法。

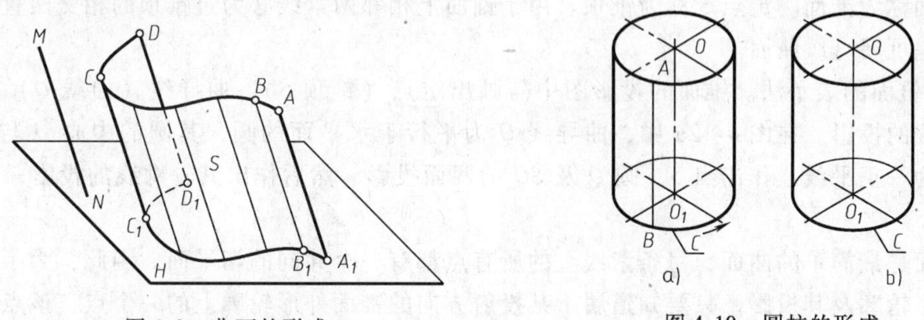

图 4-9　曲面的形成　　　图 4-10　圆柱的形成

4.2.2　曲面的表示法

由于规则曲面是母线沿导元素规则运动而形成的，所以表示一曲面时，必须首先表示其母线及导元素。作图时，最基本的要求是画出它的一些几何元素的投影，从而能够确定该曲面上的任意一点或一素线。为使曲面表达清晰、明显，还需画出它的轮廓线及显示特征的一些点和线。

注意：在画曲面投影中，重要的是画出它的轮廓线。曲面投影上的轮廓线随投射方向 S 而改变，投射方向确定后，轮廓线就唯一确定了。轮廓线是曲面上点的集合，它是与投射方向 S 平行且与曲面相切的切点的集合。如图 4-11 所示，a 图中的直线 CK、CL 和 b 图中的弧 ANB 是锥面和球面上沿投射方向 S 的轮廓线，即为曲面对该投影面的轮廓线。如果该轮廓线又是曲面的一条素线，则称它为轮廓素线。画投影图时，只需画出它在该投影面上的投影，其余投影不必画出。不同的曲面有不同的表示法，下面分别介绍。

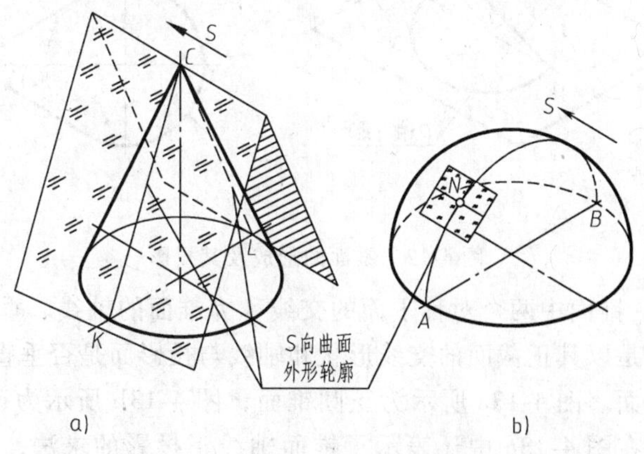

图 4-11　曲面的外形轮廓

4.2.3　直纹曲面

1. 可展直纹曲面

由直母线形成的曲面称为直纹曲面。在直纹曲面上，如果相邻无限接近的两素线平行或相交（即在一个平面内），那么该曲面可展开在一个平面上，称为可展直纹曲面。工程中常见的可展直纹曲面有锥面、柱面、切线曲面。

（1）锥面

1）锥面的形成。如图 4-12a 所示，直母线 SⅠ沿曲导线 Q 运动，且始终通过导点 S 时，所得曲面称为锥面。定点 S 称为锥顶。由于锥面上相邻两素线必为过锥顶的相交两直线，所以锥面是可展直纹曲面。

2）锥面的表示法。锥面的投影图中需画出定点（锥顶 S）、曲导线（曲线 Q）及外形轮廓素线的投影。在图 4-12a 中，曲导线 Q 为平行于水平面的圆，其圆的中心 O 与定点 S 的连线为一正平线。作出点 S、圆 Q 及 SO 的两面投影，然后作出其轮廓线的投影，如图 4-12b 所示。

锥面是最简单的曲面，每条素线上的所有点都有一个共同的切平面。因此，为了求得锥面的外形轮廓及其投影，只要知道属于某投射方向的锥面外形轮廓上的一个点，该点与顶点的连线即为该投射方向的外形轮廓线，其投影就成为轮廓线的投影。在图 4-12a 中，曲导线 Q 上两点Ⅰ、Ⅱ是正面投射方向左右外轮廓线上的两个点，故在 4-12b 图中 $s'1'$、$s'2'$ 为正面投影的轮廓线。在水平投影中，由点 s 向 q 作切线得到 3、4 两点，则 $s3$、$s4$ 为水平投影轮廓线。

在平行投影中，物体投影的形状和大小与物体对投影面距离的远近无关，因此，在画投影图时，为合理布置图幅，可以去掉投影轴。在图 4-12b 中，去掉了 OX 轴。但要注意，去掉投影轴后，投影规律不变。

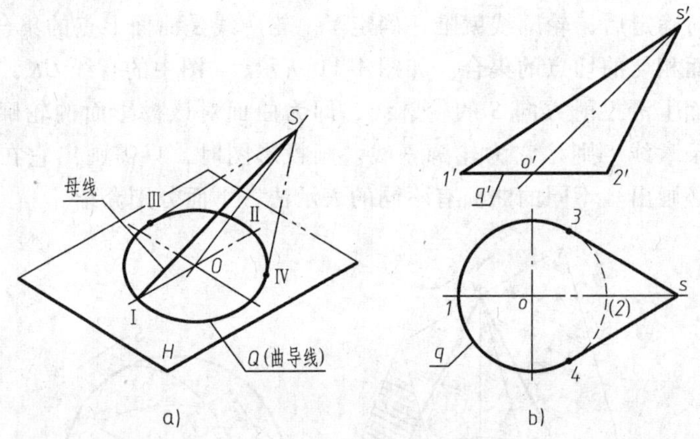

图 4-12　锥面的形成及其投影

3）锥面的命名。锥面中两个对称平面的交线称为锥面的轴线。垂直于轴线的截平面称为正截面。锥面通常是以其正截面的交线形状和轴线与投影面是否垂直来命名的。常见的锥面有圆锥面和椭圆锥面。图 4-13a 所示为正圆锥面，图 4-13b 所示为正椭圆锥面，图 4-13c 所示为斜椭圆锥面。在图 4-13c 中还表示了锥面轴线正投影的求法，它是锥顶角的角平分线，一般可不画出。

（2）柱面

1）柱面的形成。在图 4-14a 中，直母线（直线ⅠⅡ）沿曲导线（曲线 Q）且始终平行于直导线（直线 AB）运动而形成的曲面称为柱面。由于柱面上相邻两素线是平行的直线，所以柱面是可展直纹曲面。

2）柱面的表示法。在投影图上，柱面一般的表示法是画出直导线 AB、曲导线 Q 以及

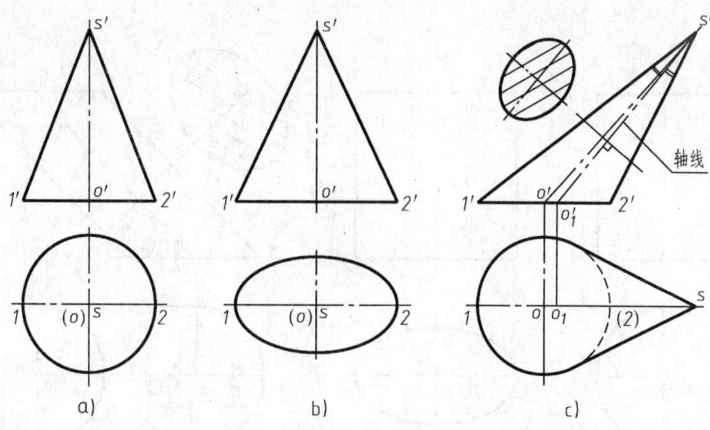

图 4-13　各种锥面的投影

外形轮廓线的投影。在图 4-14a 中，曲导线 Q 为水平圆，直导线 AB 为一般位置直线。表示这一圆柱时，可先画出 Q 的正面投影 q'和水平投影 q。Q 为柱面的顶面，通常选取底面为平行于 Q 的平面。顶圆和底圆中心的连线 OO_1 为柱面的轴线且平行于直导线 AB。由于素线的方向可由轴线控制，因此直导线 AB 在投影图中可省略不画。画出 OO_1 的正面投影 $o'o'_1$ 和水平投影 oo_1，最后画出柱面的轮廓线。图 4-14b 所示为其投影图（可不画 ab 和 $a'b'$）。

柱面与锥面一样，每条素线上的所有点都有一个共同的切平面。柱面顶圆和底圆上的最左、最右点是正面投射方向轮廓上的两对点，其投影的连线为柱面正面投影的轮廓线。水平投影的轮廓线为顶圆和底圆水平投影的公切线，它们均平行于轴线 OO_1 的同面投影。

3）柱面的命名。柱面通常以垂直于柱面轴线（或素线）的正截面与柱面所得的交线的形状命名。若交线为圆，称为圆柱面；交线为椭圆，称为椭圆柱面。若以正截面为底则称为正柱面，否则称为斜柱面。图 4-15a 所示为正圆柱面；图 4-15b 所示为正椭圆柱面；图 4-15c 所示为斜椭圆柱面。

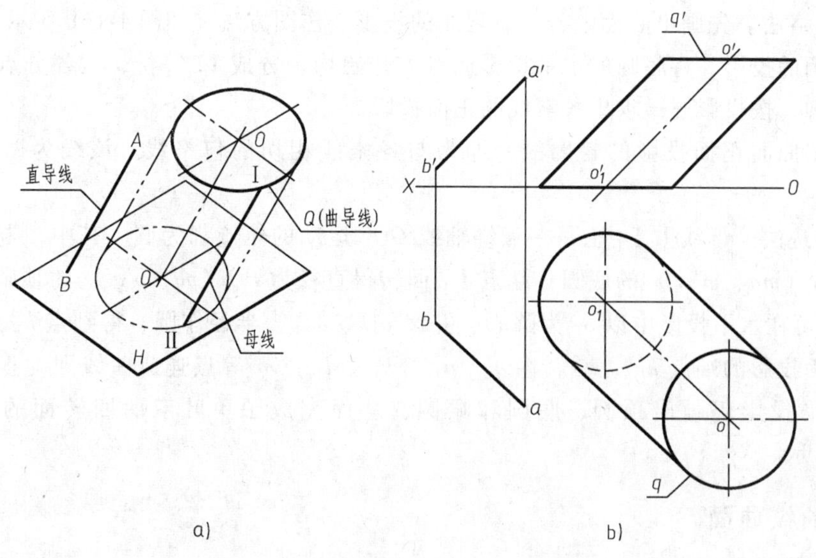

图 4-14　柱面的形成及其投影

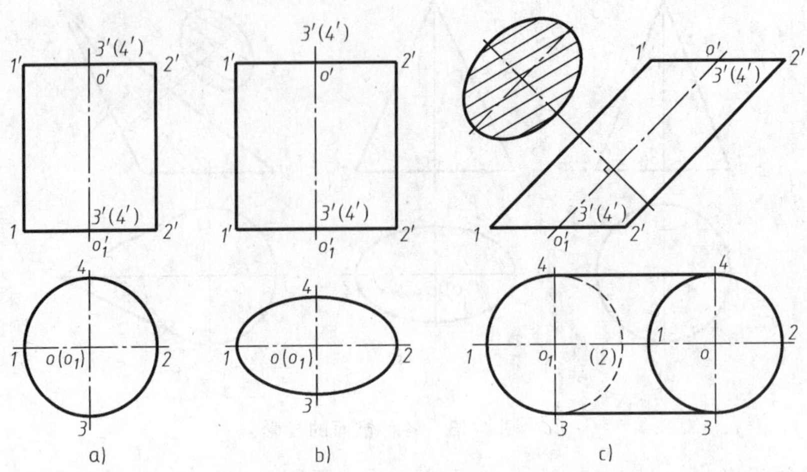

图 4-15　各种柱面的投影

2. 不可展直纹曲面

在直纹曲面上，如果相邻两条直素线在空间交叉（不在一个平面内），那么该曲面不能展成平面，称为不可展直纹曲面。常见的不可展直纹曲面有柱状面、阿基米德螺旋面、单叶双曲回转面等。

（1）单叶双曲回转面的形成　在图 4-16a 中，直母线 $\mathrm{I}\,\mathrm{I}_1$ 绕与之成交叉的轴线 OO_1 旋转而形成的曲面称为单叶双曲回转面。直母线 $\mathrm{I}\,\mathrm{I}_1$ 的两端点在回转时的轨迹为曲面的顶圆和底圆。作直母线与轴线的公垂线 O_2A，点 A 的轨迹也为一圆，但与母线上其他各点所形成的圆相比为最小，此圆称为喉圆。

（2）单叶双曲回转面的两种作图方法　作单叶双曲回转面的投影图，一般需要画出其轴线、若干素线的投影及轮廓线。

1）包络法。先画出曲面上若干条素线的投影。作图方法：如图 4-16b 所示，画出顶圆、底圆和喉圆的投影，将底圆的水平投影从点 Ⅰ 开始均匀分成 12 等份，从各分点向喉圆作切线交于顶圆，按投影规律求出各素线的正面投影。

再画出曲面正面投影的轮廓线，即为与各素线相切的包络线。该线为两条对称的双曲线。

2）描迹法。母线 $\mathrm{I}\,\mathrm{I}_1$ 上每一点绕轴线 OO_1 运动的轨迹都为圆。其中，端点 Ⅰ 回转得直径为 MN（mn、$m'n'$）的底圆；端点 I_1 回转得直径为 PQ（pq、$p'q'$）的顶圆；其他点如 K、L 等，可在水平投影中以 o_1 为圆心、并以 o_1k、o_1l 为半径作圆，得到点 k_1、l_1，然后求出各圆正面投影的端点 $k_1{}'$、$l_1{}'$。将 q'、$a_1{}'$、$k_1{}'$、$l_1{}'$、m'等点连成曲线即为正面投影的轮廓线。水平投影仍画出顶圆、底圆和喉圆，从而完成了单叶双曲回转面的投影图，如图 4-16c所示。

4.2.4　曲纹曲面

曲母线在空间连续运动而形成的轨迹，称为曲纹曲面。曲母线在连续运动的过程中，如形状和大小不变，所形成的曲面称为定线曲面；否则，称为变线曲面。定线曲面主要有回转

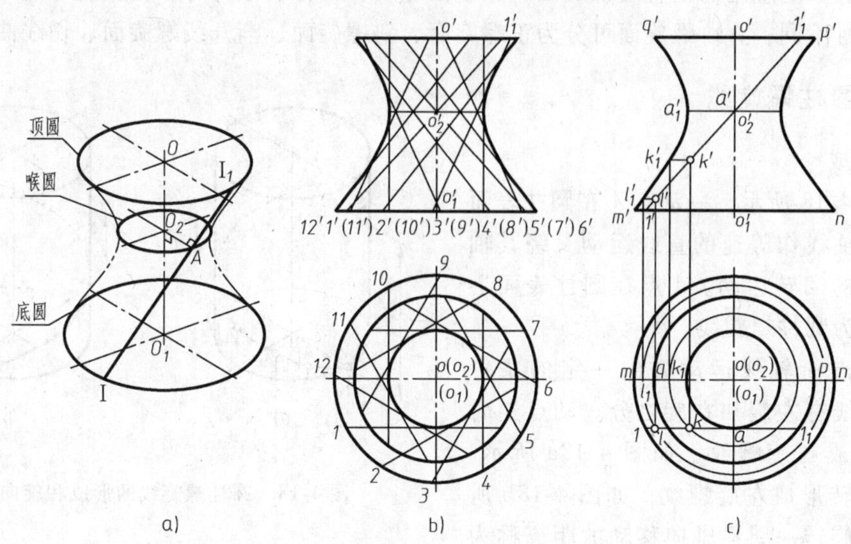

图 4-16　单叶双曲回转面的形成及其投影

面，将在后面的章节中介绍。

不规则的变线曲面有很多，如飞机、轮船、汽车等的壳体，它们的曲面形成没有一定的规则，其表示法除用正投影法外，有时还需用标高投影法才能表示清楚。标高投影法是用一组平行于某一投影面的平面去切曲面，将每个截交线的形状（平面曲线）表示出来，这样就能表示整个曲面的形状了，如图 4-17 所示。

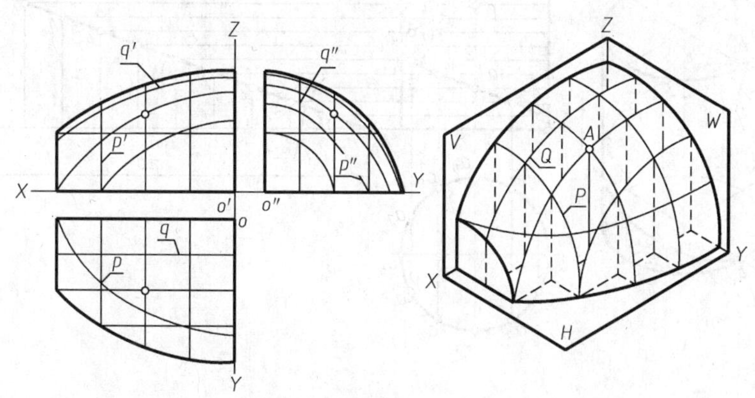

图 4-17　变线曲面的表示法

4.3　螺旋线和螺旋面

螺旋线是按规律变化的空间曲线。在圆柱表面上形成的螺旋线称为圆柱螺旋线，在圆锥表面上形成的螺旋线称为圆锥螺旋线。本节只介绍圆柱螺旋线。

螺旋面是任意一段母线（直线或曲线）绕轴线做螺旋运动而形成的曲面。直线形成的螺旋面叫直纹螺旋面；曲线形成的螺旋面叫曲纹螺旋面，如圆柱螺旋弹簧。

工程上广泛应用的是直纹螺旋面，如联接螺纹、蜗杆、滚刀等。根据直母线与轴线所处的相对位置不同，直纹螺旋面可分为正螺旋面、斜螺旋面、渐开线螺旋面、切线曲面等。

4.3.1 圆柱螺旋线

1. 形成

如图 4-18 所示，一动点 A 在圆柱表面上既沿其轴线作等速的直线运动又绕其轴线作等速的回转运动。A 点在圆柱表面上的轨迹称为圆柱螺旋线。

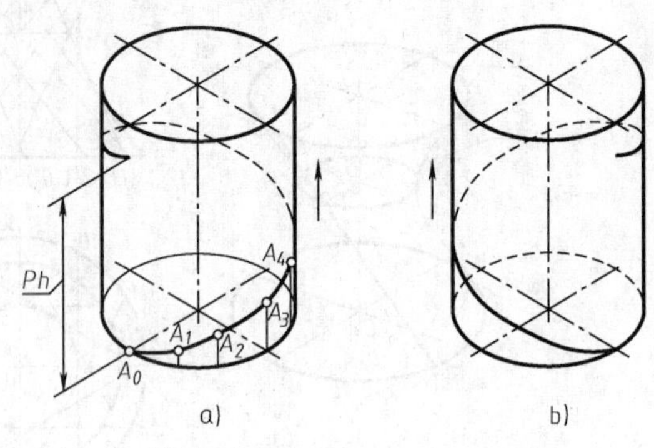

图 4-18 圆柱螺旋线的形成和旋向

在动点沿轴线运动方向一定的条件下，螺旋线有左旋和右旋之分。动点逆时针旋转形成右旋螺纹，如图 4-18a 所示。顺时针旋转形成左旋螺纹，如图 4-18b 所示。点 A 旋转一周沿轴向移动的距离称为导程，用 Ph 表示。直径、导程和旋向是圆柱螺旋线的三个基本要素。

2. 画法

根据螺旋线形成的定义，就能方便地画出它的投影图。图 4-19a 所示的导圆柱直径为 d，导程为 Ph 的右旋螺旋线，其投影图的作图步骤如图 4-19b 所示。

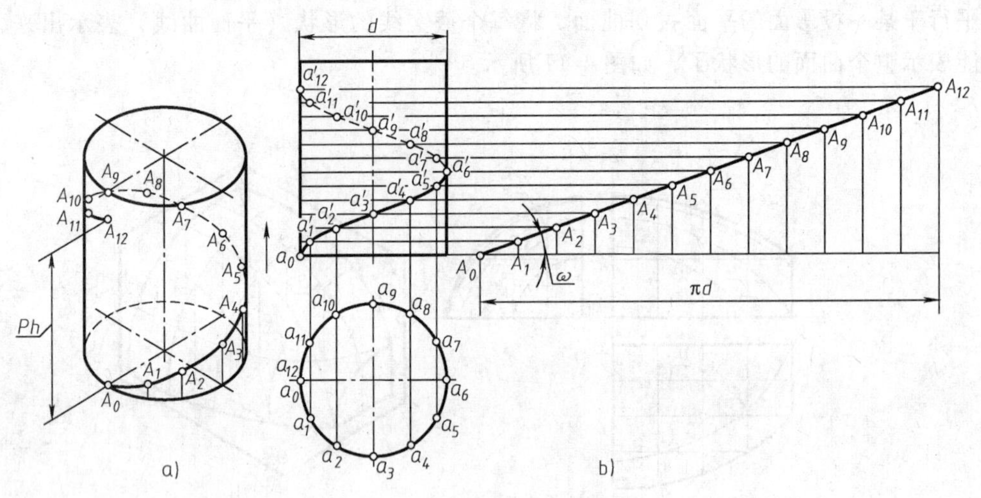

图 4-19 圆柱螺旋线的形成和画法

1）画出导圆柱的两面投影。将导圆柱的水平投影分为 12 等份，按逆时针方向用 a_0、a_1、a_2、…、a_{12}依次标注各点，并将正面投影上的导程 Ph 分成相同的等份。

2）从导程上各点引水平线，从圆周上各点引垂线，其相应的交点 a_0'、a_1'、a_2'、…、a_{12}'均为螺旋线上点的正面投影。

3）依次光滑地连接这些点，并判断可见性，即得螺旋线的正面投影，通过证明可知，它是正弦曲线。螺旋线的水平投影积聚在圆周上。

如果将圆柱体表面展开，则圆柱螺旋线展成一直线，如图 4-19b 所示。展开后的螺旋线为直角三角形的斜边，底边为圆柱体表面的周长 πd，高为螺旋线的导程 Ph 。显然，一个导

程的螺旋线长度为 $\sqrt{(Ph)^2+(\pi d)^2}$。直角三角形斜边与底边的夹角 $\omega=\arctan(Ph/\pi d)$ 称为螺纹升角。

4.3.2　正螺旋面

1. 正螺旋面的形成

一直母线沿着圆柱螺旋线（曲导线）及圆柱轴线（直导线）运动，且始终正交于轴线而形成的曲面称为正螺旋面，如图 4-20a 所示。正螺旋面相邻两素线彼此交叉，所以是一种不可展的直纹曲面。

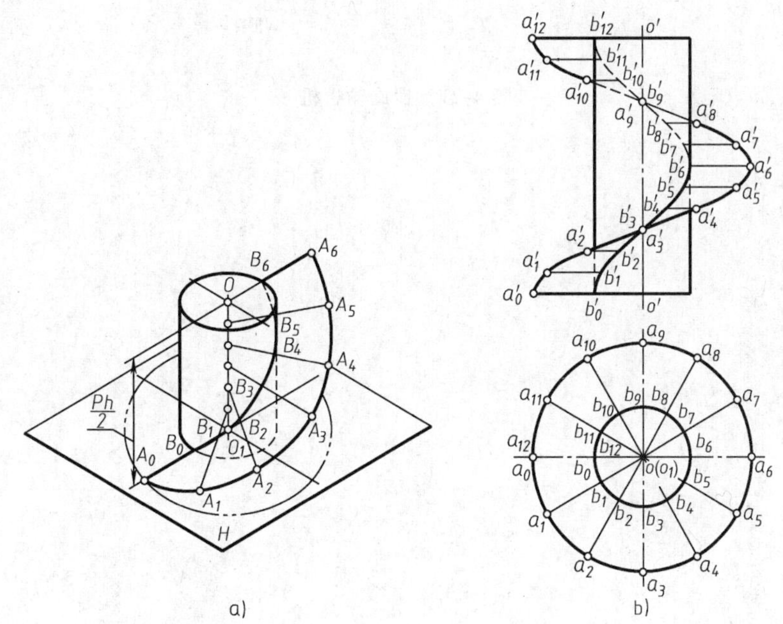

图 4-20　正螺旋面的形成及其投影

在图 4-20a 中，当点 A 由 A_0 移动到 A_1 时，可以看做整条母线转过同一角度，且上升相同的高度。因此，母线上任一点 B 也一定与点 A 一样转过相同的角度，上升相同的高度，其运动轨迹也是与点 A 有相同导程的螺旋线。因此，得出的结论为正螺旋面直母线上的任意点都作与曲导线有相同导程的螺旋线运动。

2. 正螺旋面的表示法

投影图中一般需画出直导线 OO_1（轴线）、曲导线（螺旋线）及若干条素线。

如图 4-20b 所示，在水平投影中，点 b_0、a_0 为直线 BA 两端点的水平投影，以点 o 为圆心，ob_0、oa_0 为半径画圆，并把它们分成若干等份（图中分为 12 等份）。同时，在正面投影上把导程 Ph 分成相同的等份，作出点 A 和点 B 所形成的螺旋线上的点 A_0、A_1、…、A_{12} 和 B_0、B_1、…、B_{12} 的投影，连接两条螺旋线上点的同面投影，得到正螺旋面的投影图。

正螺旋面用平行于 H 面的平面截切，交线为直线。因此，机械工程中可以用直线切削刃加工正螺旋面。它被广泛应用于矩形螺纹的工作面以及螺旋输送机中。图 4-21 所示为一螺旋输送机，它利用推进器的正螺旋面输送原料。

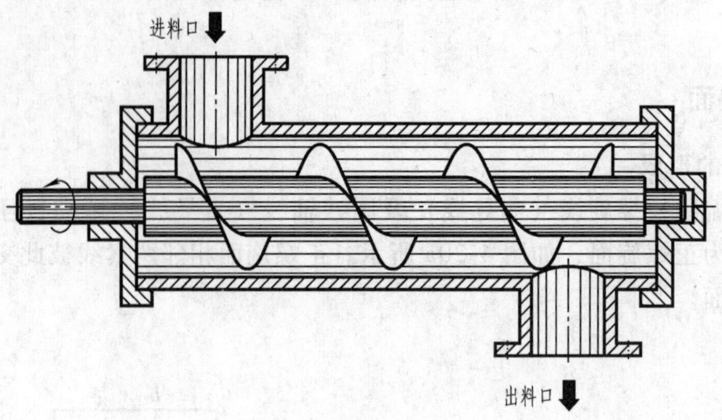

图 4-21　螺旋输送机

第 5 章　二维图形的构形及绘制

【本章学习提要】

二维图形除了被广泛应用在工程图样中，还被应用在计算机三维造型方法中。通过对本章的学习，掌握二维图形的构形方法和平面构形设计。并培养空间思维能力和创造思维能力，为掌握 AutoCAD、Pro/ENGINEER 和 UG 等软件的应用，构建三维实体创造条件。

5.1　基本几何图形的作图方法

根据平面图形的几何条件绘制的图形，称为几何图形。虽然机件的轮廓形状各不相同，但大部分都是由基本几何图形组成的。因此，熟练掌握基本几何图形的作图方法，有利于培养构形思维，提高画图质量和构形速度。

5.1.1　等分直线段

直线是简单的二维图形之一。工程制图中，往往需要对直线段进行等分。本节将介绍直线段的二等分、三等分、n 等分的画法。

1. 二等分直线段

二等份直线段的画法，如图 5-1 所示，作图步骤如下：

1）分别以已知直线段 AB 的端点 A、B 为圆心，以大于 $1/2AB$ 的长度为半径画圆，得交点 C、D。

2）连接点 C 和点 D，直线段 CD 与 AB 相交于点 E。点 E 即为直线段 AB 的二等分点。

2. 三等分直线段

三等分直线段的几何作图方法是利用等腰三角形和直角三角形来完成的，如图 5-2 所示，作图步骤如下：

1）已知直线段 AB，分别以点 A、B 为起始点，绘制与直线段 AB 夹角为 30°的两条直线并交于点 E，形成底角为 30°的等腰三角形△AEB。

2）再以点 E 为起始点，绘制与直线段 AB 中垂线夹角均为 30°的两条直线，分别与直线段 AB 相交于点 C 和点 D。点 C 和点 D 即为直线段 AB 的三等分点。

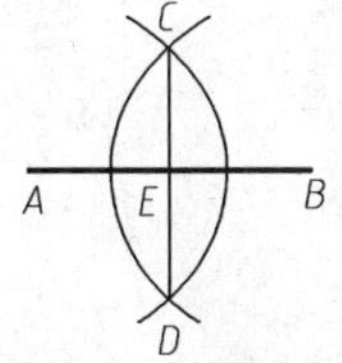

图 5-1　二等分直线段

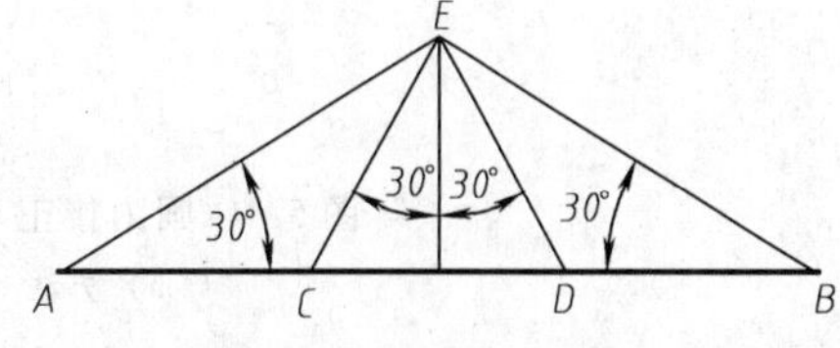

图 5-2　三等分直线段

3. *n* 等分直线段

利用平行线法将直线段 n 等分，如图 5-3 所示，具体作图步骤如下：

1）已知直线段 AB，过点 A 作任意直线 AM。选取适当的长度为单位长度，在直线 AM 上量取 n 个线段，得 n 个点，分别标记为 1、2、3、…、i、…、K，$K=n$，如图 5-3b 所示。

2）连接点 K 和点 B，过点 1、2、3、…、i 作 KB 的平行线，与直线段 AB 分别相交于点 1′、2′、3′、…、i'。则点 1′、2′、3′、…、i'将直线段 AB 分为 n 等份，如图 5-3c 所示。

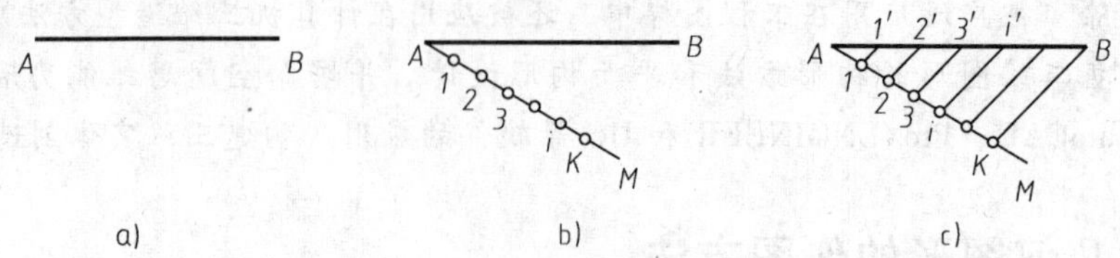

图 5-3　n 等分直线段

5.1.2　圆内接正六边形的画法

圆内接正六边形的边长与其外接圆的半径相等，因此，其作图方式相对简单。圆内接正六边形的几何作图方法有两种，如图 5-4 所示。作图步骤分别如下：

方法一：以点 O 为圆心，AD 为直径作圆。再分别以点 A、D 为圆心，AO 为半径画圆弧，分别交圆 O 于点 B、F、C、E。依次连接点 A、B、C、D、E 和 F，即得正六边形，如图 5-4a 所示。

方法二：以点 O 为圆心，AD 为直径作圆。水平放置丁字尺，将 30°-60°三角板中较短的直角边与丁字尺贴合。水平移动三角板，当三角板的斜边与直径 AD 分别相交于点 A 和点 D 时，分别得到三角板的斜边与圆的另外两个交点 B 和 E。再过点 B 和点 E 分别作水平线，与圆分别相交于点 C 和点 F。依次连接点 A、B、C、D、E 和 F，即得到正六边形，如图 5-4b所示。

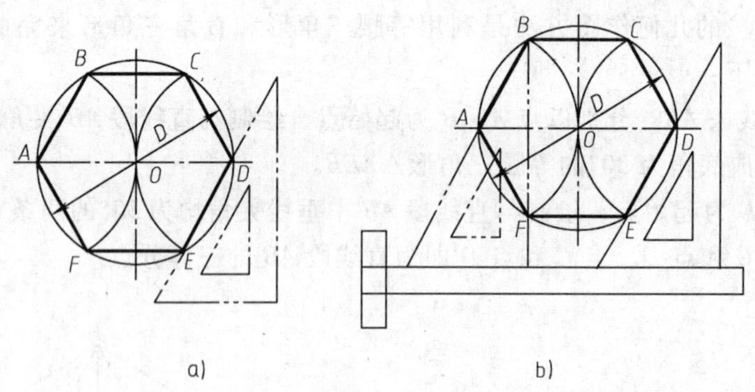

图 5-4　圆内接正六边形的几何作图方法
a）方法一　b）方法二

5.1.3　椭圆的画法

椭圆是一种常见的圆锥曲线，是机件中常见的形状之一。椭圆的画法很多，在此只介绍两种常用的椭圆的近似画法。

1. 同心圆画法

同心圆画法是在确定了椭圆的长、短轴后，通过作图求得椭圆上的一系列点，再将其光滑连接而得到椭圆的方法。它是一种相对精准的画法。图 5-5 给出了由长、短轴画椭圆的同心圆画法。

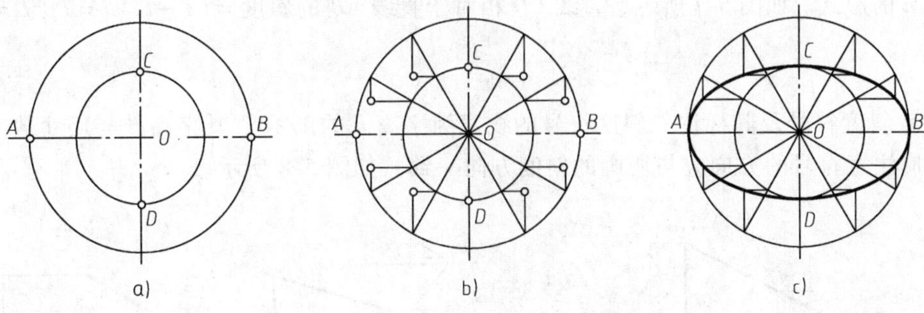

图 5-5　椭圆的同心圆画法

作图步骤如下：

1）以点 O 为圆心，长半轴 OA 和短半轴 OC 为半径分别作圆，如图 5-5a 所示。

2）过圆心 O 作若干射线与两圆相交，过各交点分别作与长、短轴平行的直线，两直线的交点即为椭圆上的点，如图 5-5b 所示。

3）把椭圆上的各个点用曲线板顺序光滑地连接成椭圆，如图 5-5c 所示。

2. 四心圆弧近似画法

四心圆弧近似画法是通过依次连接代替椭圆的四段圆弧而得到该椭圆的近似图形的方法。这四段圆弧具有四个圆心，故称为四心圆弧近似画法。图 5-6 所示为利用四心圆弧近似画椭圆的方法，作图步骤如下：

1）连接长、短轴的端点 A 和 C，取 $CE_1 = CE = OA - OC$，如图 5-6a 所示。

2）作 AE_1 的中垂线与两轴分别交于 1 和 2 两点，分别取点 1、2 关于轴线 CD 和 AB 的对称点3、4，将点 2 和点 1、点 2 和点 3、点 4 和点 1、点 4 和点 3 分别连接并延长，如图 5-6b 所示。

3）分别以点 1、2、3、4 为圆心，直线段 $1A$、$2C$、$3B$、$4D$ 长为半径作圆弧，这四段圆弧就近似连接成椭圆，圆弧间的连接点为四段圆弧与步骤 2 中延长线的交点 K、N、N_1、K_1，如图 5-6c 所示。

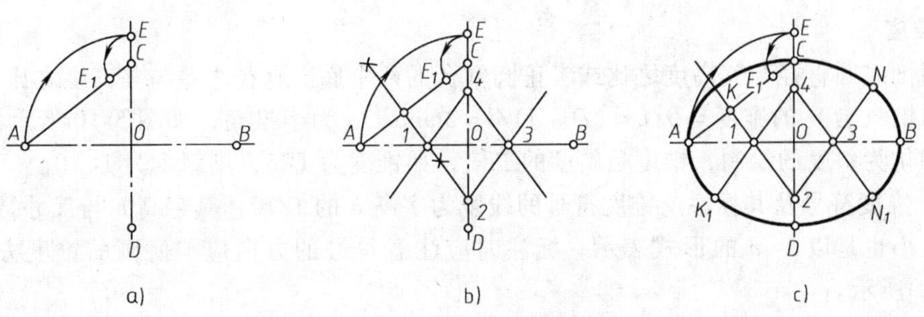

图 5-6　椭圆的四心圆弧近似画法

5.1.4　斜度与锥度

1. 斜度

一直线（或一平面）相对于另一直线（或另一平面）的倾斜程度，称为斜度。斜度大小用它们之间夹角的正切值表示。斜度通常还以直角三角形的两个直角边的比值来表示，并化为 1: n 的形式。如图 5-7 所示，直线 CD 相对于直线 AB 的斜度 $=(T-t):l=T:L=\tan\alpha=1:\frac{L}{T}$。

（1）斜度符号及其标注　斜度符号的线宽为字高 h 的 1/10，其字高 h 与尺寸数字同高。标注时应注意符号的方向应与所画的斜度方向一致，如图 5-8 所示。

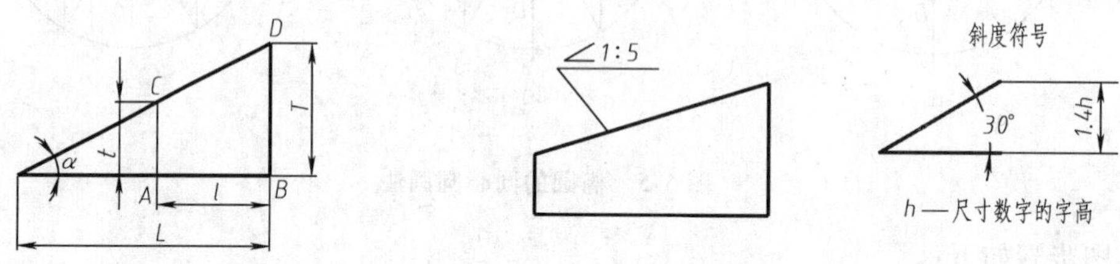

图 5-7　斜度的概念　　图 5-8　斜度符号及其标注

（2）斜度的画法　斜度的画法及其作图步骤如图 5-9 所示。按图 5-9a 所示的尺寸绘制斜度为 1: 5 的图形。首先作两条相互垂直的直线段 AB 和 BC，长度分别为 50mm 和 10mm，连接点 A 和点 C，则斜线 AC 的斜度即为 1: 5，再作长度为 30mm 的直线段 BD，如图 5-9b 所示。过点 D 作与 AC 平行的直线，从点 B 起在该直线上截取水平长度为 60mm 的线段即可，如图 5-9c 所示。

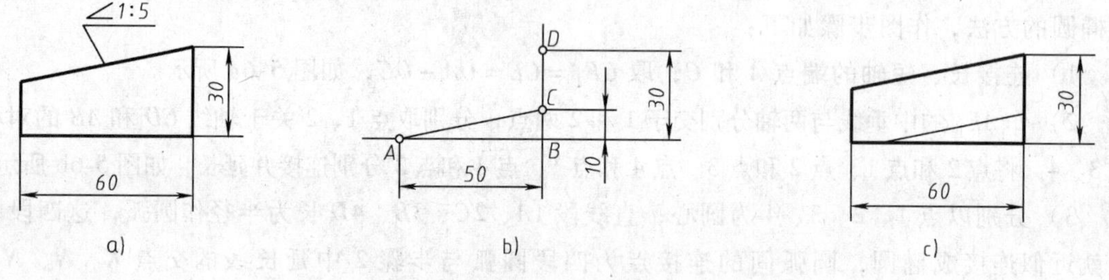

图 5-9　斜度的画法及其作图步骤

a）给出图形　b）作斜度 1: 5 的辅助线　c）完成全图

2. 锥度

正圆锥底圆直径与其高度之比或者正圆锥台的两个底圆直径之差与其高度之比，称为锥度。正圆锥（台）的锥度 $=D/L=(D-d)/l=2\tan\alpha$，α 为半锥角，如图 5-10 所示。锥度的绘制可转化为斜度的绘制，锥度是斜度的二倍，如锥度为 1: 5，则斜度为 1: 10。

（1）锥度符号及其标注　锥度符号的线宽为字高 h 的 1/10，其字高 h 与尺寸数字同高，锥度的大小也是以 1: n 的形式表示。标注时应注意符号的方向应与所画的锥度方向一致，如图 5-11 所示。

（2）锥度的画法　根据锥度与斜度的关系，按斜度的画法作图。锥度的画法及其作图步骤如图 5-12 所示。

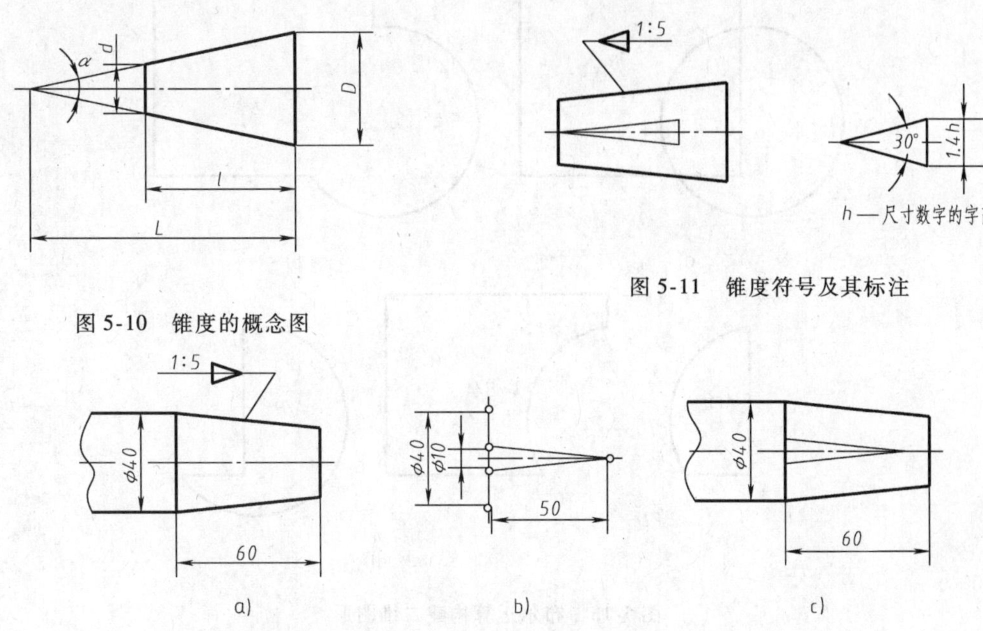

图 5-10　锥度的概念图

图 5-11　锥度符号及其标注

图 5-12　锥度的画法及其作图步骤

a）给出图形　b）作锥度 1: 5 的辅助线　c）完成作图

5.2　二维图形的构形方法

二维图形是创建其他几何体的基础。二维图形的构形方法有很多，这里只介绍布尔运算构形、子图形的组合构形、几何交切构形的方法。

5.2.1　利用布尔运算构建二维图形

布尔运算不仅可以很好地处理逻辑问题，而且可以很好地处理二维图形，甚至三维图形。该方法已成为主要的二维图形构形方法之一，也是实现计算机辅助设计的基本手段之一。

布尔运算构形是对平面上的图形进行几何运算以得到新的图形。这种集合运算是以图形为元素的集合运算，包括两个图形的交，并，差运算。图 5-13a 所示为两个图形；图 5-13b 所示为并运算结果；图 5-13c 所示为交运算结果；图 5-13d 所示为差运算结果。

5.2.2　利用子图形构建二维图形

把基本二维图形作为子图形，按照实际需求，将子图形以不同的方式进行排列组合，即可构成一个新的二维图形。常用的方法有阵列构形、镜像构形等。

1. 阵列构形

子图形的大小及形状不变，按矩形或环形阵列构建所需的二维图形。图 5-14a 所示为以长圆形为子图形，在图形内作矩形阵列，排列成 1 行 6 列，阵列化后构建的图形，如图 5-14b 所示。图5-15a 所示为以结构要素花键齿为子图形，以图中所画圆的圆心为环形阵列

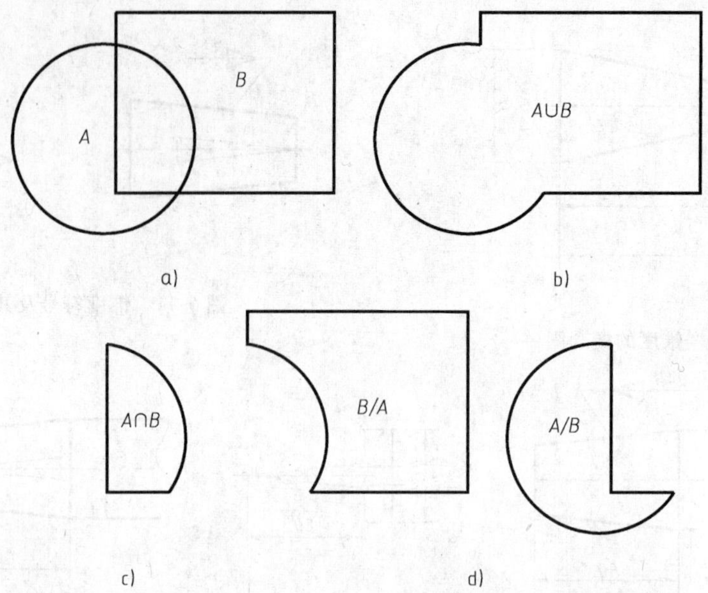

图 5-13　布尔运算构建二维图形

a）图形 A 和 B　b）并运算结果　c）交运算结果　d）差运算结果

中心，作 360°的环形阵列，阵列化后构造的图形，如图 5-15b 所示。整理后得花键的平面投影图形，如图 5-15c 所示。

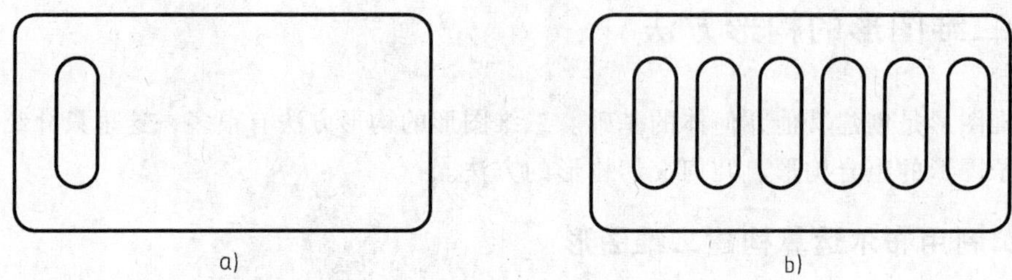

图 5-14　子图形的矩形阵列

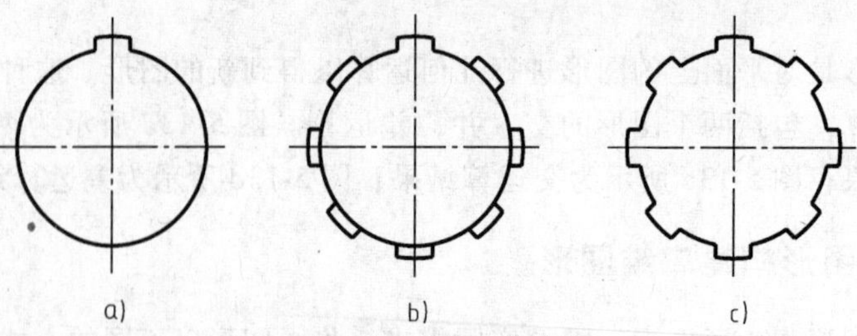

图 5-15　子图形的环形阵列

2. 镜像构形

子图形的形状及大小不变，作出以其指定的线（即对称线）为对称的图形，构建所需的二维图形。如图 5-16a 所示，以大圆的垂直中心线为镜像线（即对称线），作与其对称的图形，得到图 5-16b 所示的图形。

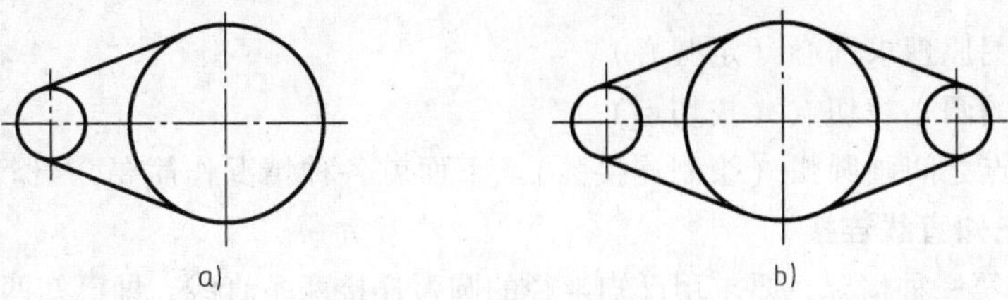

图 5-16　子图形的镜像

5.2.3　利用几何相交和相切构建二维图形

由直线、圆弧连接构成的无规则的二维图形，无法用布尔运算构形，也很难采用子图形组合的方式构形。对于这些二维图形，可采用圆弧连接的方法构建图形，如图 5-17 所示的卡盘构形和法兰接头面域构形。

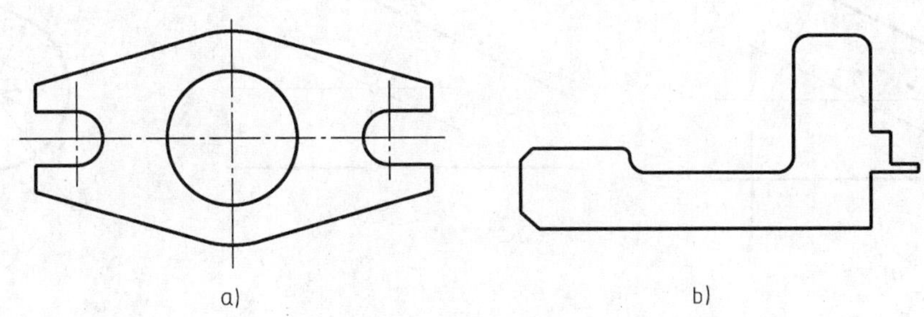

图 5-17　利用几何相交和相切构形

a）卡盘构形　b）法兰接头面域构形

5.3　平面图形的构形设计

平面图形是由直线和曲线按给定的尺寸和连接关系连接而成的二维图形。其实质是将多个平面几何元素，按照一定的排列组合关系巧妙地构成新的图形。本节将重点阐述平面图形构形设计中的圆弧连接和平面图形的分析与作图过程。

5.3.1　圆弧连接

用已知半径的圆弧光滑连接（即相切）两已知线段（直线或圆弧），称为圆弧连接。在绘制工程图样时，经常会遇到用圆弧来光滑连接已知直线或圆弧的情况，这种光滑过渡实际上是平面几何中的相切。为了保证相切，在作图时就必须准确地作出连接圆弧的圆心和切点。

圆弧连接有三种情况：

1）用已知半径为 R 的圆弧连接两条已知直线。

2）用已知半径为 R 的圆弧连接两已知圆弧，其中有外连接和内连接之分。

3）用已知半径为 R 的圆弧连接一已知直线和一已知圆弧。

画一段圆弧，必须知道圆弧的半径和圆心的位置。因此，如果只知道圆弧的半径，那么则需要用作图法求得圆心的位置。无论是哪种情况，圆弧连接的作图步骤可归纳为以下三步：

1）根据作图原理求圆心（定圆心）。

2）从求得的圆心找切点（找切点）。

3）在两切点之间画圆弧（绘制连接弧）。下面就各种情况作简要介绍。

1. 圆弧与已知直线连接

对于上述的第一种情况，要求用已知半径的圆弧连接两条直线，即已知两直线以及连接圆弧的半径 R，求作两直线的连接弧，也就是求作一已知半径的圆弧与两直线均相切的图形。

两直线相交，无论其夹角大小，圆弧连接的作图过程均相同。以夹角是锐角为例进行说明，如图 5-18 所示。

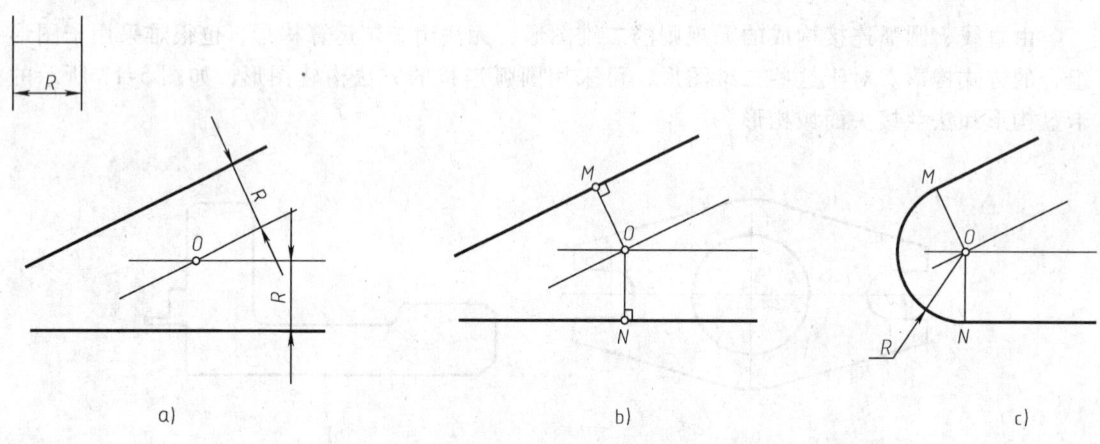

图 5-18　圆弧连接两直线的画法

1）作与已知两直线分别相距为 R 的平行线，交点 O 即为连接弧的圆心，如图 5-18a 所示。

2）从圆心 O 分别向两直线作垂线，垂足 M 和 N 即为切点，如图 5-18b 所示。

3）以点 O 为圆心，R 为半径，在两切点 M 和 N 之间画圆弧，$\overset{\frown}{MN}$即为所求圆弧，如图 5-18c 所示。

半径为 R 的圆弧与已知直线相切，其圆心是与已知直线相距为 R 的两条平行线的交点，切点是自圆心向已知直线所作垂线的垂足。

2. 圆弧与已知两圆弧外连接

对于第二种情况中的外连接，要求用一已知半径的圆弧外连接两已知圆弧，即该圆弧与两已知圆弧均外切。

已知两圆弧的圆心分别为点 O_1 和点 O_2，其半径分别为 $R_1=5\text{mm}$ 和 $R_2=10\text{mm}$，用半径为 $R=15\text{mm}$ 的圆弧外连接两圆弧。即求作一已知半径的圆弧与两已知圆弧均外切的图形，作图过程如图 5-19 所示。

1）以点 O_1 为圆心，$R_{11}=R_1+R=5\text{mm}+15\text{mm}=20\text{mm}$ 为半径画弧，以点 O_2 为圆心、$R_{21}=R_2+R=10\text{mm}+15\text{mm}=25\text{mm}$ 为半径画弧，两圆弧的交点 O 即为连接弧的圆心，如图 5-19a 所示。

2）连接点 O 和点 O_1、点 O 和点 O_2，分别交两圆弧于点 M 和点 N，点 M 和点 N 即为切点，如图 5-19b 所示。

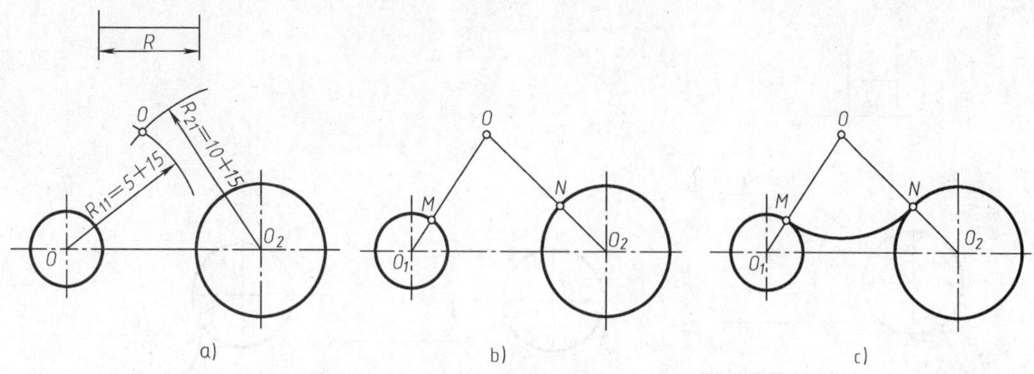

图 5-19　圆弧与已知两圆弧外连接的画法

3）以 O 为圆心、$R=15$mm 为半径画弧 MN，$\overset{\frown}{MN}$即为所求连接弧，如图 5-19c 所示。

3. 圆弧与已知两圆弧内连接

对于第二种情况中的内连接，要求用一已知半径的圆弧内连接两已知圆弧，即该圆弧与两已知圆弧均内切。

已知两圆弧的圆心分别为点 O_1 和点 O_2，半径分别为 $R_1=5$mm 和 $R_2=10$mm，用半径为 $R=30$mm 的圆弧内连接两圆弧。即求作一已知半径的圆弧与两已知圆弧均内切的图形，作图过程如图 5-20 所示。

1）以点 O_1 为圆心、$R_{11}=R-R_1=30\text{mm}-5\text{mm}=25\text{mm}$ 为半径画弧，以点 O_2 为圆心、$R_{21}=R-R_2=30\text{mm}-10\text{mm}=20\text{mm}$ 为半径画弧，两圆弧的交点 O 即为连接弧的圆心，如图 5-20a 所示。

2）连接点 O 和点 O_1、点 O 和点 O_2，延长交两圆于点 M 和点 N，点 M 和点 N 即为切点，如图 5-20b 所示。

3）以点 O 为圆心，$R=30$mm 为半径画弧 MN，$\overset{\frown}{MN}$即为所求连接弧，如图 5-20c 所示。

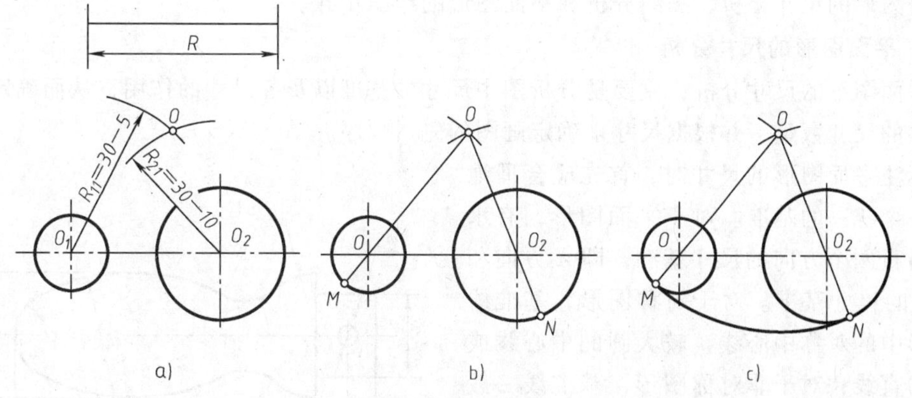

图 5-20　圆弧与已知两圆弧内连接的画法

4. 圆弧与已知圆弧、直线连接

第三种情况是用一已知半径的圆弧连接一已知直线和一已知圆弧。

已知圆心为 O_1、半径为 R_1 的圆弧和直线 L_1，用半径为 R 的圆弧连接已知圆弧和直线。即求作一已知半径的圆弧与一已知圆弧、一已知直线均相切的图形，作图过程如图 5-21

所示。

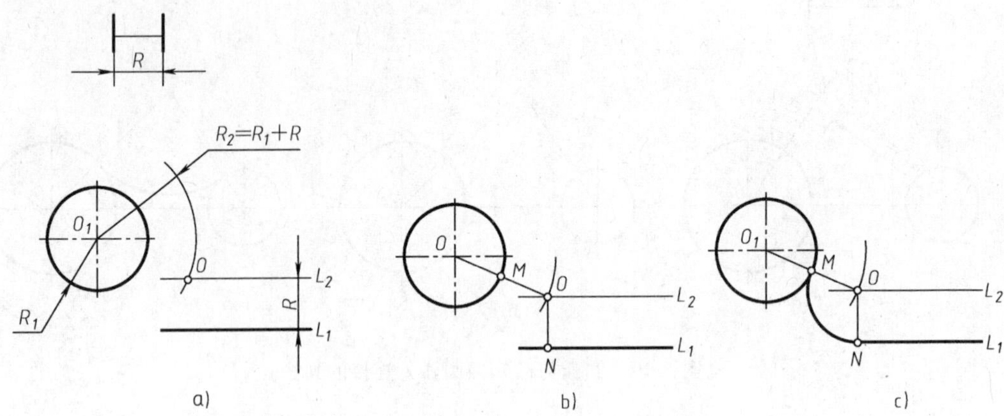

图 5-21　圆弧与已知圆弧、直线连接的画法

1）作直线 L_1 的平行线 L_2，两平行线之间的距离为 R；以点 O_1 为圆心，$R_2=R+R_1$ 为半径画圆弧，直线 L_2 与圆弧的交点 O 即为连接弧的圆心，如图 5-21a 所示。

2）从点 O 向直线 L_1 作垂线得垂足 N，连接点 O 和点 O_1，与已知弧相交于点 M，点 M 和点 N 即为切点，如图 5-21b 所示。

3）以点 O 为圆心，R 为半径作圆弧 MN，$\overset{\frown}{MN}$即为所求的连接弧，如图 5-21c 所示。

5.3.2　平面图形的分析与作图步骤

平面图形是由若干封闭几何元素按照给定的尺寸进行绘制而得到的。因此，绘制平面图形最主要的就是正确画出组成平面图形的各平面几何元素。对平面图形进行分析，即是从几何角度出发，明确每一个几何元素的形状、尺寸、性质以及与其他元素间的相互位置关系，从而确定正确快速的绘制步骤，这也是平面图形分析的目的。本节的内容分为三部分，分别是平面图形的尺寸分析、图线分析和平面图形的作图步骤。

1. 平面图形的尺寸分析

平面图形的尺寸分析，主要是分析图中尺寸的基准以及各尺寸的作用，从而确定画图时所需要的尺寸数量，并根据尺寸来确定画图的先后顺序。

标注平面图形的尺寸时，首先应合理地选择一个统一的基准。对于平面图形，有水平及铅直两个方向的尺寸基准，即 X 方向和 Y 方向的尺寸基准。对于对称图形，基准线取图形中的对称中心线、较大圆的中心线或较长的直线；对于非对称图形，基准线一般取较长的粗实线或细点画线。如图 5-22 所示的手柄平面图，水平对称轴线作为 Y 方向的尺寸基准，以距左端 15mm 的铅直线作为 X 方向的尺寸基准。

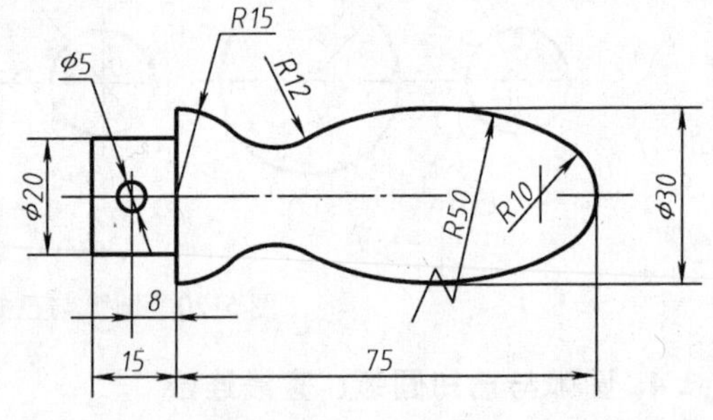

图 5-22　手柄平面图

平面图形中所注的尺寸，按其作用可分为定形尺寸和定位尺寸两类。

（1）定形尺寸　确定平面图形上几何元素形状和大小的尺寸。例如，直线的长短、圆或圆弧的大小、角度的大小等，如图 5-22 所示的尺寸 15、$\phi5$、$\phi20$、$R12$、$R15$ 等。

（2）定位尺寸　确定平面图形上几何元素相对位置的尺寸。由于构成平面图形的是许多不同或相同的几何元素，因此，除了有确定每一个几何元素形状和大小的定形尺寸外，还需要有能反映几何元素间相对位置的定位尺寸，如图 5-22 所示的尺寸 8、75 等。圆 $\phi5$ 的 X 方向的定位尺寸为 8，其圆心在 Y 方向的基准线上，因此 Y 方向的定位尺寸为零，不标注。圆弧 $R10$ 的 X 方向的定位尺寸为 75，Y 方向的定位尺寸为零，也不标注。图 5-22 中的其他定位尺寸，读者可自行分析。

2. 平面图形的图线分析

确定平面图形中任一线段，一般需要三个条件，即三个尺寸，包括两个方向的定位尺寸和一个定形尺寸。如果没有这三个尺寸，就需要利用线段连接关系找出潜在的补充条件来绘制。平面图形中主要有线段和圆或圆弧，现以圆弧为例进行分析。根据上述情况，可将平面图形中的圆弧分为三类。

（1）已知圆弧　定位尺寸和定形尺寸全部标注的圆弧，即圆弧的半径（直径）尺寸以及圆心的位置尺寸（两个方向的定位尺寸）均已知的圆弧，如图 5-22 所示的圆弧 $\phi5$、$R15$、$R10$。

（2）中间圆弧　有定形尺寸和不完全定位尺寸的圆弧，即圆弧的半径（直径）尺寸以及圆心的一个方向的定位尺寸已知的圆弧。中间圆弧必须根据与相邻已知线段的连接关系才能画出，如图 5-22 所示的圆弧 $R50$。

（3）连接圆弧　有定形尺寸而无定位尺寸的圆弧，即圆弧的半径（直径）尺寸已知，而圆心的两个定位尺寸均没有给出的圆弧。连接圆弧的圆心位置，需利用与其相邻的两几何关系才能定出，如图 5-22 所示的圆弧 $R12$，必须利用与圆弧 $R50$ 及 $R15$ 外切的几何关系才能画出。

根据尺寸标注的要求，平面图形中两条已知线段或圆弧之间，可有任意条中间线段或中间圆弧，然而两条已知线段或圆弧之间必须有且只有一条连接线段或连接圆弧。

3. 平面图形的作图步骤

绘制平面图形时，应根据图形中所给的各种尺寸确定作图步骤。对于圆弧连接的图形，应按已知圆弧、中间圆弧、连接圆弧的顺序依次画出各段圆弧。以图 5-22 所示的手柄图形为例，分析其作图步骤如下：

1）确定基准线。画基准线 A、B，作距离 A 为 8mm、15mm、75mm 并垂直于 B 的直线，如图 5-23a 所示。

2）绘制已知圆弧和线段。画已知圆弧 $R15$、$R10$ 及圆 $\phi5$，再画左端矩形，如图 5-23b 所示。

3）绘制中间圆弧、连接圆弧和线段。按所给尺寸及相切条件求出中间圆弧 $R50$ 的圆心 O_1、O_2 及切点 1、2，画出两段 $R50$ 的中间圆弧，如图 5-23c 所示；按所给尺寸及外切几何条件求出连接圆弧 $R12$ 的圆心 O_3、O_4 及切点 3、4、5、6，画出两段连接圆弧，完成手柄底稿，如图 5-23d 所示。

4）描深整理。完成底稿的校核、描深图线等工作，如图 5-23e 所示。

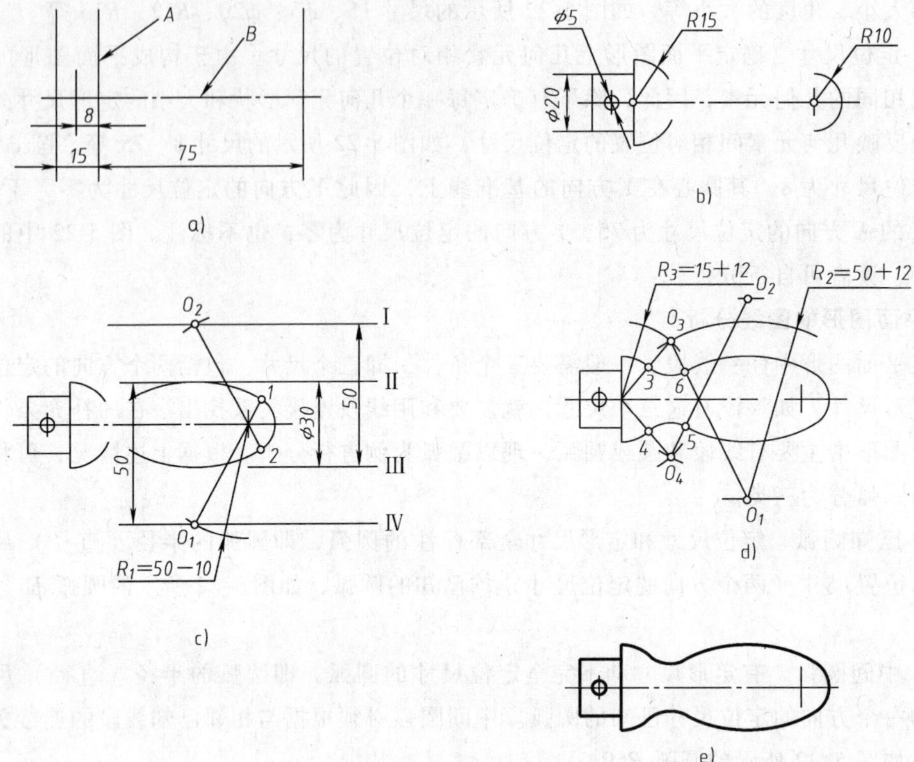

图 5-23　手柄的作图步骤

第 6 章　几何体的构形及其投影

【本章学习提要】

掌握几何体的构形方法和基本几何体的投影表达及其表面取点的方法。熟练掌握平面截切基本几何体的基本形式和截交线的形状、投影特点及其作图方法，以及基本几何体与基本几何体表面相交时相贯线的形状、投影特点及其作图方法。

6.1　几何体的构形方法

任何产品的形态，都可以看做是由三维几何形构成的组合体。用来描述产品的形状、尺寸大小、位置与结构关系等几何信息的模型称为几何模型。所以，实体造型技术也称为 3D 几何造型技术。到了 20 世纪 70 年代，人们在三维线框模型和曲面造型研究的基础上，提出了实体造型的理论。

把长方体、圆柱体、球体、圆环等基本几何体作为基本立体，通过立体之间的交、并、差运算，构造所需要的三维实体，这种方法称为实体造型法。目前常用的几何实体造型的方法主要有边界表示法（B-rep）、构造实体几何法（CSG）和扫描法。

6.1.1　边界表示法

边界表示法是一种以物体的边界表面为基础，定义和描述几何形体的方法。它用点、边、面、环以及它们之间相互的邻接关系定义三维实体，形体表面、边界线、交线等都显式给出。物体的边界通常是指物体的外表面，是有限个单元面的并集，如图 6-1 所示。

图 6-1　实体的边界表示

6.1.2　构造实体几何法

构造实体几何法是一种用简单几何形体构造复杂实体的造型方法。简单几何形体称为体素。其基本思想是：先定义一些常用体素，然后用集合运算（并、交、差）把体素修改成复杂形状的形体。常用的造型体素有长方体、圆柱体、球体、圆锥、圆环、楔、棱锥体等。实体的构造是体素间进行集合运算的过程。

图 6-2 所示的圆柱开槽立体是长方体和圆柱体的差集，图 6-3 所示的立体为两立体的并集，图 6-4 所示的立体为两立体的交集。

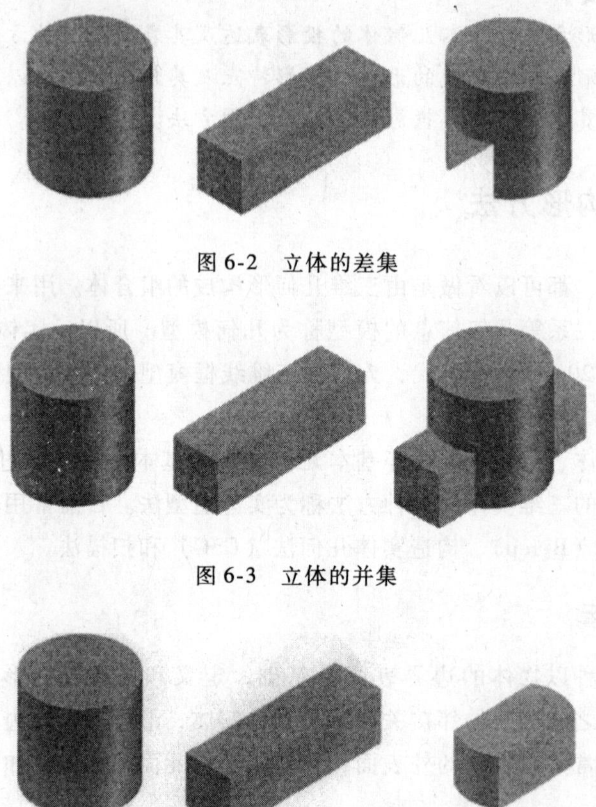

图 6-2　立体的差集

图 6-3　立体的并集

图 6-4　立体的交集

6.1.3　扫描法

一个简单物体或一个平面图形沿一条轨迹运动所扫描出的空间是一个三维实体。这种构造实体的方法称为扫描法。常用的扫描方法有平移扫描法和旋转扫描法。

1. 平移扫描法

平移扫描的运动轨迹通常是一条直线。如果扫描用的是一个平面图形，则该平面图形就是待构造实体的一个剖面，再指定平移的方向和距离就能生成三维实体，故平移扫描只能构造具有相同剖面形状的实体，如图 6-5 所示。

2. 旋转扫描法

当一个平面图形绕着与其共面的轴旋转一角度时，即扫描出一个实体。旋转扫描只能构造具有轴对称特性的实体。图 6-6 所示为以 *AB* 为旋转轴，用旋转扫描法构造实体的例子。

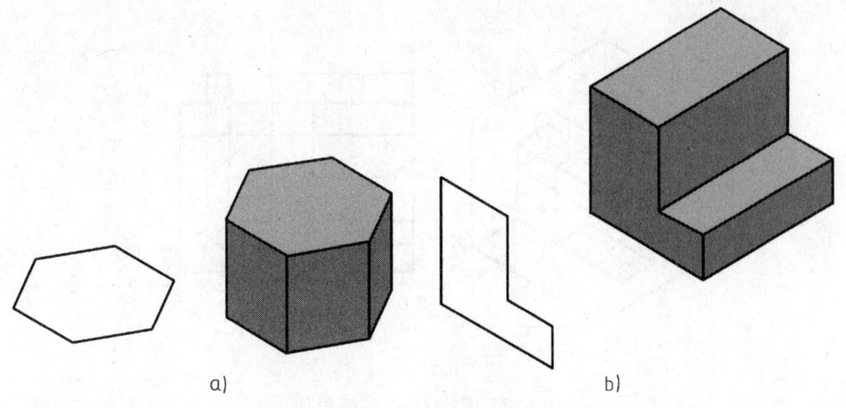

图 6-5　平移扫描造型

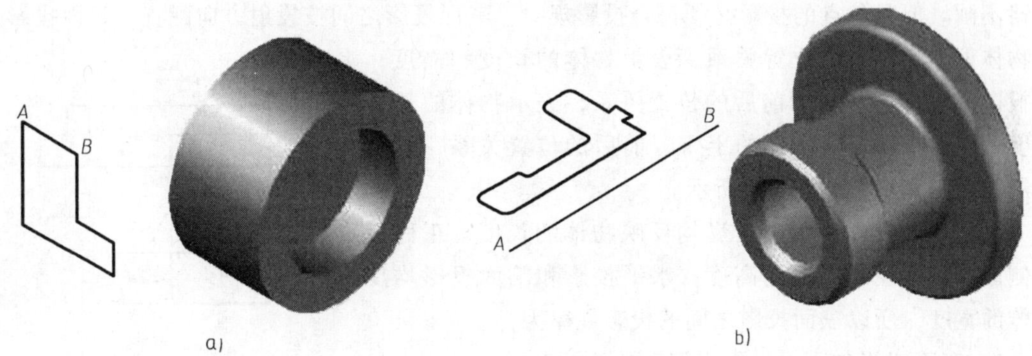

图 6-6　旋转扫描造型

6.2　基本几何体概述

任何机械零件，不论其结构和形状多么复杂，一般都可以看成是由一些基本几何体根据一定的功能、形状等要求，按照一定的组合方式构成的。

基本几何体按其表面性质不同，可分为：

1）平面基本几何体，简称为平面几何体。其表面均为平面，如棱柱体、棱锥体等。

2）曲面基本几何体，简称为曲面几何体。其表面由平面和曲面组成，如圆柱体、圆锥体等；或其表面均为曲面，如圆球体、圆环体等。

基本几何体的投影就是将其表面特征（平面、曲面）用投影表达出来。根据可见性判断哪些图线可见，哪些图线不可见，并分别画成粗实线、细虚线等。

基本几何体在三面投影体系中的摆放原则和投射方向的选择原则是：

1）使基本几何体在三面投影体系中放得平稳，并使其尽可能多的表面平行或垂直于投影面，以便于得到反映实形的投影并使投影简单易画。

2）以最能反映基本几何体主要形状特征的投射方向为正面投影的投射方向。

从图 6-7a 中可以看出，在三面投影体系中，几何体分别向三个投影面投射所得到的投影叫做几何体的三面投影。其投影图如图 6-7b 所示。

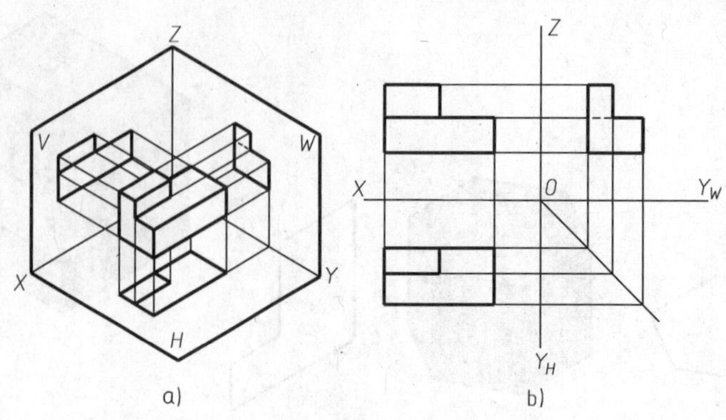

图 6-7　几何体的三面投影

由于几何体对投影面的距离大小并不影响其表达，所以，在绘制其投影图时，投影轴可省略不画。但是各点的投影必须符合投影规律，三面投影之间按投射方向配置。正面投影反映物体上下、左右的位置关系，表示物体的长度和高度；水平投影反映物体左右、前后的位置关系，表示物体的长度和宽度；侧面投影反映物体的上下、前后的位置关系，表示物体的高度和宽度，如图 6-8 所示。

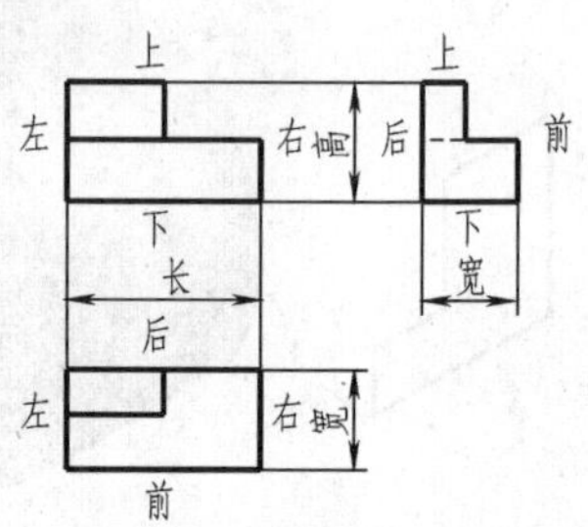

图 6-8　三面投影之间的对应关系

因为正面投影和水平投影均反映物体的长度，正面投影和侧面投影均反映物体的高度，水平投影和侧面投影均反映物体的宽度，所以三面投影之间的投影规律为：

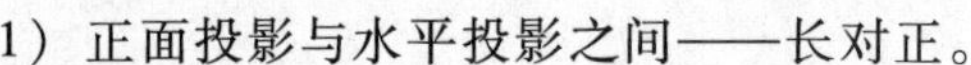

1）正面投影与水平投影之间——长对正。

2）正面投影与侧面投影之间——高平齐。

3）水平投影与侧面投影之间——宽相等。

画物体的三面投影时，物体的整体或局部结构的投影都必须遵循上述投影规律。需要注意的是，在确定“宽相等”时，一定要分清物体的前后方向，即在水平投影和侧面投影中，以远离正面投影的方向为物体的前面。

6.3　平面几何体的投影及其截切

平面几何体的各表面都是平面，其可分为棱柱体和棱锥体（简称棱柱和棱锥）。绘制平面几何体的三面投影，就是把组成它的平面、棱线和顶点绘制出来，并判断其可见性。

6.3.1　棱柱的投影及其截切

棱线相互平行的平面几何体称为棱柱。与棱线垂直的两个互相平行的面称为棱柱的底面和顶面，其余各面称为棱柱的侧面或棱面，两个棱面的公共边称为棱线。根据棱线的多少，棱柱分为三棱柱、四棱柱、…、*n* 棱柱等。

下面以正六棱柱为例，介绍棱柱的三面投影及其表面取点的方法。

1. 正六棱柱的三面投影

如图 6-9a 所示，正六棱柱的表面包括六个棱面、顶面和底面。它的六条棱线互相平行，且垂直于顶面和底面。顶面和底面均为正六边形，各棱面均为矩形，且两两对应平行。因此，正六棱柱的投影就是其表面各棱面、顶面和底面的投影。

为了便于画图，将正六棱柱的顶面和底面放置成水平面，其水平投影反映实形，正面投影和侧面投影分别积聚为直线；棱面中的前、后两面为正平面，其正面投影反映实形，水平投影和侧面投影分别积聚为直线；其余四个棱面均为铅垂面，其水平投影积聚为直线，其他投影为类似的四边形；六条棱线均为铅垂线，水平投影分别积聚成点，并落在正六边形的六个角点上，正面投影和侧面投影均为反映实长的直线段。

作图时先绘制出投影图的基准线，其次画出六棱柱的水平投影——正六边形，再按照投影规律和它的高度画出其正面投影和侧面投影，如图 6-9b 所示粗实线所表达的图形。

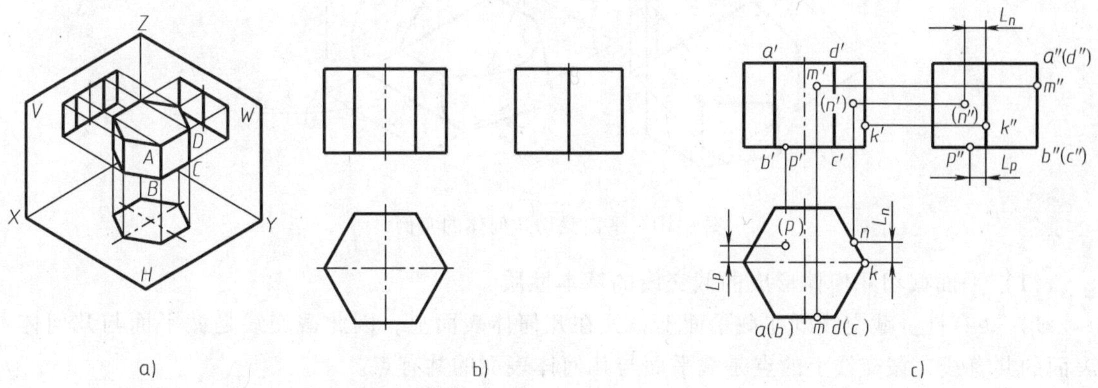

图 6-9　正六棱柱的投影及其表面取点

2. 正六棱柱的表面取点

平面几何体的表面取点就是已知几何体表面上点的一个投影，求出它的其余两个投影。由于平面几何体的表面均为平面，故表面取点的原理和方法与平面上取点的原理和方法相同。

正六棱柱的各表面都是特殊位置平面，其表面取点可利用平面积聚性原理作图求解。判断点的投影可见性的原则为：若点所在面的投影可见，则点的投影也可见；若点所在面的投影积聚为直线，通常点的投影也视为可见，但有重影点时应判断可见性。

【例 6-1】　如图 6-9c 所示，已知正六棱柱表面上点 M、点 N 和点 K 的正面投影 m'、n' 和 k'，点 P 的水平投影 p，分别求出其另外两个投影，并判断可见性。

分析：由于 m'可见，故点 M 在棱面 $ABCD$ 上，此面为正平面，其水平投影和侧面投影有积聚性，m 和 m''必在其有积聚性的投影 $ad(c)(b)$ 和 $a''b''(c'')(d'')$ 上。所以，按照投影规律由 m'可求得 m 和 m''，且 m 和 m''可见。

同理，由于 n'是不可见的，所以点 N 在右后棱面上，此面为铅垂面，水平投影有积聚性，n 必在其水平投影所积聚成的直线上。所以，按照投影规律由（n'）可求得 n，再根据（n'）和 n 求得其侧面投影。由于点 N 在右后棱面上，所以其侧面投影不可见，为（n''）。另外，由 k'可知，点 K 位于最右边的棱线上，根据点线从属性可求得其水平投影和侧面投影。由于 p 不可见，所以点 P 位于底面上，此面为水平面，正面投影和侧面投影都有积聚性，所以，由 p 可求得 p'和 p''。

3. 棱柱的截切

在实际生产中，许多机器零件是由基本几何体被一个或数个平面截去一部分后而形成的，这种情况叫做几何体的截切。

几何体被截切时，与几何体相交的平面称为截平面，该几何体称为截切体。截平面与几何体表面产生的交线称为截交线，截交线所围成的平面图形称为截断面。如图 6-10 所示，截断面就成为被截切后的几何体的一个表面。截交线就是该表面的边界轮廓线。

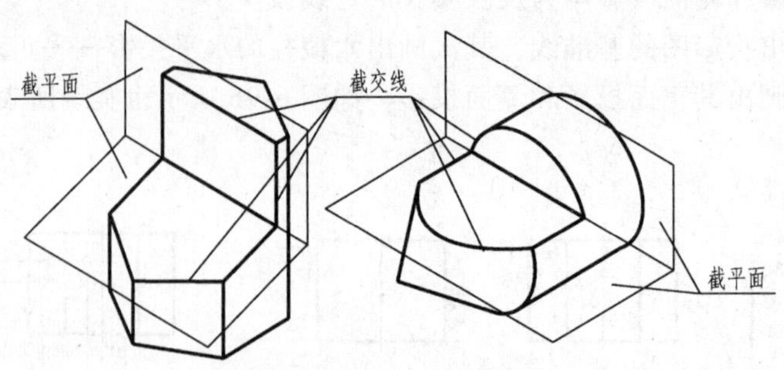

图 6-10　平面截切几何体的实例

（1）平面截切几何体形成的截交线的基本性质

1）共有性。截交线既在截平面上，又在几何体表面上，因此截交线是截平面与几何体表面的共有线，截交线上的点是截平面与几何体表面的共有点。

2）平面封闭性。由于几何体具有一定的大小和范围，截交线又是截平面与几何体表面的共有线，因此，截交线一般都是由直线、曲线或直线和曲线所围成的封闭的平面图形。

3）形式多样性。截交线的形式决定于几何体表面的形状和截平面与几何体的相对位置。

（2）棱柱的截切　由于棱柱属于平面几何体，平面几何体的表面是平面，所以单一平面与平面几何体相交时，所得的截交线是由直线围成的封闭的平面多边形。多边形的各边是截平面与平面几何体各表面的交线，其边数取决于几何体上与截平面相交的棱面的数目。多边形的各顶点是平面几何体的棱线与截平面的交点。当一个平面几何体被多个截平面截切时，不仅各截平面在平面几何体表面都产生相应的截交线，而且两相交的截平面之间也产生交线，交线的两个端点一般也在平面几何体的表面上。因此，当求彼此相交的多个截平面与平面几何体的截交线的投影时，既要准确求出每个截平面产生的截交线的投影，又要准确求出相邻的两个截平面交线的投影。

求平面与平面几何体的截交线，关键是找到平面与几何体棱线的交点或平面与几何体棱面的交线，然后将其同面投影依次连接即为所求。具体有两种方法：棱线法——求各棱线与截平面的交点。当平面与平面几何体的各棱线均相交时，截交线的顶点即为截平面与棱线的交点；棱面法——求各棱面与截平面的交线。当平面与平面几何体的棱线不相交时，需逐步求出截平面与棱面、截平面与截平面交线的投影。

下面以棱柱为例，介绍平面截切平面几何体的作图方法。

1）棱线法。

【例 6-2】　如图 6-11a 所示，求正六棱柱被侧垂面 P 截切后的投影。

分析：图6-11a中的单一截平面P与正六棱柱的各个棱线均相交，其截交线在截平面P内，为六边形，六边形的六个顶点A、B、C、D、E、F为截平面P与正六棱柱的六条棱线的交点。又因为截平面为侧垂面，所以，截交线的侧面投影积聚为直线，为已知投影。六边形的六个顶点所在各棱线的水平投影积聚成的点，均落在正六边形（有积聚性的水平投影）的六个角点上，也为已知投影，且其水平投影和正面投影具有类似性，均为六边形。

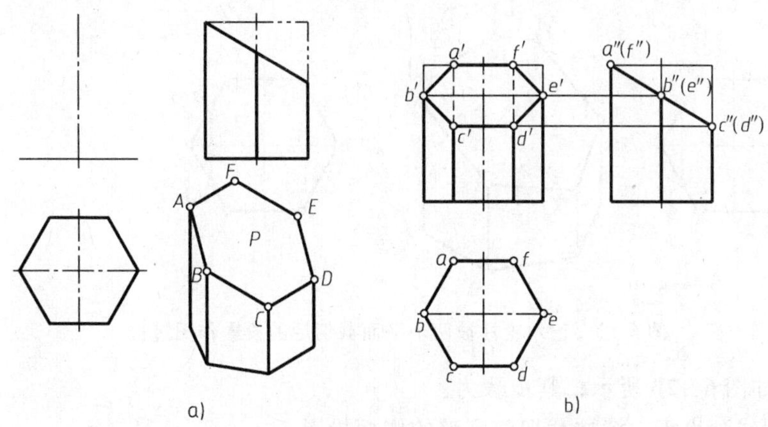

图6-11　正六棱柱被单一平面截切后的投影作图过程

作图过程如图6-11b所示，其步骤为：

1）用作图线画出正六棱柱截切前完整的正面投影。

2）标出截交线$ABCDEF$的侧面投影$a''b''c''$（d''）（e''）（f''）和水平投影$abcdef$。

3）按照点、线的从属关系和投影规律求出各点的正面投影a'、b'、c'、d'、e'、f'。

4）连线并判断可见性。a'、b'、c'、d'、e'、f'可见，所以用粗实线连接。

5）整理轮廓线。将各棱线的正面投影加深到与截交线正面投影的交点a'、b'、c'、d'、e'、f'处，由于b'、c'、d'、e'所在的棱线均可见，所以画成粗实线。a'、f'所在的棱线不可见，应画成细虚线，其中与粗实线重合部分应按粗实线画出。b'、e'所在的棱线及棱柱顶面被截去部分不应画出其投影，但为便于看图，可用细双点画线表示它们的假想投影。底面加深成粗实线。

2）棱面法。

【例6-3】　如图6-12a所示，求正六棱柱被正垂面P和侧平面Q截切后的投影。

分析：在图6-12a中，正六棱柱被正垂面P和侧平面Q截切，其与截平面P的交线为Ⅲ Ⅳ Ⅵ Ⅷ Ⅸ Ⅶ Ⅴ，与截平面Q的交线为Ⅲ Ⅰ Ⅱ Ⅳ，P面和Q面的交线为Ⅲ Ⅳ。其中截平面P只与五条棱线相交，所得交点为点Ⅴ、Ⅵ、Ⅶ、Ⅷ、Ⅸ，其投影可以用棱线法求出。截平面Q与棱柱各棱线均不相交，与两棱面的交线为Ⅰ Ⅲ、Ⅱ Ⅳ，与上底面的交线为Ⅰ Ⅱ，因此点Ⅰ、Ⅱ、Ⅲ、Ⅳ的投影需用棱面法求出。

由于截交线Ⅳ Ⅵ Ⅷ Ⅸ Ⅶ Ⅷ既属于正垂面P，又属于正六棱柱的棱面，故其正面投影积聚成直线，水平投影积聚在正六棱柱棱面的水平投影上，为已知投影；侧面投影和水平投影具有类似性，均为不完整的七边形。截交线Ⅲ Ⅰ Ⅱ Ⅳ属于侧平面Q，故其正面投影和水平投影积聚成直线，侧面投影为反映实形的矩形。平面P和Q的交线为Ⅲ Ⅳ为正垂线，正面投影积聚成点。

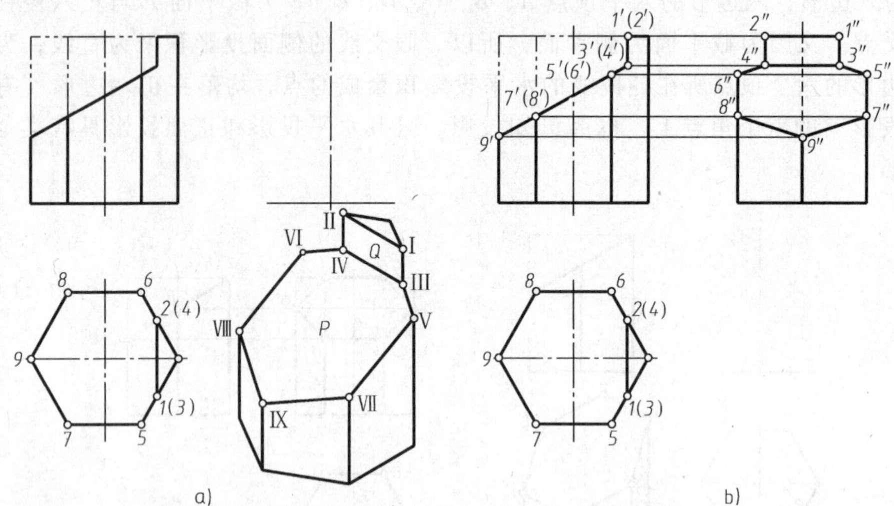

图 6-12　正六棱柱被两个平面截切后的投影作图过程

作图过程如图 6-12b 所示，其步骤为：

1）用作图线画出正六棱柱截切前完整的侧面投影。

2）在正面投影中标出截交线上各点的投影 1′、2′、3′、4′、5′、6′、7′、8′、9′。

3）由正六棱柱的积聚性可求出各点的水平投影 1、2、3、4、5、6、7、8、9。再求出各点的侧面投影 1″、2″、3″、4″、5″、6″、7″、8″、9″。

4）截交线的三面投影均可见，用粗实线将各点的同面投影依次连接起来。

5）画出平面 *P* 和 *Q* 的交线Ⅲ Ⅳ的三面投影。

6）整理轮廓线。将各条棱线的侧面投影加深到与截交线的交点处。最右边的棱线没有被截切，但在侧面投影中不可见，所以其侧面投影应画成细虚线，其中与粗实线重合部分应按粗实线画出。底面加深成粗实线。

6.3.2 棱锥的投影及其截切

棱线汇交于一点的平面几何体称为棱锥。棱锥由若干棱面和底面组成，各棱线相交的点称为锥顶。根据棱线的多少，棱锥可分为三棱锥、四棱锥、…、*n* 棱锥等。当底面为正多边形时，称为正棱锥。

1. 正三棱锥的三面投影

要画出正三棱锥各棱线、棱面和底面的投影，只要确定各顶点的投影，连接各顶点的同面投影即可。为了画图迅速、正确，应先分析各棱线、棱面对投影面的相对位置。

图 6-13a 所示为一正三棱锥，它由底面 *ABC* 和三个棱面 *SAB*、*SBC*、*SAC* 组成。将其放在三投影面体系中，使其底面 *ABC* 为水平面，棱面 *SAC* 为侧垂面，底面三角形中的 *AB*、*BC* 边为水平线，*CA* 边为侧垂线，棱线 *SA*、*SC* 为一般位置直线，*SB* 为侧平线。因此底面 *ABC* 的水平投影反映实形，其正面和侧面投影均积聚成一直线；后棱面 *SAC* 的侧面投影积聚成直线，其他两投影为不反映实形的三角形；棱面 *SAB* 和 *SBC* 为一般位置平面，所以其三面投影既没有积聚性，也不反映实形，为三角形的类似形。

如图 6-13b 所示，作图时先画底面 *ABC* 反映实形的水平投影——正三角形，再按照投

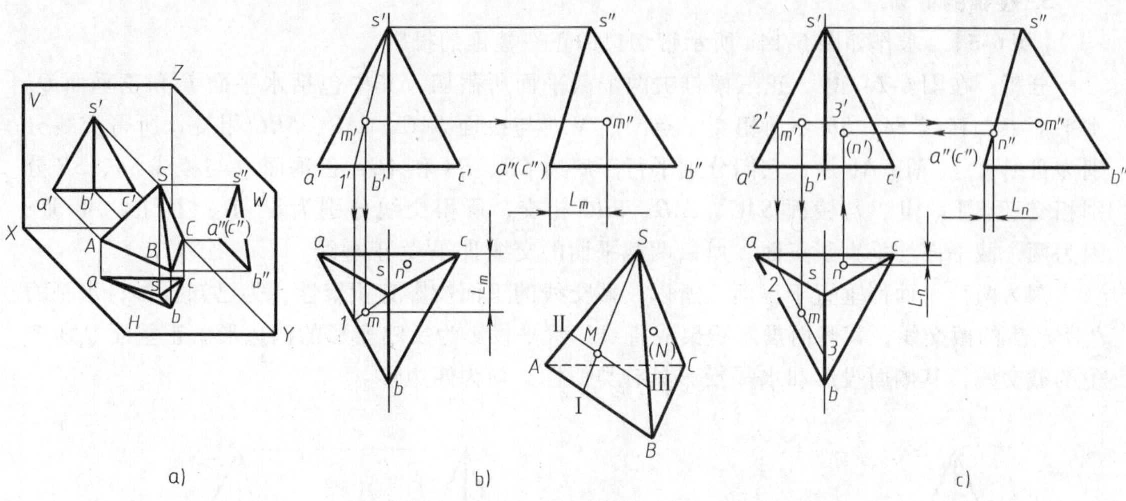

图 6-13　正三棱锥的投影及其表面取点

影规律画出底面 ABC 有积聚性的正面投影和侧面投影。根据正三棱锥的高度确定点 S 的正面投影，点 S 的水平投影在正三角形 abc 的重心上，再根据投影规律确定其侧面投影，完成正三棱锥的三面投影。

2. 正三棱锥的表面取点

正三棱锥的表面有特殊位置平面，也有一般位置平面。属于特殊位置平面上点的投影，可利用该平面投影的积聚性作图；属于一般位置平面上点的投影，可采用辅助线法作图，即先在平面内取辅助直线，再在辅助直线上取点。在棱锥表面上取辅助线的方法有两种：

1）过平面上的两点作直线，则此直线在平面上，而直线上的点必在平面上。

2）过平面上的一点作面上一已知直线的平行线，则此平行线在平面上，其上的点必在平面上。

另外，正三棱锥棱线上点的投影可利用点线从属性求解。

【例 6-4】　如图 6-13b 所示，已知正三棱锥表面上点 M 的正面投影 m'，点 N 的水平投影 n，分别求其另外两个投影。

分析：因为 m'可见，所以点 M 位于棱面 SAB 上，而棱面 SAB 为一般位置平面，因而必须利用辅助直线求解。

解法 1：过平面上的两点作辅助直线，即连接 s'、m'并延长交 $a'b'$于 $1'$，并求出 $s1$。根据点线从属性，m 在 $s1$ 上，由 m'可求得 m，再根据投影规律求得 m''，如图 6-15b 所示。

解法 2：过平面上的一点作面上一已知直线的平行线，即过 m'作 $2'3' /\!/ a'b'$，$23 /\!/ ab$，同理可求得 m 和 m''，如图 6-13c 所示。

点 N 位于棱面 SAC 上，SAC 为侧垂面，侧面投影 $s''a''c''$具有积聚性，故 n''必在 $s''a''c''$直线上，由 n 和 n''可求得 n'，如图 6-13c 所示。

判断可见性：因为棱面 SAB 的水平投影和侧面投影均可见，故点 m 和 m''也可见。棱面 SAC 的正面投影不可见，故点 n'也不可见。

3. 棱锥的截切

【例 6-5】 求作如图 6-14a 所示带切口的正三棱锥的投影。

分析：在图 6-14a 中，正三棱锥被两个截平面所截切，其中包括水平面 *P* 和正垂面 *Q*。水平面 *P* 与棱线 *SA*、*SB* 分别相交于点Ⅵ、Ⅴ，与棱面 *SAC*、*SAB*、*SBC* 相交，所得交线分别为Ⅲ Ⅴ、Ⅴ Ⅵ、Ⅵ Ⅳ，它们分别平行于底边 *CB*、*BA* 和 *AC*；正垂面 *Q* 与棱线 *SA*、*SB* 分别相交于点Ⅰ、Ⅱ，与棱面 *SAC*、*SAB*、*SBC* 相交，所得交线分别为Ⅳ Ⅰ、Ⅰ Ⅱ、Ⅱ Ⅲ；因为两个截平面均垂直于正面，所以两截平面的交线Ⅲ Ⅳ为正垂线。

因为两截平面都垂直于正面，所以，截交线的正面投影有积聚性，为已知投影；水平面 *P* 所产生的截交线，其侧面投影积聚成直线，水平投影为反映实形的四边形。正垂面 *Q* 所产生的截交线，其侧面投影和水平投影具有类似性，均为四边形。

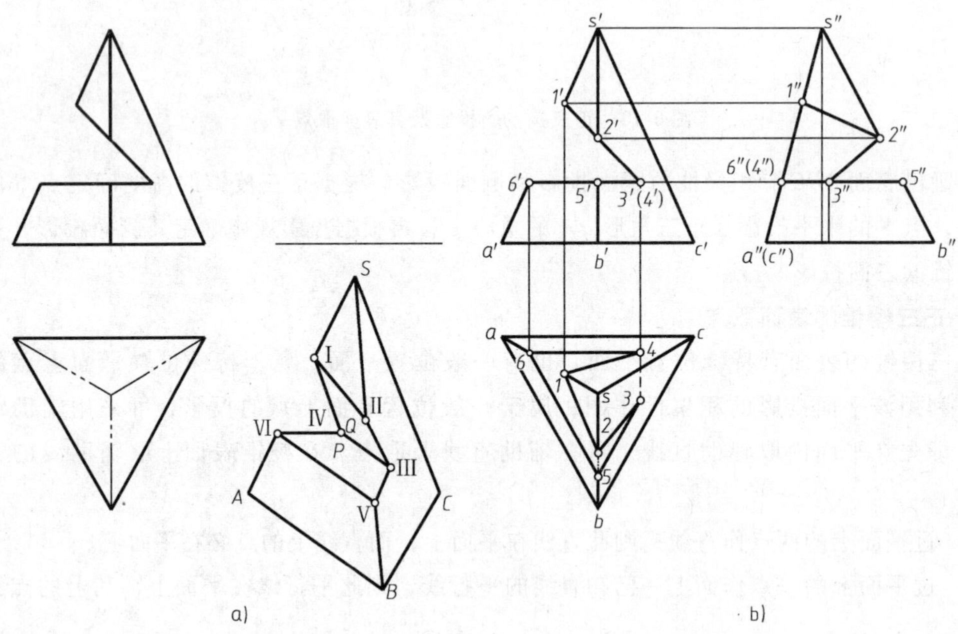

图 6-14　被截切正三棱锥的投影作图过程

作图过程如图 6-14b 所示，其步骤为：

1）用作图线画出正三棱锥的侧面投影。

2）在正面投影中标出截交线上各点的投影 1′、2′、3′、4′、5′、6′。

3）求截交线上各点的水平投影和侧面投影。因为点Ⅰ、Ⅵ在 *SA* 上，点Ⅱ、Ⅴ在 *SB* 上，所以可直接求出点 1、6、2、5 和点 1″、6″、2″、5″；又因为 3′5′平行于 *b′c′*，4′6′平行于 *a′c′*，所以过点 5、6 分别作直线平行于 *bc*、*ac*，再根据长对正的投影规律，在直线上求出点 3、4，由点 3′、3 可求出点 3″；同理可求出点 4″，同时由于点Ⅳ属于棱面 *SAC*，所以 4″在其侧面投影所积聚成的直线上。

4）判断可见性并连线。Ⅲ Ⅴ Ⅵ Ⅳ、Ⅲ Ⅱ Ⅰ Ⅳ的侧面投影和水平投影均可见，用粗实线将各点的同面投影依次连接起来。

5）作两截平面交线Ⅲ Ⅳ的投影。其正面投影积聚成点，侧面投影与 6″5″重合，水平投影不可见，应画成细虚线。

6）整理轮廓线。棱线 *SA*、*SB* 分别在点Ⅰ、Ⅵ和点Ⅱ、Ⅴ之间的一段被截切掉，不应画出其投影，可用细双点画线表示。各棱线的其他部分及底面均加深成粗实线。

6.4　曲面立体的三面投影及其截切

曲面几何体的表面由曲面或曲面和平面组成，工程中常见的曲面几何体是回转体，由回转面或回转面与平面所围成的曲面几何体，如圆柱体、圆锥体、圆球体和圆环体等。绘制这些曲面几何体的投影，就是把组成它的回转面或平面和回转面绘制出来，并判别其可见性。

6.4.1　圆柱体的三面投影及其截切

矩形面以一边为轴线旋转一周形成圆柱体。在旋转过程中，轴线对边形成圆柱面，该边称为母线，其任一位置称为素线；与轴线垂直的两边形成两底面。

1. 圆柱体的三面投影

图 6-15a 所示的圆柱体，在三投影面体系中，其轴线垂直于 H 面，则上、下底面为水平面，其水平投影为圆并反映实形，正面和侧面投影积聚为直线段，长度等于圆柱的直径；圆柱面上的每一条素线均为铅垂线，水平投影均积聚为点，因此圆柱面的水平投影积聚为圆，且与上、下底面圆的水平投影重合。即在水平投影中，圆周上任意一点都是圆柱面上各素线的水平投影，同时圆又是上、下底面圆的水平投影。

圆柱面的正面投影和侧面投影只画出决定其投影范围的外形轮廓线，即圆柱面在该投射方向上可见部分和不可见部分的分界线的投影。圆柱可见部分和不可见部分的分界线又称为投射方向上的转向线，对于不同的投影面而言有不同的转向线。圆柱面对 V 面的转向线为最左、最右素线 AA_1 和 BB_1，即在正面投影中，以素线 AA_1 和 BB_1 为界，前半圆柱面可见，后半圆柱面不可见；圆柱面对 W 面的转向线为最前、最后素线 CC_1 和 DD_1，即在侧面投影中，以素线 CC_1 和 DD_1 为界，左半圆柱面可见，右半圆柱面不可见。由此可判断圆柱面上点、线的可见性。

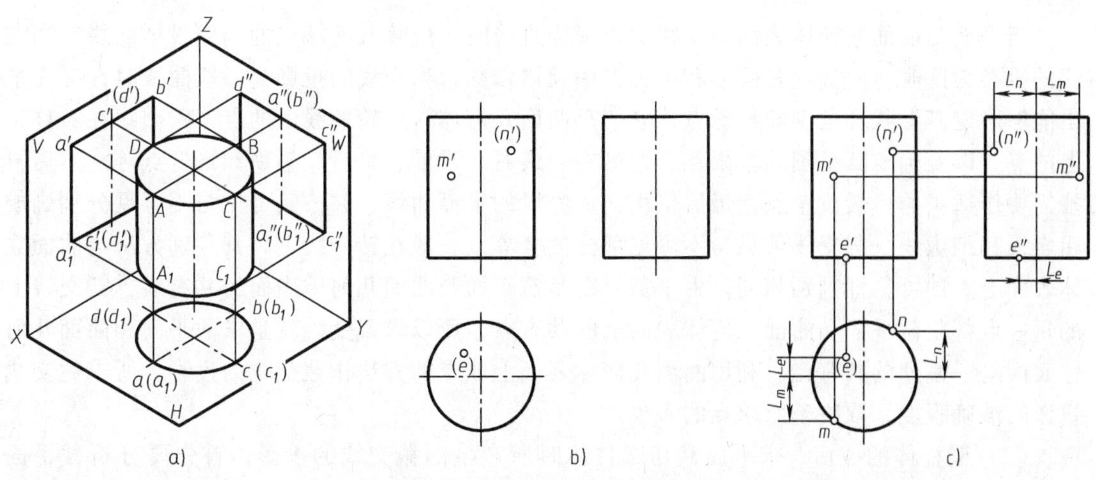

图 6-15　圆柱体的投影及其表面取点

在图 6-15b 中，用细点画线画出轴线的投影及投影圆的对称中心线，然后绘制上、下底面的三面投影。先画出反映实形的水平投影圆，再画有积聚性的正面投影和侧面投影。

注意：转向线 AA_1 和 BB_1 的正面投影 $a'a_1'$ 和 $b'b_1'$ 是圆柱面正面投影的外形轮廓线。AA_1 和 BB_1 均为铅垂线，其侧面投影 $a''a_1''$ 和 $b''b_1''$ 与轴线的侧面投影重合，不处于投影的轮廓位置，不必画出；转向线 CC_1 和 DD_1 的侧面投影 $c''c_1''$ 和 $d''d_1''$ 是圆柱面侧面投影的外形轮廓线，正面投影 $c'c_1'$ 和 $d'd_1'$ 与轴线的正面投影重合，不处于投影的轮廓位置，不必画出。圆柱体的三面投影为两个大小相同的矩形和一个圆。

2. 圆柱体表面取点

在圆柱体轴线所垂直的投影面上，圆柱面上所有点、线的投影均积聚在圆周上。圆柱体表面取点时，对于圆柱面上的点的投影，可利用圆柱面投影的积聚性作图；对位于圆柱面转向线上点的投影，可直接利用点线从属关系求出。

【例 6-6】 如图 6-15b 所示，已知圆柱体表面上点 M、N 的正面投影 m'、n'，点 E 的水平投影 e，分别求其另外两个投影。

分析：由于点 M 的正面投影 m' 可见，且位于轴线左侧，所以点 M 位于左、前半圆柱面上。根据圆柱面的水平投影有积聚性的特点，按长对正的投影规律可直接求出 m 点，再由 m' 和 m 可求得 m''。同理，由于点 N 的正面投影 n' 不可见，且位于轴线右侧，所以点 N 位于右、后半圆柱面上。用同样的方法可先求出 n，再由 n' 和 n 求得 n''。

由点 E 的水平投影 e 可知，点 E 在圆柱底面上，底面为水平面，其正面和侧面投影有积聚性，所以 e' 和 e'' 必定在底面的正面和侧面投影所积聚的直线段上，先求出 e'，再由 e' 和 e 求得 e''。

可见性的判断：因 M 位于左、前半圆柱面上，则 m'' 可见。同理，可分析出点 N、点 E 的位置和可见性，其作图过程如图 6-15c 所示。

3. 圆柱体的截切

（1）平面截切曲面几何体时截交线的作图方法　由于圆柱体属于曲面几何体，平面截切曲面几何体，其截交线一般是由直线、曲线或直线和曲线所围成的封闭的平面图形，在特殊的情况下是平面多边形，这主要取决于曲面几何体的形状和截平面与曲面几何体的相对位置。

当平面与曲面几何体表面的交线的投影为直线时，应将其两端点的同面投影连线。当交线的投影为圆时，应确定其圆心和半径，用圆规作图。当交线的投影为一般曲线时，应先求出能够确定其形状和范围的特殊点，它们是曲面几何体转向轮廓线上的点，截交线在对称轴上的点，以及确定其范围的极限点，即最左、最右、最前、最后、最高和最低点等。然后再按需要作适量的一般位置点，最后依次连成光滑的平面曲线，并按其可见与不可见分别画成粗实线和细虚线。截交线可见与不可见部分的分界点一般在转向线上，其判别方法与曲面立体表面上点的可见性判别相同。由于截交线是截平面与曲面几何体表面的共有线，截交线上的每一点都是截平面和曲面几何体表面上的共有点，所以求截交线就是求截平面和曲面几何体表面上一系列的共有点，利用曲面几何体表面上取点的方法作截交线的投影。所求截交线投影的准确程度，取决于所求点的多少。

（2）圆柱体的截切　求平面截切圆柱体时所产生的截交线的投影，首先要分析截平面与圆柱轴线的相对位置以及截交线的空间形状，然后再利用圆柱面投影的积聚性求截交线的投影。

1）平面截切圆柱体的基本形式。平面与圆柱体相交，根据截平面与圆柱轴线的相对位置不同，其截交线有三种基本形式：矩形、圆和椭圆，见表 6-1。

表 6-1　平面截切圆柱体的基本形式

截平面位置	平行于圆柱体轴线	垂直于圆柱体轴线	倾斜于圆柱体轴线
立体图	A　B　C　D		
截交线形状	平行于圆柱体轴线的矩形（与圆柱面的交线为两直素线）	垂直于圆柱体轴线的圆	椭圆
投影图	a′　c′　a″(c″)　b′　d′　b″(d″)　Δy　a(b)　c(d)　Δy		

【例 6-7】　如图 6-16a 所示，求正垂面 P 截切圆柱体的侧面投影。

分析：在图 6-16a 中，圆柱体轴线为铅垂线，截平面 P 倾斜于圆柱体轴线，故截交线为椭圆，其长轴为ⅠⅡ，短轴为ⅢⅣ。因截平面 P 为正垂面，故截交线的正面投影积聚在 p' 上；又因为圆柱体轴线垂直于水平面，其水平投影积聚成圆，而截交线又是圆柱体表面上的线，所以，截交线的水平投影也积聚在此圆上；截交线的侧面投影为不反映实形的椭圆，可根据投影规律和圆柱面上取点的方法求出。

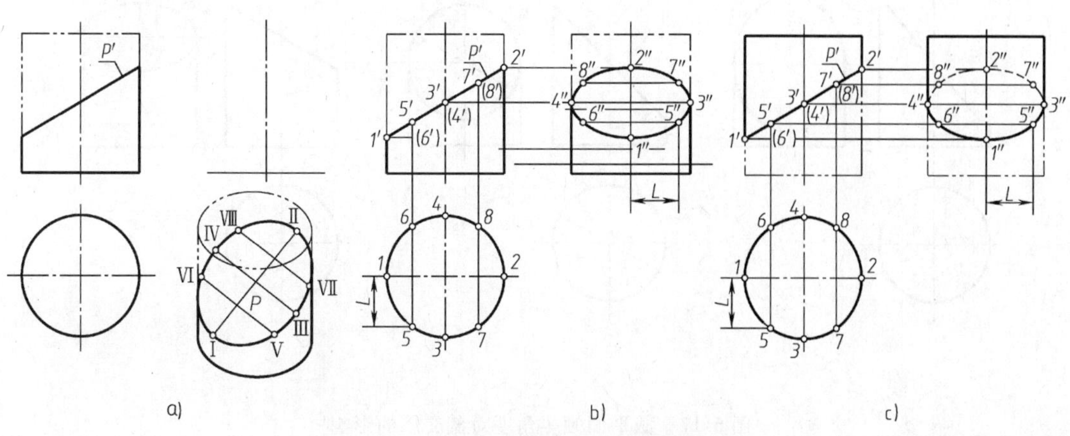

图 6-16　平面斜截圆柱体的投影作图过程

截交线上的特殊点包括确定其范围的极限点，即最高、最低、最前、最后、最左、最右各点以及圆柱体转向线上的点（对投影面的可见与不可见的分界点），截交线为椭圆时还需求出其长短轴的端点。点Ⅰ、Ⅱ、Ⅲ、Ⅳ即为特殊点，其中，Ⅰ、Ⅱ为最低点（最左点）和最高点（最右点），同时也是椭圆长轴的端点；Ⅲ、Ⅳ为最前、最后的点，也是椭圆短轴的端点。它们分别位于圆柱面的最左、最右、最前和最后素线上。若要光滑地将椭圆画出，还需在特殊点之间选取一般位置点，为了便于作图，一般取前后左右对称位置上的点，所以选取点Ⅴ、Ⅵ、Ⅶ、Ⅷ。

作图过程如图 6-16b 所示，其步骤为：

1）画出截切前圆柱体的侧面投影。

2）求截交线上特殊点的投影。在已知的正面投影和水平投影上标明特殊点的投影 1′、2′、3′、4′和 1、2、3、4，然后再求出其侧面投影 1″、2″、3″、4″，它们确定了椭圆投影的范围。

3）求适量一般位置点的投影。选取一般位置点的正面投影和水平投影为 5′、6′、7′、8′和 5、6、7、8，按投影规律求得侧面投影 5″、6″、7″、8″。

4）判断可见性，光滑连线。椭圆上所有点的侧面投影均可见，按照水平投影上各点的顺序，光滑连接 1″、5″、3″、7″、2″、8″、4″、6″、1″，并加深成粗实线，即为所求截交线的侧面投影。

5）整理轮廓线，将轮廓线加深到与截交线的交点处，即 3″、4″处，轮廓线的上部分被截掉，不应画出。

当图 6-16a 所示的圆柱体被截去右下部分时，成为图 6-16c 所示的情况。此时，截交线的空间形状和投影的形状没有任何变化，但侧面投影的可见性发生了变化。以 3″、4″为分界点，3″5″1″6″4″可见，应连成粗实线，3″7″2″8″4″不可见，应连成细虚线。

如上所述，当截平面倾斜于圆柱体的轴线时，截交线为椭圆，椭圆长轴与短轴的交点落在圆柱体的轴线上。当截平面与圆柱轴线相交的角度发生变化时，其侧面投影上椭圆的形状也随之变化，即长轴的长度随截平面相对轴线的倾角不同而变化。当角度为 45°时，椭圆的侧面投影为圆，其圆心为截平面与轴线的交点，直径等于圆柱的直径。此变化规律如图 6-17 所示。

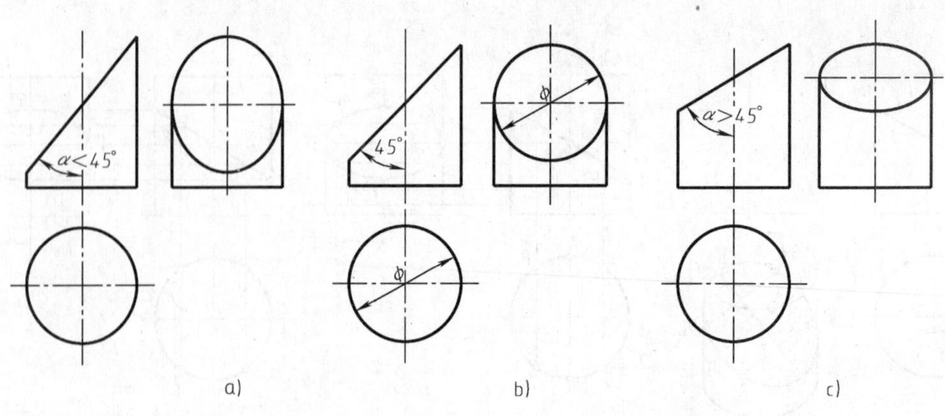

图 6-17　截平面倾斜角度对截交线的影响

a）$\alpha<45°$　b）$\alpha=45°$　c）$\alpha>45°$

2）多个平面截切圆柱体。多个平面截切同一圆柱体，可以看成是基本截切形式的组合。画图前，先分析各截平面与圆柱轴线的相对位置，弄清截交线的形状，然后分别画出截交线的投影，最后还应画出相邻两个截平面交线的投影。对于位置对称的截平面，截交线的形状、方向完全相同，可以仅研究其一侧截交线的投影，另一侧按对称画出即可。

【例 6-8】 如图 6-18a 所示，求圆柱体开槽后的侧面投影。

分析：圆柱体上的切口、槽和穿孔是机械零件上常见的结构。在图 6-18a 中，圆柱体上端开一通槽，其是由两个平行于圆柱体轴线的侧平面和一个垂直于圆柱体轴线的水平面截切而成。圆柱体开槽后，其前后左右对称。由于两侧平面左右对称，所以只研究其一侧截交线的投影，另一侧按对称画出即可。

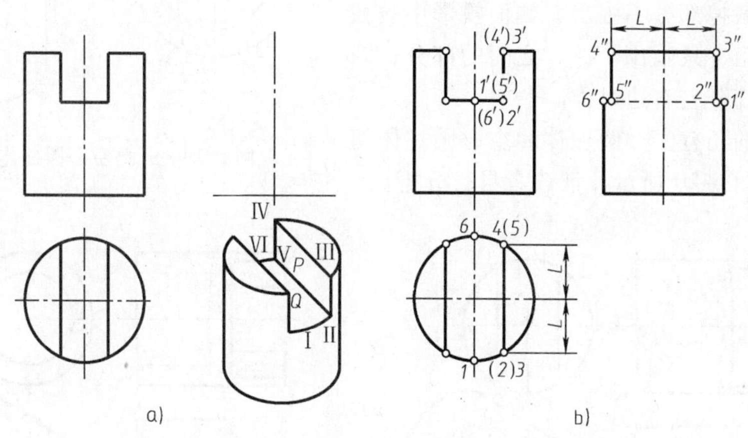

图 6-18　求开槽圆柱体侧面投影的作图过程

右边的侧平面 P 与圆柱面的交线为两条铅直素线上的一段Ⅱ Ⅲ和Ⅳ Ⅴ，与圆柱顶面的交线为正垂线Ⅲ Ⅳ；水平面 Q 与圆柱面的交线是前后对称的两段圆弧；截平面 P 和 Q 的交线为正垂线Ⅱ Ⅴ。因为三个截平面的正面投影均有积聚性，所以截交线的正面投影积聚成三条直线，正垂线Ⅲ Ⅳ和Ⅱ Ⅴ的正面投影积聚成点；又因为圆柱面的水平投影有积聚性，Ⅱ Ⅲ、Ⅳ Ⅴ和两段圆弧的水平投影也积聚在圆周上，正垂线Ⅲ Ⅳ和Ⅱ Ⅴ的水平投影反映实长。由这两个投影即可求出截交线的侧面投影。

作图过程如图 6-18b 所示，其步骤为：

1）根据投影关系，作出截切前圆柱体的侧面投影。

2）在正面投影上标出特殊点的投影 1′、2′、3′、4′、5′、6′。

3）按投影关系从水平投影的圆上找出对应点 1、2、3、4、5、6。

4）根据各点的正面投影和水平投影求出其侧面投影 1″、2″、3″、4″、5″、6″。判断可见性按顺序连线，1″2″3″4″5″6″可见，连接成粗实线，3″4″与顶面的侧面投影重合。

5）求两截平面交线Ⅱ Ⅴ的投影。Ⅱ Ⅴ的正面投影积聚成点；水平投影与 3 4 重合；侧面投影 2″5″应连接成细虚线。

6）整理轮廓线。加深轮廓线到与截交线的交点处，即 1″和 6″处，最前和最后素线在 1″和 6″以上的部分被截掉。圆柱顶面在两侧平面之间的部分被截掉，所以其侧面投影中被截掉部分不画出，只画出 3″、4″之间的部分。

7）圆柱体左边被截切部分的侧面投影与右边重合。

图 6-19 所示为空心圆柱体开槽后的投影，截平面不仅与空心圆柱体的外表面产生交线，同时又与空心圆柱体的内表面产生交线。画图时对内外圆柱体表面的交线要分开求，求得的内表面交线均不可见，应画成细虚线。还应注意：内外圆柱面最前和最后素线在 2″、4″、6″、8″以上的部分被截掉，不应有线；两截平面在中空处均被切断成两部分，被切去部分在投影中不应画出，即 4″和 8″之间应断开，4 和 8 之间应断开；空心圆柱顶面在两侧平面之间的部分被截掉，所以其正面投影中被截掉部分不画出，侧面投影中被截掉部分也不画出，只画出 1″、3″之间的部分；圆柱左边被截切部分与右边对称。

与此类似的还有实心圆柱体和空心圆柱体切台的情况，如图 6-20 所示，请读者自行分析。

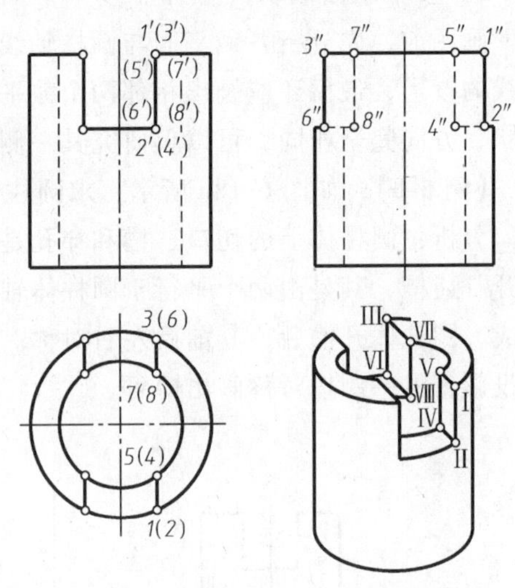

图 6-19　开槽空心圆柱体的投影

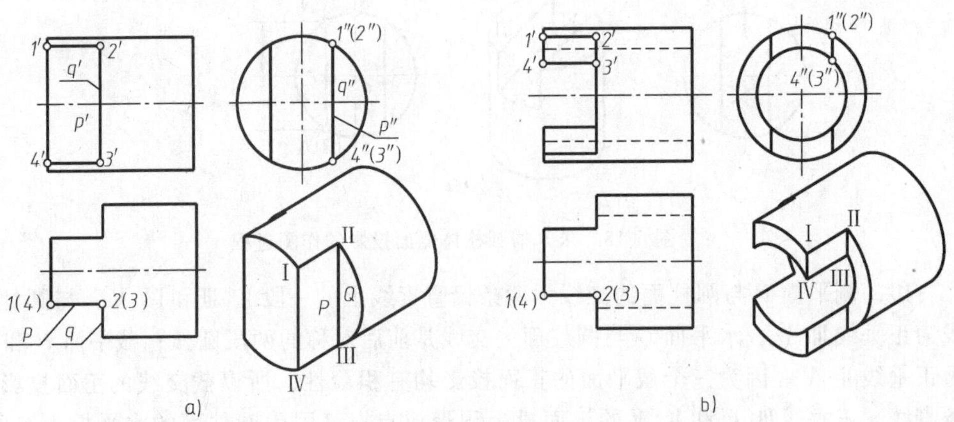

图 6-20　实心圆柱体和空心圆柱体切台后的投影

6.4.2　圆锥体的三面投影及其截切

直角三角形以一条直角边为轴旋转 360°形成圆锥体。直角三角形的斜边称为母线，其旋转一周形成圆锥面。旋转过程中，母线的任一位置称为素线。直角三角形的另一条直角边旋转一周形成底面。

1. 圆锥体的三面投影

图 6-21a 所示为一正圆锥，其轴线为铅垂线，底面为水平面，水平投影反映圆的实形，正面投影和侧面投影均积聚为直线段，长度等于圆的直径；同时，圆锥面的水平投影也落在圆的水平投影内，所以，圆锥面的水平投影可见，底面圆的水平投影不可见；回转面对 *V* 面的转向线为最左、最右素线 *SA*、*SB*，以 *SA*、*SB* 为界，在正面投影中前半圆锥面可见，后半圆锥面不可见；回转面对 *W* 面的转向线为最前、最后素线 *SC*、*SD*，以 *SC*、*SD* 为界，在侧面投影中左半圆锥面可见，右半圆锥面不可见。由此可判断圆锥面上点、线的可见性。

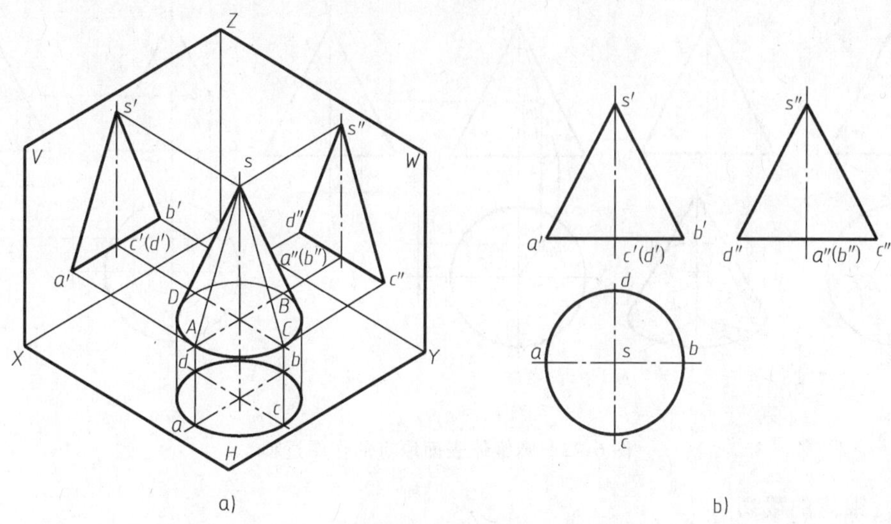

图 6-21 圆锥体的空间分析及其三面投影

如图 6-21b 所示，作图时，首先用细点画线画出轴线的投影及投影圆的对称中心线，再画出反映底面实形的水平投影圆，其正面投影和侧面投影所积聚成的直线段，长度等于底圆直径，最后绘制锥顶 S 的投影，完成三面投影。$s'a'$ 和 $s'b'$ 为圆锥面正面投影的轮廓线，其侧面投影和水平投影与细点画线重合，均不处于投影的轮廓位置，不必画出；$s''c''$ 和 $s''d''$ 为圆锥面侧面投影的轮廓线，其正面投影和水平投影也与细点画线重合，且都不处于投影的轮廓位置，所以也不画出。圆锥体的三面投影为两个大小相同的等腰三角形和一个圆。

2. 圆锥体表面取点

圆锥体的三面投影均无积聚性，且圆锥面上的点在轴线所垂直的投影面上的投影都落在圆的范围内，这一点与圆柱面的投影不同。所以，除位于转向轮廓线上的点可直接利用点线从属关系求出，位于圆锥底面上的点可利用底面的积聚性求出外，其余均需采用辅助线的方法求解。辅助线必须是简单易画的直线或圆，圆锥体表面上取辅助线的方法有两种：

1）辅助素线法，即过锥顶作辅助素线，其三面投影均为直线。

2）辅助纬圆法，即做平行于底圆的辅助圆，其三面投影或为圆或为直线。

【例 6-9】 如图 6-22a 所示，已知圆锥体表面上点 M 的正面投影 m'，求其另外两个投影。

解法 1：辅助素线法，即过锥顶 S 和点 M 作一辅助素线 S Ⅰ，如图 6-22a 中的立体图所示。

点 M 的正面投影 m' 不可见，所以点 M 位于后半圆锥面上，连 s'、m' 并延长交底面圆于 $1'$，然后求出其水平投影 $s1$。根据点线的从属关系，按投影规律由 m' 可求得 m 和 m''。

可见性的判断：由于点 M 在左半圆锥面上，故 m'' 可见；按此例圆锥体摆放的位置，圆锥体表面上所有的点在水平投影上均可见，所以 m 也可见。作图过程如图 6-22b 所示。

解法 2：辅助纬圆法，即过点 M 作一平行于圆锥体底面的水平辅助圆，如图 6-22a 中的立体图所示。

水平辅助圆的正面投影为过 m' 且平行于底圆的直线 $2'3'$，其水平投影为直径等于 $2'3'$ 的圆，m 必在此圆上。由 m' 求出 m，再由 m 和 m' 求得 m''。作图过程如图 6-22c 所示。

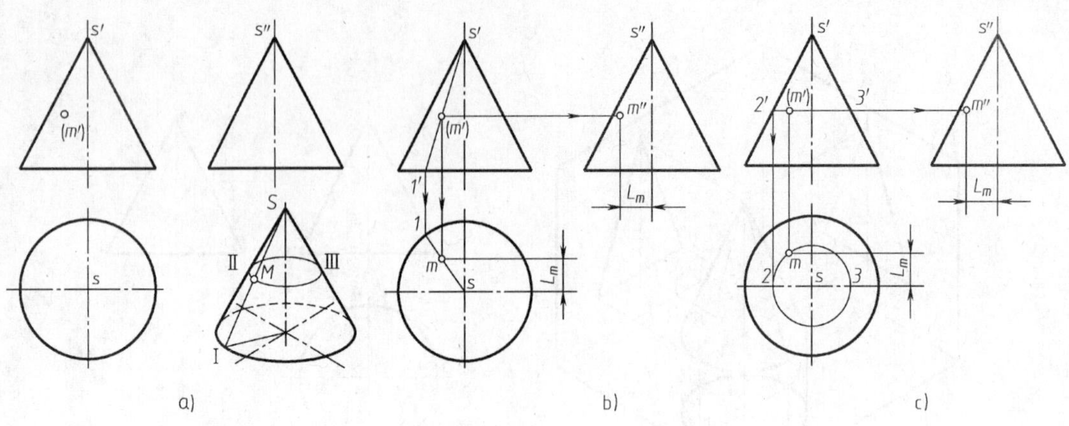

图 6-22　圆锥体表面取点的作图过程

3. 圆锥体的截切

（1）平面截切圆锥体的基本形式　平面截切圆锥体，根据截平面与圆锥轴线的相对位置不同，其截交线有五种基本形式，见表 6-2。

表 6-2　平面截切圆锥体的基本形式

截平面位置	过锥顶	与轴线垂直 $\theta=90°$	与轴线平行或倾斜 $0°\leqslant\theta<\alpha$	与轴线倾斜 $\alpha<\theta<90°$	与一条素线平行 $\theta=\alpha$
立体图					
截交线形状	过锥顶的三角形	圆	双曲线和直线段	椭圆	抛物线和直线段
投影图				α θ	α θ

（2）被截切圆锥体的投影　求平面截切圆锥体所产生的截交线的投影时，如果截交线为直线段，则只需要求其两个端点的投影，连成直线段即可；如果截交线为椭圆、抛物线或双曲线，则需要用辅助纬圆法或辅助素线法来求截平面与圆锥面的交点，求出适当数量点的投影，再将各点同面投影依次连成光滑曲线。

【例 6-10】　如图 6-23a 所示，求被截切圆锥体的水平投影和侧面投影。

分析：在图 6-23a 中，圆锥体被两个截平面截切。其中平面 P 是垂直于圆锥轴线的水平面，其与圆锥面的交线为一段水平圆弧，端点为点 A、B，其正面投影和侧面投影为直线，水平投影反映实形；平面 Q 是过锥顶的正垂面，与圆锥面的交线为过锥顶的两直线段 SA 和 SB，其三面投影均为不反映实长的直线段；P 与 Q 的交线为正垂线 AB，其正面投影积聚成点，水平投影和侧面投影均为反映实长的直线段。

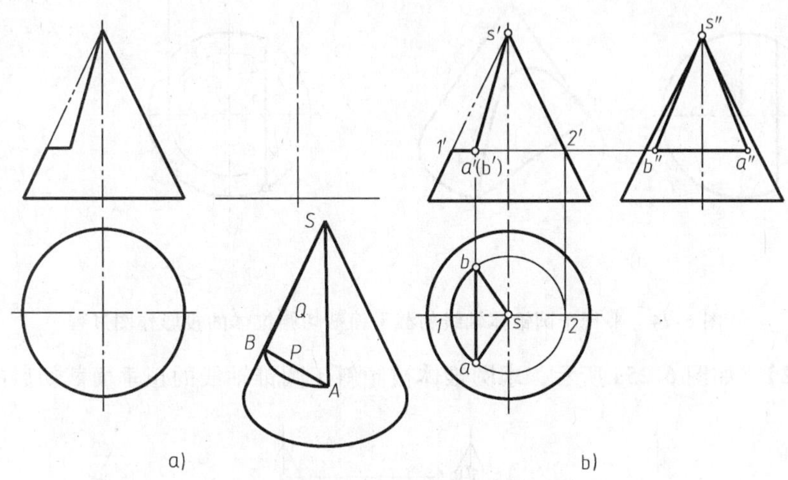

图 6-23　被截切圆锥体的投影作图过程

作图过程如图 6-23b 所示，其步骤为：

1） 画出截切前圆锥体的侧面投影。

2） 求正垂面 Q 与圆锥面的交线 SA 和 SB 的投影。利用辅助纬圆法先求点 A 和 B 水平投影，再根据投影规律求其侧面投影。

3） 求水平面 P 与圆锥面交线的投影。

4） 求两个截平面的交线 AB 的投影。其端点 A、B 的各面投影前面均已求出。

5） 判断可见性，连线。截交线和两截平面之间的交线的水平投影和侧面投影均可见，应画成粗实线，并且 $s''a''$、$s''b''$、$a''b''$、sa、sb、ab 应连成直线段。

6） 整理轮廓线。圆锥体水平投影和侧面投影的轮廓均没有被切掉，应完整画出。

【例 6-11】　如图 6-24a 所示，求圆锥体被平行于轴线的侧平面截切后的侧面投影。

分析：截平面平行于圆锥体轴线，即 $\theta=0°$，截交线为双曲线和直线段。因为截平面为侧平面，所以其正面投影和水平投影都有积聚性，侧面投影反映实形。作图时先求出特殊点的投影，再求适量一般位置点的投影。

作图过程如图 6-24b 所示，其步骤为：

1） 画出截切前圆锥体的侧面投影。

2） 求截交线上特殊点的投影。双曲线的最高点Ⅲ在圆锥体最左素线上，最低点Ⅰ、Ⅱ在圆锥体底面圆周上。利用投影规律可直接求出其水平投影和侧面投影。

3） 求截交线上一般位置点的投影。选取一般位置点Ⅳ、Ⅴ，利用圆锥体表面取点的方法求出其水平投影和侧面投影。

4） 判断可见性，光滑连线。双曲线的侧面投影可见，按 1″、5″、3″、4″、2″的顺序将其侧面投影光滑连接成双曲线，并画成粗实线。

5） 整理轮廓线。圆锥体侧面投影的轮廓线没有被切到，应完整画出。

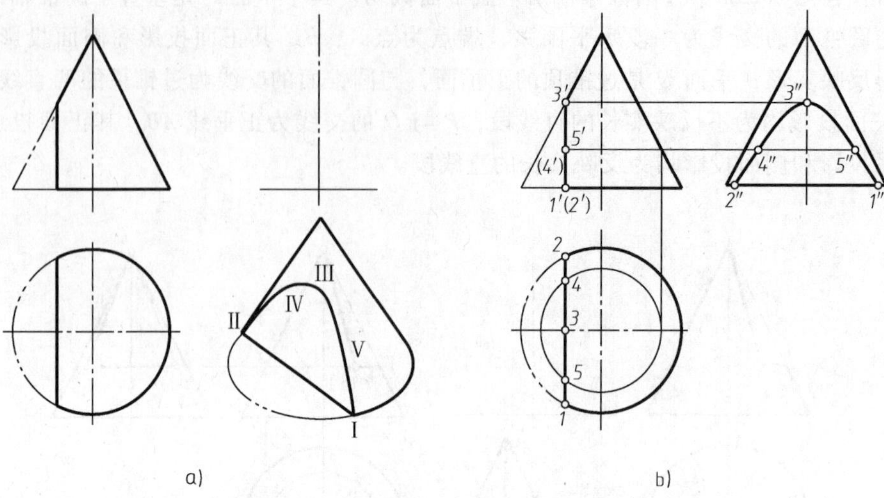

图 6-24 平行于圆锥体轴线的截平面截切圆锥体的投影作图过程

【例 6-12】 如图 6-25a 所示，求圆锥体被倾斜于圆锥轴线的正垂面截切后的侧面投影。

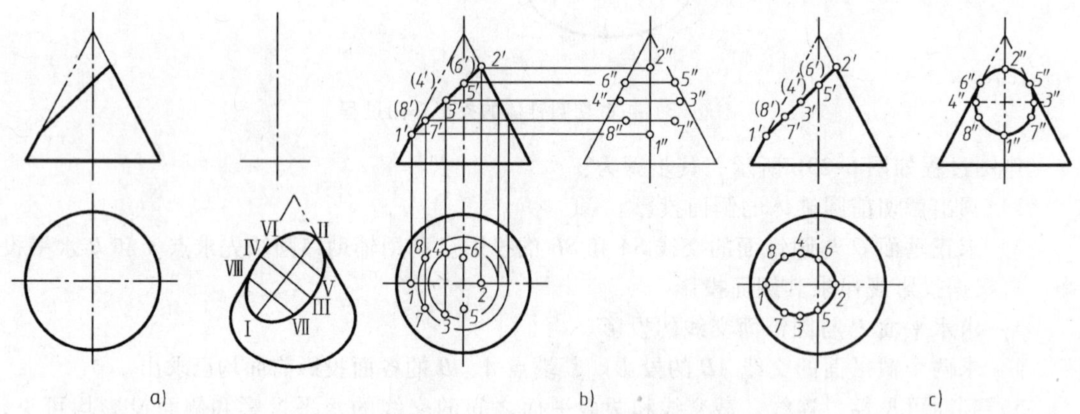

图 6-25 倾斜于轴线的截平面截切圆锥体的投影作图过程

分析：正垂面倾斜于圆锥体轴线，且 $\theta > \alpha$，截交线为椭圆，其长轴是ⅠⅡ，短轴是ⅢⅣ。截交线的正面投影有积聚性，故利用积聚性可找到截交线的正面投影；水平投影和侧面投影仍为椭圆，但不反映实形。

作图过程如图 6-25b 、c 所示，其步骤为：

（1） 画出截切前圆锥体的侧面投影

（2） 求截交线上特殊点的投影

1） 求转向轮廓线上点的投影。点Ⅰ、Ⅱ和点Ⅴ、Ⅵ分别是圆锥最左、最右和最前、最后素线上的点，其正面投影为1′、2′、5′、6′，利用点线从属对应关系，直接求出1、2、1″、2″、5″、6″、5、6。

2） 求椭圆长、短轴端点的投影。点Ⅰ、Ⅱ是椭圆长轴的端点，同时又是椭圆最左、最右点和最低、最高点。点Ⅰ、Ⅱ的各投影均已求出；椭圆的长轴ⅠⅡ与短轴ⅢⅣ互相垂直平分，Ⅲ、Ⅳ又是椭圆最前、最后点。由此可求出短轴端点的正面投影3′、4′，利用圆锥体表面取点的方法求出3、4和3″、4″。

(3) 求截交线上一般位置点的投影　利用圆锥体表面取点的方法求适当数量的一般位置点，如图 6-25a 所示的点 Ⅶ、Ⅷ。

(4) 判断可见性，光滑连线　椭圆的水平投影和侧面投影均可见，分别按 1、7、3、5、2、6、4、8、1 和 1″、7″、3″、5″、2″、6″、4″、8″、1″的顺序将其水平投影和侧面投影光滑连接成椭圆，并画成粗实线。注意 5″、6″是椭圆与锥面轮廓线的切点。

(5) 整理轮廓线　侧面投影的轮廓线加深到与截交线的交点 5″、6″处，5″、6″以上被截掉部分不加深，用细双点画线表示。

6.4.3　圆球体的三面投影及其截切

圆球体是半圆面以直径为轴旋转 360°所形成的。如图 6-26a 所示，圆球表面是单一的球面。

1. 圆球体的三面投影

如图 6-26a 所示，无论如何放置，圆球体的三面投影均为圆，且直径与圆球体直径大小相等，这些圆分别为该球面的三个投射方向的转向轮廓线的投影。其中，正面投影为球面对 V 面转向轮廓线的投影，即平行于 V 面的最大正平圆 A 的投影，以 A 圆为界，在正面投影中，前半球面可见，后半球面不可见；水平投影为球面对 H 面转向轮廓线的投影，即平行于 H 面的最大水平圆 B 的投影，以 B 圆为界，在水平投影中，上半球面可见，下半球面不可见；同理，侧面投影为球面对 W 面转向轮廓线的投影，即平行于 W 面的最大侧平圆 C 的投影，以 C 圆为界，在侧面投影中，左半球面可见，右半球面不可见。由此可判断圆球面上点、线的可见性。

如图 6-26b 所示，作图时，先用细点画线画出对称中心线，以确定球心的三个投影，再画出三个与圆球体直径相等的圆。

注意：正平圆 A 的水平投影和侧面投影均与对称中心线（细点画线）重合，故其投影不画出。同理，水平圆 B 的正面投影和侧面投影以及侧平圆 C 的正面投影和水平投影也不画出。

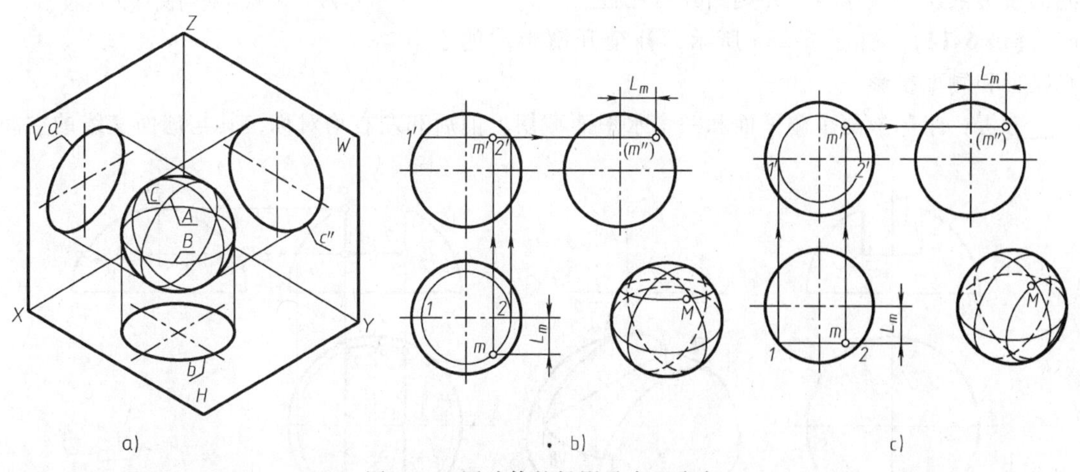

图 6-26　圆球体的投影及表面取点

2. 圆球体表面取点

由于圆球体的三面投影均无积聚性，所以，对于球面上的一般位置点，必须利用辅助线法求解。圆球面上没有直线，因此，在圆球面上只能作辅助圆。为了保证辅助圆的投影为圆或直线，只能作正平、水平、侧平三个方向的辅助圆。先求辅助线的投影，再求辅助线上点的投影。对于球面转向轮廓线上的点，则可以利用点线从属性来求其另外两个投影。

【例 6-13】 如图 6-26b 所示，已知圆球体表面上点 M 的水平投影 m，求其另外两个投影。

分析：点 M 的水平投影 m 可见，则点 M 位于上半球面。

过点 M 作一辅助水平圆，其水平投影为以线段 12 为直径的圆，且过点 m，正面投影为直线 $1'2'$，m'必在该直线上，由 m 求得 m'，再由 m 和 m'作出 m''。

可见性的判断：因 M 点位于球的右前方，故 m'可见，m''不可见，应为（m''）。

另外，也可过点 M 作一侧平圆或正平圆求解。如图 6-26c 所示，过点 M 作一辅助正平圆，其水平投影为直线 12 且过点 m，正面投影为直径等于 $1'2'$长度的圆，m'必在该圆周上，由 m 求得 m'，再求出（m''）。

3. 圆球体的截切

平面截切圆球体，不论截平面位置如何，其截交线都是圆；圆的直径随截平面距球心的距离不同而改变。当截平面通过球心时，截交线圆的直径最大，等于球的直径；截平面距球心越远，截交线圆的直径越小。当截平面相对于投影面的位置不同时，截交线圆的投影可能是圆、直线段或椭圆。

如图 6-27 所示，用正平面截切圆球体时，截交线的正面投影反映圆的实形，水平投影和侧面投影都是直线段，长度等于截交线圆的直径。

当截平面为某一投影面垂直面时，截交线在该投影面上的投影积聚为倾斜于轴线的直线段，长度等于截交线圆的直径，另两面投影为椭圆。当截平面处于一般位置时，则截交线的三面投影均为椭圆。应按圆球体表面上取点的方法作图，并将特殊点和适当数量的一般点的同面投影依次光滑连接，并判断其可见性。

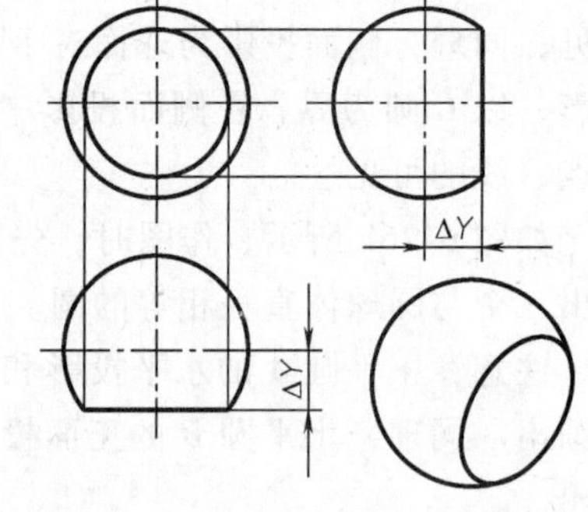

图 6-27　正平面截切圆球体的投影

【例 6-14】 如图 6-28a 所示，补全开槽半球的水平投影和侧面投影。

分析：半球被两个侧平面和一个水平面截切，前后和左右均对称，其与球面交线的空间

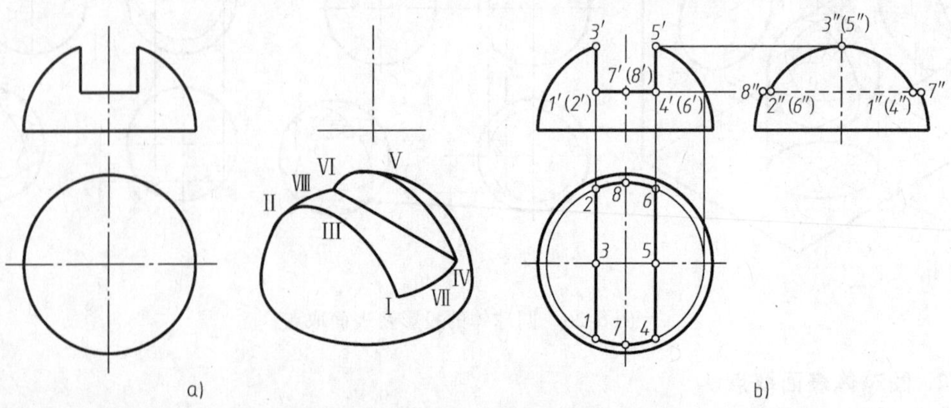

图 6-28　开槽半球的投影作图过程

形状均为圆弧。水平面与半球的交线为水平圆弧Ⅰ Ⅶ Ⅳ和Ⅱ Ⅷ Ⅵ，其水平投影反映实形，正面投影和侧面投影为直线段；两侧平面与半球的交线为侧平圆弧Ⅰ Ⅲ Ⅱ和Ⅳ Ⅴ Ⅵ，其侧面投影反映实形，正面投影和水平投影为直线段。三个截平面的交线为两条正垂线Ⅰ Ⅱ和Ⅳ Ⅵ，正面投影积聚成点，水平投影和侧面投影为反映实长的直线段。

作图过程如图 6-28b 所示，其步骤为：

1）画出半球被截切前的侧面投影。

2）在正面投影上标出 1′、2′、3′、4′、5′、6′、7′、8′。

3）求水平面与半球交线的投影。交线的水平投影是圆弧 1 7 4 和圆弧 2 8 6，其半径为正面投影上 7′(8′) 至轮廓线的距离；侧面投影是直线 1″7″和 2″8″。

4）求侧平面与半球交线的投影。交线的侧面投影是圆弧 1″3″2″（4″5″6″与 1″3″2″重合），其半径为 3′至半球底面的距离；水平投影是直线 12 和 46。

5）求截平面之间交线的投影。交线的水平投影 12、46 两直线已求出，连接 1″2″（4″6″与其重合）即为侧面投影，且不可见，画成细虚线。

6）整理轮廓线。开槽后没有影响水平投影的轮廓线，故水平投影的轮廓线应正常画出；侧面投影的轮廓线加深到与截交线的交点 7″、8″处，7″、8″以上的部分轮廓线被切去，不应再画出。

6.4.4　圆环体的三面投影及其表面取点

圆环体是以一圆为母线（边界），绕不通过圆心但在同一平面上的轴线旋转 360°所形成的。

1. 圆环体的三面投影

如图 6-29a 所示，圆环体的轴线为铅垂线，圆环前后左右均对称。在正面投影中，左、右两个圆是环上平行于 V 面的 A、B 两圆的投影。A 和 B 是圆环面的正面转向线。以 A 和 B 为界，在正面投影中，外环面的前半部分可见，外环面的后半部分及全部内环面均不可见。两个粗实线半圆是外环面正面投影的轮廓线，两个细虚线半圆为内环面正面投影的轮廓线。两个圆的上、下两条切线是环面上最高、最低两个水平圆的积聚投影，也是正面投影的上、下轮廓线。

侧面投影与正面投影形状相同，但投影图中的两个圆应是环上平行于 W 面的 C、D 两圆的投影。C 和 D 是圆环面的侧面转向线。以 C 和 D 为界，在侧面投影中，外环面的左半部分可见，外环面的右半部分及全部内环面均不可见。

在水平投影中，最大和最小圆是水平投影的轮廓线，也是可见的上环面和不可见的下环面分界线的投影。用细点画线画出的圆是母线圆心回转所形成的水平圆的投影。

如图 6-29b 所示，作图时，先用细点画线画出轴线的、对称面有积聚性正面和侧面投影，并画出圆环体水平投影的对称中心线。在正面投影中，还应画出最左、最右素线圆的对称中心线。在侧面投影中，画出最前、最后素线圆的对称中心线。在水平投影中，画出母线圆圆心的旋转轨迹。

在正面和侧面投影中，分别画出最左、最右、最前和最后素线圆 A、B、C、D 的投影 a'、b'、c''、d''并作切线，它们的外侧半圆可见，画成粗实线，内侧半圆不可见，画成细虚线。切线是圆环面上最高和最低两个水平圆的投影。

在水平投影中，画出内、外环面水平投影的轮廓线（两个粗实线圆），完成圆环体的三

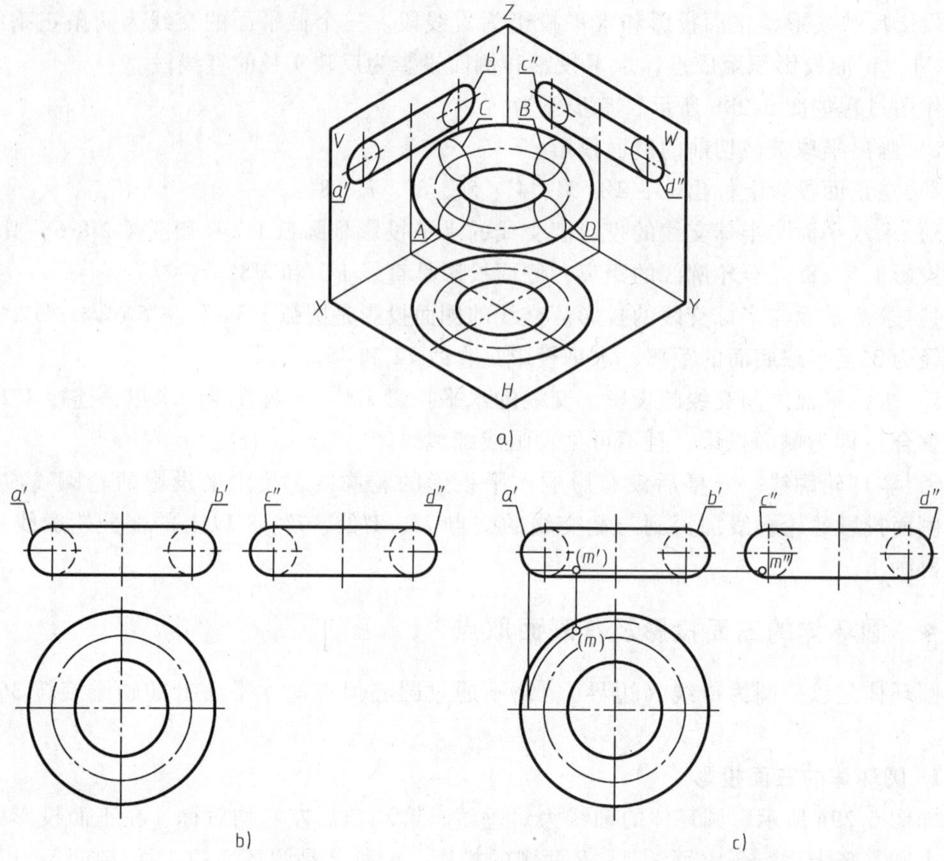

图 6-29　圆环体的三面投影及其表面取点

面投影。

2. 圆环体表面取点

因为圆环面没有积聚性，且圆环面上没有直线，所以在圆环体表面上取点时，首先应分析已知点在环面上的位置，然后再选择作图方便的辅助线。通常为了保证辅助线的投影为圆或直线，只能作垂直于轴线且平行于投影面的辅助圆。而对于转向线上的点，其投影可以直接求出。

【例 6-15】　在图 6-29c 中，已知圆环表面点 M 的水平投影 m，求其他两投影。

分析：由图 6-29c 可知，m 不可见并在水平投影的左后方，则点 M 在后外环面上，并在其左下方。圆环面的轴线为铅垂线，故求点 M 的其他两投影，只能作水平辅助圆，按投影规律求出 m' 和 m''，其中正面投影 m' 不可见，侧面投影 m'' 可见。作图过程如图 6-29c 所示。

6.4.5　组合回转体的截切

组合回转体是由一些基本回转体组合而成的。当平面与组合回转体相交时，若求其截交线的投影，首先应分析它由哪些基本回转体组成，并在投影图中找出它们的分界线。再根据截平面与各个基本回转体的相对位置确定各段截交线的形状及结合部位的连接形式，截交线的分界点就在各个基本回转体的分界线上。然后分析截交线的投影特性，并将各段截交线分别求出，依次连接，围成封闭的平面图形，即可求出截交线的投影。

【例 6-16】 如图 6-30a 所示，已知被截切组合回转体的正面投影和侧面投影，求其水平投影。

分析：该组合回转体由两个同轴回转体组成。这两个回转体为圆锥和圆柱，且圆锥底圆的直径与圆柱的直径相等。该组合回转体被水平面 P 和正垂面 Q 截切，且水平面 P 平行于圆锥和圆柱的轴线，正垂面 Q 倾斜于圆柱的轴线。因此，水平面 P 与圆锥面的交线是双曲线Ⅱ Ⅰ Ⅲ，与圆柱面的交线是与其轴线平行的两条素线Ⅱ Ⅳ、Ⅲ Ⅴ。各面投影中，双曲线Ⅱ Ⅰ Ⅲ与直线Ⅱ Ⅳ、Ⅲ Ⅴ的分界点在圆锥与圆柱的分界线上。截平面 P 的正面、侧面投影均积聚成直线，水平投影反映实形。双曲线Ⅱ Ⅰ Ⅲ的正面、侧面投影均为直线，水平投影反映实形；直线Ⅱ Ⅳ、Ⅲ Ⅴ的正面投影和水平投影均反映实长，侧面投影均积聚成点，分别落在圆柱面的侧面投影所积聚成的圆周上。正垂面 Q 与圆柱面的交线为椭圆弧Ⅳ Ⅵ Ⅴ，其正面投影为直线，侧面投影在圆柱面的侧面投影所积聚成的圆周上，水平投影为部分椭圆弧。截平面 P 和 Q 均垂直正面，所以其交线Ⅳ Ⅴ为正垂线，正面投影积聚成点，水平投影和侧面投影为反映实长的直线段。

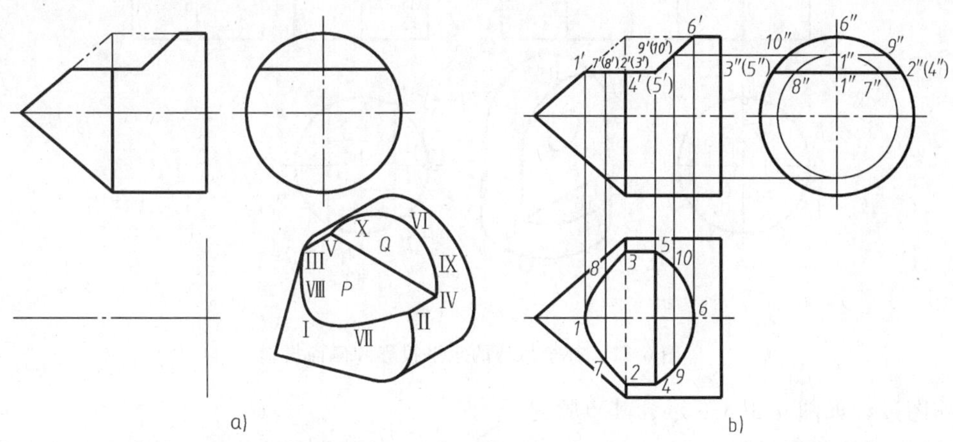

图 6-30　被截切组合回转体的投影作图过程

作图过程如图 6-30b 所示，其步骤为：

1）画出组合回转体被截切前的水平投影。

2）求截交线上特殊点的投影。在正面投影上标出 1′、2′、3′、4′、5′、6′。利用积聚性和表面取点的方法求出其侧面投影 1″、2″、3″、4″、5″、6″和水平投影 1、2、3、4、5、6。

3）求截交线上一般位置点的投影。根据连线的需要，确定双曲线上两个一般位置点 7′、8′，利用辅助圆法求出其侧面投影 7″、8″和水平投影 7、8。确定椭圆弧两个一般位置点 9′、10′，利用积聚性求出其侧面投影 9″、10″和水平投影 9、10。

4）求截平面 P 和 Q 的交线Ⅳ Ⅴ的水平投影 45。

5）判断可见性，光滑连线。截交线、截平面交线的水平投影均可见，画成粗实线。

6）整理轮廓线。在水平投影中，圆锥和圆柱的轮廓都不受影响，画成粗实线；圆锥和圆柱交线圆的水平投影为直线，但以圆柱的最前、最后素线为界，2、3 至圆柱最前、最后素线之间的一段可见，应画成粗实线，交线圆位于下半个圆柱面上的部分不可见，应画成细虚线，其中，部分细虚线与粗实线重合，故 2、3 之间为细虚线。

【例 6-17】 如图 6-31a 所示，补全吊环的水平投影和侧面投影。

分析：吊环由同轴且直径相等的半球与圆柱光滑相切组成。在其左右对称的两侧各用侧平面 P 和水平面 Q 截切，上方有轴线垂直于侧面的通孔。因此，只需研究左侧的投影，另一侧按对称画出。侧平面 P 截切半球面的交线是半圆Ⅰ Ⅱ Ⅲ，其正面投影、水平投影均为直线，侧面投影反映实形；侧平面 P 截切圆柱面的交线是与其轴线平行的直线Ⅰ Ⅳ和Ⅲ Ⅴ，其正面、侧面投影均反映实长，水平投影积聚成点，落在圆柱面的水平投影所积聚成的圆周上；两段交线的分界点落在半球与圆柱投影的分界线上，分别为点Ⅰ和Ⅲ，两段交线形成一个倒 U 形；水平面 Q 截切圆柱面的交线是圆弧Ⅳ Ⅵ Ⅴ，其正面、侧面投影均为直线，水平投影反映实形；两个截平面的交线是正垂线Ⅳ Ⅴ，其正面投影积聚成点，水平投影和侧面投影均为反映实长的直线段。

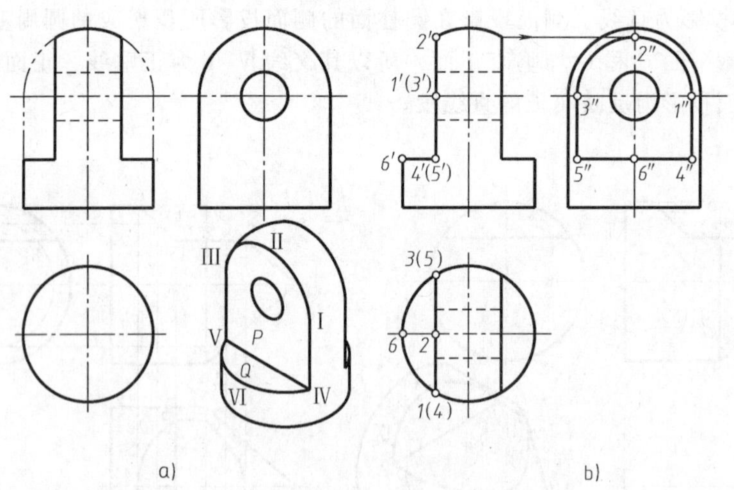

图 6-31　补全吊环的水平投影和侧面投影

作图过程如图 6-31b 所示，其步骤为：

1）在正面投影上标出 1′、2′、3′、4′、5′、6′。根据截交线的正面投影直接作出其水平投影，并画出孔的投影，由于孔的水平投影不可见，故画成细虚线。

2）在侧面投影中，作出直线 1″4″、3″5″和半圆 1″2″3″，且直线与半圆相切于 1″、3″；作出圆弧Ⅳ Ⅵ Ⅴ的侧面投影（一直线）。左、右两侧截交线的侧面投影重合。孔的侧面投影积聚成圆，并且可见，故画成粗实线。

3）求截平面交线Ⅳ Ⅴ的投影。Ⅳ Ⅴ的三面投影均已求出。

4）判断可见性，整理图线。截交线的三面投影均可见，画成粗实线；圆柱和半球侧面投影的轮廓线都不受影响，所以画成粗实线。

6.5　相贯几何体的投影

在机械零件上常出现几何体与几何体相交的情况。研究相交几何体的投影和作图方法是完成零件形状表达的重要基础。而研究相交几何体表面交线的性质及求其投影的方法与步骤是解决相交几何体投影问题的关键。

6.5.1　基本概念

几何体与几何体相交称为相贯，相贯时两几何体表面产生的交线称为相贯线，参与相贯的几何体称为相贯体，如图 6-32 所示。相贯线也是两几何体表面的共有线、分界线。

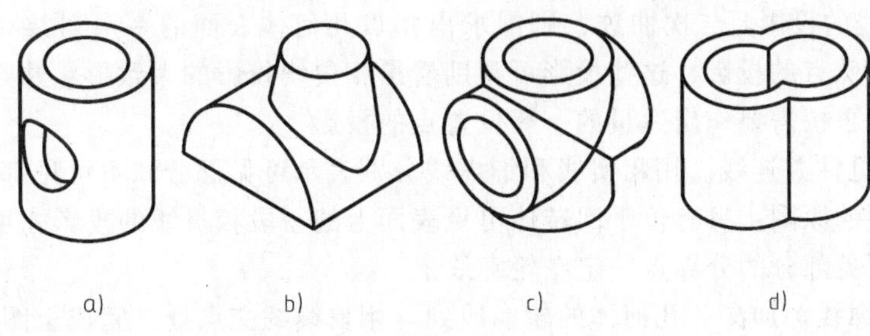

图 6-32　相贯几何体实例

1. 相贯的基本形式

1）按照几何体的类型不同，几何体相贯有以下三种情况。

① 平面几何体与平面几何体相贯。

② 平面几何体与曲面几何体相贯。

③ 曲面几何体与曲面几何体相贯。

由于平面几何体是由平面组成的，故平面几何体相交可归结为求两平面的交线问题，或求棱线与平面的交点问题。平面几何体与回转体相交可归结为求平面与回转体相交问题。

本节主要讨论两回转体相贯。

2）按照回转体轴线之间的关系，几何体相贯有以下三种情况。

① 正交：轴线垂直相交。

② 斜交：轴线倾斜相交。

③ 偏交：轴线交叉（含垂直与倾斜）。

2. 相贯线的性质

（1）表面性　相贯线位于相贯两几何体的表面，是两几何体表面的分界线。

（2）共有性　相贯线是相贯两几何体表面的共有线，相贯线上的点是两几何体表面的共有点。

（3）封闭性　由于几何体具有一定的大小和范围，所以相贯线一般是封闭的空间线框，如图 6-32a、b 所示，特殊情况下为平面曲线或直线，如图 6-32c、d 所示。

（4）形状多样性　相贯线的形状随两相交几何体的形状、大小和相对位置的变化而变化。

3. 求相贯线的方法

求相贯线的投影，实际上就是求适当数量共有点的投影，然后根据可见性，将各点的同面投影按顺序连接起来。

常见求相贯线上点的投影的方法有：积聚性法、辅助平面法和辅助球面法，本节主要介绍前两种。

4. 求相贯几何体投影的作图过程

1）作出两几何体的三面投影，轮廓线在相交处断开。

2）进行相贯几何体的空间及投影的形状分析，找出相贯线的已知投影，确定求相贯线投影的方法。

3）求相贯线的投影。

① 若相贯线的投影是直线，则连接其两端点的同面投影。

② 若相贯线的投影是圆，则确定其圆心和半径，用圆规作图。

③ 若相贯线的投影是二次曲线，则需求出相贯几何体表面的一系列共有点。先作出相贯线上的一些特殊点的投影，这些投影可帮助看出相贯线投影的大致形状并判断可见性。为较准确地连线，再按需要作出适量的一般位置点的投影。

4）判断可见性并连线。用粗实线和细虚线分别表示可见部分和不可见部分。

判断可见性的原则：只有位于回转体可见表面上的一段相贯线的投影才可见，否则不可见，可见与不可见部分的分界点一定在轮廓线上。

5）整理轮廓线。加深各几何体的轮廓线到与相贯线的交点处，完成全图。

6.5.2　利用积聚性法求相贯线

当相贯几何体中有一个是轴线垂直于某一投影面的圆柱时，圆柱面在这一投影面上的投影就有积聚性，因此相贯线在该投影面上的投影即为已知。利用这个已知投影，按照曲面几何体表面取点的方法，即可求出相贯线的另外两个投影。通常把这种方法称为表面取点法或称为利用积聚性法求相贯线的投影。

1. 圆柱与圆柱相贯

【例 6-18】　求图 6-33a 所示两正交圆柱相贯线的投影。

分析：在图 6-33a 中，两圆柱直径不等，且轴线正交。其相贯线是空间封闭曲线，且前后上下对称。横圆柱的轴线是侧垂线，该圆柱面和其上所有点和线的侧面投影积聚成圆，因此相贯线的侧面投影也积聚在这个圆上。直立圆柱的轴线是铅垂线，该圆柱面的水平投影积聚成圆，其上所有点和线的水平投影在此圆周上，因此相贯线的水平投影也一定在这个圆上，且在两圆柱水平投影的重叠区域内的一段圆弧上。因此，相贯线的侧面投影和水平投影已知，只需求出相贯线的正面投影。

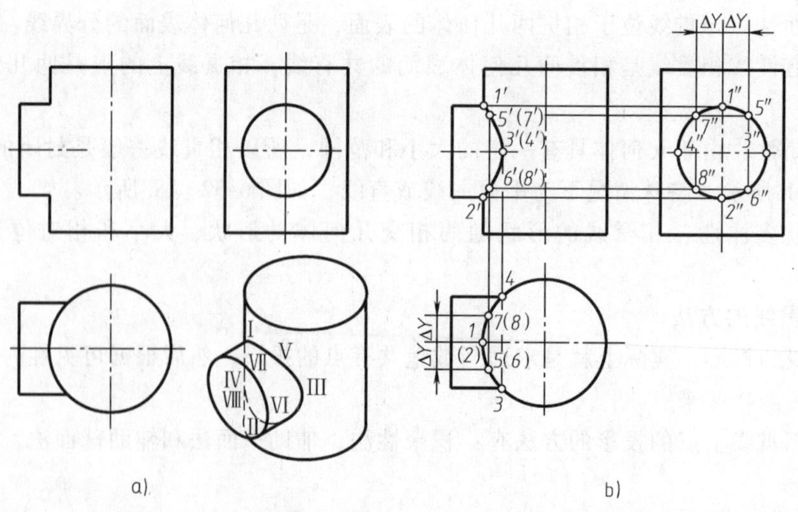

图 6-33　两正交圆柱相贯线的投影作图过程

作图过程如图 6-33b 所示，其步骤为：

1）求相贯线上特殊点的投影。在相贯线的侧面投影上标出转向线上的点Ⅰ、Ⅱ、Ⅲ、Ⅳ的侧面投影 1″、2″、3″、4″，找出水平投影上相应的点 1、2、3、4，由 1″、2″、3″、4″和 1、2、3、4 作出其正面投影 1′、2′、3′、4′。可以看出，Ⅰ、Ⅱ既是直立圆柱最左素线上的点；又是横圆柱最上、最下素线上的点；Ⅲ、Ⅳ是横圆柱最前、最后素线上的点，因此，Ⅰ、Ⅱ既是相贯线上的最高点和最低点，又是相贯线上的最左点；Ⅲ、Ⅳ既是相贯线上的最前点和最后点，又是相贯线上的最右点。

2）求相贯线上一般位置点的投影。为了连线准确，在相贯线的侧面投影上作出前后对称的四个点Ⅴ、Ⅵ、Ⅶ、Ⅷ的侧面投影 5″、6″、7″、8″，根据点的投影规律作出水平投影 5、6、7、8，再求出正面投影 5′、6′、7′、8′。

3）判断可见性，光滑连线。相贯线的正面投影中，Ⅰ、Ⅴ、Ⅲ、Ⅵ、Ⅱ位于两圆柱的可见表面上，则前半段相贯线的投影 1′5′3′6′2′可见，应光滑连接成粗实线；而后半段相贯线的投影 1′7′4′8′2′不可见，重合在前半段相贯线的可见投影上。应注意，直立圆柱的轮廓线在 1′、2′之间断开，不应画出。

由于两圆柱相贯时，相贯线的形状和位置取决于它们直径的大小和两轴线的相对位置，所以当两圆柱正交时，由直径变化而引起的相贯线的变化趋势见表 6-3。

表 6-3　正交两圆柱相贯线的变化趋势

两圆柱直径对比	直径不等		直径相等
	直立圆柱直径大于水平圆柱直径	直立圆柱直径小于水平圆柱直径	
立体图	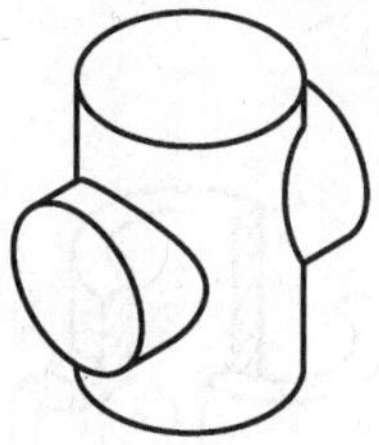	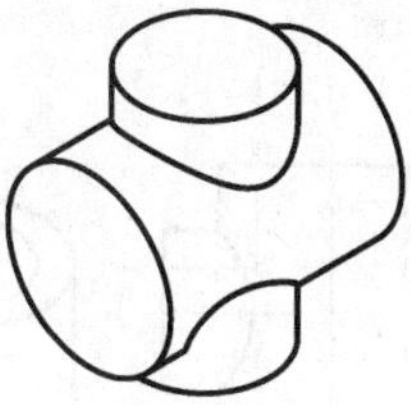	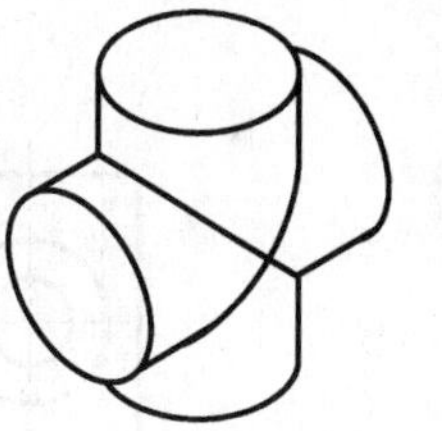
相贯线的形状	左右两条空间曲线	上下两条空间曲线	两条平面曲线——椭圆
投影图	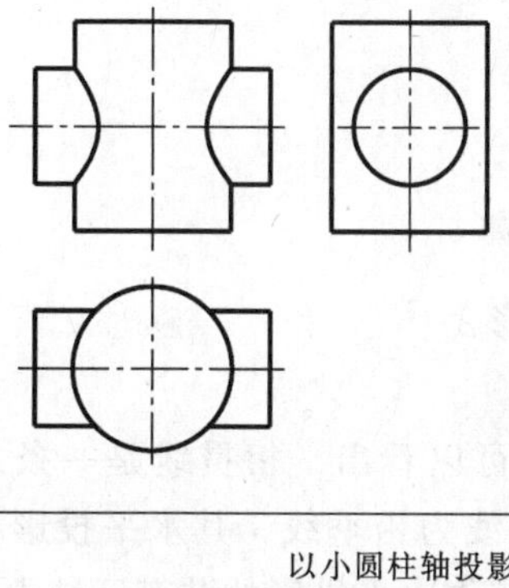	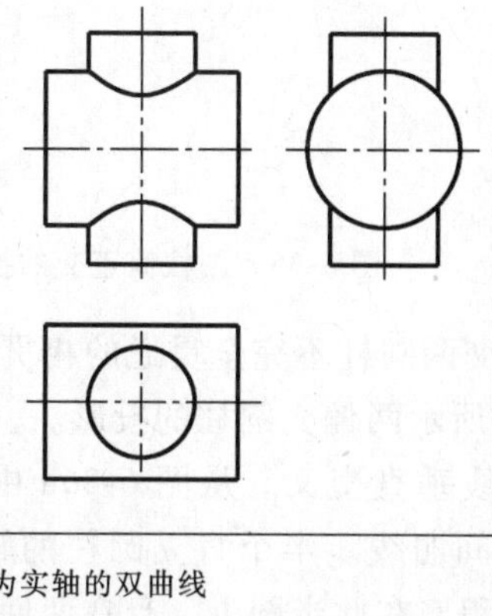	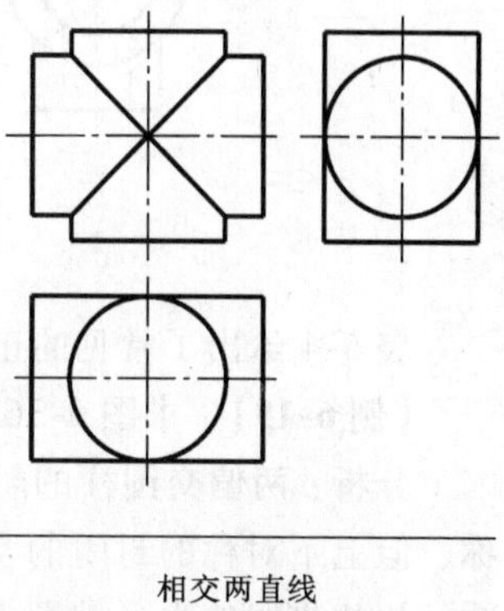
相贯线的投影	以小圆柱轴投影为实轴的双曲线		相交两直线
特征	在两圆柱轴线平行的投影面上的投影为双曲线，其弯曲趋势总是向大圆柱轴线弯曲		在两圆柱轴线平行的投影面上的投影为相交两直线

圆柱上钻孔及两圆柱孔相贯，都与内圆柱面形成相贯线，相贯线投影的画法与图 6-33 所示相同，只是可见性有些不同，如图 6-34 所示。

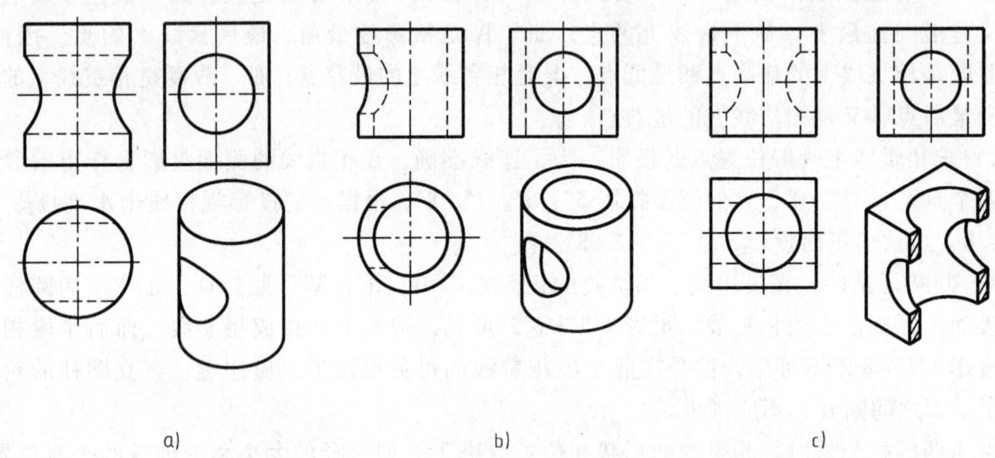

图 6-34　圆柱孔的正交相贯形式

图 6-35 所示为圆柱筒与圆柱筒正交相贯，其外表面与外表面有交线，内表面与内表面有交线，只要按图 6-33 所示的方法分别求出外表面的交线和内表面的交线，再对内、外表面转向轮廓线的投影进行整理，并判断可见性即可。

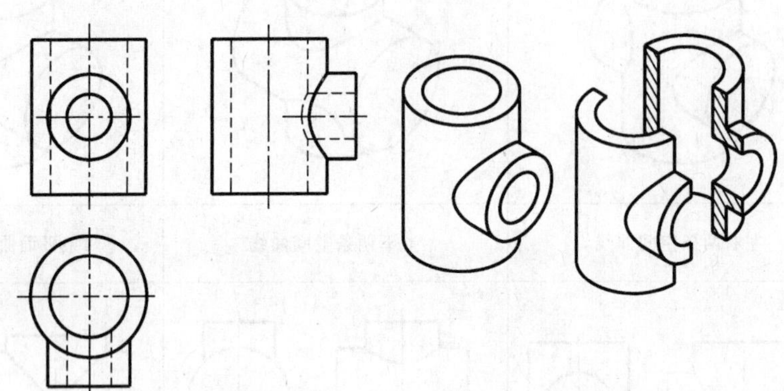

图 6-35　圆柱筒正交的投影

表 6-4 给出了常见的正交两圆柱不完全贯通的相贯形式。

【例 6-19】　求图 6-36a 所示两偏交圆柱的投影。

分析：两偏交圆柱的轴线垂直交叉。从图 6-36a 中可以看出，相贯线是一条左右不对称、但上下对称的封闭的空间曲线。半个直立圆柱的轴线为铅垂线，其水平投影积聚成半圆，故相贯线的水平投影也积聚在此半圆上，且在两回转体水平投影的共有区域内的一段圆弧上。相贯线同时又在水平小圆柱的表面上，故相贯线的正面投影也在其正面投影所积聚成的圆周上。所以，相贯线的正面投影和水平投影已知，即可求出其侧面投影。

表 6-4　常见的正交两圆柱不完全贯通的相贯形式

两圆柱直径对比	直径不等	直径相等	
立体图	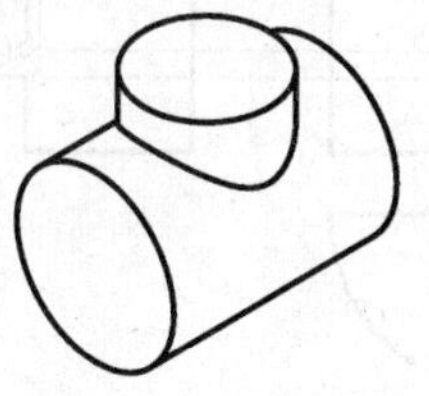	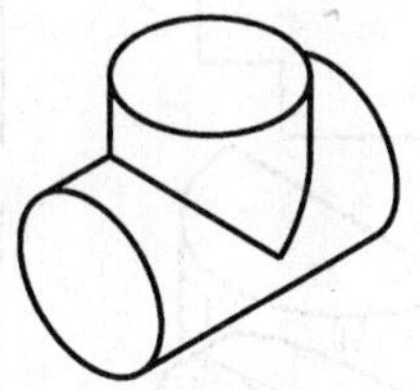	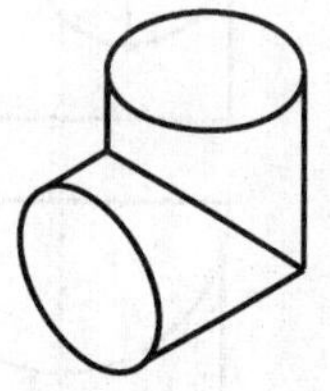
投影图	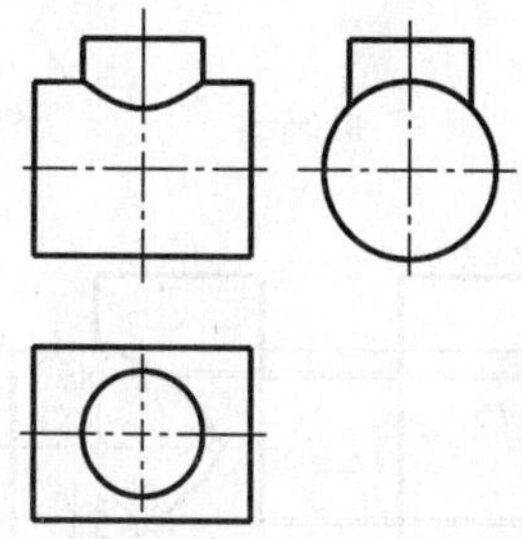	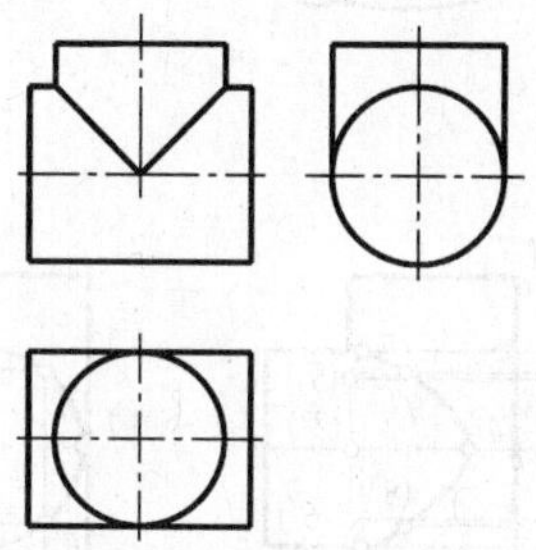	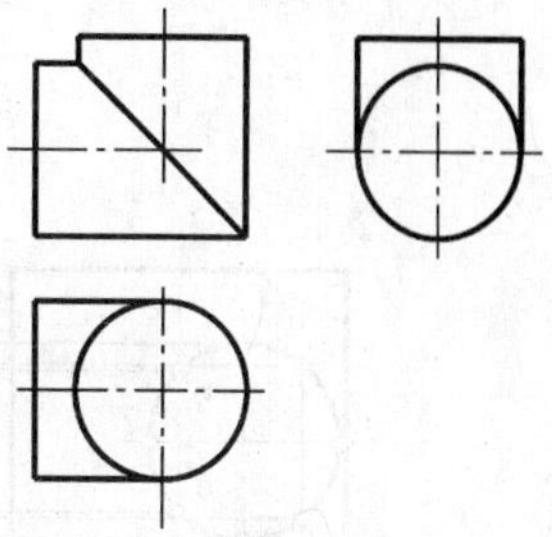
相贯线的空间形状	一条空间曲线以小圆柱轴投影为实轴的双曲线的一支	两条平面曲线（两个左右对称的半椭圆）	一条平面曲线（椭圆）
相贯线的投影特征	在两圆柱轴线平行的投影面上的投影为双曲线的一支，其弯曲趋势是向大圆柱轴线弯曲	在两圆柱轴线平行的投影面上的投影为相交两直线	在两圆柱轴线平行的投影面上的投影为一条斜线

作图过程如图 6-36b、c、d 所示，其步骤为：

1）求相贯线上特殊点的投影。从相贯线的正面投影可以看出，1′、2′、3′、4′、5′、6′为两圆柱轮廓线上点的正面投影。其中Ⅰ、Ⅱ、Ⅲ、Ⅳ是水平小圆柱水平和侧面投影轮廓线上的点，它们分别是相贯线上最左、最右、最上、最下点；Ⅴ、Ⅵ是半圆柱侧面投影轮廓线上的点。按投影规律标出其水平投影 1、2、3、4、5、6，即可求出 1″、2″、3″、4″、5″、6″。从正面和侧面投影可以看出，Ⅴ、Ⅵ是相贯线上最前点，Ⅰ是相贯线上最后点，如图 6-36b 所示。

2）求相贯线上一般位置点的投影。由正面投影 7′、8′求出其水平投影 7、8，再由 7′、8′和 7、8 求出 7″、8″，如图 6-36c 所示。

3）判断可见性，光滑连线。以点Ⅲ、Ⅳ为界，点Ⅳ、Ⅷ、Ⅰ、Ⅶ、Ⅲ在两圆柱侧面投影的可见表面上，其投影 4″、8″、1″、7″、3″可见，按顺序光滑连接成曲线，并画成粗实线；而点Ⅵ、Ⅱ、Ⅴ的侧面投影不可见，按 4″、6″、2″、5″、3″的顺序光滑连接成曲线，并画成细虚线。3″、4″为相贯线侧面投影可见性的分界点，如图 6-36c 所示。

4）整理轮廓线。应特别注意具有相贯线上特殊点的轮廓线，其投影一定要画到该点的投影处，而非直接连接到两圆柱转向轮廓线的投影交点处。因此，在侧面投影中，半圆柱的轮廓线应延伸至与相贯线的交点 5″、6″处，并且与水平小圆柱重影的部分不可见，应画成细虚线；水平小圆柱的轮廓线应加深至与相贯线的交点 3″、4″处，并且可见，应画成粗实线，

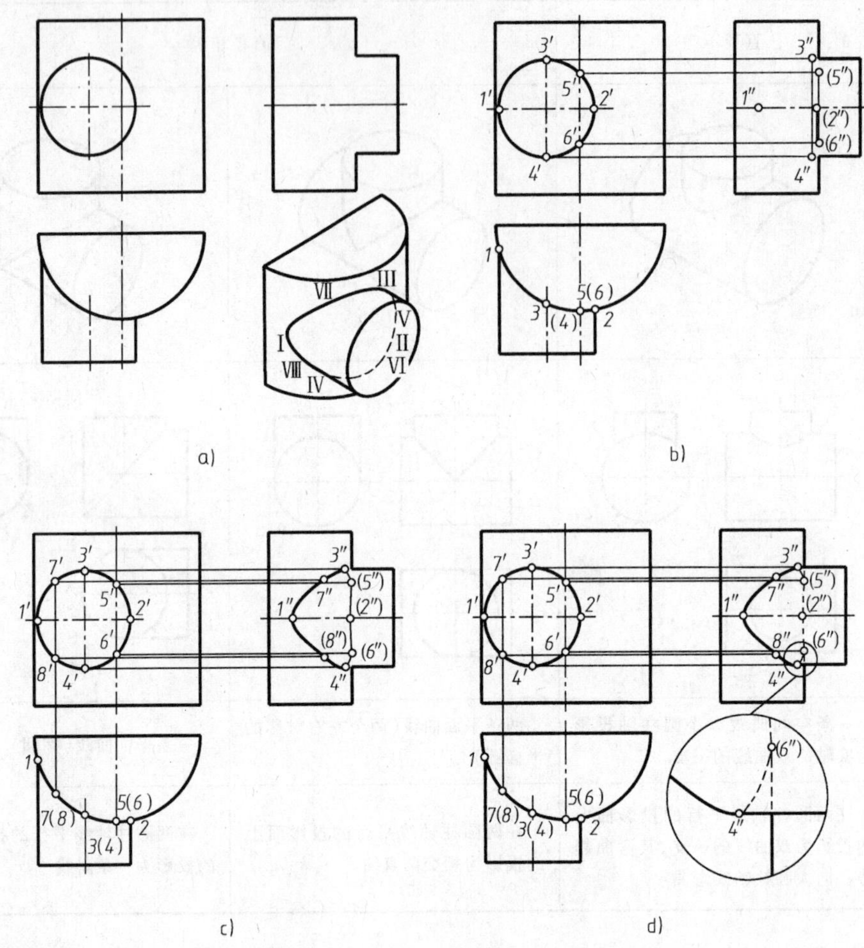

图 6-36　两偏交圆柱的投影作图过程

详见局部放大图，如图 6-36d 所示。

2. 圆柱与方柱相贯、圆柱与方孔相贯圆柱筒与方孔相贯

圆柱与方柱相贯、圆柱与方孔相贯圆柱筒与方孔相贯，可用求截交线的方法求出其相贯线，见表 6-5。

表 6-5　圆柱与方柱、圆柱与方孔及圆柱筒与方孔相贯

形式	圆柱与方柱相贯	圆柱与方孔相贯	圆柱筒与方孔相贯
立体图	I II	I II	III I IV II

（续）

形式	圆柱与方柱相贯	圆柱与方孔相贯	圆柱筒与方孔相贯
投影图	1′ 1″ 2′ 2″ 1(2)	1′ 1″ 2′ 2″ 1(2)	1′(3′) 2′(4′) 3″ 1″ 2″ 4″ 3(4) 1(2)

6.5.3　利用辅助平面法求相贯线

辅助平面法的作图方法是：假想用一辅助平面同时截切相交的两回转体，则在两回转体的表面分别得到截交线，这两组截交线的交点既是辅助平面上的点，又是两回转体表面上的点，是辅助平面与两回转体表面的三面共有点，即相贯线上的点。按此方法作一系列辅助平面，可求出相贯线上的若干点，依次光滑连接成曲线，可得所求的相贯线。这种求相贯线的方法称为辅助平面法或三面共点辅助平面法。

如图 6-37 所示，当圆柱与圆锥相贯时，为求得共有点，可假想用一个辅助平面 P 截切圆柱和圆锥。平面 P 与圆柱面的交线为两条直线，与圆锥面的交线为圆。两直线与圆的交点是平面 P、圆柱面和圆锥面三个面的共有点，因此是相贯线上的点。利用若干个辅助平面，就可以得到若干个点，光滑连接各点即可求得相贯线的投影。

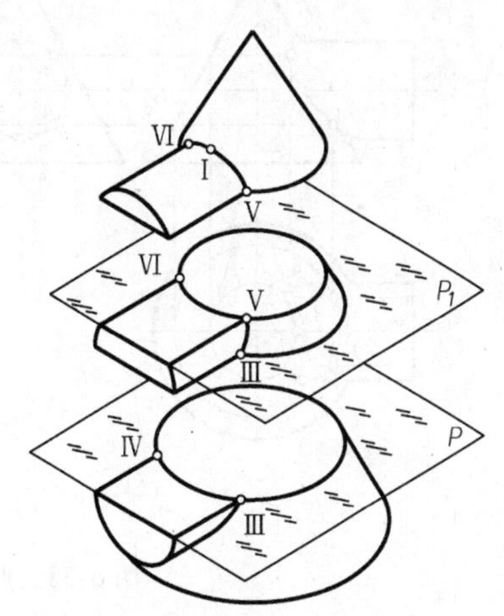

图 6-37　辅助平面法的原理

具体作图步骤如下：

1）选辅助平面，使其与两回转体都相交。选择辅助平面的原则：所选的辅助平面应位于两回转体的共有区域内，否则得不到共有点。在解题时，首先应分析可以选择什么位置的辅助平面。为方便作图，辅助平面一般选择特殊位置平面，使其与两回转体的截交线的投影是简单易画的形式，如直线或圆（圆弧）。通常较多选用投影面平行面为辅助平面。

2）分别作出辅助平面与两回转体的截交线。对辅助平面的位置也应按照特殊点、一般点所在的位置选取。

3）作出两回转体截交线的交点，即为两回转体相贯线上的点。

4）判断可见性并连线。

5）整理轮廓线。

【例 6-20】　求作图 6-38a 所示圆柱与圆锥的相贯线的投影。

分析：圆柱与圆锥轴线正交，形体前后对称，所以相贯线是一条前后对称的空间曲线。

圆柱轴线为侧垂线，圆柱的侧面投影积聚为圆，相贯线的侧面投影就在此圆上。因此，从相贯线的侧面投影入手，求出相贯线的正面及水平投影。

为了便于解题，在选择辅助平面时，可选用过锥顶的正平面，其与圆柱面的交线是圆柱正面投影的轮廓线，与圆锥面的交线是圆锥正面投影的轮廓线。也可选用一系列的水平面，其与圆柱面的交线为圆柱面上的素线，与圆锥面的交线为水平圆。其投影均简单易画。但不宜选择侧平面作辅助平面，因为其与圆锥面的交线为复杂曲线，作图繁琐。

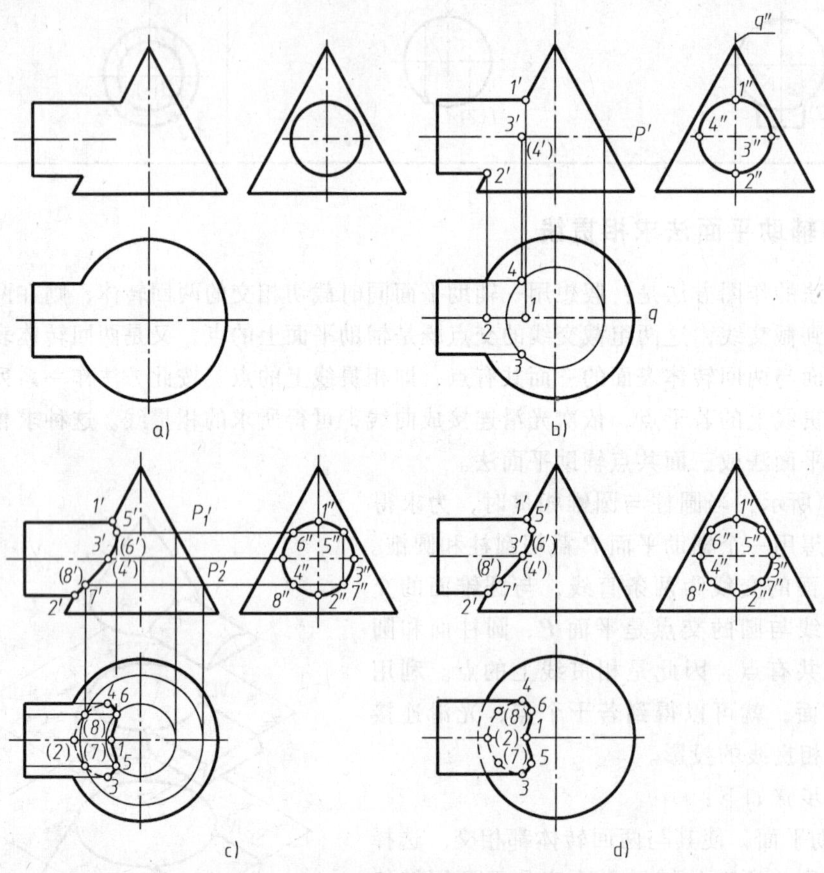

图 6-38　圆柱与圆锥相贯线的投影作图过程

作图过程如图 6-38b、c、d 所示，其步骤为：

1）求相贯线上特殊点的投影。过锥顶作辅助正平面 Q，与圆锥的交线是圆锥正面投影的轮廓线，与圆柱的交线为圆柱正面投影的轮廓线，由此得到相贯线上点Ⅰ、Ⅱ的投影 1′、2′，点Ⅰ、Ⅱ也是相贯线上的最高、最低点，按投影规律求出 1、2；过圆柱轴线作辅助水平面 P，与圆柱的交线为圆柱水平投影的轮廓线，与圆锥的交线为水平圆，两交线水平投影反映实形，其交点为 3、4，点Ⅲ、Ⅳ是相贯线上的最前、最后点，按投影规律求出 3′、4′，如图 6-38b 所示。

2）求相贯线上一般位置点的投影。在适当位置作水平面 P_1、P_2 为辅助平面，与圆锥的交线为水平圆，与圆柱面的交线为两条平行直线，它们的水平投影反映实形，两交线交点的水平投影分别是 5、6 和 7、8，由 5、6 求出 5′、6′和 5″、6″，由 7、8 求出 7′、8′和 7″、8″，如图 6-38c 所示。

3）判断可见性，光滑连线。在正面投影中，1′、2′是相贯线可见与不可见部分的分界点，Ⅰ、Ⅴ、Ⅲ、Ⅶ、Ⅱ位于前半个圆柱和前半个圆锥面上，故1′5′3′7′2′可见，应光滑连接成粗实线；而后半段相贯线的投影1′6′4′8′2′不可见，且重合在前半段相贯线的可见投影上。在水平投影中，3、4为可见性与不可见性的分界点，其上边部分在水平投影上可见，故3、5、1、6、4光滑连接成粗实线，3、7、2、8、4光滑连接成细虚线，如图6-38c所示。

4）整理轮廓线。在正面投影中，圆柱、圆锥的轮廓线与相贯线的交点均为1′、2′，故均加深到1′、2′处；在水平投影中，圆柱的轮廓线加深到与相贯线的交点3、4处，并在重影区域内可见，应为粗实线；圆锥轮廓线（底圆）不在重影区域内的部分应正常加深，但在重影区域内的部分被圆柱遮住，应为细虚线圆弧，如图6-38d所示。

【例 6-21】　如图6-39a所示，圆柱与半球相贯，试画全其投影。

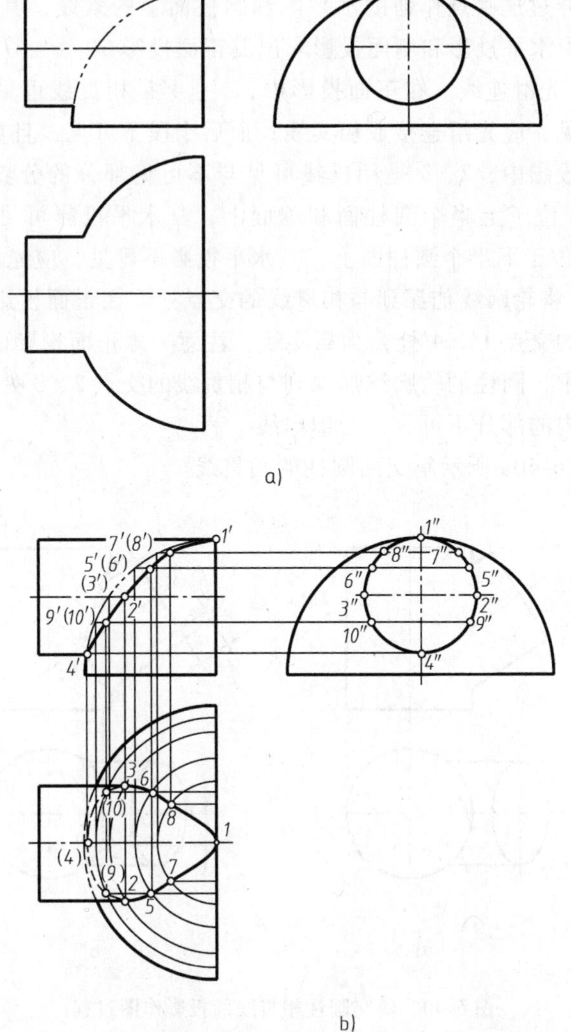

图6-39　半球与圆柱相贯线的投影作图过程

分析：图6-39a中圆柱与半球的轴线均为侧垂线且重合，形体前后对称，所以相贯线是一条前后对称、上下不对称的空间曲线。圆柱的侧面投影积聚为圆，因相贯线是圆柱表面上的线，所以相贯线的侧面投影也在此圆上，为已知投影。又因为相贯线也是球面上的线，可以利用球表面取点的方法求出相贯线的正面投影和水平投影。

作图过程如图 6-39b 所示，其步骤为：

1）求相贯线上特殊点的投影。在相贯线的侧面投影上标出圆柱转向线上的点 1″、2″、3″、4″，1″、4″也是半球正面投影转向线上的点。同时Ⅰ、Ⅳ、Ⅱ、Ⅲ也是相贯线上最右、最左、最前、最后的点，Ⅰ、Ⅳ还是相贯线上最高、最低的点。因为Ⅰ、Ⅳ是圆柱最上、最下素线上的点，同时也是半球正面投影轮廓线上的点，所以其正面投影 1′、4′和水平投影 1、4 可直接求出；Ⅱ、Ⅲ是圆柱最前、最后素线上的点，利用球表面取点的方法，分别过点 2″、3″作辅助水平圆，与圆柱最前、最后素线的交点即为其水平投影 2、3，再由水平投影和侧面投影求出其正面投影 2′、3′。

2）求相贯线上一般位置点。根据连线需要，适当求出一些一般位置点，如Ⅴ、Ⅵ、Ⅶ、Ⅷ、Ⅸ、Ⅹ。同样过这些点作辅助水平圆和圆柱面上的素线，其交点即其水平投影 5、6、7、8、9、10，再由水平投影和侧面投影求出其正面投影 5′、6′、7′、8′、9′、10′。

3）判断可见性，光滑连线。在正面投影中，1′、4′是相贯线可见与不可见部分的分界点，相贯线前半段可见，应光滑连接成粗实线；而后半段不可见，且重合在前半段相贯线的可见投影上。在水平投影中，2、3 是相贯线可见与不可见部分的分界点，故以 2、3 为界，2、5、7、1、8、6、3 位于上半个圆柱面和球面上，其水平投影可见，应光滑连接成粗实线；2、9、4、10、3 位于下半个圆柱面上，其水平投影不可见，应光滑连接成细虚线。

4）整理轮廓线，将轮廓线加深到与相贯线的交点处。在正面投影中，圆柱和半球的轮廓线加深到与相贯线的交点 1′、4′处，为粗实线，注意半球正面投影的轮廓线在 1′、4′之间应断开；在水平投影中，圆柱的轮廓线加深到与相贯线的交点 2、3 处，半球的轮廓线完整，但在与圆柱重影区域内的部分不可见，为细虚线。

【例 6-22】 求图 6-40a 所示斜交两圆柱的相贯线。

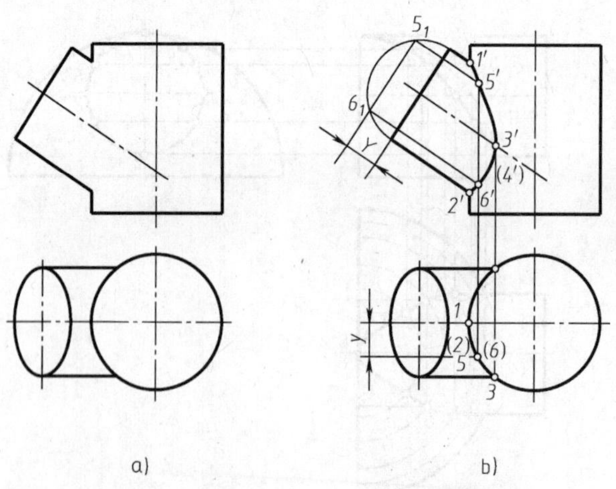

图 6-40　斜交圆柱相贯线的投影作图过程

分析：直立圆柱的轴线为铅垂线，水平投影有积聚性，所以相贯线的水平投影也积聚在此圆上，且在两圆柱公共区域内的一段圆弧上。在相贯线已知投影上确定全部的特殊点和适量的一般点，特殊点的正面投影可直接求出，一般点的正面投影利用辅助平面法求出。

由于两圆柱斜交，其轴线都平行于正面，所以选择正平面为辅助平面，其与两圆柱面的交线均为平行于各自轴线的直线，投影均简单易画。但若选择水平面或侧平面作为辅助平面都不好，因为其与两圆柱面的交线中存在复杂曲线，作图繁琐。

作图过程如图 6-40b 所示，其步骤为：

1）求相贯线上特殊点的投影。在相贯线的水平投影上分别标出圆柱转向线上的点 1、2、3、4。1′、2′为圆柱正面转向线的交点，可直接求出；3′、4′可利用转向线的对应关系求出。可以看出，Ⅰ、Ⅱ、Ⅲ、Ⅳ分别是相贯线上最高、最低、最前、最后点，同时还是最左、最右点。

2）求相贯线上一般位置点的投影。在适当位置作正平面为辅助平面，与铅垂圆柱的交线为铅垂线，在水平投影中积聚为点 5、6，与斜圆柱的交线是两条平行于轴线的正平线。作图时，可用换面法将斜圆柱投影成具有积聚性的圆，然后根据水平投影中正平面与斜圆柱轴线间的距离 Y，在积聚性圆中求出 5_1、6_1 两点，过 5_1、6_1 分别作圆柱轴线的平行线，与铅垂线正面投影的交点为 5′、6′，即为一般点的正面投影。

3）判断可见性，光滑连线。由于相贯立体前后对称，所以相贯线也前后对称，其正面投影的可见与不可见部分重影，连成粗实线。

4）整理轮廓线。两圆柱正面投影的轮廓线均加深到与相贯线的交点 1′、2′处。注意，1′、2′之间不应画线。

6.5.4　相贯线的特殊情况

两曲面几何体相交时，其相贯线一般情况下是空间封闭曲线。但在特殊情况下，它们的相贯线是封闭的平面曲线或直线。

1. 同轴回转体的相贯线

同轴的两回转体相交时，它们的相贯线是垂直于回转体共有轴线的圆。当共有轴线平行于某一投影面时，则这些圆在该投影面上的投影是两回转体轮廓线交点间的直线段，如图 6-41 所示。

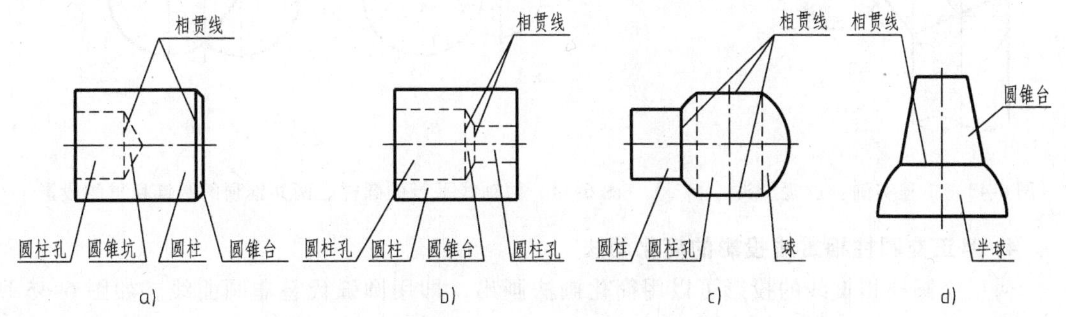

图 6-41　同轴回转体相贯的投影

2. 两个外切于同一球面的回转体的相贯线

两个外切于同一球面的回转体的相贯线是两个大小相等或不等的椭圆，椭圆在相交两回转体轴线平行的投影面上的投影为两回转体轮廓线交点间的直线段，如图 6-42 所示。

【例 6-23】　图 6-43 所示为工程上用圆锥过渡接头连接两个不同直径圆柱的管道结构的投影图。两圆柱分别与过渡接头外切于球面，相贯线为椭圆，在其所垂直的投影面上的投影为直线段。

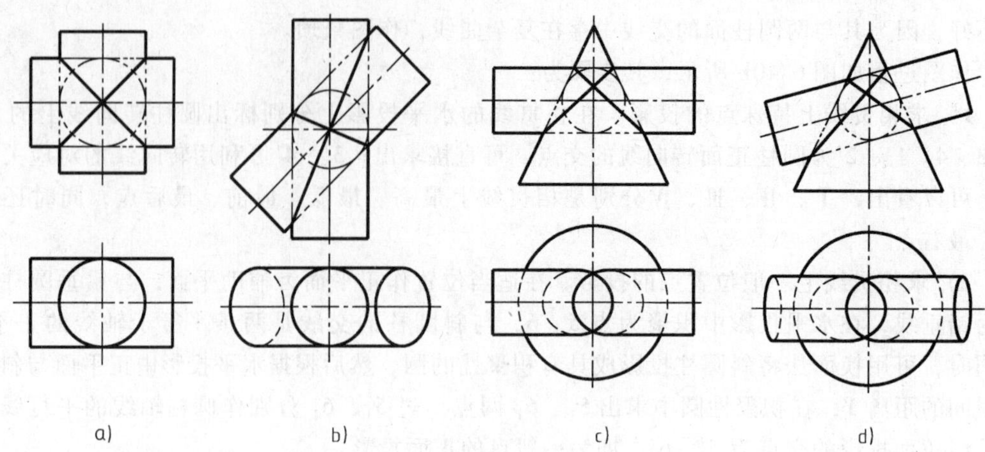

图 6-42　外切于同一球面的回转体相贯的投影

3. 两轴线平行的圆柱、两共锥顶的圆锥的相贯线

两轴线平行的圆柱相交时，其相贯线为平行于轴线的两条直线段，如图 6-44a 所示。两共锥顶的圆锥相交时，其相贯线为过锥顶的两条直线段，如图 6-44b 所示。

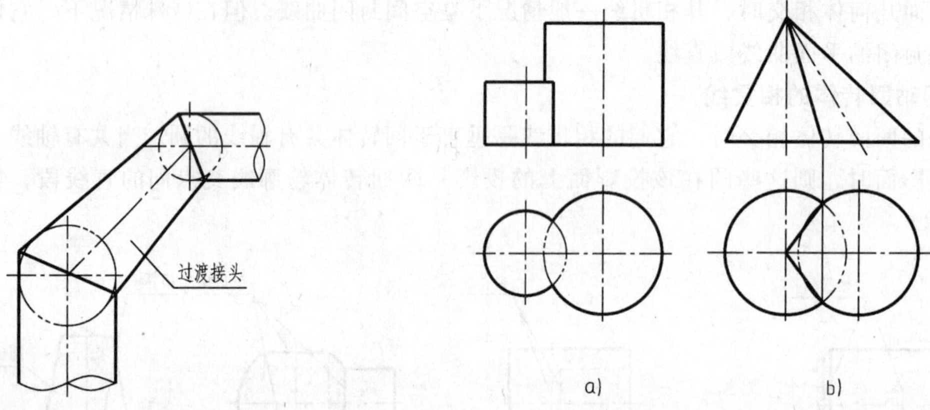

图 6-43　工程实例：过渡接头　　图 6-44　两轴线平行的圆柱、两共锥顶的圆锥相贯的投影

4. 两正交圆柱相贯线投影的简化画法

两正交圆柱相贯线的投影可以用简化画法画出，即用圆弧代替非圆曲线。如图 6-45 所示，以 1′（或 2′）为圆心，大圆柱半径 R（$D/2$）为半径画弧，与小圆柱轴线相交于一点，再以此交点为圆心、R 为半径，用圆弧连接 1′、2′ 即可。

这其中包括四个要点：

1）轮廓线的交点（1′、2′）。

2）大圆柱半径。

3）小圆柱轴线。

4）圆弧弯向两正交圆柱中大圆柱的轴线。

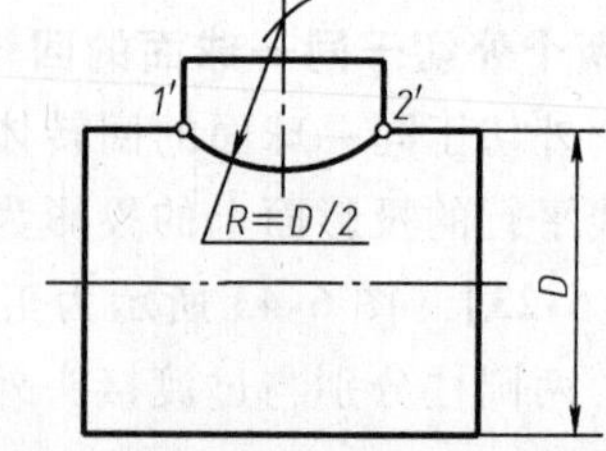

图 6-45　两正交圆柱相贯线投影的简化画法

6.5.5　多体相贯

在许多机件上，常常会遇到两个以上的几何体相交的情况，如图 6-46a 所示。

求多体相交的相贯线时，其作图方法和求两体相交的相贯线一样，具体步骤为：

1）要分析它由哪些基本体构成，各基本体的形状和相对位置，找出分界线。

2）判断出每两个相交基本体相贯线的形状，确定求各部分相贯线投影的方法。

3）分别作出各部分相贯线的投影。各部分相贯线的分界点就在分界线上。

4）整理轮廓线。

【例 6-24】　求图 6-46a 所示多个基本体相贯的投影。

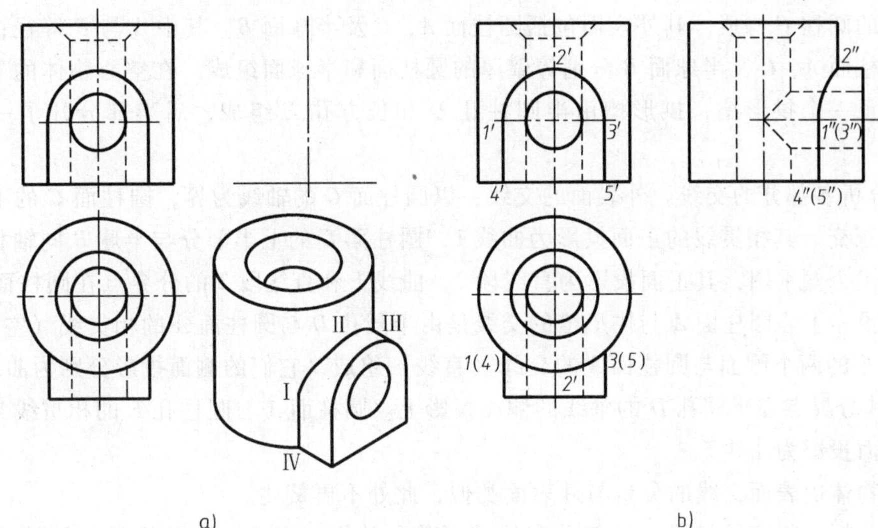

图 6-46　多个基本体相贯的投影

分析：该几何体由直立空心圆柱筒及其前方的拱形凸台组成，直立空心圆柱筒的内表面由圆柱孔和部分圆锥面同轴相贯，拱形凸台由横放半圆柱和长方体组成，其上的圆柱孔与空心圆柱筒的内表面等径正交，整体上左右对称。拱形凸台上半部分的横放半圆柱面与直立圆柱筒外表面正交，相贯线为一段空间曲线Ⅰ Ⅱ Ⅲ；拱形凸台下半部分的长方体左右两侧面与直立圆柱筒外表面相交，交线为直立圆柱筒外表面上两条素线上的一段Ⅰ Ⅳ、Ⅲ Ⅴ，空间曲线Ⅰ Ⅱ Ⅲ与直线段Ⅰ Ⅳ、Ⅲ Ⅴ的分界点为Ⅰ、Ⅲ；拱形凸台上的圆柱孔与空心圆柱筒的内表面等径正交，相贯线为两个上下对称的半个平面椭圆；直立空心圆柱筒的内表面由圆柱孔和部分圆锥面同轴相贯，相贯线为垂直于共有轴线的水平圆。

作图过程如图 6-46b 所示，其步骤为：

1）作出各基本体的侧面投影，其轮廓线在相交处断开。

2）作拱形凸台上半部分的横放半圆柱面与直立圆柱筒外表面正交的相贯线Ⅰ Ⅱ Ⅲ。其侧面投影为二次曲线 1″2″3″，其侧面投影可以按照两正交圆柱相贯线投影的简化画法来求。

3）作拱形凸台下半部分的长方体左右两侧面与直立圆柱筒外表面的交线Ⅰ Ⅳ、Ⅲ Ⅴ。Ⅰ Ⅳ、Ⅲ Ⅴ为直立圆柱筒外表面上两条素线上的一段，为铅垂线，其正面和侧面投影均为反映实长的直线段，水平投影积聚成点。二次曲线 1″2″3″的 1″2″段与直线段 1″4″均可见，画成粗实线，且分界点为 1″。

4）作拱形凸台上的圆柱孔与空心圆柱筒的内表面等径正交的相贯线。相贯线为两个上下对称的半个平面椭圆，其侧面投影为直线，且位于内表面，因此不可见，应画成细虚线。

5）作直立空心圆柱筒的内表面由圆柱孔和部分圆锥面同轴相贯的相贯线。相贯线为垂直于共有轴线的水平圆，其侧面投影为直线，且位于内表面，因此不可见，应画成细虚线。

6）整理轮廓线。在侧面投影中，直立圆柱筒外表面的轮廓线应加深到 2″处，且可见，为粗实线。

【例 6-25】 分析图 6-47 所示空心物体表面的交线。

1）分析空心物体的组成。图 6-47 所示空心物体由同轴且轴线铅垂的圆柱 A、半球 B 及轴线侧垂的圆柱 C 构成。其外表面包括圆柱面 A、C 及半球面 B，其中 A 与 B 等径；内表面是由与圆柱面 A、C 及半球面 B 分别等壁厚的圆柱面和半球面组成。在空心物体的下部，前半部分开了一个拱形槽，拱形槽由半圆柱孔 D 和长方孔 E 组成，后半部分开了一个圆柱孔 F。

2）分析各部分的交线。外表面的交线：以圆柱面 C 的轴线为界，圆柱面 C 的下半部分与圆柱 A 正交，其相贯线的正面投影为曲线 1，圆柱面 C 的上半部分与半球 B 同轴相交，其相贯线是半个侧平圆，其正面投影为直线段 2，曲线 1 和直线段 2 的分界点在圆柱面 C 的轴线的正面投影上。圆柱面 A 与拱形槽的交线是由半圆孔 D 与圆柱面 A 的相贯线（空间曲线）及长方孔 E 的两个侧面与圆柱面 A 的交线（直线）组成，它们的侧面投影分别为曲线 3、直线段 4，其分界点在半圆孔 D 的轴线的侧面投影上。圆柱面 A 与圆柱孔 F 的相贯线为空间曲线，其侧面投影为曲线 5。

空心物体内表面交线的分析与外表面类似，此处不再赘述。

以上分析了物体的组成、各部分交线的形状，其作图方法、可见性问题请读者参考图 6-47 自行分析。

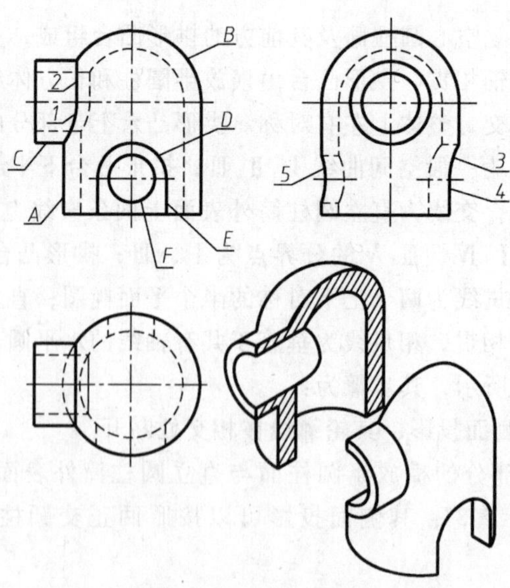

图 6-47 分析空心物体表面的交线

第 7 章　组合体的构形及表达

【本章学习提要】

通过本章的学习，使读者在基本投影理论的基础上，实现从几何体到机件的顺利过渡，了解组合体的组合方式，掌握相邻表面之间各种位置关系的画图方法，熟练掌握用形体分析和线面分析的方法进行组合体的画图、读图和尺寸标注，并做到投影正确，能按照制图标准完整、清晰地进行尺寸标注，进一步培养对空间形体的形象思维能力和创造性构形设计能力。

7.1　组合体的构形

组合体就其几何形成而言，是由若干个基本几何体按一定的组合方式组成的物体。从三维造型的角度看，是由若干个基本几何体经过布尔运算后的一个集合体。由于各组成体的组合方式和相对位置不同，因此组合体的形状特征也不同。

7.1.1　组合体的组合方式

组合体的组合方式通常分为叠加和切割以及两者的综合型。

叠加就是若干个基本几何体或简单几何体按一定方式“加”在一起，是布尔运算中的并集，如图 7-1 所示。切割则是从一个基本几何体中“减”去一些小基本几何体或简单几何体，是布尔运算中的差集，如图 7-2 所示。而叠加和切割的综合型组合体更为常见，如图 7-3 所示。

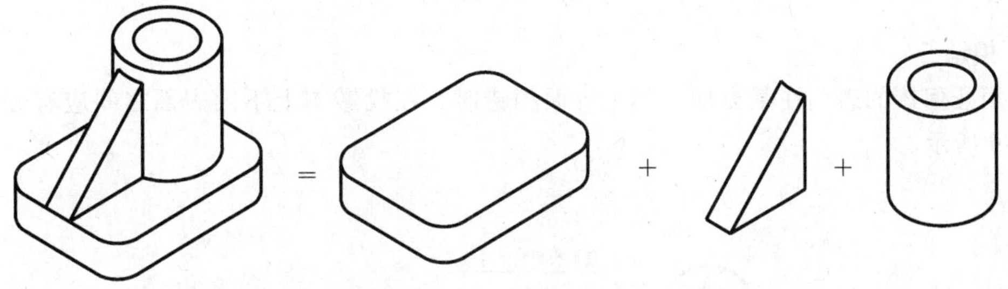

图 7-1　叠加型组合体

应该指出，叠加型和切割型并没有严格的界限，在多数情况下，同一个组合体可以按叠加型进行分析，也可以从切割型去理解，一般要以便于作图和容易理解为原则。

7.1.2　组合体相邻表面之间的连接关系及表示方法

在了解组合体的组合方式之后，还需进一步弄清楚构成组合体的各几何体表面之间的连接关系，以及各几何体表面之间连接处的画法，才能正确地画出组合体的投影图。

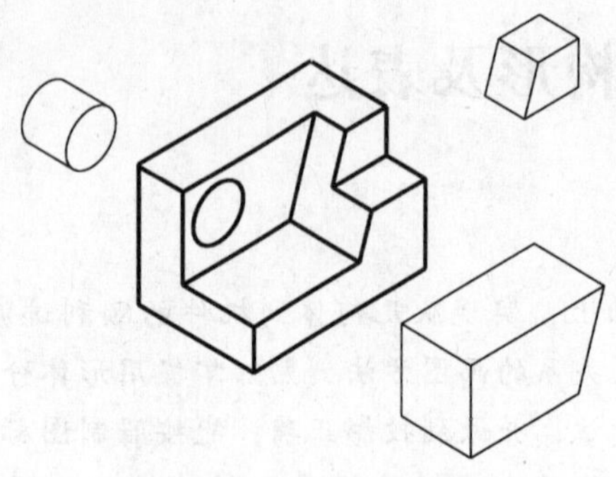

图 7-2　切割型组合体

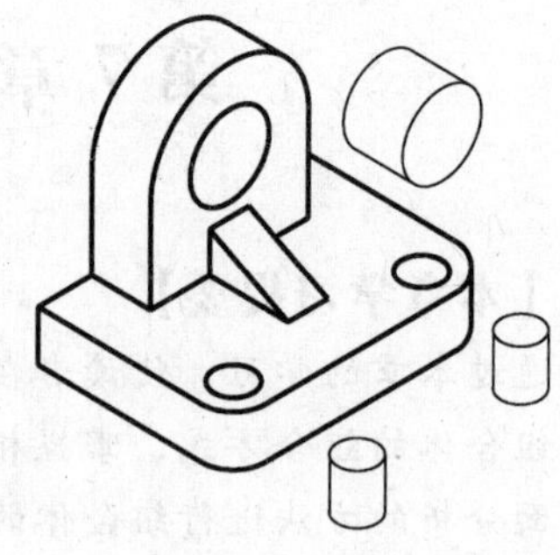

图 7-3　综合型组合体

组合体各几何体表面之间的连接关系一般可分为平齐、相错、相交、相切四种情况。

1. 平齐

当两几何体的表面在某方向上处于同一表面（共面）时称为平齐，在投影图上两几何体之间无分界线，如图 7-4 所示。

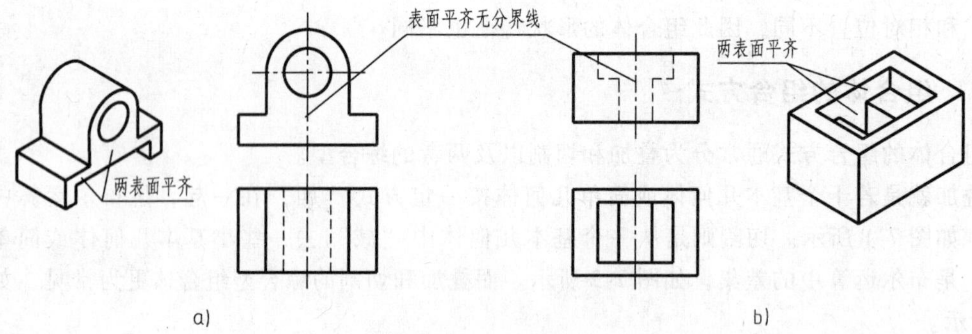

图 7-4　表面平齐

2. 相错

当两几何体的表面在某方向上不平齐而相错时，在投影图上不同表面之间应有分界线，如图 7-5 所示。

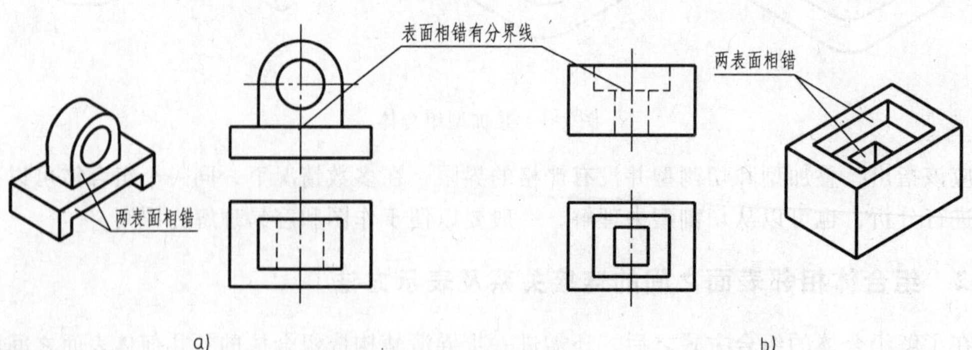

图 7-5　表面相错

3. 相交

当两几何体表面相交时，在两几何体表面相交处产生各种各样的交线，在投影图上要正确画出交线的投影，如图 7-6 所示。

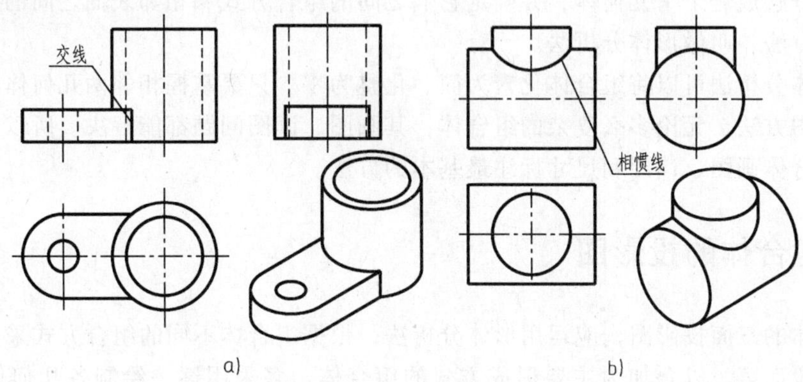

图 7-6　表面相交

4. 相切

当两几何体的表面（平面与曲面、曲面与曲面）相切时，两几何体表面在相切处光滑过渡，不存在轮廓线，所以不画分界线，相切面的投影应画到切点处，如图 7-7 所示。

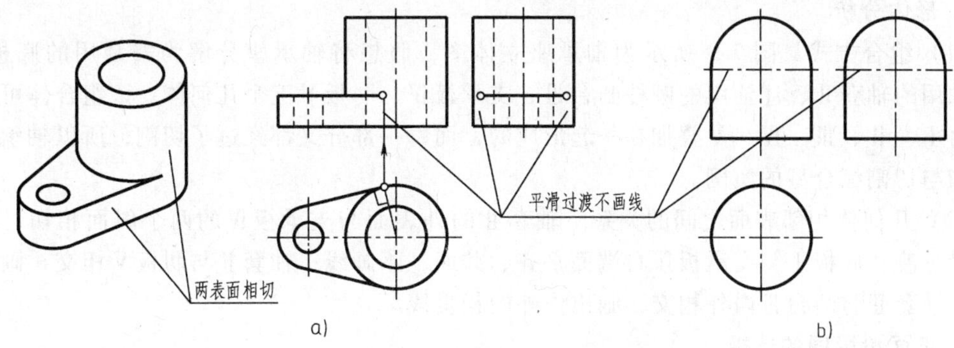

图 7-7　表面相切

特殊情况：当两圆柱相切时，若它们的公共切平面垂直于投影面，则应画出相切的素线在该投影面上的投影，也就是两个圆柱面的分界线，如图 7-8 所示。

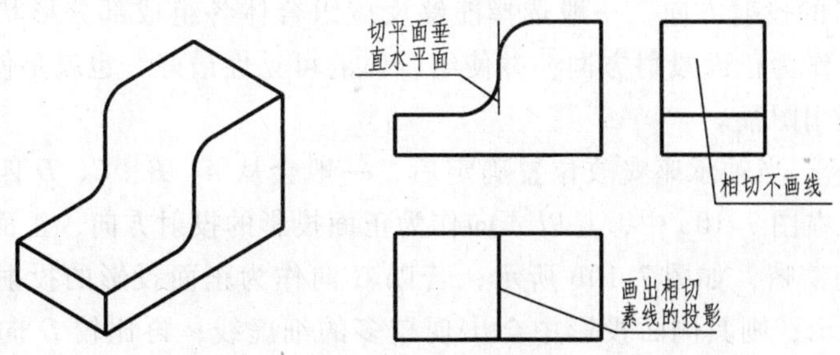

图 7-8　相切的特殊情况

7.1.3 组合体的形体分析法

物体的形状多种多样，但经过分析，都可以看做是由一些几何体组合而成。所以，将组合体假想地分解成若干个几何体，并确定它们之间的组合方式和相邻表面之间的连接关系及表达方式的方法，叫做形体分析法。

利用形体分析法可以将组合体化繁为简、化整为零。只要掌握相邻两几何体表面不同过渡关系的作图方法，无论多么复杂的组合体，其画图、读图问题都能解决。所以，形体分析法是进行组合体画图、读图和尺寸标注最基本的方法。

7.2 画组合体的投影图

画组合体的三面投影图，应运用形体分析法，根据组合体不同的组合方式采用不同的画图方法。一般而言，以叠加为主要形成方式的组合体，多采用逐一绘制各几何体的方法绘制；而以切割为主要形成方式的组合体，则多根据其切割方式及切割过程来绘制。下面分别以例题为例说明组合体三面投影图的画法。

7.2.1 用形体分析法画组合体的三面投影

以图 7-9 所示轴承座为例说明形体分析法的基本应用及画图步骤。

1. 形体分析

(1) 组合方式　图 7-9 所示为轴承座立体图，假想将轴承座分解为安装用的底板Ⅰ、支承轴用的轴套Ⅱ、注油用的圆柱凸台Ⅲ、支承板Ⅳ、肋板Ⅴ五个几何体。该组合体可以看做是由Ⅰ、Ⅱ、Ⅲ、Ⅳ、Ⅴ叠加在一起形成的，而每一部分又都经过了切割，所以轴承座也是叠加与切割综合型的实例。

(2) 几何体相邻表面之间的关系　轴套Ⅱ的外表面与支承板Ⅳ的两个斜面相切，相切处平滑过渡；底板Ⅰ与支承板Ⅳ右端面平齐、共面，不画线；轴套Ⅱ与肋板Ⅴ相交，画出截交线；轴套Ⅱ与凸台Ⅲ内外相交，画出内外的相贯线。

2. 正面投影图的选择

正面投影图是组合体三面投影图中最主要的投影图。选择投射方向时，首先要选择正面投射方向。选择时一般应考虑以下几个方面：

(1) 平稳安放位置　组合体的安放位置一般选择物体平稳时的位置。如图 7-9a 所示，轴承座的底板底面水平向下为安放位置。

(2) 正面投影的投射方向　一般选择能够反应组合体各组成部分形状特征以及相互位置关系最多的方向作为正面投射方向，并使组合体的可见性最好，也就是使三个投影图中的虚线最少并合理利用图幅。

如图 7-9a 所示，当轴承座安放位置确定后，一般会从 *A*、*B*、*C*、*D* 四个方向比较正面投影的投射方向。在图 7-10a 中，是以 *A* 向作为正面投影的投射方向，正面投影中细虚线过多，显然没有 *B* 向清晰，如图 7-10b 所示；若以 *C* 向作为正面投影的投射方向，所得正面投影如图 7-10c 所示，则其侧面投影中会出现较多的细虚线；再比较 *D* 向与 *B* 向，若以 *D* 向作为正面投影的投射方向，则所得正面投影如图 7-10d 所示，它能反映肋板Ⅴ的实形，且能较清楚地反映五个组成部分的相对位置和组合方式；而 *B* 向反映支承板Ⅳ的实形以及轴套Ⅱ与支承板Ⅳ的相切关系和轴承座的对称情况。各有各的特点，所以 D 向与 B 向均可作为正面投影方向，但考虑图幅的合理利用，选择 D 向作为正面投影的投射方向。

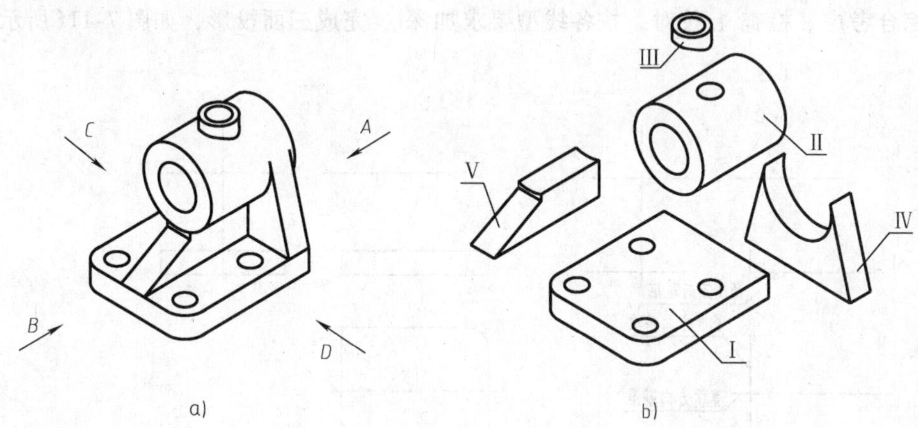

图 7-9　轴承座投射方向的选择与形体分析

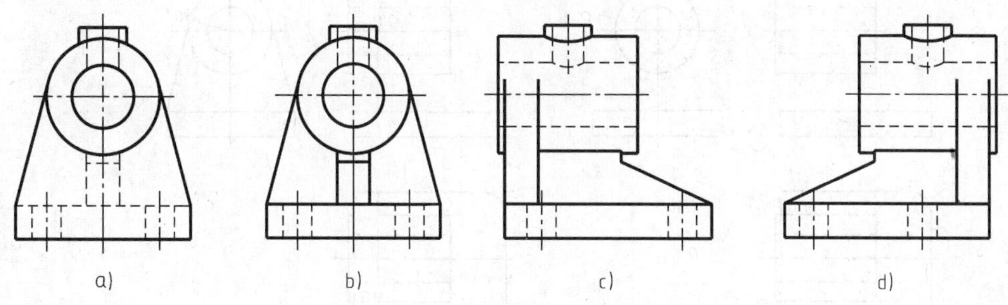

图 7-10　轴承座正面投影的选择

3. 画图步骤

（1） 选比例、定图幅　表达方案确定后，根据组合体的大小和复杂程度确定画图比例和图幅大小，一般应采用标准比例和标准图幅，尽量采用 1:1 的比例。

（2） 画底图

1）布图、选择作图基准。根据组合体的总长 、总宽 、总高，将三个视图布置在适当的位置。由于轴承座左右方向不对称，故以右端面为长度方向的作图基准，前后的对称面为宽度方向的作图基准，底面为高度方向的作图基准，如图 7-11a 所示。

2）按几何体的组合方式、相邻表面之间的连接关系，逐个画出各几何体的投影。画图时应注意：先画主要组成部分，后画次要部分；先画反映形体特征的投影，再按投影关系同时画出其他投影，这样既能保证各几何体间的相对位置和投影关系，又能提高绘图速度。画图顺序如下：

① 从反映底板实形的水平投影画起，画底板的三面投影，如图 7-11b 所示。

② 从反映轴套实形的侧面投影画起，画轴套的三面投影，如图 7-11c 所示。

③ 从反映支承板相切的侧面投影画起，画支承板的三面投影。注意支承板与轴套相切处不画线，如图 7-11d 所示。

④ 从反映轴套实形的侧面投影上画出肋板投影，并依据肋板与轴套的投影关系画出肋板的正面投影和水平投影，完成肋板的三面投影；画出轴套上凸台的三面投影和底板上圆柱孔的三面投影，如图 7-11e 所示。

⑤ 综合考虑、检查 、校对，按各线型要求加深 、完成三面投影，如图 7-11f 所示。

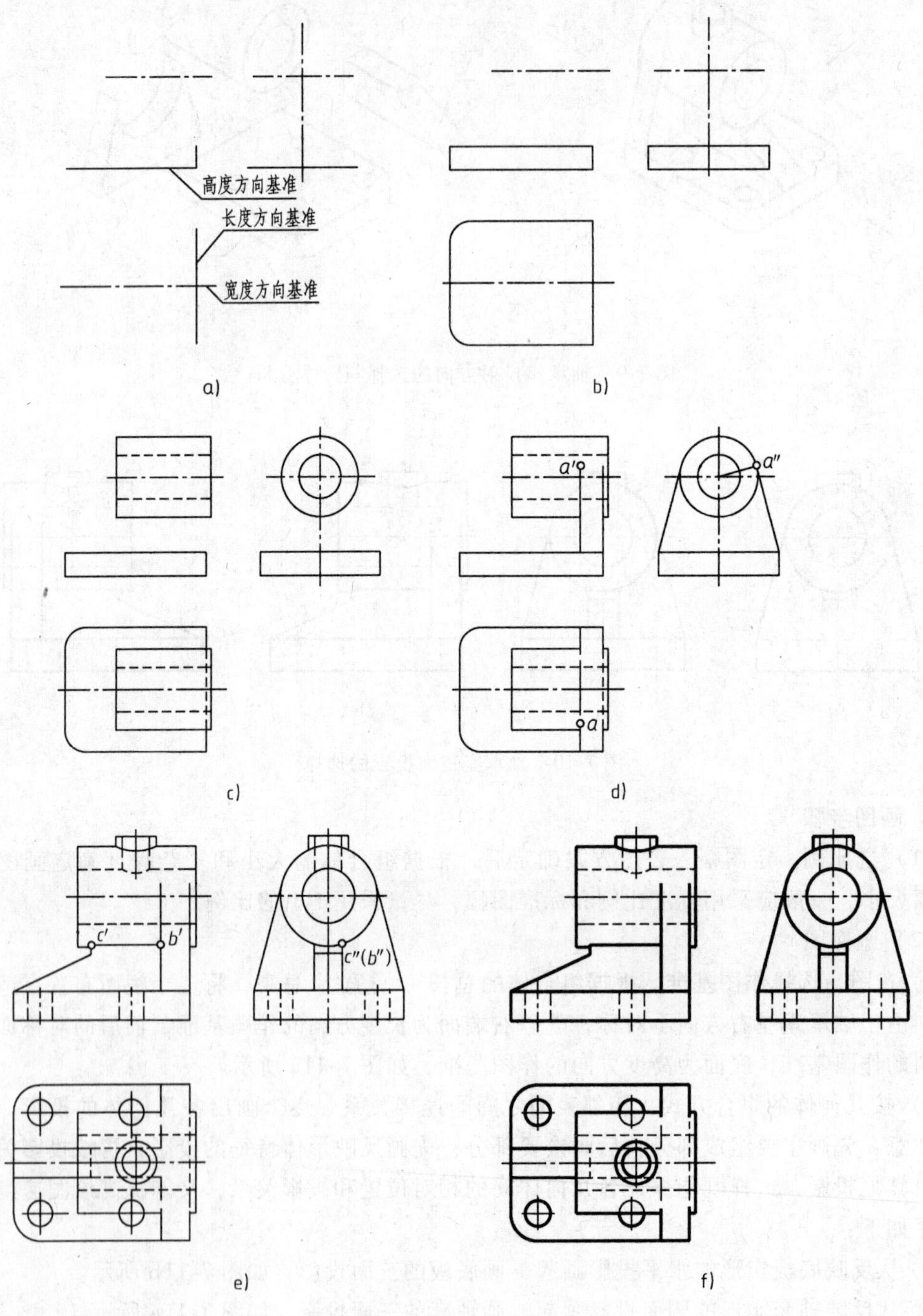

图 7-11 轴承座的画图过程

7.2.2 按切割顺序画组合体的三面投影

1. 形体分析

图 7-12a 所示为一切割型组合体。它可以看成是一个四棱柱和半圆柱叠加相切而成。先在左右对称的方向上用侧平面切去形体Ⅰ，再从左右两边用正平面和侧平面对称切去形体Ⅱ，顶端和前面各挖去圆柱Ⅲ、Ⅳ，形成了两个圆柱孔且等径，其轴线垂直相交。

2. 正面投射方向的选择

对该组合体同样也要从四个方向进行比较，找出一个最佳方向，比较过程同上例，请读者自行分析。通过比较，可按图 7-12a 所示方向作为正面投影的投射方向。

3. 画图步骤

（1）选比例、定图幅　同上例。

（2）画底图

1）布图、选择作图基准。此形体左右对称，选择左右方向的对称面作为长度方向上的作图基准；后端面作为宽度方向上的作图基准；底面作为高度方向上的作图基准。

2）先画出切割前完整形体的三面投影，再按切割顺序依次画出切去每一部分后的三面投影。画图过程如下：

① 画出长、宽、高方向上的作图基准线，再画出切割前完整形体的三面投影，如图 7-12b 所示。

② 画出用侧平面截掉形体Ⅰ后的三面投影，如图 7-12c 所示。

③ 画出用两正平面和侧平面截掉形体Ⅱ后的三面投影，如图 7-12d 所示。

④ 画出顶端、前面挖掉圆柱Ⅲ和Ⅳ后的三面投影，如图 7-12e 所示。

⑤ 综合考虑、检查 、校对，按各线型要求加深 、完成三面投影，如图 7-12f 所示。

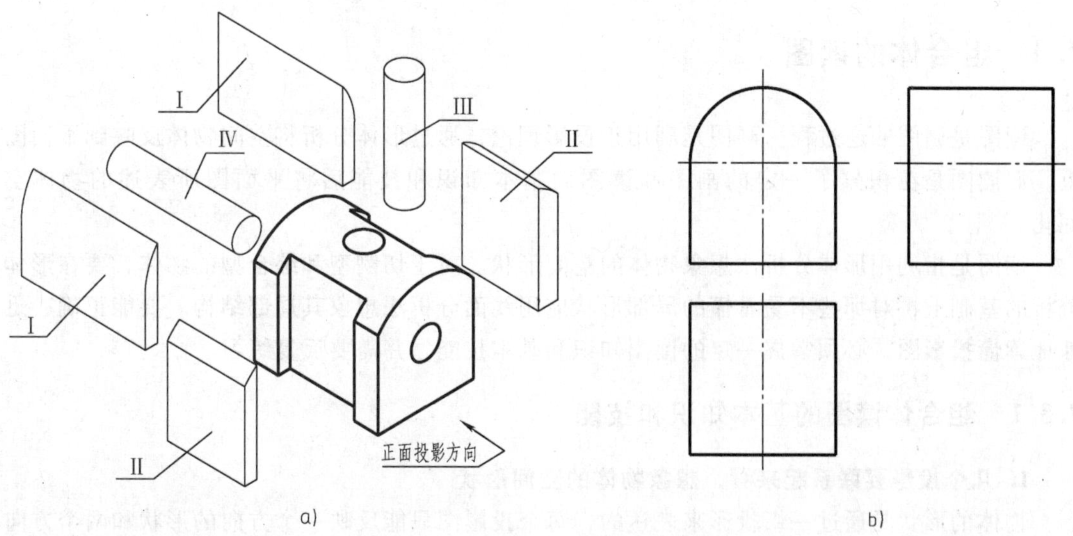

图 7-12　切割型组合体的画图过程

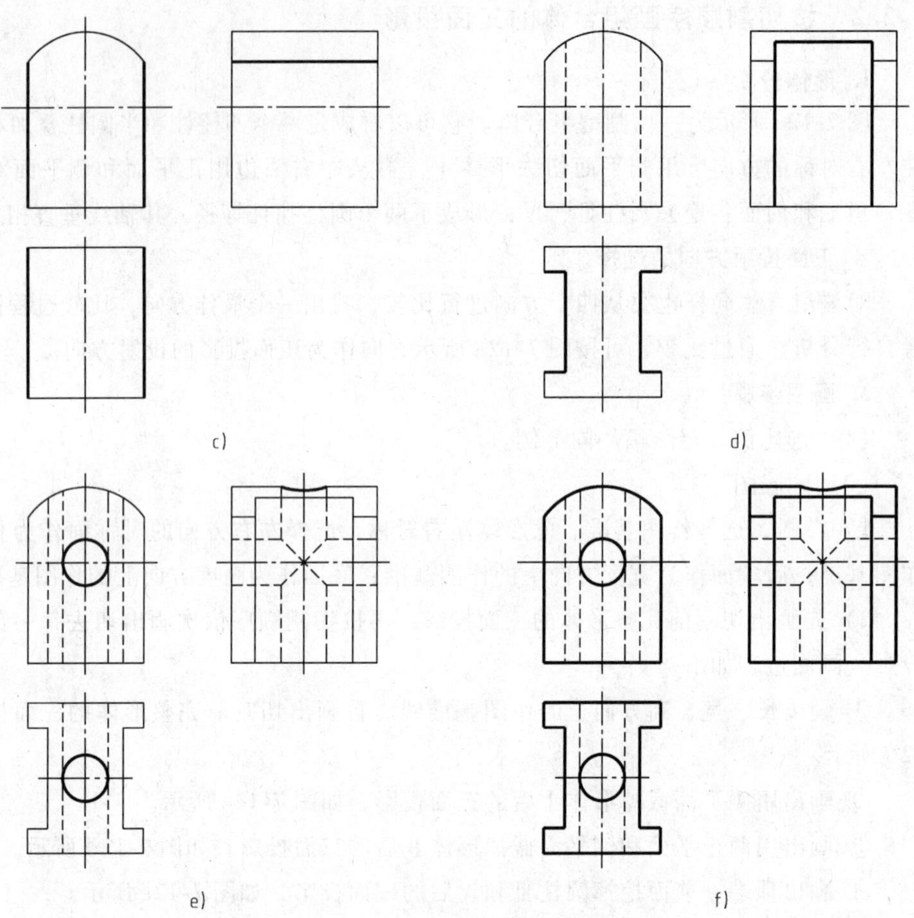

图 7-12　切割型组合体的画图过程（续）

7.3　组合体的读图

读图是画图的逆过程。画图是利用正投影理论，通过形体分析将空间物体反映到平面图上，而读图是在积累了一定的画图和读图的基本知识和技能后将平面图所表述的物体空间化。

读图是指利用形体分析法想象物体的空间形状。对于切割型和综合型的物体，要在形体分析的基础上再对那些不易看懂的局部形状应用线面分析法想象其局部结构。要能正确、迅速地读懂投影图，必须掌握一定的读图知识和基本技能，并需要反复练习。

7.3.1　组合体读图的基本知识和技能

1. 几个投影要联系起来看，想象物体的空间形状

物体的形状是通过一组投影来表达的，每个投影图只能反映一个方向的形状和两个方向的尺寸，所以一般情况下，一个投影不能反映物体的确切形状。如图 7-13 所示，六个物体的正面投影完全相同，而水平投影不同，则其形状各不相同。

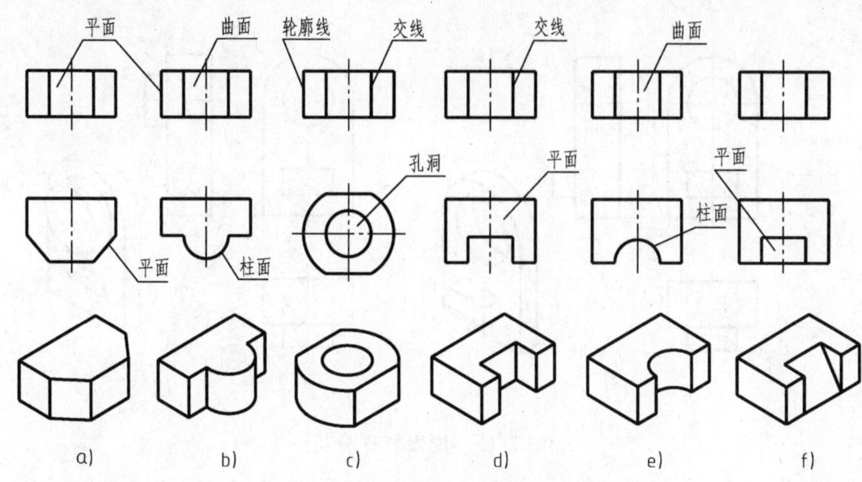

图 7-13　一个投影不能确定物体的空间形状

2. 要善于抓住形状特征投影，想象物体的空间形状

能够唯一确定某一部分形状的特征投影，称为形状特征投影。如图 7-14 所示，正面投影和水平投影完全一样，但是侧面投影不同，反映的物体空间形状也不一样，所以侧面投影为其形状特征投影。

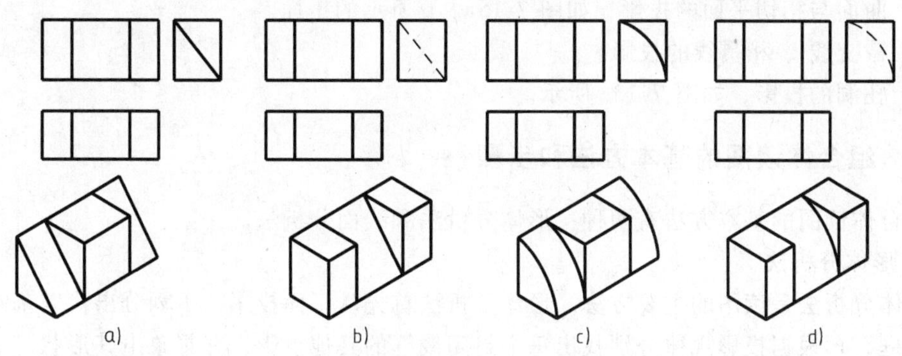

图 7-14　形状特征分析

3. 要善于抓住位置特征投影，想象物体的空间形状

能够唯一确定某一部分位置的特征投影，称为位置特征投影。

如图 7-15 所示，从正面投影看，封闭线框 *A* 内有两个封闭线框 *B*、*C*，而且从正面和水平投影比较明显地看出它们的形状特征，一个是孔，一个是凸台。但并不能确定哪个是孔哪个是凸台，而图 7-15a 所示的侧面投影却明显地反映出形体 *B* 是孔，形体 *C* 是凸台，图 7-15b 所示相反 。故侧面投影清晰地表达了两个结构的位置特征。

综上所述，在读图时，首先从正面投影入手，及时捕捉形状和位置特征投影，再结合其他投影，利用直尺和分规按照投影规律及时迅速地想象出物体的空间形状。

4. 要明确投影图中线和线框的含义

投影图上的一条线条（直线或曲线）、一个封闭线框都要根据投影关系联系其他投影想象其空间形状。

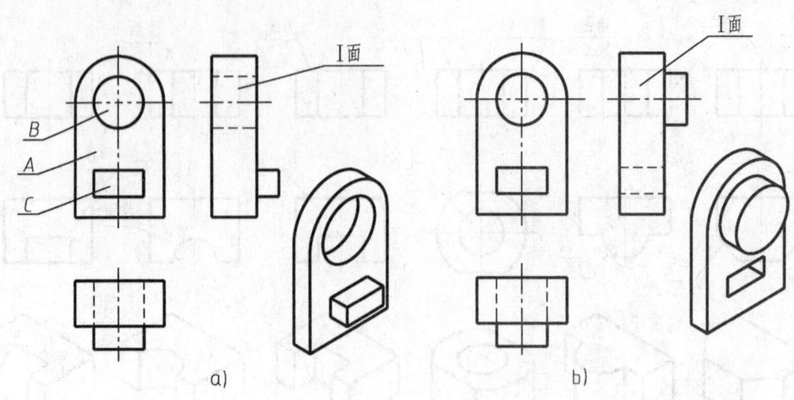

图 7-15 位置特征分析

(1) 投影图中的线条可以表示如下含义

1) 表面积聚性的投影（平面或柱面），如图 7-13a、b、e 等所示。

2) 表面与表面交线的投影，如图 7-13c、d 等所示 。

3) 曲面转向轮廓线的投影，如图 7-13c 所示。

(2) 投影图中封闭线框可以表示如下含义

1) 平面、曲面的投影，如图 7-13a、b、d 等所示。

2) 曲面与相切平面的投影，如图 7-15a、b 所示的Ⅰ面。

3) 截交线 、相贯线的投影。

4) 孔洞的投影，如图 7-13c 所示。

7.3.2 组合体读图的基本方法和步骤

组合体读图的基本方法有两种：形体分析法和线面分析法。

1. 形体分析法

形体分析法是读图的主要方法。形体分析法首先从正面投影入手划分出代表基本立体的封闭线框，再根据投影规律分别找出每个封闭线框的其他投影，并想象出其形状，最后根据各部分的组合方式和相对位置综合想象出组合体的整体形状。下面以图 7-16a 所示支架为例说明形体分析法在读图中的应用方法和步骤。

(1) 分解形体　从正面投影入手，划分封闭线框。图 7-16a 所示支架的正面投影可分为四个封闭线框Ⅰ、Ⅱ 、Ⅲ 、Ⅳ。

(2) 对投影，想形体　根据投影规律，分别找出线框Ⅰ、Ⅱ 、Ⅲ 、Ⅳ所对应的其他两投影，如图 7-16 所示。

形体Ⅰ：为左端开一 U 形槽、右端与圆柱相交的左底板（ - U 形板），如图 7-16b 所示。

形体Ⅱ：为右端带圆角及两个圆柱孔、左端与圆柱相切的右底板，如图 7-16c 所示。

形体Ⅲ：可看做上前方开一方孔、上后方开一圆孔的空心圆柱，如图 7-16d 所示。

形体Ⅳ：是一个放在左底板上面、右端与圆柱相交的肋板，如图 7-16e 所示。

(3) 对位置，想整体　根据对上述各基本几何体的分析，明确它们之间的相对位置关系及组合方式。此形体为前后对称、叠加与切割综合而形成的组合体，其形状如图 7-16f 所示。

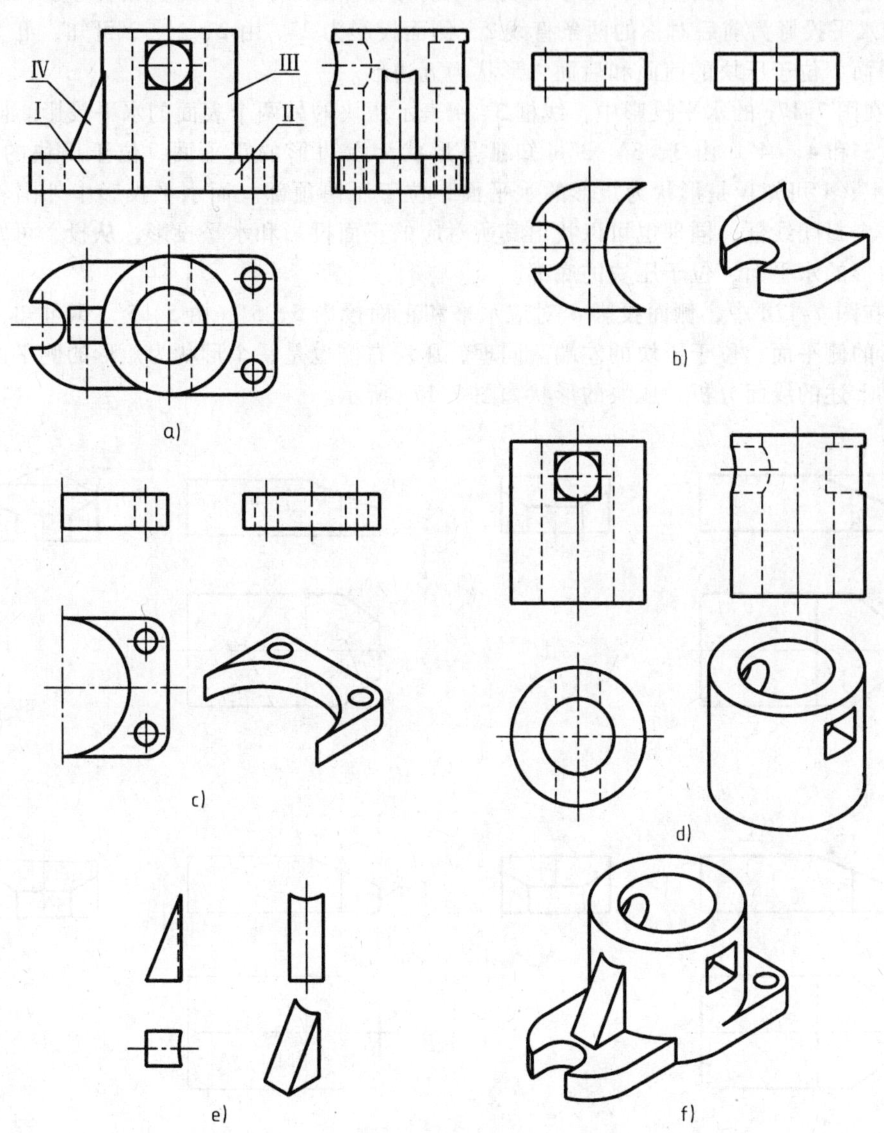

图 7-16　支架的形体分析

2. 线面分析法

叠加型组合体中各基本几何体轮廓比较明显，用形体分析法读图便可以想象物体的空间形状。然而对于形状比较复杂的切割型组合体，在形体分析的基础上，还需要对投影上的线、面作进一步的分析。这种利用投影规律和线、面投影特点分析投影中线条和线框的含义，判断该形体上各交线和表面的形状与位置，从而确定其空间形状的方法叫做线面分析法。下面以图 7-17 所示压块为例说明线面分析法在读图中的应用方法和步骤。

1）从图 7-17a 所示细双点画线作初步分析可知，压块可以看做是由一个完整的长方体经过几次切割而形成的。

2）将图 7-17b 所示正面投影分解为两个封闭线框 1′、2′。按照投影规律，水平投影对应 1′的是前后对称的两条直线 1，侧面投影也为两个与 1′对应的封闭线框 1″。由 1、1′、1″可知，Ⅰ为前后对称的铅垂面，位于压块的左前方和左后方，形状为直角梯形。同理，线框 2′对应的水平投影为前后对称的两条直线 2，侧面投影为 2″。由 2、2′、2″可知，Ⅱ为前后对称的正平面，位于压块的前面和后面，形状为五边形。

3）在图 7-17c 的水平投影中，线框 3、4 表示压块的另两个表面的水平投影。同样可以确定 3′、3″和 4′、4″。由 3、3′、3″可知Ⅲ是形状为六边形的正垂面，位于压块的左上方。再由 4、4′、4″可知Ⅳ是形状为矩形的水平面，位于压块顶部。而水平投影中外围轮廓六边形也是一个封闭线框，同理也可以找出其所对应的正面投影和水平投影，从投影可知其是形状为六边形的水平面，位于压块的底部。

4）在图 7-17d 中，侧面投影 5″对应水平和正面投影 5、5′，由 5、5′、5″可知，Ⅴ是形状为矩形的侧平面，位于压块的左端。同理，压块右侧也是一个形状为矩形的侧平面。

通过上述的线面分析，压块的形状如图 7-17e 所示。

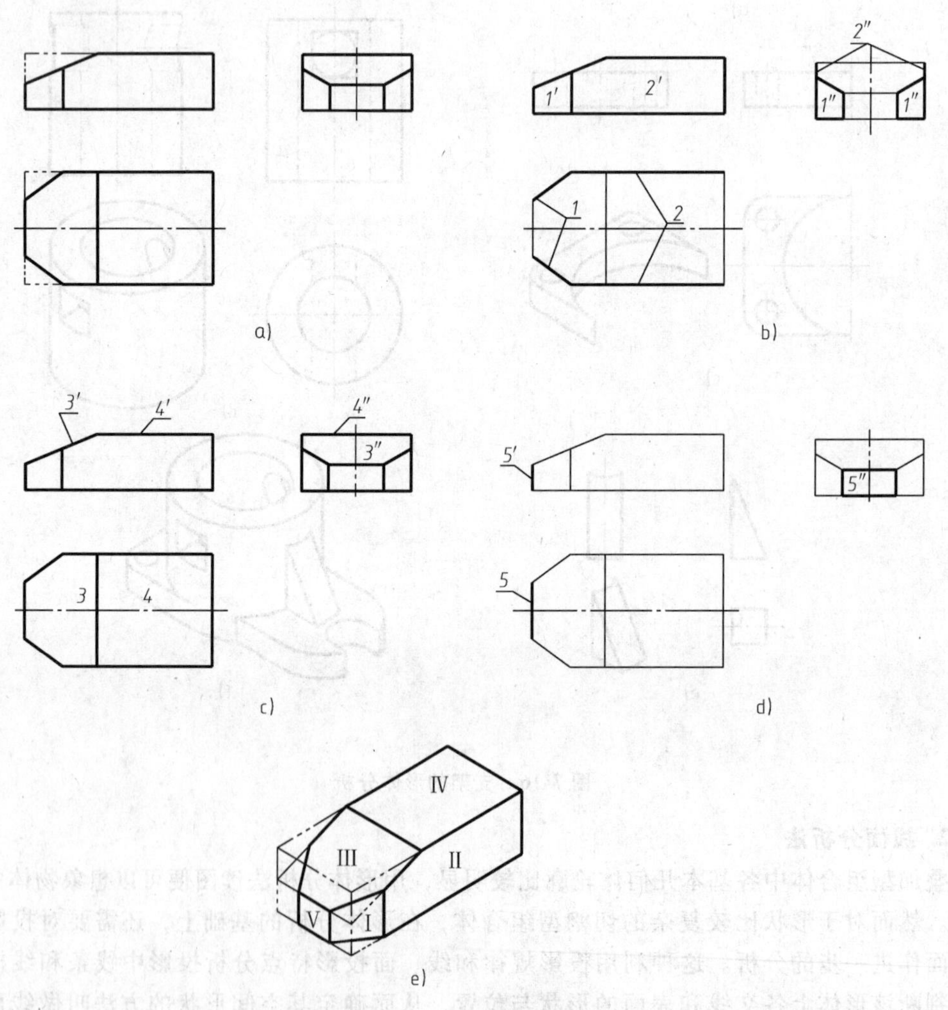

图 7-17　压块的线面分析

3. 根据两面投影补画第三投影

由组合体的两个投影想象出其空间形状，并补画出第三投影，或由不完整的投影图构思立体的空间形状，补画出图形中的漏线，这都是读图的一种综合练习，也是一个反复实践提高读图能力的过程。下面举例说明其方法和步骤。

如图7-18所示，已知支座的正面投影和水平投影，补画其侧面投影。

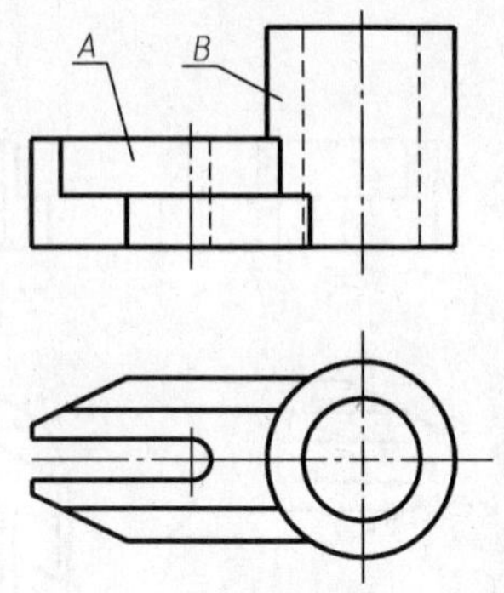

图7-18　支座的两面投影

分析：首先按照形体分析法，将支座分解为A、B两个基本几何体。对照水平投影可知，形体A为底板，形体B为空心圆柱。由于形体A为切割型的形体，因此需要用线面分析法进行投影分析。

1）如图7-19a所示，从正面投影入手，划分了三个封闭线框。先看封闭线框2′、4′，它们分别对应的水平投影为直线2、4。由2、2′和4、4′可知，平面Ⅱ、Ⅳ为正平面，画出它们有积聚性的侧面投影2″、4″。

如图7-19b所示，正面投影中的另外一个封闭线框5′，它所对应的水平投影为直线5。由5、5′可知，平面Ⅴ为铅垂面，画出侧面投影5″，其为平面Ⅴ的类似形。

2）在图7-19c中，水平投影中线框1、3所对应的正面投影为直线1′、3′。由此可知平面Ⅰ、Ⅲ分别为前后对称的水平面，画出其侧面投影为直线1″、3″。另外，水平投影外轮廓也是一个封闭线框，此平面为底板底面，也是水平面，画出其侧面投影。

3）在图7-19d中，由正面投影中直线6′和水平投影中直线6可知，平面Ⅵ为侧平面，画出侧面的对应投影6″，其反映实形。

4）通过上述线面分析，可确定底板的形状，并补全底板的侧面投影，如图7-19e所示。

5）最后再把底板A和空心圆柱B以叠加相交的方式组合在一起，成为一个整体，想象出整体形状，补全支座的侧面投影，如图7-19f所示。

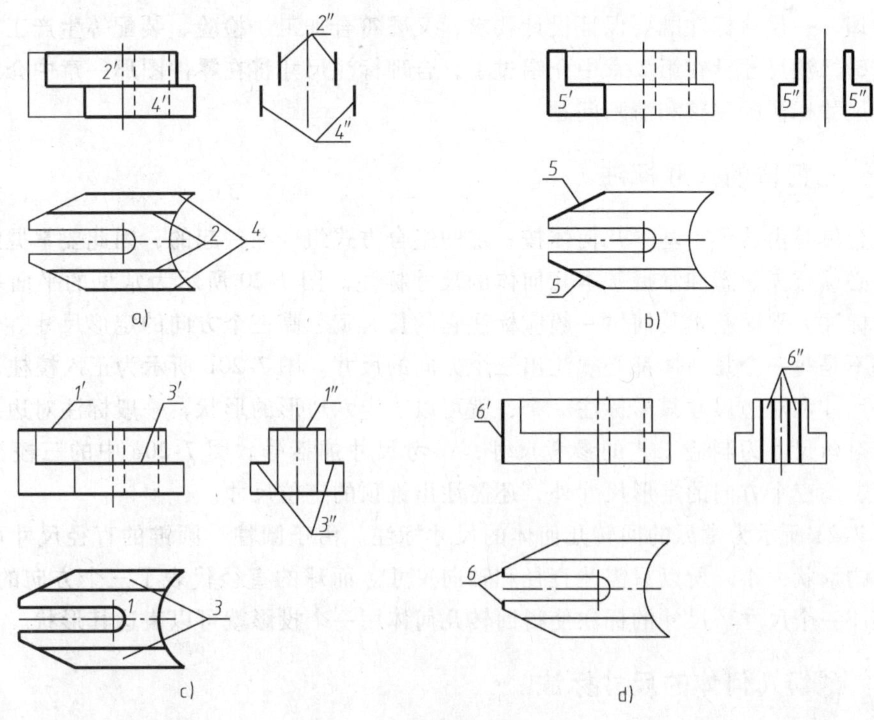

图7-19　补画支座的侧面投影

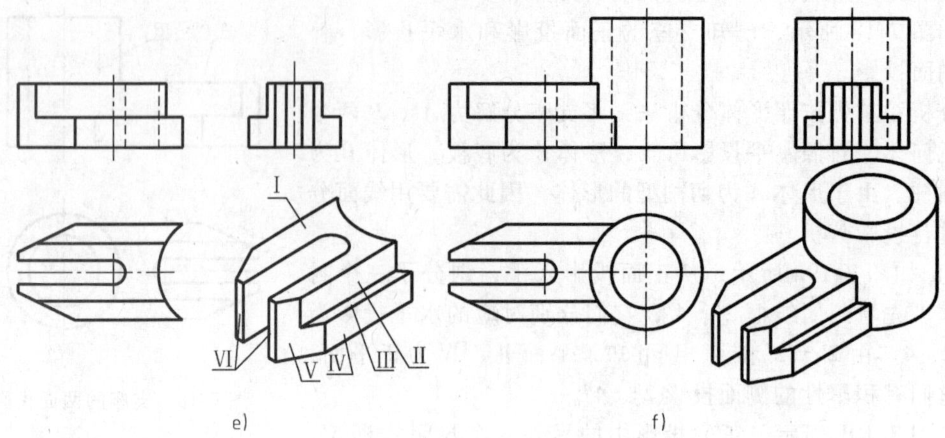

图 7-19 补画支座的侧面投影（续）

7.4 组合体的尺寸标注

投影图只表示组合体的形状，其大小要靠标注在投影图上的尺寸来确定。组合体尺寸标注的基本要求是：正确、完整、清晰、合理。其中：

正确——尺寸标注要符合国家标准的有关规定。

完整——所注尺寸能唯一确定物体形状的大小和各组成部分的相对位置。尺寸标注要齐全，不遗漏，不重复，且每一个尺寸在图中只标注一次。

清晰——尺寸布置要恰当，以便于读图、寻找尺寸和使图面清晰。

合理——尺寸标注既要保证设计要求，又要符合加工、检验、装配等生产工艺要求。

正确标注尺寸已在第 2 章中介绍过了，合理标注尺寸将在零件图那一章中介绍。本节重点介绍尺寸标注的完整和清晰问题。

7.4.1 几何体的尺寸标注

组合体是由若干个基本几何体按一定的组合方式组合在一起的，因此要掌握组合体的尺寸标注必须首先熟悉和掌握基本几何体的尺寸标注。图 7-20 所示为常见的平面基本几何体的尺寸标注。平面基本几何体一般应标注它的长、宽、高三个方向的定形尺寸。值得注意的是，并不是每一个几何体都必须注出三个方向的尺寸。图 7-20b 所示为正六棱柱，俯视图中的对角尺寸和对边尺寸只需标注一个，就可以确定六边形的形状，一般标注对边尺寸，便于测量，对角尺寸为制造工艺的参考尺寸，参考尺寸加括号。图 7-20c 中的三棱锥除了注出长、宽、高三个方向的定形尺寸外，还需注出锥顶的定位尺寸。

图 7-21 所示为常见的回转几何体的尺寸标注。由于圆柱、圆锥的直径尺寸可以确定两个方向的形状大小，所以只需注直径和轴向尺寸。而球的直径代表了三个方向的形状大小，所以只注一个尺寸。尺寸的标注使得回转几何体用一个投影就可以表达其形状。

7.4.2 截切几何体的尺寸标注

标注被截切几何体的尺寸时，除注出完整基本立体的定形尺寸外，还应注出截平面的定

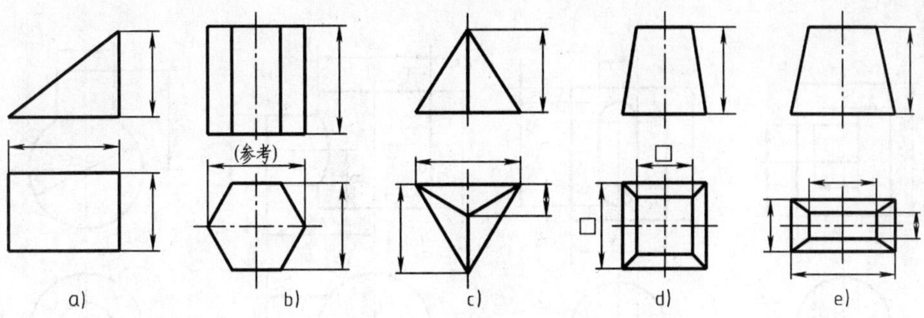

图 7-20　常见的平面基本几何体的尺寸标注

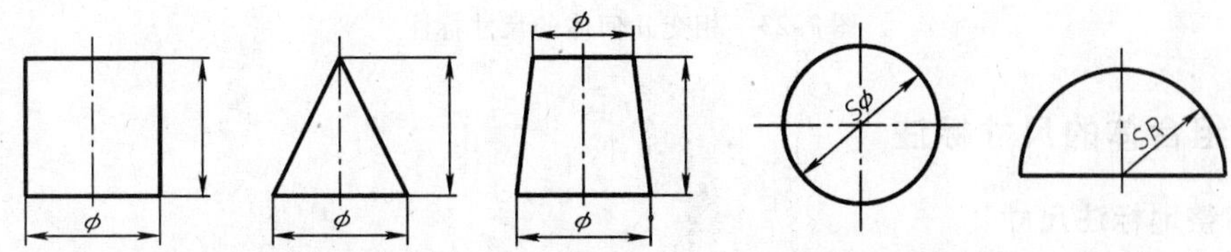

图 7-21　常见的回转几何体的尺寸标注

位尺寸。当立体大小和截平面的位置确定以后，截交线自然形成，所以不应标注截交线的形状尺寸。

定位尺寸应从尺寸基准出发进行标注。立体的尺寸基准一般选择对称面、回转轴线、底面、端面。图 7-22 所示为常见截切几何体的尺寸标注，图中的 *A*、*B* 尺寸为定位尺寸。

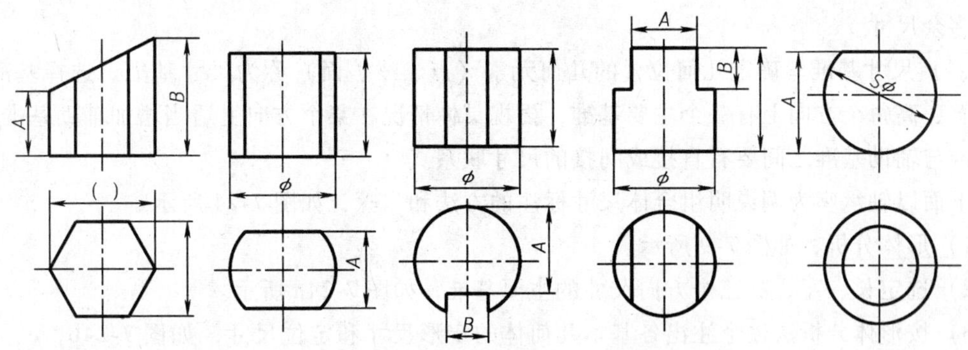

图 7-22　常见截切几何体的尺寸标注

从图 7-22 中可以看出，当几何体被投影面平行面截切时，必须注出一个定位尺寸；当几何体被投影面垂直面截切时，必须注出两个定位尺寸。

7.4.3　相交几何体的尺寸标注

标注相交几何体的尺寸时，首先要标注参与相交的几何体的定形尺寸，还要标注各几何体之间的定位尺寸。不要标注相贯线的定形尺寸，因为参与相交的几何体的大小和位置确定后，相贯线的形状自然形成。图 7-23 所示为相交几何体的尺寸标注。

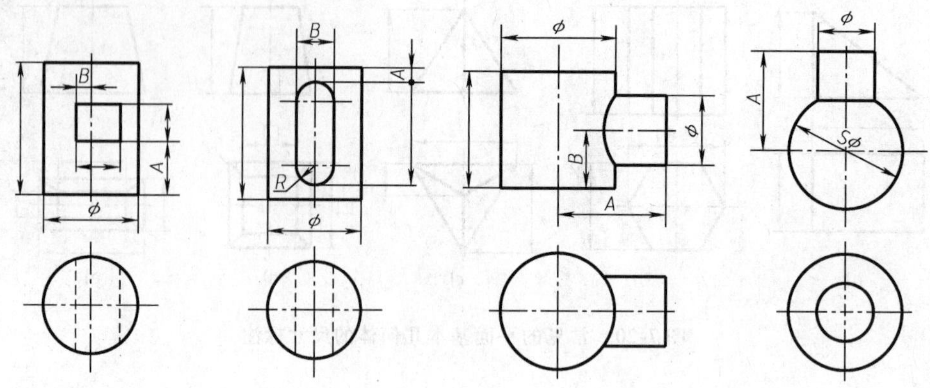

图 7-23　相交几何体的尺寸标注

7.4.4　组合体的尺寸标注

1. 完整地标注尺寸

组合体尺寸的标注仍采用形体分析法。通常在形体分析法的基础上，先确定长、宽、高三个方向的尺寸基准，再注出各基本几何体的定形尺寸和定位尺寸，最后综合考虑，注出组合体的总体尺寸。

(1) 定形尺寸　确定各基本几何体形状和大小的尺寸。

(2) 定位尺寸　确定几何体中各截平面的位置尺寸和各几何体相对基准的位置尺寸。

(3) 总体尺寸　表明组合体整体形状的总长、总宽和总高的尺寸。要注意，有时总体尺寸已经间接注出，再注出总体尺寸会产生重复尺寸，这时则应调整尺寸，保留重要尺寸，删去多余尺寸。

(4) 尺寸基准　确定几何位置的几何元素（点、线、面）称为尺寸基准。选择基准时，长、宽、高每个方向上有一个主要基准，再视具体情况在某个方向上适当增加辅助基准，主要基准与辅助基准之间要有直接或间接的尺寸联系。

下面以轴承座为例说明组合体尺寸标注的方法和步骤，如图 7-24 所示。

1) 形体分析，如图 7-9 所示。

2) 选定长、宽、高三个方向尺寸的主要基准，如图 7-24a 所示。

3) 按形体分析法逐个注出各基本几何体的定形尺寸和定位尺寸，如图 7-24b、c、d、e 所示。图 7-24c 中轴套上圆柱凸台的定位尺寸 45 是以轴套的右端面为辅助基准标注的，主要基准与辅助基准的尺寸联系为尺寸 5。

4) 标注总体尺寸并进行检查、修改、整理。轴承座的总长尺寸为 130 +5，总宽为 110，总高为 130，如图 7-24f 所示。

2. 清晰标注尺寸应注意以下几个问题

1) 尺寸尽可能地注在反映形体形状特征最明显的投影上。图 7-24 所示轴承座轴套的定位尺寸 90 注在正面投影上比注在侧面投影上好。支承板的长度尺寸 20 注在正面投影上比注在水平投影上更明显。

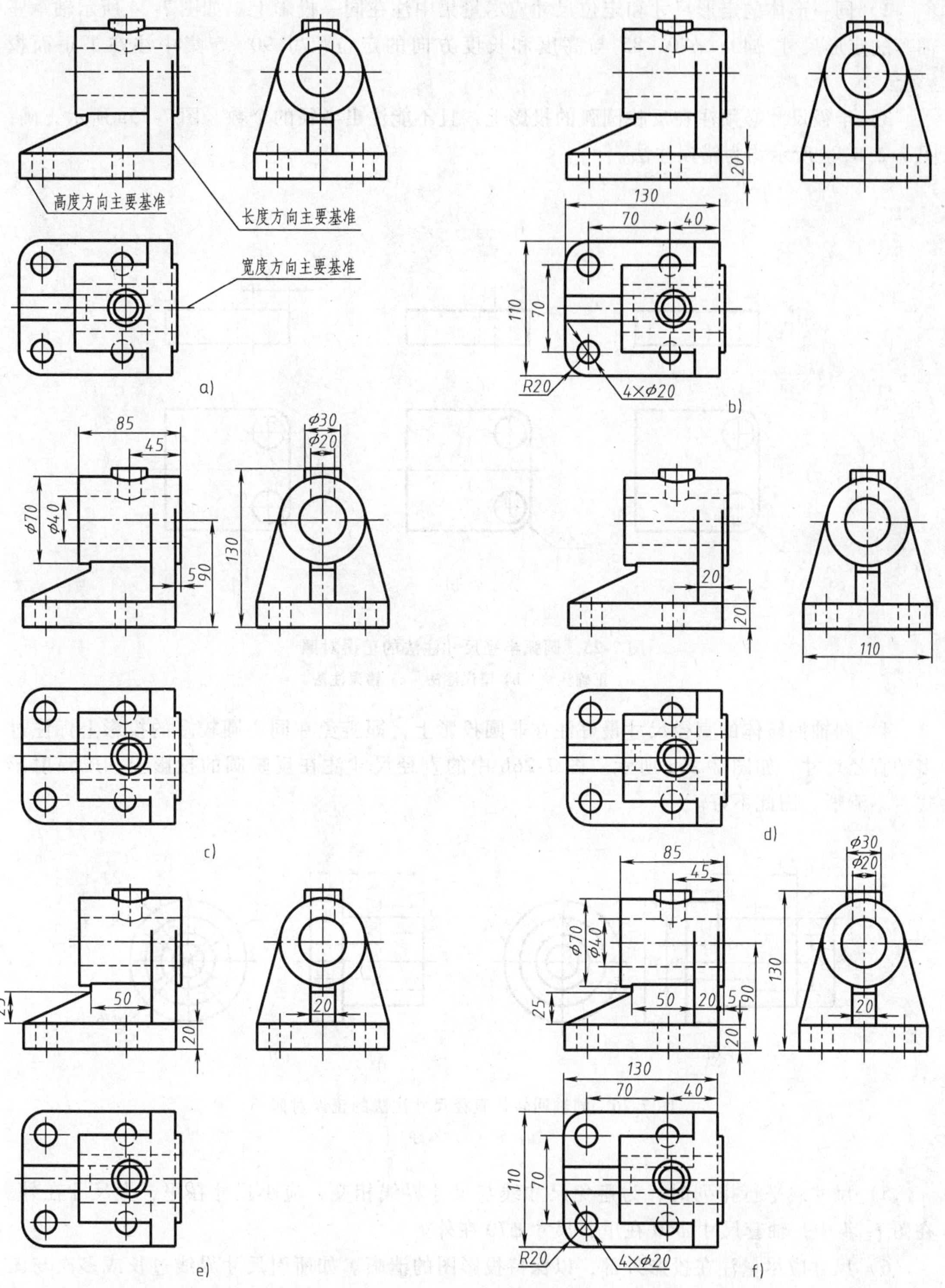

图7-24 轴承座的尺寸标注

a) 确定尺寸基准 b) 标注底板的尺寸 c) 标注轴套的尺寸 d) 标注支承板的尺寸 e) 标注肋板的尺寸 f) 标注总体尺寸、检查、整理

2）同一形体的定形尺寸和定位尺寸应尽量集中注在同一投影上。如图 7-24 所示轴承座轴套的定形尺寸 ϕ40、ϕ70、85 与高度和长度方向的定位尺寸 90、5 集中注在了正面投影上。

3）半径尺寸必须注在反映圆弧的投影上，且不能注出半径的个数。图 7-25a 所示正确，图 7-25b、c 所示均为错误注法。

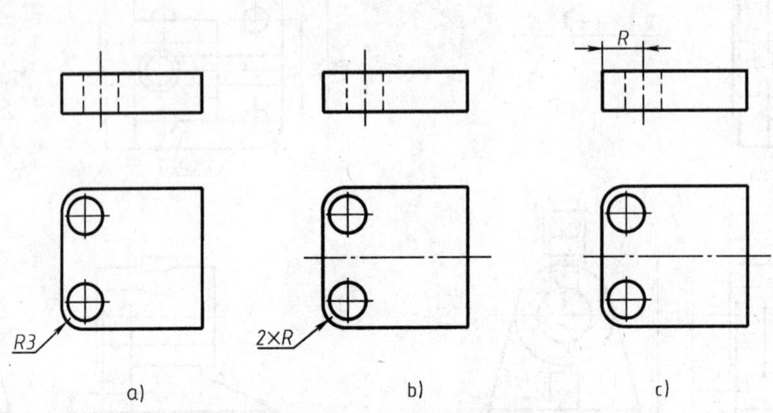

图 7-25　圆弧半径尺寸注法的正误对照

a）正确注法　b）错误注法　c）错误注法

4）同轴回转体的直径尺寸最好注在非圆投影上，即避免在同心圆较多的投影上标注过多的直径尺寸，如图 7-26a 所示。图 7-26b 中的直径尺寸注在反映圆的投影上，成辐射形式，不清晰，因此不好。

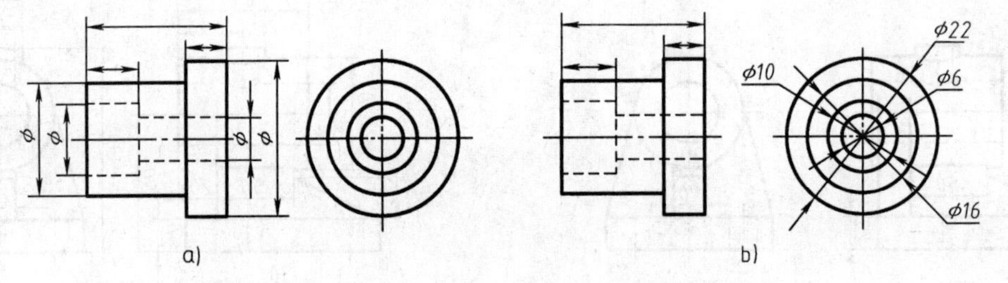

图 7-26　同轴回转体直径尺寸注法的正误对照

a）好　b）不好

5）尺寸线平行排列时，为避免尺寸线与尺寸界线相交，应小尺寸在里，大尺寸在外。在图 7-24 中，轴套尺寸 ϕ40 在里，尺寸 ϕ70 在外。

6）尺寸应尽量注在投影外部，以保持投影图的清晰。如所引尺寸界线过长或多次与图线相交，可注在投影图内适当的空白处，如图 7-24 所示肋板的定形尺寸 50。

7）一般应避免标注封闭尺寸。如图 7-27a 所示，轴向尺寸 L_1、L_2、L_3 都标注时，称为封闭尺寸。加工零件时，要想同时满足这三个尺寸，无论是工人的技术水平还是设备条件都是不允许的，所以不标注 L_3；同样，图 7-27b 中的尺寸 25 也不应注出。

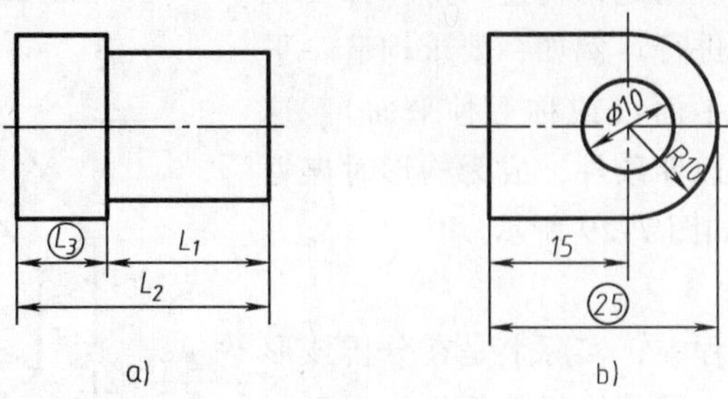

图 7-27　避免标注封闭尺寸

a）好　b）不好

8）相对于某个尺寸基准对称的结构，尺寸应合起来标注。图 7-28a 所示的尺寸 36 和 44、12 和 20 标注正确，图 7-28b 中的尺寸 18 和 22、6 和 10 的标注错误。

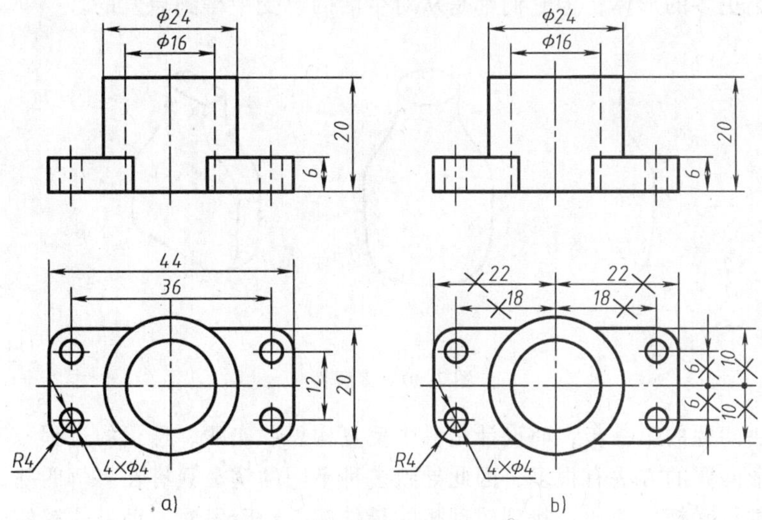

图 7-28　对称尺寸标注的正误对照

a）正确注法　b）错误注法

7.5　组合体的构形设计

组合体是对工业产品及工程形体的模型化。组合体的构形设计是根据已知条件，如初步形状要求、功能要求、结构要求等即一定边界条件，构思出具有新颖而合理的结构形状的单一几何体，然后将多个单一几何体按一定的构成规律和方法有机地组合在一起而构成组合体（产品）的整体形状，并用图形表达出来的设计过程。通过组合体构形设计的学习和训练，能够培养读者的形象思维能力、审美能力和图形表达能力，并丰富空间想象能力，为进一步培养工程设计能力、创新思维能力打下基础。

7.5.1　组合体构形设计的基本特征

1. 约束性

构造任何一形体都是有目的、有要求的，即使是一件艺术品，其构成也是为了表达创作者的某种艺术思想和意念。因此，构造一形体都要在各种因素的限制和约束下进行。例如，要求构造一平面体，其上必须具备三类平面（或称七种平面）。这些条件和要求构成了一组边界条件，成为构形时谋划和构思的“设计空间”，如图7-29所示。

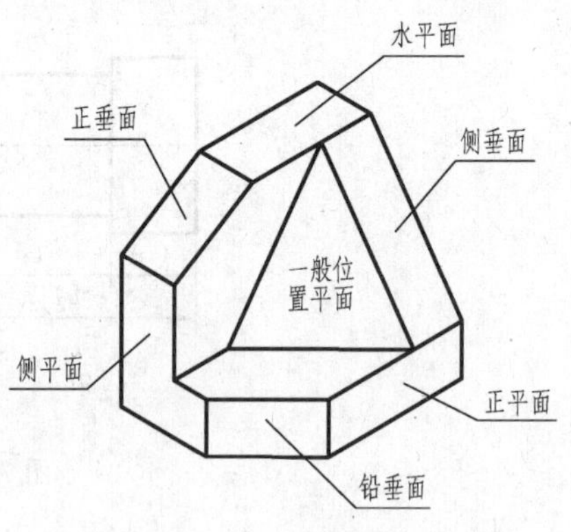

图7-29　用七种平面构造一组合体

2. 多解性

在研究形体的构形过程中，实际上是在分析该形体造型要素的边界条件。不同的边界条件构造出不同的形体。如图7-30a所示，给定一条平面曲线，根据曲线构造一形体。图7-30b所示形体是通过该曲线绕定轴等距离旋转而形成的。图7-30c所示形体是由该曲线沿一定轨迹移动而产生的，它是在图7-30a的基础上演变过来的。当然还可以通过改变形成方式创造出更多的形体，但它们都是从对生活的感受中得到启发的。

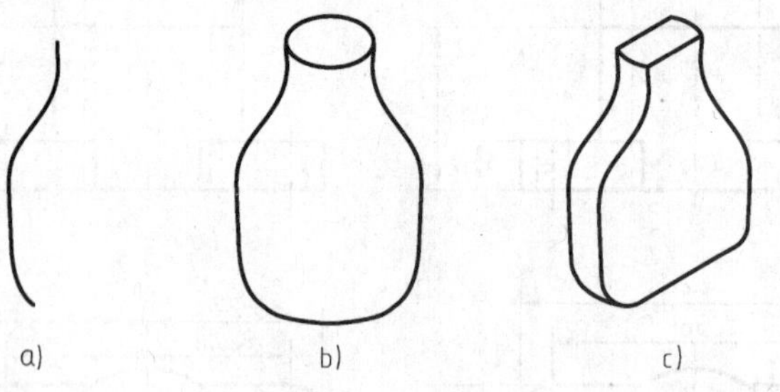

图7-30　多解性

分析是解决问题的第一步，而设计是一个反复构思、实践、迭代的过程。解决在一定约束条件下的构形问题的方法有很多，因此导致多种不同的解。只有在多解的基础上才有可能有更多的机会进行联想、类比，找到较理想的最佳解。现阶段对所谓最佳解的要求就是在满足边界条件下的构形最简单，作图最方便、最快捷。

7.5.2　组合体构形设计的基本要求

构形设计重点在于“构形”，暂不考虑生产加工、材料等方面的要求。因此构形设计要求所设计的形体在满足给定功能的条件下，款式新颖，表达完整；要具备科学与艺术的双重性；人文关怀的舒适性；启发灵感的创意性；系统与环境的协调性；适应时代的时尚性。即一般应满足如下要求：

（1）在满足给定的功能和条件下进行构形设计　图7-9所示的轴承座，设计要求它主要用于支承具有一定高度的其他零件，并将其安装固定下来。即它的功能要求是支承、容纳以及自身的联接等。要满足这些功能要求一般要求它由三个部分构成：

1）支承部分。主要用于支承、容纳旋转轴和轴承，故将其设计成空心圆柱，即图7-9中的轴套Ⅱ。因轴在轴承内旋转会产生摩擦而需要加注润滑油，故在轴套上设计出一带孔的圆柱凸台Ⅲ。

2）安装部分。是用以固定并支承整体部分的底板Ⅰ，通常设计成板或盘状结构，并在其上设计出供安装或定位用的若干通孔。

3）联接及加强部分。因为底板和轴套要视现场的安装和所支承零件的高度来决定各自具体的位置，所以底板和轴套应用支承板Ⅳ和肋板Ⅴ连接成一体，以加强整体的紧固性和稳定性，增加其强度和刚度。该部分的形状大多为棱柱形，具体结构与尺寸由整体构形决定。

在清楚了这三部分的功能要求及相应的结构以后，即可进行分部构形设计，然后将其各部分有机地组合起来，完成轴承座的整体构形设计。在构形设计过程中，应画出草图、轴测图及完整的一组视图（包括尺寸），以表达轴承座的设计方案和设计结果。

（2）在满足要求的基础上，最好以基本几何体为构形的基本元素　组合体的构形应符合工程上零件结构的设计要求，以培养观察、分析、综合能力，但又不能完全工程化，因为此时的读者只是在组合体画图和读图的基础上进行构形设计，还不具备零件的工程设计能力，因此可以凭自己的想象设计组合体，以培养创造力和发散思维。构形设计的重点在于构“形”，而基本几何体是构形的基础，所以，构思组合体时，应以基本几何体为主。图 7-31 所示的组合体，其外形很像一部小轿车，但都是由几个基本几何体通过一定的组合方式形成的。

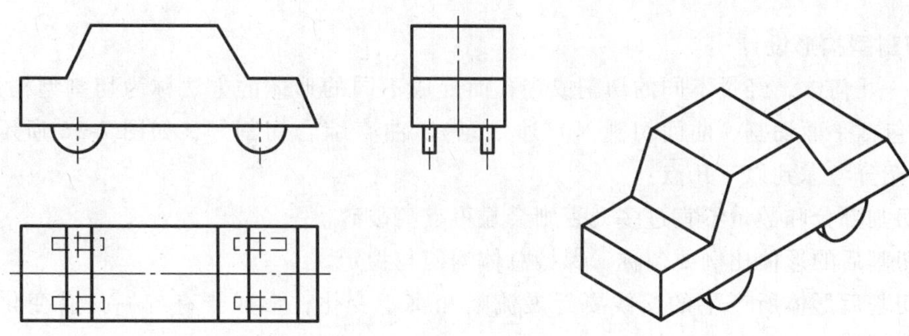

图 7-31　构形以基本几何体为主

（3）组合体的整体造型要体现稳定、协调，运动、静止等艺术法则　对称的结构使形体具有自然的稳定和协调的感觉，如图 7-32 所示。而构造非对称形体时，应注意各几何体的大小和位置分布，以获得力学和视觉上的稳定感和协调性，如图 7-33 所示。图 7-34 所示的火箭构形，线条流畅且造型美观，静中有动，有一触即发的感觉。

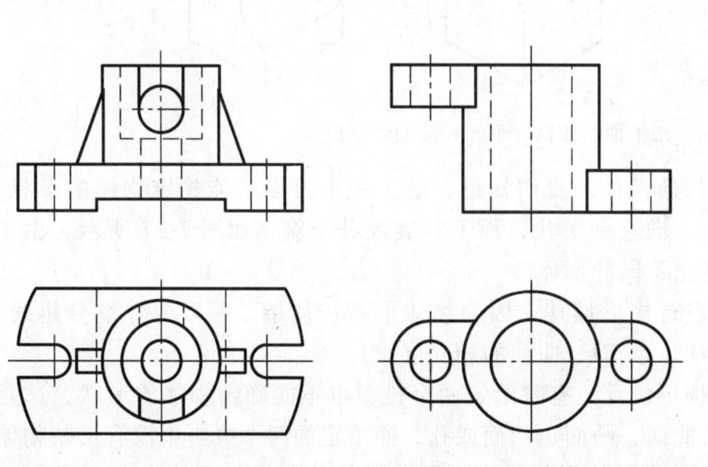

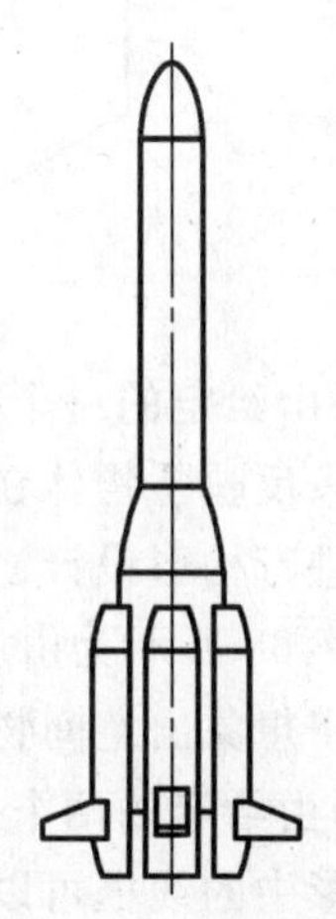

图 7-32　对称形体的构形设计　　图 7-33　非对称形体的构形设计　　图 7-34　火箭的造形

（4）构造的组合体应连接牢固，便于成形　构成组合体的各几何体之间不但要相互协调、稳定，还要连接牢固，便于成形。相邻几何体之间不能以点接触或线接触，图 7-35a、b 所示的形体不能构成一个牢固的整体，图 7-35c 所示形体设计出封闭的内腔，无法加工成形。

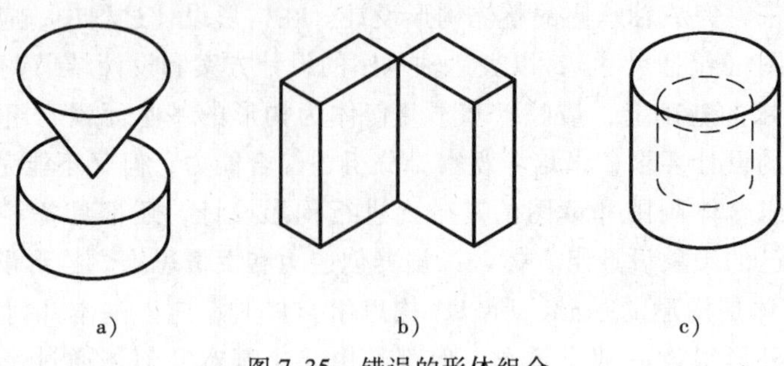

a)　　b)　　c)

图 7-35　错误的形体组合

7.5.3　组合体构形设计的基本方法

1. 切割型构形设计

给定一几何体，经过不同的切割或穿孔而形成不同的形体的方法称为切割型构形设计。切割方式包括平面切割、曲面切割（贯通之意）、曲直综合切割等，如图 7-36 所示。切割过程中要充分考虑到以下几点：

1）切割部分和数量不宜过多，否则会显得支离破碎。

2）切割后的形体比例要匀称，保持总体均衡与稳定。

3）切割后形体所产生的交线要舒展流畅和富于变化，形成既有统一又有变化的形态效果。

4）要充分了解和掌握不同构形给人带来的各种心理感受，进行有目的地切割，这样才能创造出具有一定艺术感染力的空间形体。

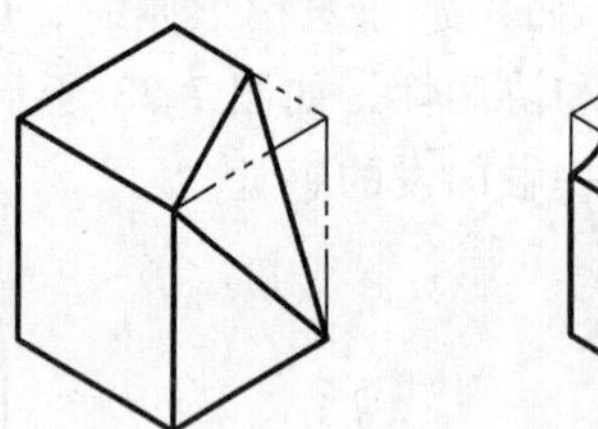

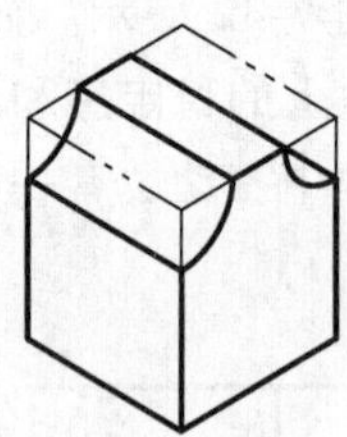

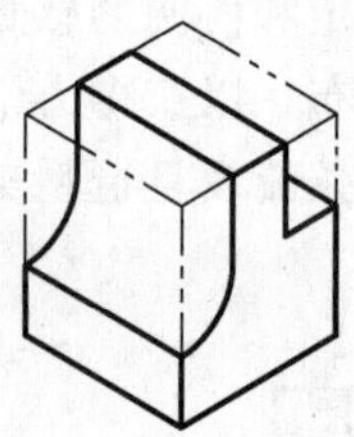

图 7-36　用平面、曲面、平面和曲面切割成型

1）由给定的一个投影进行构形设计。我们知道，给定一个投影不能确定物体的形状，因为它只反映了物体在某个投影方向上的形状，而不能展现其全貌。如图 7-37 所示，由正面投影进行构形设计，可以设计出不同的形体。

图 7-38 所示为由水平投影进行构形设计。因为物体形状较复杂，所以要仔细分析线、面关系，想象出空间物体的凸、凹、平面、曲面的相互层次。

2）由给定的两个投影进行构形设计。有时给定两个投影也不能确定物体的形状，这是因为投影中的线框可以是平面、曲面、凸面、凹面或孔，而给定的两个投影中没有反映物体特征的投影或没有各组成部分相对位置特征的投影，因此物体的形状仍不能确定。图 7-39 所示为由正面投影和水平投影进行构形设计。

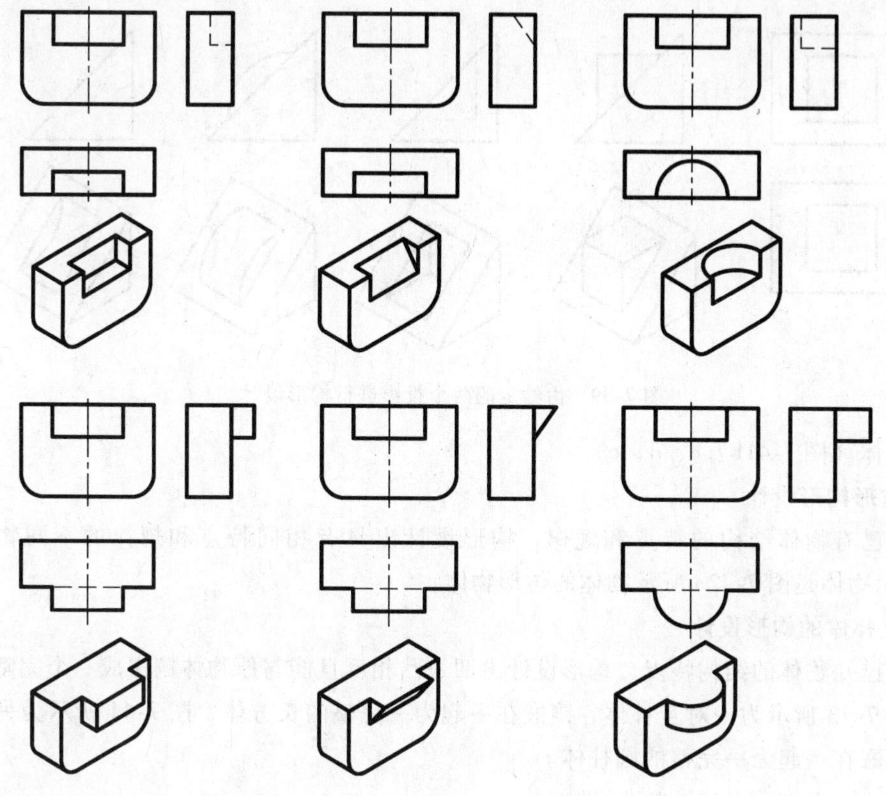

图 7-37　由正面投影进行构形设计

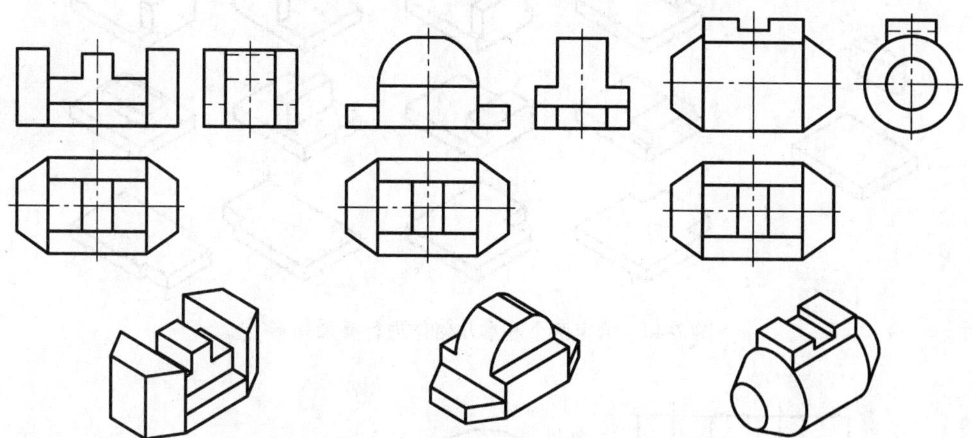

图 7-38　由水平投影进行构形设计

2. 叠加型构形设计

给定几个基本几何体，按照不同位置和组合方式，通过叠加而形成不同组合体的方法称为叠加型构形设计。如图 7-40 所示，给定两个基本几何体，变换其相对位置和组合方式，可形成不同的形体。

3. 综合型构形设计

给定若干基本几何体，经过叠加、切割（包括穿孔）等而形成组合体的方法称为综合型构形设计。图 7-41a 所示为给定的三个基本几何体，其经过不同的组合设计而形成四个不

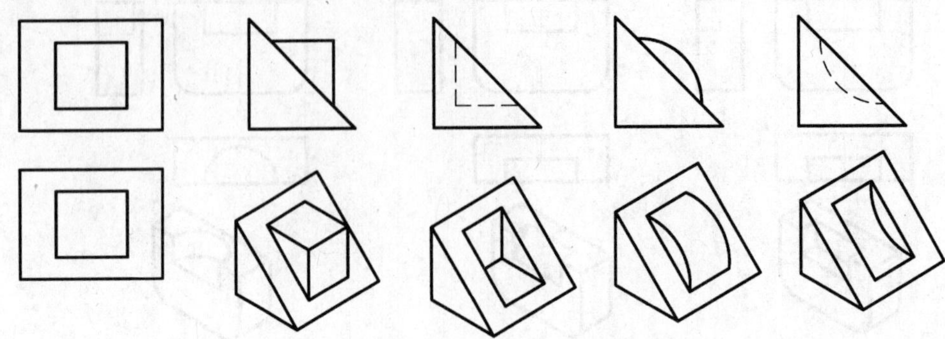

图 7-39　由给定的两个投影进行构形设计

同的组合体（图 7-41b、c、d、e）。

4. 仿形构形设计

根据已有物体结构的特点和规律，构形设计出具有相同特点和规律的不同物体。图 7-42b所示物体是图 7-42a 所示物体的仿形物体。

5. 互补体的构形设计

根据已知物体的结构特点，构形设计出凹、凸相反且能与原物体镶嵌成一个完整形体的物体。图 7-43 所示为一对互补体，镶嵌在一起为一完整的长方体。图 7-44 所示为另一对互补体，镶嵌在一起为一完整的圆柱体。

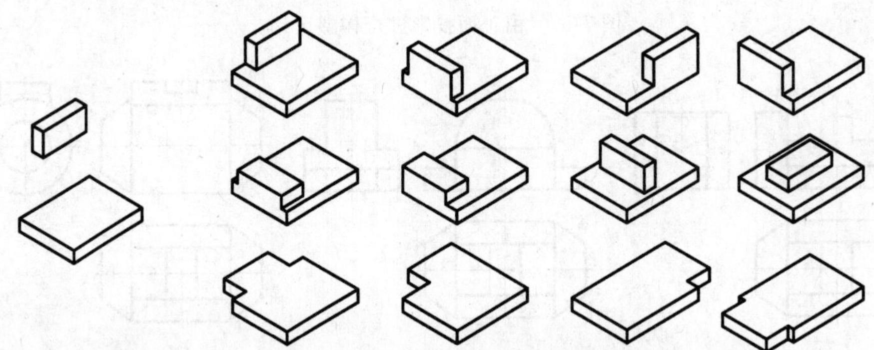

图 7-40　给定两个基本几何体进行叠加构形

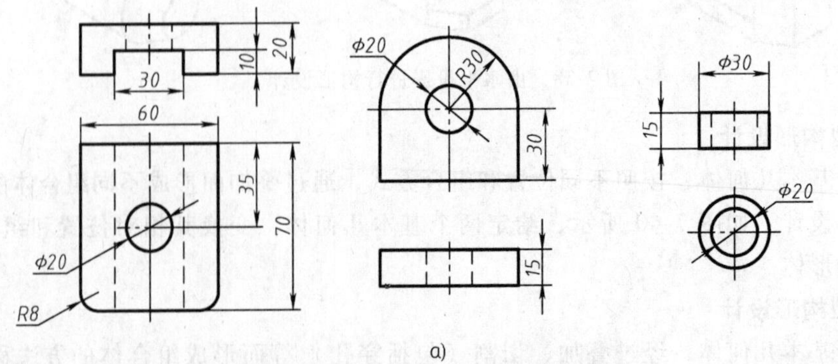

图 7-41　给定基本几何体进行综合构形

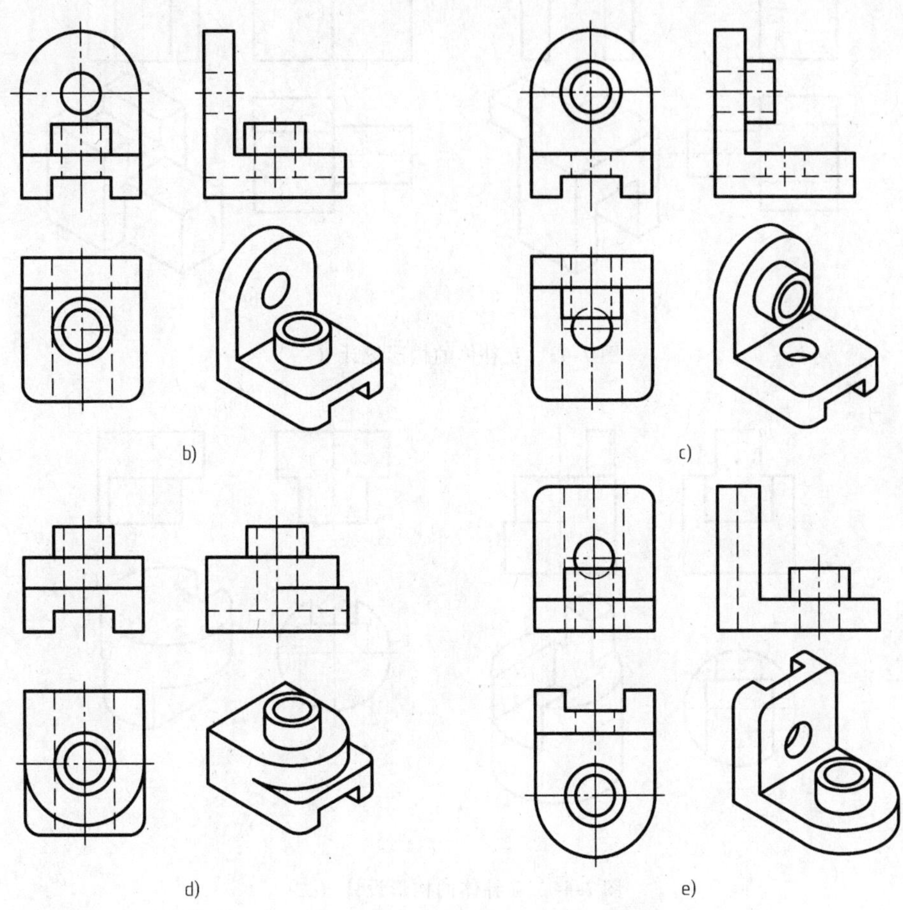

图 7-41　给定基本几何体进行综合构形（续）

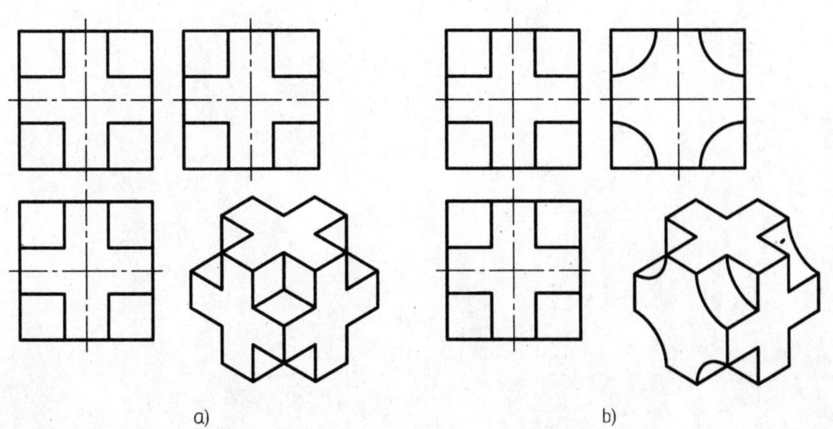

图 7-42　仿形构形设计

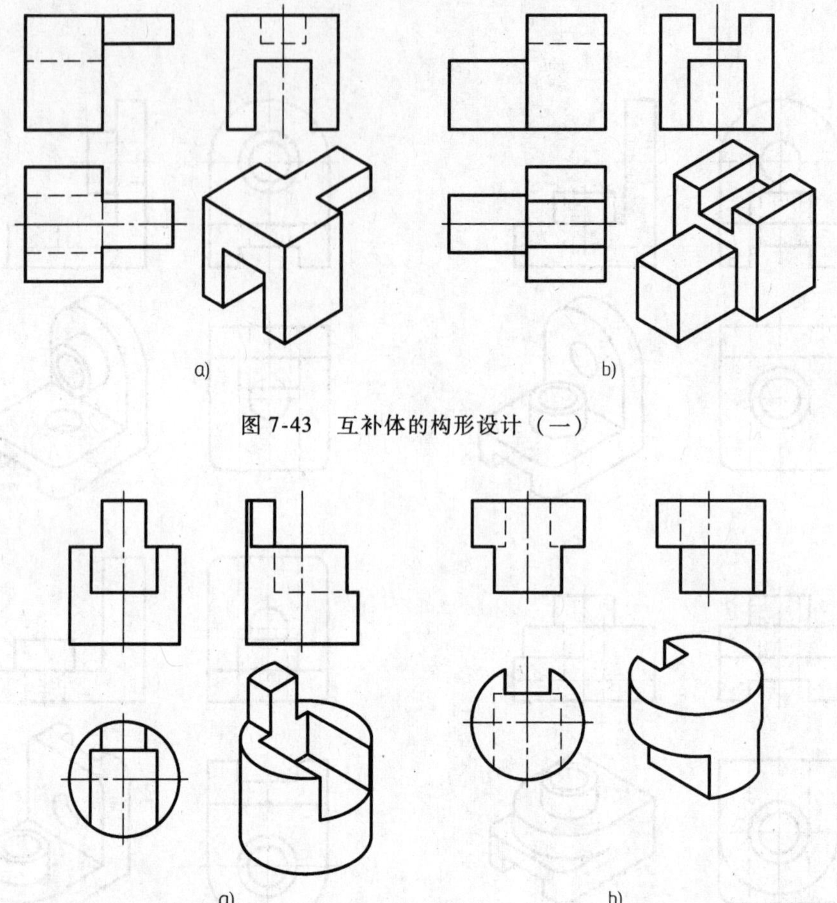

图 7-43　互补体的构形设计（一）

a)　b)

图 7-44　互补体的构形设计（二）

第8章　轴　测　图

【本章学习提要】

了解轴测投影原理、规律和工程常用轴测图。熟练掌握基本立体和组合形体的正等轴测图的绘制方法。了解斜二轴测图的应用特点和绘制方法。

8.1　轴测图的基本知识

工程上常用多面正投影图表达立体。它可以完整、确切地表达物体的形状、特征以及尺寸（图8-1a），作图简单，标注尺寸方便。但其缺乏立体感，不够直观，特别对于一些结构复杂的零件，单凭多面正投影图难以表达零件的结构，这就需要借助富有立体感的轴测投影或立体模型来帮助识图。轴测投影又称轴测图，是一种在二维平面里描述三维物体的最简单的方法。轴测图能直观、清晰地反映零件的形状和特征，但不便于度量，且作图较复杂，因此常作为辅助图样使用。图8-1所示为多面正投影图和轴测图的比较。

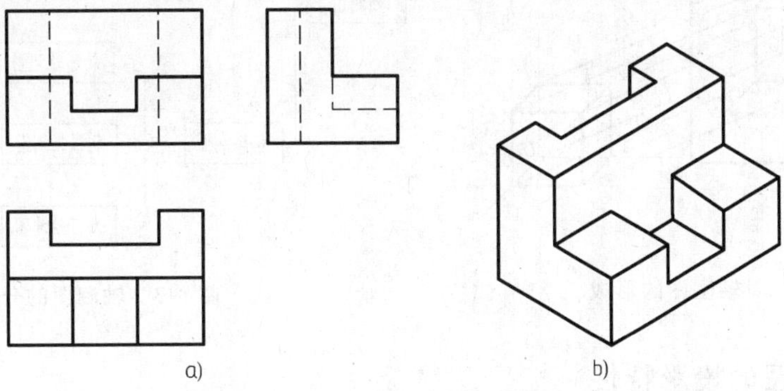

图8-1　多面正投影图和轴测图的比较

a）多面正投影图　b）轴测图

8.1.1　轴测图的形成

轴测投影是将物体连同其参考直角坐标系，沿不平行于任一坐标平面的方向，用平行投影法将其投射在单一投影面上所得到的图形，也称轴测图。如图8-2所示，单一投影面P称为轴测投影面，投射线方向S称为轴测投射方向。

8.1.2　轴间角及轴向伸缩系数

1. 轴测轴

在空间物体长、宽、高三个方向选定直角坐标系$O_1X_1Y_1Z_1$，三根坐标轴O_1X_1、O_1Y_1、O_1Z_1在轴测投影面上的投影OX、OY、OZ称为轴测投影轴，简称轴测轴。

2. 轴间角

在轴测图中，任意两轴测轴之间的夹角$\angle XOY$、$\angle YOZ$、$\angle ZOX$称为轴间角。

3. 轴向伸缩系数

轴测轴 OX、OY、OZ 上的单位长度与相应直角坐标轴 O_1X_1、O_1Y_1、O_1Z_1 上的单位长度的比值称为轴向伸缩系数，分别用 p_1、q_1、r_1 表示。为了便于作图，将轴向伸缩系数加以简化，简化后的轴向伸缩系数分别用 p、q、r 表示。

8.1.3 轴测图的分类

根据投射线的方向和轴测投影面的位置不同，轴测图可分为正轴测图和斜轴测图两类。投射线方向垂直于轴测投影面得到的轴测图，称为正轴测图；投射线方向倾斜于轴测投影面得到的轴测图，称为斜轴测图。

按投射方向和轴向伸缩系数的不同，轴测图可按图 8-3 所示进行分类。这里只介绍工程上常用的是正等轴测图和斜二轴测图的画法。

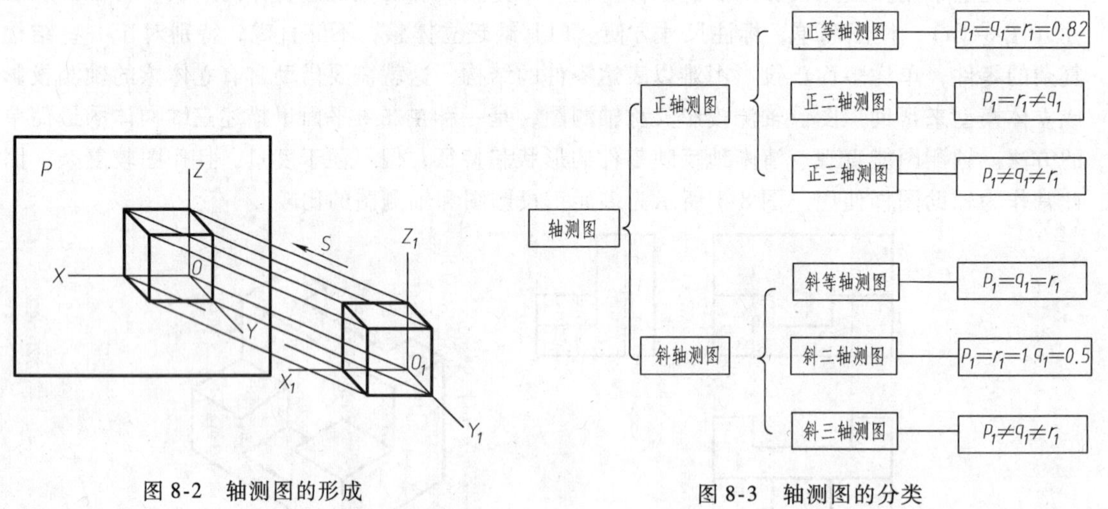

图 8-2 轴测图的形成　　　图 8-3 轴测图的分类

8.1.4 轴测图的投影特性

轴测图是用平行投影法得到的投影图，它具有以下平行投影的特性：

1）线性不变，即直线的轴测投影仍为直线。

2）平行性不变，即相互平行线段的轴测投影仍然平行。

3）从属性不变，即点、线、面的从属关系不变。

从上述投影特性可以看出：当点在坐标轴上时，其轴测投影一定在轴测轴上；与坐标轴平行的线段，其轴测投影仍与相应的轴测轴平行。

8.1.5 轴测图作图的基本方法

轴测图作图的基本方法是坐标定点法。首先应该知道直角坐标系在轴测投影面 P 上的投影，即各个轴向伸缩系数和轴间角的大小。然后根据物体的形状特征，选定适当的坐标原点，按照物体上各点的位置关系画出相应的轴测投影，依次连接各点的轴测投影即为物体的轴测图。在轴测图中，用粗实线画出物体可见轮廓。为了使物体的轴测图清晰，物体的不可见轮廓线一般不画，必要时才用细虚线表达。

图 8-4 所示为用坐标定点法求点 B 的轴测投影。

作图步骤如下：

1）根据轴间角的大小，作出轴测轴 OX、OY、OZ。

2）从点 O 沿轴测轴 OX 截取 $Ob_X = pX_B$（空间点 B 的 X 坐标），得点 b_X。

3）从点 b_X 引出平行于轴测轴 OY 的直线，并在此线上截取 $b_Xb = qY_B$（空间点 B 的 Y 坐标），得到点 b。

4）从点 b 引出平行于轴测轴 OZ 的直线，并在此线上截取 $bB = rZ_B$（空间点 B 的 Z 坐标），得点 B。

由以上作图可知，“轴测”的含义就是沿相应的轴向（坐标轴和轴测轴）测量线段的长度。坐标定点法是作点、线、面和体的轴测投影的基本作图方法。

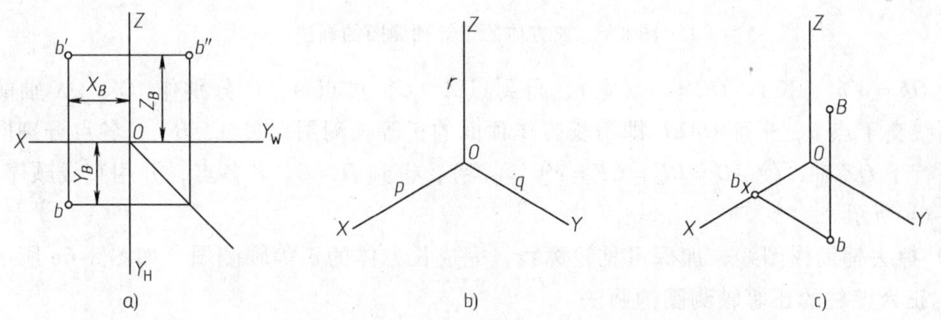

图 8-4　点的轴测投影的基本作图方法——坐标定点法
a）点的正投影图　b）轴测轴和轴向伸缩系数　c）用坐标定点法求点的轴测投影

8.2　正等轴测图

8.2.1　正等轴测图的轴向伸缩系数和轴间角

当投射线方向垂直于轴测投影面 P、且平面 P 与物体上的三个直角坐标轴的夹角相等时，三个轴向伸缩系数相等（$p_1 = q_1 = r_1$），这时在平面 P 上得到的投影为该物体的正等轴测图。

根据计算，正等轴测图的轴向伸缩系数 $p_1 = q_1 = r_1 = \cos 35°16' \approx 0.82$。轴测轴之间的轴间角 $\angle XOY = \angle YOZ = \angle ZOX = 120°$。为了便于作图，经常采用简化的轴向伸缩系数 $p = q = r = 1$，作图时沿轴向按实际尺寸量取，如图 8-5 所示。用简化轴向伸缩系数画出的轴测投影比实际物体的轴向长度都分别放大了 1/0.82≈1.22 倍，这样并不影响轴测图的立体感，所以本章均采用简化轴向伸缩系数作轴测图。

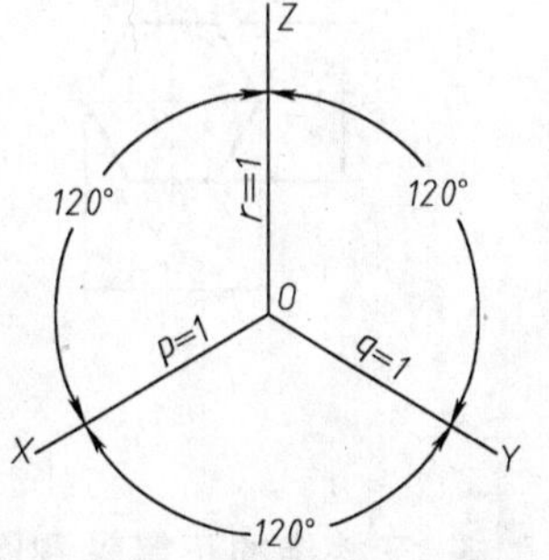

图 8-5　正等轴测图的基本参数

8.2.2　平面几何体的正等轴测图

1. 长方体的正等轴测图的画法

1）为了便于作图，在已知投影图上选定坐标原点及坐标轴，如图 8-6a 所示。

2）画轴测轴 OX、OY、OZ，从 O 点沿 OX、OY 轴分别量

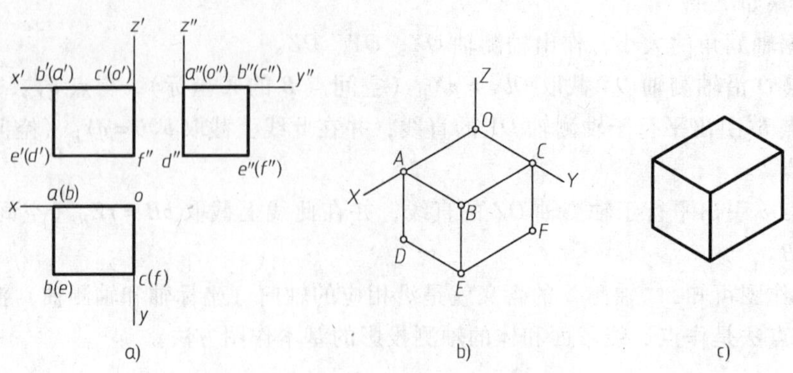

图 8-6　长方体的正等轴测图的画法

取线段 $OA=o'a'$（长）、$OC=oc$（宽），得到点 A、C，过点 A、C 分别作 OY、OX 轴的平行线，两线交于点 B，平面 $OABC$ 即为长方体顶面的正等轴测图；过 A、B、C 各点分别向下作直线平行于 OZ 轴，使 $AD=BE=CF=c'f'$（高），得到 D、E、F 各点，并用直线顺序连接，如图 8-6b 所示。

3）擦去辅助作图线，加深可见轮廓线，完成长方体的正等轴测图，如图 8-6c 所示。

2. 正六棱柱的正等轴测图的画法

1）正六棱柱的顶面与底面是相同的正六边形水平面，选择顶面中心作为坐标原点 O，并确定 OX、OY、OZ 轴方向，如图 8-7a 所示。

2）画出轴测轴 OX、OY、OZ，在 OX 轴上量取 OⅠ $=O$Ⅳ $=a/2$，在 OY 轴上量取 OⅦ $=O$Ⅷ $=b/2$，如图 8-7b 所示。

3）过点Ⅶ、Ⅷ作 OX 轴的平行线，分别以其为中点、按长度 $c/2$ 量得点Ⅱ、Ⅲ和Ⅵ、Ⅴ，并连接成六边形；再过Ⅵ、Ⅰ、Ⅱ、Ⅲ各点向下作 OZ 轴的平行线，在各线上量取高 h 得到底面正六边形的可见点，如图 8-7c 所示。

4）连接底面各可见点，擦去多余作图线，加深可见轮廓线，完成正六棱柱的正等轴测图，如图 8-7d 所示。

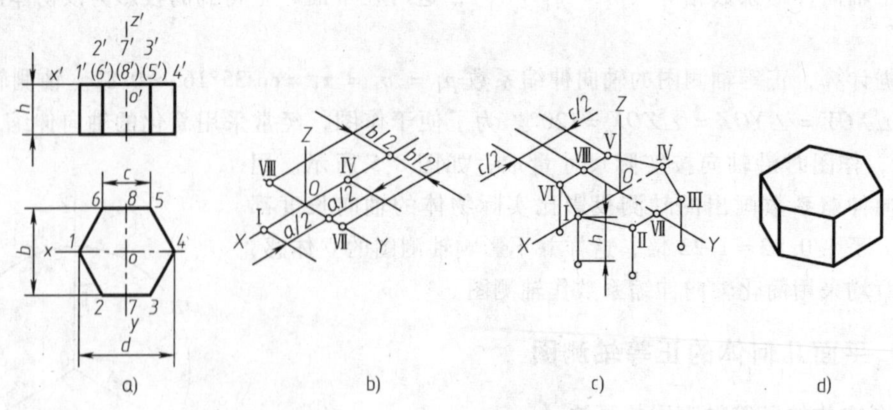

图 8-7　正六棱柱的正等轴测图的画法

3. 三棱锥的正等轴测图的画法

1）在投影图中选择点 B 作为坐标原点 O，并确定 OX、OY、OZ 轴方向，如图 8-8a

所示。

2）画出轴测轴 OX、OY、OZ，在 OX 轴上量取 $BA=a_x$ 得点 A，在 OY 轴上量取 c_y 得一交点；过该点作 OX 轴的平行线，并由该点量取 c_x 得点 C，如图 8-8b 所示。

3）在 OY 轴上由点 O 量取 s_y 得一交点，过该点作 OX 轴的平行线，并量取 s_x 得点 S_0，过 S_0 作 OZ 轴的平行线，并向上量取 s_z 得点 S，S 点即为锥顶 S 的投影，如图 8-8c 所示。

4）连接各顶点，擦去多余作图线，加深可见轮廓线，完成三棱锥的正等轴测图，如图 8-8d 所示。

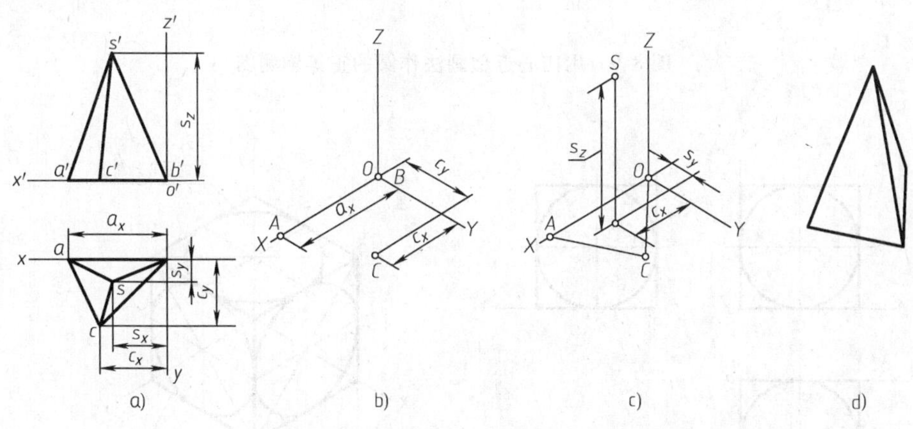

图 8-8 三棱锥的正等轴测图的画法

8.2.3 回转体的正等轴测图

画回转体正等轴测图的关键是画其端面的正等轴测图。

1. 平行于各坐标面的圆的正等轴测图画法

平行于各坐标面的圆的正等轴测图是椭圆。画图时常采用四心近似椭圆画法。先作出外切菱形，再求出四段圆弧的圆心及半径，然后用四段圆弧光滑连接成椭圆。下面以平行于水平面的圆为例，说明其正等轴测图的画法。

1）以圆心为坐标原点 O，确定 OX、OY 轴方向，并作圆的外切正方形，得切点 a、b、c、d，如图 8-9a 所示。

2）作轴测轴 OX、OY，从 O 点在轴测轴上量取圆的半径，得到切点 A、C、B、D，过点 A、C 作 OY 轴的平行线，过点 B、D 作 OX 轴的平行线，画出菱形，即为外切正方形的轴测投影；画出菱形的对角线，如图 8-9b 所示。

3）分别以点 1、2 为圆心、$1D$、$2B$ 为半径画大圆弧 DC、AB；连接 $1D$、$1C$（或连接 $2A$、$2B$)，与长对角线分别交于点 3、4，如图 8-9c 所示。

4）分别以点 3、4 为圆心、以 $3A$、$4C$ 为半径画小圆弧 AD、CB，四段圆弧即连成近似椭圆，如图 8-9d 所示。

图 8-10 所示为平行于三个坐标面的圆的正等轴测图，它们均为椭圆，其画法相似。椭圆的长、短轴都在菱形的长、短对角线上，只是方向不同。

2. 圆柱的正等轴测图的画法

1）在正投影图中选定坐标原点和坐标轴，如图 8-11a 所示。

2）画出轴测轴 OX、OY、OZ，从点 O 向 OZ 轴下方量取圆柱高 h、得底圆圆心，过圆心

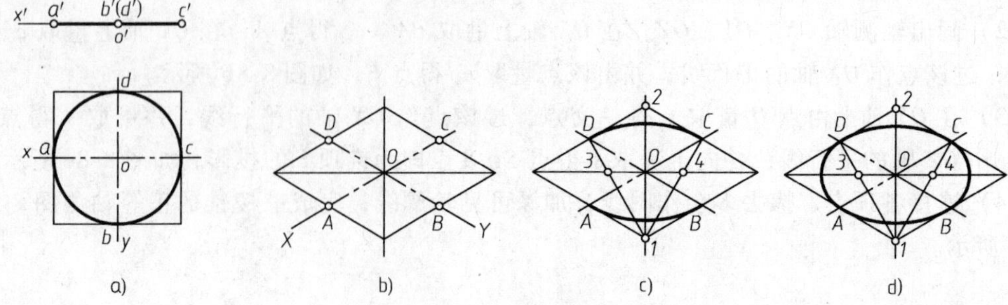

图 8-9　用四心近似画法作圆的正等轴测图

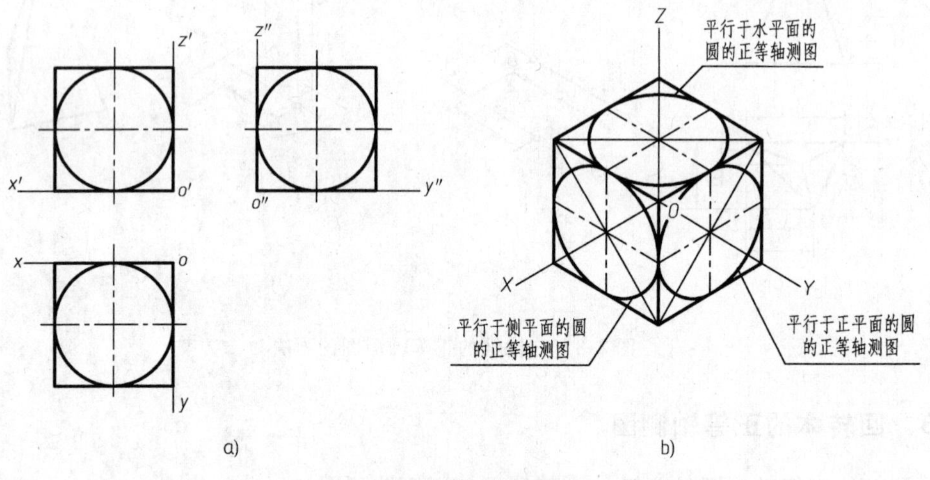

图 8-10　平行于三个坐标面的圆的正等轴测图

a）投影图　b）轴测图

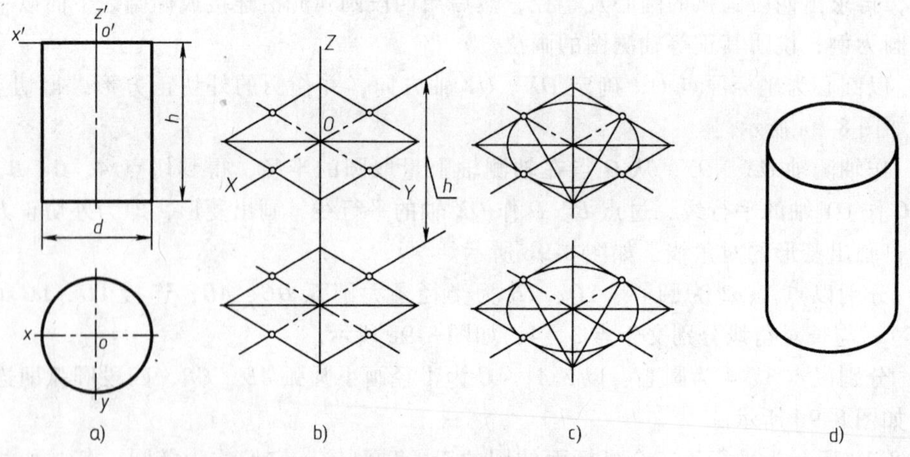

图 8-11　圆柱的正等轴测图的画法

作 OX、OY 轴的平行线；再分别画出顶圆、底圆的外切菱形，如图 8-11b 所示。

3）用四心近似椭圆画法画出顶面、底面与菱形内切的椭圆，画法与图 8-9 所示相同，如图 8-11c 所示。

4）画出两椭圆的公切线，擦去多余作图线，加深，即完成圆柱的正等轴测图，如图 8-11d 所示。

3. 圆锥台的正等轴测图的画法

1）在正投影图中选定坐标原点和坐标轴，如图 8-12a 所示。

2）画出轴测轴 OX、OY、OZ，按照圆锥台的高 h 向下量取底面圆心，过圆心分别作 OX、OY 轴的平行线，再画出其顶面、底面圆的外切菱形，然后按四心近似椭圆画法画出与菱形内切的椭圆，如图 8-12b 所示。

3）作顶面、底面椭圆的公切线，擦去多余作图线，加深，完成全图，如图 8-12c 所示。

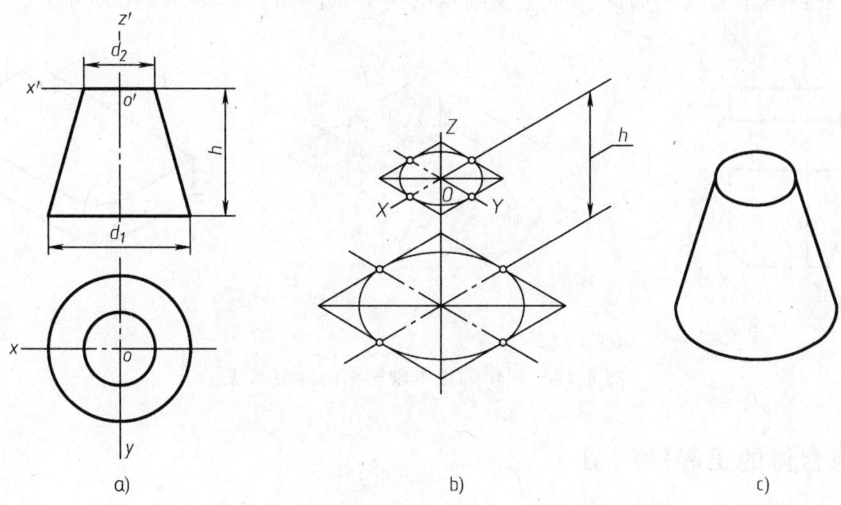

图 8-12　圆锥台的正等轴测图的画法

4. 球的正等轴测图的画法

1）在正投影图中选定坐标原点和坐标轴，如图 8-13a 所示。

2）画出轴测轴 OX、OY、OZ，并分别画出球的三面投影的轴测投影——圆的轴测投影，如图 8-13b 所示。

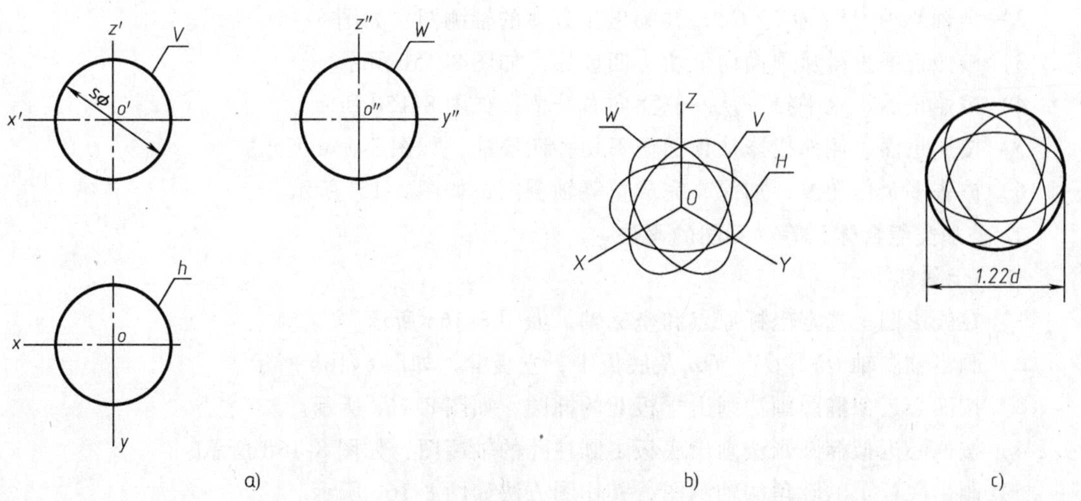

图 8-13　球的正等轴测图的画法

3）画出球的三面投影的轴测投影的外切圆，擦去多余作图线，加深，即完成球的正等轴测图，如图 8-13c 所示。

5. 圆角的正等轴测图的近似画法

1）画轴测图的坐标轴和长方体的正等轴测图。由尺寸 R（图 8-14a）确定切点 A、B、C、D，过这四个点作相应边的垂线，其交点为 O_1、O_2。以 O_1、O_2 为圆心，O_1A、O_2C 为半径作弧线 AB、CD，如图 8-14b 所示。

2）把圆心 O_1、O_2，A、B、C、D 按尺寸 h 向下平移，画出底面圆弧的正等轴测图，如图 8-14b 所示。

3）擦去多余作图线，加深，即完成圆角的正等轴测图，如图 8-14c 所示。

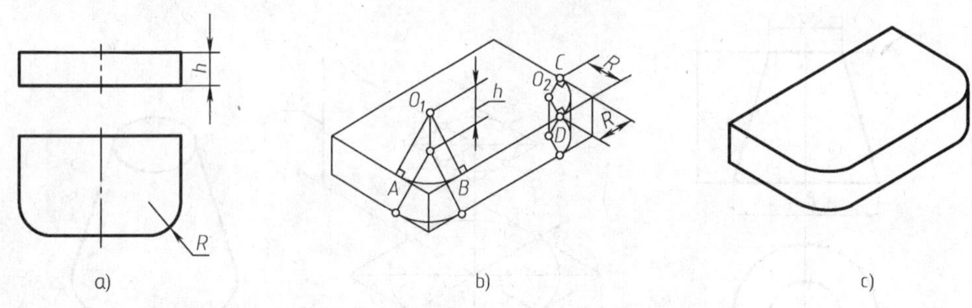

图 8-14　圆角的正等轴测图的近似画法

8.2.4　组合体的正等轴测图

组合体大多是由几个基本立体以叠加、切割等方式组合而成的。因此在画组合体的正等轴测图时，应首先分析其组合方式、各组成部分的形状及其相对位置，然后按相对位置逐个画出各组成部分的正等轴测图，再按组合方式完成组合体的正等轴测图。

1. 切割类组合体正等轴测图的画法

作图步骤如下：

1）在正投影图上选定坐标原点和坐标轴，如图 8-15a 所示。

2）画轴测轴 OX、OY、OZ，并画出长方体的轴测图，如图 8-15b 所示。

3）按照正面投影从顶面向下切去四棱柱，如图 8-15c 所示。

4）按照正面、水平投影从左侧面向右开槽，如图 8-15d 所示。

5）按照正面、侧面投影从顶面向下切去四棱柱，如图 8-15e 所示。

6）擦去多余作图线，加深，完成正等轴测图，如图 8-15f 所示。

2. 叠加类组合体正等轴测图的画法

作图步骤如下：

1）在投影图上选定坐标原点和坐标轴，如图 8-16a 所示。

2）画出轴测轴 OX、OY、OZ 及底板Ⅰ，立板Ⅱ，如图 8-16b 所示。

3）按四心近似椭圆画法画出立板Ⅱ的椭圆，如图 8-16c 所示。

4）按四心近似椭圆画法画出底板Ⅰ圆柱孔的轴测图，如图 8-16d 所示。

5）画出底板上的圆角的轴测图，其作图方法如图 8-16e 所示。

6）然后在立板前面按照投影图画出肋板Ⅲ，如图 8-16f 所示。

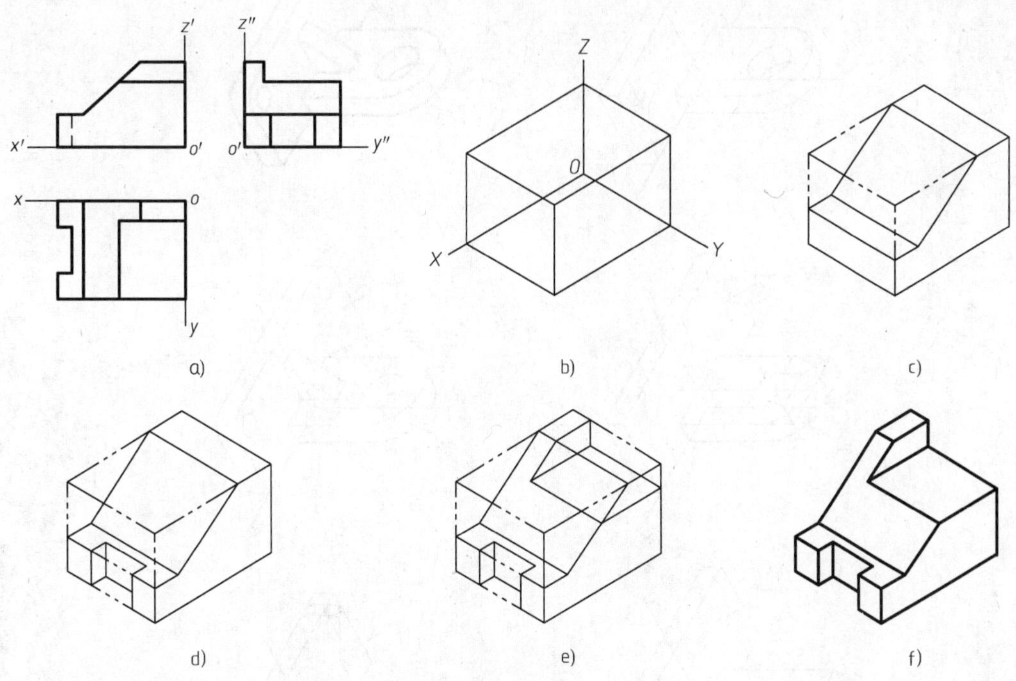

图 8-15　切割类组合体正等轴测图的画法

7）擦去多余作图线，加深，完成正等轴测图，如图 8-16g 所示。

8.3　斜二轴测图

8.3.1　斜二轴测图的轴间角及轴向伸缩系数

国家标准规定了斜二轴测图的轴间角和轴测轴的画法，如图 8-17 所示，$\angle XOZ = 90°$，$\angle XOY = \angle YOZ = 135°$。斜二轴测图的轴向伸缩系数 $p_1 = r_1 = 1$，$q_1 = 0.5$。

注意：画斜二轴测图时，凡平行于 X 轴和 Z 轴的线段按 1:1 量取，平行于 Y 轴的线段按 1:2 量取。

8.3.2　平行于各坐标面圆的斜二轴测图

从图 8-18 中可以看出，平行于 XOZ 坐标面的圆的斜二轴测图反映实形，平行于其他坐标面的圆的斜二轴测图为椭圆，且椭圆的近似画法较复杂。当零件的某一投影上具有较多圆时，宜选用斜二轴测图，并使多圆的方向平行于轴测投影面 XOZ。而当物体上有平行于两（或三）个坐标面的圆时，则应选用正等轴测图的画法。

8.3.3　斜二轴测图画法举例

1. 正方体斜二轴测图的画法

1）在投影图上选定坐标原点和坐标轴，如图 8-19a 所示。

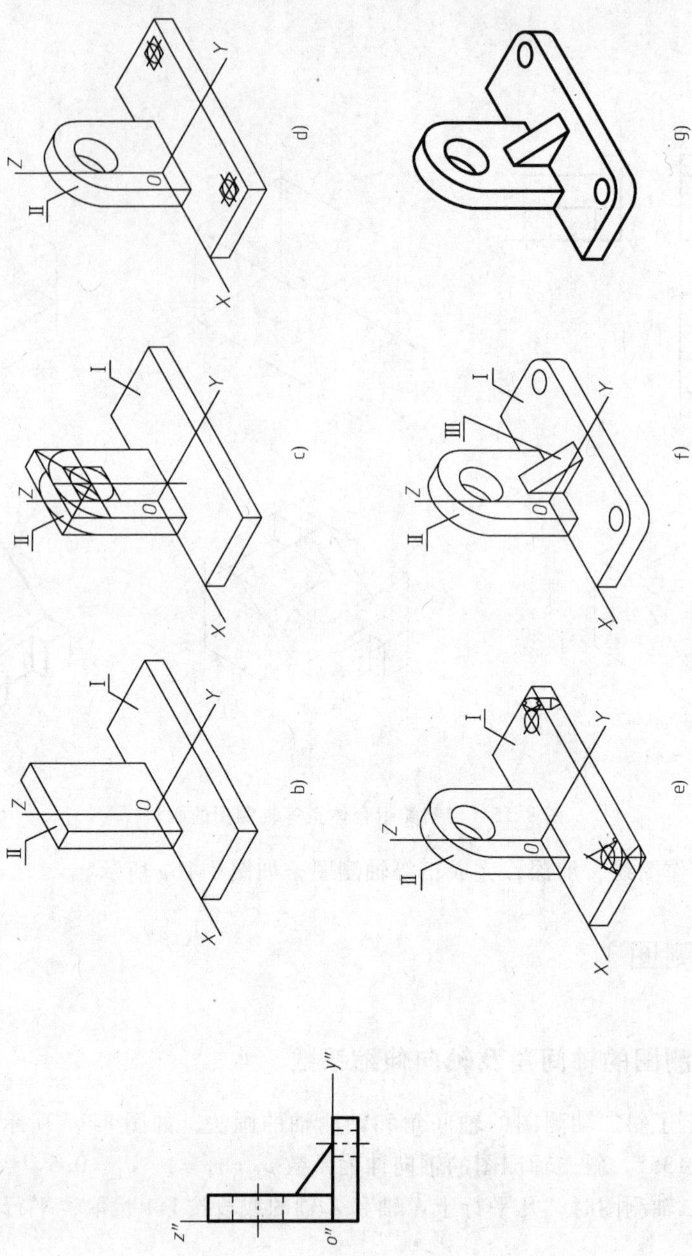

图 8-16 叠加类组合体正等轴测图的画法

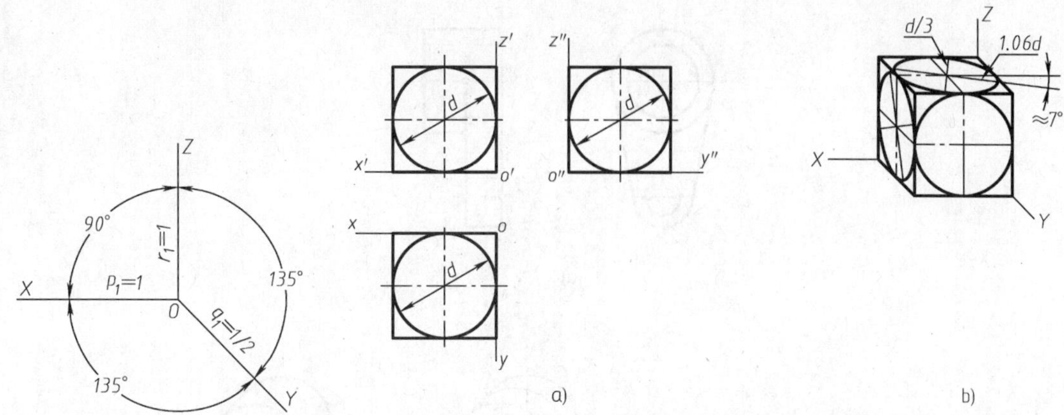

图 8-17 斜二轴测图的基本参数　　图 8-18 平行于各坐标面圆的斜二轴测图的画法

2）画出轴测轴 OX、OY、OZ，从 O 点出发作顶面各点的轴测图，使 $OA=oa$、$OC=oc/2$，过点 A、C 分别作直线平行于 OY、OX 轴，两线交于点 B，平面 $OABC$ 即为正方体顶面的轴测图；过点 A、B、C 分别向下作 OZ 轴的平行线，并使 $AD=BE=CF=c'f'$，连接点 D、E、F，如图 8-19b 所示。

3）擦去多余作图线，加深，完成正方体的斜二轴测图，如图 8-19c 所示。

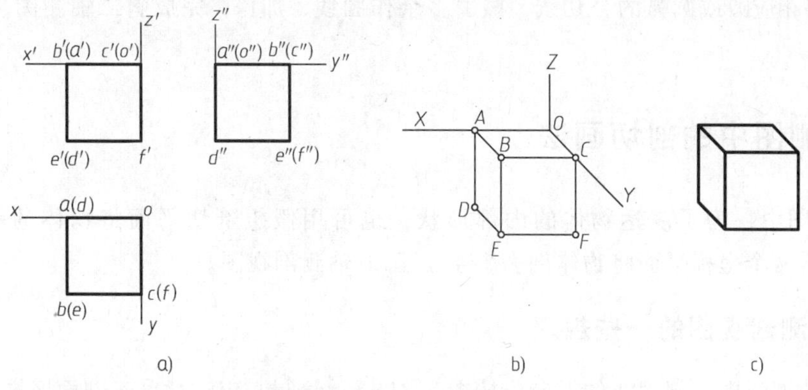

图 8-19 正方体斜二轴测图的画法

2. 组合体斜二轴测图的画法

图 8-20 所示的组合体由圆筒和支板组成，它们的前后端面均有平行于 XOZ 坐标面的圆及圆弧，其正面投影反映实形，宜采用斜二轴测图。作图步骤如下：

1）选定坐标原点和坐标轴，如图 8-20a 所示。

2）画出轴测轴 OX、OY、OZ，由点 O 沿 OY 轴作出点Ⅱ、Ⅰ，且令 OⅡ为 $o''2''$ 线段长度的一半，或为 $4''3''$ 线段长度的一半；OⅠ为 $o''1''$ 线段长度的一半，由点 O 向 OZ 轴下方作出点Ⅳ（OⅣ $=o''4''$）；由点Ⅳ作 OY 轴的平行线，由点Ⅱ向下作 OZ 轴的平行线，两线交于点Ⅲ，如图 8-20b 所示。

3）分别以 O、Ⅱ、Ⅰ点为圆心，按正面投影图上的不同半径画圆筒轴测图上的各圆、圆弧；再以Ⅲ、Ⅳ点为圆心，按正面投影图上支板的圆柱孔及圆柱面的半径画圆、圆弧，如图 8-20c 所示。

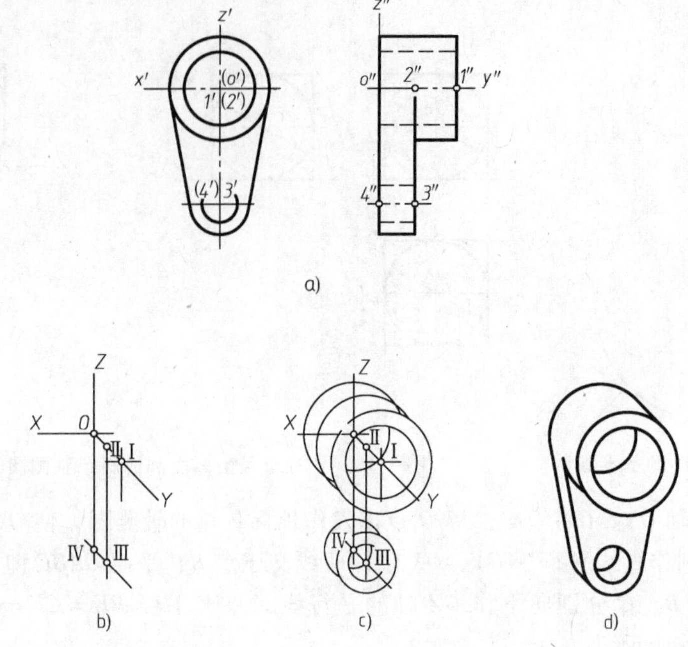

图 8-20　组合体斜二轴测图的画法

4）作各相应圆或圆弧的公切线，擦去多余作图线，加深，完成斜二轴测图，如图 8-20d 所示。

8.4　轴测图中的剖切画法

在轴测图中，为了表达物体的内部形状，也可用假想剖切平面将物体的一部分剖去（通常是沿着两个坐标平面将物体剖去 1/4），画成轴测剖视图。

8.4.1　轴测剖视图的一些规定

1）在轴测图中，剖面线的方向应按图 8-21 所示绘制。应注意：三剖面区域内的剖面线的方向不同，但应是等距的平行细实线。

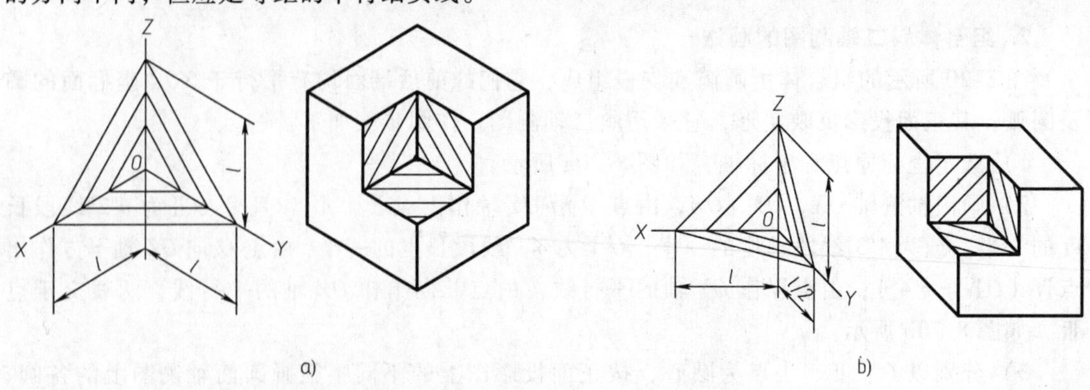

图 8-21　常用轴测图上剖面线的方向

a）正轴测剖面线的方向　b）斜二测剖面线的方向

2）当剖切平面通过物体的肋或薄壁等结构的纵向对称平面时，这些结构都不画剖面线，而用粗实线将它与邻接部分分开，如图8-22a所示。若在图中表示不够清晰时，也允许在肋或薄壁部分用细点表示被剖切部分，如图8-22b所示 。

3）表示物体中间折断或局部断裂时，断裂处的边界线应画波浪线，并在可见断裂面内加画细点以代替剖面线，如图8-23所示。

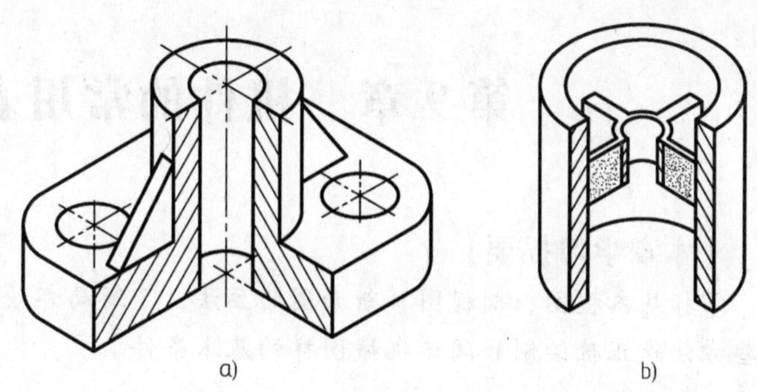

图8-22 肋板的剖切画法
a）肋板不画剖面线 b）用细点表示被剖切的部分

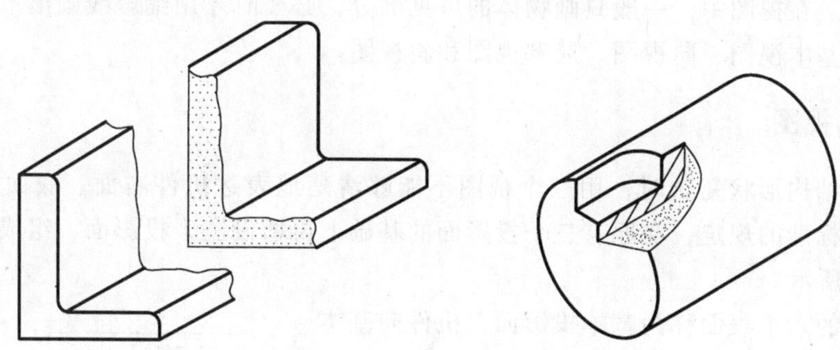

图8-23 物体断裂面的画法

8.4.2 轴测剖视图的画法

作图步骤如下：

1）确定坐标轴的位置，如图8-24a所示。

2）画出圆筒的轴测图及剖切平面与圆筒内外表面、上下底面的交线，如图8-24b所示。

3）画出剖切平面后面可见部分的投影，如图8-24c所示。

4）擦掉多余的轮廓线及外形线，加深并画剖面线，如图8-24d所示。

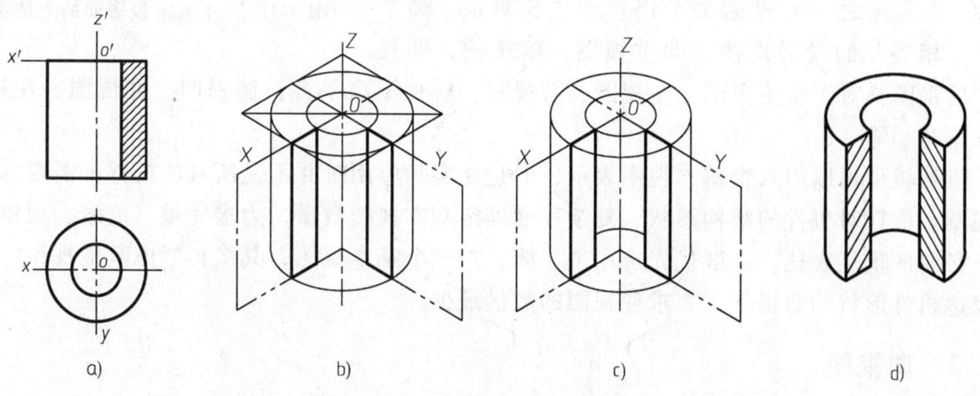

图8-24 空心圆柱轴测剖视图的画法

第 9 章　机件的常用表达方法

【本章学习提要】

掌握基本视图、剖视图、断面图的画法，了解局部放大图、简化画法及应用。熟练掌握这些方法是正确绘制和阅读机械图样的基本条件。

9.1　视图

根据有关标准和规定，用正投影法所绘制出的物体图形称为视图。视图主要用来表达机件的外部结构。在视图中，一般只画物体的可见部分，必要时才用细虚线画出不可见部分。

视图分为基本视图、向视图、局部视图和斜视图。

9.1.1　基本视图

当机件的结构形状复杂时，用三个视图不能够清楚地表达机件右面、底面和后面的形状。根据国家标准的规定，在原有三个投影面的基础上再增设三个投影面，组成一个正六面体，如图 9-1 所示。

该六面体的六个表面称为基本投影面。机件向基本投影面投射所得的视图称为基本视图。由前向后投射得到主视图；由上向下投射得到俯视图；由左向右投射得到左视图；由右向左投射得到右视图；由下向上投射得到仰视图；由后向前投射得到后视图。

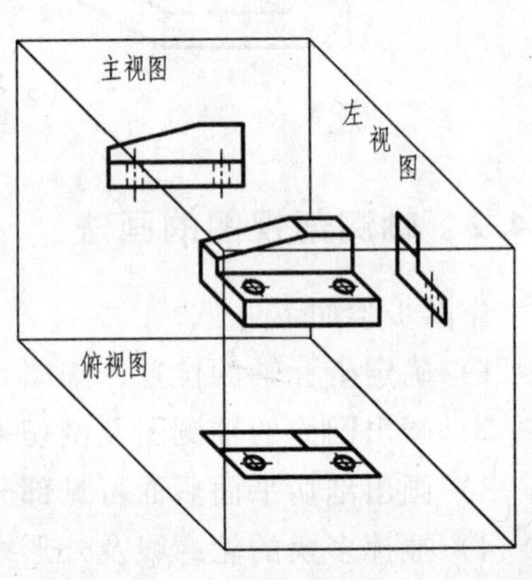

图 9-1　六个基本投影面的立体图

主视图的投射方向仍是以反映物体主要结构特征和相互位置关系为准。主视图的投射方向和摆放位置确定以后，其他各视图的投射方向和摆放位置也就随之确定。基本投影面的展开方法如图 9-2 所示。这六个视图为基本视图，按图 9-3 所示配置，并且不标注各视图的名称。各视图之间的投影关系仍符合“长对正、高平齐、宽相等”的投射规律，即主视图、俯视图、仰视图、后视图长对正；主视图、左视图、右视图、后视图高平齐；俯视图、仰视图、左视图、右视图宽相等。

虽然机件可以用六个基本视图表示，但是在实际应用时并不是所有的机件都需要六个基本视图。应针对机件的结构形状、复杂程度确定基本视图数量，力求完整、清晰、简单，避免不必要的重复表达。一般优先选用主、俯、左三个基本视图，其次再考虑其他视图。在清晰表达机件形状的前提下，力求使视图的数量最少。

9.1.2　向视图

可以自由配置的基本视图称为向视图。有时为了合理利用图纸可以不按规定位置绘制基

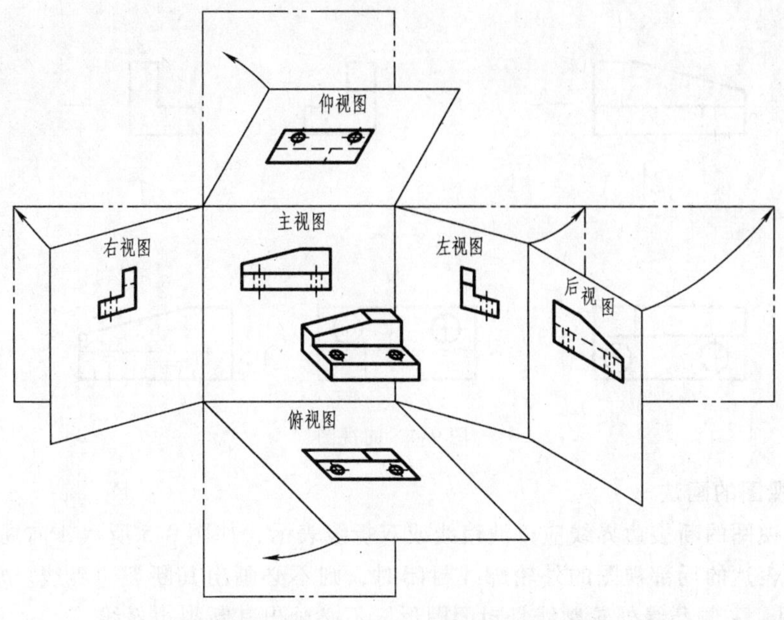

图 9-2　基本投影面的展开方法

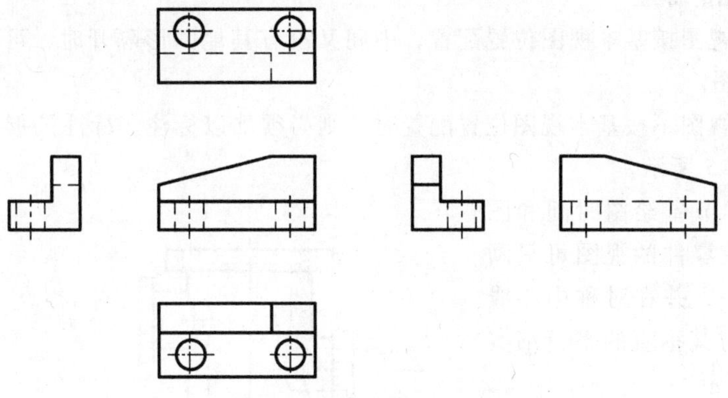

图 9-3　基本视图的配置

本视图，如图 9-4 所示可以自由配置。由于它已不按投射方向摆放，故画向视图必须加以标注。即在向视图的上方，用大写的拉丁字母（如 *A*、*B*、*C* 等）标出向视图的名称“×”，并在相应的视图附近用箭头指明投射方向，同时注上相同的字母。表示投射方向的箭头尽可能配置在主视图上。表示后视图的投射方向时，应将箭头配置在左视图或右视图上。

9.1.3　局部视图

局部视图是将物体的某一部分向基本投影面投射所得的视图，通常用来局部表达机件的外形。

当机件的主体结构已由基本视图表达清楚，仅有部分结构尚未表达清楚，又没有必要画出完整的基本视图时，可以只将机件的该部分画出，已表达清楚的部分不画。如图 9-5 所示，机件左、右侧凸缘形状在主、俯视图中均未表达清楚，但又不必画出完整的左视图，所以用 *A* 向和 *B* 向局部视图表达凸缘形状，这样既简单明确又突出重点。

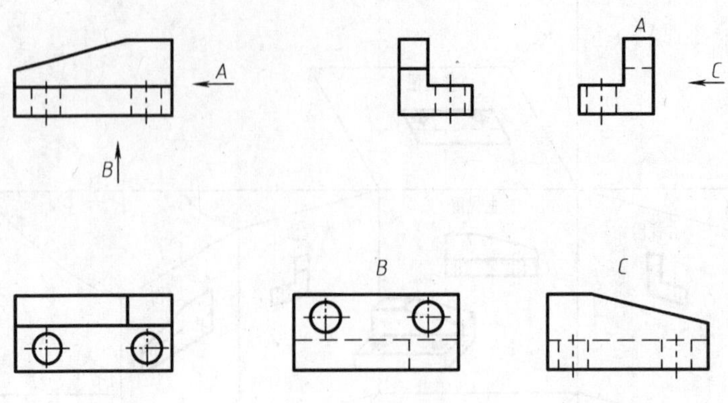

图 9-4　向视图

1. 局部视图的画法

1）局部视图的断裂边界线应以波浪线或双折线表示，如图 9-5 所示 *A* 向局部视图。

2）当所表达的局部视图的外轮廓线封闭时，则不必画出其断裂边界线。如图 9-5 所示 *B* 向局部视图，左侧凸缘外轮廓线是封闭图形，不必画出其断裂边界线。

3）局部视图可以按基本视图位置配置，也可按向视图的形式配置。

2. 局部视图的标注

1）当局部视图按基本视图位置配置，中间又没有其他图形隔开时，可省略标注，如图 9-7所示的俯视图。

2）当局部视图不按基本视图位置配置时，则必须加以标注。标注的形式和向视图的标注相同，如图 9-5 所示。

另外，为了节省绘图时间和图幅，对称构件或零件的视图可只画一半或四分之一，并在对称中心线两端画出两条与其垂直的平行细实线，如图 9-6 所示。

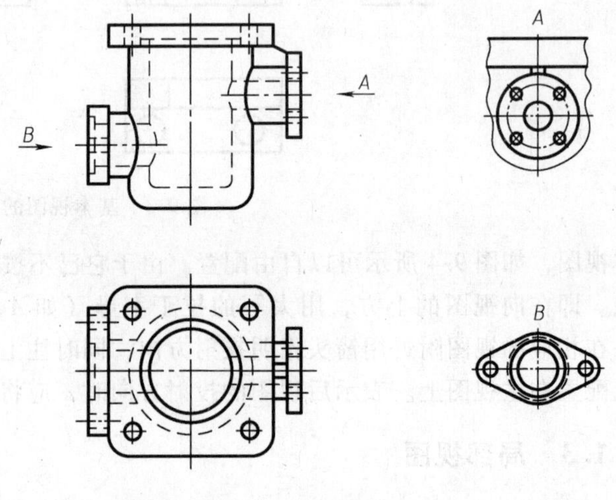

图 9-5　局部视图

9.1.4　斜视图

斜视图是将机件向不平行于基本投影面的平面投射所得到的视图。图 9-7 主视图所示的弯板右上部分，在基本视图中均不能反映该部分的实形。为了表达该部分的实形，利用换面法的原理，选择一个辅助投影面平行于倾斜结构且垂直于某基本投影面，将倾斜结构向该辅助投影面投射得到的视图即为斜视图。

1. 斜视图的画法

1）斜视图只画出机件倾斜结构的真实形状，其他部分用波浪线断开，如图 9-7a 所示。

2）斜视图一般按投射方向配置，保持投射关系。为了作图方便和合理利用图纸，也可

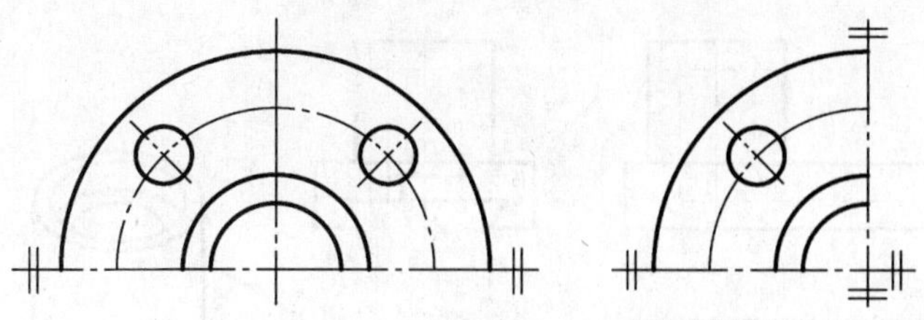

图 9-6　对称机件的局部视图

以配置在其他适当位置；或将图形旋转，使图形的主要轮廓线或中心线成水平或垂直方向，如图 9-7b、c 所示。

2. 斜视图的标注

1）斜视图的标注形式与向视图相同，如图 9-7a 所示。

2）当图形旋转配置时必须标出旋转符号，且旋转符号箭头应靠近字母，旋转符号的方向应与实际旋转方向相一致，如图 9-7b 所示。也允许将旋转角度值标在字母之后，如图 9-7c所示。旋转符号的尺寸和比例如图 9-8 所示。

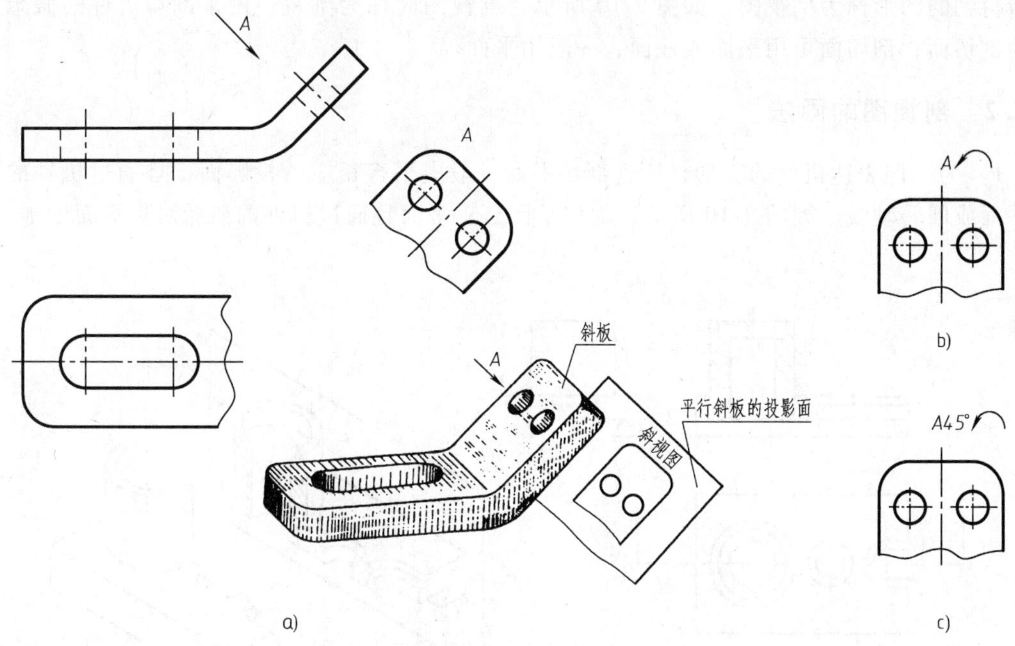

图 9-7　斜视图的画法

9.2　剖视图

机件上不可见部分的投影在视图中用虚线表示，如图 9-9 所示。当机件的内部结构比较复杂时，视图中会出现较多细虚线，这些细虚线与粗实线及其他线型重叠在一起既影响视图的清晰，又不利于读图与标注尺寸。因此，国家标准中规定用剖视图来表达机件的内部结构形状。

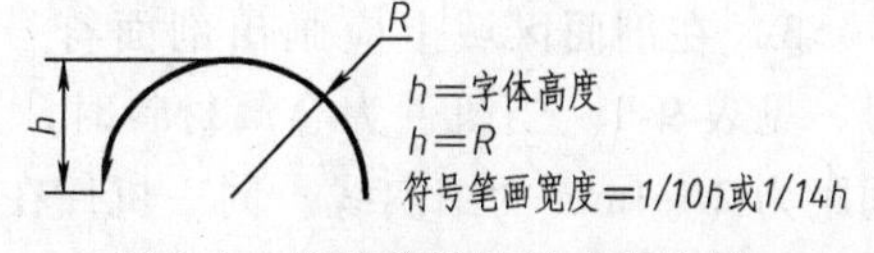

图 9-8　旋转符号的尺寸和比例

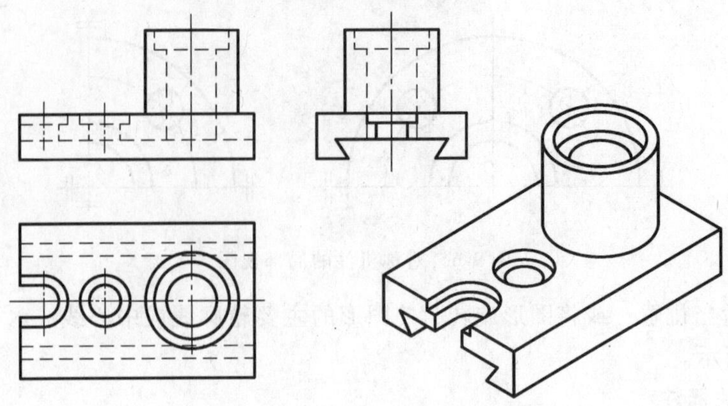

图 9-9　机件的轴测图和三面投影图

9.2.1　剖视图的基本概念

假想用剖切面剖开机件，将处在观察者和剖切面之间的部分移去，其余部分向投影面投射所得到的图形称为剖视图，如图 9-10 所示。剖视图简称为剖视，用来剖切机件的假想面称为剖切面，剖切面可用平面或柱面，一般用平面。

9.2.2　剖视图的画法

1）为了能表达机件的实形，所选剖切平面一般应平行相应的投影面，且通过机件的对称平面或回转轴线。如图 9-10 所示，剖切平面是正平面且通过机件的前后对称平面。

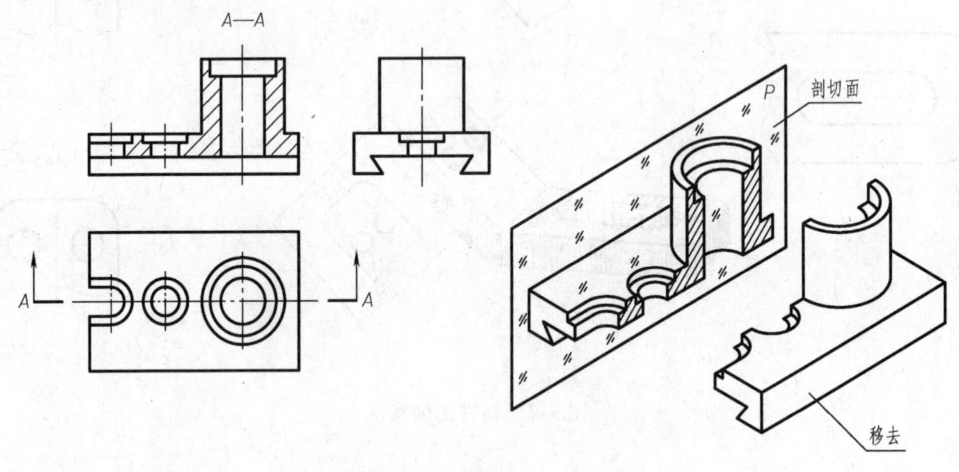

图 9-10　剖视图的基本概念

2）剖视图由两部分组成，一部分是机件和剖切面接触的部分，该部分称为剖面区域，如图 9-11b 所示；另一部分是剖切面后边可见部分的投影，如图 9-11c 所示。

3）在剖面区域上应画出剖面符号。国家标准中规定，对不同材料使用不同的剖面符号，见表 9-1。当机件为金属材料时，其剖面符号是与主要轮廓线或剖面区域对称线成 45°，间距为 2 ~4mm 的细实线。同一机件在各个剖视图中的剖面线倾斜方向和间距都必须一致。

4）由于剖切是假想的，所以当某个视图取剖视后，其他视图仍按完整的机件画出，如

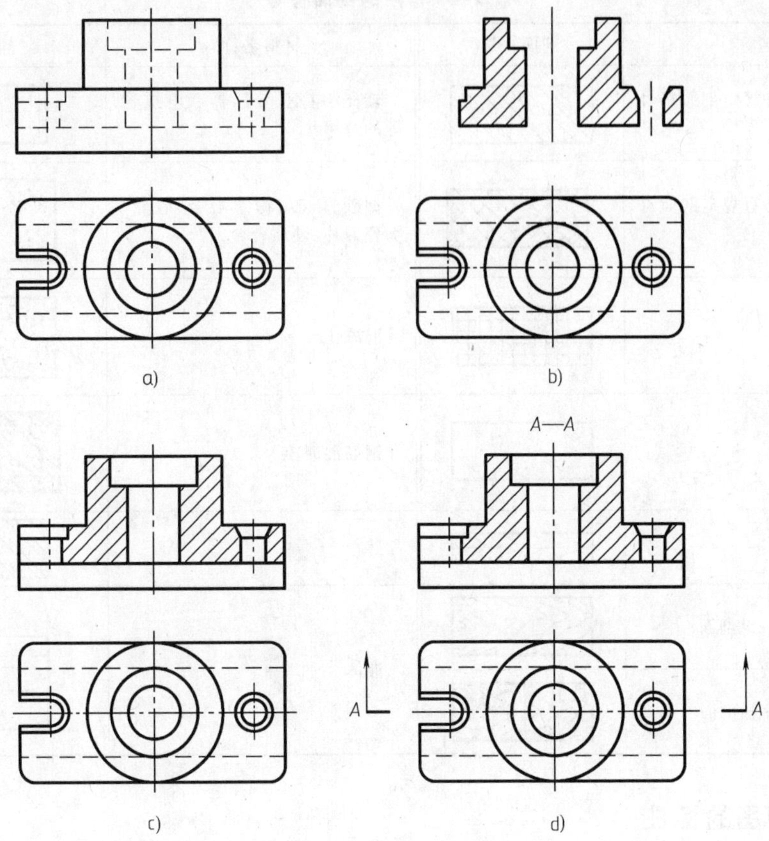

图 9-11　剖视图的画法

图 9-10 所示的俯视图和左视图。

5）在剖视图中已表达清楚的结构形状，在其他视图中的投影若为细虚线，一般省略不画，如图 9-10 所示俯、左视图中的细虚线均可省略不画。但是未表达清楚的结构，允许画必要的细虚线，如图 9-11 所示。

6）在剖视图中不要漏线或多线，如图 9-12 所示。

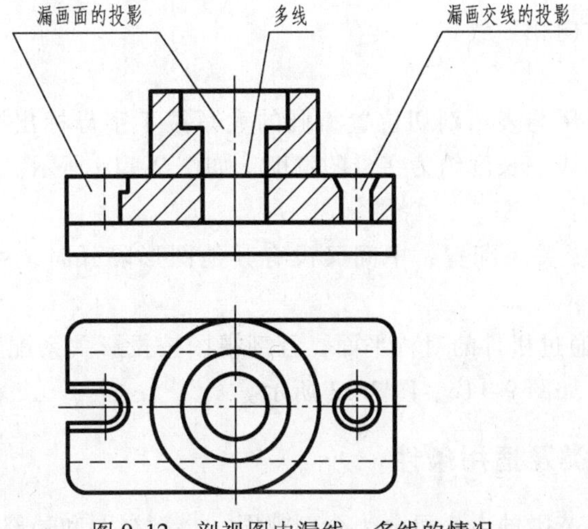

图 9-12　剖视图中漏线、多线的情况

表 9-1　常用的剖面符号

材料名称		剖面符号	材料名称	剖面符号
金属材料(已有规定剖面符号者除外)			转子、电枢、变压器和电抗器等的叠钢片	
非金属材料(已有规定剖面符合者除外)			型砂、填砂、粉末冶金、砂轮、陶瓷刀片、硬质合金刀片等	
线圈绕组元件			混凝土	
玻璃			钢筋混凝土	
木质胶合板			砖	
木材	纵剖面		液体	
	横剖面			

9.2.3　剖视图的标注

对剖视图进行标注的目的是为了便于看图，一般应标注剖切符号和剖视图名称，而剖切符号包括剖切位置和投射方向。

1. 剖切位置

在相应的视图上用宽为 1 ~ 1.5d，长约 5 ~ 10mm 的粗实线表示剖切位置，并注上大写拉丁字母。注意粗实线不能与图形的轮廓线相交。

2. 投射方向

机件被剖切后应指明投射方向，表示投射方向的箭头应画在粗实线的起、讫处。注意箭头的方向应与看图的方向相一致。

3. 剖视图的名称

在剖视图的上方，用与表示剖切位置相同的大写拉丁字母标出视图的名称“×—×”，字母之间的短画为细实线，长度约为字母的宽度，如图 9-11d 所示。

下列情况省略标注：

1）当剖视图按投影关系配置，中间又没有其他图形隔开时，可省略箭头，如图 9-13 所示。

2）当单一剖切面通过机件的对称平面，且剖视图按投影关系配置，中间又没有其他图形隔开时，不必标注，如图 9-11c、图 9-13 所示。

9.2.4　剖视图的分类及适用条件

剖视图按剖切机件范围的大小可分为全剖视图、半剖视图和局部剖视图。

1. 全剖视图

（1）概念　用剖切面完全地剖开机件所得的剖视图称为全剖视图。

（2）适用条件　全剖视图主要用于外形简单，内部形状复杂，且又不对称的机件。

（3）全剖视图的画法　图 9-10 中的主视图、图 9-18 中的俯视图采用了全剖视的画法。

（4）全剖视图的标注　全剖视图的标注采用前述剖视图的标注方法。

2. 半剖视图

（1）概念　当机件具有对称平面时，向垂直于对称平面的投影面上投射所得的图形，以对称中心线为界，一半画成剖视图，另一半画成视图，这种剖视图称为半剖视图。

（2）适用条件　半剖视图主要用于内、外形状均需表达的对称机件。

如图 9-13 所示，该机件的内外形状都比较复杂，若主视取全剖，则该机件前方的凸台将被剖掉，因此就不能完整地表达该机件的外形。由于该机件前后、左右对称，为了清楚地表达该机件顶板下的凸台、顶板形状及四个小孔的位置，将主视图和俯视图都画成半剖视图。

（3）半剖视图的画法

1）视图与剖视图之间必须以细点画线为界。

2）由于机件对称，如内部结构已在剖视部分表达清楚，在画视图部分时表示内部形状的虚线可省略不画。

3）画半剖视图时，剖视图部分的位置通常按以下习惯配置：

主视图中位于对称线右边；俯视图位于对称线前边或右边；左视图中位于对称线右边。

（4）半剖视图的标注

1）半剖视图的标注与全剖视图相同。如图 9-13 所示，俯视图取半剖，剖视图在基本视图位置，与主视图之间无其他图形隔开，所以省略箭头。主视图取半剖视，因剖切平面通过对称平面，且俯视图与主视图之间无其他图形隔开，故省略标注。

2）应特别注意不能在中心线上画出垂直相交的剖切符号，如图 9-14 所示。

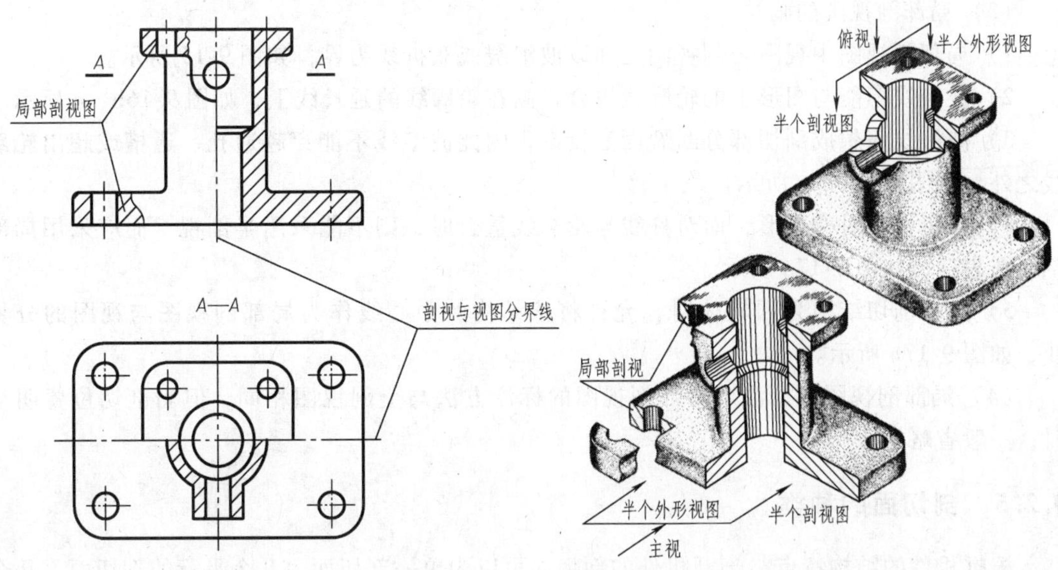

图 9-13　半剖视图

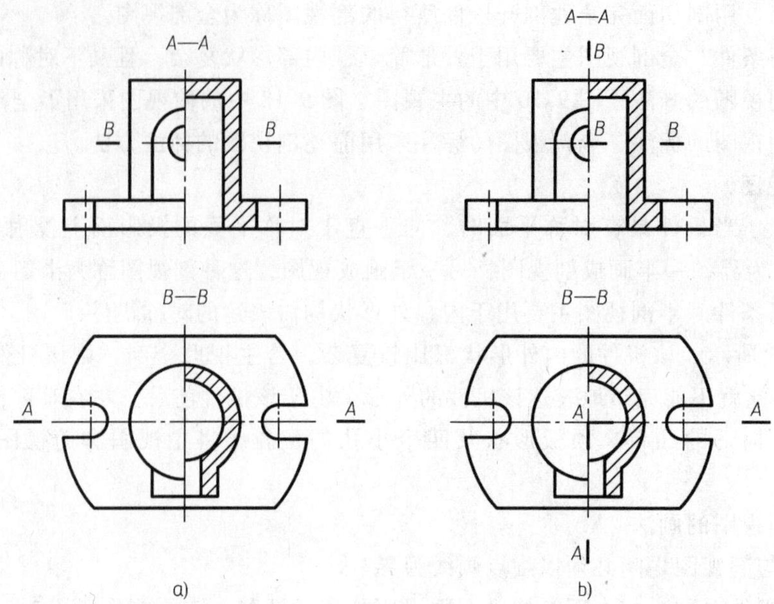

图 9-14　半剖视图的标注

a）正确标注　b）错误标注

3. 局部剖视图

（1）概念　用剖切面局部地剖开机件所得的剖视图称为局部剖视图，如图 9-15 所示。局部剖视图不受机件结构是否对称的限制，剖切位置及范围可根据实际需要选取，是一种比较灵活的表达方法。若运用得当，可使视图简明、清晰，但在一个视图中不要有过多的局部剖视图，这样会给看图带来困难。选用时要考虑到看图方便。

（2）适用范围　局部剖视图一般用于内外结构形状均需表达的不对称的机件。

（3）局部剖视图的画法

1）局部剖视图中视图与剖视图之间以波浪线或双折线为界，如图 9-15 所示。

2）波浪线不能与图形上的轮廓线重合或画在轮廓线的延长线上，如图 9-16b、e 所示。

3）波浪线假想成剖切部分断裂面的投影，因此波浪线不能穿越通孔、通槽或超出轮廓线之外，如图 9-16c、g 所示。

4）当机件为对称图形，而对称线与轮廓线重合时，则不能采用半剖视，而应采用局部剖视图表达，如图 9-17a 所示。

5）当被剖切结构为回转体时，允许将该结构的中心线作为局部剖视图与视图的分界线，如图 9-17b 所示。

（4）局部剖视图的标注　局部剖视图的标注方法与全剖视图相同，但当剖切位置明显时，一般省略标注。

9.2.5　剖切面的种类

根据机件的结构特点，剖开机件的剖切面可以为单一剖切面、几个平行的剖切面、几个相交的剖切面三种情况。

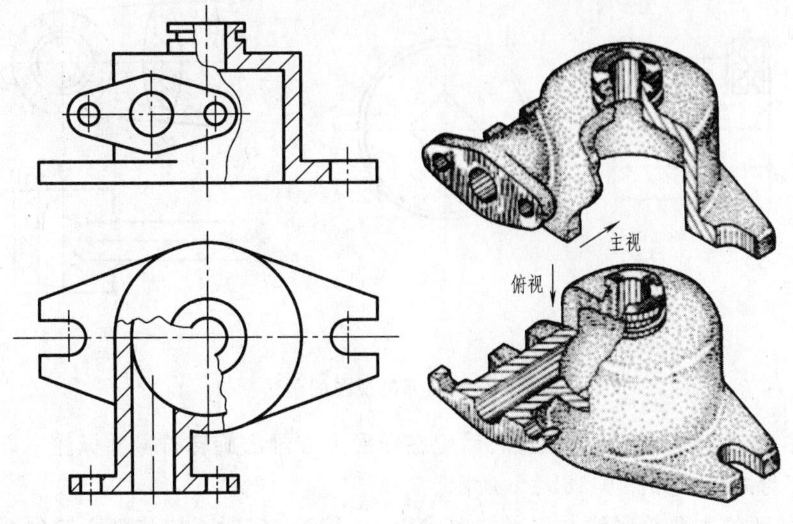

图 9-15　局部剖视图

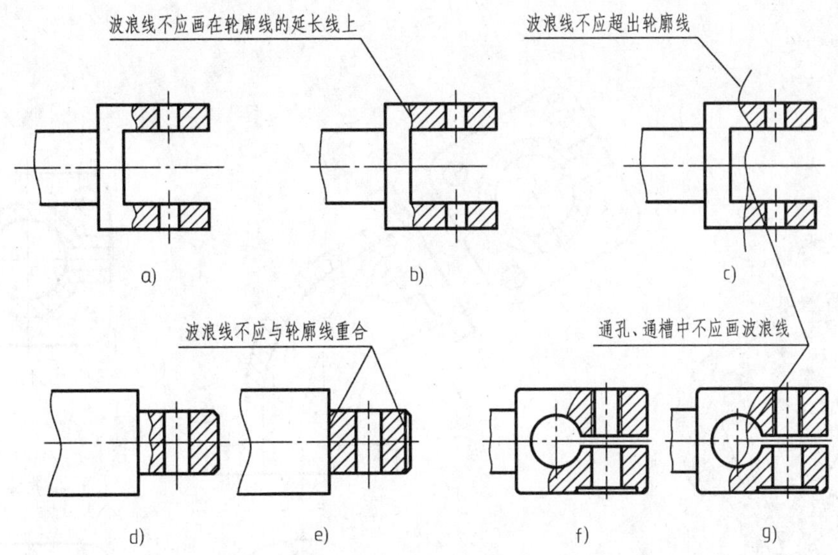

图 9-16　局部剖视图中波浪线的画法

a）正确　b）错误　c）错误　d）正确　e）错误　f）正确　g）错误

1. 单一剖切面

1）单一剖切面有三种形式：平行于基本投影面的单一剖切平面、不平行于基本投影面的单一剖切平面和单一剖切柱面。用一个平行于基本投影面的平面剖开机件，如前所述的全剖视图、半剖视图、局剖视图所用到的剖切面均属此种剖切面。这是一种常用的剖切方法。

2）用一个不平行于基本投影面，但垂直于一个基本投影面的单一剖切平面剖开机件得到的剖视图，如图 9-18 所示。

画此剖视图时应注意：

① 剖视图尽量按投射关系配置，如图 9-18a 所示的 *A—A* 剖的全剖视图；也可以移到其

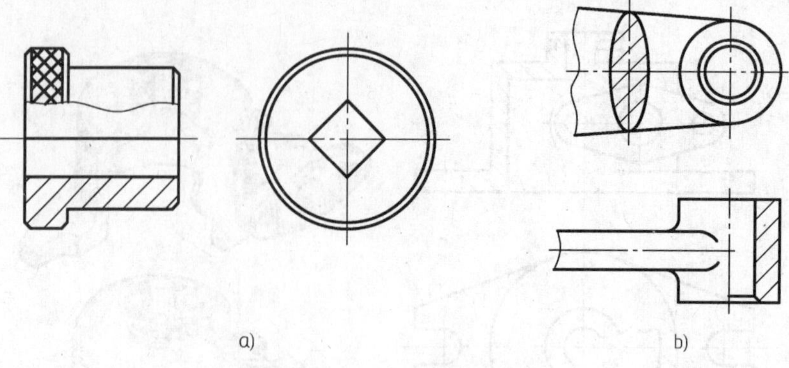

图 9-17　局部剖视图的画法

他适当位置并允许将图形旋转，但旋转后应在图形上方画出旋转符号并标注字母，也可将旋转角度标在字母之后，如图 9-18b、c 所示。

② 当剖视图的主要轮廓线与水平方向成 45°或接近 45°时，应将剖面符号画成与水平方向成 30°或 60°的倾斜线，倾斜方向仍与该机件其他剖视图中的剖面符号方向趋势一致。

③ 画此剖视图时，必须标注，注意字母一律水平书写，如图 9-18 所示的“*A—A*”。

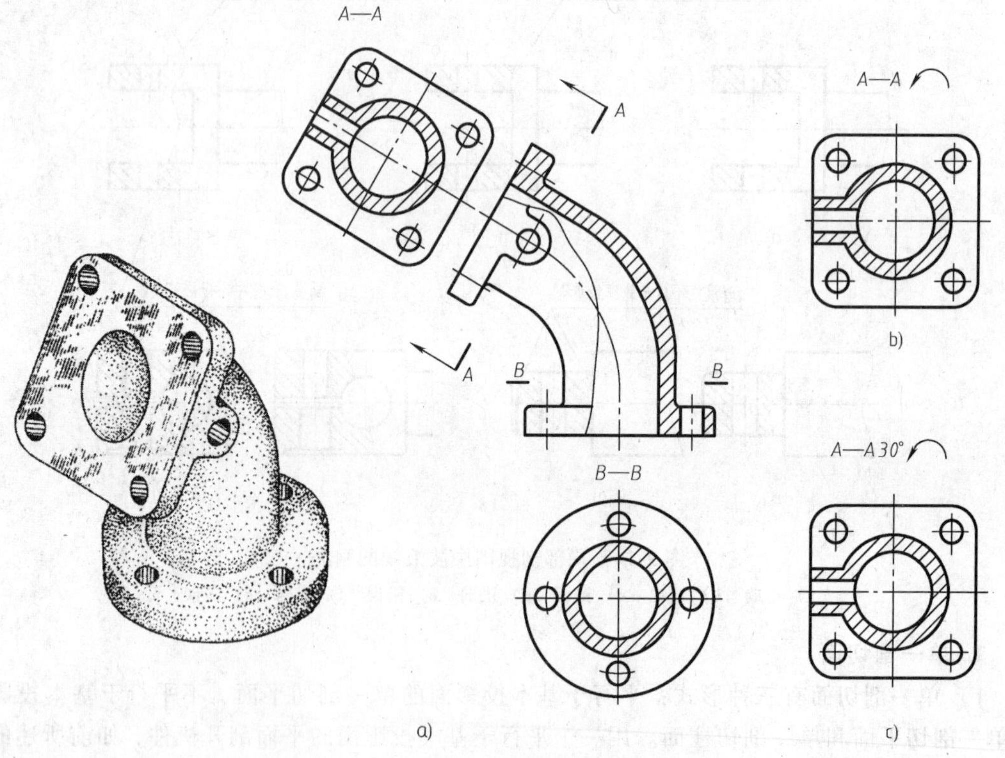

图 9-18　单一剖切平面剖切获得的全剖视图

2. 几个相交的剖切面

用几个相交的剖切平面获得的剖视图应旋转到一个投影面上。采用这种方法画剖视图时，先假想按剖切位置剖开机件，然后将剖切平面剖开的结构及其有关部分旋转到与选定的投影面平行后再进行投射。如图 9-19 所示，圆盘上分布的四个阶梯孔与销孔、圆柱孔只用一个剖切平面不能同时剖切到，为此需用两个相交的剖切平面剖开所需表达的结构，移去右边部分，并将倾斜的部分旋转到与投影面平行后，再进行投射得到全剖视图。

用几个相交的剖切平面剖切机件，多用于表达具有公共回转轴的机件，如轮盘、回转体类机件和某些叉杆类机件。

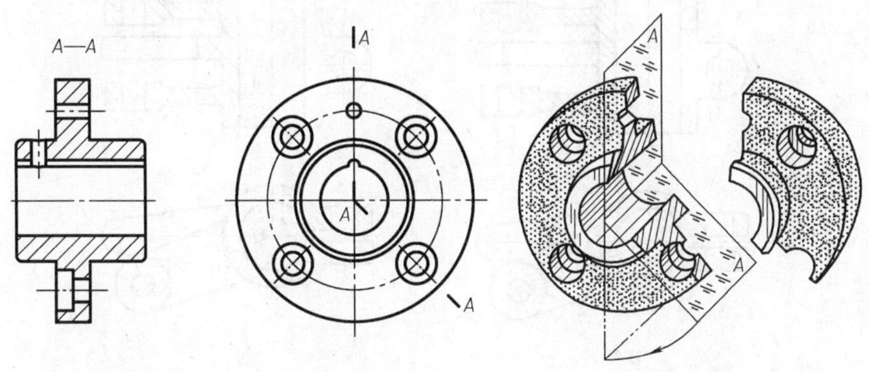

图 9-19　用两个相交的剖切平面剖切获得的全剖视图（一）

画图时应注意的问题：

1）剖切平面的交线应与机件上的公共回转轴线重合。

2）倾斜剖切平面转平后，转平位置上原有结构不再画出，倾斜剖切平面后边的其他结构仍按原来的位置投射，如图 9-20 所示的小孔就是按原来的位置画出的。

3）当剖切后产生不完整要素时，应将该部分按不剖绘制，如图 9-21 所示。

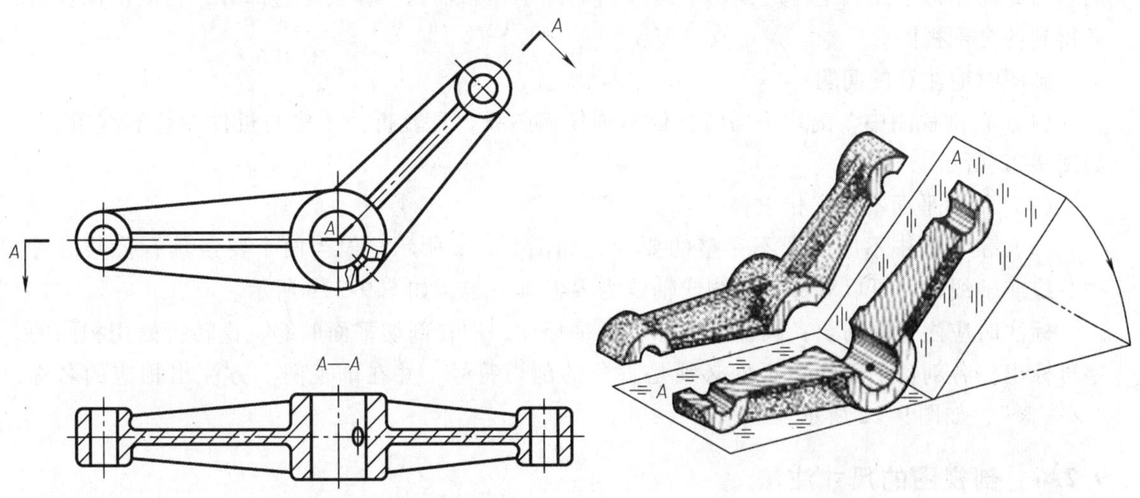

图 9-20　用两个相交的剖切平面剖切获得的全剖视图（二）

标注时应注意的问题：

1）画此剖视图时，必须加以标注，即在剖切平面的起、讫和转折处标出剖切符号及相同的字母；用箭头表示旋转和投射方向，并在剖视图的上方标注相应的字母，如图 9-20

所示。

2）当转折处地方有限又不致引起误解时，允许省略字母。当剖视图按投射关系配置，中间又无其他图形隔开时，可省略箭头，如图 9-19 所示。

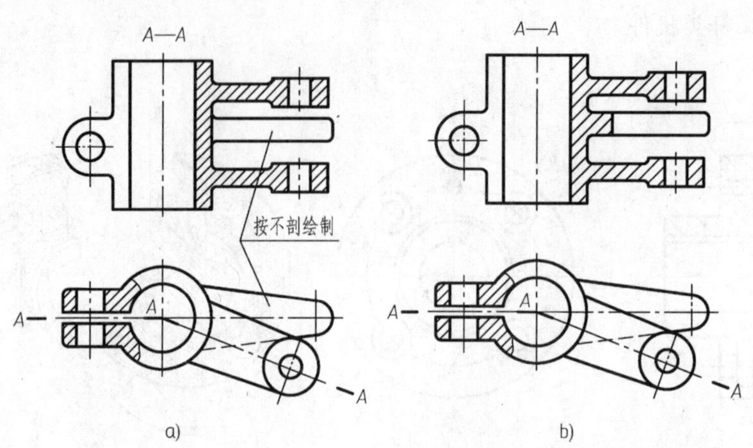

图 9-21　用两个相交的剖切平面剖切获得的全剖视图（三）

a）正确　b）错误

3. 几个平行的剖切面

用几个平行的剖切平面剖开机件得到剖视图。

适用条件：它多用于表达内部结构不在同一平面内且不具有公共回转轴的机件。

如图 9-22 所示，机件上部的小孔与下部的轴孔，只用一个剖切平面是不能同时剖切到的。为此需用两个互相平行的剖切平面分别剖开小孔和轴孔，移去左边部分，再向侧面投射即得到的全剖视图。

画图时应注意的问题：

（1）在剖视图中，剖切平面转折处不画任何图线，且转折处不应与机件的轮廓线重合，如图 9-22 所示。

（2）剖切平面不得互相重叠。

（3）剖视图中不应出现不完整的要素，如图 9-23a 所示；仅当两个要素具有公共对称中心线或轴线时，可以对称中心线或轴线为界各画一半，如图 9-23b 所示。

标注时应注意的问题：画此剖视图时必须标注，即在剖切平面的起、讫转折处用相同的字母标出，各剖切平面的转折处必须是直角的剖切符号，并在剖视图上方注出相应的名称“×—×”，如图 9-22 所示。

9.2.6　剖视图的尺寸注法

机件采用了剖视后，其尺寸注法与组合体基本相同，但还应注意：

1）一般不应在细虚线上标注尺寸。

2）在半剖或局部剖视图中，对称机件的结构可能只画一半或部分，这时应标注完整形体的尺寸，并且只在有尺寸界线的一端画出箭头，另一端不画箭头。尺寸线应略超过对称中心线、圆心、轴线或断裂处的边界线，如图 9-24 所示的尺寸 $\phi16$、$\phi12$、24、$\phi10$。

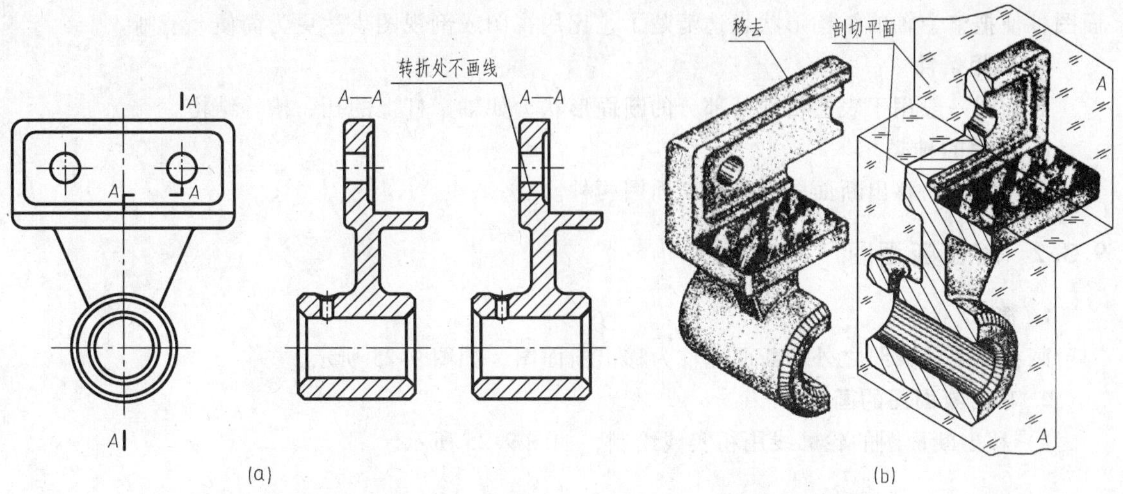

图 9-22　用相互平行的两个剖切平面剖切获得的全剖视图
a）投影图　b）立体图

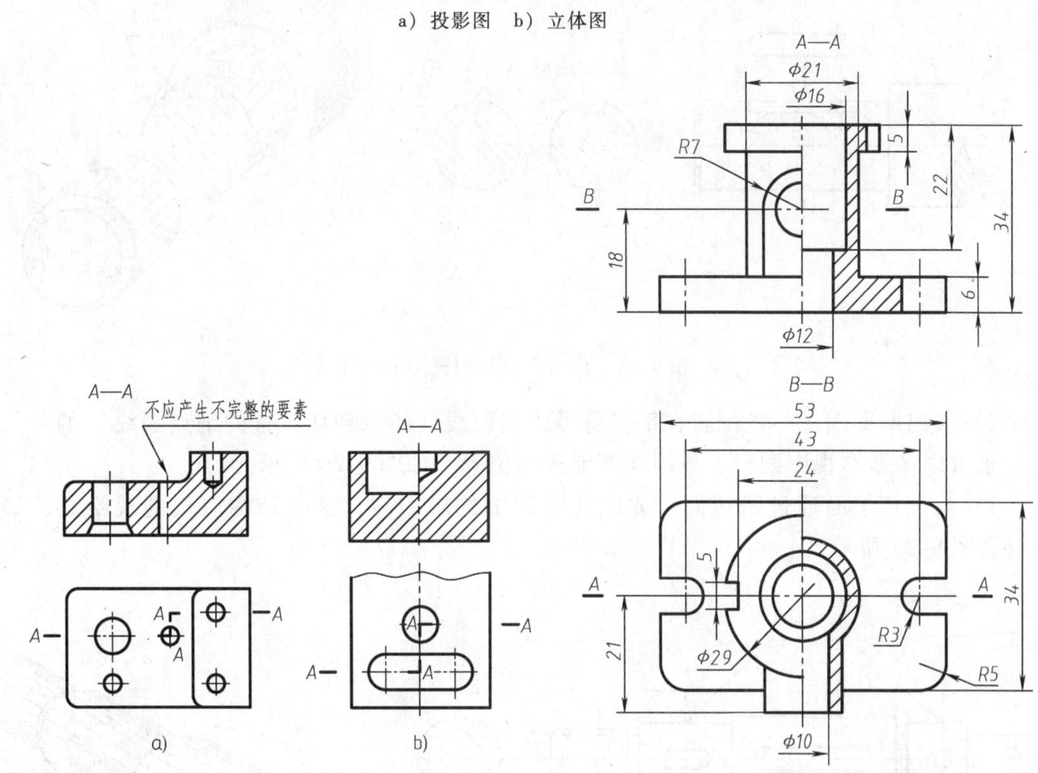

图 9-23　平行剖切平面剖切获得的全剖视图中产生不完整要素
a）错误　b）正确

图 9-24　剖视图中的尺寸注法

9.3　断面图

9.3.1　基本概念

假想用剖切平面将机件的某处垂直于轮廓线或轴线切断，仅画出剖切平面与机件接触部分的图形称为断面图，简称断面。图 9-25 所示的轴仅画了一个主视图，并画了键槽处的断面图，便把整个轴的结构形状表达清楚了，比用视图或剖视图表达更为简便、清晰。

1. 适用条件

断面图一般用于表达机件某部分的断面形状，如轴、杆上的孔、槽等结构。

2. 断面的种类

断面图分为移出断面图和重合断面图两种。

9.3.2 移出断面图

1. 概念

画在视图轮廓线之外的断面图称为移出断面图，如图 9-25 所示。

2. 移出断面图的画法

1）移出断面图的轮廓线用粗实线绘制，如图 9-25 所示。

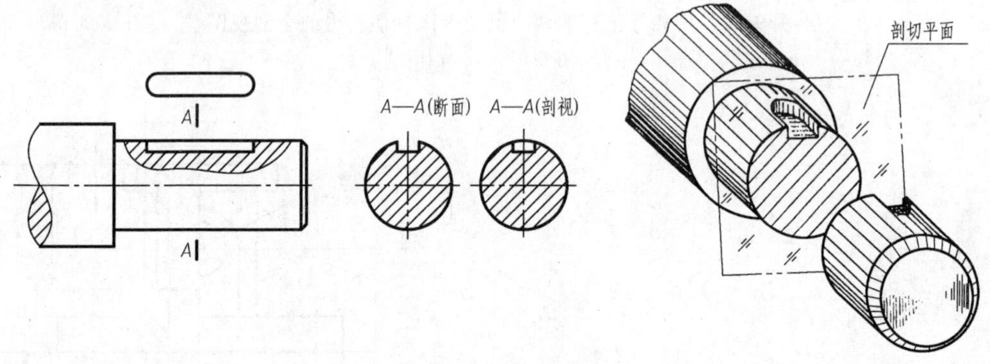

图 9-25　移出断面与剖视图的对比

2）移出断面图应尽量配置在剖切符号或剖切线（指示剖切位置的细点画线）的延长线上，也可以按基本视图配置、或画在其他适当位置，如图 9-26 所示。

3）当剖切平面通过回转面形成的孔或凹坑的轴线时，这些结构应按剖视绘制，如图 9-26、图 9-27 所示。

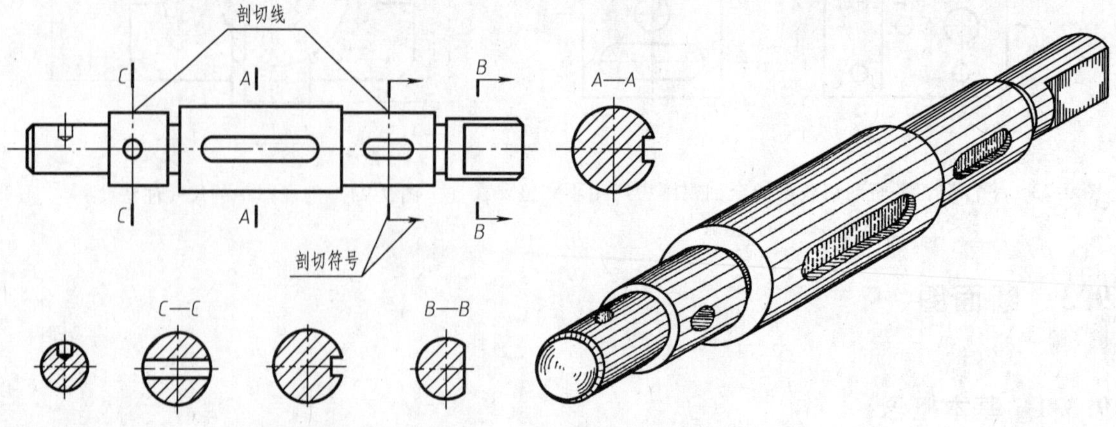

图 9-26　移出断面图的配置

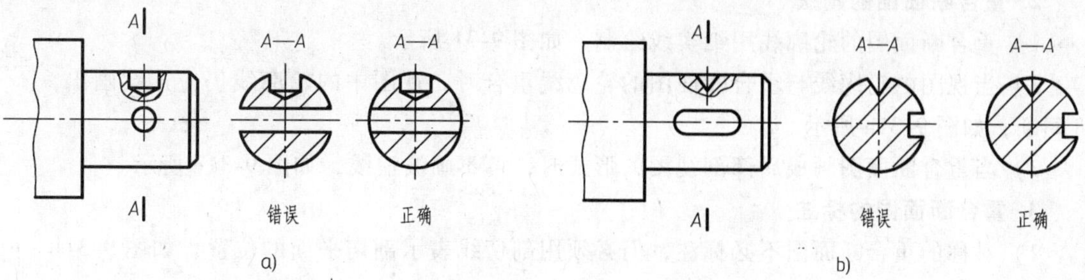

图 9-27　剖切面通过圆孔、锥孔轴线的正误对比

4）当剖切平面通过非圆孔的某些结构，会出现完全分离的两个断面时，则这些结构应按剖视绘制，如图 9-28 所示。

5）移出断面的图形对称时，断面图可画在视图中断处，如图 9-29 所示。

6）由两个或多个相交的剖切平面剖切得到的移出断面图，中间一般应断开，如图 9-30 所示。

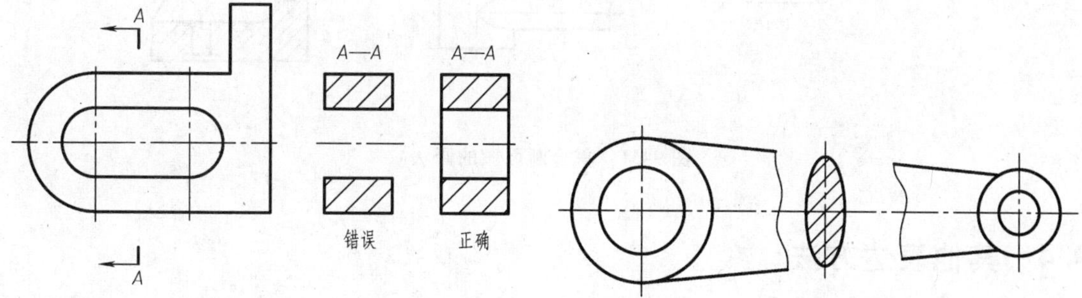

图 9-28　移出断面图产生分离时的正误对比　　图 9-29　移出断面图画在视图中断处

3. 移出断面图的标注

移出断面图的标注同剖视图，如图 9-26 所示 “*B—B*” 断面图。

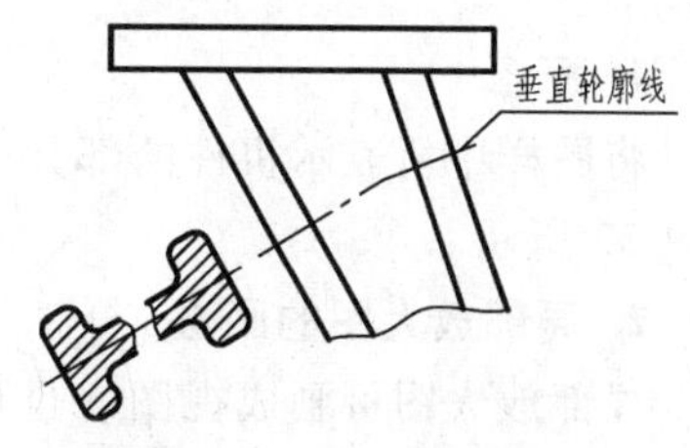

图 9-30　两相交剖切平面剖切得到的移出断面图

以下情况可省略标注：

1）按投影关系配置在基本视图位置上的断面图，如图 9-25、图 9-26 所示的 “*A—A*” 断面图，及不配置在剖切符号延长线上的对称移出断面，如图 9-26 所示的 “*C—C*” 断面图，均可不必标注箭头。

2）配置在剖切符号延长线上的不对称的移出断面图，不必标注字母，如图 9-26 所示键槽的表达。

3）配置在剖切线延长线上的对称移出断面图，如图 9-26 所示剖切面通过小孔轴线的移出断面图，及配置在视图中断处的对称移出断面图（图 9-29），均不必标注。

9.3.3　重合断面图

1. 概念

画在视图轮廓线之内的断面图称为重合断面图。

2. 重合断面图的画法

1）重合断面图的轮廓线用细实线绘制，如图 9-31 所示。

2）当视图的轮廓线与重合断面图的轮廓线重合时，视图中的轮廓线仍应连续画出，不可间断，如图 9-31a 所示。

3）当重合断面图画成局部剖视图的形式时，可不画波浪线，如图 9-31c 所示。

3. 重合断面图的标注

1）对称的重合断面图不必标注，但必须用剖切线表示剖切平面的位置，如图 9-31b、c 所示。

2）不对称的重合断面，在不至于引起误解时，可省略标注，如图 9-31a 所示。

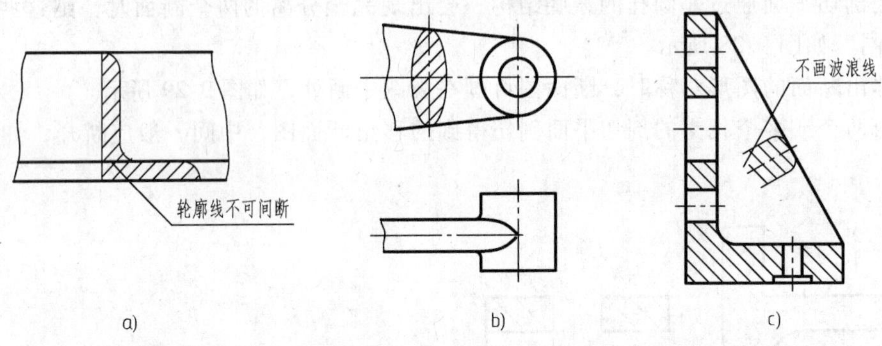

图 9-31　重合断面图的画法

9.4　其他表达方法

9.4.1　局部放大图

1. 概念

将图样中所表示机件的部分结构用大于原图形的比例所绘出的图形称为局部放大图，如图 9-32 所示。

2. 局部放大图的画法

局部放大图可画成视图、也可画成剖视图、断面图，它与被放大部分原来的表达方法无关。

3. 局部放大图的标注

1）局部放大图应尽量配置在被放大部位的附近。画局部放大图时，应在原图形上用细实线（圆或长圆）圈出被放大的部位。

2）当机件上被放大的部分仅一处时，在局部放大图的上方只需注明所采用的比例。

3）当同一机件上有几个放大的部位时，应用罗马数字依次标明被放

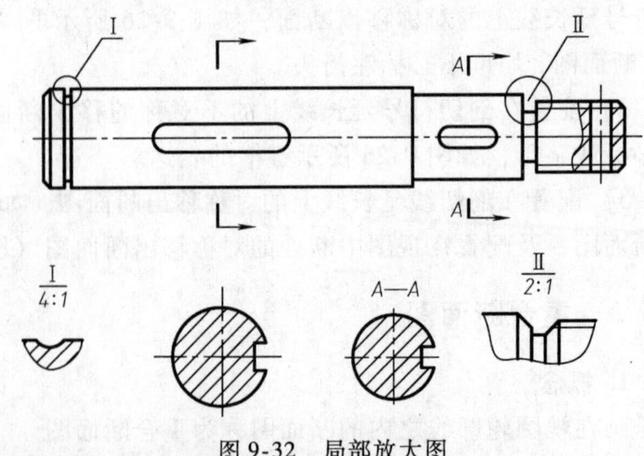

图 9-32　局部放大图

大的部位，并在局部放大图的上方标出相应的罗马数字和所采用的比例，如图 9-32 所示。

9.4.2　简化表示法

简化表示法包括规定画法、省略画法、示意画法等在内的图示方法。规定画法是对国家标准中规定的某些特定表达对象所采用的特殊图示方法；省略画法是通过省略重复投影、重复要素、重复图形等达到使图样简化的图示方法；示意画法是用规定符号和（或）较形象的图线绘制图样的表意性图示方法。国家标准 GB/T 16675. 1—2012《技术制图　简化表示法》对此进行了规定。

1）若干直径相同且成规律分布的孔，可以仅画出一个或少量几个，其余只需用细点画线或“+”表示其中心位置，如图9-33a所示。当机件具有若干相同结构（如齿、槽等），并按一定规律分布时，只需画出几个完整结构，其余用细实线连接，在零件图中则必须注明该结构的总数，如图 9-33b 所示。

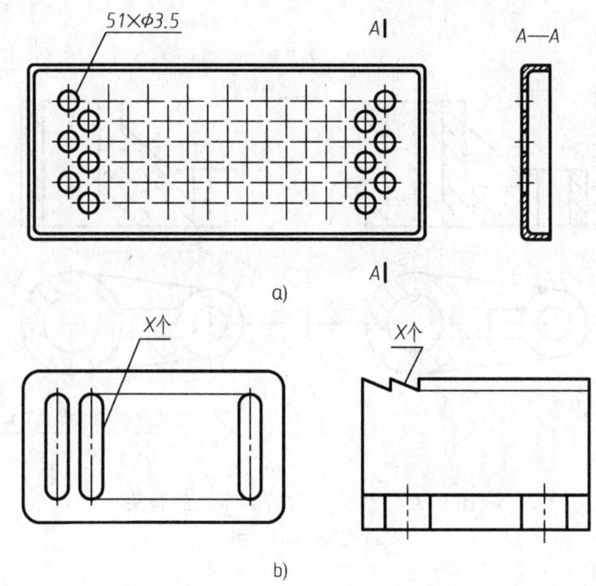

图 9-33　多孔及相同结构的简化画法

2）对于机件上的肋，轮辐及薄板等结构，如按纵向剖切，这些结构上都不画剖面符号，而用粗实线将它与其相邻部分分开；当零件回转体上均匀分布的肋、轮辐、孔等结构不处于剖切平面上时，可将这些结构旋转到剖切平面上画出，如图 9-34 所示。若非纵向剖切时，则画出剖面符号，如图 9-35 所示。

3）圆柱形法兰盘和类似零件上均匀分布的孔，可按图 9-36 所示的方法表示（由机件外向该法兰盘端面方向投影）。

4）在不致引起误解时，图形中的过渡线、相贯线可以简化，例如用圆弧或直线代替非圆曲线，如图 9-36、图 9-37 所示。

5）当回转体零件上的平面在图形中不能充分表达时，可用两条相交的细实线表示这些平面；若已有断面表达清楚，可不画平面符号，如图 9-38a、b 所示。

6）当机件上较小的结构及斜度等已在一个图形中表达清楚时，在其他图形中应当简化或省略，如图 9-38c、图 9-39 所示。

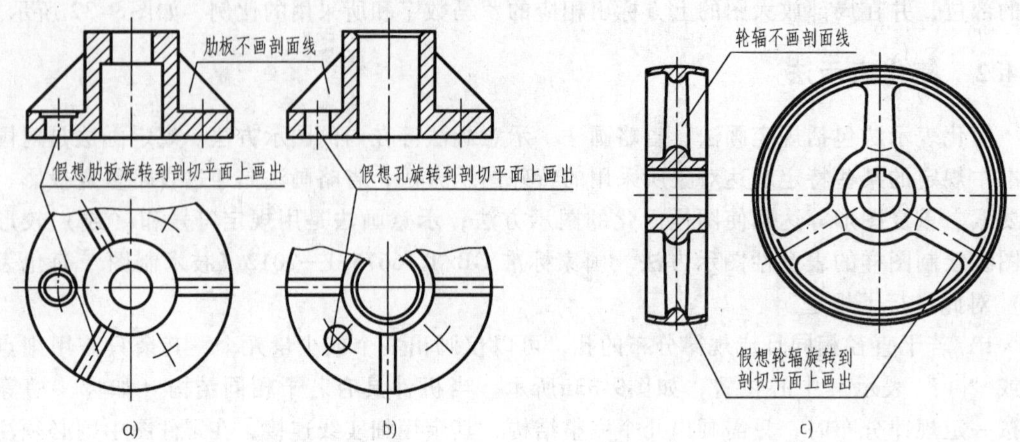

图 9-34　肋、轮辐及孔的简化画法

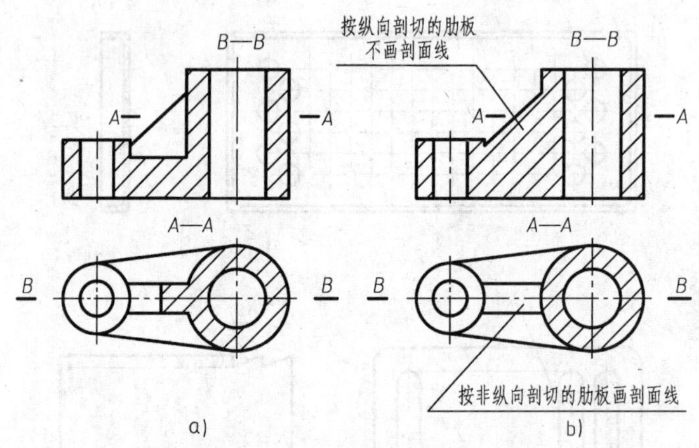

图 9-35　肋板剖切后剖面线的画法

a）正确　b）错误

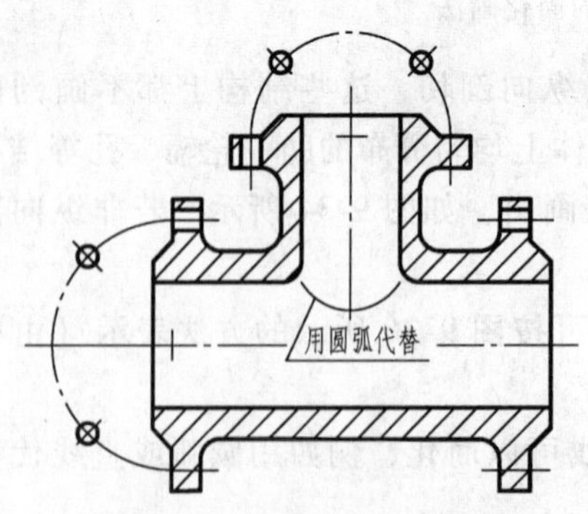

图 9-36　法兰盘上均匀分布的孔的简化画法

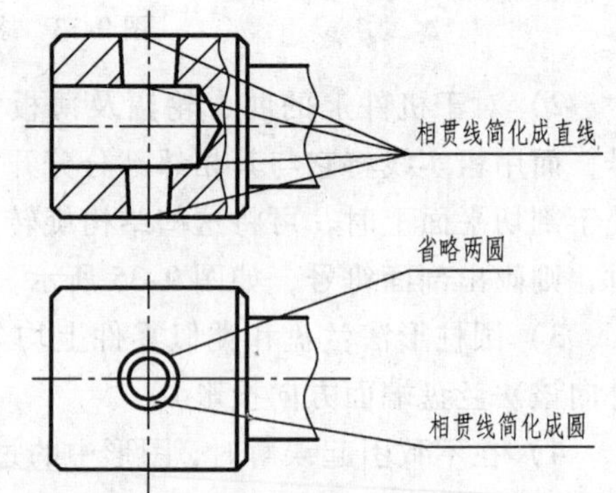

图 9-37　相贯线的简化画法

7）在需要表达位于剖切平面前的结构时，这些结构可假想地用细双点画线绘制，如图 9-40 所示。

8）较长的机件（轴、杆、型材、连杆等）沿长度方向的形状一致或有一定规律变化时，可断开后缩短绘制，如图 9-41 所示，但长度尺寸仍按原长注出。

9）机件上对称结构的局部视图可按图 9-42 所示绘制。

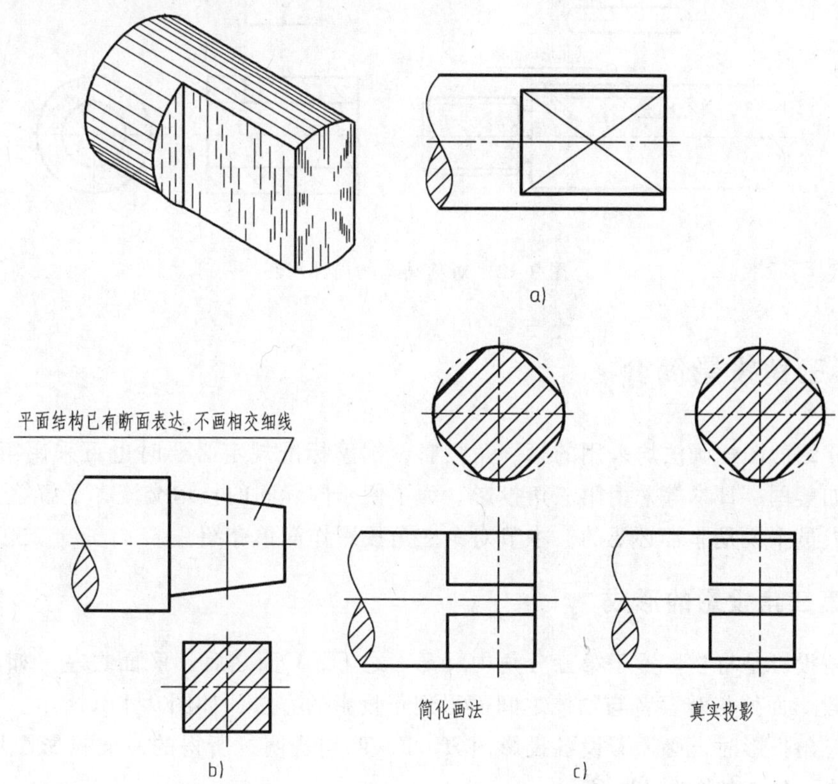

图 9-38　平面的表示法及较小结构的简化画法

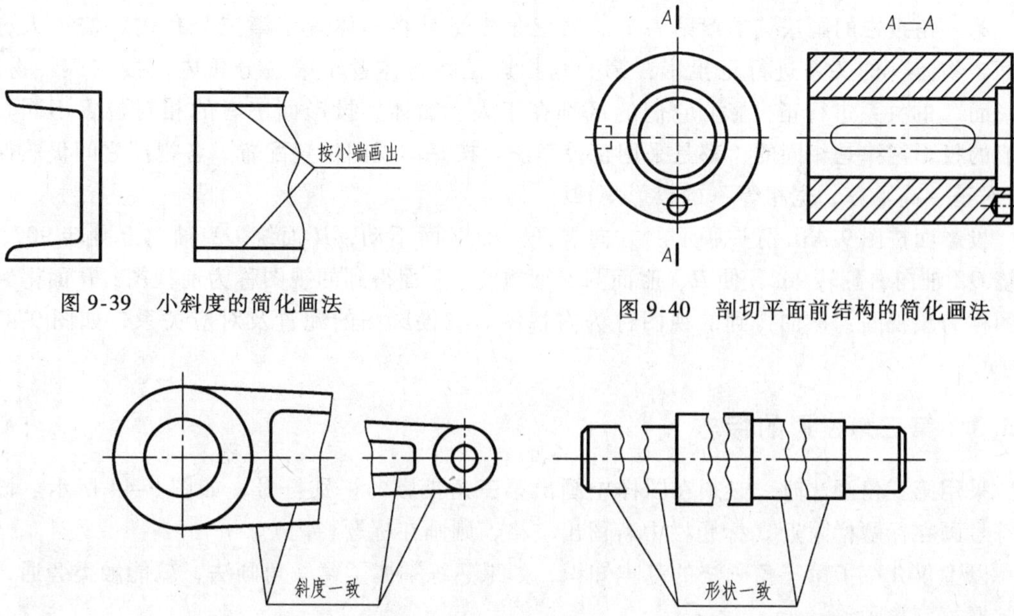

图 9-39　小斜度的简化画法

图 9-40　剖切平面前结构的简化画法

图 9-41　断开的简化画法

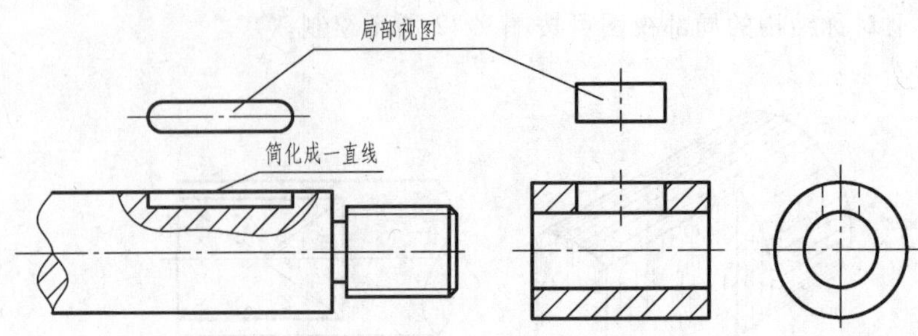

图 9-42　对称结构的局部视图

9.5　第三角投影简介

本章介绍的图样画法均采用的第一角投影，国家标准规定必要时也可采用第三角画法。有些国家如美国、日本等采用第三角投影。为了便于国际间的技术交流，了解第三角投影对工程技术人员来说是非常必要的。本节对第三角投影作简单介绍。

9.5.1　第三角投影的形成

第三角投影是将物体置于第三分角内（*H* 面之下、*V* 面之后、*W* 面之左，如图 9-43a 所示）并使投影面处与观察者与物体之间而得到正投影的方法，如图 9-43b 所示。

画第三角投影时，必须假设各投影面 *H*、*V*、*W* 均透明，所得的三面投影图均与人的视线所见图形一致，如图 9-43c 所示。

9.5.2　第三角投影的展开与配置

第一角投影的画法见本章第一节。第三角投影是将物体置于第三分角内，按“人、投影面、物体”的关系进行正投影；第一角投影是将物体置于第一分角内，按“人、物体、投影面”的关系进行正投影。它们的区别在于人、物体、投影面三者的相对位置不同。但它们的投影规律是相同的，都是采用正投影法。按基本视图位置配置，各视图之间仍然保持“长对正、高平齐、宽相等”的投影规律。

投影面按图 9-43b 箭头所示的方向展开。即 *V* 面不动，*H* 面绕 *OX* 轴向上翻转 90°，*W* 面绕 *OZ* 轴向右翻转 90°，使 *H*、*W* 面与 *V* 面重合。*V* 面得到的视图称为前视图；*H* 面得到的视图称为顶视图；*W* 面得到的视图称为右视图。三投影图的配置及对应关系，如图 9-43c、d 所示。

9.5.3　第三角投影的标志

采用第三角画法时，必须在图样中画出第三角投影的识别符号，如图 9-44 所示。该识别符号画在标题栏附近（标题栏中若留出空格，则画在标题栏内）。

以上仅介绍了第三角画法的基本知识，如果熟练掌握了第一角画法，就能触类旁通，不难掌握第三角画法。

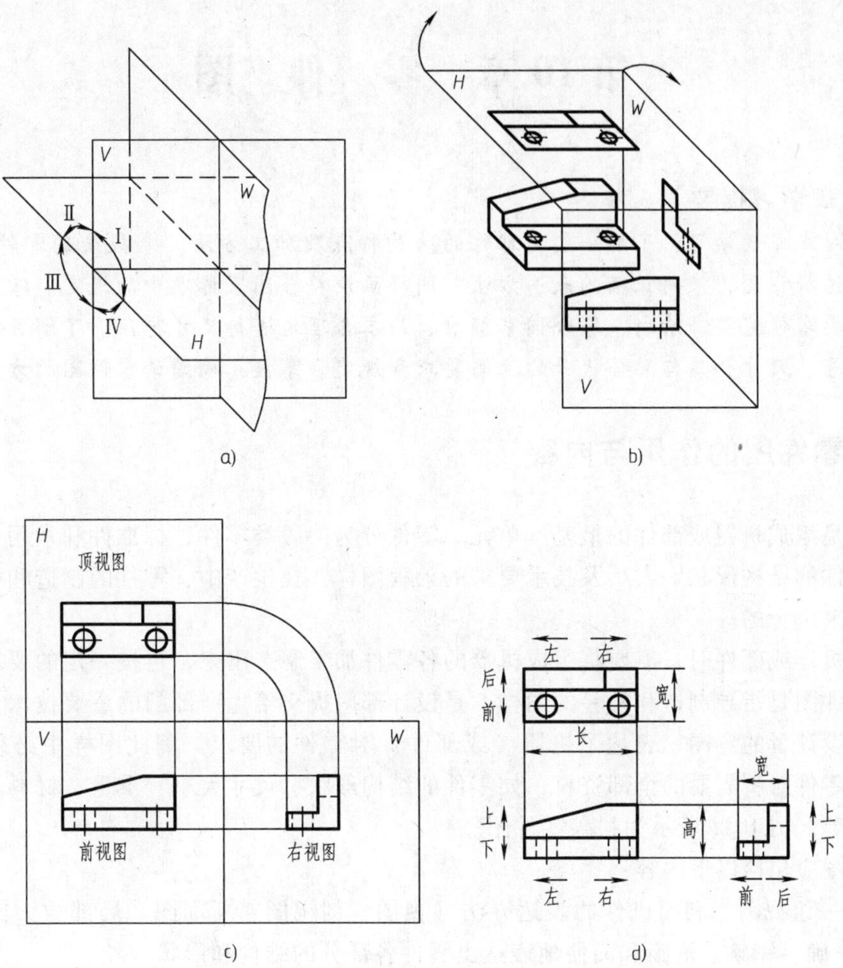

图 9-43　第三角投影

a）四个分角　b）第三角投影法　c）第三角三投影图　d）三投影图的对应关系

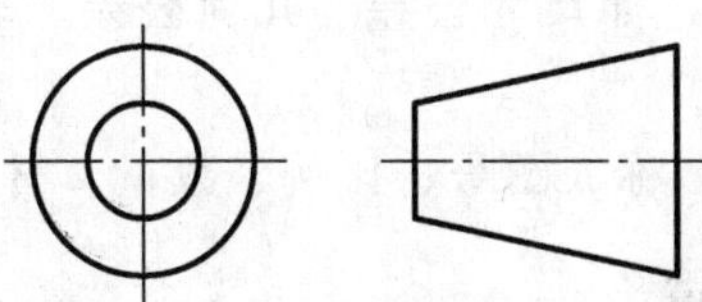

图 9-44　第三角投影的识别符号

第10章　零　件　图

【本章学习提要】

通过对本章的学习，了解一般类零件的结构特点及加工方法。掌握绘制零件图的方法，能够合理选择视图，采用正确的表达方法，图样画法符合国家标准中的规定。掌握尺寸标注的方法，要求能完整、清晰、符合国家标准、基本合理地进行尺寸标注。了解并初步掌握表面结构代号、尺寸公差与配合代号的注写要求和规定。掌握正确阅读零件图的方法。

10.1　零件图的作用与内容

零件是组成机器或部件的最基本单元。零件分为一般类零件、标准件和常用件。零件图是表示零件的结构形状、大小及技术要求的工程图样。在生产中，零件的制造和检验都是根据零件图来进行的。

制造机器或部件时，需要将组成机器的各零件加工制造出来，再按一定的要求装配到一起。而零件图是指导制造和检验的图样，是设计部门提交给生产部门的重要技术文件。零件图反映了设计者的意图、表达了机器（或部件）对零件的要求。因此图样中必须包括制造和检验该零件时所需要的全部资料，如零件的结构形状、尺寸大小、重量、材料、应达到的技术要求等。图10-1所示为衬盖零件图。

零件图应包括以下内容：

（1）一组视图　利用机件的表达方法（视图、剖视图、断面图、局部放大图和简化画法等），正确、完整、清晰和简便地表达出零件各部分的结构和形状。

（2）完整尺寸　用一组尺寸正确、完整、清晰、合理地标注出零件各部分的结构和形状及其相对位置。

（3）技术要求　使用规定的符号、数字或文字注解，简明、准确地表明零件在加工、检验过程中应达到的技术指标，如尺寸公差、几何公差、表面结构要求、材料热处理要求等。

（4）标题栏　填写零件的名称、图号、比例、数量、材料以及零件的设计、绘图、审核人署名等内容。

10.2　零件图的视图选择

为了满足生产的需要，零件图中的一组视图应根据零件的功用及结构形状，选用国家标准规定的、适当的表达方法作为表达方案。要求表达方案能正确、完整、清晰、简洁地表达出零件各部分的形状和结构，能使看图方便、绘图简便。一个比较好的表达方案应该是主视图选择正确、其他视图合理配置且表达方法运用恰当。

1. 主视图的选择

主视图是表达方案的核心，其选择的是否合理直接影响表达方案的优劣。主视图的选择

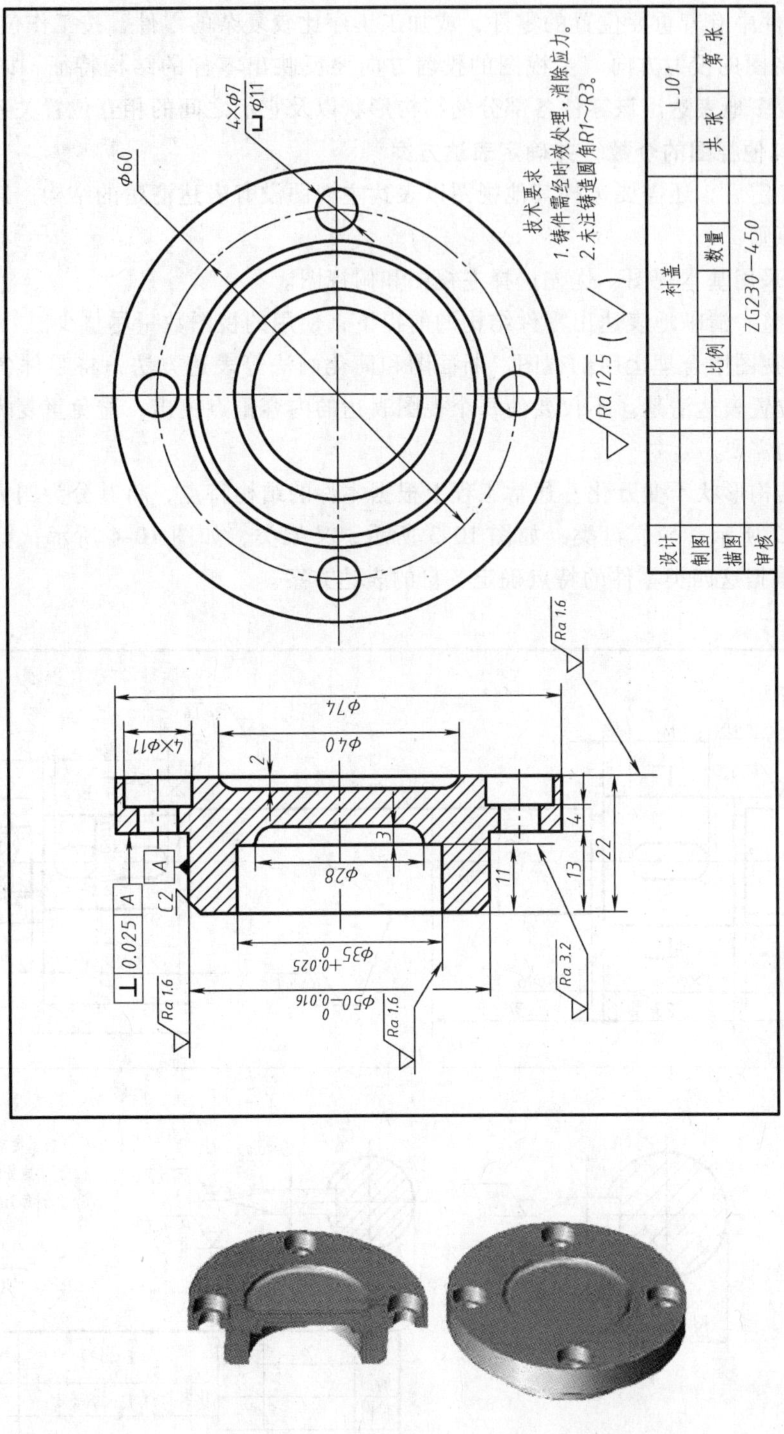

$\phi60$

$4\times\phi7$

⌴$\phi11$

$\sqrt{Ra\ 12.5}$ ($\sqrt{}$)

技术要求

1. 铸件需经时效处理，消除应力。

2. 未注铸造圆角 $R1\sim R3$。

设计		衬盖		LJ01	
制图		比例		数量	共 张 第 张
描图		ZG230—450			
审核					

b)

$\phi74$, $\phi40$, $4\times\phi11$, 2, 3, $\phi28$, $\phi35^{+0.025}_{0}$, $\phi50^{0}_{-0.016}$, 4, 22, 13, 11, C2, A, ⊥ 0.025 A, $Ra\ 1.6$, $Ra\ 1.6$, $Ra\ 1.6$, $Ra\ 3.2$

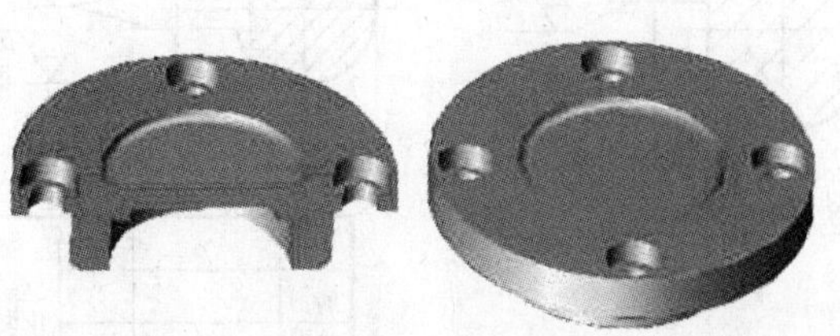

a)

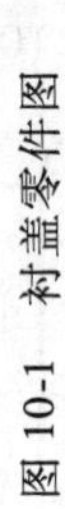

图 10-1 衬盖零件图

应从两个方面考虑：

（1）零件的摆放位置　零件摆放应考虑以下几个方面：

1）加工工序较单一的零件，按主要加工工序放置零件，以便于加工时看图。

2）在部件中有着重要位置的零件，或加工工序比较复杂的零件，按工作位置摆放。

（2）主视图的投射方向　主视图的投射方向要反映出零件的结构特征，即在主视图中能较清楚和较多地表达出该零件各部分的结构形状以及它们之间的相互位置关系。

2. 确定其他视图的个数，并确定表达方案

主视图确定后，还需要选择其他视图以表达主视图没有表达清楚的结构。选择其他视图应遵循以下原则：

1）首先采用基本视图，优先选择左视图和俯视图。

2）在完整、清晰地表达出零件结构的前提下，使用的视图数量尽量少。

3）在各视图中合理运用剖视图、断面图和简化画法等表达方法，将零件各部分结构形状及其相对位置表达清楚。不仅要使每个视图表达的内容重点突出，避免重复表达，还要兼顾尺寸标注的需要。

零件的结构形状千变万化。通常工程上根据零件的结构特点，将其分为四大类：轴、套类，如图 10-2 所示；轮、盘类，如图 10-3 所示；叉架类，如图 10-4 所示；箱体类，如图 10-5 所示。根据这四类零件的特点确定各自的表达方案。

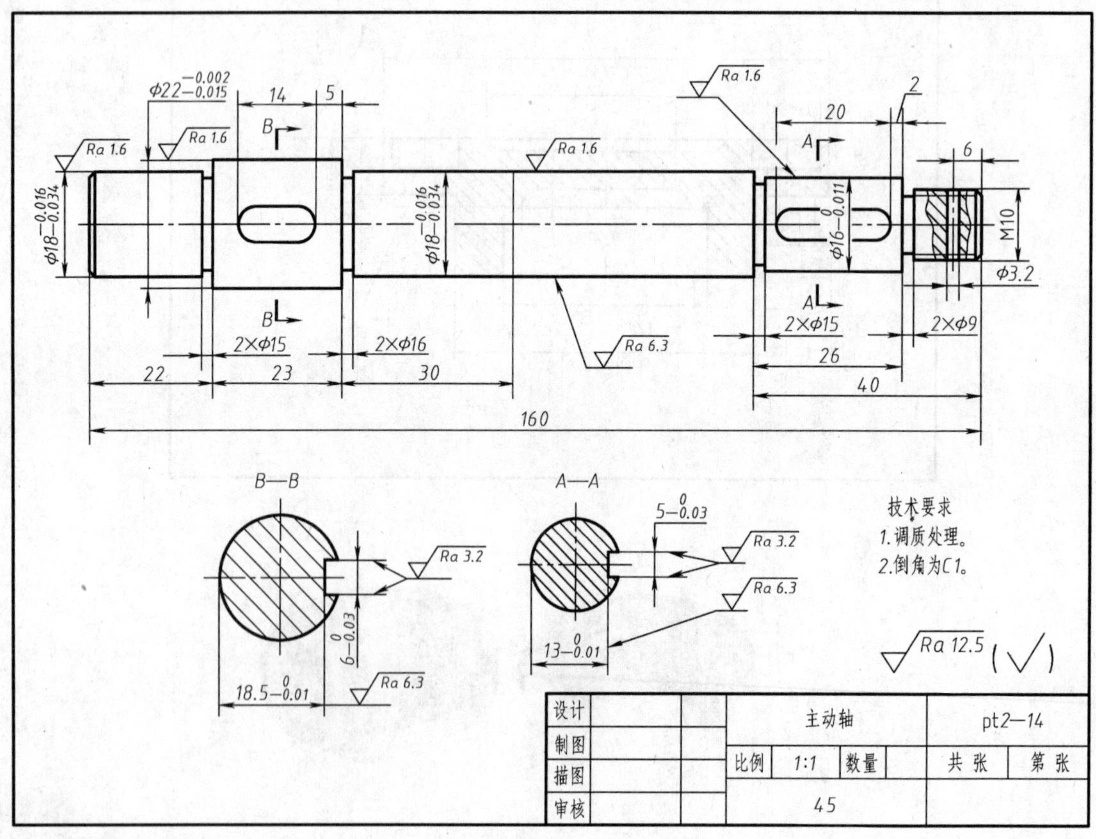

图 10-2　主动轴零件图

10.2.1 轴、套类零件

轴、套类零件包括轴、轴套、衬套等。轴类零件各部分由回转体组成，一般轴向长度远大于直径，通常在轴上有倒角、倒圆、键槽、销孔、退刀槽等结构。轴类零件多为实心件，而套类零件是中空的。

此类零件的主要加工方法是车削、磨削和镗孔，主要加工方向是轴线水平放置的方向。为了便于加工时看图，零件按加工位置放置，即轴线水平横放。一般采用一个视图（套类零件画成剖视图）即主视图表达主体结构，对零件上的槽、孔等结构，采用局部剖视图、断面图、局部放大图等方法表达。图 10-2 所示主动轴的主视图采用了局部剖视，将销钉孔表示出来，另以移出断面图表达两处键槽的断面形状和尺寸。

10.2.2 轮、盘类零件

轮、盘类零件包括端盖、齿轮、带轮、法兰盘、压盖等。其形状特征是主体部分由回转体构成，但其径向尺寸较大，轴向尺寸较小。通常这类零件至少有一个端面与其他零件接触，且沿圆周均匀分布着各种肋、孔、槽等结构。

此类零件的毛坯多为铸件。与其他零件的接触面一般采用车削、刨削或铣削加工。在主要加工位置和工作位置上，此类零件一般沿其轴线水平放置。在选择视图时，一般将非圆视图作为主视图，且轴线水平放置，并根据需要将非圆视图画成剖视图。此外，还需使用左视（或右视）图完整表达零件的外形和槽、孔等结构的分布情况。图 10-3 所示为泵盖零件图，其采用了两个视图，且主视图是用两个相交剖切面剖切得到的全剖视图。

10.2.3 叉、架类零件

常见的叉、架类零件有托架、拨叉、连杆、支架等。通常其由工作部分、支承（或安装）部分及连接部分组成，常有螺纹孔、肋、槽等结构。

此类零件的毛坯多为铸件，其机加工工序较多。此类零件的主视图一般选择工作位置放置，并尽可能多地表达出其形状特征。通常采用两个或两个以上的视图，并选择合适的剖视图或断面图来表达。有时需要采用斜视图、局部视图等表达其局部结构。图 10-4 所示拨叉零件图是按工作位置摆放，采用两个视图和一个断面图。局部剖的主视图反映形体特征，较多的表达出零件的轮廓形状和上部的内外结构；左视图主要表达内部结构；断面图表达出 T 形肋板的结构。

10.2.4 箱体类零件

箱体类零件包括箱体、壳体、阀体、泵体、支座等，主要用来支承、包容、保护其他零件。其特征是结构形状较复杂，加工位置变化多样。

摆放该类零件时，主要考虑工作位置。在选择箱体类零件的主视图时，主要考虑其形状特征。其他视图的选择，应根据零件的结构选取。一般需要三个或三个以上的基本视图，并结合剖视图、断面图、局部放大图等多种表达方法，才能清楚地表达出零件的内外结构形状。在图 10-5 所示的泵体零件图中，泵体按工作位置放置，主视图采用旋转剖切的全剖视图，这样不仅表达出零件的整体结构形状，还将 M6 螺纹孔、$\phi5$ 销孔、下部 $\phi18H8$ 孔的深度、上部 $\phi18H8$ 孔与螺孔 M27 的相通关系和 M27 螺纹部分的长度表达清楚；左视图采用三

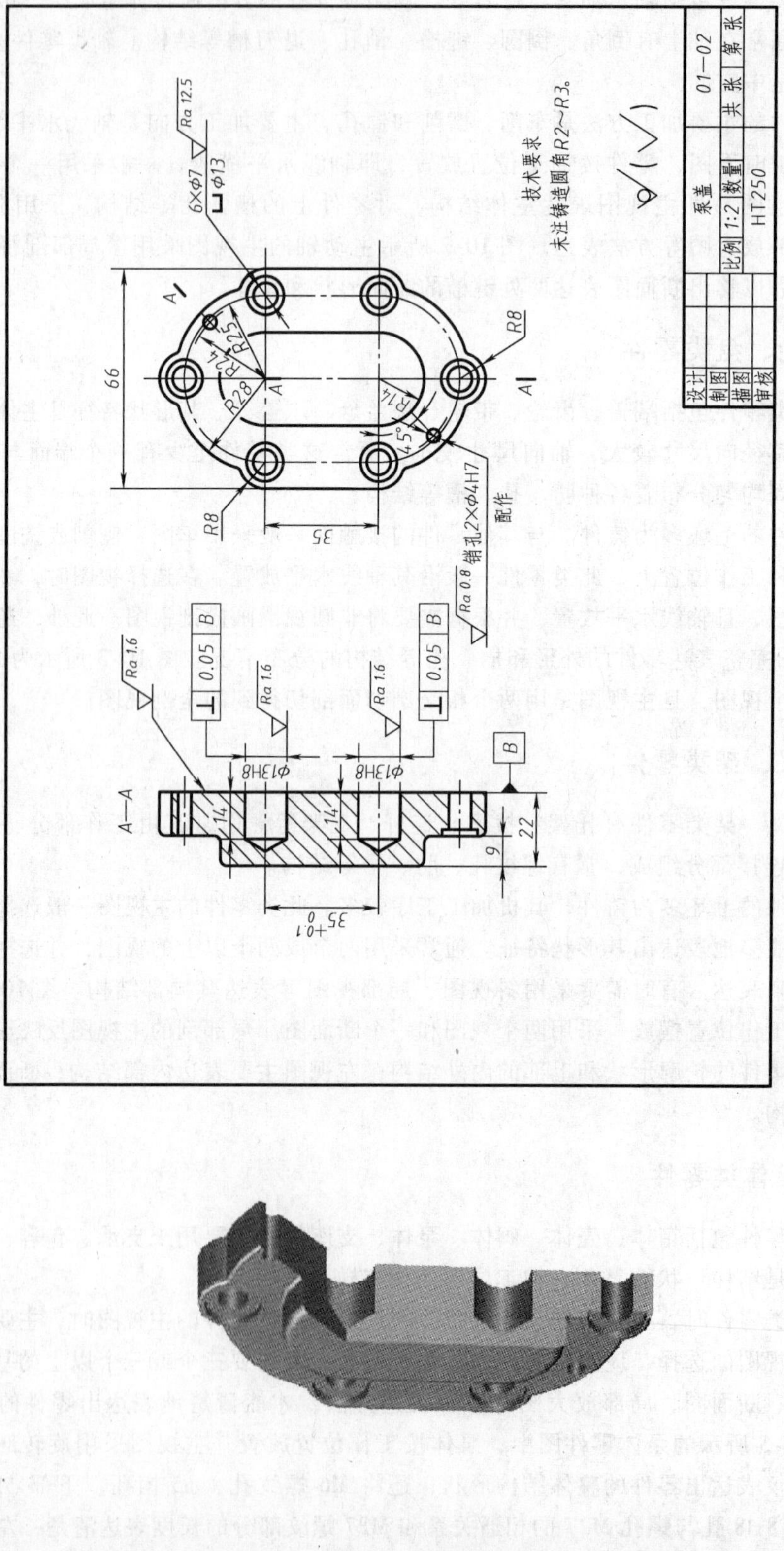

技术要求
未注铸造圆角$R2 \sim R3$。

泵盖	比例	1:2	01—02
	数量		共 张 第 张
设计			
制图			
描图	HT250		
审核			

b)

a)

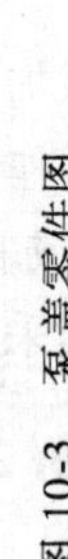

图 10-3 泵盖零件图

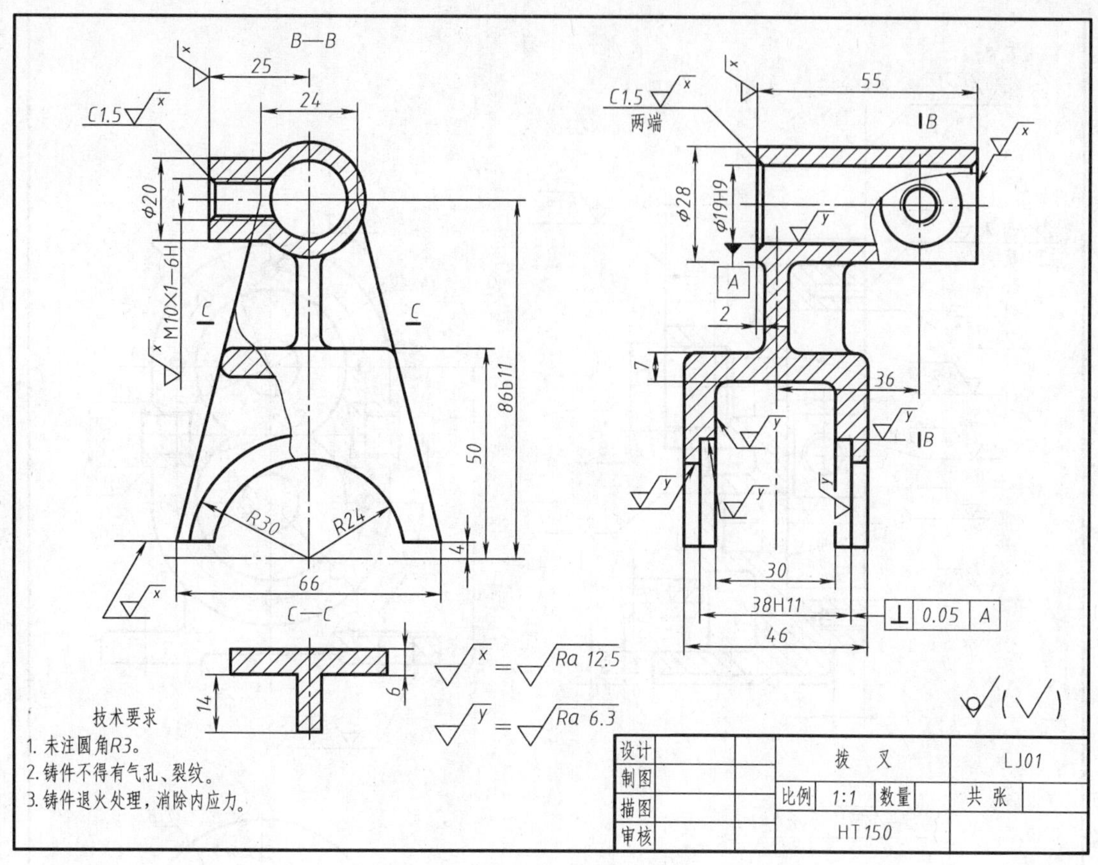

图 10-4　拨叉零件图

处局部剖视，外形部分反映了外形轮廓结构的形状及 M6 的螺纹孔与 $\phi5$ 销孔的分布位置，同时还反映了内腔和底板上通槽的形状，剖视部分表达了两个 G1/4 螺纹孔与内腔的相通情况，底板上的局部剖视表达了两个 $\phi5.5$ 孔的结构；采用局部剖视的俯视图，表达了底板与主体连接部分的断面形状和整体结构之间的关系；*B* 向视图表达了泵体右侧的外部形状结构。

10.3　零件图的尺寸注法

零件图上的尺寸是加工和检验零件的依据。因此，零件图上所标注的尺寸不仅要正确、完整和清晰，而且还必须满足合理性的要求。标注的尺寸既要满足设计要求，又要便于加工和检验。要做到合理标注尺寸，就应对零件的设计思想、加工工艺及工作特点进行全面了解，还应具备相应的机械设计与制造方面的知识。

10.3.1　尺寸基准

尺寸基准是标注尺寸和度量尺寸的起点，可以是平面、直线，也可以是点。标注尺寸要从基准出发，这有利于加工过程中的测量和检验。基准分为设计基准和工艺基准。设计基准是在机器或部件中确定零件工作位置的基准；工艺基准是在加工和测量时确定零件结构位置的基准。在标注零件尺寸时，一般在长、宽、高三个方向均确定一个主要尺寸基准（设计

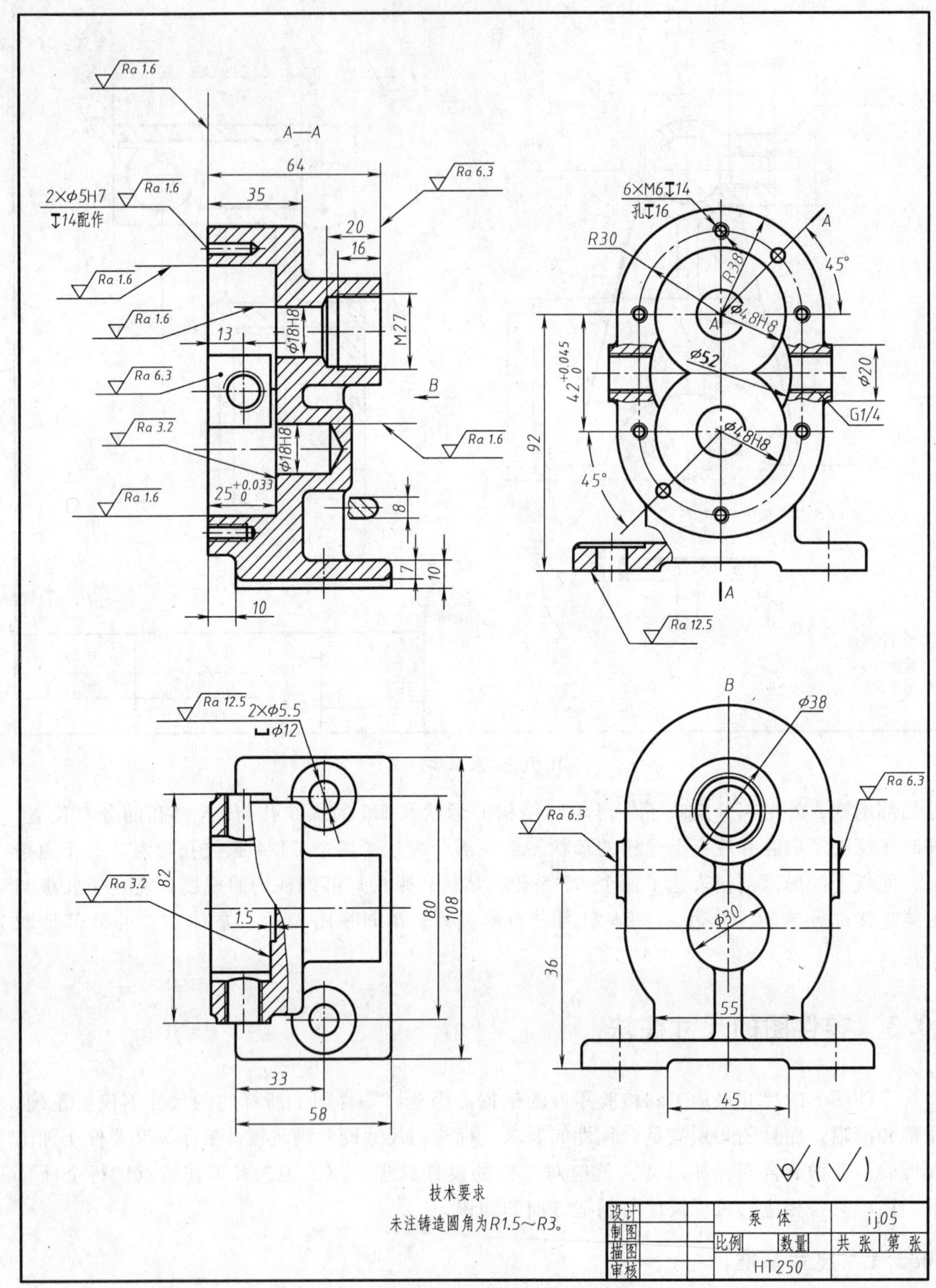

图 10-5　泵体零件图

基准)。根据加工和测量的要求，还可以确定一个或几个辅助基准（工艺基准)。常用的尺寸基准要素有：基准面——安装面、对称面、装配结合面和重要端面等；基准线——回转体的轴线、对称中心线；基准点——圆心等。图 10-3 所示泵盖零件图的长、宽、高三个方向的尺寸基准分别为装配结合面即右端面、零件前后方向的对称面和下边 ϕ13H8 孔的轴线。

10.3.2　标注尺寸的要点

1. 满足设计要求

对影响产品性能、装配精度的重要尺寸要从基准直接注出。如配合尺寸中的公差尺寸，装配过程中确定位置的尺寸和相邻零件之间有联系的尺寸等。图 10-3 所示泵盖主视图中标注的尺寸 ϕ13H8 为公差尺寸，尺寸 $35^{+0.1}_{0}$ 与图 10-5 所示泵体左视图中的尺寸 $42^{+0.045}_{0}$ 同为装配时确定位置的尺寸。

2. 满足加工工艺的要求

标注的尺寸要符合加工工艺要求，即符合加工顺序和测量的要求。图 10-6 所示轴的各表面都是在车床上加工的图 10-6a 所示为轴在车床上加工的现场情况。其加工顺序如图 10-6c、d、e 所示。按图 10-6b 所示标注零件长度方向的尺寸，符合加工顺序。

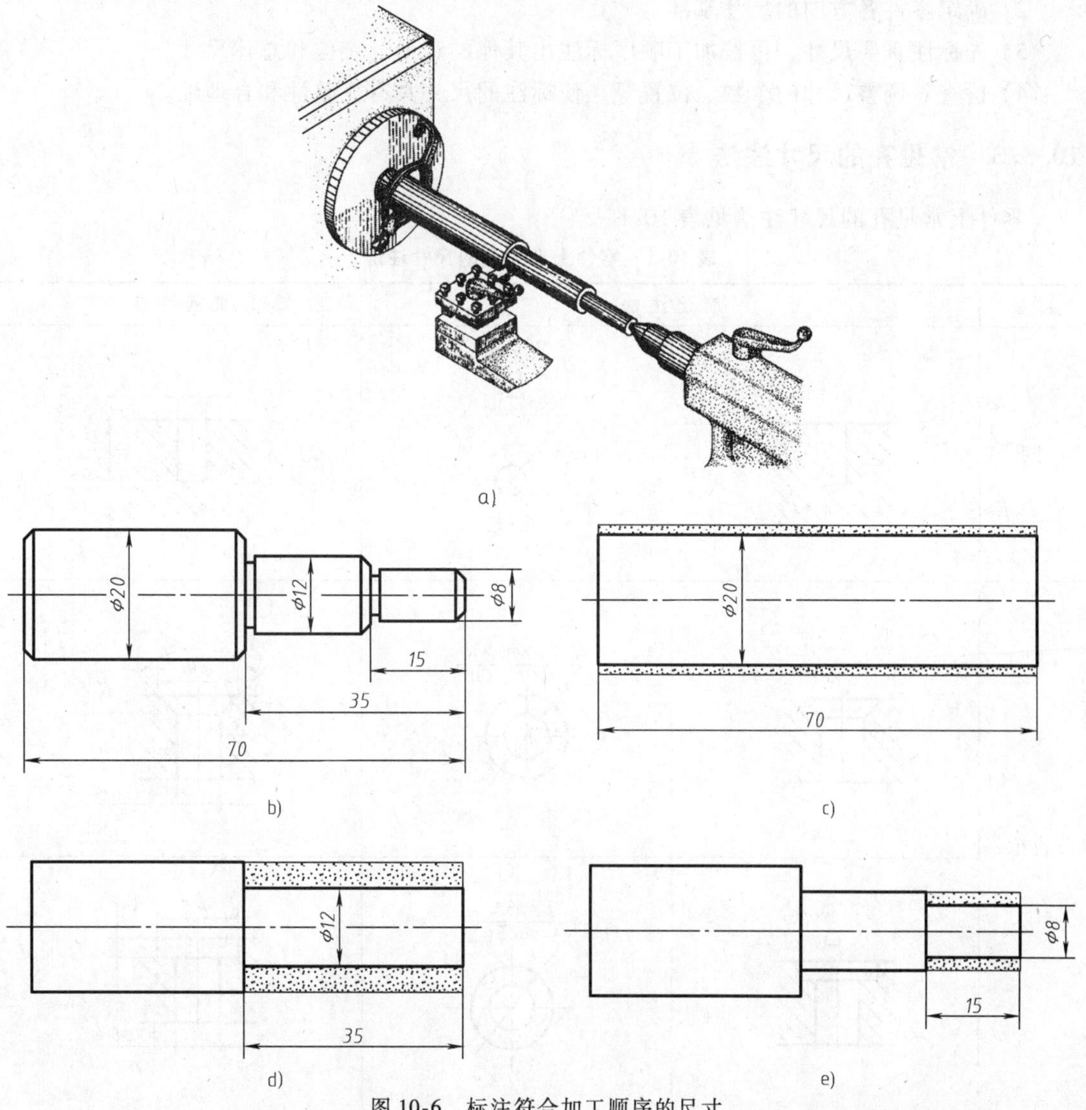

图 10-6　标注符合加工顺序的尺寸

3. 避免标注成封闭尺寸链

封闭尺寸链是指头尾相接，绕成一整圈的一组尺寸。每个尺寸是尺寸链中的一环，如图 10-7 所示。这样标注尺寸难以保证设计要求和工艺要求。因此，实际标注尺寸时，在尺寸链中选一个不重要的环（称为开口环）不注尺寸（一般不能选总体尺寸）。这时开口环的尺寸误差是其他各环尺寸误差之和。因为它不重要，所以对设计要求没有影响。

4. 标注的尺寸要便于读图

对于同一加工工序所需的尺寸，尽量集中标注，以便于加工时测量。同一方向的尺寸要排列整齐。

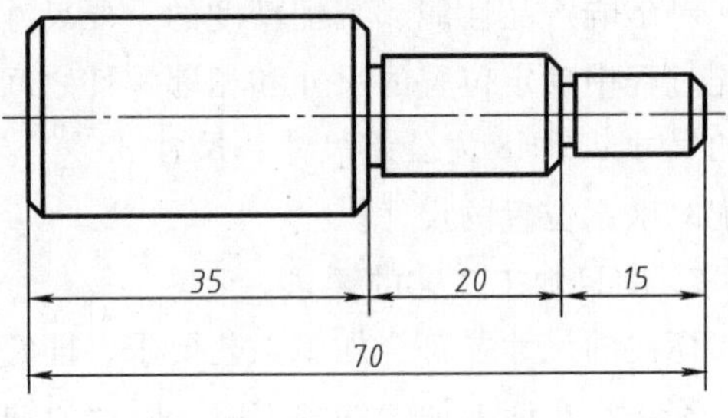

图 10-7　封闭尺寸链

5. 标注尺寸的步骤

1）分析零件的形状结构，了解零件在部件中的工作位置和功能，了解零件各部分结构的加工要求。

2）确定零件各方向的尺寸基准。

3）先标注重要尺寸，再按加工顺序标注出其他的定形、定位和总体尺寸。

4）检查、调整尺寸的个数、位置等，使标注的尺寸具有完整性和合理性。

10.3.3　常见孔的尺寸注法

零件上常见孔的尺寸注法见表 10-1。

表 10-1　零件上常见孔的尺寸注法

类型	简化注法		普通注法
光孔	4×φ4↧10	4×φ4↧10	4×φ4 10
沉孔	6×φ6.5 ⌵φ10×90°	6×φ6.5 ⌵φ10×90°	90° φ10 6×φ6.5
	8×φ6.4 ⌴φ12↧4.5	8×φ6.4 ⌴φ12↧4.5	φ12 4.5 8×φ6.4

(续)

类型	简化注法	普通注法
沉孔	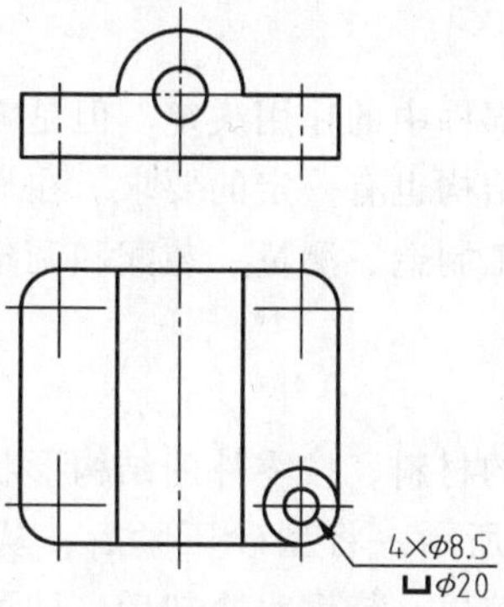 4×φ8.5 ⌴φ20	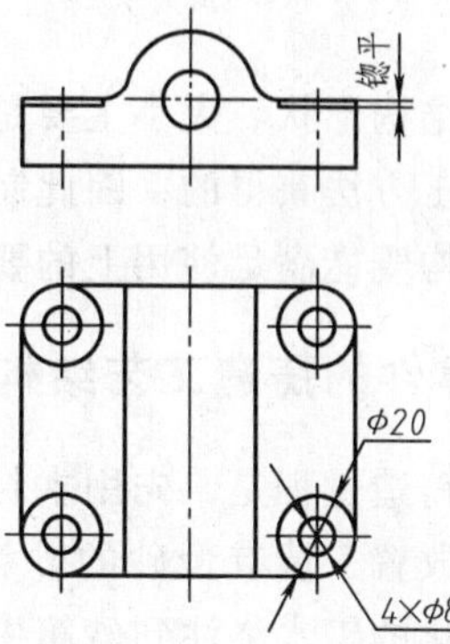 锪平 φ20 4×φ8.5

10.3.4 四类典型零件的尺寸注法

1. 轴、套类零件

此类零件主要有轴向尺寸（表示各段长度的尺寸）、径向尺寸（表示直径的尺寸）和轴上各局部形体的结构尺寸。一般根据零件的作用及装配要求取某一轴肩或端面作轴向尺寸的主要基准，取轴线作为径向尺寸的主要基准，并按所选尺寸基准标注轴上各部分的长度和直径尺寸。标注尺寸时，应将同一工序需要的尺寸集中标注在一侧，如图 10-2 所示左端键槽的定形尺寸 14 和定位尺寸 5 集中标注在了主视图上方。

2. 轮、盘类零件

标注此类零件的尺寸时，径向尺寸基准通常是轴孔的轴线，轴向尺寸基准通常是某一重要端面。需要时，还可以选择适当的辅助基准。标注尺寸时，为突出主要加工尺寸，通常将直径尺寸和轴向尺寸标注在主视图上，且尽量把内、外结构尺寸分开标注。对于沿圆周分布的槽、孔等结构的尺寸尽量标注在反映其分布情况的视图中。在图 10-3 中，右端面为长度方向尺寸基准，下边的 ϕ13H8 孔的轴线为高度方向的尺寸基准，左视图中的前后对称平面为宽度方向的尺寸基准。6 个 ϕ7 的沉孔和 2 个 ϕ4 的销孔，其定形和定位尺寸均注在反映分布情况的左视图中。

3. 叉架类零件

这类零件通常以主要轴线、对称平面、安装基准面、或某个重要端面作为主要尺寸基准，并按零件的结构特点选择辅助基准。图 10-4 所示拨叉，以拨叉主视图的对称面作为长度方向尺寸基准，以拨叉左视图的前后对称平面作为宽度方向尺寸基准，以拨叉主视图的 *R*24 半孔的安装基准面作为高度方向尺寸基准。

4. 箱体类零件

标注这类零件的尺寸时，通常选用主要轴线、接触面、重要端面、对称平面或底板的底面等作为主要尺寸基准、需要时，可以选择合适的辅助基准。此类零件上主要孔的中心距、尺寸公差、与装配有关的定位尺寸等直接影响机器工作性能和质量的尺寸都属于重要尺寸，要直接注出，其余可按形体分析法和结构分析法标注尺寸。在图 10-5 中，长、宽、高三个方向的主要尺寸基准分别为左端面、前后对称平面和主动轴轴孔的轴线。标注时要注意，对需要切削加工的部分尽量按便于加工和测量的要求标注尺寸。

10.4　零件的工艺结构

零件的结构形状、大小主要是根据它在机器或部件中的作用决定。但是零件一般是通过铸造和机加工方法获得的，因此制造工艺对零件的结构也有一定的要求。在设计零件时，应使零件的结构既能满足使用上的要求，又要便于加工制造、测量、装配和调整。

10.4.1　零件的铸造工艺结构

零件的铸造过程是，先用木材或容易加工成形的材料，按零件的结构形状和尺寸制成模型，将模型放置于填有型砂的砂箱中，如图 10-8a 所示。将型砂压紧后，从砂箱中取出模型，再把熔化的钢水浇注到砂箱中原模型占据的型腔里，待钢水冷却后，即可得到铸件的毛坯，如图 10-8b 所示。

1. 起模斜度

铸造时，为了便于从砂型中取出模型，在造型设计时，模型沿出模方向做出 1:20（≈3°）的起模斜度。铸造后，在铸件的表面就形成了这种斜度，如图 10-8b 所示。

绘制零件图时，这种起模斜度一般不画出，如图 10-8c 所示。必要时，可在技术要求中说明。

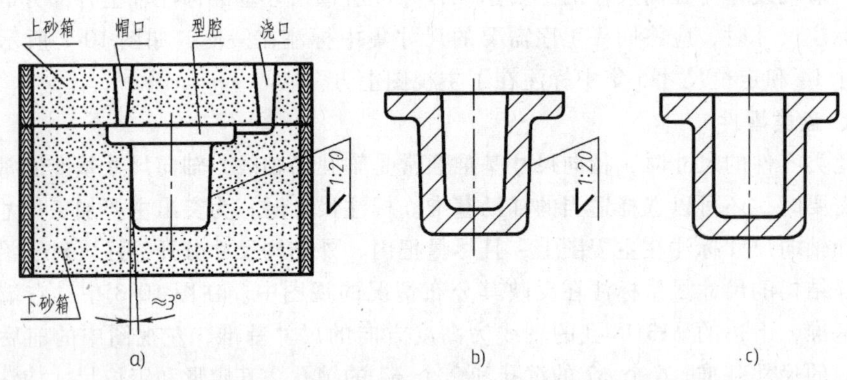

图 10-8　起模斜度

2. 铸造圆角

为了防止浇注时转角处型砂脱落，同时避免浇注后铸件冷却时在转角处因应力集中而产生裂纹，将铸件表面相交处做成圆角。绘制零件图时，一般需在图样中画出铸造圆角，如图 10-9a 所示。铸造圆角的半径在 2 ~ 5mm 之间，视图中一般不标注，而是集中注写在技术要求中，如“未注铸造圆角 *R*3 ~ *R*5”。

两相交的铸造表面，如果有一个表面经去除材料加工，则铸造圆角被削平，在垂直加工面的视图上画成尖角，如图 10-9a 所示。

由于有铸造圆角，铸件各表面理论上的交线不存在。但在画图时，这些交线用细实线按无圆角的情况画至理论尖角处，在交线的起讫处与圆角的轮廓线断开，称为过渡线，过渡线的画法如图 10-9b、c 所示。常见结构的过渡线画法如图 10-10 所示。

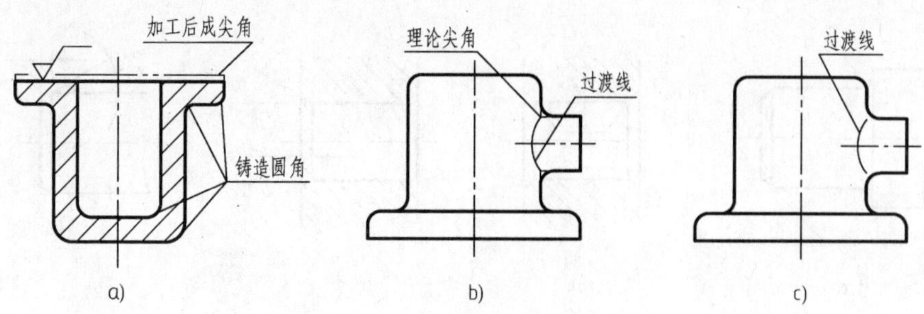

图 10-9　铸造圆角和过渡线

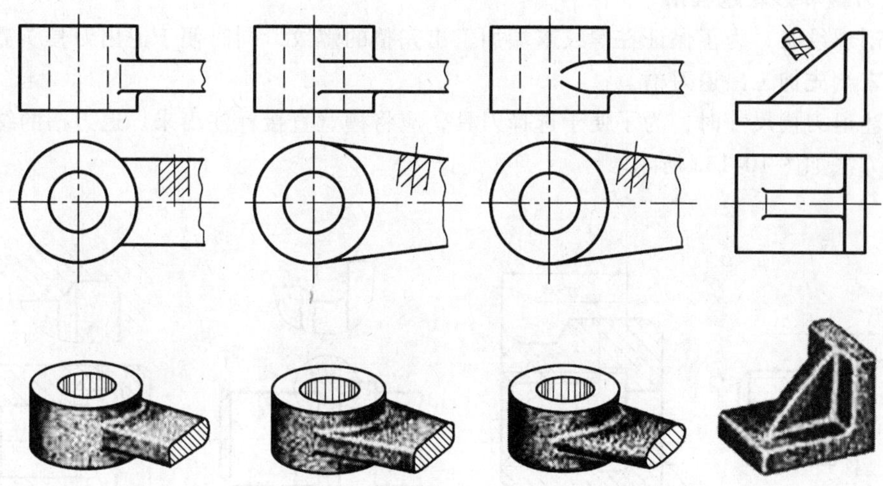

图 10-10　常见结构的过渡线画法

3. 铸件壁厚

为了保证铸件质量，防止因冷却速度不同而在壁厚处形成缩孔，(图 10-11a)，在设计铸件时，应尽量使其壁厚均匀（图 10-11b）。如壁厚不均匀时，应使其均匀地变化，如图 10-11c 所示。

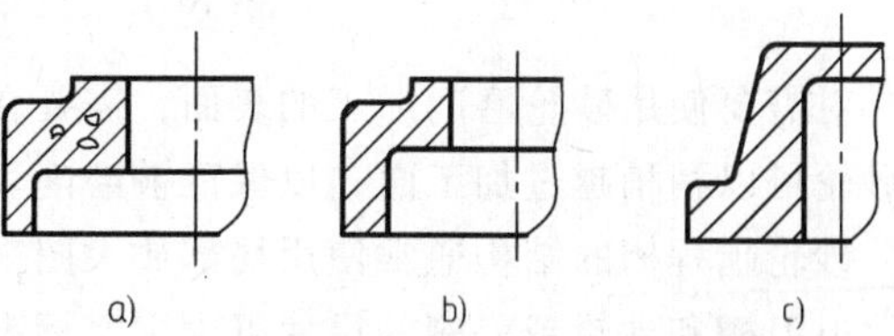

图 10-11　铸件壁厚

10.4.2　机加工常见的工艺结构

1. 倒角与倒圆

为了便于装配和操作的安全性，在轴端、孔口及零件的端部处均应加工出倒角，如图 10-12 所示。为了避免零件轴肩处因应力集中而断裂，也可将轴肩处加工成倒圆形式，如图 10-12a 所示。

倒角一般采用 45°，其标注如图 10-12a、b 所示，图中符号 *C* 表示 45°倒角，*C* 后面应有一个数字，表示倒角的轴向尺寸；倒角也允许采用 30°或 60°，其标注如图 10-12c、d 所示，其倒角的度数和轴向尺寸要分开标注。倒角与倒圆的形状和尺寸标注方法见附录中的表 F-3。

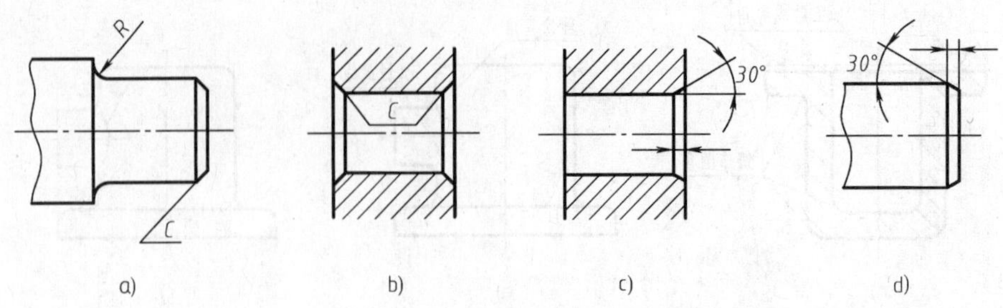

图 10-12　倒角与倒圆

2. 退刀槽和砂轮越程槽

在车削螺纹时，为了保证在螺纹末端加工出完整的螺纹，同时便于退出刀具，需要在待加工面的末端先加工出退刀槽。

在标注退刀槽尺寸时，为了便于选择刀具，应将槽宽直接标注出来。退刀槽的结构及其尺寸标注方法如图 10-13a 所示。

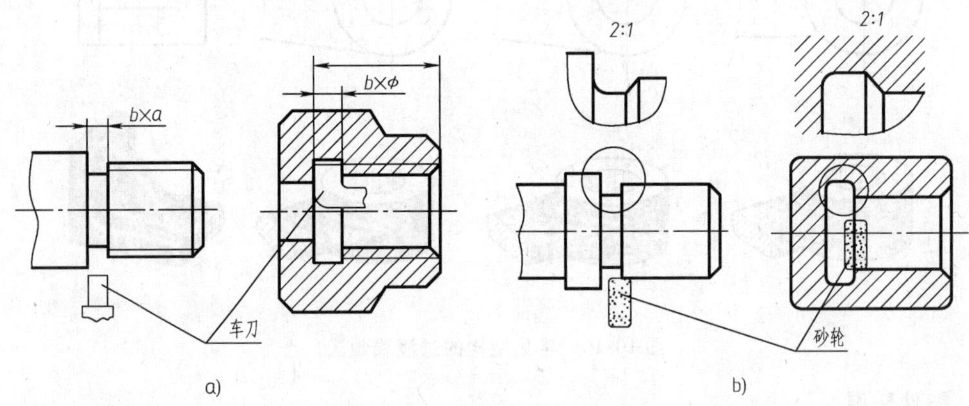

图 10-13　退刀槽与砂轮越程槽

对需要使用砂轮磨削加工的表面，需要在被加工面的轴肩处，预先加工出砂轮越程槽，使砂轮可以稍稍越过加工面，以保证被磨削表面加工完整。

砂轮越程槽的结构通常使用局部放大图来表示，如图 10-13b 所示。

退刀槽和砂轮越程槽的尺寸可由国家标准中查到，分别见附录中的表 C-1 和表 F-2。

3. 凸台与凹坑

在装配体中，为了保证零件间接触良好，一般零件之间的接触面都需要加工。为了降低零件的制造费用，在设计零件时应尽量减少加工面积。因此接触面处常设计成凸台或凹坑结构，如图 10-14 所示。

4. 钻孔结构

零件上的孔多数是使用钻头加工而成的。由于钻头顶部有 118°的锥角，所以用钻头加工盲孔（不通孔）时，其孔的末端在视图中应近似画成 120°的锥角，如图 10-15a 所示。如果是阶梯孔，在阶梯孔的过渡处，也存在锥坑台阶其锥角也画成 120°如图 10-15b 所示。120°的锥角无需标注。

钻孔时，钻头尽量垂直于被钻孔的表面，以保证钻孔的准确性，同时可避免钻头打滑折

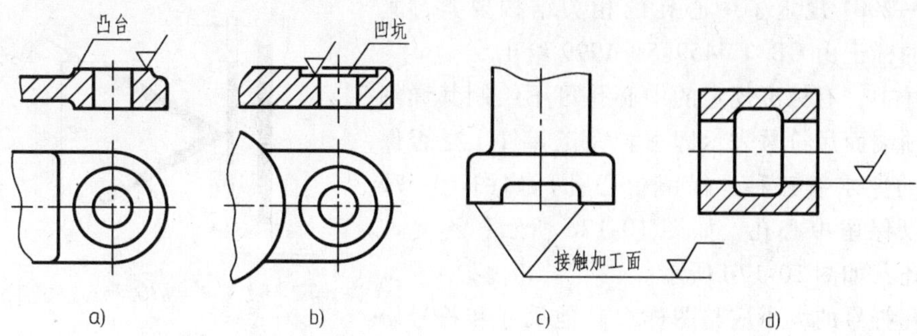

图 10-14 零件上的凸台与凹坑

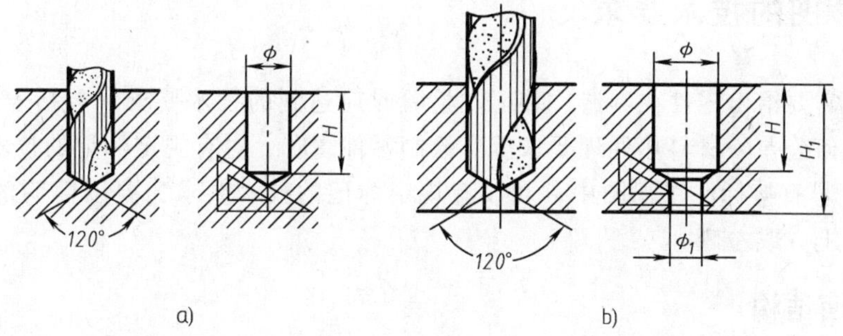

图 10-15 钻孔结构

断。钻孔的轴线应与零件表面相垂直。当钻孔轴线不垂直被钻孔表面时，钻孔处应设计出平台或凹坑，以保证钻孔轴线与钻孔处表面垂直，如图 10-16 所示。当钻头与被钻表面的夹角大于 60°时，也可以直接钻孔。

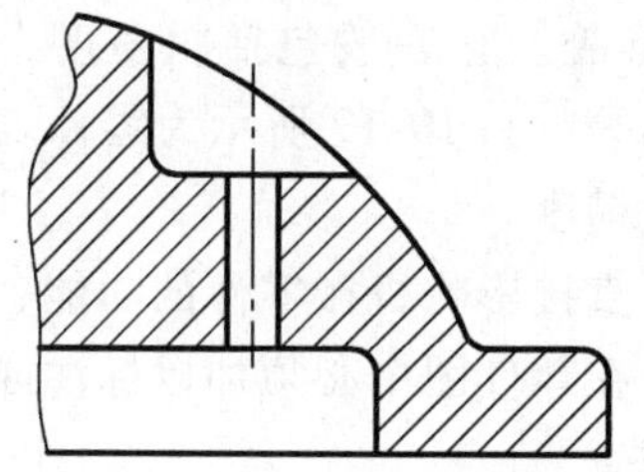

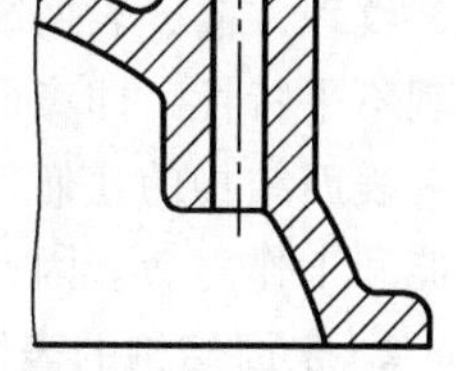

图 10-16 钻孔结构

5. 中心孔

在车床上加工较长轴的表面时，需在轴端预先加工出中心孔，用以在机床上装夹，如图 10-17a 所示。中心孔是标准结构，

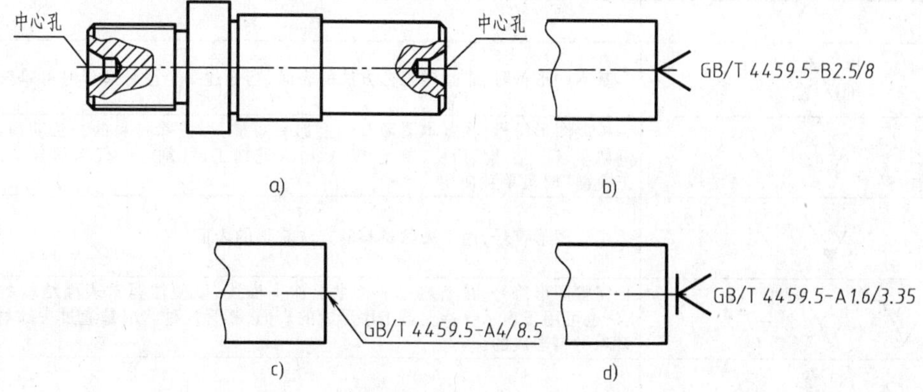

图 10-17 中心孔

GB/T 145—2001 规定了中心孔的相关结构要素，其在图样上的标记由 GB/T 4459.5—1999 给出。

在图样中，有标准规定的中心孔可不绘制其详细结构，在轴端面用符号表示即可。完工零件上是否保留中心孔的要求有三种：保留中心孔，如图 10-17b 所示；可以保留中心孔，如图 10-17c 所示；不允许保留中心孔，如图 10-17d 所示。

中心孔符号的大小应与图样上其他尺寸和符号协调一致，中心孔符号的比例和尺寸如图 10-18 所示。

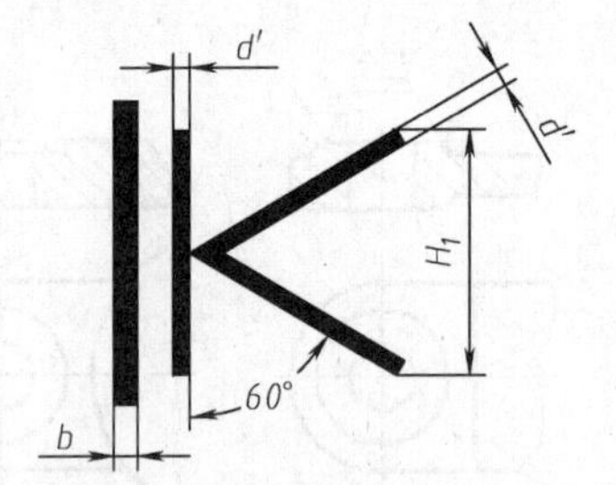

b=粗实线线宽；$d'=h/10$（h=数字的高度）；$H_1=10b$

图 10-18　中心孔符号的比例和尺寸

10.5　零件图的技术要求

零件图中需要给出零件在制造、装配、检验时应达到的技术要求，包括表面结构要求、尺寸公差、几何公差、材料热处理要求等。绘制零件图时，对有规定标记的技术要求，用规定的代（符）号直接标注在视图中；对没有规定标记的技术要求，要以简明的文字说明注写在标题栏的上方或左侧。

10.5.1　表面结构

1. 表面结构的概念

表面结构是出自几何表面的重复或偶然的偏差，这些偏差形成该表面的三维形貌。它一般包括粗糙度、波纹度、纹理方向、表面缺陷等。图 10-19 所示为零件表面的微观不平特性，即表面粗糙度。

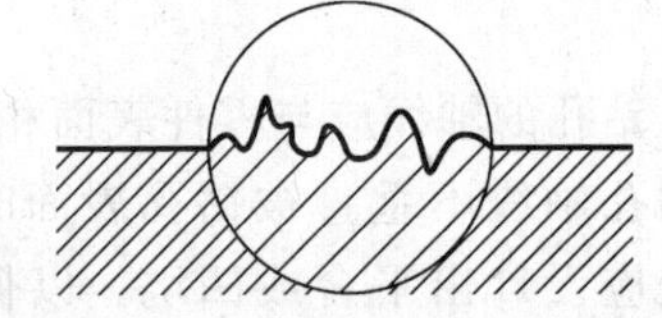

图 10-19　零件表面的微观不平特性

表面结构的几何特征直接影响机械零件的功能、使用性能和工作寿命。因此，在零件图中必须加以标注或在技术要求中用文字提出要求。

2. 表面结构的表示法

（1）表面结构的图形符号　在技术产品文件中，对表面结构的要求可以用几种不同的图形符号表示，每种符号都有特定的含义。常见表面结构图形符号及其含义见表 10-2。

表 10-2　常见表面结构图形符号及其含义

符　号	含　义
	基本图形符号，未指定工艺方法的表面，当通过一个注释解释时可单独使用
	扩展图形符号，在基本图形符号上加一短横，用去除材料的方法获得的表面，例如车、铣、钻、磨、剪切、抛光、腐蚀、电火花加工、气割等。仅当其含义是“被加工表面”时可单独使用
	扩展图形符号，用不去除材料的方法获得的表面
	完整图形符号，在上述三个符号上加一横线，以便注写对表面结构的各种要求，也可用于表示保持上道工序形成的表面，不管这种状况是通过去除材料或不去除材料形成的
	对视图上封闭的轮廓线所表示的各表面有相同的表面结构要求

表面结构图形符号的画法如图10-20所示，图形符号和附加标注的尺寸见表10-3。

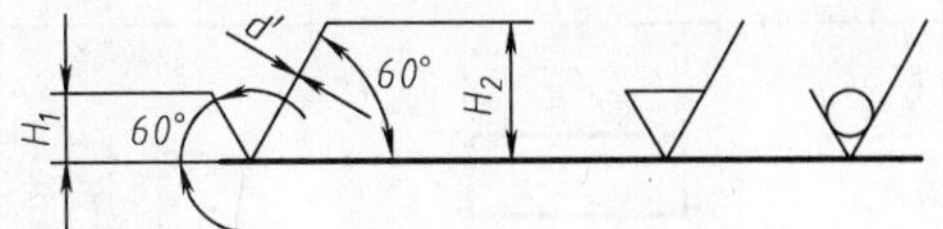

图10-20 表面结构图形符号的画法

表10-3 图形符号和附加标注的尺寸 （单位：mm）

数字和字母高度 h(见 GB/T 14690)	2.5	3.5	5	7	10	14	20
符号线宽 d' 字母线宽 d	0.25	0.35	0.5	0.7	1	1.4	2
高度 H_1	3.5	5	7	10	14	20	28
高度 H_2(最小值取决于标注内容)	7.5	10.5	15	21	30	42	60

（2）表面结构完整图形符号的组成 为了明确对表面结构的要求，需要在表面结构图形符号上标注表面结构参数和数值，必要时还应标注补充要求，补充要求包括传输带、取样长度、加工工艺、表面纹理方向、加工余量等。

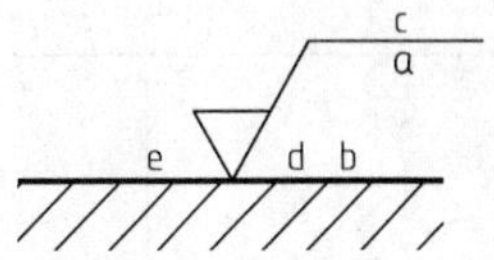

图10-21 表面结构要求的注写位置

在完整符号中，对表面结构的单一要求和补充要求应注写在图10-21所示的指定位置。

图10-21中位置a～e分别注写以下内容：

1）位置a注写表面结构的单一要求。根据国家标准，标注表面结构参数代号、极限值和传输带或取样长度。为了避免误解，在参数代号和极限值间应插入空格。传输带或取样长度后应有一斜线“/”，之后是表面结构参数代号，最后是数值。例如：0.0025-1.8/*Rz* 6.3（传输带标注）、-0.8/*Rz* 6.3（取样长度标注）。

2）位置a和b注写两个或多个表面结构要求。在位置a注写第一个表面结构要求；在位置b注写第二个表面结构要求。

3）位置c注写加工方法。例如：车、磨、镀等。

4）位置d注写表面纹理和方向。例如：“＝”、“X”等，见表10-4。

5）位置e注写加工余量。注写所要求的加工余量，以毫米为单位给出数值。

表10-4 表面纹理的符号、示例及解释

符号	示例	解释
＝		纹理平行于视图所在的投影面

（续）

符号	示例	解释
C	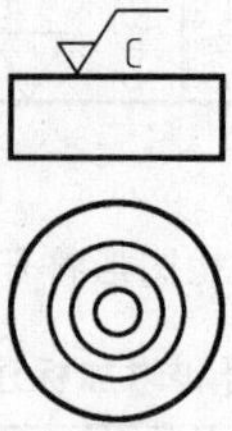	纹理呈近似同心圆且圆心与表面中心相关
⊥	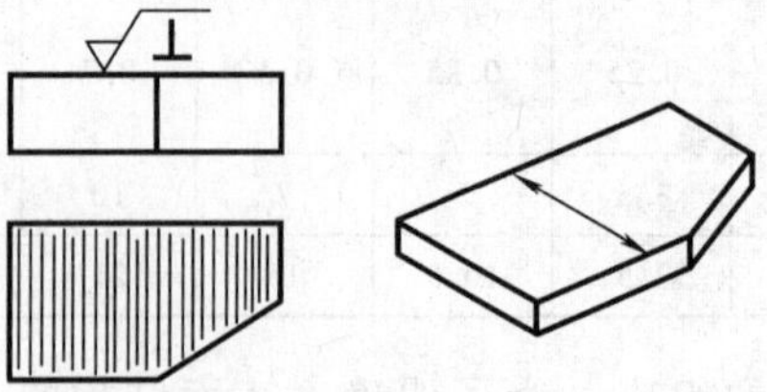	纹理垂直于视图所在的投影面
R		纹理呈近似放射状且与表面圆心相关
X	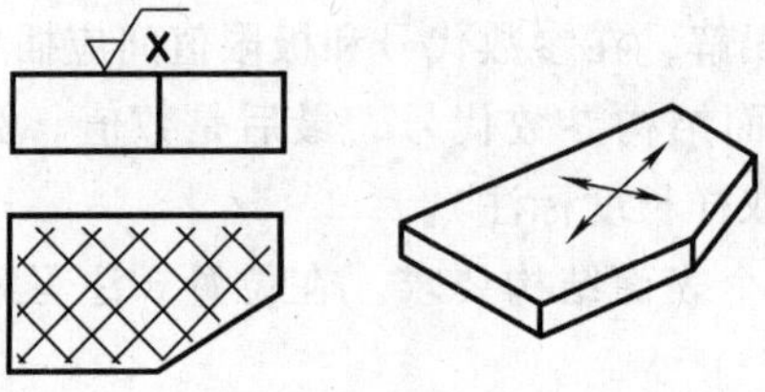	纹理呈两斜向交叉且与视图所在的投影面相交
P	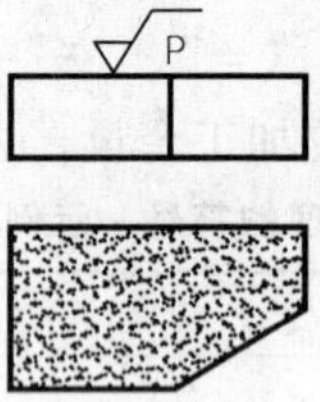	纹理呈微粒、凸起，无方向
M	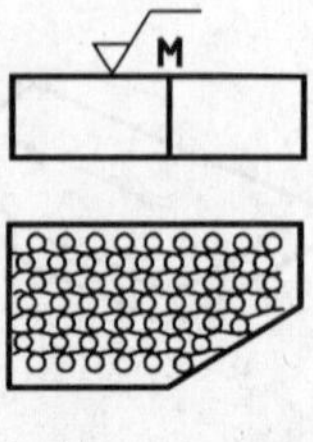	纹理呈多方向

注：如果表面纹理不能清楚地用这些符号表示，必要时，可以在图样上加以说明。

（3）表面结构常用的轮廓参数　零件表面结构的状况，可由三种轮廓（*R*、*W*、*P*）参数中的一种给出，其中最常用的为 *R* 轮廓（粗糙度参数），评定 *R* 轮廓的参数有 *Ra* 和 *Rz*。

1）轮廓算术平均偏差 *Ra*。在取样长度 *l* 内，轮廓偏距（轮廓线上任何一点与基准线之间的距离 *Y*）绝对值的算术平均值，如图 10-22 所示。

Ra 的计算公式为

$$Ra = \frac{1}{l}\int_0^l |Y(X)| \, dX$$

2）轮廓最大高度 *Rz*。在取样长度 *l* 内，轮廓峰顶线和轮廓谷底线之间的距离，如图 10-20 所示。

常用 *Ra* 数值对应的零件表面情况及相应加工方法和应用举例见表 10-5。

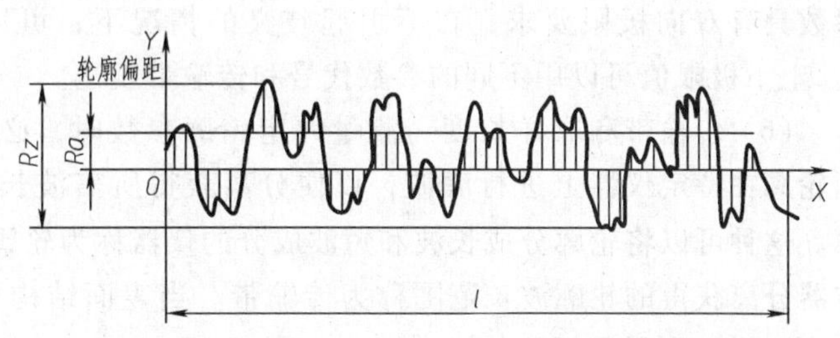

图 10-22　轮廓算术平均偏差 *Ra* 和轮廓最大高度 *Rz*

表 10-5　表面结构 *Ra* 数值与应用

Ra/μm	表面特征	主要加工方法	应用举例
50	明显可见刀痕	粗车、粗铣、粗刨、钻、粗纹锉刀和粗砂轮加工	粗糙度最低的加工面，一般很少使用
25	可见刀痕		
12.5	微见刀痕	粗车、刨、立铣、平铣、钻	不接触表面、不重要的接触面，如螺钉孔、倒角、机座表面等
6.3	可见加工痕迹	精车、精铣、精刨、铰、钻、粗磨	没有相对运动的零件接触面，如箱、盖、套筒要求紧贴的表面，键和键槽工作面；相对运动速度不高的接触面，如支架孔、衬套、带轮轴孔的工作表面等
3.2	微见加工痕迹		
1.6	看不见加工痕迹		
0.8	可辨加工痕迹方向	精车、精铰、精拉、精铣、精磨等	要求很好密合的接触面，如与滚动轴承配合的表面、锥销孔等；相对运动速度较高的接触面，如齿轮轮齿的工作表面等
0.4	微辨加工痕迹方向		
0.2	不可辨加工痕迹方向		
0.1	暗光泽面	研磨、抛光、精细研磨等	精密量具的表面，极重要零件的摩擦面，如气缸的内表面、精密机床的主轴颈、坐标镗床的主轴颈等
0.05	亮光泽面		
0.025	镜状光泽面		
0.012	雾状镜面		

（4）极限值判断规则及标注　表面结构要求中给定极限值的判断规则有两种（GB/T 10610—1998）

1）16% 规则。在被检测表面上测得的全部参数值中，超过极限值（若给定上限值，则大于上限值；若给定下限值，则小于下限值）的个数不多于总个数的 16% 时，该表面是合格的。

2）最大规则。被检测表面上测得的参数值一个也不应超过给定的极限值。

16% 规则是所有表面结构要求标注的默认规则（GB/T 10610）。即当参数代号后未注写“max”字样时，均默认为应用 16% 规则，例如 *Ra* 0.8；否则应用最大规则，例如 *Ra*max 0.8。

（5）表面结构参数的单向极限或双向极限的标注

1）单向极限。只标注一个轮廓参数（上限值或下限值）。

当只标注参数代号、参数值和传输带时，它们应默认为参数的上限值；当只标注单向下限值时，参数代号前应加 L。

2）双向极限。上限值和下限值均需标注。此时，上限值在上方，参数代号前用 U 表示；下限值在下方，参数代号前用 L 表示，如图 10-23 所示。如果同一参数具有双向极限要求，在不引起歧义的情况下，可以不加 U、L。上下极限值可以用不同的参数代号和传输带表达。

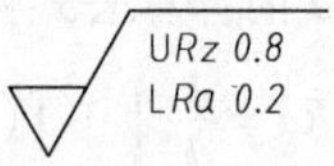

URz 0.8
LRa 0.2

图 10-23　双向极限的注法

（6）传输带和取样长度　测量评定轮廓参数时，必须先将表面轮廓在特定仪器上进行滤波，以便分离获得所需波长范围的轮廓。这种可以将轮廓分成长波和短波成分的仪器称为轮廓滤波器。由两个不同截止波长的滤波器分离获得的轮廓波长范围称为传输带。当表面结构要求采用默认传输带（国家标准中给出）时，则无需标注传输带。

在评定表面轮廓时，一般情况下取样长度应包含 5 个波峰和 5 个波谷。因为在每一取样长度内测得的值通常是不等的，为了取得可靠的数值，一般取几个连续的取样长度进行测量，并以各取样长度内测量值的平均值作为测得的参数值。默认评定长度为取样长度的 5 倍，此时在符号中无需标注。

表面结构参数的表示方法及含义见表 10-6。

表 10-6　表面结构参数的表示方法及含义

表示方法	含　义	表示方法	含　义
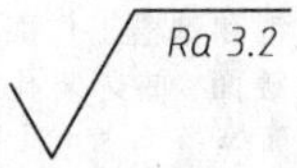 Ra 3.2	未指定工艺方法的表面，单向上限值，算术平均偏差为 3.2μm	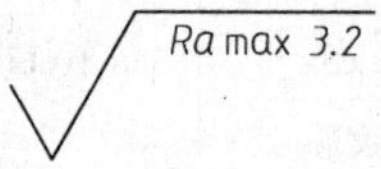 Ra max 3.2	未指定工艺方法的表面，单向上限值，算术平均偏差为 3.2μm，最大规则
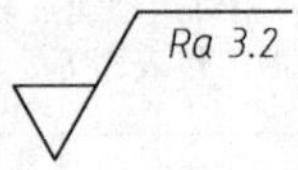 Ra 3.2	用去除材料的方法获得的表面，单向上限值，算术平均偏差为 3.2μm	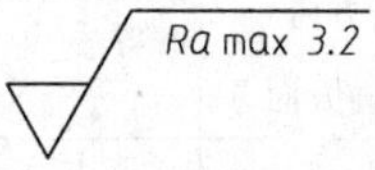 Ra max 3.2	用去除材料的方法获得的表面，单向上限值，算术平均偏差 3.2μm，最大规则
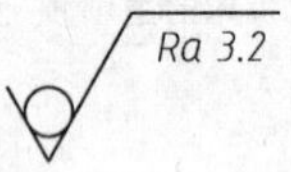 Ra 3.2	用不去除材料的方法获得的表面，单向上限值，算术平均偏差为 3.2μm	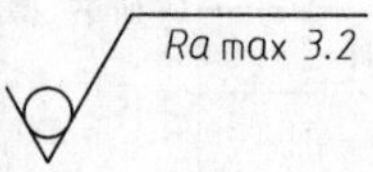 Ra max 3.2	用不去除材料的方法获得的表面，单向上限值，算术平均偏差为 3.2μm，最大规则
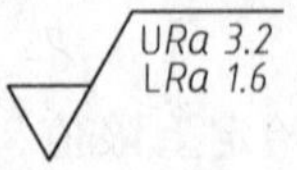 URa 3.2 LRa 1.6	用去除材料的方法获得的表面，双向极限值，算术平均偏差上限值为 3.2μm，下限值为 1.6μm	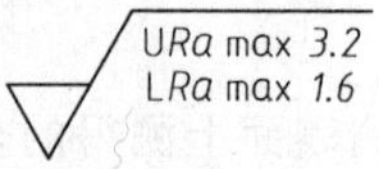 URa max 3.2 LRa max 1.6	用去除材料的方法获得的表面，双向极限值，算术平均偏差上限值为 3.2μm，下限值为 1.6μm，上、下极限均为最大规则

3. 表面结构要求在图样中的标注

（1）概述　表面结构要求对每一个表面一般只标注一次，并尽可能注在相应的尺寸及其公差的同一视图上。除非另有说明，所标注的表面结构要求是对完工零件表面的要求。

（2）表面结构符号、代号的标注位置与方向

1）标注原则。根据 GB/T 4458.4—2003 的规定，使表面结构的注写和读取方向与尺寸的注写和读取方向一致，如图 10-24 所示。

2）标注在轮廓线上或指引线上。表面结构要求可标注在轮廓线上，其符号应从材料外指向并接触表面。必要时，表面结构符号也可用带箭头或黑点的指引线引出标注，如图 10-25、图 10-26a、b 所示。

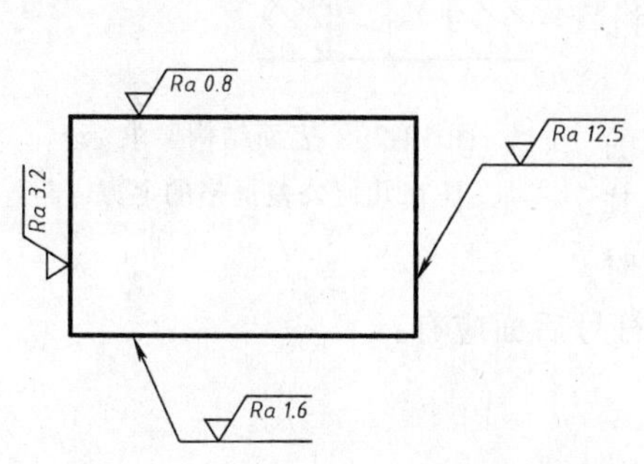

图 10-24　表面结构要求的注写方向

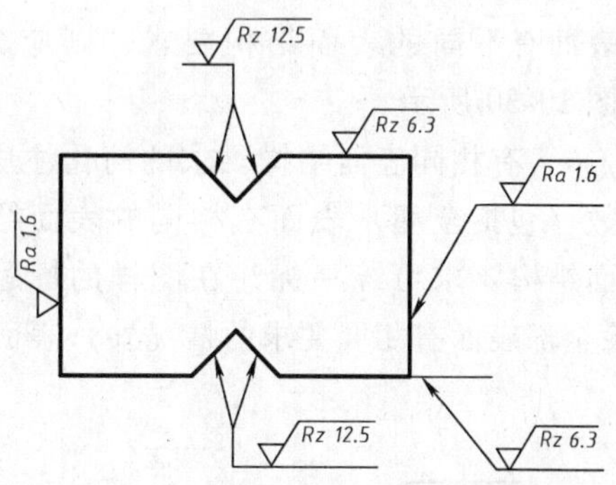

图 10-25　表面结构要求在轮廓线上的标注

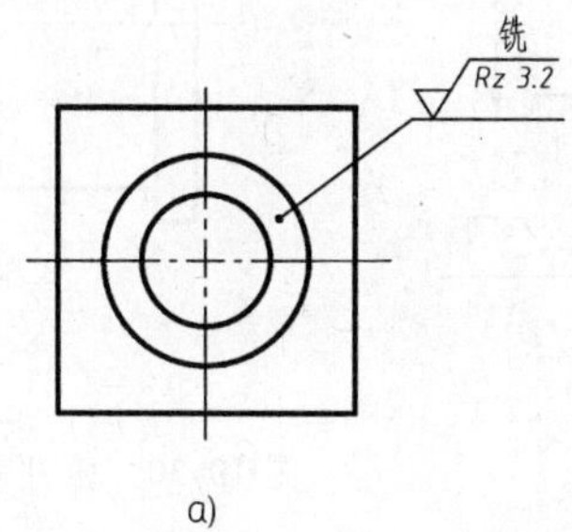

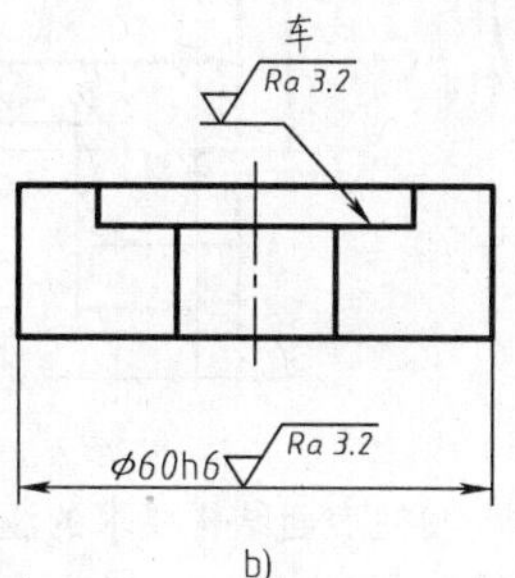

图 10-26　用指引线引出标注表面结构要求

a）用带黑点的指引线引出标注　b）用带箭头的指引线引出标注

3）标注在特征尺寸的尺寸线上。在不致引起误解时，表面结构要求可以标注在给定的尺寸线上，如图 10-27 所示。

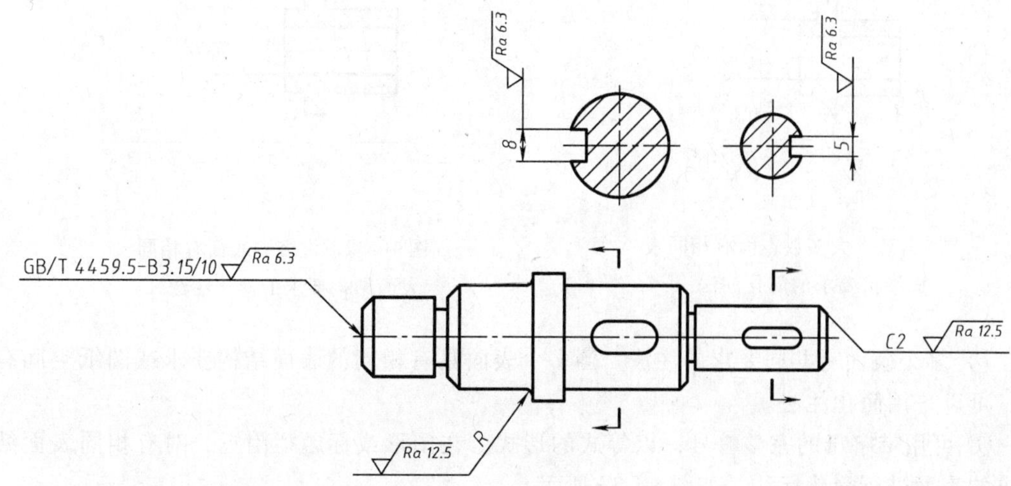

图 10-27　表面结构要求标注在尺寸线上

4）表面结构要求可以标注在几何公差框格的上方，如图 10-28 所示。

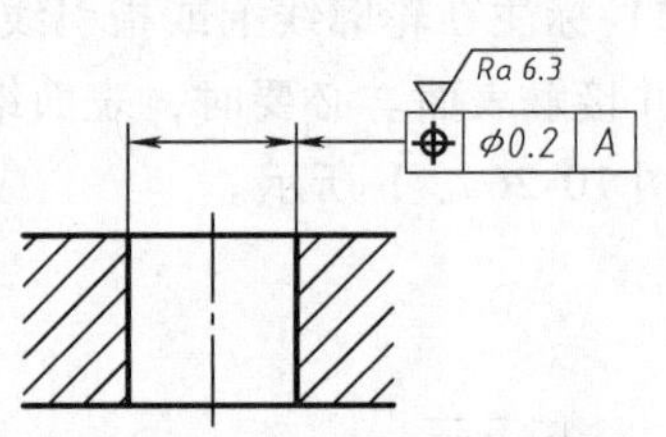

图 10-28　表面结构要求标注在几何公差框格的上方

5）标注在圆柱和棱柱表面上。圆柱和棱柱表面的表面结构要求只注一次，如图 10-29 所示。如果每个棱柱表面有不同的表面结构要求，则应分别单独标注，如图 10-30 所示。

6）有相同表面结构要求的简化注法。如果工件的多数（包括全部）表面有相同的表面结构要求，则其表面结构要求可统一标注在图样的标题栏附近。此时（除全部表面有相同要求的情况外）表面结构要求的符号后面应有：

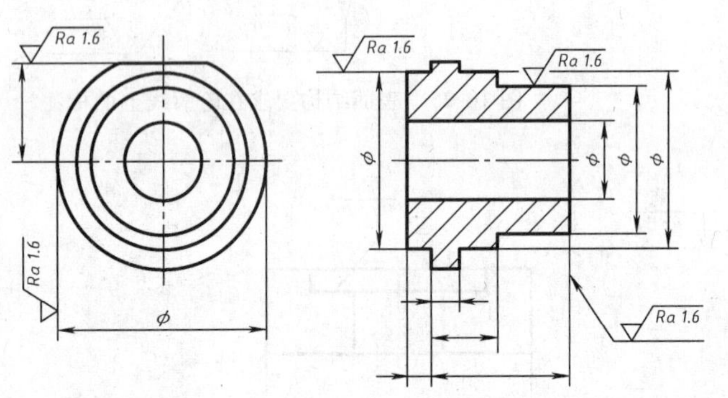

图 10-29　圆柱表面结构要求的注法

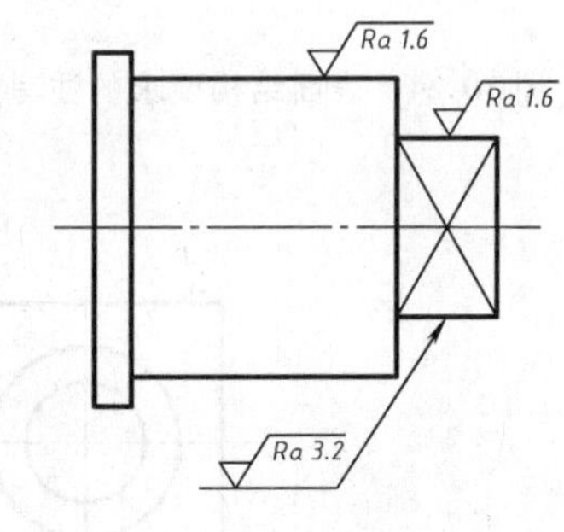

图 10-30　棱柱表面结构要求的注法

——在圆括号内给出无任何其他标注的基本符号，如图 10-31 所示。

——在圆括号内给出不同的表面结构要求，如图 10-32 所示。

不同的表面结构要求应直接标注在图形中。

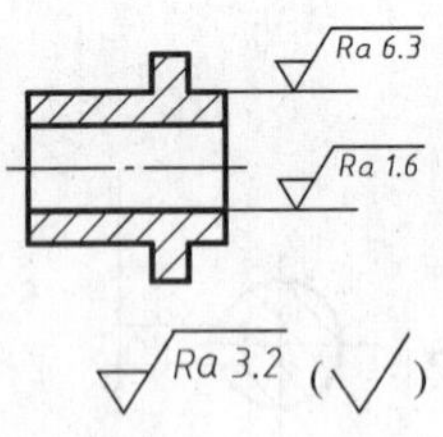

图 10-31　大多数表面有相同表面结构要求的简化注法一

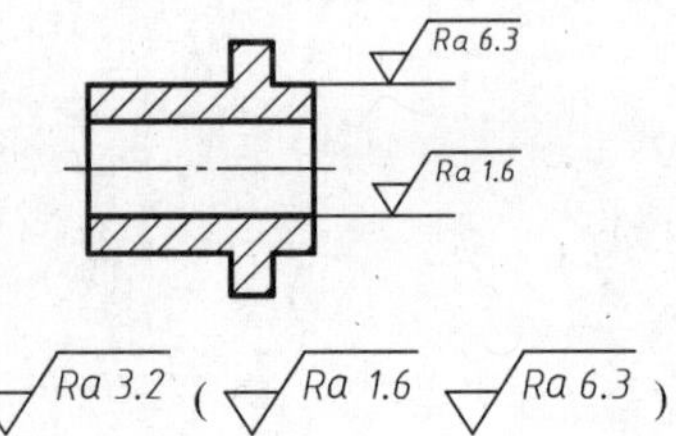

图 10-32　大多数表面有相同表面结构要求的简化注法二

7）多个表面有共同要求的注法。当多个表面具有相同的表面结构要求或图纸空间有限时，可以采用简化注法。

① 可用带字母的完整符号，以等式的形式，在图形或标题栏附近，对有相同表面结构要求的表面进行简化标注，如图 10-33 所示。

② 可用基本图形符号、要求去除材料或不允许去除材料的扩展图形符号在图中进行标

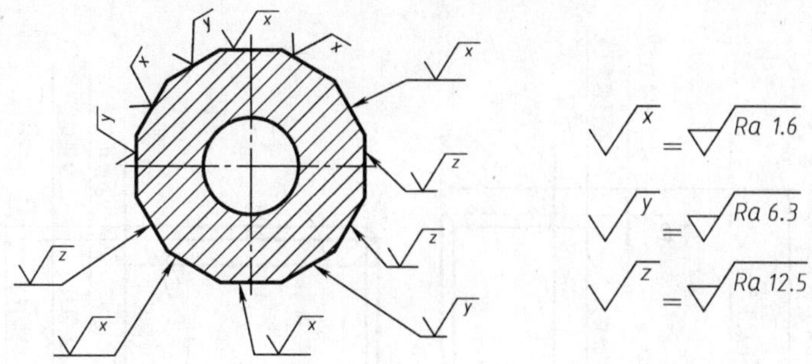

图 10-33 用带字母的完整符号对有相同表面结构要求的表面进行简化标注

注，在标题栏附近，以等式的形式给出多个表面共同的表面结构要求，如图 10-34 所示。

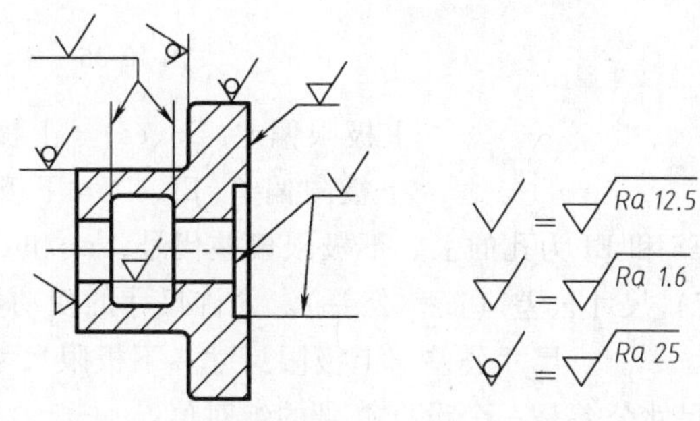

图 10-34 用基本图形符号和扩展图形符号进行简化标注

10.5.2 极限与配合

1. 互换性

在生产实践中，相同规格的零件任取其中的一个，不经挑选和修配就能合适地装到机器中，并能满足机器的性能要求，零件具有的这种性质称为互换性。

零件具有互换性，既能进行大规模专业化生产，又能提高产品质量，降低成本，且便于维修。

国家标准《极限与配合》保证了零件的互换性。加工零件时，由于机床精度、刀具磨损、测量误差等生产条件和加工技术的影响，成品零件会出现一定的尺寸误差。为了保证零件的互换性及零件的加工精度，设计时应根据零件的使用要求和加工条件，将零件的误差限制在一定的范围内。GB/T 1800.1—2009、GB/T 1800.2—2009、GB/T 1801—2009、GB/T 4458.5—2003 等国家标准对零件尺寸允许的变动量及在图样上的标注作出了规定。

2. 零件的尺寸公差

允许尺寸的变动量叫尺寸公差。

（1）相关术语 相关的术语由 GB/T 1800.1—2009 给出，如图 10-35 所示。

1）尺寸要素。由一定大小的线性尺寸或角度尺寸确定的几何形状。

2）公称尺寸。由图样规范确定的理想形状要素的尺寸。

3）实际尺寸。加工完成后，通过测量获得的尺寸。

4）极限尺寸。尺寸要素允许的尺寸的两个极端。提取组成要素的局部尺寸应位于其中，也可达到极限尺寸。它包括上极限尺寸，即尺寸要素允许的最大尺寸；下极限尺寸，即尺寸要素允许的最小尺寸。

成品的实际尺寸在两个极限尺寸之间才是合格的。

5）偏差。某一尺寸减去其公称尺寸所得的代数差。偏差值可以是正值、负值或零。

6）极限偏差。极限偏差有上极限偏差和下极限偏差。

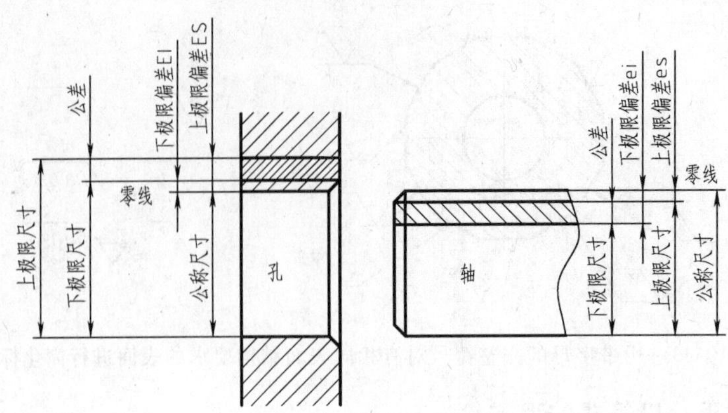

图 10-35　术语解释

上极限偏差(ES、es) = 上极限尺寸 - 公称尺寸

下极限偏差(EI、ei) = 下极限尺寸 - 公称尺寸

ES和EI为孔的上、下极限偏差代号，es和ei为轴的上、下极限偏差代号。

7）尺寸公差（简称公差）。允许尺寸的变动量。

尺寸公差 = 上极限尺寸 - 下极限尺寸 = 上极限偏差 - 下极限偏差

尺寸公差是一个没有符号的绝对值。

8）零线。在极限与配合图解中，表示公称尺寸的一条直线，以其为基准确定偏差和公差。如图 10-35 所示。

9）公差带。在公差带图解中，由代表上极限偏差和下极限偏差或上极限尺寸和下极限尺寸的两条直线所限定的一个区域。它由公差大小和其相对零线的位置来确定。图 10-36 所示为轴的公差带图解，图 10-37 所示为轴的尺寸公差的标注，由图中的标注可知：

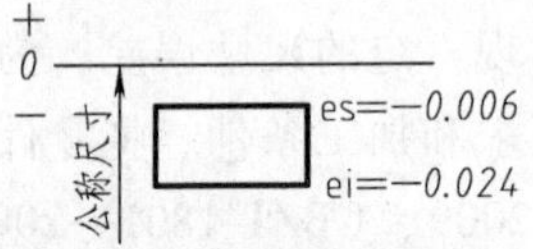

图 10-36　轴的公差带图解

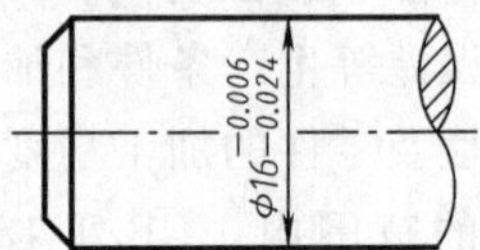

图 10-37　轴的尺寸公差的标注

公称尺寸为 ϕ16mm；上极限偏差（es）为 -0.006mm；下极限偏差（ei）为 -0.024mm。

上极限尺寸 = 公称尺寸 + 上极限偏差 = 16mm + (-0.006mm) = 15.994mm

下极限尺寸 = 公称尺寸 + 下极限偏差 = 16mm + (-0.024mm) = 15.976mm

尺寸公差 = 上极限偏差 - 下极限偏差 = (-0.006mm) - (-0.024mm) = 0.018mm

（2）标准公差与基本偏差　为了便于生产，并满足不同的使用需求，国家标准《极限与配合》中规定，标准公差确定公差带的大小，基本偏差确定公差带的位置，如图 10-38 所示。

1）标准公差。国家标准《极限与配合》中规定的用以确定公差带大小的任一公差称为标准公差。标准公差是由公称尺寸和公差等级确定的。

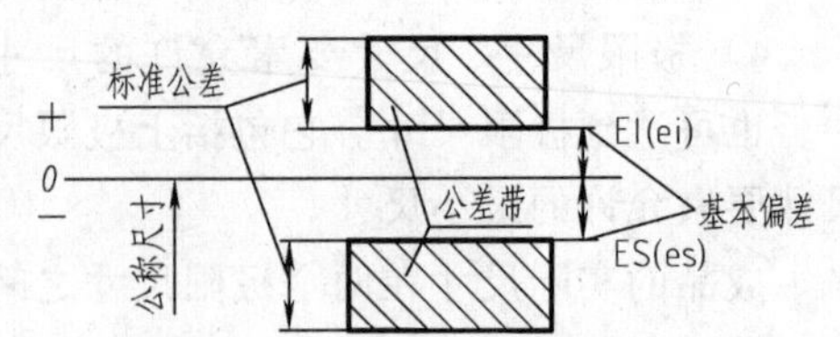

图 10-38　标准公差与基本偏差

标准公差等级代号由符号“IT”和数字组成。

标准公差分为 20 个等级，即 IT01、IT0、IT1 ~ IT18。随着 IT 值的增大，尺寸的精确程度依次降低，公差数值则依次增大。公差数值取决于公称尺寸和公差等级，GB/T 1800.2—2009 给出了公称尺寸至 3150mm 的各级的标准公差数值，见附录中的表 G-1。

当公称尺寸一定时，公差等级越高，公差数值越小，尺寸精度越高；属于同一公差等级时，公称尺寸越大，对应的公差数值就越大，但被认为具有同等的精度。

2）基本偏差。公差带中靠近零线位置的上极限偏差或下极限偏差称为基本偏差。当公差带在零线上方时，下极限偏差为基本偏差；当公差带在零线下方时，上极限偏差为基本偏差，如图 10-39 所示。

基本偏差代号：孔用大写字母 A、…、ZC 表示；轴用小写字母 a 、…、zc 表示（图 10-39），各有 28 个。

从图 10-39 中可以看出，孔的基本偏差从 A 至 H 为下极限偏差，从 J 至 ZC 为上极限偏差。轴的基本偏差从 a 至 h 为上极限偏差，从 j 至 zc 为下极限偏差。JS 和 js 的上下极限偏差对称分布在零线两侧，因此，其基本偏差为 + IT/2 或 - IT/2。

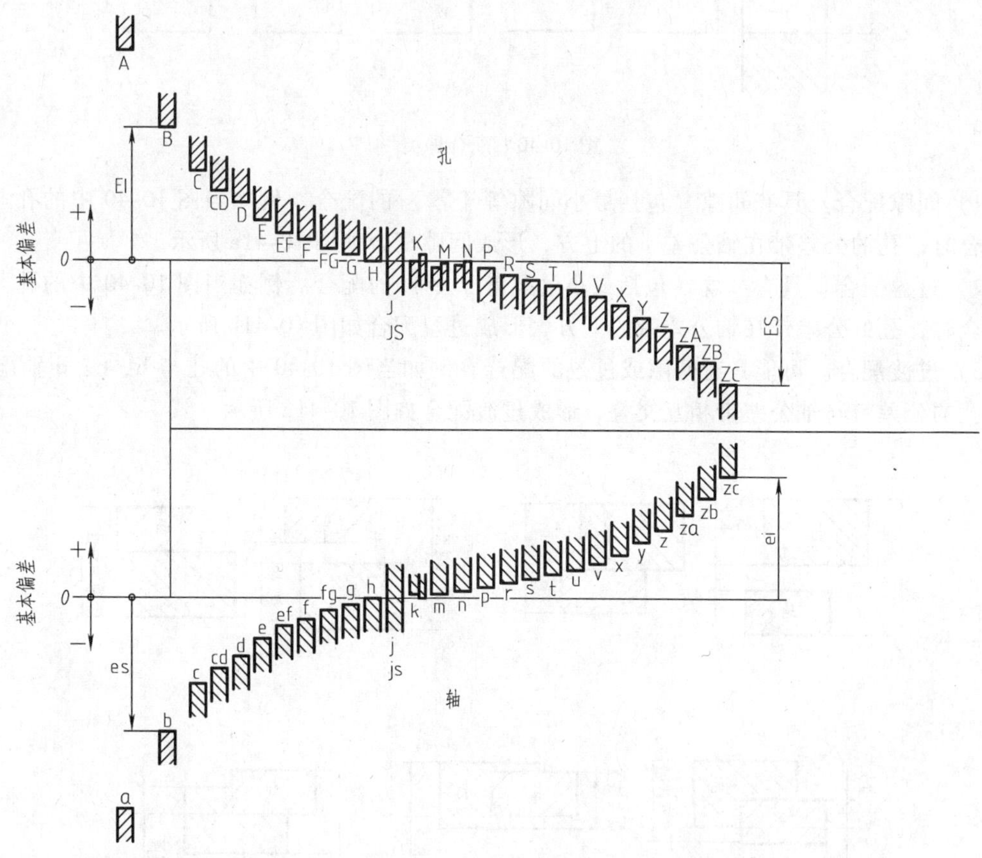

图 10-39 基本偏差系列图

轴和孔的基本偏差数值见附录中表 G-2 、表 G-3 。

根据标准公差和基本偏差，可计算出轴、孔的另一极限偏差，即

$$ES = EI + IT \text{ 或 } EI = ES - IT$$

$$es = ei + IT \text{ 或 } ei = es - IT$$

3）公差带代号。公差带代号由基本偏差代号和标准公差等级代号组成，此时标准公差等级代号省略 IT，如 H8，f7。

轴和孔的尺寸公差表示方法为公称尺寸后边加上公差带代号。例如在 ϕ28H8 中，ϕ28 为公称尺寸；H8 为孔的公差带代号，其中 H 为孔的基本偏差代号，8 为孔的标准公差等级代号。

3. 配合

公称尺寸相同、相互结合的孔和轴公差带之间的关系称为配合。

（1）配合种类　按照轴、孔间配合的松紧要求，国家标准将配合分为三类，即间隙配合、过渡配合和过盈配合，如图 10-40 所示。

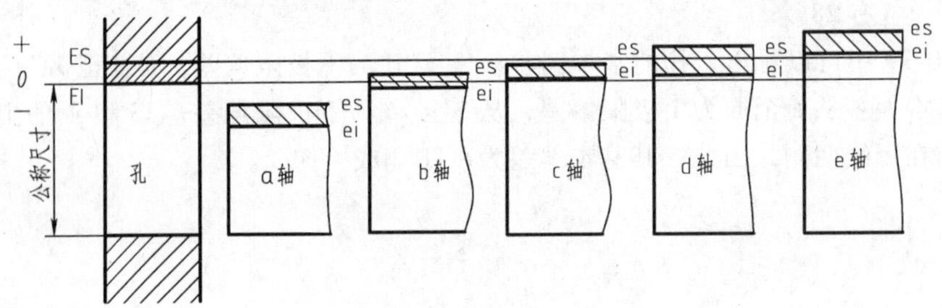

图 10-40　配合种类

1）间隙配合。具有间隙（包括最小间隙等于零）的配合。例如当图 10-40 中的孔与 a 轴配合时，孔的公差带在轴公差带的上方，形成间隙配合如图 10-41a 所示。

2）过盈配合。具有过盈（包括最小过盈等于零）的配合。例如当图 10-40 中的孔与 e 轴配合时，孔的公差带在轴公差带的下方，形成过盈配合如图 10-41b 所示。

3）过渡配合。可能具有间隙或过盈的配合。例如当图 10-40 中的孔与 b、c、d 轴配合时，孔的公差带与轴公差带相互交叠，形成过渡配合如图 10-41c 所示。

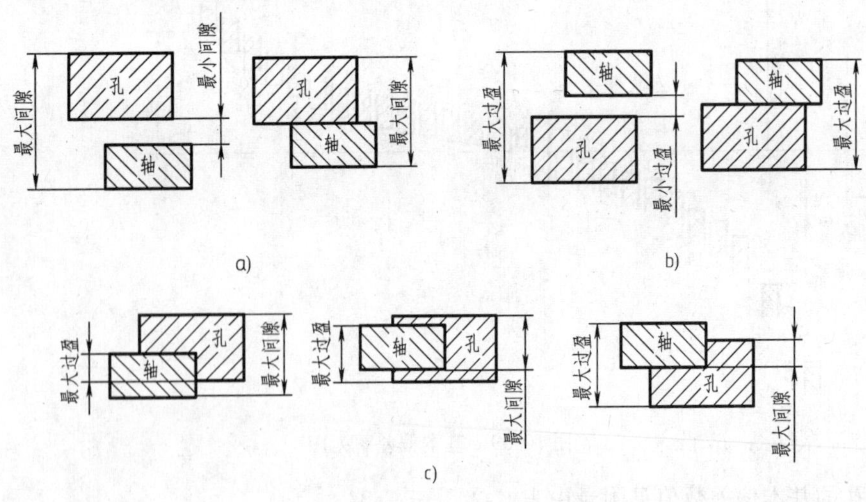

图 10-41　各种配合的公差带

（2）配合制　同一极限制的孔和轴组成的一种制度称为配合制。国家标准规定了两种配合制度，即基孔制与基轴制。

1）基孔制配合。基本偏差为一定的孔的公差带，与不同基本偏差的轴的公差带形成各种配合的一种制度。

在基孔制配合中，孔的下极限尺寸与公称尺寸相等，孔的下极限偏差为零，如图 10-42 所示。基孔制配合中选作基准的孔称为基准孔，基本偏差代号为 H。

2）基轴制配合。基本偏差为一定的轴的公差带，与不同基本偏差的孔的公差带形成各种配合的一种制度。

在基轴制配合中，轴的上极限尺寸与公称尺寸相等，轴的上极限偏差为零，如图 10-43 所示。基轴制配合中选作基准的轴称为基准轴，基本偏差代号为 h。

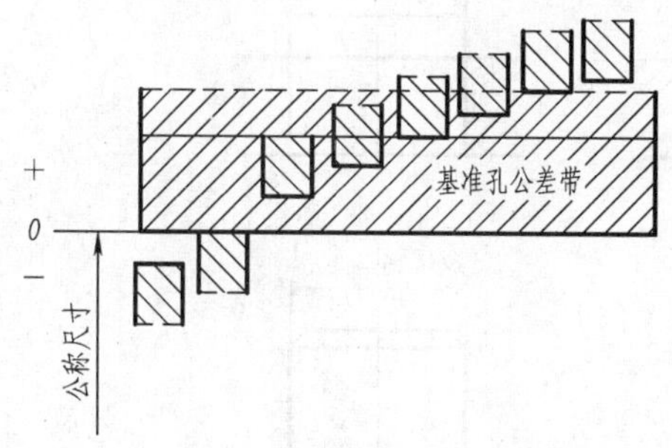

图 10-42 基孔制公差带图

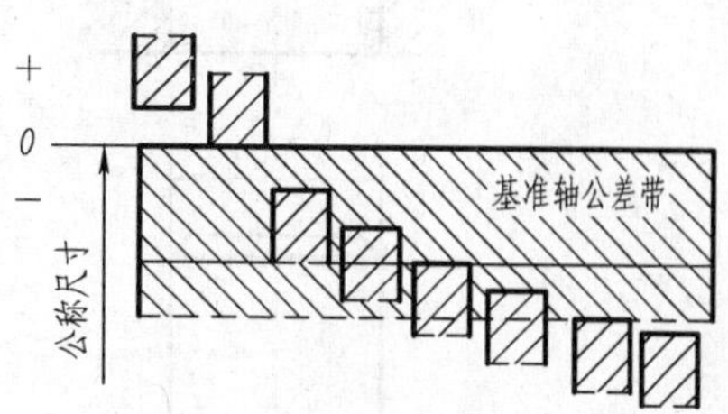

图 10-43 基轴制公差带图

一般情况下，应优先选用基孔制配合。

在基孔制（基轴制）配合中，基本偏差 a ~ h（A ~ H）用于间隙配合；j ~ zc（J ~ ZC）用于过渡配合和过盈配合。

（3）配合的表示 配合用相同的公称尺寸后跟孔、轴的公差带代号表示。孔、轴公差带代号写成分数形式，分子为孔的公差带代号，分母为轴的公差带代号。若分子中孔的基本偏差代号为“H”，表示该配合为基孔制；若分母中轴的基本偏差代号为“h”，表示该配合为基轴制。当轴与孔的基本偏差同为 h（H）时，根据基孔制优先的原则，一般应首先考虑为基孔制，如 $\phi28\,\frac{H7}{h6}$。

例如，$\phi28\,\frac{H7}{f6}$的含意为相互配合的轴与孔的公称尺寸为 ϕ28mm，基孔制配合，孔是标准公差等级为 IT7 的基准孔，与其配合的轴基本偏差代号为 f，标准公差等级为 IT6。

4. 极限与配合在图样上的标注

GB/T 4458.5—2003 中给出了尺寸公差与配合在图样中的标注方法。

（1）在零件图上的公差注法 线性尺寸的公差应按下列三种形式之一标注：

1）当采用公差带代号标注线性尺寸的公差时，公差带代号应标注在公称尺寸右边，如图 10-44a 所示。

这对于用量规（公差带代号往往就是量规的代号）检验的场合十分简便。标注公差带代号对公差等级和配合性质的概念都比较明确，在图样中标注也简单。但缺点是具体的极限偏差不能直接看出，采用万能量具进行测量时就比较麻烦。

2）当采用极限偏差标注线性尺寸的公差时，在公称尺寸的右边标注极限偏差。标注时，上极限偏差注在公称尺寸的右上方，下极限偏差应与公称尺寸标注在同一底线上，上、下极限偏差的数字的字号应比公称尺寸的数字的字号小一号，如图 10-44b 所示。

这种注法对于采用万能量具检测的场合比较方便，尺寸的实际大小比较直观明确，为单件、小批量生产所欢迎。

上述两种标注形式分别在不同的场合体现其优越性。但也有不少设计单位和生产部门要求在图样中把两者同时标注，这样标注虽稍麻烦些，但对扩大图样的适应性和保证图样的正确性都有良好的作用。

3）当同时标注公差带代号和相应的极限偏差时，极限偏差写在公差带代号的后面并加圆括号，如图 10-44c 所示。

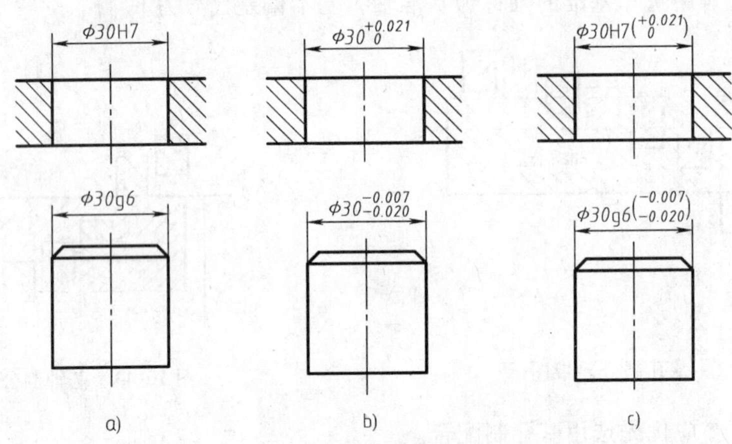

图 10-44　公差的标注方法

标注中应注意以下几点：

① 当标注极限偏差时，上、下极限偏差的小数点必须对齐，小数点后右端的“0”一般不予标出；如果为了使上、下极限偏差值小数点后的位数相同，可以用“0”补齐。

② 当上极限偏差或下极限偏差为“零”时，用数字“0”标出，并与上极限偏差或下极限偏差的小数点前的个位数对齐，但“0”前不加符号“+”或“-”。

③ 当上、下极限偏差绝对值相同时，偏差数字可以只注写一次，并应在偏差数字与公称尺寸之间注出符号“±”，且字号与公称尺寸的字号相同，如图 10-45a 所示。

④ 当同一公称尺寸的表面有不同的公差要求时，应用细实线分开，分别标注各段的公差，如图 10-45b 所示。

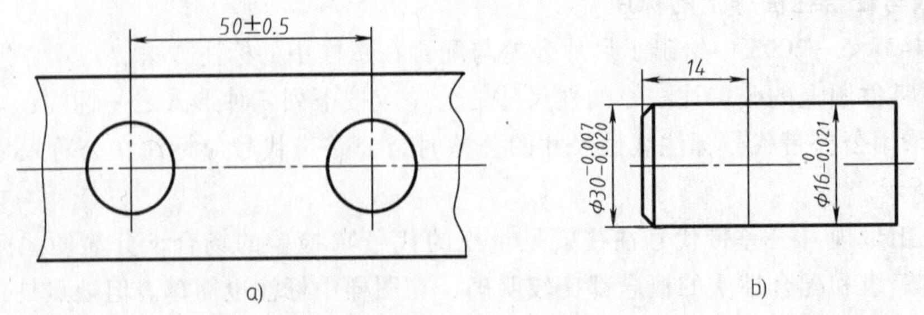

图 10-45　特殊公差的标注方法

（2）在装配图上的配合注法　在图样中标注配合，实际上就是标注孔和轴各自的公称尺寸和公差带代号。由于配合的定义规定孔和轴的公称尺寸是相同的，因此图样中的公称尺寸一般只标一个。

1）标注配合代号。配合代号是由相配合的孔和轴的公差带代号组合而成的。在装配图中标注配合代号时，必须在公称尺寸的右边用分数的形式注出，分子位置注孔的公差带代号，分母位置注轴的公差带代号，如图 10-46a 所示。必要时也允许按图10-46 b 所示的形式标注。

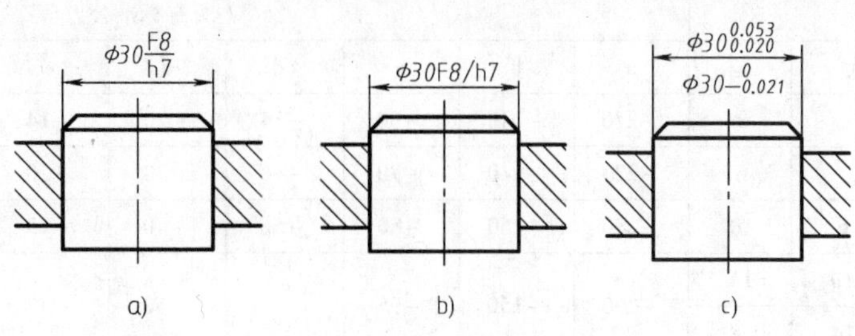

图 10-46　配合的标注方法

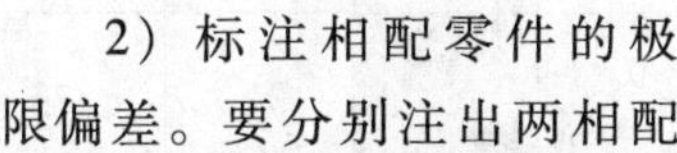

2）标注相配零件的极限偏差。要分别注出两相配零件的极限偏差，一般将孔的公称尺寸和极限偏差注写在尺寸线的上方，轴的公称尺寸和极限偏差注写在尺寸线的下方，如图 10-46c 所示。

3）标注与标准件配合的配合尺寸。当标准件与自制的零件配合时，由于标准件的公差已由有关的标准所规定，因此在装配图中标注其配合时，仅标注自制的相配件的公差，而不标注标准件的公差，如图 10-47 所示。

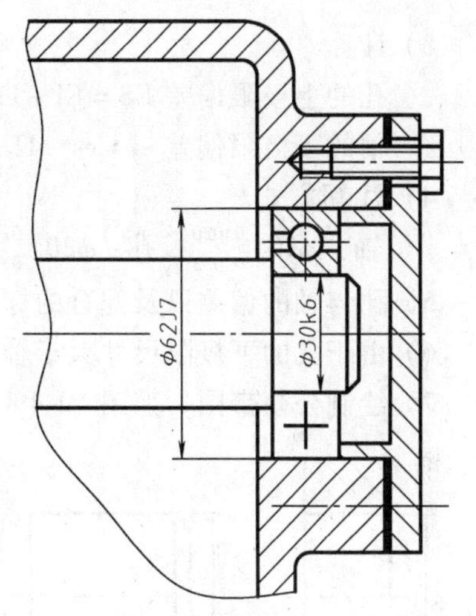

图 10-47　与标准件配合的标注方法

5. 极限与配合的举例

【例 10-1】　查表、确定 $\phi 20\,\dfrac{H7}{f6}$ 中孔与轴的尺寸公差及上、下极限偏差数值，并在图中标注，判断其配合制度和配合种类，绘制出公差带图。

1）由给出的标记可知，轴和孔的公称尺寸为 ϕ20mm；孔为 IT7 的基准孔；轴的标准公差等级为 IT6，基本偏差代号为 “f”。因为孔的基本偏差代号为 H，所以该配合为基孔制，基准孔的下极限偏差 EI = 0。

2）孔的尺寸公差为 IT7 = 0.021mm，轴的尺寸公差为 IT6 = 0.013mm，见表 10-7。轴的上极限偏差 es = −0.020mm，见表 10-8。

表 10-7　标准公差的查表方法

公称尺寸 /mm		标准公差等级								
		IT1	IT2	IT3	IT4	IT5	IT6	IT7	IT8	IT9
大于	至	μm								
—	3	0.8	1.2	2	3	4	6	10	14	25
3	6	1	1.5	2.5	4	5	8	12	18	30
6	10	1	1.5	5	4	6	9	15	22	36
10	18	1.2	2	3	5	8	11	18	27	43
18	30	1.5	2.5	4	6	9	13	21	33	52
30	50	1.5	2.5	4	7	11	16	25	39	62
50	80	2	3	5	8	3	19	30	46	74
80	120	2.5	4	6	10	5	22	35	54	87

表 10-8 轴的极限偏差的查表方法 （单位：μm）

公称尺寸/mm		基本偏差数值(上极限偏差 es)									
		所有标准公差等级									
大于	至	a	b	c	cd	d	e	ef	f	fg	g
—	3	-270	-140	-60	-34	-20	-14	-10	-6	-4	-2
3	6	-270	-140	-70	-46	-30	-20	-14	-10	-6	-4
6	10	-280	-150	-80	-56	-40	-25	-18	-13	-8	-5
10	14	-290	-150	-95		-50	-32		-16		-6
14	18										
18	24	-300	-160	-110		-65	-40		-20		-7
24	30										
30	40	-310	-170	-120		-80	-50		-25		-9
40	50	-320	-180	-130							

3）计算。

孔的上极限偏差 ES = EI + IT = 0 + 0.021mm = +0.021mm

轴的下极限偏差 ei = es − IT = (−0.020mm) − 0.013mm = −0.033mm

4）注写方式。

轴：$\phi20^{-0.020}_{-0.033}$；孔：$\phi20^{+0.021}_{0}$。

5）孔与轴的偏差以及配合的标注方式，如图 10-48 所示。

6）由于孔的下极限尺寸大于轴的上极限尺寸，所以该配合为间隙配合。

7）绘制公差带图，如图 10-49 所示。

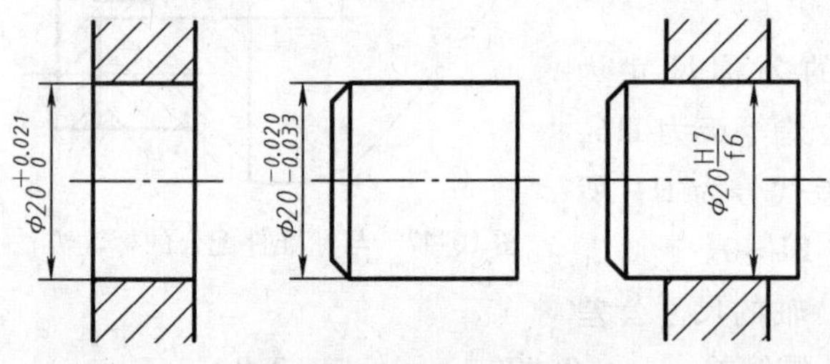

图 10-48 孔与轴的偏差以及配合的标注方式

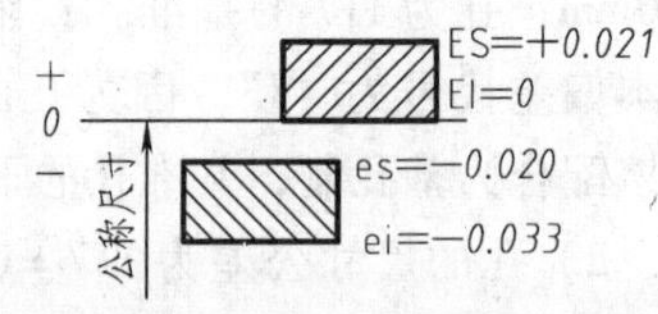

图 10-49 公差带图

10.5.3 几何公差

几何公差是指形状公差、位置公差、方向公差和跳动公差，是零件要素（点、线、面）

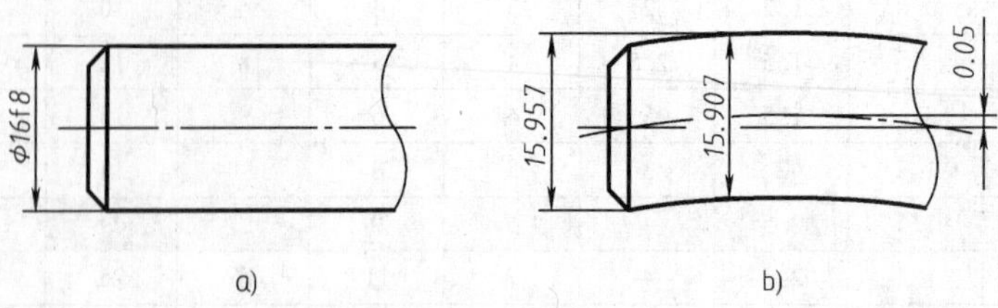

图 10-50 形状误差

的实际形状、实际位置和实际方向相对理想状态的允许变动量。如轴的理想形状如图 10-50a 所示，但加工后轴的实际形状如图 10-50b 所示，产生的这种误差称为形状误差。零件中左右两孔轴线的理想位置是在同一条直线上，如图 10-51a 所示，但加工后两孔轴线产生偏移，形成位置误差，如图 10-51b 所示。

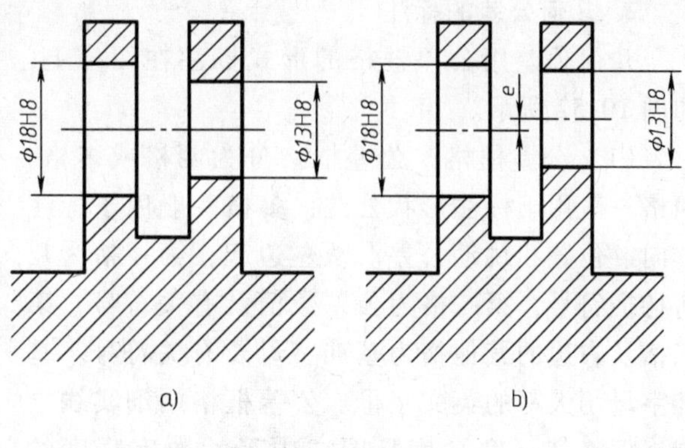

图 10-51　位置误差

为了提高机械产品质量，保证零件的互换性和使用寿命，除了给定零件的尺寸公差、限制表面结构外，还要规定适当的几何精度，并将这些要求标注在图样上。

1. 几何公差的几何特征符号

几何公差的几何特征符号见表 10-9。

表 10-9　几何特征符号（GB/T 1182—2008）

公差类型	几何特征	符号	有无基准	公差类型	几何特征	符号	有无基准
形状公差	直线度	—	无	位置公差	位置度	⌖	有或无
	平面度	▱	无		同心度（用于中心点）	◎	有
	圆度	○	无		同轴度（用于轴线）	◎	有
	圆柱度	⌭	无		对称度	⌯	有
	线轮廓度	⌒	无		线轮廓度	⌒	有
	面轮廓度	⌓	无		面轮廓度	⌓	有
方向公差	平行度	//	有	跳动公差	圆跳动	↗	有
	垂直度	⊥	有		全跳动	⌰	有
	倾斜度	∠	有				
	线轮廓度	⌒	有				
	面轮廓度	⌓	有				

2. 几何公差的标注

几何公差用公差框格的形式标注在图样上，如图 10-52 所示。

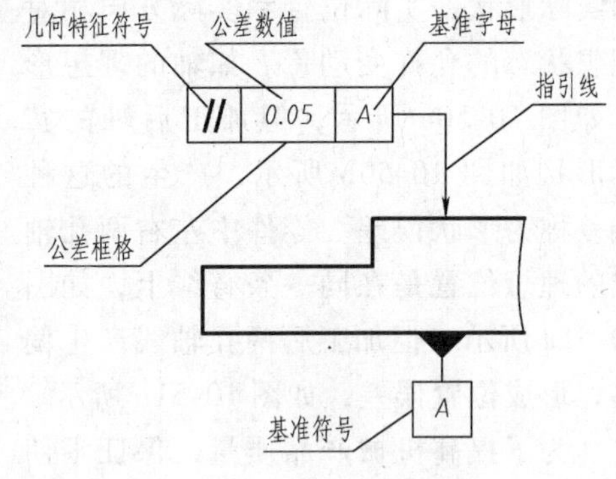

图 10-52　几何公差的标注

（1）公差框格　公差框格分为两格或多格。两格一般用于标注形状公差，多格一般用于标注方向、位置和跳动公差。从左边起，第一格为几何特征符号，第二格为公差数值及有关符号，第三格及右边的其他格为基准字母及有关符号。基准字母用大写的英文字母。公差框格用细实线绘制，框格高（宽）度是图样中尺寸数字高度的二倍。

（2）被测要素的表示方法　按下列方式之一，用指引线连接被测要素和公差框格。指引线引自框格的任意一侧，终端带一箭头。

1）当公差涉及要素为中心线、中心面或中心点时，箭头应位于相应尺寸线的延长线上，如图 10-53a 所示。

2）当公差涉及要素为轮廓线或轮廓面时，箭头指向该要素的轮廓线或其延长线（应与尺寸线明显错开），如图 10-53b 所示。箭头也可指向引出线的水平线，引出线引自被测面，如图 10-53c 所示。

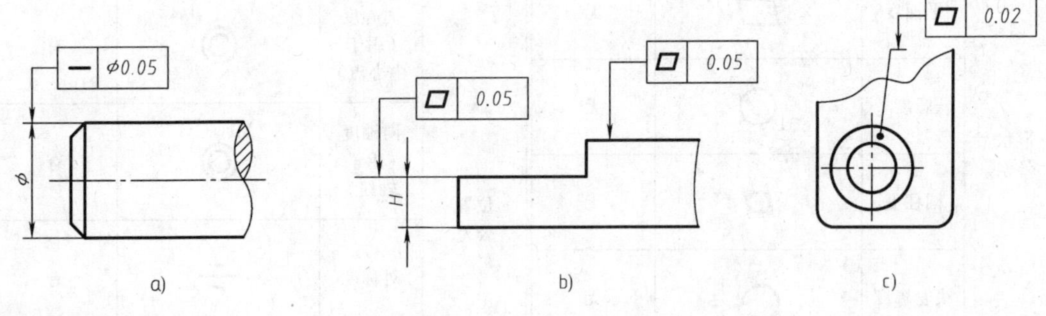

图 10-53　被测要素的标注

（3）基准要素的表示方法　与被测要素相关的基准用一个大写字母表示。字母标注在基准方格内，方格用细实线绘制，与一个涂黑的或空白的三角形相连，连线与方格高度相同，如图 10-54 所示。涂黑的和空白的基准三角形含义相同。表示基准的字母还应标注在公差框格内。

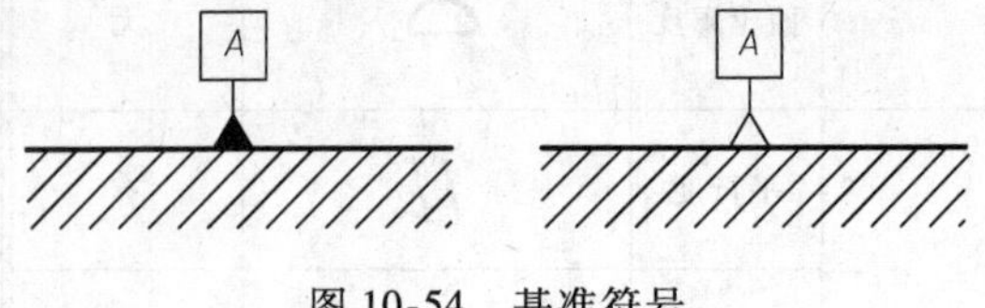

图 10-54　基准符号

无论基准符号在图样上的方向如何，方格内的字母均应水平书写。

带基准字母的基准三角形应按如下规定放置：

1）当基准要素是轮廓线或轮廓面时，基准三角形放置在要素的轮廓线或其延长线上（与尺寸线明显错开），如图 10-55a 所示；基准三角形也可放置在该轮廓面引出线的水平线上，如图 10-55b 所示。

2）当基准是尺寸要素确定的轴线、中心平面或中心点时，基准三角形应放置在该尺寸

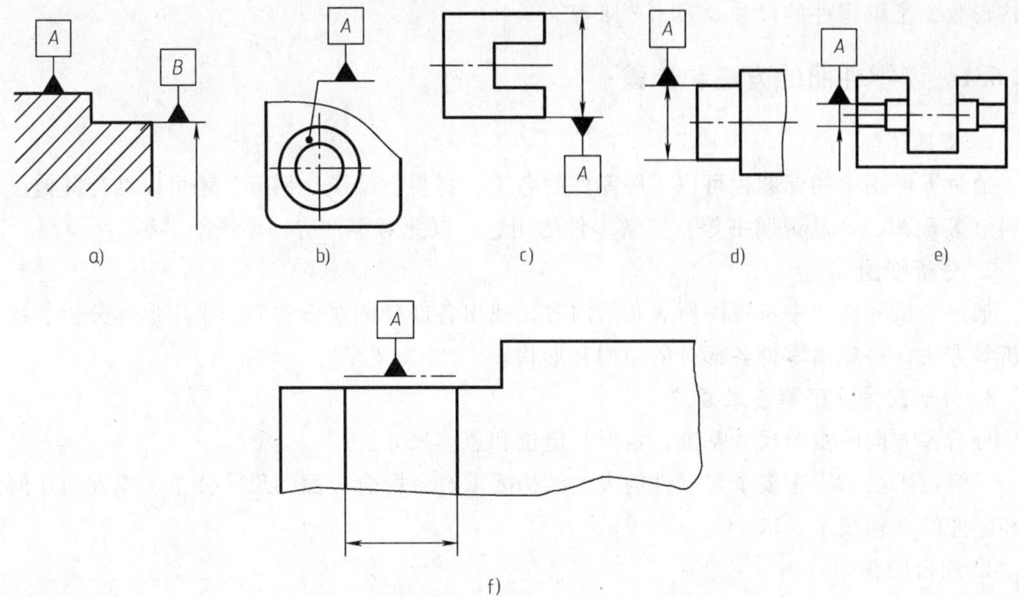

图 10-55　基准符号的标注

线的延长线上，如图 10-55c、d、e 所示。如果没有足够的位置标注基准要素尺寸的两个尺寸箭头，则其中一个箭头可用基准三角形代替，如图 10-55e 所示。

3）如果只以要素的某一局部作基准，则应用粗点画线示出该部分并加注尺寸，如图 10-55f 所示。

3. 几何公差的公差等级和公差值

GB/T 1184—1996 中对几何公差各项目规定了 12 个公差等级。等级越大，公差值越大，精度越低。

4. 各类几何公差之间的关系

如果功能需要，可以规定一种或多种几何特征的公差以限定要素的几何误差。限定要素某种类型几何误差的几何公差，也能限制该要素其他类型的几何误差。

要素的位置公差可同时控制该要素的位置误差、方向误差和形状误差。

要素的方向公差可同时控制该要素的方向误差和形状误差。

要素的形状公差只能控制该要素的形状误差。

5. 几何公差在零件图上的标注示例

零件图上几何公差的标注示例如图 10-56 所示。

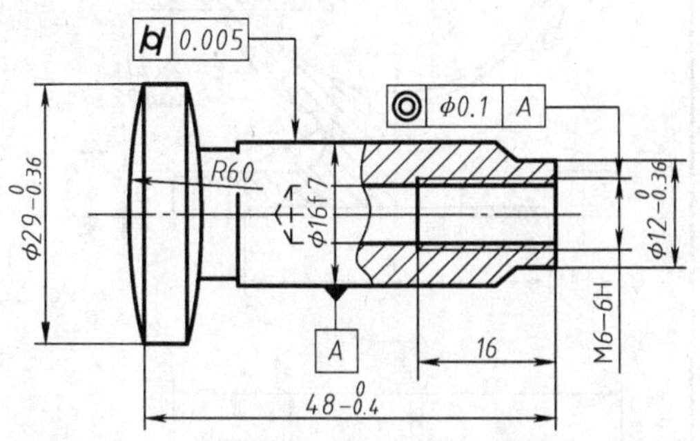

图 10-56　几何公差的标注示例

10.6　读零件图

读懂零件图是工程技术人员应具备的基本素质之一。因为在设计零件时，常需要参考同类零件的图样，所以需要能读懂零件图。在工零件时，也需要能读懂零件图，想象出零件的结构形状，了解零件的尺寸及技术要求等。

10.6.1　读零件图的方法和步骤

1. 概括了解

通过零件图中的标题栏可以了解零件的名称、材料、绘图比例等，还可以结合其他设计资料（装配图、产品说明书等）了解零件的用途，以此对零件有一个概括了解。

2. 分析视图

通过分析零件图中各视图所表达的内容，找出各部分的对应关系，采用形体分析、线面分析等方法，想象出零件各部分的结构和形状。

3. 分析尺寸，了解技术要求

分析各方向的主要尺寸基准，定形、定位和总体尺寸。

了解技术要求。主要了解零件的表面结构要求、各配合表面的尺寸公差、零件的几何公差和零件的其他技术要求。

4. 综合归纳

将零件的结构、形状、尺寸及技术要求等内容综合归纳，对零件的整体有全面的认识。

10.6.2　读图举例

以图 10-57 所示泵体零件图为例介绍读图的方法和步骤。

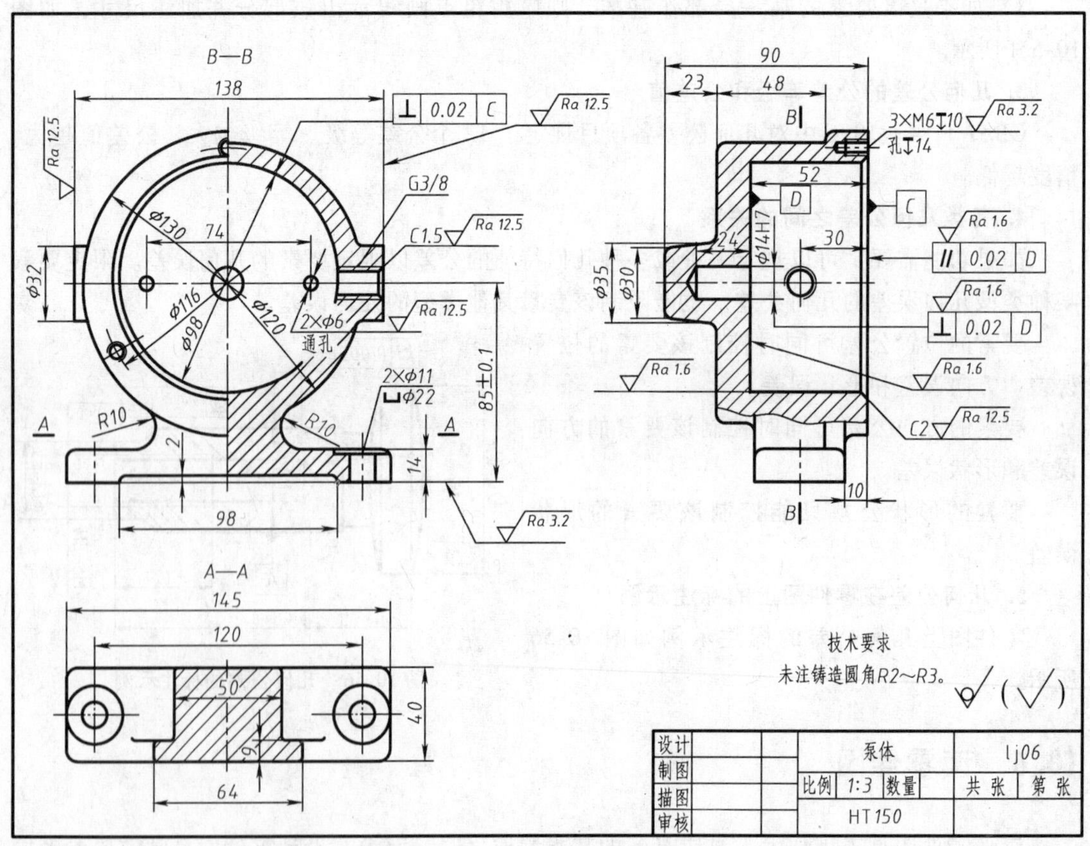

图 10-57　泵体零件图

1. 概括了解

从标题栏中可知，该零件名为泵体，材料为 HT150（零件的材料参阅附录中的表 F-4），绘图比例为 1:3。

2. 分析视图

该零件图采用了主视图、左视图和俯视图三个基本视图。主视图采用了单一剖切平面的 *B—B* 半剖视图，用于表达零件的外形结构和三个 M6 螺纹孔的分布位置，并表达了右侧凸台上螺纹孔和底板上沉孔的结构形状，同时还表达了两个 $\phi6$ 通孔的位置；左视图采用了局部剖视图，用以表达零件的外形结构，并表达出 M6 螺纹孔的深度、内腔与 $\phi14H7$ 孔的深度和它们之间的相通关系；俯视图采用了单一剖切平面的全剖视图，表达了底板与主体连接部分的断面形状，同时也表达了底板的形状和其上两沉孔的位置。从分析结果可以看出此零件是由壳体、底板、连接板等结构组成的。

壳体为圆柱形，前面有一个均布三个螺孔的凸缘，左右各有一个圆形凸台，凸台上有螺纹孔与内腔相通；后部有一圆台形凸台，凸台里边有一带锥角的盲孔；内腔后壁上有两个小通孔。底板为带圆角的长方形板，其上有两个 $\phi11$ 的沉孔，底部中间有凹槽，底面为安装基面。壳体与底板由断面为丁字形的柱体连接。

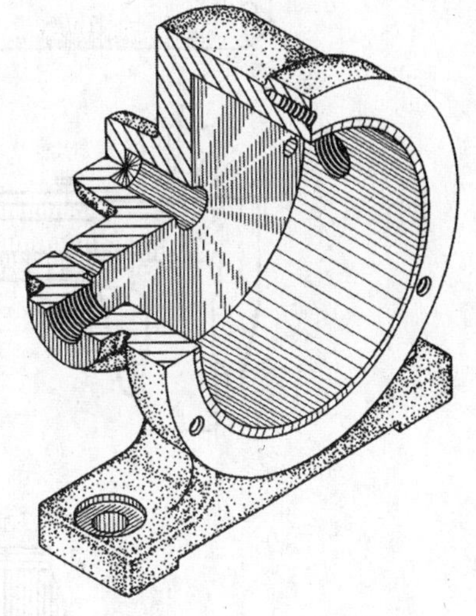

图 10-58　泵体立体图

3. 分析尺寸，了解技术要求

零件图中长、宽、高三个方向的主要尺寸基准分别是左右对称面、前端面和 $\phi14H7$ 孔的轴线。各主要尺寸都是从基准处直接注出的。图 10-57 中还注出了各配合表面的尺寸公差、各表面的结构要求以及几何公差等。

4. 综合想象

综合想象出该泵体的整体形状，如图 10-58 所示。

10.7　零件测绘

零件测绘就是根据实际零件，测量出它的尺寸，画出它的结构草图并制定出它的技术要求，最后绘制成零件工作图的过程。

10.7.1　零件测绘的步骤

1. 分析零件

1）了解零件的名称、用途。

2）确定该零件是由什么材料制成的。

3）对该零件进行结构分析。因为零件的每个结构都有一定的功用，所以必须弄清它们的功用。这对于破旧、磨损和带有某些缺陷零件的测绘显得尤为重要。在分析的基础上，须将其改正过来。只有这样，才能完整、清晰、简洁地表达出它的结构形状，并能完整、合理、清晰地标出尺寸。

4）对该零件进行加工工艺分析。因为当同一零件按不同的工艺加工时，其尺寸基准的选择和尺寸的标注是不一样的。

2. 确定表达方案

根据上述对零件的分析，按照零件图视图选择的方法，确定主视图的投射方向，选取其他视图，确定表达方案。

3. 测量并绘制零件草图

使用合适的测量工具，测出零件各部分结构的尺寸数据，并按该数据绘制零件草图。零件草图一般为徒手作图，但不能潦草，也要做到表达完整。将测量尺寸数据整理、核对后，正确、完整、清晰地标注在图中，线型、字体等要基本规范。

4. 完成全图

填写标题栏和各项技术要求，如表面粗糙度、尺寸公差、几何公差等，完成全图。

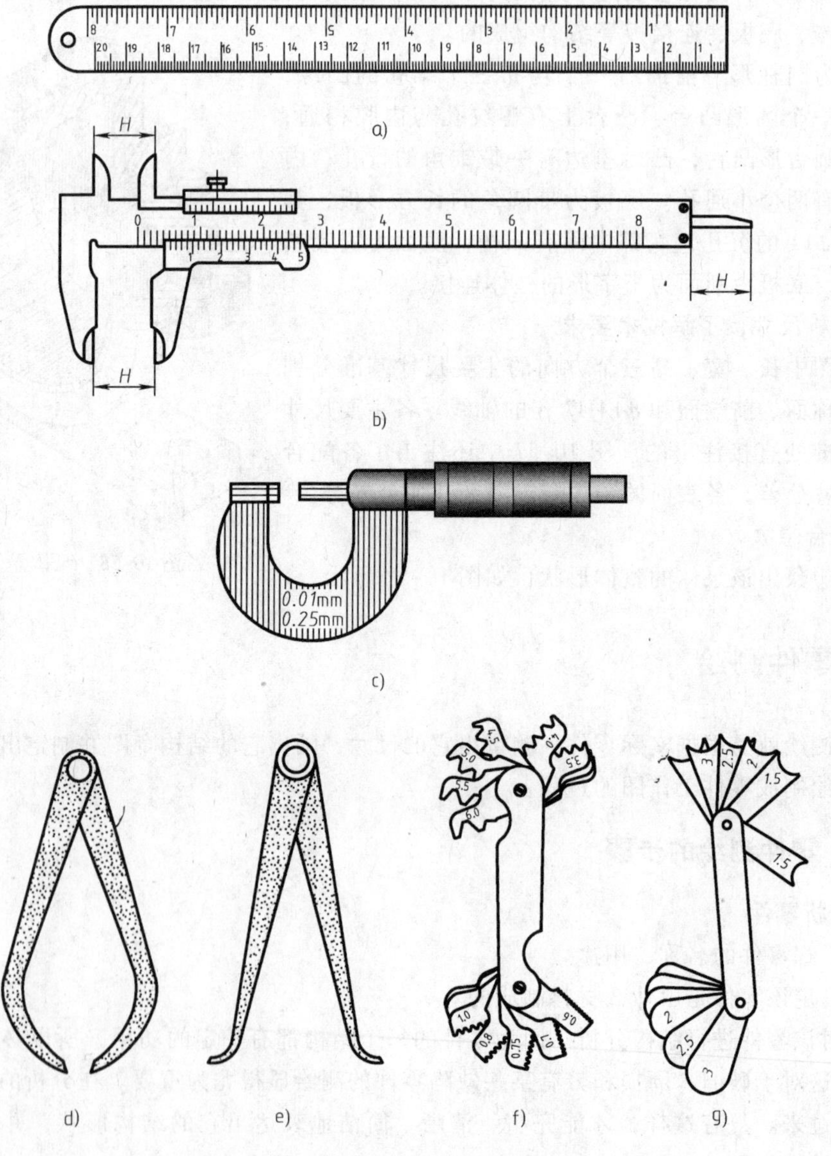

图 10-59　常用的测量工具

a）钢直尺　b）游标卡尺　c）千分尺　d）外卡钳

e）内卡钳　f）螺纹样板　g）半径样板

10.7.2　常用的测量工具和测量方法

1. 常用的测量工具

常用的测量工具有钢直尺、内卡钳、外卡钳、游标卡尺、千分尺和各种专用量具（规），如螺纹样板、半径样板等，如图 10-59 所示。

钢直尺、内卡钳和外卡钳测量的尺寸精度在 0.25 ~ 0.5mm 之间，适合测量精度要求不高的部位。对于测量精度要求较高的部位，应使用游标卡尺或千分尺，游标卡尺分度值为 0.02mm、0.05mm、0.1mm，千分尺分度值为 0.01mm。使用内、外卡钳测量时，需借助钢直尺读出测量的数据，如图 10-60 所示。使用游标卡尺或千分尺测量时，可以直接在量具上读出测量的数据。使用专用量具可以测量特殊的结构，如使用螺纹样板可直接测量螺纹的螺距，使用半径样板可直接测量圆角半径等。常用测量工具的使用方法见表 10-10。

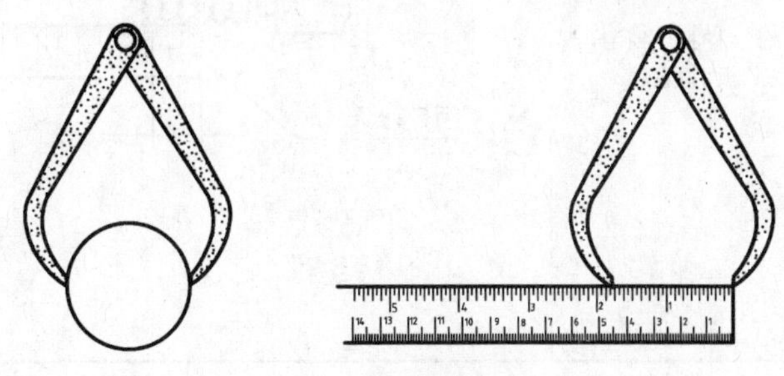

图 10-60　卡钳的使用方法

表 10-10　常用测量工具的使用方法

测量工具	使 用 方 法
钢直尺，内、外卡钳	测直线长度　测外径（d）　测内径（D）
游标卡尺	测孔径　测外径（d）　测外径和孔径；测孔深（H）

（续）

测量工具	使 用 方 法
螺纹样板、半径样板、钢直尺	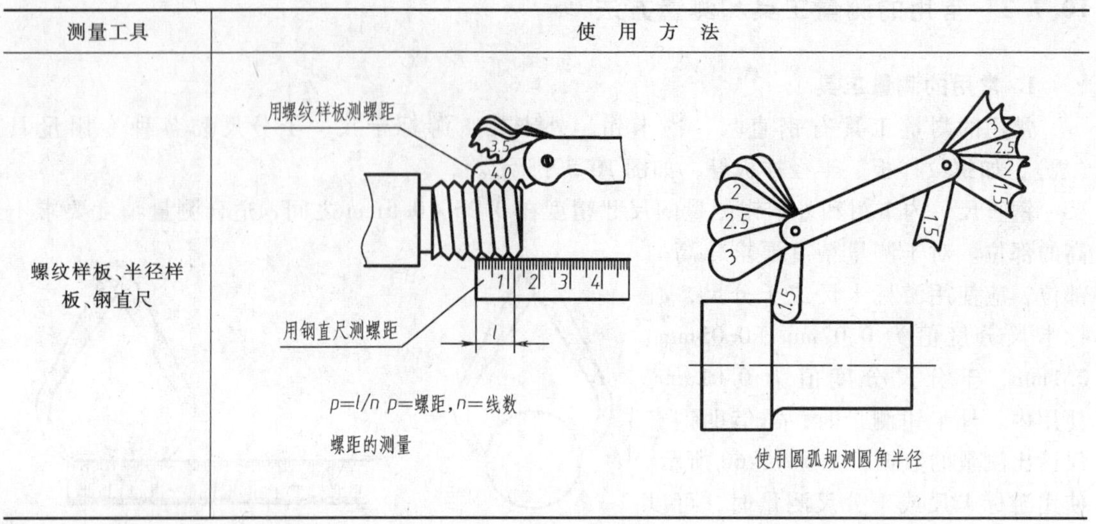

2. 常用的测量方法

（1）直接测量数据　可以使用内卡钳、外卡钳、钢直尺等，或专用测量工具直接测量获得数据，表 10-10 中给出的为常见的直接获得测量数据的方法。

（2）间接测量获得数据　对于不能直接测量得到数据的部位，可以通过间接的测量方法获取数据。图 10-61 所示为间接测量壁厚的方法。

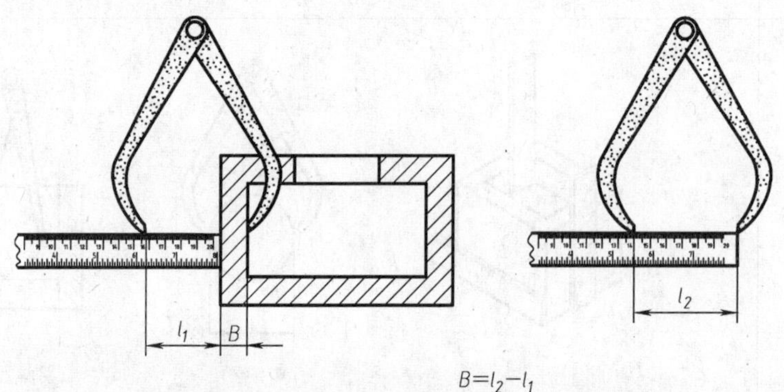

图 10-61　间接测量壁厚的方法

（3）其他测量方法　对于具有平面曲线或回转曲面的零件，不能使用量具直接获得零件表面的数据，这时可以采用铅丝、拓印等方法进行测量。图 10-62 所示为用铅丝法测量回

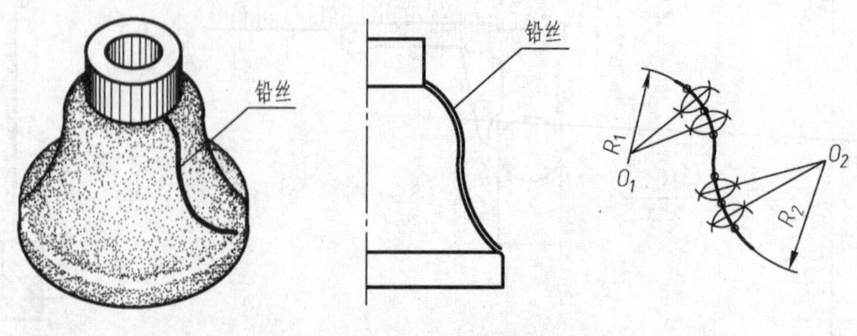

图 10-62　铅丝法

转曲面母线曲率。取铅丝沿零件表面贴紧，先获取零件表面的形状曲线，然后根据三点定圆弧的原理，通过几何作图获取该圆弧的圆心与半径。图10-63所示为拓印法。

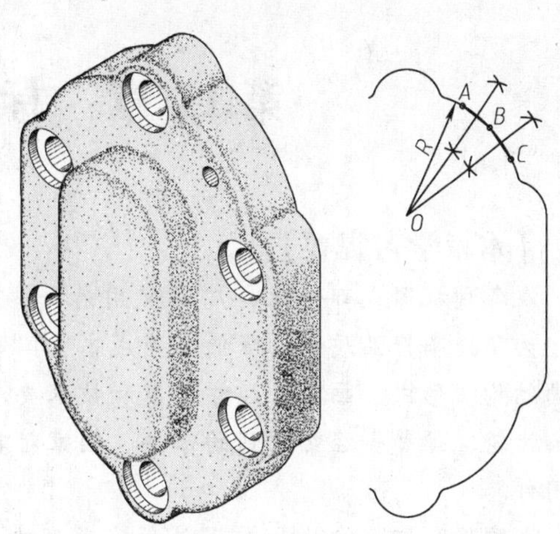

图10-63　拓印法

3. 测量尺寸时应注意的几个问题

1）对测量获得的零件中的有关尺寸，应将其测量值按标准数列进行圆整，必要时，还需对测得的尺寸进行计算、核对等。如测量齿轮的轮齿部分尺寸时，应根据测量的齿顶圆直径和齿数，算出近似的分度圆直径和模数，将模数取标准值，再重新计算分度圆直径和齿顶圆直径。

2）对零件上标准化结构，如螺纹、退刀槽、倒角、键槽等，应根据测量的数据从对应的国家标准中选取标准值。

3）测量零件中磨损严重的部位时，其结构与尺寸应结合该零件在装配图中的性能要求作详细分析并参考有关技术资料确定。

4）对零件中有配合关系的尺寸，相配合部分的公称尺寸应一致，并按极限与配合的要求，注出尺寸公差带代号或极限偏差数值。

10.7.3　零件的测绘举例

图10-63所示泵盖的测绘可按下列步骤进行。

1）从有关资料获知，该零件名为泵盖，材料为铸铁，其中两轴线平行的带锥角的盲孔与轴类零件有装配关系。

2）测量各部分结构的尺寸。使用内卡钳与钢直尺配合，测量确定各孔的直径；使用游标卡尺测量盲孔的深度；使用圆弧规测量各圆角半径；可以采用拓印法测量端面尺寸，其他结构的尺寸可以采用内、外卡钳与钢直尺配合进行测量。

3）选择视图并确定表达方案。

4）查阅相应的国家标准确定尺寸公差、几何公差等技术要求，并将其标注在图中。填写标题栏中的各项内容，完成全图，如图10-3所示。

第 11 章　标准件与常用件

【本章学习提要】

在各种机器或部件上，广泛使用着一些起紧固、连接、传动、支承和减振等作用的零件。为了提高产品质量，降低生产成本，国家对一些零件如螺纹紧固件、键、销、滚动轴承等的结构、形式、画法、尺寸精度和技术要求进行了标准化，这些零件称为标准件。对另一类如齿轮、弹簧等经常用到的零件，国家对其部分结构和参数进行了标准化，这些零件称为常用件。

本章将介绍标准件和常用件的有关基本知识，规定画法、代号和标记。通过本章的学习，要求能熟练掌握螺纹、常用螺纹紧固件及其联接的规定画法，并能按已知条件进行标注。掌握圆柱齿轮及其啮合的画法。了解轴承及其装配画法。了解圆柱销、平键和圆柱螺旋压缩弹簧的规定画法。

11.1　螺纹的基本知识

11.1.1　螺纹的形成及加工

1. 螺纹的形成

螺纹的种类虽然很多，但它们的结构原理基本相同。如图 11-1 所示，一动点 A 沿着圆柱面的直母线作等速直线运动，同时该直母线又沿圆柱面的轴线 O-O_1 作等速回转运动，则动点 A 的运动轨迹就是圆柱螺旋线。若有一平面图形（如三角形、梯形、矩形等）沿螺旋线做螺旋运动，则该平面图形所走过的轨迹即形成一螺旋体，这种螺旋体就是螺纹，如图 11-2 所示。

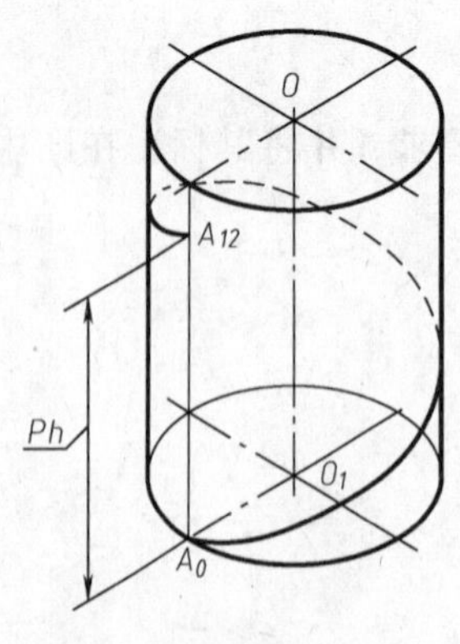

图 11-1　螺旋线的形成

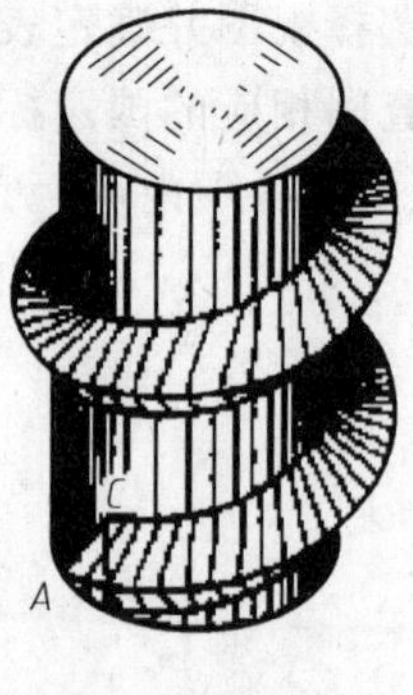

图 11-2　螺纹的形成

2. 螺纹的加工

螺纹的加工方法有车削、碾压以及用丝锥、板牙加工等。图 11-3 所示为在车床上加工螺纹的方法，夹持在车床卡盘上的工件作等速度旋转，车刀沿轴线方向作等速移动，刀尖相对于工作表面的运动轨迹便是圆柱螺旋线。在圆柱（或圆锥）的外表面上加工的螺纹称为外螺纹，在圆柱（或圆锥）的内表面上加工的螺纹称为内螺纹。另外还可以用板牙套制外螺纹和用丝锥攻制内螺纹（用丝锥攻制内螺纹前先用钻头钻孔），俗称为套扣和攻丝，如图 11-4 所示。

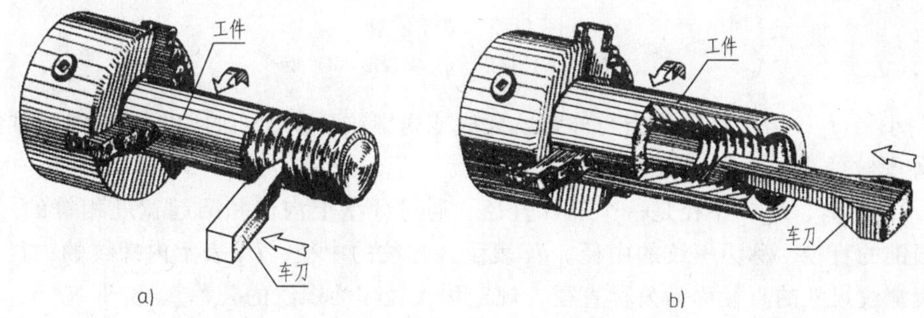

图 11-3　车床上车削内、外螺纹

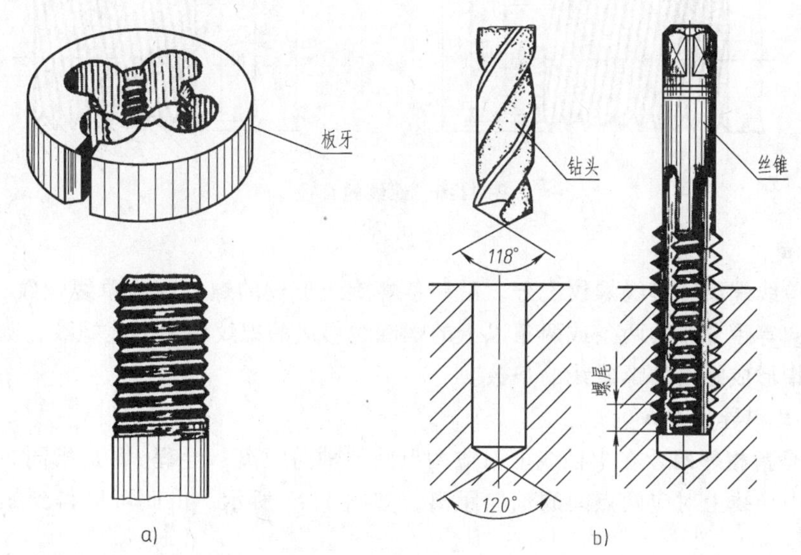

图 11-4　套扣和攻丝

11.1.2　螺纹的结构要素

因为单个螺纹在工程上起不到任何作用，所以内、外螺纹必须成对使用。只有下列要素都相同的内、外螺纹才能旋合在一起。

1. 牙型

在通过螺纹轴线的断面上，螺纹的轮廓形状称为螺纹牙型。常见的螺纹牙型有三角形、梯形、锯齿形、矩形等，如图 11-5 所示。

2. 直径

螺纹的直径有大径、中径、小径之分，如图 11-6 所示。

(1) 大径 d、D　大径是指与外螺纹牙顶或内螺纹的牙底相切的假想圆柱或圆锥的直径。d 表示外螺纹的大径，D 表示内螺纹的大径。

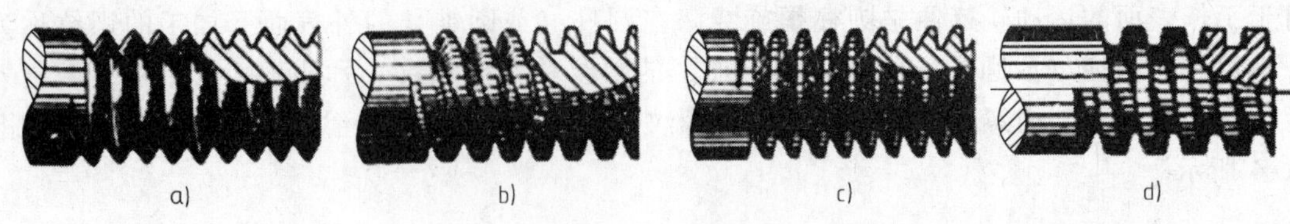

图 11-5　螺纹牙型

a）三角形　b）梯形　c）锯齿形　d）矩形

（2）小径 d_1、D_1　小径是指与外螺纹牙底或内螺纹牙顶相切的假想圆柱或圆锥的直径。d_1 表示外螺纹的小径，D_1 表示内螺纹的小径。

（3）中径 d_2、D_2　中径是一个设计直径。通过牙型上沟槽和凸起宽度相等的一个假想圆柱或圆锥的直径，称为螺纹的中径。d_2 表示外螺纹的中径，D_2 表示内螺纹的中径。

代表螺纹尺寸的直径称为公称直径，规定用大径作为螺纹的公称直径。

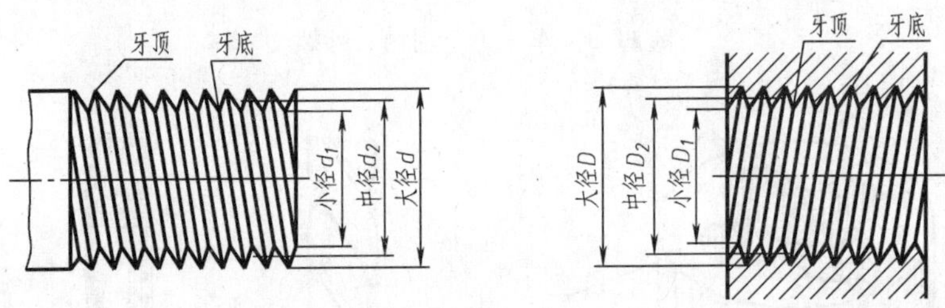

图 11-6　螺纹的直径

3. 线数 *n*

螺纹有单线螺纹和多线螺纹之分。沿一条螺旋线形成的螺纹称为单线螺纹，如图 11-7a 所示；沿轴向等距分布的两条或两条以上的螺旋线形成的螺纹称为多线螺纹，如图 11-7b 所示。线数即指形成螺纹的螺旋线的条数。

4. 螺距 *P* 和导程 *Ph*

螺距 P 是指相邻两牙在中径线上对应两点间的轴向距离；导程 Ph 是指同一条螺旋线上相邻两牙在中径线上对应两点间的轴向距离，如图 11-7 所示。由此可以得到螺距和导程的关系，即 $Ph = nP$。

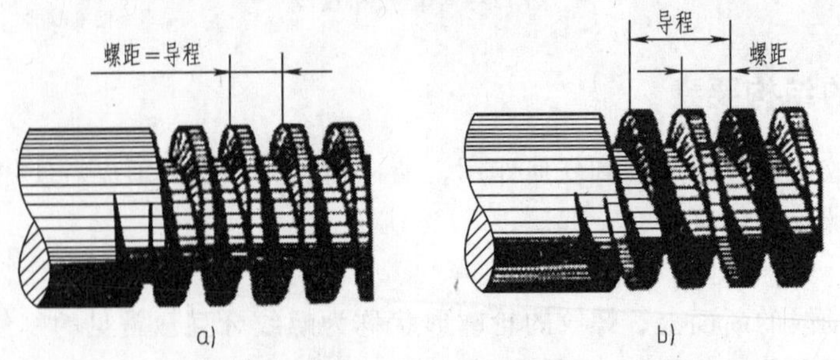

图 11-7　螺纹的线数、螺距和导程

5. 旋向

螺纹的旋向有左旋和右旋之分。若顺着螺杆旋进方向观察，顺时针旋转时旋进的螺纹称为右旋螺纹，逆时针旋转时旋进的螺纹称为左旋螺纹，或把螺纹轴线竖起来，螺纹可见部分左低右高为右旋，反之为左旋。判断旋向的方法如图 11-8 所示。

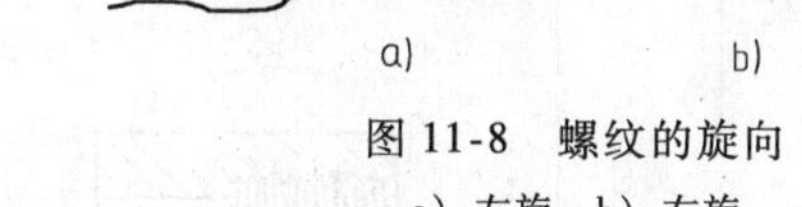

图 11-8　螺纹的旋向
a）左旋　b）右旋

11.1.3　螺纹的种类

根据螺纹的牙型、用途以及标准化程度三个方面对螺纹进行分类。

（1）按牙型分类

1）三角形螺纹（管螺纹）。

2）梯形螺纹。

3）锯齿形螺纹。

4）矩形螺纹。

（2）按螺纹要素标准化程度分类

1）标准螺纹。牙型、直径和螺距均符合国家标准的螺纹。

2）特殊螺纹。牙型符合国家标准，直径或螺距不符合国家标准的螺纹。

3）非标准螺纹。牙型不符合国家标准的螺纹。

（3）按螺纹的用途分类

1）联接螺纹，如普通螺纹、管螺纹。

2）传动螺纹，如梯形螺纹。

常用标准螺纹的种类、代号、牙型角、特点及用途见表 11-1，它们的主要尺寸可参看有关标准及附录中的附表。

表 11-1　常用标准螺纹的种类、代号、牙型角、特点及用途

螺纹种类				牙型及牙型角	特征代号	特点及用途
联接螺纹	普通螺纹	粗牙普通螺纹		60°	M	用于一般零件的联接，强度好，一般情况下优先选用
		细牙普通螺纹				细牙普通螺纹的螺距较粗牙小，且深度较浅，一般用于薄壁零件或细小的精密零件上
	管螺纹	55°非密封管螺纹		55°	G	用于非螺纹密封的低压管路的联接
		55°密封管螺纹	圆锥外螺纹	55°	R_1 或 R_2	用于螺纹密封的中、高压管路的联接

（续）

螺纹种类				牙型及牙型角	特征代号	特点及用途
联接螺纹	管螺纹	55°密封管螺纹	圆锥内螺纹	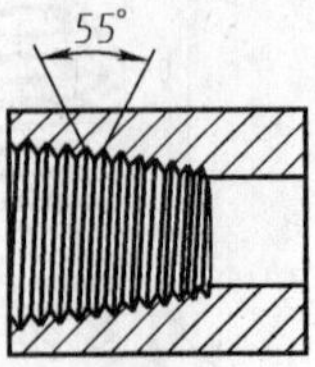	Rc	用于螺纹密封的中、高压管路的联接
			圆柱内螺纹	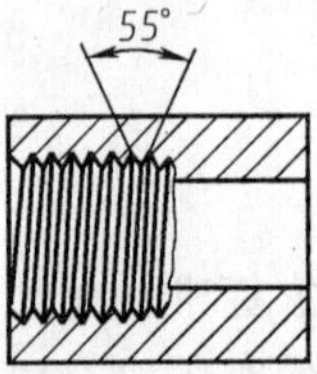	Rp	
传动螺纹	梯形螺纹			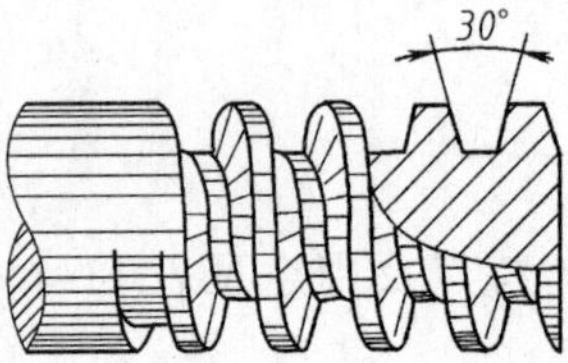	Tr	可双向传递运动及动力，常用于承受双向力的传动丝杠
	锯齿形螺纹			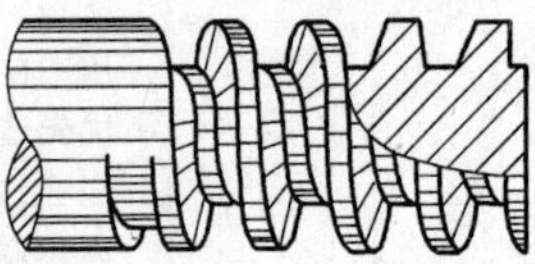	B	只能传递单向动力，用于螺旋压力机的传动丝杠

11.1.4　螺纹的规定画法

由于螺纹的结构要素和尺寸已标准化，因此对其进行结构表达时无需画出螺纹的真实投影。GB/T 4459.1—1995《机械制图　螺纹及螺纹紧固件表示法》中规定了螺纹的画法。

1. 外螺纹的画法

通常用两个方向的视图表达螺纹结构。在平行于螺纹轴线的视图上，螺纹的大径（牙顶）用粗实线绘制，小径（牙底）用细实线绘制，并应画入倒角区，一般将小径画成大径的 0.85 倍，螺纹终止线用粗实线表示；在垂直于螺纹轴线的视图上，螺纹的大径画成粗实线的整圆，小径画成约 3/4 的细实线圆，轴端的倒角圆省略不画，如图 11-9a 所示。在剖视图和断面图中，剖面线应画到粗实线处，如图 11-9b 所示。

2. 内螺纹的画法

一般将平行于螺纹轴线的视图画成全剖视图，螺纹的大径（牙底）用细实线绘制且不画入倒角区，小径（牙顶）及螺纹终止线用粗实线绘制。在垂直于螺纹轴线的视图上，螺

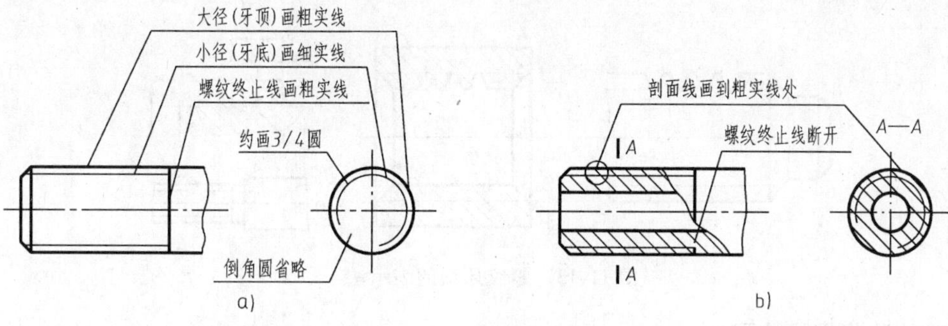

图 11-9　外螺纹的画法

纹的大径画成约 3/4 的细实线圆，螺纹的小径画成粗实线圆，倒角圆省略不画，如图 11-10 所示。内螺纹若不剖切，则螺孔内部结构均不可见，所有图线均用细虚线绘制，如图11-11 所示。

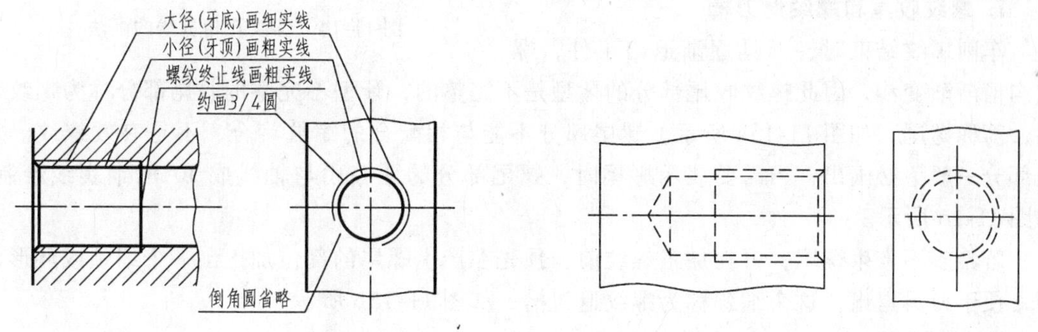

图 11-10　内螺纹的画法　　图 11-11　不可见内螺纹的画法

3. 内、外螺纹联接的画法

在绘制螺纹联接的剖视图时，其旋合部分按外螺纹的画法绘制，其余部分仍按各自的画法绘制。国家标准规定，当剖切面沿内外螺纹的轴线剖开时，螺杆作为实心零件按不剖绘制，表示螺纹大、小径的粗、细实线应分别对齐，剖开后剖面线应画到粗实线处，如图 11-12所示。

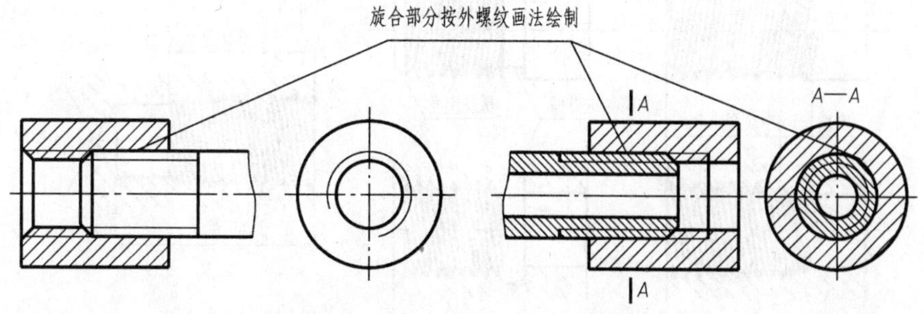

图 11-12　内、外螺纹联接的画法

4. 螺纹牙型表示法

当需要表示螺纹牙型时，可按图 11-13 所示的形式绘制。

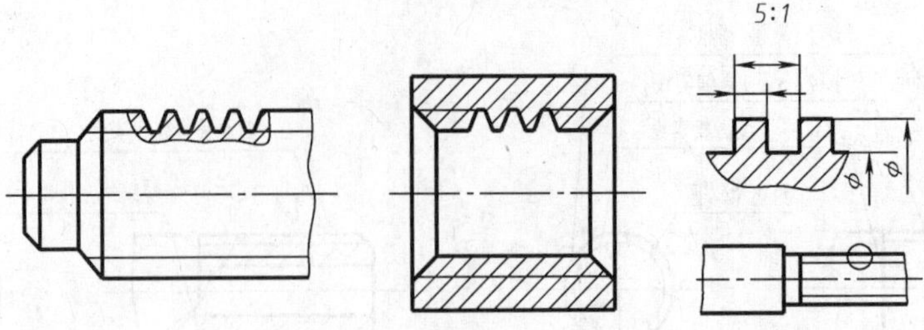

图 11-13　螺纹牙型的表示法

5. 螺纹孔相贯线的画法

螺纹孔相贯时，只在牙顶处画一条相贯线(用粗实线表示)，如图 11-14 所示。

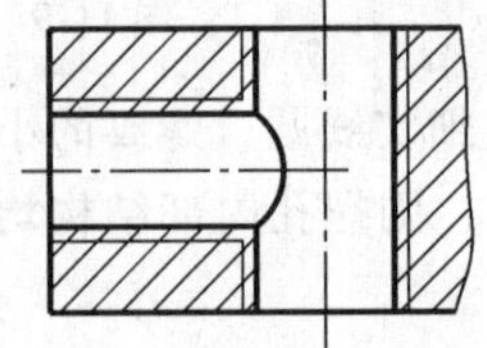
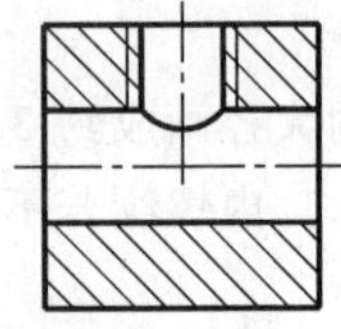

图 11-14　螺纹孔相贯线的画法

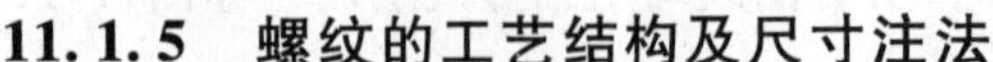

11.1.5　螺纹的工艺结构及尺寸注法

1. 螺纹收尾和螺纹退刀槽

车削螺纹结束时，刀具逐渐退出工件，螺纹沟槽渐渐变浅，因此螺纹收尾部分的牙型是不完整的，牙型不完整的收尾部分称为螺纹收尾，简称螺尾，如图 11-15a 所示。螺尾部分不能与相配合的螺纹旋合，不是有效螺纹。螺尾部分一般不必画出，当需要表示螺尾时，螺尾部分的牙底用与轴线成 30°的细实线绘制，如图 11-16 所示。

若希望不产生螺尾，可在加工螺纹前，预先在产生螺尾的部位加工出一个细颈或环形沟槽，便于刀具退出，这个细颈称为螺纹退刀槽，如图 11-15b 所示。

2. 螺纹倒角

为了便于装配和防止端部螺纹损伤，常在内外螺纹的起始处加工出圆锥面，称为倒角，如图 11-15b 所示。

3. 钻孔深度

在加工不穿通的螺纹孔时，要先进行钻孔从而形成了钻孔深度，钻头尖使不通孔的末端形成圆锥面，再攻螺纹从而形成了螺孔深度，钻孔深度比螺孔深度深约 $0.5D$，如图11-15c 所示。

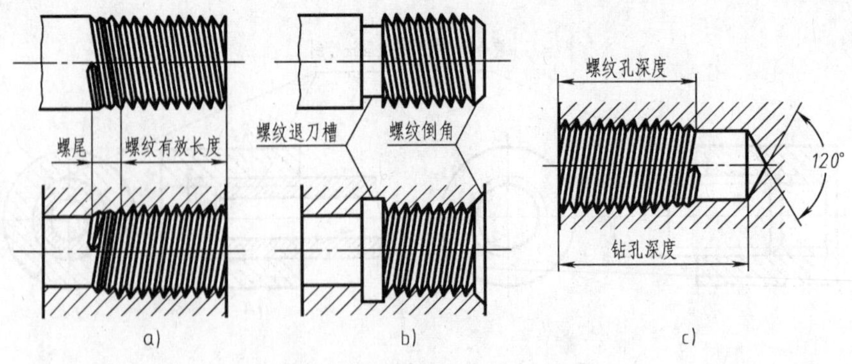

图 11-15　螺纹的工艺结构

螺纹工艺结构的尺寸参数可查阅附录中的附表。退刀槽的尺寸按“槽宽 × 直径”或“槽宽 × 槽深”的形式标注；45°倒角一般采用简化形式标注，如“$C2$”中“2”表示倒角

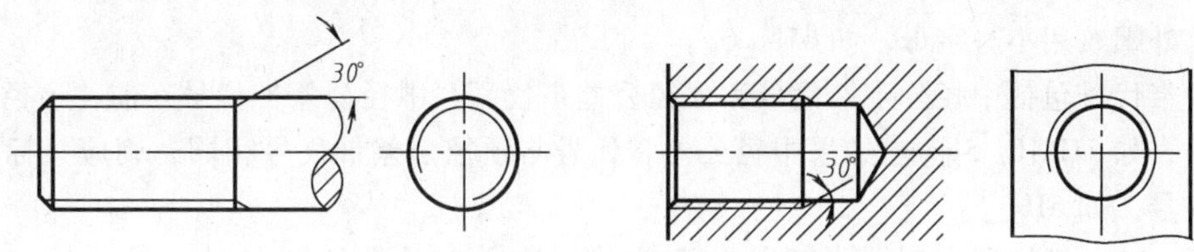

图 11-16　螺尾的表示方法

深度，“C” 表示 45°；螺纹有效长度应包括退刀槽和倒角在内。它们的尺寸标注如图 11-17 所示。

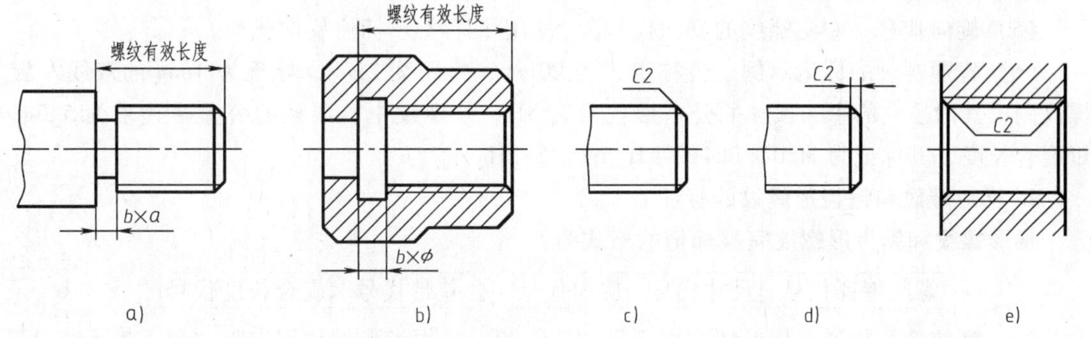

图 11-17　退刀槽、螺纹有效长度、倒角的尺寸标注

11.1.6　常用螺纹的标注方法

按规定画法画出的螺纹只表示了螺纹的大径和小径，螺纹的种类和其他要素则要通过标注才能加以区别。

1. 普通螺纹的标注

普通螺纹的完整标记由螺纹特征代号、尺寸代号、公差带代号及其他有必要做进一步说明的个别信息（如旋合长度代号和旋向代号）组成。

螺纹特征代号 尺寸代号 - 公差带代号 - 旋合长度代号 - 旋向代号

（1）螺纹特征代号 用字母“M”表示。

（2）尺寸代号 有单线和多线之分。

1）单线螺纹的尺寸代号为“公称直径 × 螺距”，公称直径和螺距数值的单位都是 mm。公称直径是指螺纹大径。由于粗牙普通螺纹公称直径所对应的螺距只有一个，所以螺距可以不标注，但细牙普通螺纹的螺距需要标注。例如：公称直径为 8mm、螺距为 1mm 的单线细牙螺纹，其标记为 M8 × 1；公称直径为 8mm、螺距为 1.25mm 的单线粗牙螺纹，其标记为 M8。

2）多线螺纹的尺寸代号为“公称直径 × Ph 导程 P 螺距”，公称直径、导程和螺距数值的单位都是 mm。如果要进一步表明螺纹的线数，可在后面增加括号说明（使用英语进行说明。例如双线为 two starts；三线为 three starts；四线为 four starts）。例如：公称直径为 16mm、螺距为 1.5mm、导程为 3mm 的双线螺纹，其标记为 M16 × Ph3P1.5 或 M16 × Ph3P1.5（two starts）。

(3) 公差带代号　由表示公差等级的数值和表示公差带位置的字母组成，内螺纹用大写字母，外螺纹用小写字母，如 6H、6g。

公差带代号包括中径公差带代号和顶径公差带代号。中径公差带代号在前，顶径公差带代号在后，如 5H6H、5g6g。如果中径公差带代号与顶径公差带代号相同，则应只标注一个公差带代号，如 6H、5g。

表示内、外螺纹配合时，内螺纹公差带代号在前，外螺纹公差带代号在后，中间用 "/" 分开，如 6H/5g6g。

(4) 旋合长度代号　是指两相互配合的螺纹沿螺纹轴向相互旋合部分的长度（螺纹端倒角不包含在内）。普通螺纹的旋合长度分为短、中等、长三组，分别用代号 S、N、L 表示。当为中等旋合长度时，不标注旋合长度代号。内外螺纹旋合在一起构成螺纹副。

(5) 旋向代号　左旋螺纹的旋向代号为 "LH"，右旋不标注旋向代号。

(6) 普通螺纹的标记示例　公称直径为 20mm，螺距为 2mm，导程为 4mm 的双线左旋螺纹副，其内螺纹的中、顶径的公差带代号为 5H，外螺纹中、顶径的公差带代号为 5g6g，短旋合长度，其标记为 M20 × Ph4P2-5H/5g6g-S-LH。

2. 梯形螺纹和锯齿形螺纹的标注

梯形螺纹和锯齿形螺纹完整标记的格式为：

螺纹特征代号　尺寸代号　旋向代号 - 公差带代号 - 旋合长度代号

(1) 螺纹特征代号　梯形螺纹用字母 "Tr" 表示；锯齿形螺纹用字母 "B" 表示。

(2) 尺寸代号　单线螺纹的尺寸代号为 "公称直径 × 螺距"；多线螺纹的尺寸代号为 "公称直径 × 导程（P 螺距）"，公称直径、螺矩和导程的单位都是 mm，公称直径是指螺纹大径。这两种螺纹没有粗牙和细牙之分。

(3) 旋向代号　对左旋螺纹标注 "LH"，右旋螺纹不标注。

(4) 公差带代号　由于顶径的公差带代号是唯一的，所以只注中径的公差带代号。

(5) 旋合长度代号　梯形、锯齿形螺纹只分中等旋合长度组和长旋合长度组，用 N、L 表示。当为中等旋合长度时，不标注旋合长度代号。

(6) 标记示例　公称直径为 40mm，螺距为 7mm 的双线左旋梯形螺纹，中径的公差带代号为 7e，中等旋合长度，其标记为 Tr40 × 14（P7）LH-7e。

3. 管螺纹的标注

管螺纹分为 55°非密封管螺纹和 55°密封管螺纹。

(1) 55°密封管螺纹的标记　55°密封管螺纹标记格式为：

螺纹特征代号　尺寸代号　旋向代号

1) 螺纹特征代号。圆柱内螺纹用字母 "Rp" 表示，与其相配合的圆锥外螺纹用字母 "R_1" 表示；圆锥内螺纹用字母 "Rc" 表示，与其相配合的圆锥外螺纹用字母 "R_2" 表示。

2) 尺寸代号。管螺纹的尺寸代号不是指螺纹的大径，而是指以 in 为单位的管子的孔径，至于管螺纹直径、螺距等相关要素可根据标记查阅相关标准。

3) 旋向代号。当螺纹为左旋时，应在尺寸代号后加注 "LH"。

4) 标记示例。与圆柱内螺纹相配合的圆锥外螺纹，尺寸代号为 1/2，左旋，其标记为 $R_1$1/2LH。

内、外螺纹旋合在一起时，内、外螺纹的标记用斜线分开，左边表示内螺纹，右边表示外螺纹。例如：Rp/ $R_1$1/2、Rc/ $R_2$1/2LH。

（2）55°非密封管螺纹的标记　55°非密封管螺纹标记格式为：

[螺纹特征代号] [尺寸代号] [公差等级代号]-[旋向代号]

1）螺纹特征代号。用字母“G”表示。

2）公差等级代号。由于内螺纹公差等级只有一种，所以不标注；外螺纹分 A、B 两级，需要标注。

3）旋向代号。当螺纹为左旋时，应在外螺纹的公差等级代号或内螺纹的尺寸代号之后加注“LH”。

4）标记示例。55°非密封外螺纹，尺寸代号为 3/4，公差等级为 B 级，左旋，其标记为 G3/4B-LH。内、外螺纹旋合在一起时，只需标注外螺纹的标记。例如：G3/4A、G3/4A-LH。

4. 螺纹的标注示例

由于普通螺纹、梯形螺纹和锯齿形螺纹尺寸代号中的公称直径为螺纹大径，所以采用尺寸式标注；而管螺纹的尺寸代号不是指螺纹的大径，故采用指引线形式标注，见表 11-2。

表 11-2　常用标准螺纹的标注示例

螺纹种类		标注示例	含　义
普通螺纹	细牙普通螺纹	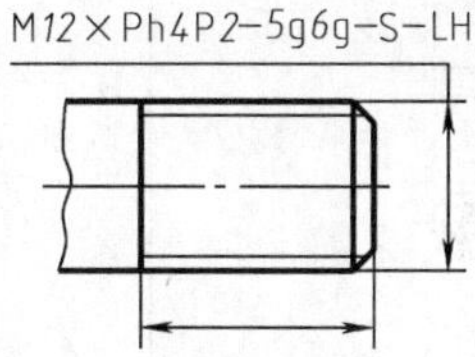 M12×Ph4P2-5g6g-S-LH	细牙普通外螺纹，公称直径为 12mm，导程为 4mm，螺距为 2mm，双线。中径公差带代号为 5g，顶径公差带代号为 6g，短旋合长度，左旋
	粗牙普通螺纹	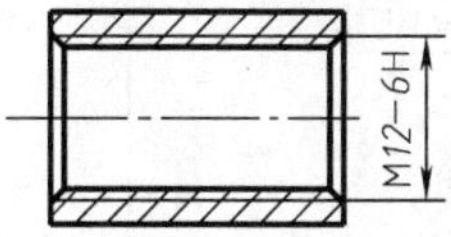 M12-6H	粗牙普通内螺纹，公称直径为 12mm，单线。中径、顶径的公差带代号均为 6H，中等旋合长度，右旋
管螺纹	55°非密封管螺纹	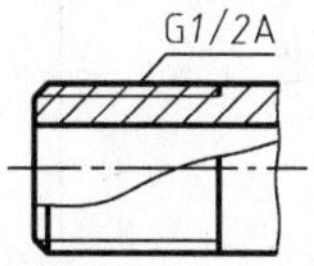 G1/2A	55°非密封管螺纹，尺寸代号为 1/2，公差等级为 A 级，右旋（引出标注）
	55°密封管螺纹	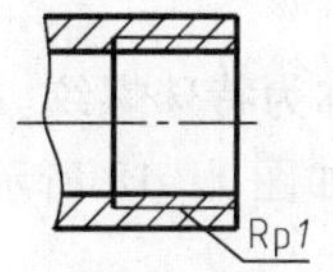 Rp1	55°密封圆柱内螺纹，尺寸代号为 1，右旋（引出标注）

（续）

螺纹种类	标注示例	含　义
梯形螺纹	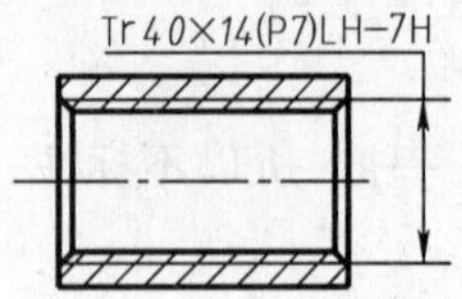 Tr40×14(P7)LH−7H	梯形内螺纹，公称直径为 40mm，导程为 14mm，螺距为 7mm，双线，左旋，中径公差带代号为 7H，中等旋合长度
锯齿形螺纹	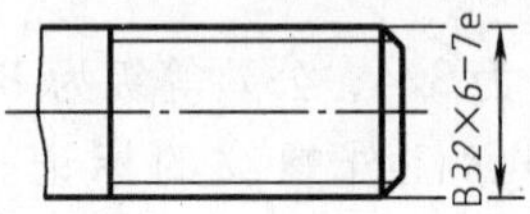 B32×6−7e	锯齿形螺纹，公称直径为 32mm，螺距为 6mm，右旋，单线，中径公差带代号为 7e，中等旋合长度

5. 螺纹长度的标注

图中标注的螺纹长度均指不包括螺尾在内的有效螺纹长度，标注示例见表 11-2。

6. 常见螺纹孔的尺寸标注

零件上常见螺纹孔的尺寸标注示例见表 11-3。

表 11-3　常见螺纹孔的尺寸标注示例

类　型	简化注法		普通注法
螺孔	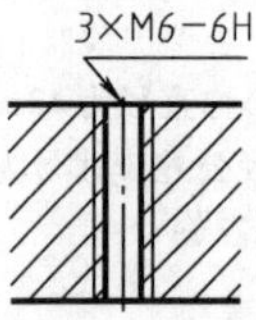 3×M6−6H	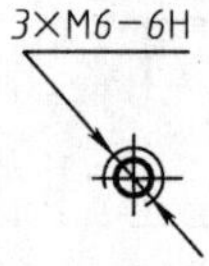 3×M6−6H	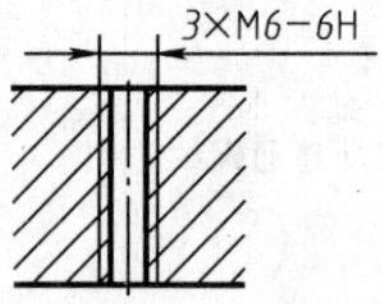 3×M6−6H
	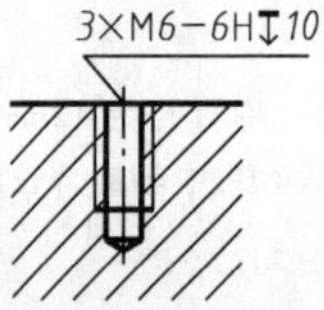 3×M6−6H↧10	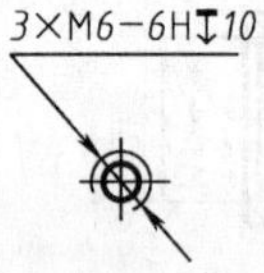 3×M6−6H↧10	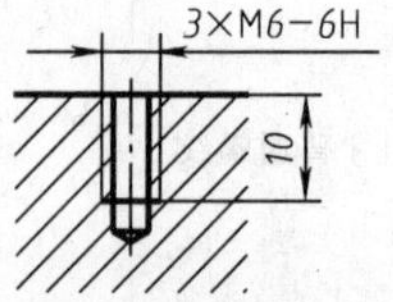 3×M6−6H；10
	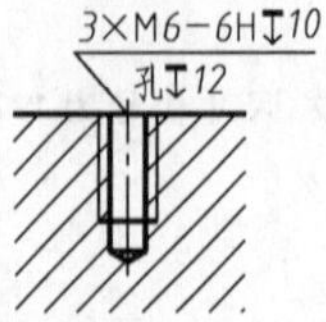 3×M6−6H↧10 孔↧12	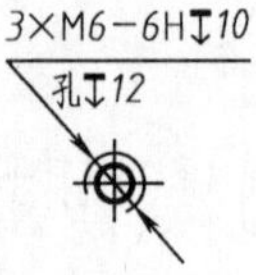 3×M6−6H↧10 孔↧12	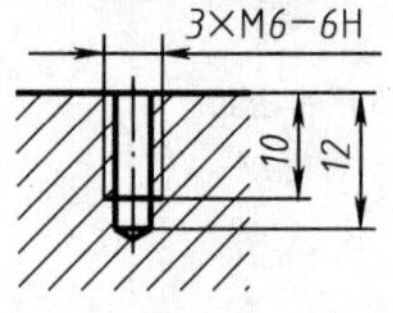 3×M6−6H；10；12

7. 特殊螺纹的标注

牙型符合标准而大径或螺距不符合标准的螺纹称为特殊螺纹。特殊螺纹除应注出其公称直径和螺距外，还应在螺纹标记前冠以“特”字，如图 11-18 所示。

8. 非标准螺纹的标注

应标出螺纹的大径、小径、螺距和牙型的尺寸，如图 11-19 所示。

9. 螺纹副的标注

螺纹副的图样标注是指如何将内外螺纹配合代号（又称螺纹副标记）标注在装配图中，其标注如图 11-20 所示。

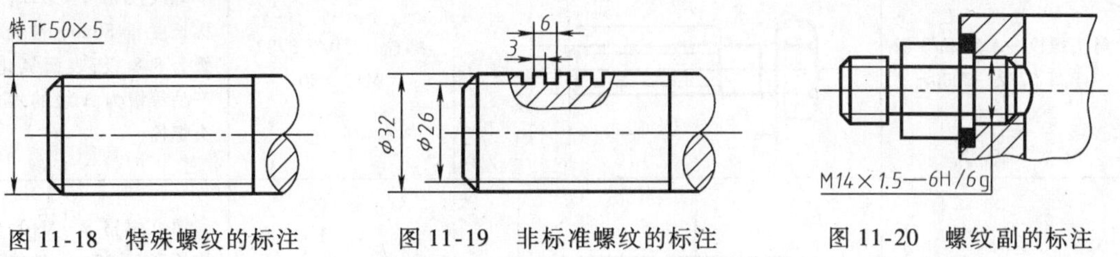

图 11-18　特殊螺纹的标注　　图 11-19　非标准螺纹的标注　　图 11-20　螺纹副的标注

11.2　螺纹紧固件的规定标记和画法

11.2.1　螺纹紧固件的种类和规定标记

利用螺纹的旋紧作用，将两个或两个以上的零件联接在一起的有关零件称为螺纹紧固件。常用的螺纹紧固件有螺栓、螺柱、螺钉、螺母、垫圈等，如图 11-21 所示，其中每一类又有不同的类别，其结构形式和尺寸都已标准化，又称为标准件。可根据螺纹紧固件的规定标记，在相应的国家标准中查出它的有关尺寸，参见附录中的表。

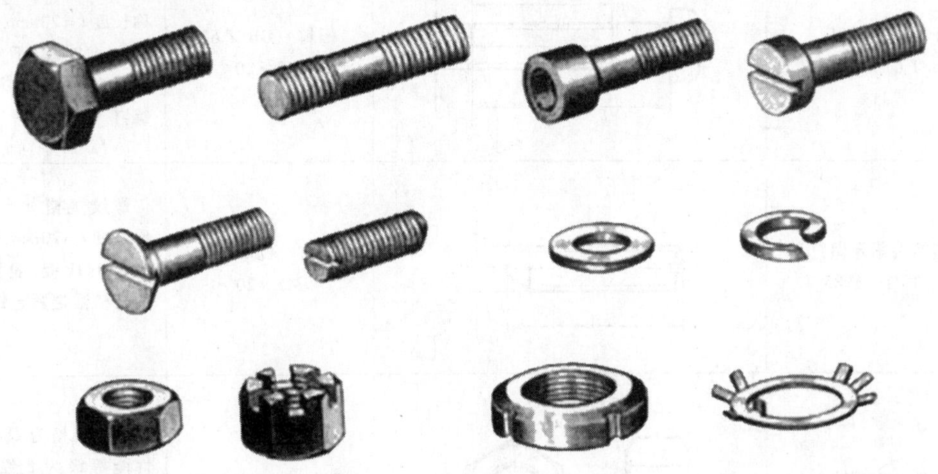

图 11-21　常用的螺纹紧固件

螺纹紧固件的标记有完整标记和简化标记两种，GB/T 1237—2000 对此做了规定。完整标记包括类别（产品名称）、标准编号、螺纹规格或公称尺寸、其他直径或特性、公称长度（规格）、螺纹长度或杆长、产品型式、性能等级或硬度或材料、产品等级、扳拧型式和表面处理。在设计和生产中一般采用简化标记。在简化标记中，允许省略标准年代号（以现行标准为准）。当产品标准中只规定一种产品型式、性能等级或硬度或材料、产品等级、扳拧型式及表面处理时，允许全部或部分省略。螺纹紧固件的简化标记为：

名称　　国标号　　规格尺寸

常用螺纹紧固件及其标记示例见表 11-4。

表 11-4　常用螺纹紧固件及其标记示例

名称及国标号	图　例	标记示例	说　明
六角头螺栓—A 级和 B 级 GB/T 5782—2000	b, d, l	螺栓　GB/T 5782 M12 × 80	螺纹规格 d = M12，公称长度 l = 80mm，性能等级为 8.8 级，表面氧化、产品等级为 A 级的六角头螺栓
A 型双头螺柱 GB/T 897—1988	ds, d, b, b_m, l	螺柱　GB/T 897 AM10 × 50	螺纹规格 d = M10，公称长度 l = 50mm，性能等级为 4.8 级，不经表面处理，A 型，b_m = 1d 的双头螺柱
B 型双头螺柱 GB/T 897—1988	d, b, b_m, l	螺柱　GB/T 897 M10 × 50	螺纹规格 d = M10，公称长度 l = 50mm，性能等级为 4.8 级，不经表面处理，B 型，b_m = 1d 的双头螺柱
开槽盘头螺钉 GB/T 67—2008	b, d, l	螺钉　GB/T 67 M5 × 20	螺纹规格 d = M5，公称长度 l = 20mm，性能等级为 4.8 级，不经表面处理的 A 级开槽盘头螺钉
开槽锥端紧定螺钉 GB/T 71—1985	d, l	螺钉　GB/T 71 M5 × 20	螺纹规格 d = M5，公称长度 l = 20mm，性能等级为 14H 级，表面氧化的开槽锥端紧定螺钉
1 型六角螺母 GB/T 6170—2000	D, m	螺母　GB/T 6170 M12	螺纹规格为 D = M12，性能等级为 8 级，不经表面处理，产品等级为 A 级的 1 型六角螺母
弹簧垫圈 GB/T 93—1987	s, b, d_1, H	垫圈　GB/T 93　16	规格 16mm，材料为 65Mn，表面氧化的标准型弹簧垫圈

（续）

名称及国标号	图　例	标记示例	说　明
平垫圈 GB/T 97.1—2002		垫圈　GB/T 97.1　8	标准系列、公称规格 8mm，由钢制造的硬度等级为 200HV 级，不经表面处理，产品等级为 A 级的平垫圈

11.2.2　螺纹紧固件的联接画法

1. 螺纹紧固件的联接形式

螺纹紧固件的联接形式有螺栓联接、双头螺柱联接、螺钉连接，如图 11-22 所示。螺栓联接被用于两个零件被联接处比较薄，容易加工成通孔，且要求联接力较大的场合。双头螺柱一般被用于被联接件之一较厚，不适合加工成通孔，且要求联接力较大、经常拆卸的场合。而螺钉多用于受力不大且不常拆卸的零件之间的联接。

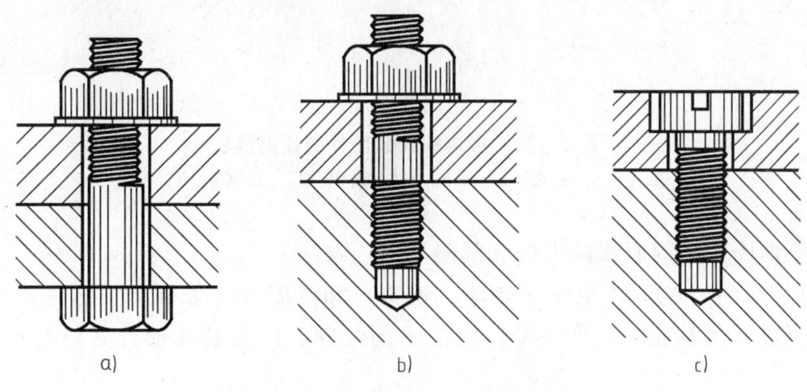

图 11-22　螺纹紧固件的联接形式
a）螺栓联接　b）双头螺柱联接　c）螺钉联接

2. 装配图中螺纹紧固件尺寸的确定

装配图中螺纹紧固件尺寸的确定有两种方法，一是查表取值法，二是比例取值法。

（1）查表取值法　螺纹紧固件都是标准件，在画图时，可以根据它们的规定标记，通过查阅相应国家标准得到它们的结构形式和各个部分的参数，这种方法称为查表取值法。

（2）比例取值法　为了节省时间，一般不按实际尺寸作图。除公称长度 l 需经计算并查国家标准选定外，其余各部分尺寸都按与螺纹大径（d、D）成一定的比例确定，这种方法叫做比例取值法。图 11-23 所示为常用螺纹紧固件的比例画法。

3. 螺纹紧固件装配图画法的一般规定

1）两个零件的接触面应画一条线，不接触的相邻表面应画两条线，间隙过小时，应夸大画出。

2）在剖视图中，相邻两零件的剖面线方向应相反或方向相同而间隔不同。同一零件在

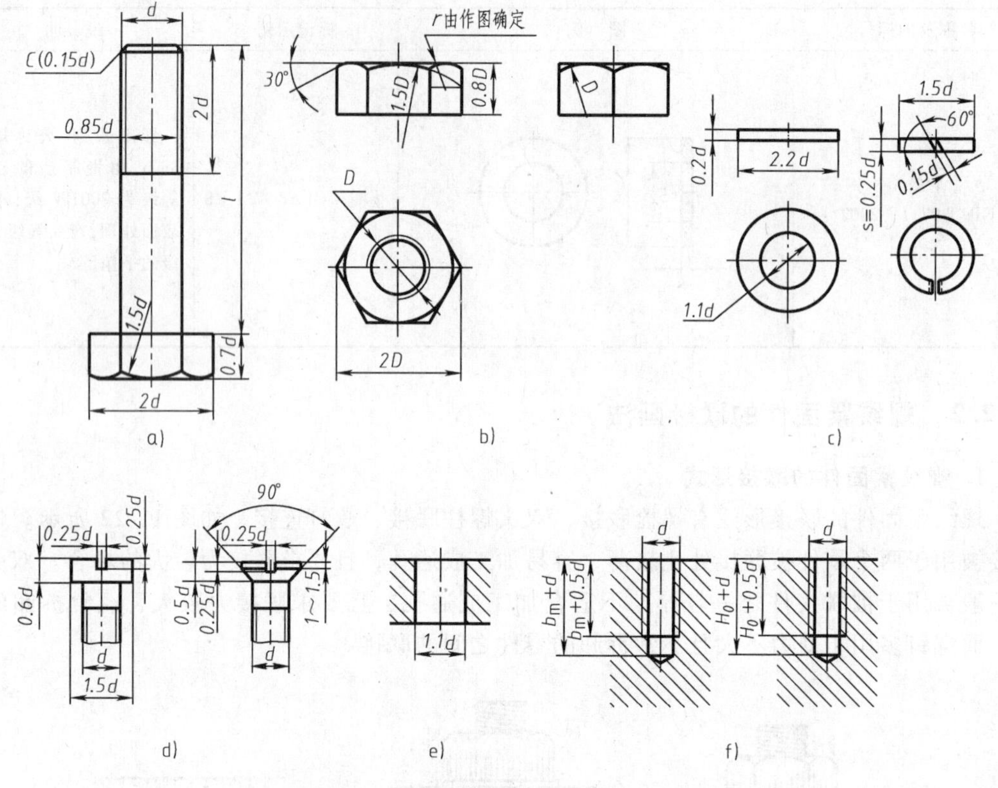

图 11-23　常用螺纹紧固件的比例画法

a）螺栓　b）螺母　c）垫圈　d）螺钉头部　e）通孔　f）螺孔

各剖视图或断面图中，剖面线的方向和间隔均应一致。

3）当剖切平面通过实心零件（如球、轴等）和紧固件（如螺栓、螺柱、螺钉、螺母、垫圈、键、销等）的轴线时，这些零件均按不剖绘制，仅画其外形，需要时可用局部剖视表达。

4）装配图中的螺纹紧固件一般采用简化画法，所以对其工艺结构如倒角、倒圆、退刀槽等均可省略不画。

4. 螺栓联接的装配画法

图 11-24a 所示为螺栓联接的示意图。被联接的两个零件上钻出通孔，螺栓穿过通孔后套上垫圈，最后用螺母紧固。垫圈在此起增加支承面和防止损伤被联接件表面的作用。图 11-24b 所示为螺栓联接的比例画法。

螺栓的公称长度 l 可按下列步骤确定（图 11-24b）：

（1）初算公称长度 $l_{计算}$

$$l_{计算}=\delta_1+\delta_2+h+m+a$$

式中　δ_1、δ_2——被联接零件的厚度；

h——垫圈厚度（可查附录中的表 B-6-1，也可按比例计算）；

m——螺母高度（可查附录中的表 B-5，也可按比例计算）；

a——螺栓末端伸出螺母的长度，一般取 $0.3d$。

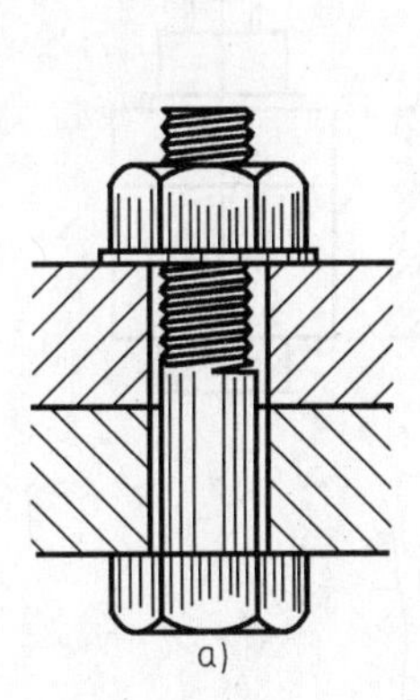
a)

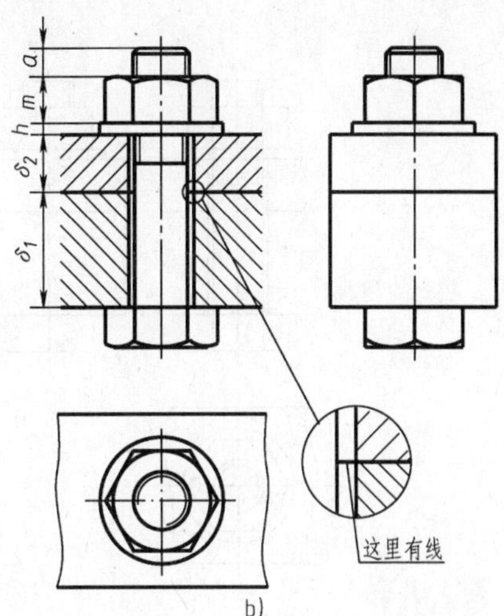

b)

图 11-24　螺栓联接

(2) 取标准长度 l　根据计算值从附录表 B-1 中螺栓标准的长度系列值里选取螺栓的公称长度值 l，$l \geqslant l_{计算}$。

【例 11-1】　用简化画法画出螺栓联接的装配图。已知上板厚 $\delta_2 = 10$mm，下板厚 $\delta_1 = 20$mm，板宽 = 30mm，用螺栓 GB/T 5782—2000 M10 × l，螺母 GB/T 6170—2000 M8，垫圈 GB/T 97.1—2002 10 将两板联接。

解：1）确定螺栓的公称长度（采用比例取值法）。首先根据 M10 按照图 11-23 中给出的比例确定螺母和垫圈的厚度 $m = 8$mm，$h = 2$mm。

螺栓公称长度的计算值 $l_{计算} = 43$mm；从附录表 B-1 中选取螺栓的公称长度值 $l = 45$mm，由此完善了螺栓的标记：GB/T 5782—2000 M10 × 45。

2）根据比例关系算出紧固件各部分结构的尺寸后，即可画出螺栓联接装配图，作图过程如图 11-25 所示。

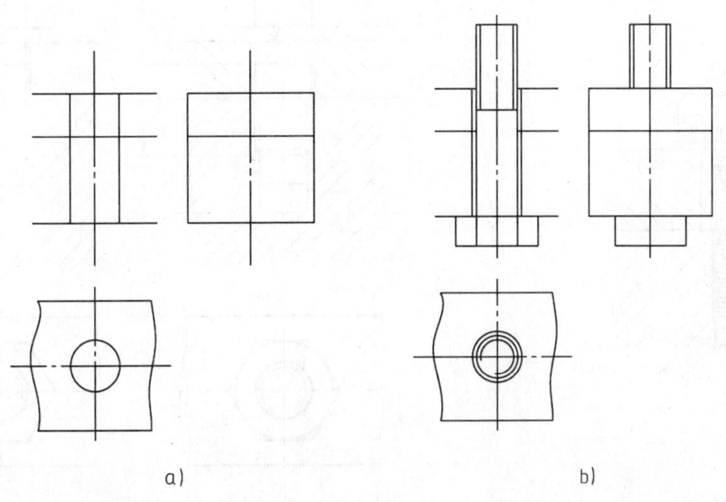
a)　　b)

图 11-25　螺栓联接的作图步骤

a) 画出基准线、被联接两板　b) 将螺栓穿入通孔

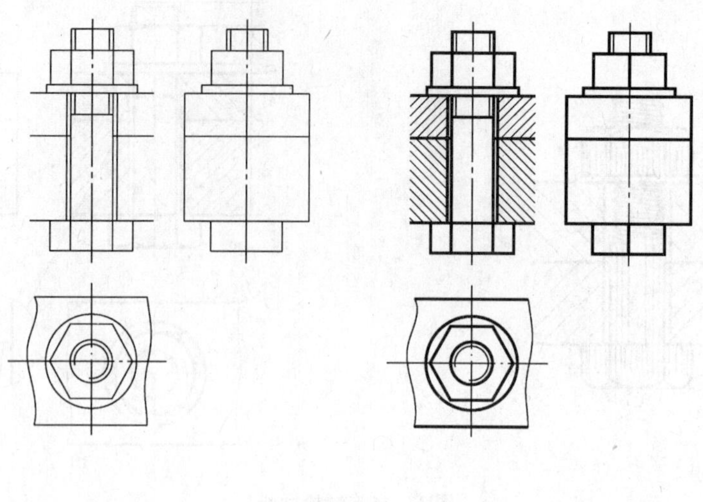

图 11-25 螺栓联接的作图步骤（续）

c）套上垫片、拧入螺母 d）画出剖面线、检查、描深

5. 螺柱联接的装配画法

图 11-26a 所示为螺柱联接的示意图，上板较薄钻出通孔，下板较厚加工出不穿通的螺纹孔。螺柱的两端都有螺纹，一端（旋入端）全部旋入机件的螺孔内，以保证联接可靠，其长度用 b_m 表示，另一端（紧固端）穿过被联接件的光孔，用垫圈、螺母紧固。螺柱联接可以用图 11-26b 所示的比例画法画出，也可以采用图 11-26c 所示的简化画法画出。简化画法不但对螺纹紧固件进行了简化，而且也省略了螺孔上 0.5d 的光孔余量。画图时应注意旋入端的螺纹终止线应与被联接零件上的螺孔端面平齐。

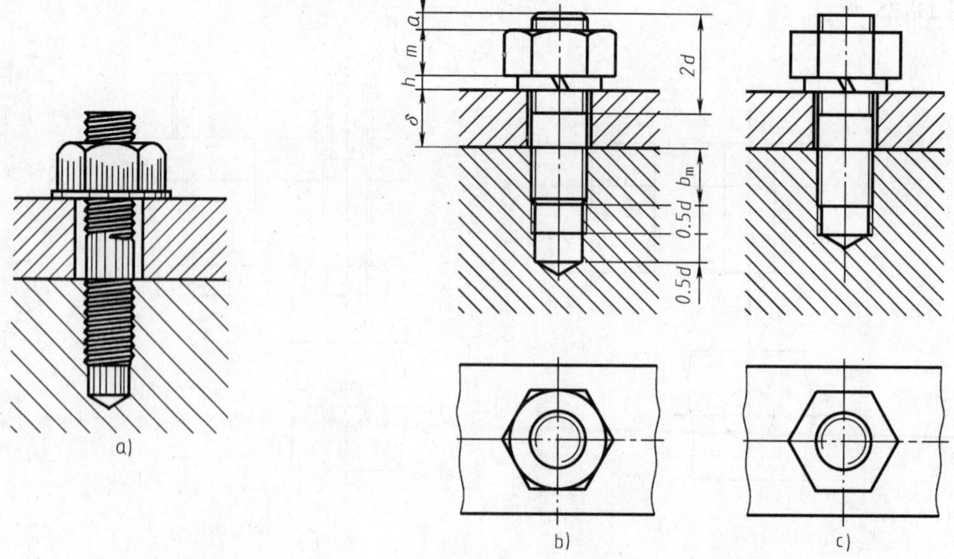

图 11-26 螺柱联接

螺柱旋入端的长度 b_m 与被联接零件的材料有关，有以下四种不同的长度。

（1）$b_m = 1d$　　用于旋入铜或青铜材料的零件（GB/T 897—1988）。

（2）$b_m = 1.25d$　用于旋入铸铁材料的零件（GB/T 898—1988）。

（3）$b_m = 1.5d$　用于旋入铸铁或铝合金材料的零件（GB/T 899—1988）。

（4）$b_m = 2d$　　用于旋入铝合金材料的零件（GB/T 900—1988）。

螺柱的公称长度 l 可按下式计算（图 11-26b）：

$$l_{计算} = \delta + h + m + a$$

式中各符号的含义与螺栓联接相似，计算得出 $l_{计算}$ 值后，仍应从附录表 B-2 中双头螺柱的长度系列里选取合适的 l 值。

6. 螺钉联接的装配画法

螺钉按用途可分为联接螺钉和紧定螺钉。

（1）联接螺钉的装配画法　联接螺钉用于被联接件之一带有通孔或沉孔，另一个制有螺纹孔的情况。图 11-27a 所示为螺钉联接的示意图，联接时螺钉穿过通孔，旋入螺纹孔，依靠螺钉头部压紧被联接件实现联接。图 11-27b 所示为开槽圆柱头螺钉的联接画法。图 11-27c 所示为开槽沉头螺钉联接的简化画法。

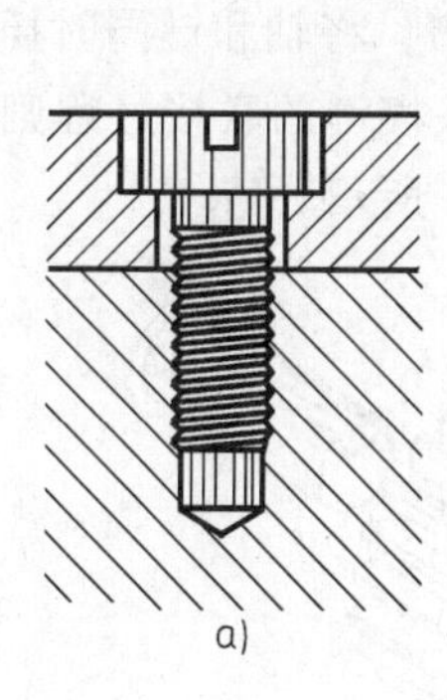

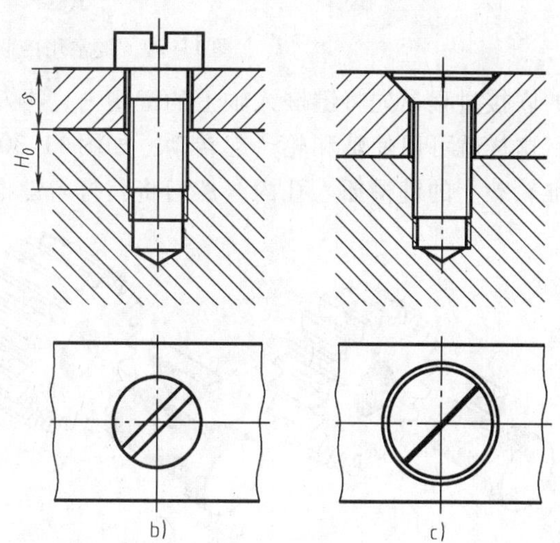

图 11-27　螺钉联接

画螺钉联接装配图时应注意：

1）开槽螺钉头部的槽在投影为圆的视图上不按投影关系绘制，按与水平线成 45°倾斜画出，如图 11-27b 所示。当槽宽小于 2mm 时，螺钉头部的槽也可以简化成双倍粗实线涂黑画出，如图 11-27c 所示。

2）螺钉上的螺纹长度 b（见表 11-4）应大于螺纹孔深度，以保证联接可靠，即螺钉装入后，其上的螺纹终止线必须高出下板的上端面。螺钉的旋入长度同螺柱一样与被联接零件的材料有关，画图时所需参数的选择与螺柱联接基本相同。

联接螺钉的头部有多种结构形式，故联接螺钉的品种繁多，各自遵循不同的国家标准，其公称长度的定义也各不相同，此处仅介绍两种。

开槽圆柱头螺钉的公称长度 l 可按下式计算（图 11-27b）：

$$l_{计算} = \delta + H_0$$

然后根据 $l_{计算}$ 从附录表 B-3-1 中查出相近的 l 值。

开槽沉头螺钉的公称长度是螺钉的全长。

（2）紧定螺钉　紧定螺钉用于限定两个零件之间的相对运动，起定位或防松的作用，图 11-28 所示为紧定螺钉的联接画法。

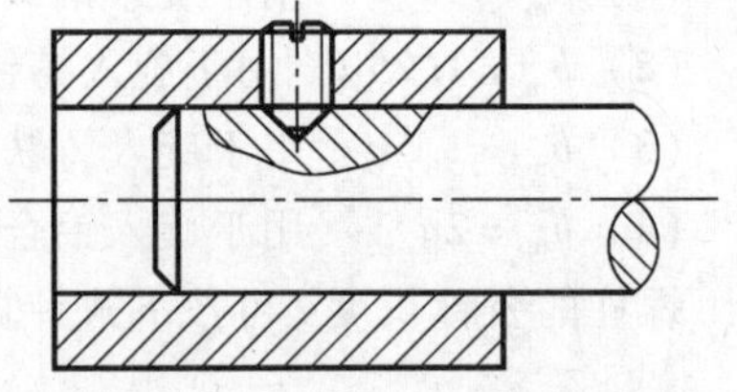

图 11-28　紧定螺钉的联接画法

11.3　键联接及其表示法

键是标准件，通常用来联接轴与轴上的转动零件，如齿轮、带轮等，起传递转矩的作用。键常用的联接形式有普通平键、半圆键、钩头楔键联接，如图 11-29 所示。键联接具有结构简单、紧凑、可靠、装拆方便和成本低廉等优点。

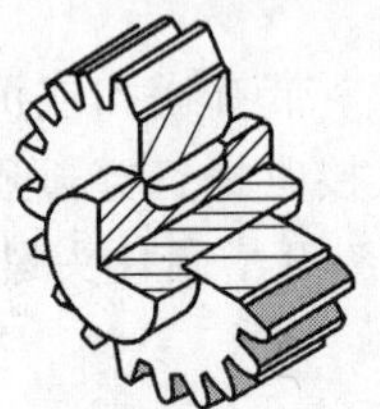

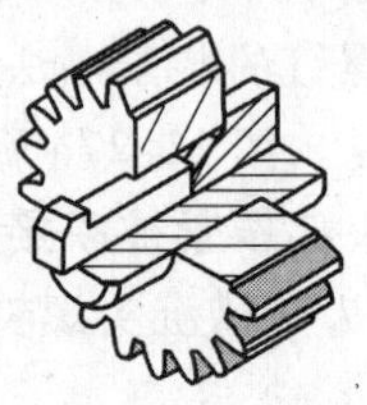

图 11-29　键常用的联接形式

键的联接过程是先将键嵌入轴上的键槽内，再对准轮毂上的键槽，将轴和键同时插入孔和槽内，这样就可以使轴和轮一起转动，如图 11-30a、b 所示。钩头楔键的联接过程则是先将轴对准轮毂上的键槽插入孔内，然后将其打入键槽内，如图 1-30c 所示。

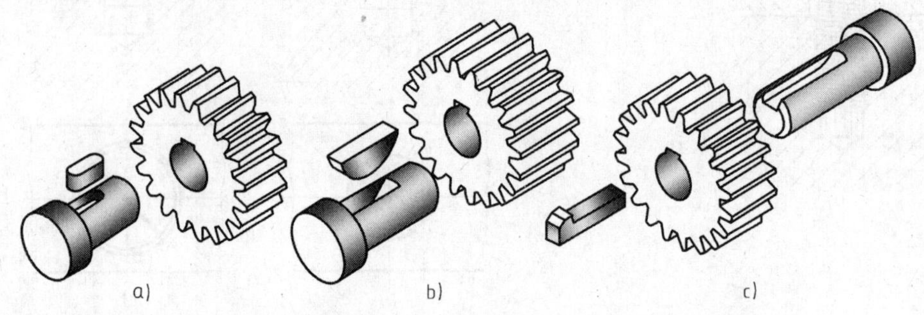

图 11-30　键的联接过程

11.3.1　键的结构形式和标记

在机械设计中，由于键是标准件，所以不需要单独画出其图样，但要正确标记。常用键的结构形式及标记示例见表 11-5。

表 11-5　常用键的结构形式及标记示例

名称	图　例	标 记 示 例
普通平键	h　R=b/2　b　L	GB/T 1096—2003 键 18 × 11 × 100 表示宽度 b = 18mm，高度 h = 11mm，长度 L = 100mm 的圆头普通平键（A 型） 普通平键分 A、B、C 三种类型，A 型省略不注，B 型和 C 型必须在标记中注写“B”和“C”

（续）

名称	图　　例	标记示例
半圆键		GB/T 1099.1—2003 键 6×10×25 表示宽度 $b=6\text{mm}$，高度 $h=10\text{mm}$，直径 $D=25\text{mm}$ 的半圆键
钩头楔键		GB/T 1565—2003 键 18×100 表示宽度 $b=18\text{mm}$，长度 $L=100\text{mm}$ 的钩头楔键

11.3.2　键的选取及键槽尺寸的确定

键可按轴径大小和设计要求，查阅附录 D 中的表或相应的国家标准选取键的类型和规格，并给出正确的标记。

用普通平键联接轴和轮毂时，轴和轮毂上的键槽尺寸可以根据轴径从附录表 D-1 中查到。键槽的画法及尺寸标注如图 11-31 所示。b、t_1 和 t_2 分别为键槽宽度和深度。L 为键槽长度，可以根据设计要求按 b 值在附录表 D-1 中的数值里选定。

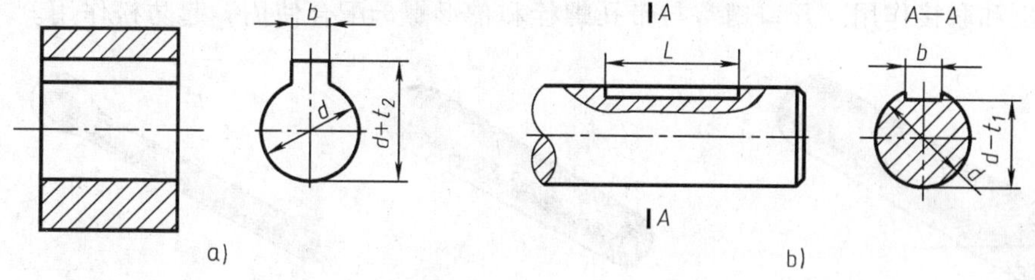

图 11-31　键槽的画法及尺寸标注

11.3.3　键联接的装配画法

在键联接的装配画法中，为了表达其内部的联接情况，主视图沿对称面作全剖视。由于轴为实心杆件，键为标准件，均按不剖形式绘制，但为了表达键在轴上的安装情况，在轴上再次采用了局部剖视，如图 11-32、图 11-33、图 11-34 所示。

1. 普通平键、半圆键的装配画法

普通平键和半圆键的联接原理相似，两侧面为工作表面。装配时，键的两侧面与键槽的侧面接触。工作时，靠键的侧面传递转矩。绘制装配图时，键与键槽侧面之间无间隙，画一条线；键的底面与轴上键槽底面自然接触，也要画一条线；键的顶面是非工作表面，与轮毂键槽的顶面不接触，应画两条线，如图 11-32、图 11-33 所示。

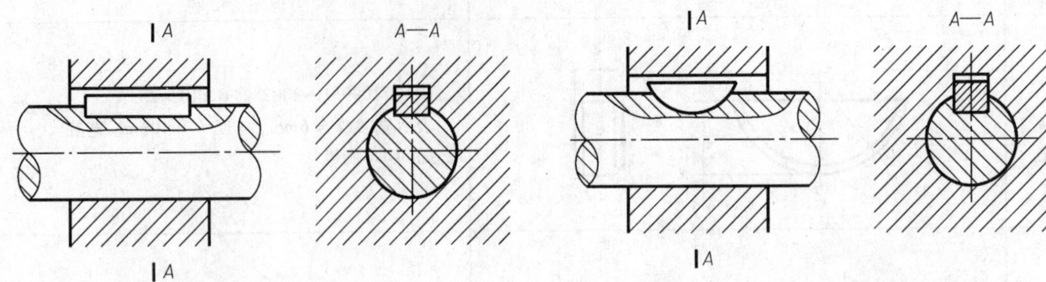

图 11-32　普通平键联接的装配画法　　图 11-33　半圆键联接的装配画法

2. 钩头楔键的装配画法

钩头楔键的顶面有 1∶100 的斜度，安装时将键打入键槽，靠键的顶面和底面与键槽的压紧力使轴上零件固定，因此，键的底面和顶面是钩头楔键的工作表面。绘制装配图时，键与键槽顶面和底面之间无间隙，画一条线。键的两侧面与键槽的侧面是较松的间隙配合，故绘制装配图时，键的侧面与键槽的侧面也应画一条线，如图 11-34 所示。

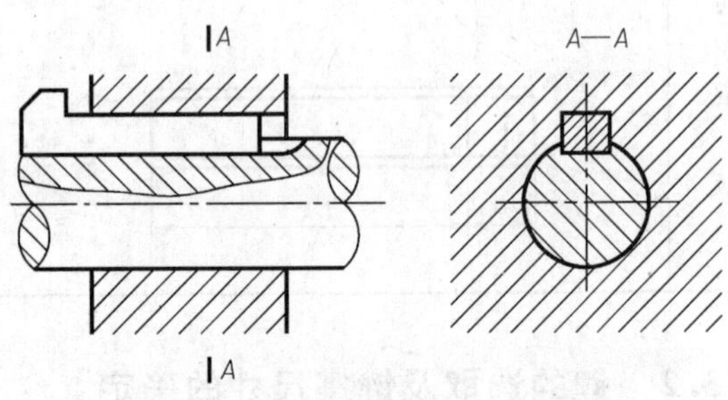

图 11-34　钩头楔键联接的装配画法

11.4　销联接及其表示法

销也是标准件，常用的销有圆柱销、圆锥销和开口销，如图 11-35 所示。圆柱销和圆锥销可起定位和联接作用。开口销常与带孔螺栓和槽形螺母配合使用，起防松作用。

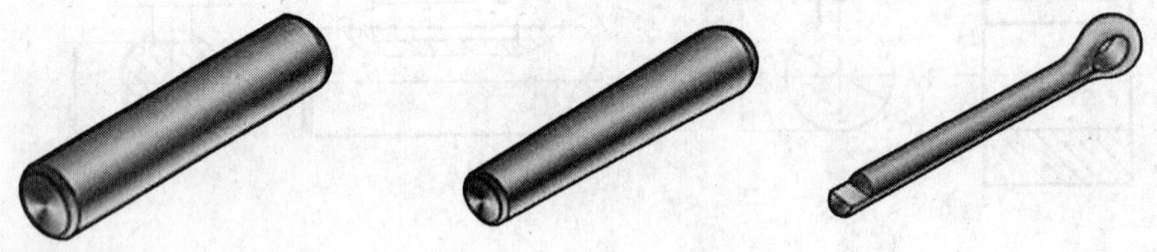

图 11-35　常用的销

11.4.1　各种销的结构和标记

销的结构和尺寸可以从 GB/T 119.1—2000、GB/T 119.2—2000、GB/T 117—2000 和 GB/T 91—2000 中查出，见附录表 D-3-1 ~ 表 D-3-3。常用销的结构和标记见表 11-6。

11.4.2　销的联接画法

销的联接画法如图 11-36 所示。当剖切平面通过销的轴线时，销按不剖处理；销与销孔的接触表面属于配合表面，应画一条线。

为了保证定位精度，在两个被联接的零件上应同时加工出销孔。在进行销孔的尺寸标注时应注明“配作”，如图 11-37 所示。

表 11-6　常用销的结构和标记

名称	图　例	标 记 示 例
圆柱销		销 GB/T 119.2　6×30 圆柱销，淬硬钢和马氏体不锈钢，公称直径 $d=6$mm，公差为 m6，公称长度 $l=30$mm，普通淬火（A 型）、表面氧化处理
圆锥销		销 GB/T 117　10×60 A 型圆锥销，公称（小端）直径 $d=10$mm，公称长度 $l=60$mm，材料为 35 钢，热处理硬度 28～38HRC，表面氧化处理
开口销		销　GB/T 91　5×50 开口销，公称规格为 5mm，公称长度 $l=50$mm，材料为 Q215 或 Q235，不经表面处理

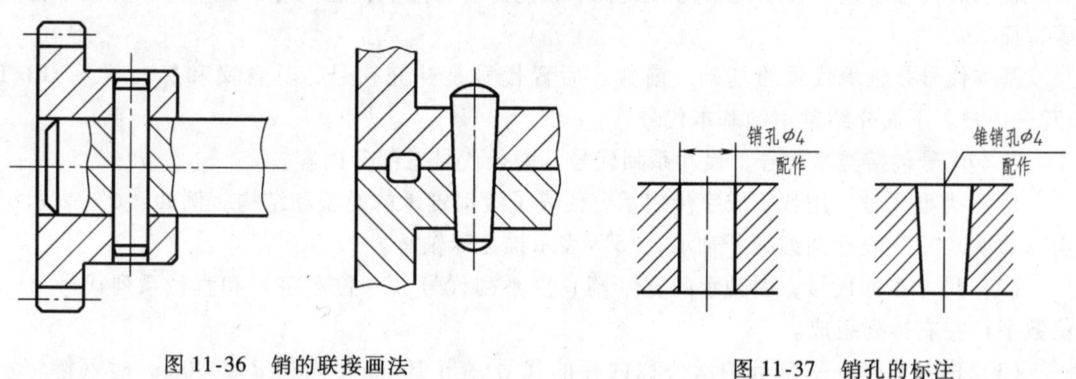

图 11-36　销的联接画法　　　　图 11-37　销孔的标注

11.5　滚动轴承表示法

滚动轴承是用来支承轴的旋转及承受轴上载荷的标准部件，具有结构紧凑，摩擦阻力小，动能损耗少，拆卸方便等优点，因此在生产中得到广泛使用。

11.5.1　滚动轴承的结构和分类

滚动轴承的类型很多，但它们的结构大致相同，一般都是由外圈、内圈、滚动体和保持架四个部分组成，如图 11-38 所示。通常外圈装在机座的孔内，固定不动；内圈套在转动轴上，随轴转动；滚动体处在内外圈之间，由保持架将它们隔开，防止其相互之间的摩擦和碰撞。滚动体的形状有球形、圆柱形、圆锥形等。

滚动轴承按结构和承载情况的不同可分为以下三类：

1）向心轴承：主要承受径向载荷，如深沟球轴承。

2）推力轴承：主要承受轴向载荷，如推力球轴承。

3）向心推力轴承：能同时承受径向和轴向载荷，如圆锥滚子轴承。

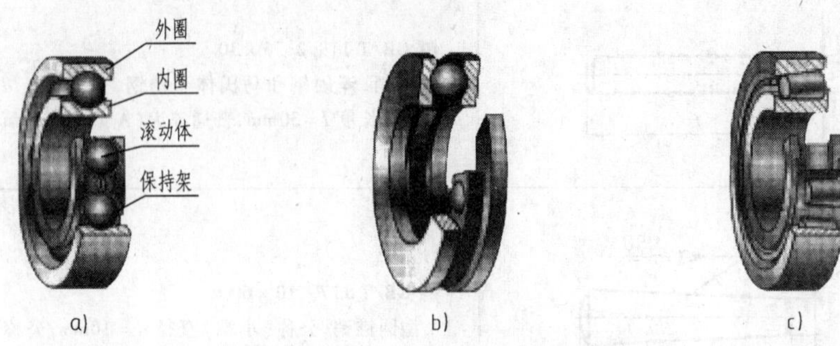

图 11-38　滚动轴承的结构和分类

a）深沟球轴承　b）推力球轴承　c）圆锥滚子轴承

11.5.2　滚动轴承的代号

滚动轴承的标记形式为：

前置代号　基本代号　后置代号

轴承的代号表达了轴承的结构形式、承载能力、特点、内径尺寸、公差等级和技术性能等特征。

基本代号是轴承代号的基础，前置、后置代号是补充代号，其含义和标注详见 GB/T 272—1993。下面介绍常用的基本代号。

基本代号包括类型代号、尺寸系列代号，内径代号三部分内容。

(1) 类型代号，用数字或字母表示，代表了滚动轴承的类型和结构。例如“6”表示深沟球轴承，“3”表示圆锥滚子轴承，“5”表示推力球轴承。

(2) 尺寸系列代号，由轴承的宽（高）度系列代号（一位数字）和直径系列代号（一位数字）左右排列组成。

(3) 内径代号，是表示轴承公称内径的代号。当 10mm≤内径 d≤480mm 时（除 d = 22mm，28mm，32mm 外），代号数字 00，01，02，03 分别表示内径 d = 10mm，12mm，15mm，17mm；代号数字≥04 时，代号数字乘以 5 即为轴承内径 d 的尺寸。

滚动轴承标记示例如下：

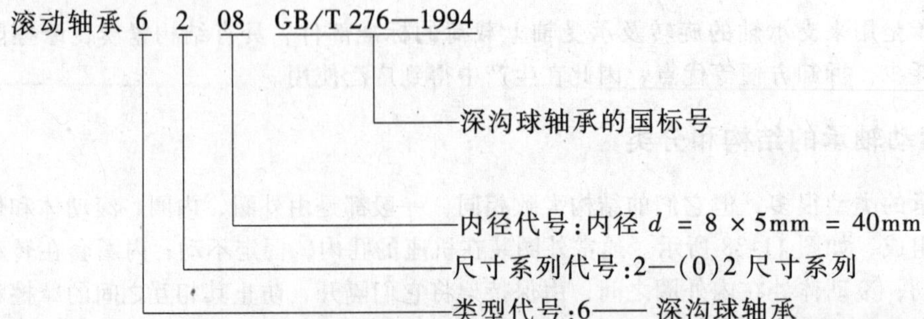

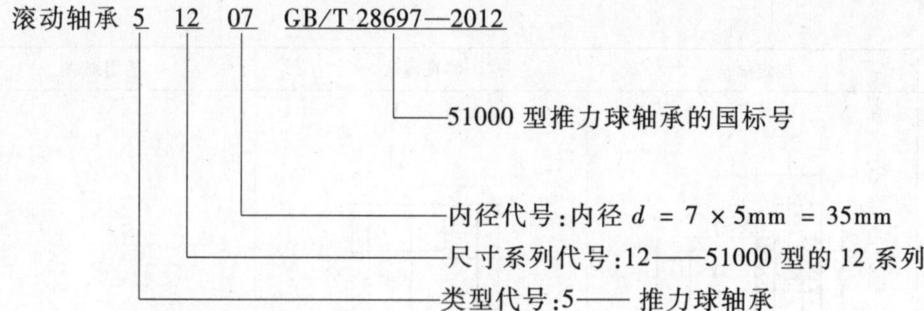

11.5.3　常用滚动轴承的画法

滚动轴承是标准部件，其结构形式及外形尺寸均已规范化和系列化，所以在绘图时不必按真实投影画出。GB/T 4459.7—1998《机械制图　滚动轴承表示法》规定，滚动轴承可以用通用画法、特征画法和规定画法绘制。前两种属于简化画法，在同一图样中一般只采用其中一种画法。

1. 通用画法

在剖视图中，当不需要确切表示轴承的外形轮廓、载荷特性、结构特征时，可用矩形线框及位于线框中央正立的不与矩形线框接触的十字符号表示。

2. 特征画法

在剖视图中，如需较形象地表示滚动轴承的结构特征时，可采用在矩形线框内画出其结构要素符号的方法表示。滚动轴承的结构要素符号可查阅相关标准。特征画法应绘制在轴的两侧。

3. 规定画法

必要时，在产品图样、产品样本、产品标准、用户手册和使用说明书中可采用规定画法绘制滚动轴承。采用规定画法绘制滚动轴承的剖视图时，轴承的滚动体不画剖面线，其各套圈等可画成方向和间隔相同的剖面线。规定画法一般绘制在轴的一侧，另一侧按通用画法绘制。

表 11-7 列出了几种常用轴承的规定画法、特征画法和通用画法，表中的尺寸除“A”可以计算外，其余尺寸可根据滚动轴承代号从相关标准中查出。

表 11-7　常用滚动轴承的规定画法、特征画法和通用画法

轴承类型	规定画法	特征画法	通用画法
深沟球轴承	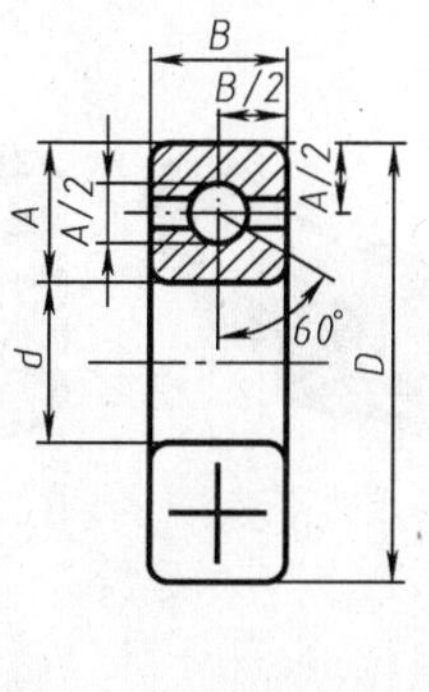 B　B/2　A/2　A　A/2　60°　d　D	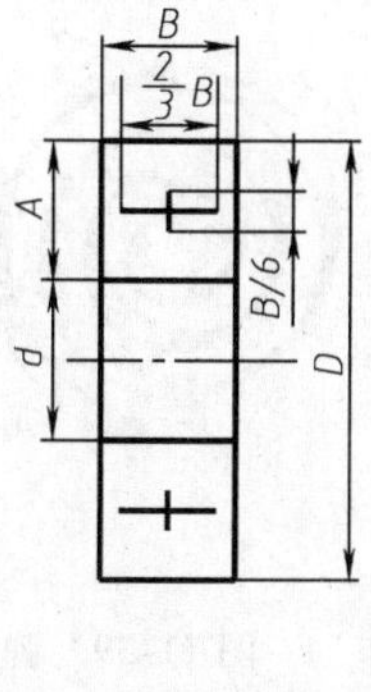 B　$\frac{2}{3}B$　A　B/6　d　D	

（续）

轴承类型	规定画法	特征画法	通用画法
推力球轴承	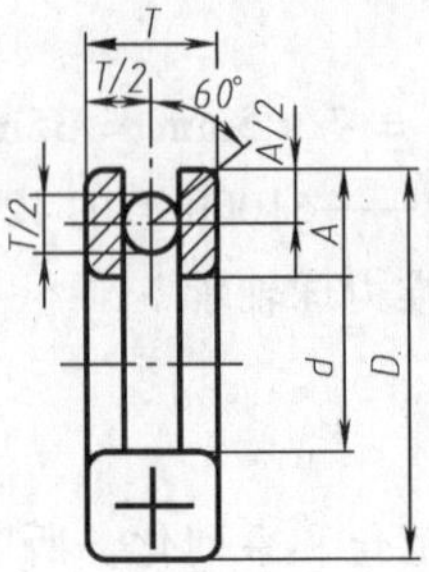	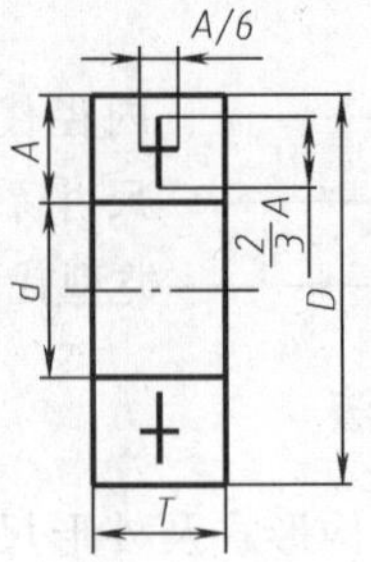	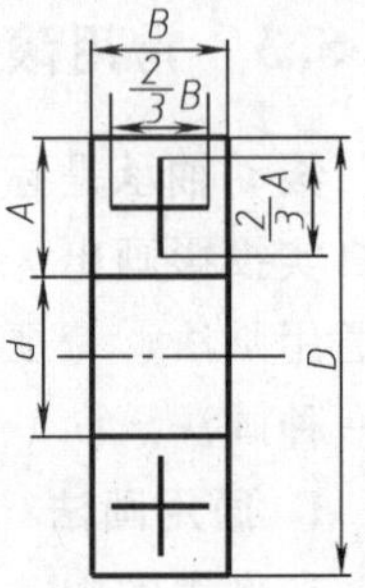
圆锥滚子轴承	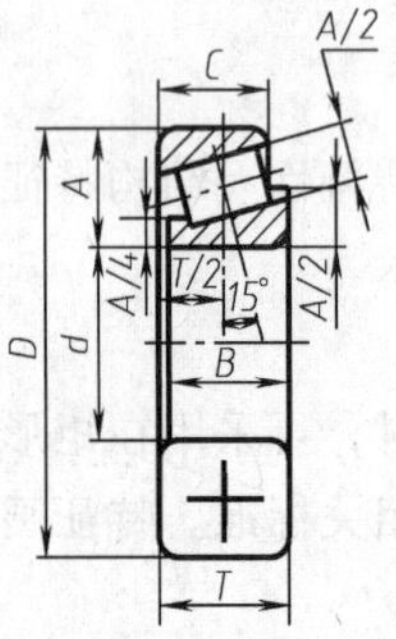	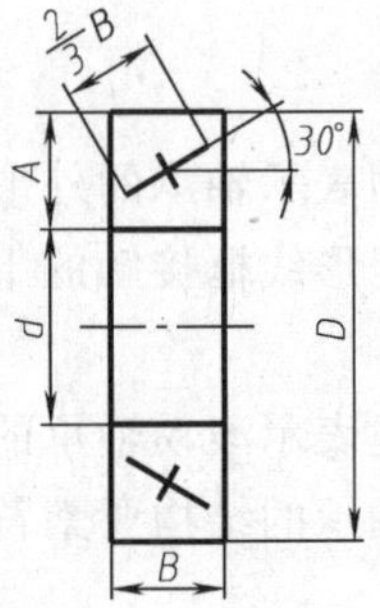	

11.6　弹簧表示法

弹簧是机械产品中一种常用零件。它具有弹性好、刚性小的特点。因此，通常用于控制机械的运动、减少振动、贮存能量以及控制和测量力的大小等。

弹簧的种类很多，常见的弹簧按形状可分为圆柱螺旋弹簧、截锥螺旋弹簧、涡卷弹簧、板弹簧和碟形弹簧，如图 11-39 所示。而圆柱螺旋弹簧按受力情况的不同，又可分为压缩弹簧、拉伸弹簧、扭转弹簧，如图 11-40 所示。由于圆柱螺旋压缩弹簧具有代表性，因此本书仅介绍圆柱螺旋压缩弹簧的有关尺寸计算和画法。

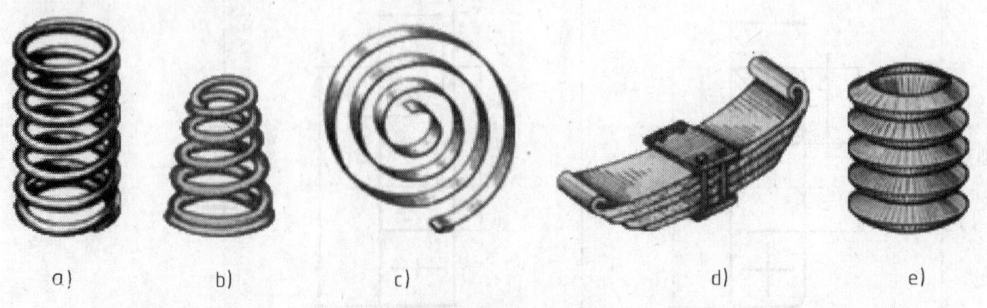

图 11-39　弹簧的种类

a）圆柱螺旋弹簧　b）截锥螺旋弹簧　c）涡卷弹簧　d）板弹簧　e）碟形弹簧

11.6.1　圆柱螺旋压缩弹簧的参数和标记

1. 圆柱螺旋压缩弹簧的参数

圆柱螺旋压缩弹簧各部分的名称及几何参数，如图 11-41 所示。

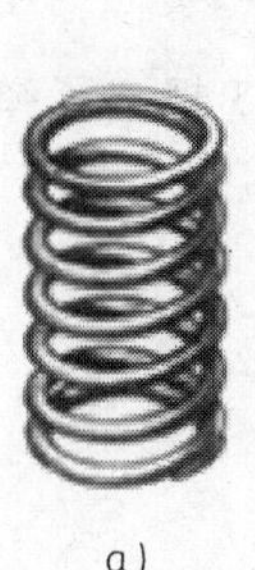

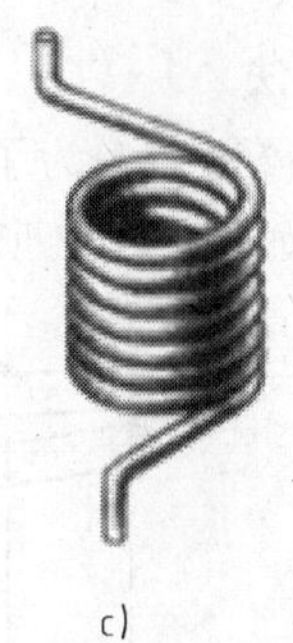

图 11-40　圆柱螺旋弹簧的种类
a）压缩弹簧　b）拉伸弹簧　c）扭转弹簧

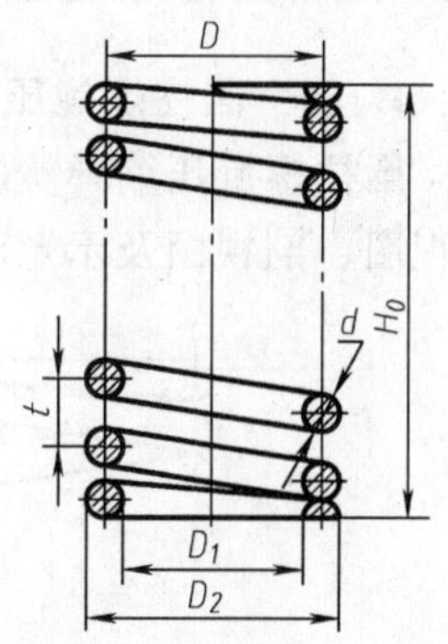

图 11-41　圆柱螺旋压缩弹簧各部分的名称及几何参数

（1）簧丝线径 d　制造弹簧用的材料直径。

（2）弹簧外径 D_2　弹簧的最大直径。

（3）弹簧内径 D_1　弹簧的最小直径，$D_1 = D_2 - 2d$。

（4）弹簧中径 D　弹簧的平均直径，$D = D_2 - d$。

（5）圈数

1）支承圈数 n_2。为了使压缩弹簧工作时受力均匀，增加稳定性，弹簧两端需要并紧、磨平。这些并紧、磨平的圈仅起支承作用，称为支承圈。支承圈数 n_2 一般为 1.5、2、2.5 圈，其中 2.5 圈应用较多。

2）有效圈数 n。除支承圈以外，参加工作的圈数称为有效圈数。

3）总圈数 n_1。有效圈数与支承圈数之和称为总圈数，即 $n_1 = n + n_2$。

（6）节距 t　在有效圈数内，相邻两圈的轴向距离。

（7）自由高度 H_0　弹簧在不受外力作用时的高度，$H_0 = nt + (n_2 - 0.5)d$。

（8）展开长度 L　制造弹簧所用簧丝的长度。绕一圈所需要的长度为 $l = \sqrt{(\pi D)^2 + t^2}$，也可以近似地取为 $l = \pi D$，因此整个弹簧的展开长度 $L = n_1 l$。

（9）旋向　弹簧有左旋、右旋之分，常用右旋。

2. 圆柱螺旋压缩弹簧的标记

弹簧的标记由下列内容组成：

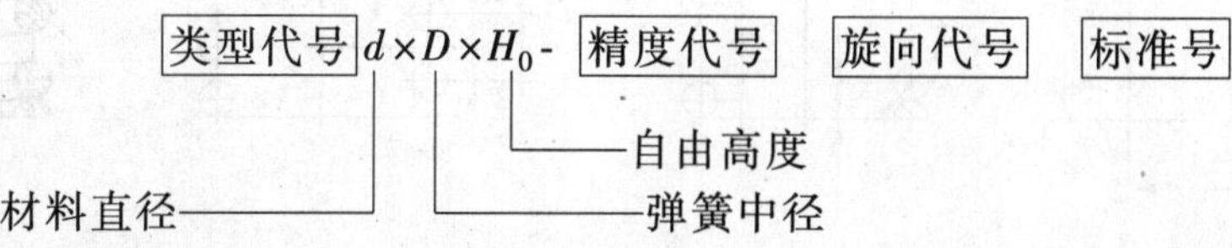

标注时应遵循下列规定：

1）弹簧类型代号中 YA 型为两端圈并紧磨平的冷卷压缩弹簧，YB 型为两端圈并紧制扁的热卷压缩弹簧。

2）2 级精度制造不表示，3 级应注明“3”级。左旋应注明左，右旋不表示。

例如：YB 型弹簧，材料直径为 30mm，弹簧中径为 160mm，自由高度为 200mm，精度等级为 3 级，右旋的并紧制扁的热卷压缩弹簧。

标记：YB 30 × 160 × 200 - 3 GB/T 2089

11.6.2 圆柱螺旋压缩弹簧的画法

1. 单个圆柱螺旋压缩弹簧的画法

圆柱螺旋压缩弹簧的真实投影较复杂，为了简化作图，GB/T 4459.4—2003 规定了弹簧的视图、剖视图及示意图的画法，如图 11-42 所示。

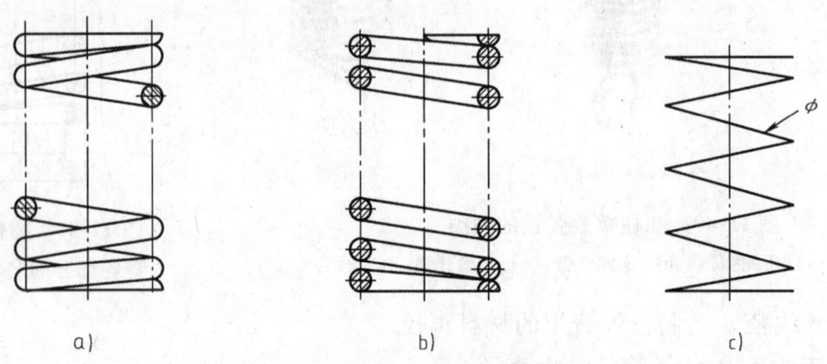

图 11-42 圆柱螺旋压缩弹簧的画法
a) 视图 b) 剖视图 c) 示意图

根据国家标准规定，画图时应注意以下几点：

1）在平行于螺旋弹簧轴线的投影面的视图中，其各圈的轮廓应画成直线。

2）无论弹簧的支承圈数是多少，均可按支承圈数为 2.5 圈时的画法绘制，必要时也可按支承圈的实际结构绘制。

3）有效圈数在四圈以上的螺旋弹簧中间部分可以省略，当中间部分省略后，可适当缩短图形的长度。

4）左旋弹簧和右旋弹簧均可画成右旋，对必须保证的旋向要求应在"技术要求"中注明。

图 11-43 所示为圆柱螺旋压缩弹簧的画图步骤。

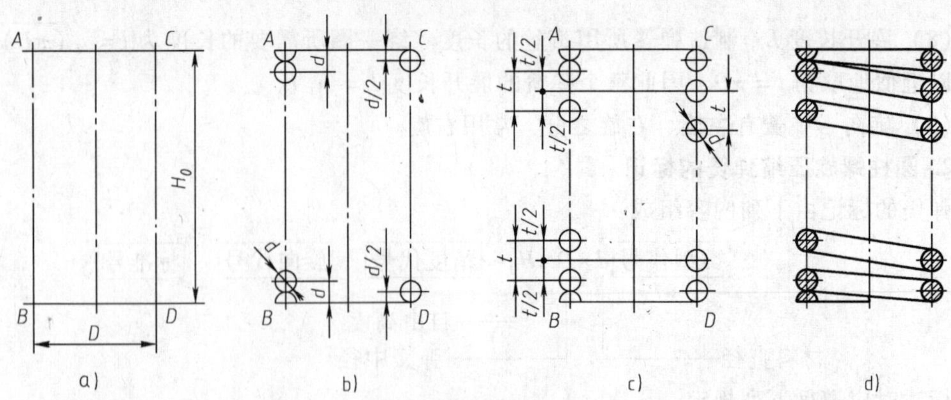

图 11-43 圆柱螺旋压缩弹簧的画图步骤

1）根据 D 和 H_0 画出弹簧的中径线和自由高度的两端线，如图 11-43a 所示。

2）根据 d 画出弹簧支承圈部分的簧丝断面，如图 11-43b 所示。

3）根据 t 画出有效圈部分的簧丝断面，如图 11-43c 所示。

4）按右旋方向作相应圈的公切线，并画剖面线，整理、加深，如图 11-43d 所示。

2. 圆柱螺旋压缩弹簧的零件图

图 11-44 所示为圆柱螺旋压缩弹簧的零件图。绘制零件图时应注意以下几个问题：

1）弹簧的参数应直接注在图形上，当直接标注有困难时可在“技术要求”中说明。

2）一般用图解方式表示弹簧特性。如主视图上方画出了表示力学性能的特性线，特性线反映了在不同压力情况下弹簧的变形长度。f_j表示在极限负荷（F_j）下的弹簧的变形长度。

3）当某些弹簧只需给定刚度要求时，允许不画机械性能图，而在“技术要求”中说明刚度的要求。

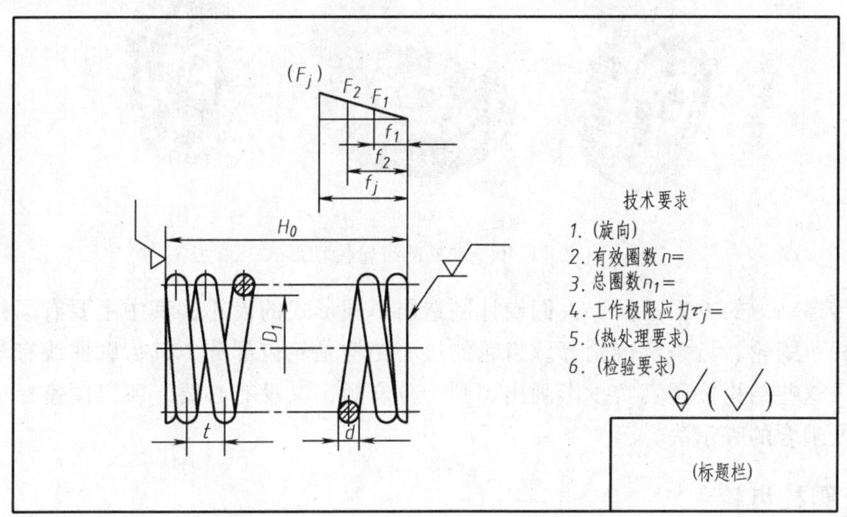

图 11-44　圆柱螺旋压缩弹簧的零件图

3. 圆柱螺旋压缩弹簧在装配图上的画法

1）在装配图中，被弹簧挡住的结构一般不画出，可见部分应从弹簧的外轮廓线或从弹簧钢丝剖面的中心线画起，如图 11-45a 所示。

2）当直径或厚度在图形上等于或小于 2mm 时，钢丝剖面区域可涂黑，如图 11-45b 所示。也可用示意画法表示，如图 11-45c 所示。

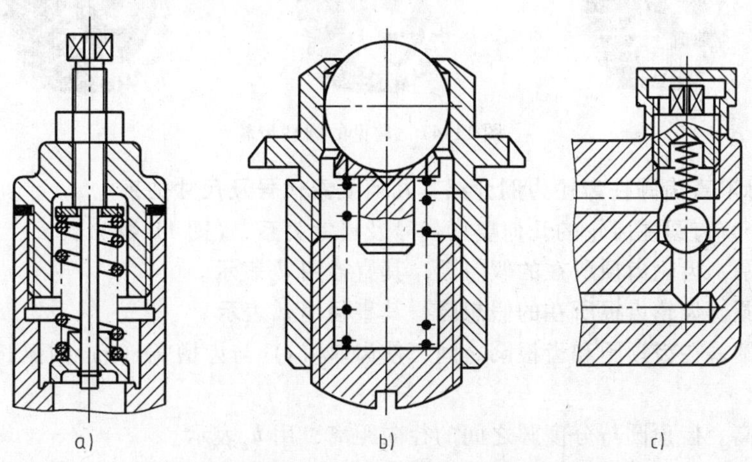

图 11-45　装配图中圆柱螺旋压缩弹簧的画法

11.7　齿轮表示法

齿轮是常用件，在机械传动中常常通过它把动力从主动轴传递到从动轴上，以完成传递动力、改变转速和转向的功能。齿轮必须成对使用才能达到使用要求。

常见的齿轮传动形式有三种：圆柱齿轮——用于两平行轴之间的传动；锥齿轮——用于两相交轴之间的传动；蜗杆蜗轮——用于两交叉轴之间的传动，如图 11-46 所示。

图 11-46　常见的齿轮传动形式

根据传递动力的方式不同，人们设计制造出不同形式的齿轮，其中主要有圆柱齿轮、锥齿轮、蜗杆、蜗轮、齿条及链轮等。齿轮的核心结构是轮齿部分，其齿廓曲线有渐开线、摆线等。如果这些结构按照真实投影画出，则十分麻烦，又没有必要，所以国家标准规定了齿轮的轮齿及啮合的表示法。

11.7.1　圆柱齿轮

轮齿符合国家标准规定的齿轮称为标准齿轮。常见的圆柱齿轮的轮齿有直齿、斜齿和人字齿三种，如图 11-47 所示。

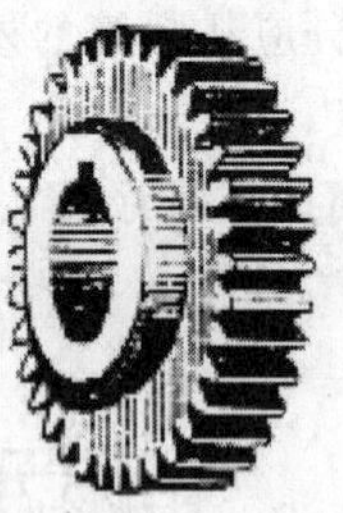
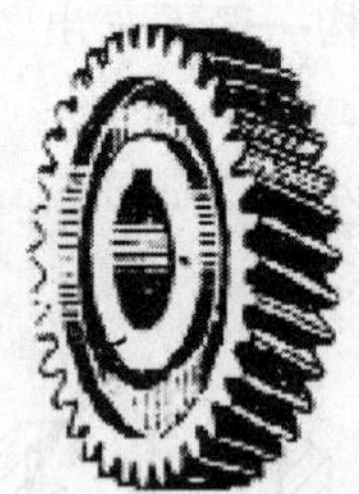
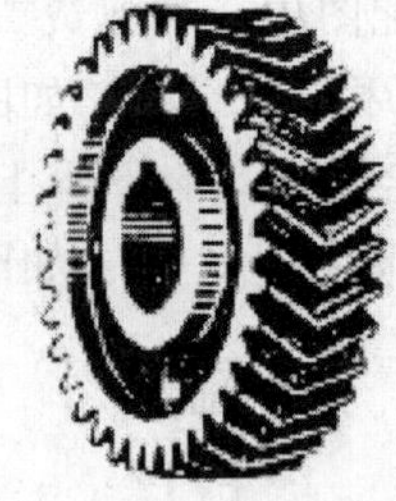

图 11-47　常见的圆柱齿轮

1. 现以标准直齿圆柱齿轮为例介绍其几何要素代号及尺寸关系

（1）单个直齿圆柱齿轮的几何要素代号及尺寸关系，（图 11-48）

1）齿顶圆。齿轮齿顶所在的假想圆，其直径用 d_a 表示。

2）齿根圆。齿轮齿根所在的假想圆，其直径用 d_f 表示。

3）分度圆。在齿顶圆和齿根圆之间，使齿厚（s）与齿槽宽（e）的弧长相等的圆，其直径用 d 表示。

4）齿顶高。齿顶圆与分度圆之间的径向距离，用 h_a 表示。

5）齿根高。齿根圆与分度圆之间的径向距离，用 h_f 表示。

6）齿高。齿顶圆与齿根圆之间的径向距离，用 h 表示，且 $h = h_a + h_f$。

7）齿厚。齿在分度圆上的弧长称为齿厚，用 s 表示。

8）齿槽宽。齿槽在分度圆上的弧长称为齿槽宽，简称槽宽，用 e 表示。

9）齿距。分度圆上相邻两齿对应点之间的弧长，用 p 表示。

10）齿数。一个齿轮轮齿的总数，用 z 表示。

11）模数。齿距 p 与 π 的比值。齿轮的齿数 z、齿距 p、和分度圆 d 之间有如下关系：

分度圆的周长 $= \pi d = zp$，所以 $d = \frac{p}{\pi} z$。令比值 $\frac{p}{\pi} = m$，则 $d = mz$，m 即为齿轮的模数。

显然，模数是反映轮齿大小和强度的一个参数。制造齿轮时，根据模数来选择刀具。为了设计和制造方便，减少齿轮成形刀具的规格，模数已经标准化，我国规定的标准模数值见表 11-8。

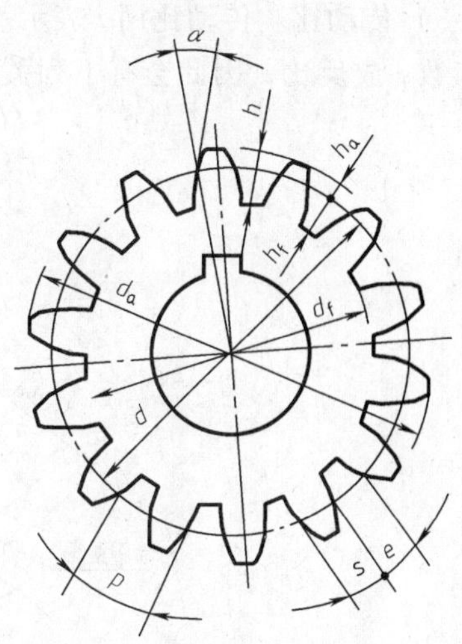

图 11-48　单个直齿圆柱齿轮的几何要素代号及尺寸关系

表 11-8　标准模数　　　　（单位：mm）

第一系列	1,1.25,1.5,2,2.5,3,4,5,6,8,10,12,16,20,25,32,40,50
第二系列	1.125,1.375,1.75,2.25,2.75,3.5,4.5,5.5,(6.5),7,9,11,14,18,22,28,36,45

注：优先选用第一系列，其次选用第二系列，括号内的模数尽可能不选。

12）齿形角。齿廓曲线与分度圆交点处的径向直线与齿廓在该点处的切线所夹的锐角，用 α 表示。我国一般采用 $\alpha = 20°$。

设计齿轮时，先确定模数和齿数，其他各部分尺寸均可根据模数和齿数计算求出。标准直齿圆柱齿轮的尺寸关系见表 11-9。

表 11-9　标准直齿圆柱齿轮的尺寸关系

名　称	代　号	计 算 公 式	备　　注
齿顶高	h_a	$h_a = m$	m 取标准值；$\alpha = 20°$；z 应根据设计需要确定
齿根高	h_f	$h_f = 1.25m$	
齿高	h	$h = 2.25m$	
分度圆直径	d	$d = mz$	
齿顶圆直径	d_a	$d_a = m(z+2)$	
齿根圆直径	d_f	$d_f = m(z-2.5)$	
齿距	p	$p = \pi m$	

（2）直齿圆柱齿轮啮合的几何要素代号及尺寸关系（图 11-49）

1）节圆。两齿轮啮合时，在中心 O_1、O_2 的连线上，两齿廓的接触点 K 称为节点。以 O_1、O_2 为圆心，分别过点 K 所作的两个圆称为节圆。两节圆相切，其直径分别用 d_1、d_2 表示。

2）中心距。标准安装时两齿轮轴线间的距离称为中心距，用 a 表示。其与模数和齿数

的关系为 $a=m(z_1+z_2)/2$。

3）传动比。传动比用 i 表示。指主动轮的转速 n_1 与从动轮的转速 n_2 之比。由于转速与齿数 z 成反比，因此会有下列关系式

$$i=\frac{n_1}{n_2}=\frac{z_2}{z_1}$$

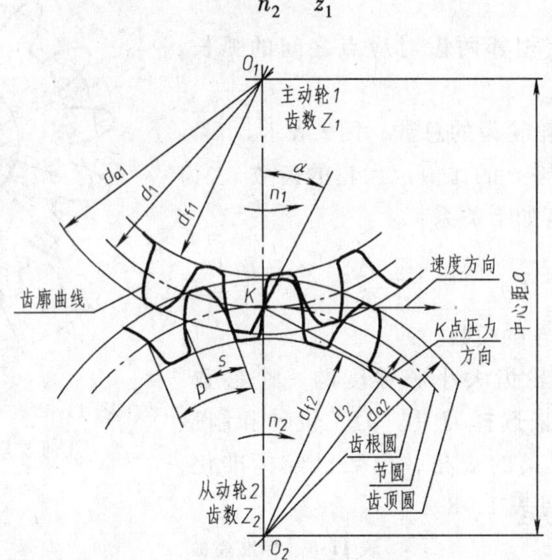

图 11-49　直齿圆柱齿轮啮合的几何要素代号及尺寸关系

2. 圆柱齿轮的规定画法

（1）单个圆柱齿轮的规定画法

1）视图的选择。一般用两个视图或一个视图加上一个局部视图表示。取平行于齿轮轴线方向的投影面上的视图作为主视图，且采取全剖视或半剖视，如图 11-50 所示。

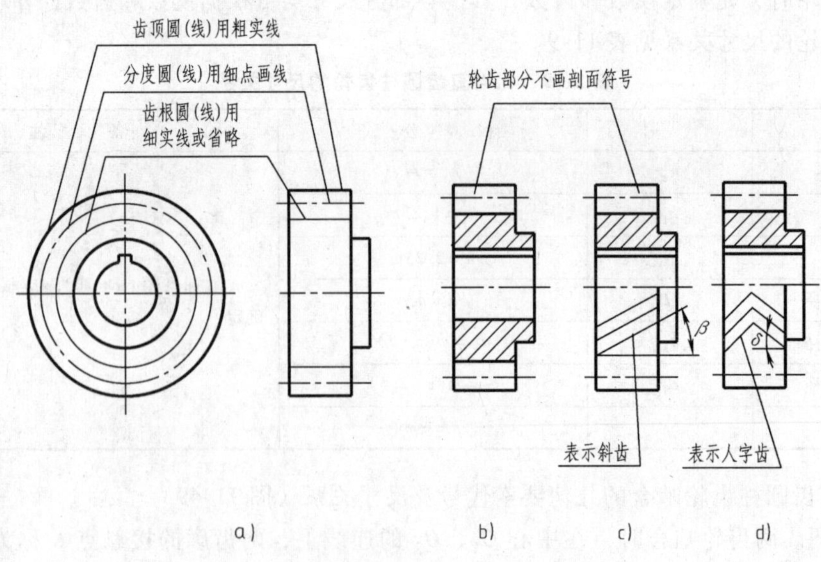

图 11-50　单个圆柱齿轮的规定画法

2）齿轮轮齿部位的画法。

①齿顶圆和齿顶线用粗实线绘制；分度圆和分度线用细点画线绘制；齿根圆和齿根线用细实线绘制，也可省略不画，如图 11-50a 所示。

②在剖视图中，当剖切面通过齿轮的轴线时，轮齿一律按不剖处理，齿根线用粗实线绘制，如图 11-50b 所示。

③对于斜齿和人字齿，除了要求在齿轮的参数表中注出有关的角度外，还需画出三条与齿向一致的细实线，以表示轮齿的方向，如图 11-50c、d 所示。

（2）圆柱齿轮啮合的画法

1）单个齿轮的分度圆在啮合时称为节圆，分度线称为节线。它们在图中仍用细点画线绘制，如图 11-51 所示。

2）在垂直于圆柱齿轮轴线的投影面的视图中，两齿轮的节圆相切，啮合区内的齿顶圆用粗实线绘制或省略不画，如图 11-51 所示。

3）在剖视图中，当剖切平面通过两啮合齿轮的轴线时，在啮合区内，节线重合，用细点线绘制；齿根线用粗实线绘制；将一个齿轮的齿顶线用粗实线绘制，另一个齿轮的轮齿被遮挡的部分用细虚线绘制，也可省略不画，如图 11-51a 所示。

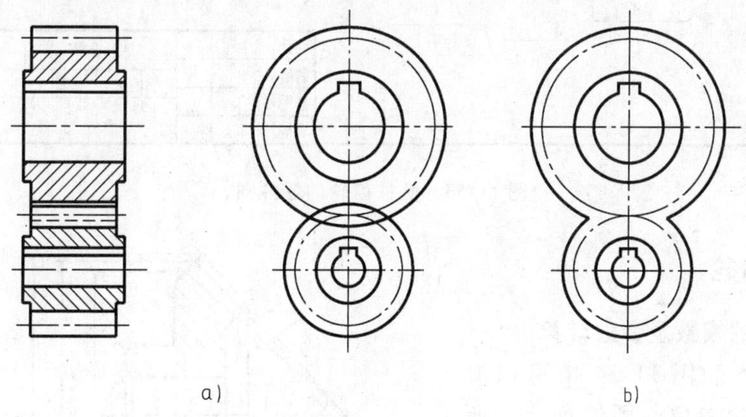

图 11-51　圆柱齿轮的啮合画法（一）

4）在非圆的外形视图中，啮合区内的齿顶线不需要画出，节线用粗实线绘制，以表示两个齿轮的分界线，如图 11-52a 所示。对于斜齿和人字齿，还需画出齿线的方向，用细实线表示，如图 11-52b、c 所示。

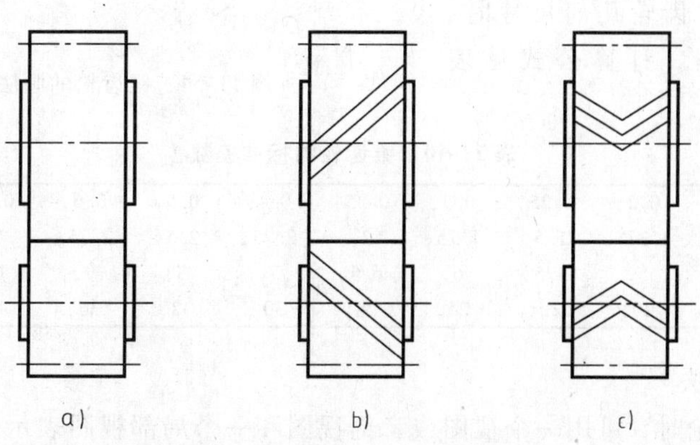

图 11-52　圆柱齿轮的啮合画法（二）

图 11-53 所示为圆柱齿轮的零件图。在零件图上不仅要表示出齿轮的形状、尺寸和技术要求，而且要列出制造齿轮所需要的基本参数。

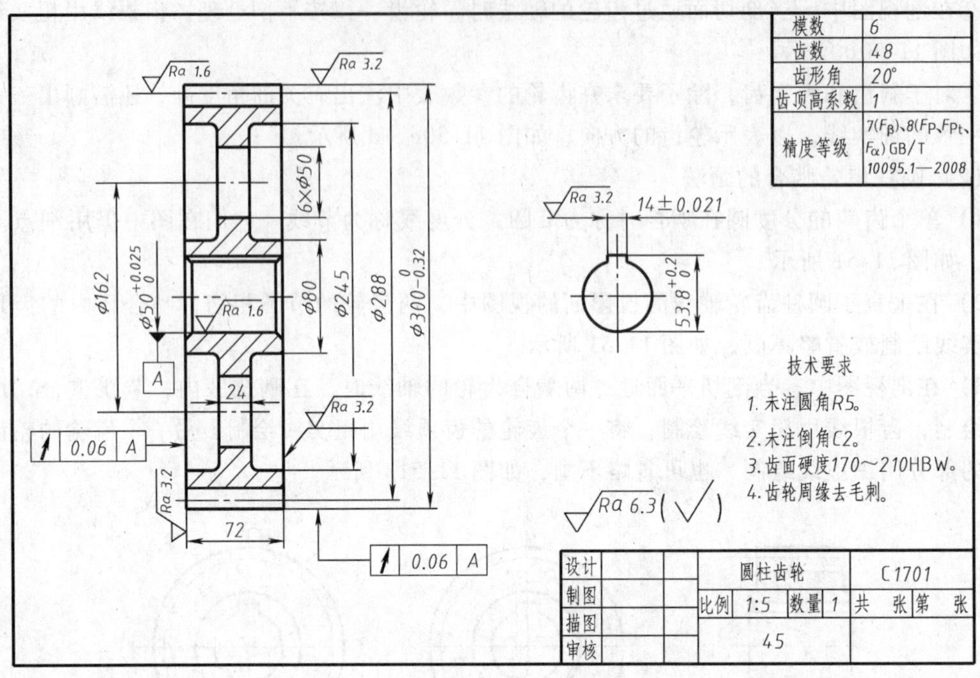

图 11-53　圆柱齿轮的零件图

11.7.2　锥齿轮

1. 锥齿轮的模数及参数计算

从图 11-46 和图 11-54 中可以看出，锥齿轮的轮齿位于圆锥面上，所以轮齿的齿厚从大端到小端逐渐变小，模数和分度圆也随之变化。为了设计和制造的方便，国家标准规定锥齿轮大端的端面模数为标准模数，见表 11-10。设计计算锥齿轮几何尺寸时，以齿轮大端为基准，计算公式见表 11-11。

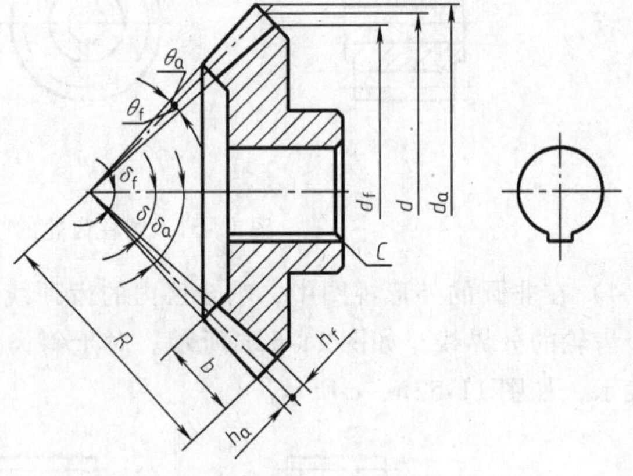

图 11-54　锥齿轮的画法和参数

表 11-10　锥齿轮的标准模数　　（单位：mm）

0.1，	0.12，	0.15，	0.2，	0.25，	0.3，	0.35，	0.4，	0.5，	0.6，	0.7，	0.8，	0.9，
1，	1.125，	1.25，	1.375，	1.5，	1.75，	2，	2.25，	2.5，	2.75，	3，	3.25，	3.5，
3.75，	4，	4.5，	5，	5.5，	6，	6.5，	7，	8，	9，	10，	11，	12，
14，	16，	18，	20，	22，	25，	28，	30，	32，	36，	40，	45，	50

2. 锥齿轮的画法

在画单个锥齿轮时，可用一个视图或者剖视图和一个局部视图表示，如图 11-54 所示。各项规定与前面所述的圆柱齿轮类似。

表 11-11 锥齿轮的计算公式举例

名　称	代　号	计　算　公　式	举例(已知 $m=3\text{mm}, z=25, \delta=45°$)
齿顶高	h_a	$h_a=m$	$h_a=3\text{mm}$
齿根高	h_f	$h_f=1.2m$	$h_f=3.6\text{mm}$
齿　高	h	$h=2.2m$	$h=6.6\text{mm}$
分度圆直径	d	$d=mz$	$d=75\text{mm}$
齿顶圆直径	d_a	$d_a=m(z+2\cos\delta)$	$d_a=79.24\text{mm}$
齿根圆直径	d_f	$d_f=m(z-2.4\cos\delta)$	$d_f=69.91\text{mm}$
外锥距	R	$R=mz/2\cos\delta$	$R=53.03\text{mm}$
分锥角	δ	$\tan\delta_1=z_1/z_2$, $\tan\delta_2=z_2/z_1$	
顶锥角	δ_a	$\delta_a=\delta+\theta_a$	
根锥角	δ_f	$\delta_f=\delta-\theta_f$	
齿顶角	θ_a	$\tan\theta_a=2\sin a\delta/z$	
齿根角	θ_f	$\tan\theta_f=2.4\sin a\delta/z$	
齿　宽	b	$b\leqslant R/3$	

图 11-55 所示为锥齿轮的啮合画法。图中两齿轮的轴线垂直相交，两齿轮分度圆锥相切，锥顶交于一点。啮合区的画法与两圆柱齿轮啮合画法相同。

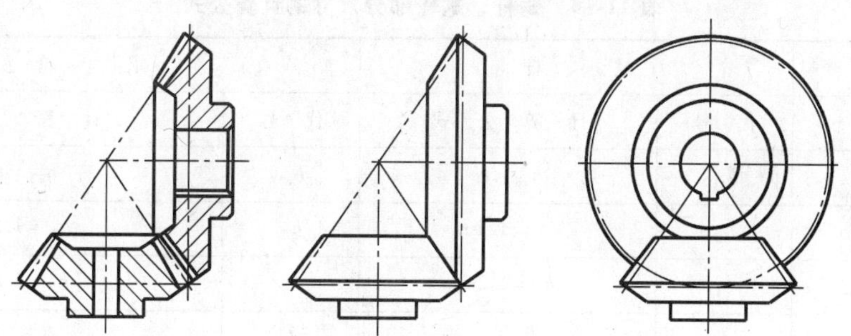

图 11-55 锥齿轮的啮合画法

11.7.3 蜗杆蜗轮

一般情况下，蜗杆蜗轮传动中，蜗杆是主动件，蜗轮是从动件。蜗杆蜗轮的齿向都是螺旋形的。蜗杆的轴向剖面与梯形螺纹类似，蜗杆的齿数相当于螺杆上螺纹的线数，一般分为单线和双线；蜗轮则相当于一个螺旋圆柱齿轮，轮齿的顶面制成环面，以增大蜗轮与蜗杆啮合时的接触面积。蜗杆蜗轮传动具有结构紧凑、传动比大、传动平稳等优点；缺点是磨损严重、效率低。

1. 蜗杆蜗轮各部分的名称及尺寸计算

蜗轮的齿形主要决定于蜗杆的齿形。加工蜗轮时，通常选用形状和尺寸与蜗杆相同的蜗轮滚刀。但是由于模数相同的蜗杆，直径可以不等，因而造成螺旋线的导程角可能不同，所以加工同一模数的蜗轮可能需要不同的滚刀。为了减少滚刀的数量，便于标准化，不仅要规定标准模数，还必须将蜗杆的分度圆直径 d，与模数 m 的比值标准化，这个比值就是蜗杆直径系数，即

$$q = d_1 / m$$

蜗杆、蜗轮互相啮合时，蜗杆轴向模数与蜗轮端面模数是相同的。国家标准规定了标准模数，见表 11-12。标准模数与蜗杆的直径系数的对应关系，见表 11-13。

表 11-12　蜗杆的标准模数　（单位：mm）

0.1，	0.12，	0.16，	0.2，	0.25，	0.3，	0.4，	0.5，	0.6，	0.8，	1，	1.25，	1.5，	1.6，	2，
2.5，	3.15，	4，	5，	6.3，	8，	10，	12.5，	16，	20，	25，	31.5，	40		

表 11-13　标准模数与蜗杆的直径系数的对应关系　（单位：mm）

模　数 m	1	1.25		1.6		2			
直径系列 q	18	16	17.9	12.5	17.5	9	11.2	14	17.7

模　数 m	2.5				3.15			
直径系列 q	8.9	11.2	14.2	18	8.8	11.2	14.2	17.7

模　数 m	4				5			
直径系列 q	7.8	10	12.5	17.7	8	10	12.6	18

蜗杆与蜗轮的结构及其各部分的尺寸代号如图 11-56 所示，尺寸计算公式见表 11-14。

表 11-14　蜗杆、蜗轮部分尺寸的计算公式

	蜗　杆		蜗　轮	
名　称	代　号	计　算　公　式	代　号	计　算　公　式
齿　顶　高	h_{a1}	$h_{a1} = m$	h_{a2}	$h_{a2} = m$
齿　根　高	h_{f1}	$h_{f1} = 1.2m$	h_{f2}	$h_{f2} = 1.2m$
齿　　高	h_1	$h_1 = 2.2m$	h_2	$h_2 = 2.2m$
分度圆直径	d_1	$d_1 = mq$	d_2	$d_2 = mz_2$
齿顶圆直径	d_{a1}	$d_{a1} = d_1 + 2m$	d_{a2}	$d_{a2} = d_2 + 2m$
齿根圆直径	d_{f1}	$d_{f1} = d_1 - 2.4m$	d_{f2}	$d_{f2} = d_2 - 2.4m$
顶圆直径			d_{e2}	$d_{e2} \leqslant d_{a2} + 2m(z_1 = 1)$ $d_{e2} \leqslant d_{a2} + 1.5m(z_1 = 2 \sim 3)$ $d_{e2} \leqslant d_{a2} + m(z_1 = 4)$
齿顶圆弧半径			R_{a2}	$R_{a2} = d_1/2 - m$
齿根圆弧半径			R_{f2}	$R_{f2} = d_{a1}/2 + 1.2m$
轴向齿距	p_x	$p_x = \pi m$		
中　心　距			a	$a = \frac{m}{2}(q_1 + z_2)$
基本参数	轴向模数 m，蜗杆头数 z_1		端面模数 m，蜗轮齿数 z_2	

2. 蜗杆蜗轮画法

蜗轮画法如图 11-56a 所示，蜗杆画法如图 11-56b 所示，蜗杆蜗轮啮合画法如图 11-57

所示。

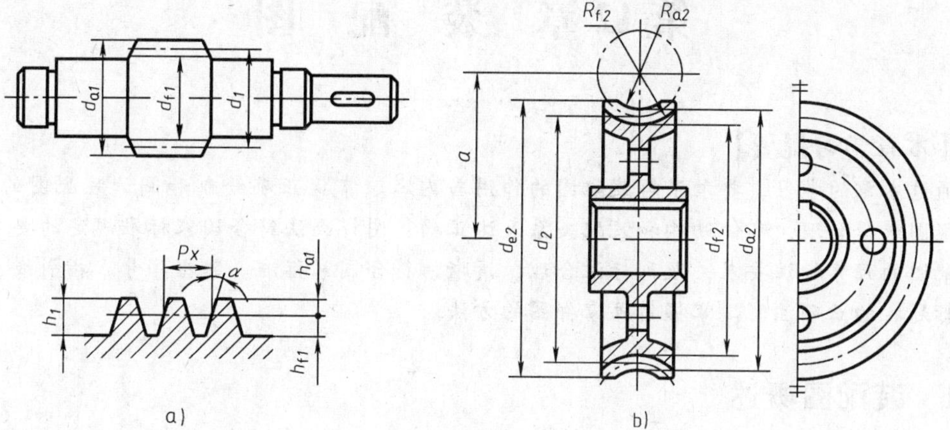

图 11-56 蜗杆和蜗轮的画法

a）蜗杆 b）蜗轮

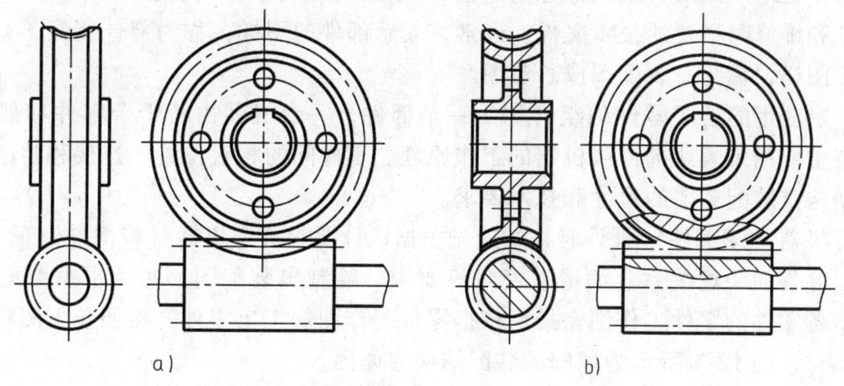

图 11-57 蜗杆蜗轮啮合画法

a）外形图 b）剖视图

第12章　装　配　图

【本章学习提要】

通过本章的学习，要求了解装配图的作用与内容。掌握正确绘制和阅读装配图的方法，达到视图选择合理，部件结构和装配关系表达正确，图样画法符合国家标准规定的要求。掌握装配图的尺寸标注要求，做到标注合理、清晰、符合国家标准。掌握序号、指引线、明细栏和标题栏的正确注写。掌握拆画零件图的方法。

12.1　装配图概述

12.1.1　装配图的作用

装配图是表示产品及其组成部分的连接、装配关系的图样，是进行设计、装配、检验、安装、调试和维修时必要的技术文件。通常，表示部件的图样，称为部件装配图；表示一台完整机器的图样，称为总装配图或总装图。

完成一定功用的若干零件的组合称为一个部件，一台机器由若干个零件和部件装配而成。装配图主要用来表达部件或机器的工作原理、零件间的相对位置、连接和装配关系、主要零件的结构及装配需要的尺寸和技术要求。

在进行机器（或部件）设计时，一般先根据设计要求确定机器（或部件）的工作原理、传动路线、零件的装配关系、润滑、密封等要求，绘制出装配图。然后根据装配图分别设计、绘制出各零件的零件工作图。最后依据零件工作图加工出零件，按照装配图将零件组装成机器或部件。图12-1所示为球阀的装配结构立体图。

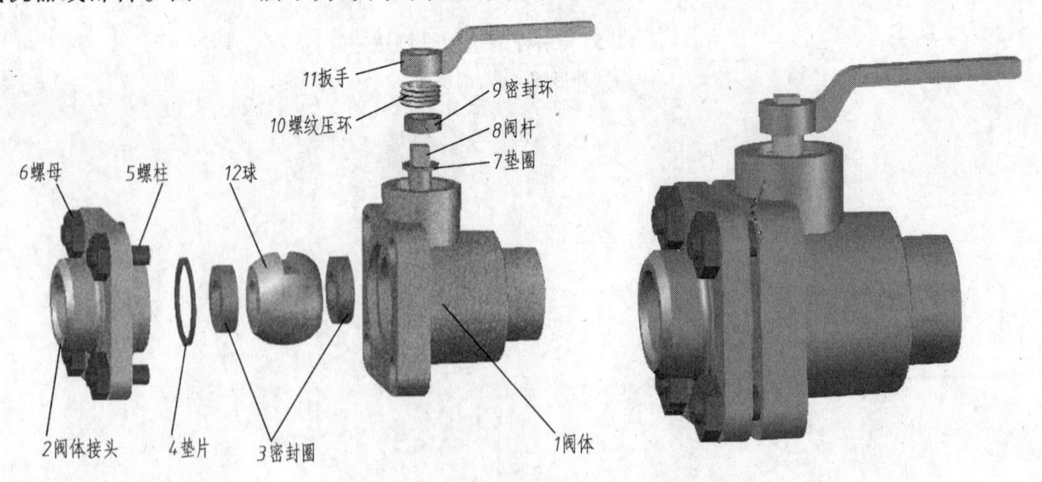

图12-1　球阀的装配结构立体图

12.1.2　装配图的内容

图12-2所示为球阀装配图。从该装配图中可以看出一张完整的装配图应包括下列内容：

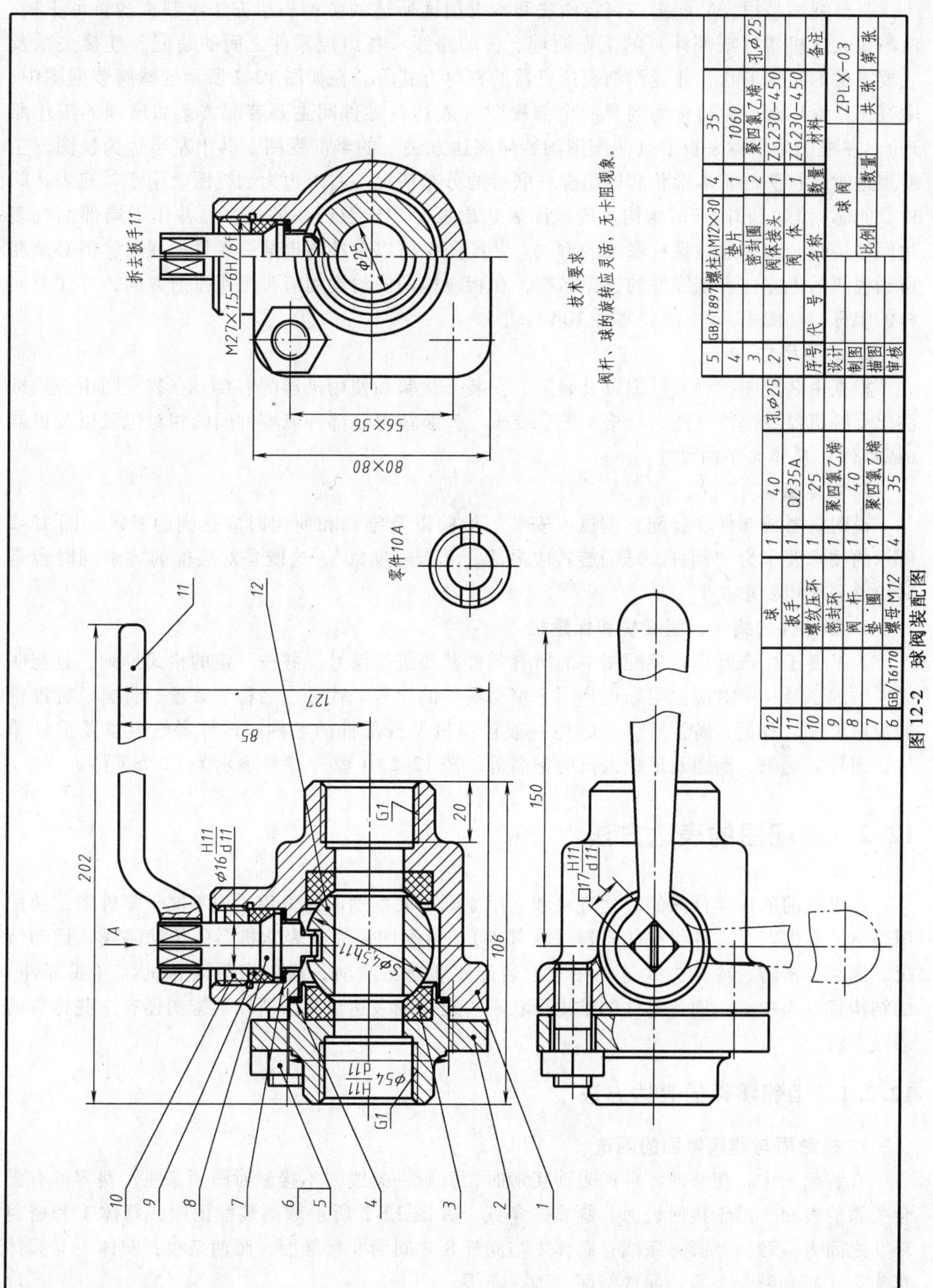
拆去扳手11
M27×1.5-6H/6f
φ25
56×56
80×80
零件10A
技术要求
阀杆、球的旋转应灵活，无卡阻现象。
127
85
150
202
20
106
G1
φ16 H11/d11
Sφ45h11
φ54 H11/d11
□17 H11/d11
A
1
2
3
4
5
6
7
8
9
10
11
12
12 球 1 40 孔φ25
11 扳手 1 Q235A
10 螺纹压环 1 25
9 密封环 1 聚四氟乙烯
8 阀杆 1 40
7 垫圈 1 聚四氟乙烯
6 GB/T6170 螺母M12 4 35
5 GB/T897 螺柱AM12×30 4 35
4 垫片 1 1060
3 密封圈 2 聚四氟乙烯 孔φ25
2 阀体接头 1 ZG230-450
1 阀体 1 ZG230-450
序号 代号 名称 数量 材料 备注
球阀
ZPLX-03
比例
数量
共 张 第 张
设计
制图
描图
审核

图 12-2 球阀装配图

1. 一组视图

一组视图是根据装配图的规定画法和本书前面所述的各种表达方法绘制成的，可正确、清晰地表达机器（或部件）的工作原理、传动路线、各组成零件之间的装配和连接关系及主要零件的结构形状，并能详细表达机器的密封方式等。在如图 12-2 所示的球阀装配图中，主视图是沿球阀前后对称面剖开的全剖视图（表达各零件间主要装配关系和球阀的工作原理）。左视图采用拆去扳手（装配图的特殊表达方法）的半剖视图，其中左半边为视图，主要表达阀体接头的基本形状和四组螺柱联接的分布情况，右半边为剖视图，用于补充表达阀体、阀芯（球）和阀杆的结构。俯视图表达出扳手和定位凸块的关系，并作了局部剖视表达阀体接头及阀体通过螺柱联接的方式。装配图中可以单独画出某一零件的视图，但必须在所画视图的上方注出该零件的视图名称，在相应视图的附近用箭头指明投射方向，并注上同样的字母，如图 12-2 中的“零件 10*A*”。

2. 必要尺寸

根据由装配图拆画零件图以及装配、安装、检验和使用机器的需要，在装配图中必须标注出反映机器或部件性能、规格、配合要求、安装情况、部件或零件间的相对位置以及机器（或部件）总体大小的尺寸。

3. 技术要求

说明机器或部件在装配、调试、安装、检验以及维修和使用时应达到的要求。图 12-2 所示的技术要求为“阀杆、球的旋转应灵活，无卡阻现象”，这既是对装配的要求同时也是对检验和使用要求。

4. 零部件的编号、明细栏和标题栏

为了便于生产管理，装配图中的所有零件都要进行编号，并按一定的格式排列，且与明细栏中的序号一一对应。明细栏是用于填写零件的序号、代号、名称、数量、材料、标准件的规格尺寸、重量、备注等。标题栏一般包括机器或部件的名称、设计者姓名以及设计单位、图号、比例、制图及审核人员的签名等。图 12-2 中 12 个序号表示了 12 个零件。

12.2 装配图的表达方法

本书以前所述零件图的表达方法和选用原则对装配图同样适用。但不同于零件图，装配图表达的是由若干零件组成的机器（或部件）。装配图需完整表达机器的传动路线、运动情况、润滑、密封、冷却方式等。在考虑装配图表达方法时，应以完整表达机器（或部件）的结构特点为中心，而各零件的结构形状不一定详细表达出来。所以装配图还有一些特有的表达方法。

12.2.1 相邻零件的表达方法

1. 接触面与非接触面的画法

在装配图中，相邻两零件的表面接触时，只画一条线，不接触时画两条线。两零件有配合关系的表面，属于接触表面，画成一条线。在图 12-2 所示球阀装配图中，阀体 1 和密封环 9 之间为接触面，画一条线；阀体 1 与阀杆 8 之间为非接触面，画两条线；阀体 1 与阀体接头 2 之间有配合关系，属接触面，画一条线。

2. 剖面符号的画法

在装配图中，相邻两金属零件的剖面符号的倾斜方向要相反，如倾斜方向一致时，应间隔不等。但同一零件在各视图中的剖面符号的倾斜方向、间隔必须保持一致。在图 12-2 所示球阀装配图中，相邻两零件阀体 1 与阀体接头 2 的剖面符号的倾斜方向相反。若有几个相邻金属零件时，允许相邻两个零件的剖面符号方向一致，但剖面符号的间隔不应相等。当零件厚度在图形中小于 2mm 时，允许用涂黑来代替剖面符号。

12.2.2　简化表示法

GB/T 16675.1—2012《技术制图　简化表示法》规定了装配图中的简化表示法。

1）装配图中若干相同的零件组，如螺栓联接等，可仅详细地画出一组，其余只需用细点画线表示出其位置，并给出零、部件总数。图 12-2 所示连接阀体接头和阀体的四组螺柱在视图中仅画出一组。

2）装配图中零件的某些工艺结构，如倒角、圆角、凸台、凹坑、沟槽、退刀槽、滚花或起模斜度及其他细节等可不画出。

3）紧固件和实心件的画法。在装配图中，对于紧固件（即螺栓、螺柱、螺钉、螺母、垫圈等）以及轴、连杆、球、钩子、键、销等实心件，若按纵向剖切、且剖切平面通过其对称平面或轴线时，则这些零件均按不剖绘制。图 12-2 所示球阀装配图中的阀杆 8 和螺母 6，在主视图中按不剖绘制。如需特别表明零件的构造，如这些零件有凹槽、键槽、销孔等结构，可采用局部剖视图表达。

4）单个零件的表达。在装配图中可单独画出某一零件的视图，但必须在所画视图的上方注出该零件的视图名称，在相应视图附近用箭头指明投射方向，并注上同样的字母，如图 12-2 所示球阀装配图中“零件 10*A*”表达了螺纹压环的形状。

5）沿结合面剖切的画法。为了表达装配体的内部结构，可假想沿着两零件的结合面进行剖切，此时在零件的结合面上不画剖面符号。若需要说明时，可在其视图上方注写“拆去 XX”等字样。图 12-3 所示滑动轴承装配图中，俯视图是沿结合面剖切的，相当于拆去轴承盖、上轴瓦等零件后画出的。

6）拆卸画法。当装配体上某些常见的较大零件在视图上的位置和连接关系等已经表达清楚时，为了避免遮盖某些零件的投影，在其他视图上可假想将这些零件拆去不画。若需要说明时，可在其视图上方注写“拆去 XX”等字样。图 12-2 所示球阀装配图的左视图是拆去扳手 11 画出的，在左视图上方标注了“拆去扳手 11”加以说明。

7）在装配图中，当剖切平面通过某些标准组合件（如油杯、油标、管接头等）的轴线时，可以只画外形；对于标准件（如滚动轴承、螺栓、螺母等），可采用简化

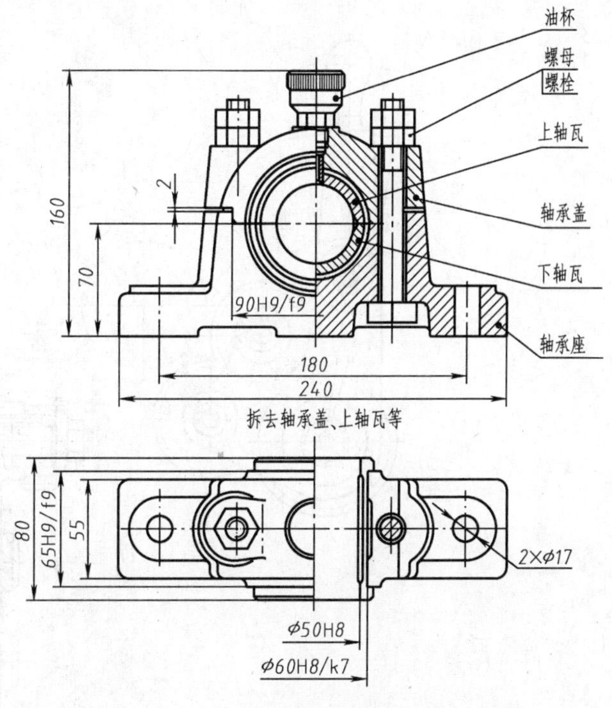

图 12-3　滑动轴承装配图

或示意画法。

8）在装配图的剖视图中，对同一型号的滚动轴承，在不至于引起误解的情况下，可只完整地绘制出一个，如图 12-4 所示。

12.2.3 特殊画法

1. 夸大画法

对于薄片、小间隙和尺寸较小的零件难以按实际尺寸画出时，允许将该部分尺寸适当放大后画出。在图 12-2 所示球阀装配图中，垫片 4，以及阀杆 8 与球 12 之间的间隙均采用了夸大画法。

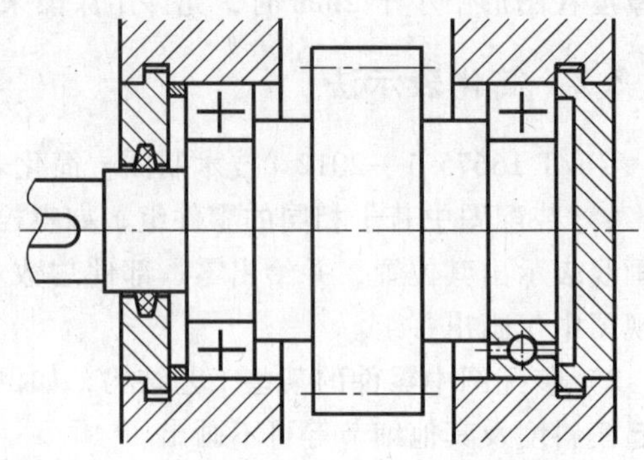

图 12-4 轴承的简化画法

2. 假想画法

1）当需要表达机器或部件中可动零件的极限位置时，可用细双点画线画出其极限位置的外形轮廓。图 12-2 所示球阀装配图的俯视图中，用细双点画线表示扳手的极限位置。

2）对于与本部件有关但不属于本部件的相邻零、部件，可用细双点画线表示其与本部件的连接关系，如图 12-5 所示的 *A*—*A* 展开图中右侧的细双点画线。

3. 展开画法

对于在某个投射方向有些重叠的传动关系，为了表示其传动顺序，对不在同一平面上的轴上结构，可以使用展开画法，将空间轴系按一定顺序展开在一个平面内，绘制成剖视图。采用展开画法时，要在展开图上方标明“*X*—*X* 展开”的字样。图 12-5 所示交换齿轮架采用了展开画法，在“*A*—*A* 展开”图中，完整表达了各齿轮之间的传动关系。

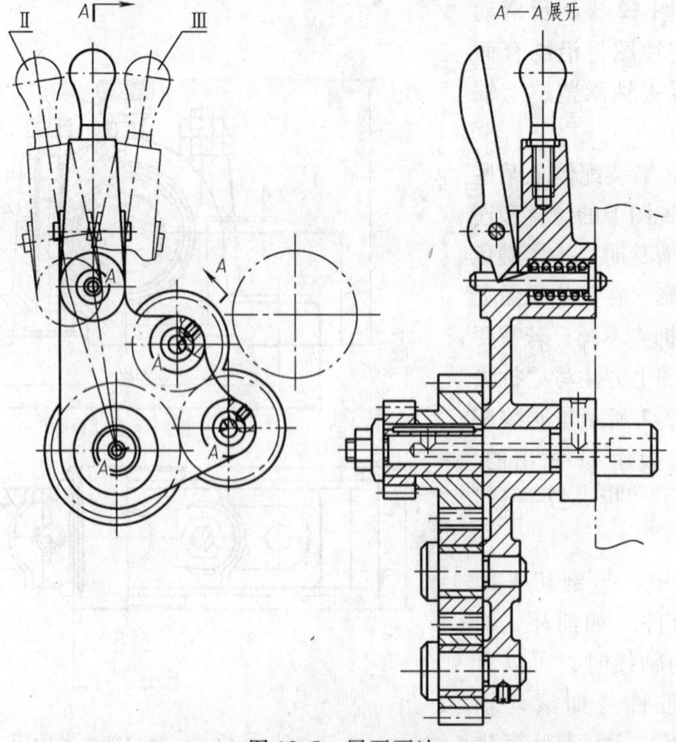

图 12-5 展开画法

12.3 装配图的视图选择

装配图的视图选择应该遵循：部件的功用、工作原理、装配关系及安装关系等内容表达要完全；视图、剖视、规定画法等表示方法正确，符合国家标准规定；读图时清楚易懂的原则。

装配图的视图选择的步骤和方法：首先要分析机器（或部件）的用途、性能、工作原理；其次分析其结构特征，包括传动路线、装配关系、联接固定关系和相对位置关系；找出主要零件，其他零件围绕该零件形成装配关系，以该主要零件为主干零件，围绕主干零件形成的装配关系作为装配的主要干线，在主要干线上合理运用各种表达方法，着重表达工作系统、传动系统和操作系统等。

图12-2所示的球阀装配图，其工作原理是：转动扳手，带动球旋转，实现阀的开启或关闭。

装配关系：阀体1作为主要零件，密封圈3和球12装入阀体1后，依次装入垫圈7、阀杆8、密封环9、螺纹压环10，形成了主要装配干线，在主要装配干线上表达了球阀的密封、操纵系统和工作系统，即阀开通或关闭的实现过程。其次考虑次要干线，次要干线上包括润滑、密封装置和其他辅助装置，图12-2中的密封圈3、垫片4、阀体接头2表达了密封的方法。

联接固定关系：图12-2中的螺纹压环10起压紧密封环9的作用，螺柱5和螺母6将密封圈3和垫片4与阀体1联接并紧固。

1. 主视图的选择

装配图的主视图应较多地表达主要的装配关系、装配结构和部件的工作原理，尽可能体现主要装配干线，主视图可按下列原则确定：

（1）工作位置　机器（或部件）工作时放置的位置称为工作位置。按工作位置绘制主视图可以为设计、装配、安装机器提供方便。

（2）部件特征　机器（或部件）的结构特征是指其工作原理、传动关系、装配关系、润滑和密封方式等内容，这些特征尽量在主视图中表达。图12-2所示球阀装配图的主视图中，清楚地表达了球阀的工作原理，同时表达了主要零件的装配关系及密封和连接方式。

2. 其他视图的确定

主视图确定后，对主视图中没有表达清楚的装配关系和结构，还需选择合适的视图及表达方法，以完整表达机器（或部件）的工作原理、装配关系、传动关系、连接方式及主要零件的结构形状。在选择其他视图时，要使各视图表达的内容尽量多，对所选的视图和表达方法都有明确的表达目的，对已表达清楚的结构，不要重复表达，做到清晰简练、读图方便。

图12-2所示球阀装配图中，俯视图用了局部剖视图来表达螺柱联接关系，用假想画法表达扳手的极限位置。左视图采用了半剖视图，视图部分表达部件整体外形结构、球阀阀体接头方形法兰盘的形状及盘上孔的分布位置；剖视部分表达了阀体内部与球及阀杆等零件的装配关系。另外，采用“零件10*A*”向视图表达了单个零件螺纹压环10的形状。

12.4 装配图中的尺寸

在装配图中，需要标注以下几种尺寸：

1. 性能尺寸

性能尺寸反映机器或部件的结构、规格和工作性能，是设计和选用机器的主要依据。在

图 12-2 中，左视图标注的尺寸 $\phi25$ 是决定球阀流量的性能尺寸。

2. 装配尺寸

装配尺寸是表示机器（或部件）中零件间装配关系的尺寸，是装配工作的依据，是保证机器（或部件）使用性能的重要尺寸。装配尺寸包括以下尺寸：

（1）配合尺寸　表示零件之间有配合性质的尺寸。如图 10-2 所示的尺寸 $\phi54H11/d11$、$\phi16H11/d11$ 等。

（2）相对位置尺寸　装配过程中，零件之间的相对位置尺寸，如平行轴之间的距离，主要轴线到安装基面之间的距离等。如图 12-2 所示，尺寸 85 表达了孔的中心和扳手之间的距离。

3. 安装尺寸

机器（或部件）工作时需要固定在基础上，或与其他相关机器连接，此时所需要的尺寸为安装尺寸。如图 12-2 所示球阀两侧管螺纹尺寸 G1；56 × 56 为球阀固定安装在其他机器上所需的尺寸。

4. 外形尺寸

外形尺寸即机器（或部件）轮廓的总长、总宽、总高尺寸，为机器（或部件）的包装、运输和安装所占空间大小提供数据。图 12-2 中的 202 为总长尺寸，127 为总高尺寸，80 × 80 为总宽尺寸。

5. 其他重要尺寸

在机器（或部件）设计中涉及的必须保留、且不能改变的尺寸，又不属于上述几种尺寸，以及在机器（或部件）中表示零件运动范围的极限尺寸等，也需在图中标注。如图 12-2 所示，20 为管螺纹深度尺寸。

12.5　装配图的技术要求

机器（或部件）在设计、加工制造、装配、检验、安装、使用、维修等各环节达到的技术指标，或必须满足的某种要求，称为技术要求。技术要求要用文字注写在标题栏上方或图样下方的空白处。

装配图上的技术要求应根据装配体的具体情况而定。不同性能的装配体，其技术要求也各不相同。拟定技术要求一般可以从以下几个方面考虑。

1. 性能要求

在设计过程中，对机器（或部件）的性能、工作环境所需的具体指标。在装配时需要保证的性能要求等。

2. 装配要求

装配体在装配过程中需注意的事项，装配后应达到的要求，如准确度、装配间隙、润滑要求等。

3. 检验要求

对装配体基本性能的检验、试验及操作时的要求。为使机器（或部件）能正常工作，在机器（或部件）装配好后，对检验的内容和指标提出的要求。图 12-2 中的技术要求（阀杆、球的旋转应灵活，无卡阻现象）对部件正常工作提供了保障。

4. 安装使用要求

对机器（或部件）安装环境、安装效果、使用、维护保养中需要注意的问题提出的要求，如安装基面的强度、定期添加或更换润滑剂等。

5. 修饰和包装运输要求

机器（或部件）装配好后，如有清洗、喷涂涂料（如在某表面喷防锈漆）等要求，应在技术要求中明确写出。在机器（或部件）包装和运输过程中需注意的事项，也应在技术要求中写明（如不能倒置，或放置时倾斜角度的范围等）。

12.6 装配图中零件的序号和明细栏

GB/T 4458.2—2003《机械制图 装配图中零、部件序号及其编排法》中规定，装配图中所有零件、部件都要按一定顺序编写序号，并按规定将各零件的序号、名称、数量、材料等内容填写在明细栏中，以便读图和管理图样。序号、明细栏和标题栏的编写要遵循以下规定：

1. 序号

1）序号由圆点、指引线、水平线（或圆）及数字组成，如图 12-6a、b 所示。指引线与水平线（或圆）均为细实线，数字高度比尺寸数字大一号，写在水平线上方（或圆内）。

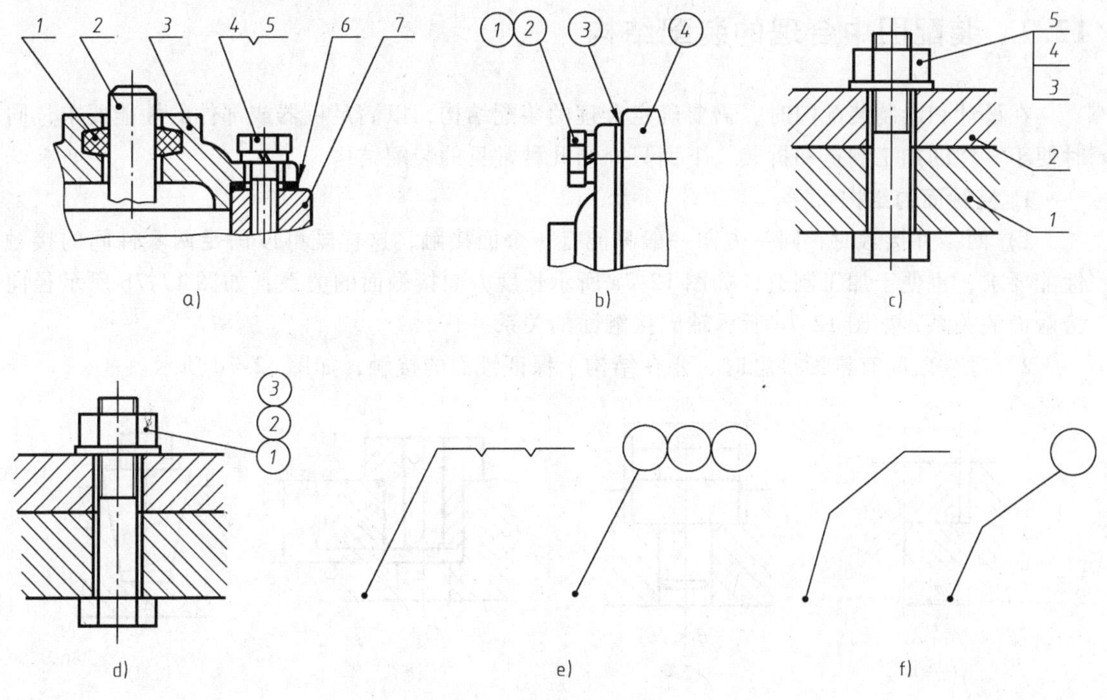

图 12-6 序号的画法

2）圆点画在被编号零件图形中。当所指零件很薄或涂黑时，指引线末端指向该零件的轮廓，并画一箭头代替圆点，如图 12-6a、b 中所示。

3）指引线用细实线绘制，不能与相邻的图线（如剖面线）平行，与相应图线所成的角度应大于 15°。指引线不能穿过其他的指引线、基准线以及诸如图形符号或尺寸数值等。指引线尽量均匀分布，彼此不能相交。装配关系清楚的组合件（如螺纹紧固件），可采用公共指引线，如图 12-6c 所示的序号 3、4、5 和图 12-6d 所示的序号 1、2、3 分别表示螺栓、螺母、垫片，公共指引线还可以绘制成图 12-6e 所示的形式。必要时，指引线允许绘制成折线，弯折成锐角，但只允许折一次，如图 12-6f 所示。

4）装配图中一个零件须编写一个序号，同一装配图中相同的零件不重复编号。轴承、油杯、电机等标准部件作为一个零件编写序号。

5）图样中的序号可按顺时针，也可按逆时针顺次排列，但须在水平或铅垂方向排列整齐。

编排序号时应注意：①在全图上布置整齐、清晰；②同一张装配图中序号的形式应一致。

2. 明细栏

明细栏是填写各零件序号、规格、名称、材料和数量等内容的表格。明细栏的格式及尺寸可参见第 2 章的图 2-7。明细栏画在标题栏上方。零件序号自下而上填写，若位置不够，可将其余部分画在标题栏左方，如图 12-2 所示。

3. 标题栏

标题栏用于填写设计、绘图、校对、审核人名单，机器（或部件）的属性名称、代号、材料、比例等。其格式与零件图标题栏格式基本相同。

12.7　装配图中合理的装配结构

在设计和绘制装配图时，需要确定合理的装配结构，以满足机器或部件的性能要求，同时便于零件的加工制造和拆装。下面只介绍几种常见的装配结构。

1. 接触面的结构

1）两零件接触时，同一方向一般只能有一个面接触，这样既可以满足两零件间的接触性能要求，也便于加工制造，如图 12-7a 所示长度方向接触面的关系；如图 12-7b 所示径向接触面的关系；如图 12-7c 所示轴向接触面的关系。

2）零件之间有锥面接触时，要在结构上保证锥面的接触，如图 12-7d 所示。

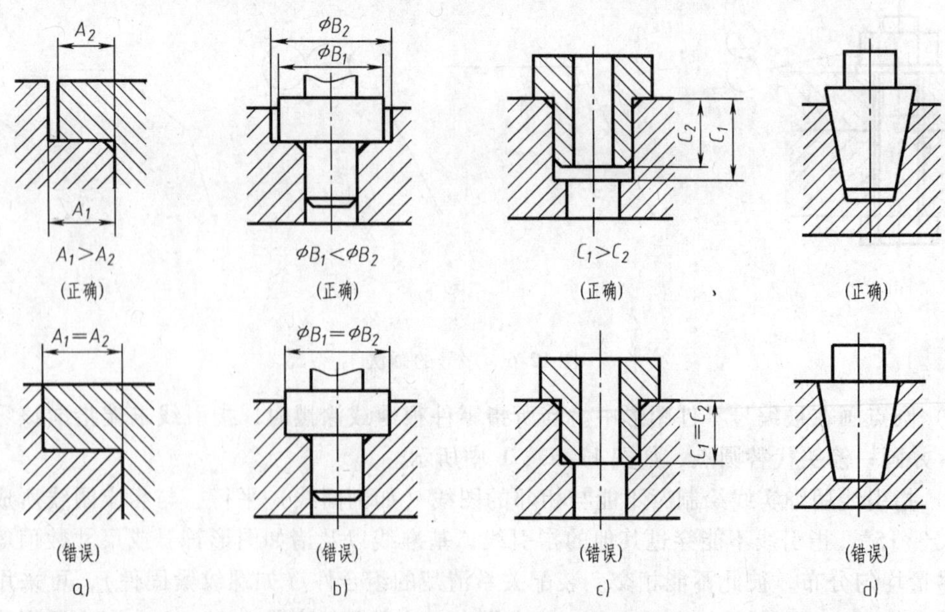

图 12-7　两零件同一方向接触面的结构

3）轴与孔配合时，轴肩与孔的端面互相接触，应在轴肩根部切槽或在孔的端部加工出倒角，以保证两零件的良好接触，如图 12-8 所示。

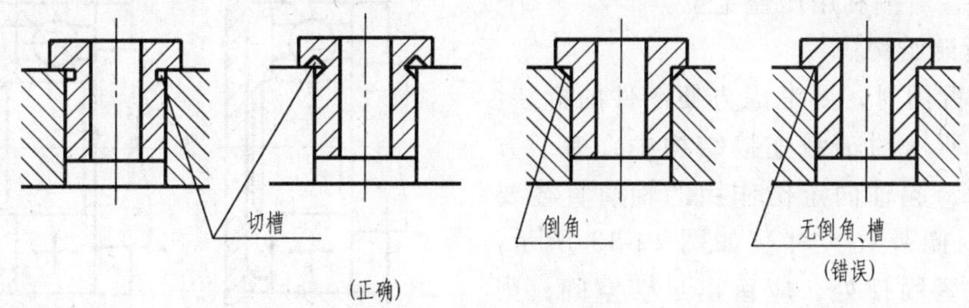

图 12-8 轴与孔配合端面的接触结构

2. 螺纹联接结构

1）在进行螺纹联接结构设计时，要充分考虑螺纹联接的紧固性，如图 12-9 所示。

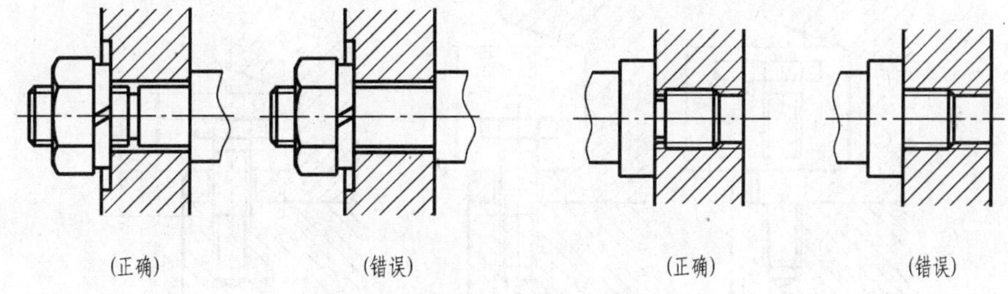

图 12-9 螺纹联接结构

2）为了保证螺纹拧紧，且减少加工面面积，通常在被联接件表面上设计出凸台或凹坑，如图 12-10 所示。

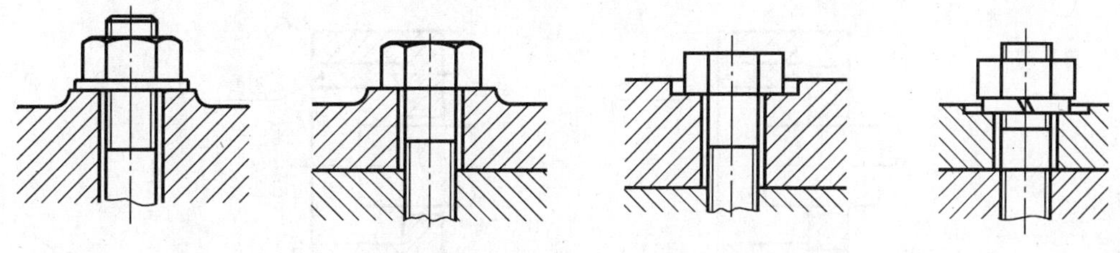

图 12-10 凸台和凹坑结构

3. 定位结构

1）为了方便装配，并保证拆、装不降低两零件的装配精度，通常采用图 12-11 所示的销联接结构。为了加工和拆装方便，在可能的条件下，尽量将销孔做成通孔，以方便拆卸。

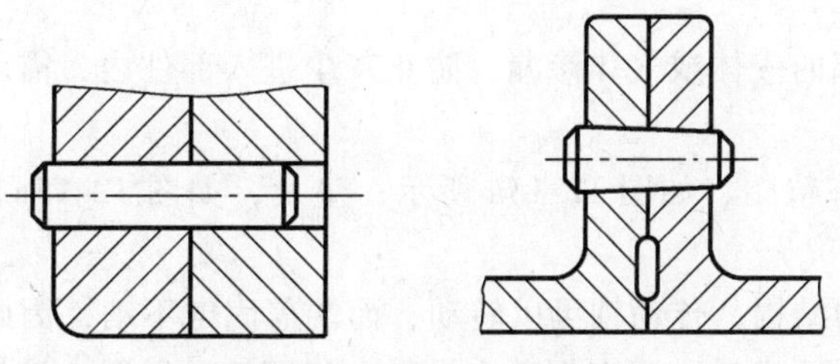

图 12-11 使用销联接定位

2）滚动轴承轴向定位时，需内圈和外圈要合理定位，如图 12-12 所示，轴向左侧使用轴肩定位，右侧利用压盖定位。

4. 可拆装结构

在画装配图时，要考虑方便零件的拆装。在图 12-12 所示的轴承连接结构中，为了方便拆卸轴承，起轴向定位作用的轴肩直径要小于轴承内圈外径尺寸。如图 12-13 所示，在安装螺纹紧固件处，应留出足够空间，当 $A_1 < A_2$ 时，无法装进螺栓。对于衬套的安装，应采用如图 12-14 所示的结构，在拆衬套时，可用工具从小孔中将衬套顶下。

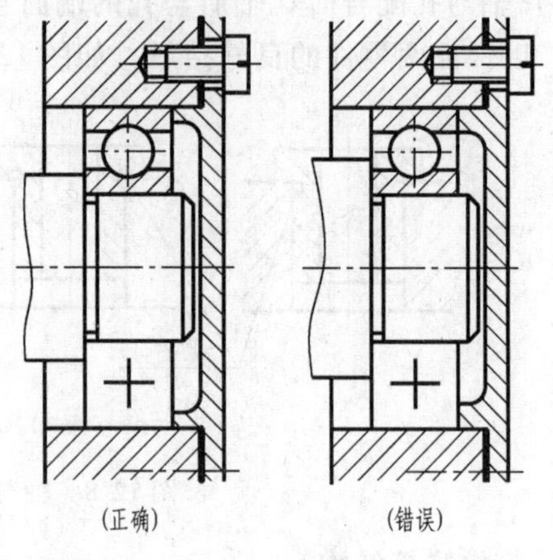

图 12-12　拆装结构（一）

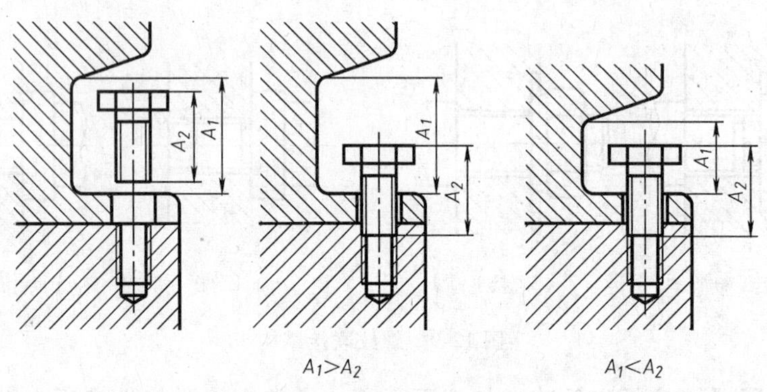

图 12-13　拆装空间

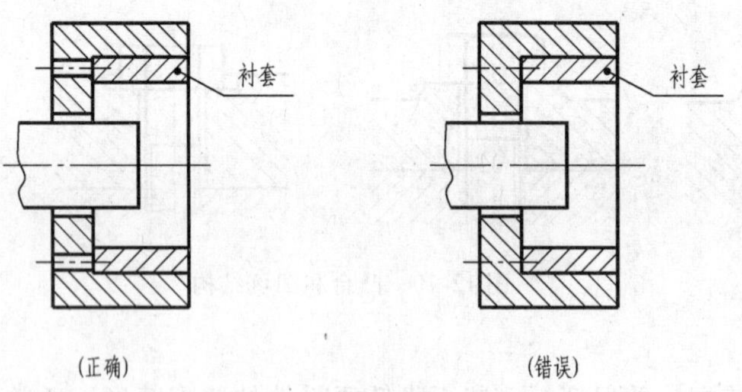

图 12-14　拆装结构（二）

5. 密封结构

为了防止部件内部的液体或气体渗漏，防止灰尘进入部件内，需对有上述要求的部件设置密封结构。

常见的密封装置有毡圈，如图 12-15a 所示；垫片，如图 12-15a、b 所示；填料，如图 12-15c、d 所示。

对图 12-16 所示的结构，传动轴可以转动，而端盖固定不动，因此两零件的连接表面要有间隙。当此处有密封要求时，可在端盖上设计一组凹槽，以阻止液体的渗漏。

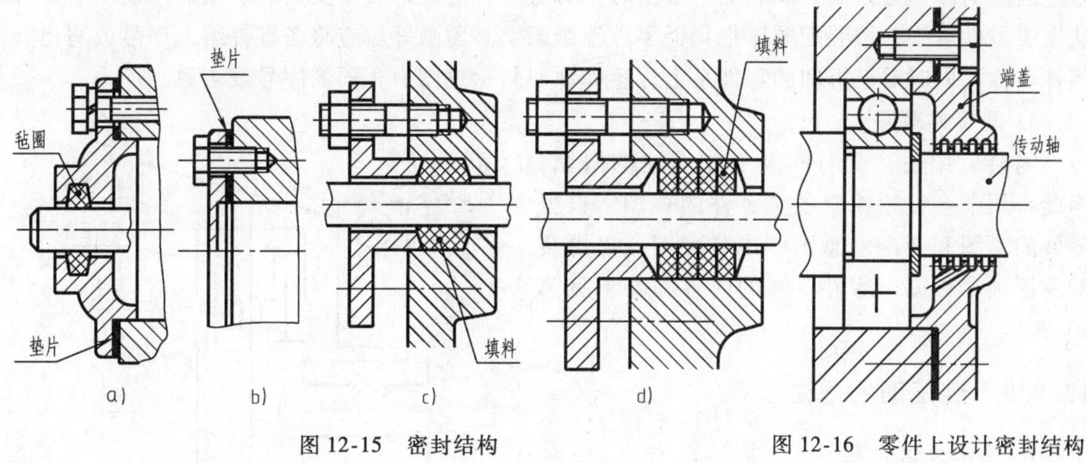

图 12-15　密封结构　　　　　　　　　　图 12-16　零件上设计密封结构

12.8　部件测绘和装配图的画法

12.8.1　部件测绘

部件测绘就是对部件以及它们所属零件进行测量、绘制草图，经整理最后绘制出全套图样的过程。测绘工作是技术交流、产品仿制和旧设备改造等工作中一项常见的技术工作，它是工程技术人员必须掌握的基本技能。

1. 了解测绘对象

首先对测绘对象进行认真细致的观察、分析，了解其用途、性能、工作原理、结构特点，各零件的装配关系，以及主要零件的作用、加工方法等。

了解测绘对象的方法，一是参阅有关资料、说明书或同类产品的图样；二是通过拆卸，对部件及其零件进行全面了解、分析，为画零件草图作准备。

2. 拆卸零件

首先，要周密制订拆卸顺序。根据部件的组成情况及装配工作的特点，把部件分为几个组成部分依次拆卸、并用打钢印、扎标签或写件号等方法对每一个零件进行编号，分组放到指定的位置，避免损坏、丢失、生锈或放乱，以便测绘后重新装配时，能够保证部件的性能和要求。

其次，拆卸工作要使用相应的工具和应用正确的方法，以保证拆卸顺利进行。对不可拆卸连接和过盈配合连接的零件尽量不要拆开，以免损坏零件。拆卸要求保证部件原有的完整性、精确性和密封性。拆卸前应先测量一些重要的装配尺寸，如零件间的相对位置尺寸、极限尺寸、装配间隙等，以便校核图样和装配零件。

3. 画装配示意图

在对测绘对象全面了解后，可以绘制简单的示意图。因为只有拆卸之后才能显示出零件之间的装配关系，所以拆卸的同时必须同步补充、修改示意图，纪录各零件之间的装配关系，并对各个零件进行编号。这些都是绘制装配图和重新装配的依据。

在装配示意图中一般用简单的图线画出零件的大致轮廓，如图 12-17 所示的手压阀装配示意图。国家标准《机械制图》规定了一些零件的简图符号，绘制机构传动部分的示意图时应运用简图符号绘制。画装配示意图时，对各零件的表达可不受前后层次的限制。一般可从主要零件着手，按装配顺序把其他零件逐个画上。图画好后应将各零件编上序号或写出其零件名称，同时对已拆卸的零件系上标签并注明与示意图中相同的序号或名称。

4. 画零件草图

测绘工作往往受时间及工作场地的限制，因此必须学会徒手绘制各个零件的草图，根据零件的草图和装配示意图画出装配图，再由装配图拆画零件图。零件草图的内容和要求见第 10 章。

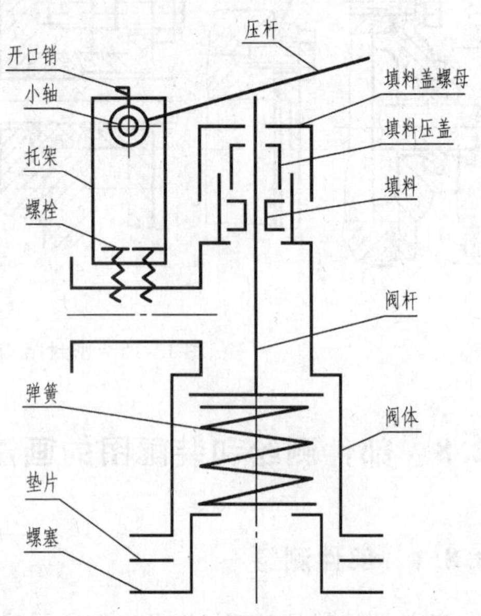

图 12-17　手压阀装配示意图

12.8.2　装配图的画法

1. 确定表达方案

表达方案包括选择主视图、确定其他视图和表达方法。

选择主视图和其他视图的原则和方法请参阅“12.3 装配图的视图选择”一节。

表达方法请参阅“12.2 装配图的表达方法”一节。

球阀的工作位置不唯一，但一般是将通路放成水平位置。从对球阀各零件间装配关系的分析可以看出，阀芯（球）、阀杆、螺纹压环等部分和阀体、密封圈、阀体接头等部分为球阀的两条主要装配轴线，它们互相垂直相交。因而将其通路放成水平位置，以剖切面通过两装配轴线的全剖视图作为主视图，这样不仅将球阀的工作原理表达完全，同时可清晰地表达各个零件间的主要装配关系以及零件间的工作位置。

在主视图确定后，针对装配体在主视图中尚未表达清楚的内容，再选取一些能反映其他装配关系、外形及局部结构的视图来弥补主视图的不足。一般情况下，部件中的每一种零件至少应在视图中出现一次。

从对球阀视图选择过程的分析中可以看出，应使每个视图表达的内容有明确的目的和重点，对装配体主要装配关系，应在基本视图上表达；对次要的装配、连接关系可采用局部剖视图或断面图等来表达。

2. 画装配图的步骤

确定了部件的视图表达方案后，根据视图表达方案以及部件大小及复杂程度，选取适当比例安排各视图的位置，从而选取图幅，着手画图。在安排各视图的位置时，要注意留出供编写零、部件序号、明细栏以及注写尺寸和技术要求的位置。

画图时，应先画出各视图的主要轴线（装配干线）、对称中心线和作图基准线（某些零件的基面和端面）。由主视图开始，几个视图配合进行。画剖视图时以装配干线为准，由内向外逐个画出各个零件，也可由外向里面画，视视图方便而定。

1）画出各视图的主要轴线，对称中心线及作图基准线，留出标题栏、明细栏位置，如图 12-18a 所示。

2）画出主要零件（阀体和阀体接头）的轮廓线，几个基本视图要保证三等关系，关联作图，如图 12-18b、c 所示。

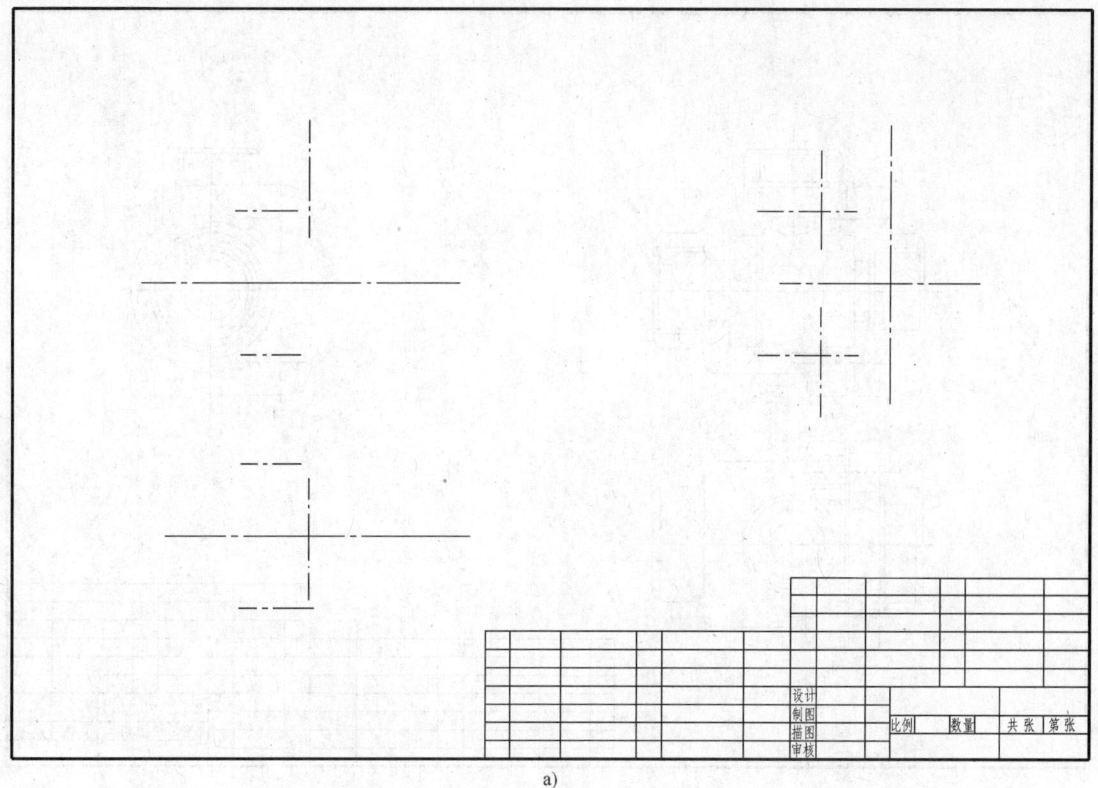

a)

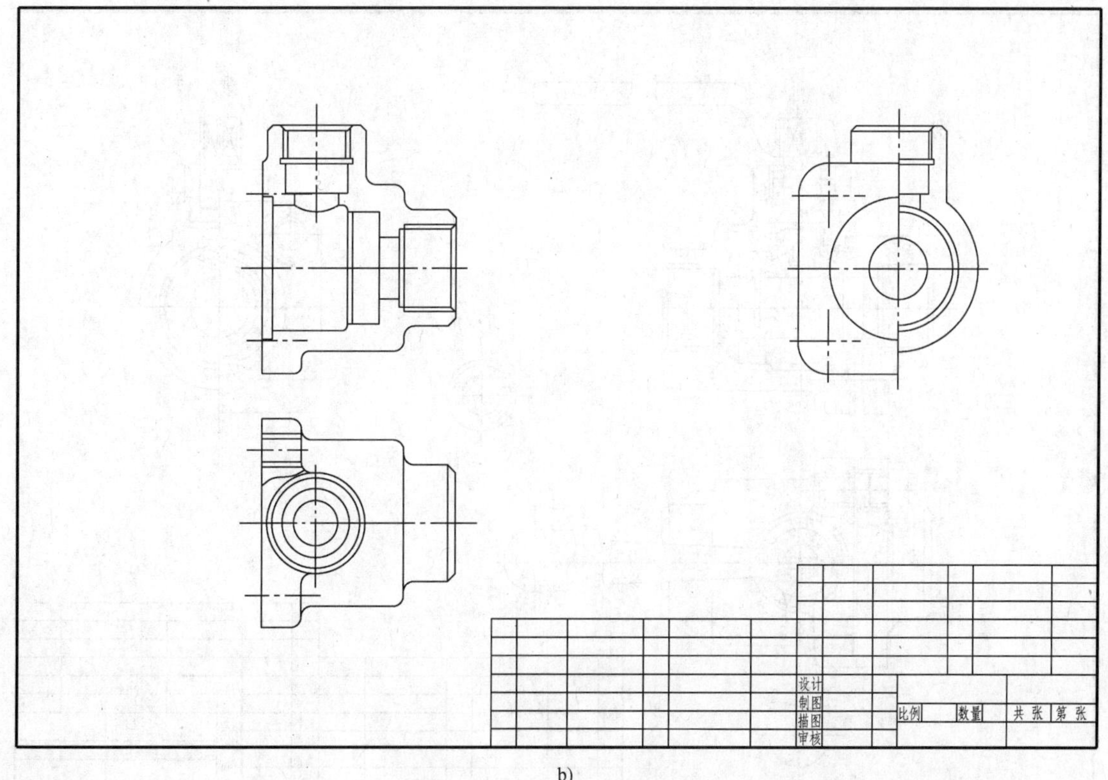

b)

图 12-18 画装配图底稿的步骤

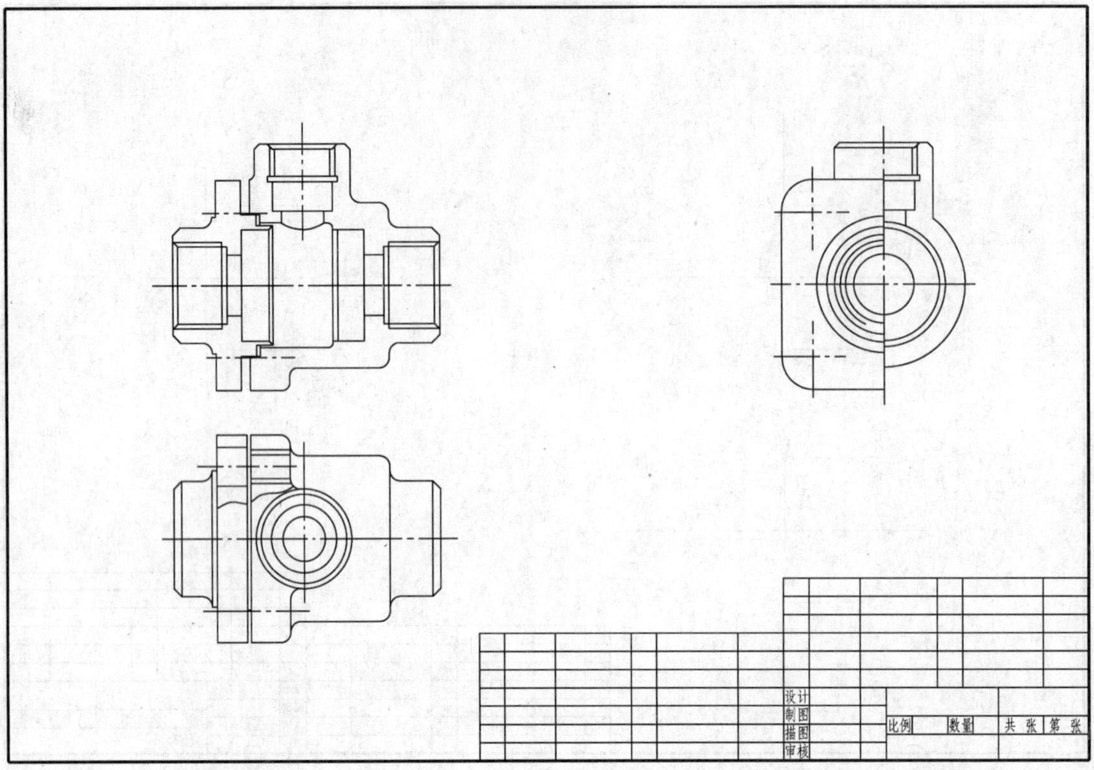

c)

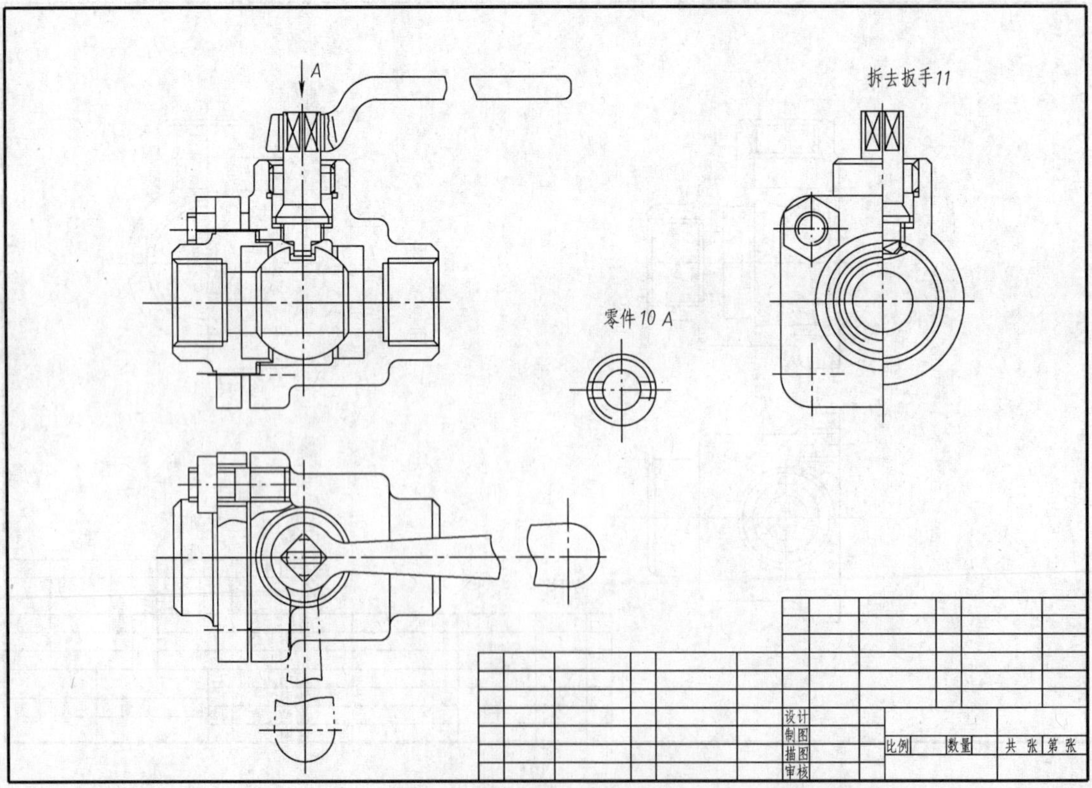

d)

图 12-18　画装配图底稿的步骤（续）

3）逐一画出其他零件的三视图，并对零件 10 做 *A* 向表达；在左视图上对扳手作拆去扳手 11 的表达，如图 12-18d 所示。

4）检查校核。画出剖面符号，标注尺寸及公差配合、加深各类图线等，最后给零件编号、填写标题栏、明细栏、技术要求，完成后的全图如图 12-2 所示。

12.9 读装配图及由装配图拆画零件图

读装配图是工程技术人员必备的一种能力。在设计、装配、安装、调试以及进行技术交流时，都要读装配图。通过读装配图了解机器或部件的性能、工作原理、各零件的基本结构及其在机器或部件中的作用，以及相互位置和装配关系。

1. 读装配图的方法和步骤

（1）概括了解　从标题栏中了解机器或部件的名称。通过查阅有关技术资料或实际调查研究获取机器或部件的用途和规格。对照装配图中的序号和明细栏，弄清楚机器或部件中标准件、非标准件的数目，了解各零件的名称、数量、材料以及标准件的规格代号等。

读图 12-19 所示微动机构装配图，从标题栏和明细栏得知，部件名称为微动机构，整个部件由 12 种零件组装而成，其中标准件 6 种，一般零件 6 种。每一种零件的名称、数量、材料及有关代号都可以从明细栏中查找到。

（2）分析视图　通过对装配图中视图的分析，了解部件的工作原理以及主要装配干线上各零件之间的定位、配合和连接关系，了解零件间运动和动力传递方式，以及部件的润滑、密封方式等。

图 12-19 所示微动机构装配图采用了全剖的主视图（在主视图中采用了简化画法）、*B*—*B* 断面图、*C*—*C* 断面图和半剖的左视图。

主视图重点表达了部件的工作原理：微动机构是氩弧焊机的微调装置，转动手轮 1 时，螺杆 7 旋转，从而使导杆 10 在导套 9 内做轴向移动，导杆 10 带动氩弧焊机进行微调。键 11 在导套槽内起导向作用，导套下方槽的尺寸限定了焊机的移动距离。

主视图还表达了零件之间主要的装配关系：支座 8 与导套 9 以 ϕ30H8/h7 的间隙配合安装，并由紧定螺钉 6 定位固定。轴套 5 与导套 9 以螺纹联接，并使用紧定螺钉 4 将轴套 5 与导套 9 联接固定。螺杆 7 和轴套 5 以 ϕ8H8/h7 的间隙配合安装，并对螺杆起支承、定位作用。导杆 10 与导套 9 以 ϕ20H8/f7 的间隙配合安装。从图 12-19 中还可以看出，采用了 *B*—*B* 断面图来表达导套 9、导杆 10、键 11 和螺钉 12 之间的联接装配关系。底盘的简化画法表达了微动机构支座与其他设备的安装尺寸和位置。

左视图采用半剖视图。视图部分表达了微动机构整体外形结构。剖视部分重点表达了支座与导套之间的螺钉联接结构；支座与导套、导杆、螺杆之间的位置关系。

C—*C* 断面图清楚表达了支座的结构形状和壁厚。

（3）分析零件　在了解、分析视图的基础上，明确各零件在部件中所起的作用，读懂各零件的结构形状。分析零件时，从主视图着手，按投影关系和剖面符号的方向和间隔，在各视图中找出所选零件对应的结构，从装配图中将其剥离出来，剥离零件后，再根据构形分析确定其形状。

2. 由装配图拆画零件图

（1）拆图的方法　在部件的设计中，需要根据装配图拆画零件图，简称拆图。拆图时，应先将被拆零件在装配图中的功能分析清楚，根据视图间的投影关系确定零件的结构形状，并将其从装配图中分离出来。然后根据零件在装配图中的装配关系，结合零件的加工制造方法，确定其工艺结构，例如在有配合关系的轴肩处应设计出退刀槽或砂轮越程槽；在铸造件的非加工表面转角处，设计出铸造圆角；在被螺纹紧固件联接的表面上设计出凹坑或凸台结构等。最后确定零件的详细结构形状，补齐所缺图线。画零件图时，要根据零件图视图表达方法确定表达方案。拆画的零件图，其主视图方向、视图数量、各视图分布位置以及表达方法不一定与其所在装配图上的一致。

（2）尺寸标注　标注零件图尺寸时应注意，有配合关系的表面要标注公差带代号或极限偏差数值。图 12-19 所示微动机构中，支座与导套的配合尺寸为 ϕ30H8/h7，对于导套，在其零件图上应标注 ϕ30h7，而对于支座，在其零件图上应标注 ϕ30H8。

（3）技术要求　标注表面结构要求时，应分析所拆画零件各表面形成的方式。在技术要求中，写出该零件在设计、加工、使用过程中需要的技术方面的要求。

最后详细填写标题栏中的内容，完成零件图。

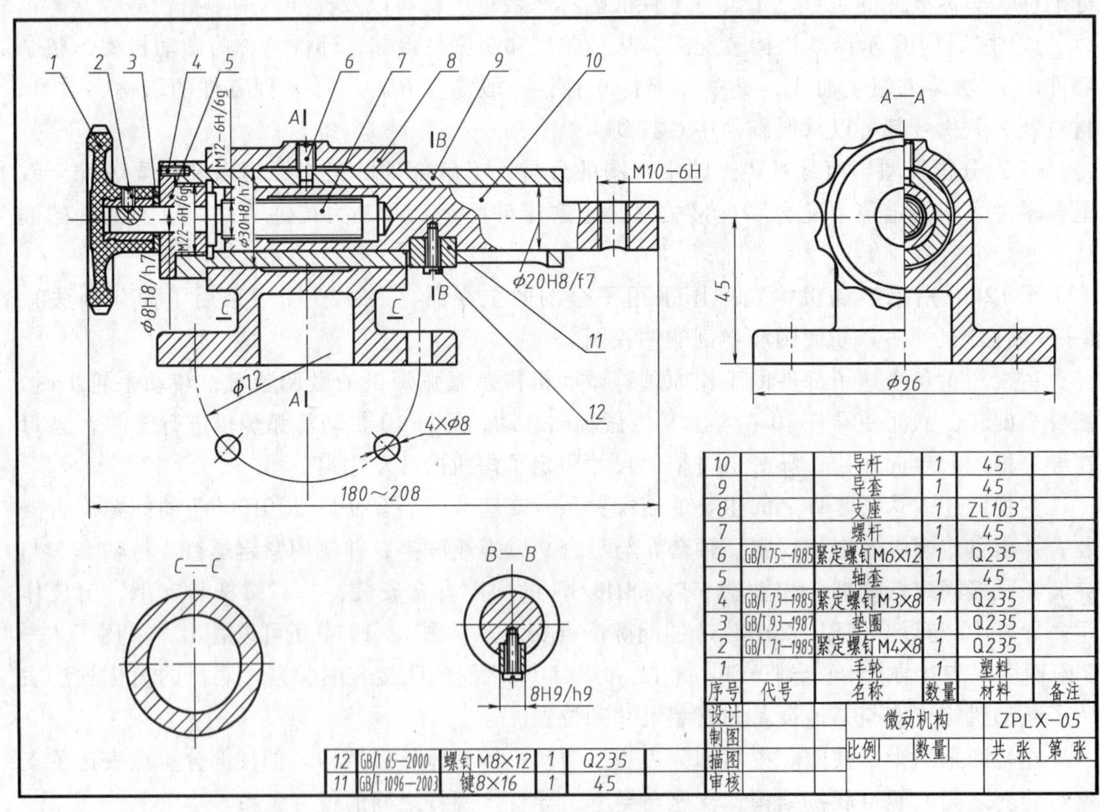

图 12-19　微动机构装配图

3. 读装配图及由装配图拆画零件图举例

【例 12-1】　以图 12-19 所示微动机构为例，读懂部件的性能、工作原理、装配关系、各部分结构形状及各零件的结构形状，并拆画轴套 5 的零件图。

（1）概括了解（同读装配图的方法和步骤）

（2）分析视图（同读装配图的方法和步骤）

（3）拆画轴套零件图

1）在上述分析的基础上，从明细栏中找到轴套的序号，了解到该零件的材料为45（分析出该零件为机加工件）、数量为1件。再从装配图中找到该零件的位置，可以看出只要先拆去紧定螺钉2、手轮1、垫圈3和紧定螺钉4，即可将该零件卸下。图12-20所示为微动机构支座、导套和轴套3个零件装配的剖视效果图。图12-21a所示是轴套的剖视效果图，图12-21b所示是完整的轴套效果图。

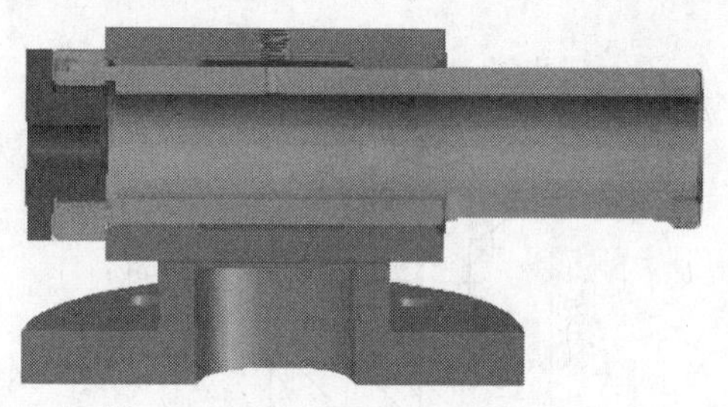

图12-20　支座、导套和轴套3个零件装配的剖视效果图

利用各视图的投影关系、同一零件剖面符号倾斜方向和间隔一致的规定，找出轴套在各视图中对应的投影，确定其轮廓范围及该零件的大致结构形状，将其与装配图分离出来，如图12-21c所示。

2）根据投影原理及构形理论，确定轴套零件整体结构形状，补全轮廓图中缺少的图线，并选择合理地表达方案。考虑到轴套在部件中的作用，工作位置，加工要求等，经综合分析并根据零件图表达的要求，确定轴套使用与装配图一致的主视图方向，并采用全剖视图，重点表达其内部结构；用向视图表达外形结构以及螺钉孔的分布情况。

绘制图形时，应充分考虑该零件在部件中与其他零件的装配关系，结合该零件加工制造过程，确定其工艺结构。从明细栏中得知，该零件为机加工零件。为了方便装配和操作安

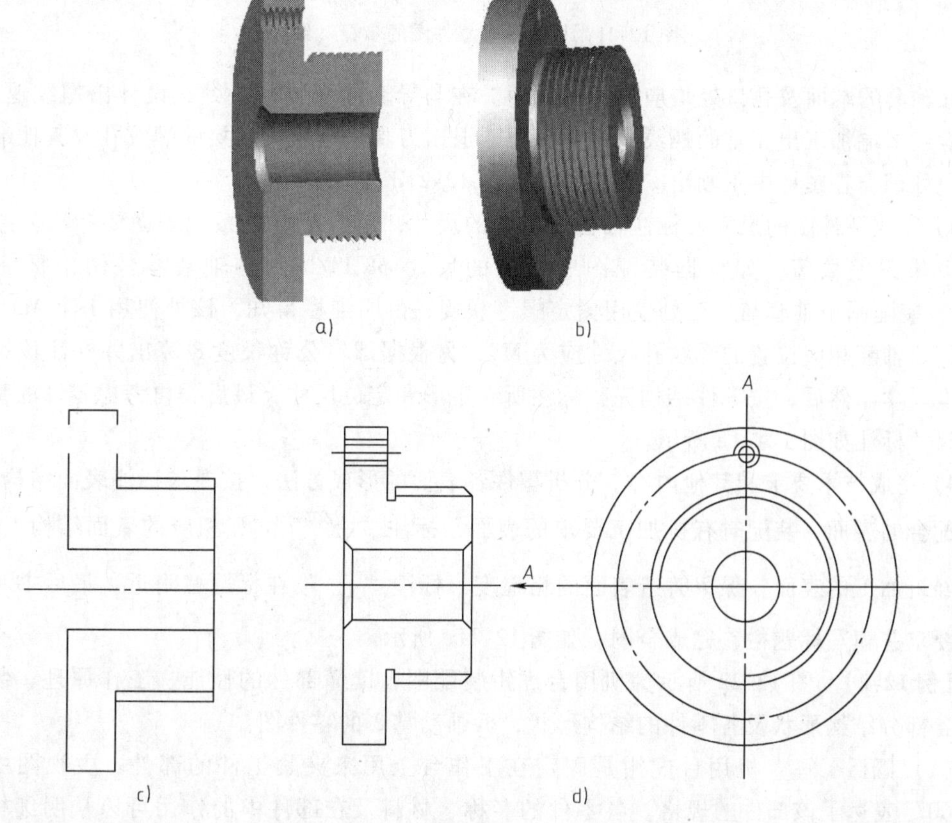

图12-21　拆画轴套零件图的步骤

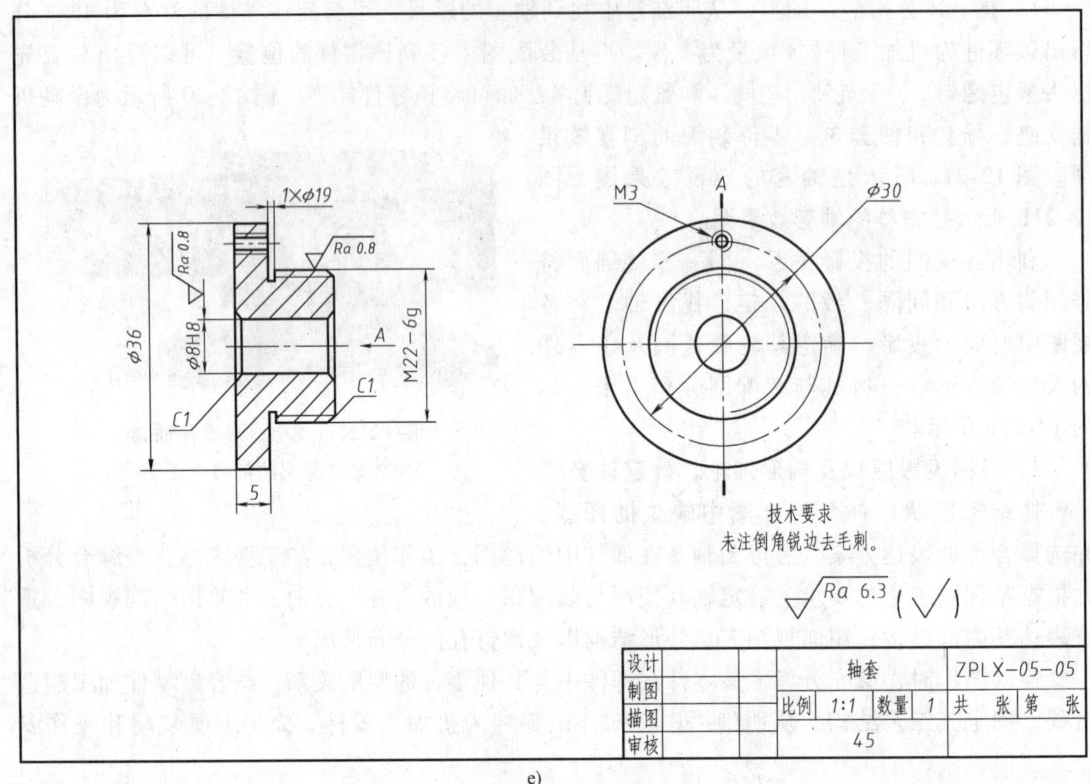

e)

图 12-21　拆画轴套零件图的步骤（续）

全，在轴套的端面及孔口处均应设计出倒角。在与导套的螺纹联接处，设计出螺纹退刀槽，保证螺纹末端加工出完整的螺纹，同时也便于退出刀具。与螺钉联接的螺纹孔及其他端面处做锐边处理，在图形中不画出。表达方案如图 12-21d 所示。

3）完成零件图的尺寸。标注轴套零件图的尺寸，对有配合关系的表面要标注公差带代号或极限偏差数值，如根据装配图中标注的尺寸 ϕ8H8/h7，在轴套零件图中标注尺寸 ϕ8H8。装配图中轴套与导套处使用紧定螺钉联接，由明细栏得知，该处使用 1 个 M3 ×8 的螺钉，故轴套相应位置的螺纹孔尺寸应为 M3，另根据螺钉公称长度 8 算出并标注该螺纹孔的深度尺寸。然后，按零件结构完整标注所有定形和定位尺寸，最后，再考虑零件的整体尺寸。尺寸标注如图 12-21e 所示。

4）完成技术要求和其他内容。分析零件各表面的形成方法，按要求标注表面结构要求。对有配合的表面、装配时有机加工要求的表面，标注“√‾”和相应的表面结构上限值。对不经机加工的表面，保留铸造表面的粗糙度，标注“√◯”在标题栏附近。最后书写其他技术要求并填写标题栏，完成全图，如图 12-21e 所示。

【例 12-2】 图 12-22 所示为机用台虎钳装配图，读懂部件的性能、工作原理、装配关系、各部分结构形状及各零件的结构形状，拆画动掌 3 的零件图。

(1) 概括了解　机用台虎钳是固定在工作台上用来夹紧工件的部件。主视图中尺寸“0 ~60”表达了该部件的规格。各零件的名称、材料及在部件中的作用可以从明细栏及相应视图中获得。

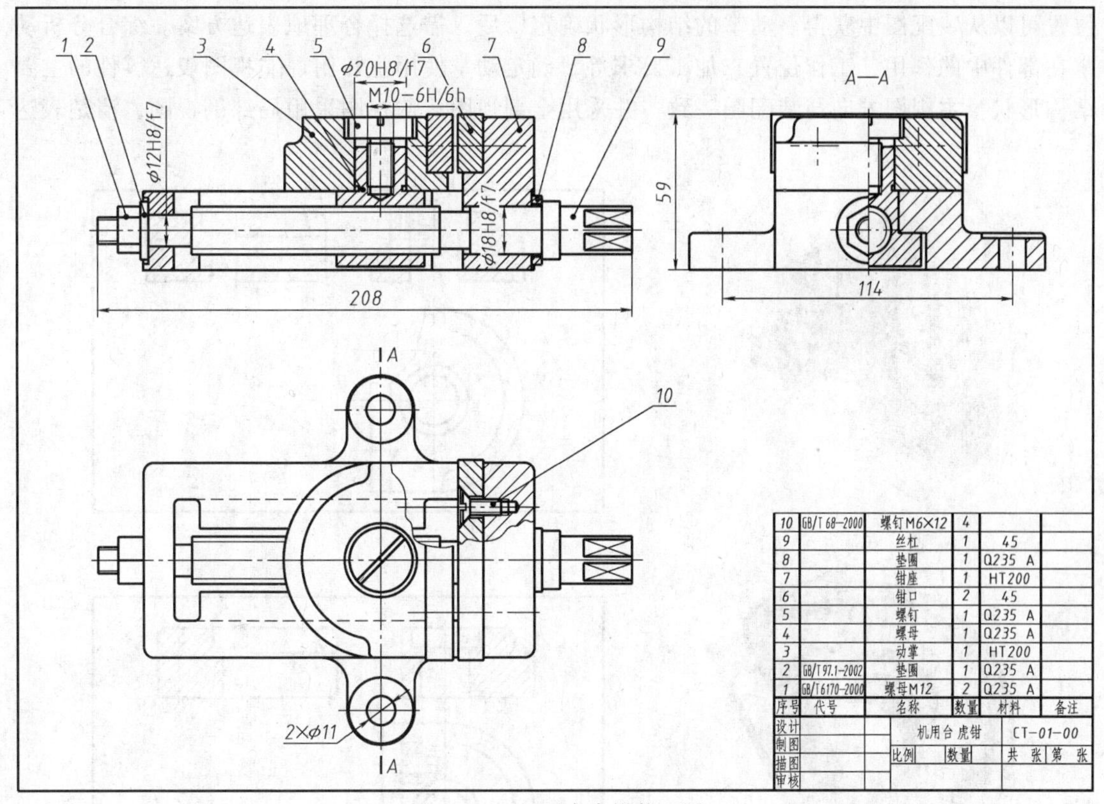

图 12-22　机用台虎钳装配图

（2）分析视图　该部件用了三个基本视图。主视图采用全剖视，表达了台虎钳的工作原理。工作时，钳座 7 固定在工作台上，转动丝杠 9（由于丝杠 9 左、右两侧的轴肩定位以及螺母 1 的紧固作用，使丝杠 9 不能沿轴向移动），通过丝杠 9 与螺母 4 之间的螺纹传动，使螺母 4 带动动掌 3 作左右移动，实现钳口大小的调整，以夹紧不同尺寸的工件。主视图还表达了零件之间的主要装配关系，丝杠 9 装在钳座 7 上，两端分别采用 ϕ12H8/f7 和 ϕ18H8/f7 的间隙配合连接；螺母 4 与动掌 3 采用“ϕ20H8/f7”的间隙配合连接，并用螺钉 5 将动掌 3 与螺母 4 固定；两个钳口分别装在钳座 7 和动掌 3 上，用螺钉 10 固定。左视图采用半剖视图。俯视图采用局部剖视，辅助地表达了部件的装配关系和安装情况，并分别表达了主要零件的结构形状。

（3）分析零件，由装配图拆画零件图　通过了解和分析装配图中各零件在部件中的作用，采用构形分析的方法可以确定出各零件的轮廓形状，并根据各零件的作用及加工制造要求，确定其结构形状和各部分尺寸与技术要求。

（4）拆画动掌零件图

1）从明细栏中找到动掌的序号及有关说明，了解到动掌为铸造件。找到该零件在装配图中的位置，利用各视图的投影关系和同一零件剖面线的方向和间隔一致的规定，找出动掌在各视图中对应的投影，确定其轮廓范围及该零件的大致结构形状，将其与装配图分离，如图 12-23b 所示。图 12-23a 所示为动掌的效果图。

2）根据投影原理及构形理论，并考虑铸造件的特点，确定动掌零件结构形状，补全轮廓图中缺少的图线。从装配图中分析出动掌与钳口使用螺钉联接，可以想象出动掌的螺纹联接处应设计螺纹孔。从明细栏中读到螺钉有 4 个，即动掌上应有两个螺纹孔，动掌上螺纹孔位置可以从装配图中获得。动掌的结构形状确定以后，需选择合理地表达方案。综合分析动掌在部件中的作用，工作位置，加工要求等，确定动掌使用主、俯、左视图表达零件的主要结构形状。主视图方向与装配图一致，并采用全剖视图；俯视图采用局部剖视图，清楚表达

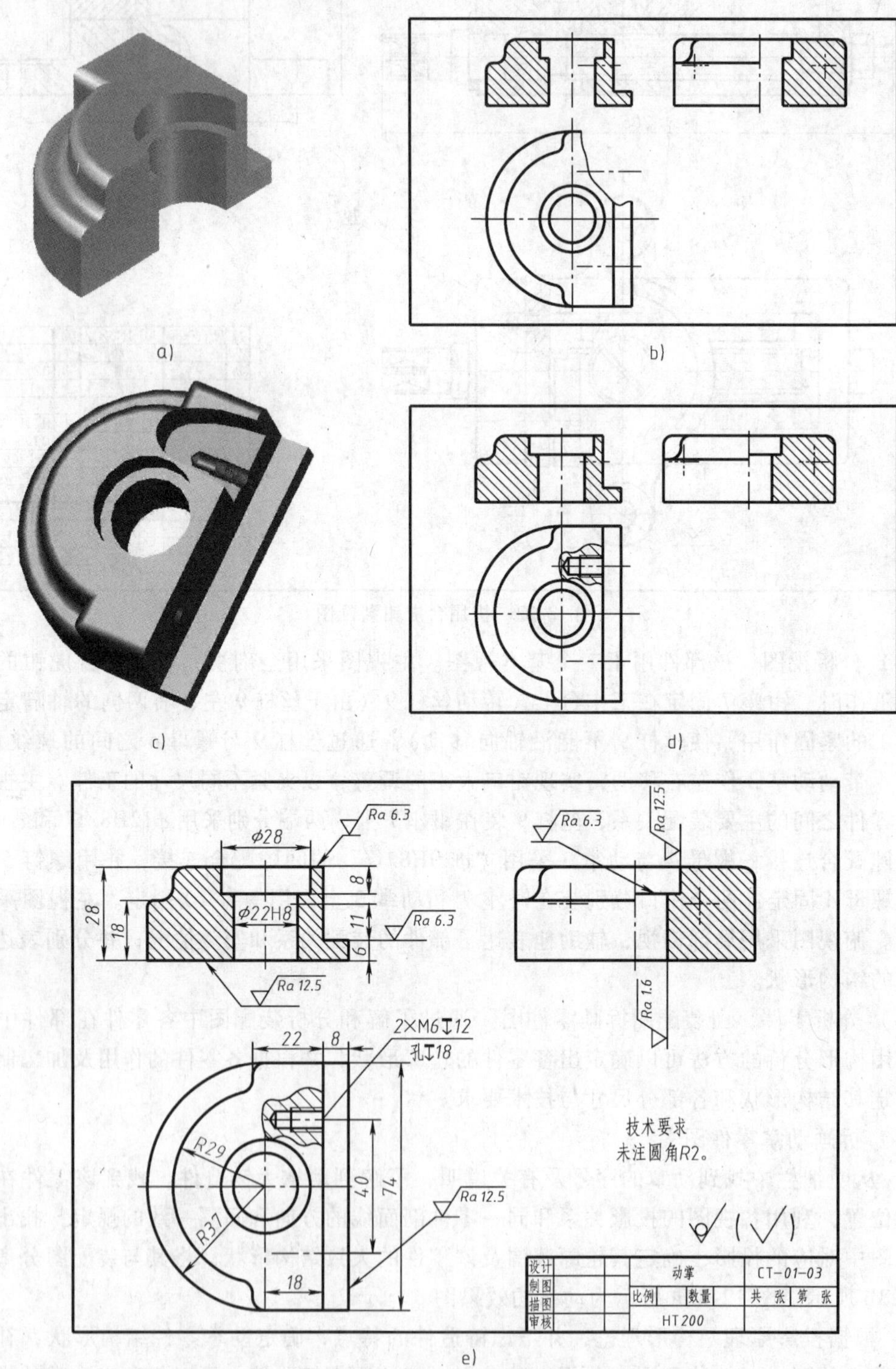

图 12-23 拆画动掌零件图的步骤

螺纹孔的结构。在左视图中用相交的细点画线表达钳口部分两个螺纹孔的位置，如图12-23d所示。图12-23c所示为动掌螺纹孔部分取局部剖后的效果图。

3）标注尺寸和表面结构要求、书写技术要求、填写标题栏等。标注尺寸时，首先标注有配合要求的表面尺寸，如装配图中标注的ϕ20H8/f7为动掌与螺母的配合尺寸，所以在动掌零件图中应标注尺寸ϕ20H8；螺钉孔的尺寸，参照轴套上螺纹孔尺寸确定方式标注，并参照拆画轴套零件图的方法，标注表面结构符要求、填写标题栏、书写技术要求等，完成全图，如图12-23e所示。

第 13 章　展开图、焊接图和电路图

【本章学习提要】

通过本章的学习，了解展开图的基本内容，掌握不同形状立体表面展开和绘制的方法；了解焊接图的基本知识，熟悉焊接符号的意义，并掌握焊接符号的标注；了解电路图的构成和电路图的绘制方法。

13.1　展开图

13.1.1　展开图的基本知识

在工业生产中，常使用钣金件，如容器、锅炉、储存罐、吸尘通风设备及箱体、壳罩、变形接头等，如图 13-1 所示。

制造钣金件时，先设计出钣金件的结构形状，再分析确定展开后的形状和尺寸。在考虑工艺要求的情况下，绘制出零件的展开图。按照展开图的实际尺寸在金属板料上画出展开图样（俗称放样），然后划线下料成形，再用咬接、焊接、铆接等连接方法形成所需的钣金件产品。

将立体的表面按实际形状和大小依次连续地摊平在一个平面上，称为立体的表面展开。展开后所得的图形，称为展开图，如图 13-2 所示。

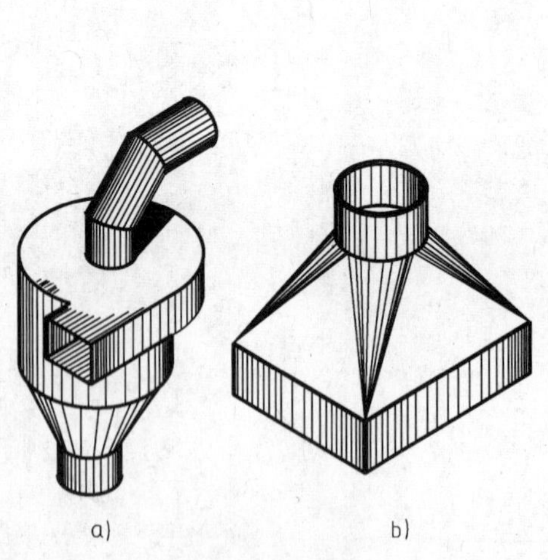

图 13-1　钣金件

a）除尘器　b）方圆变形接头

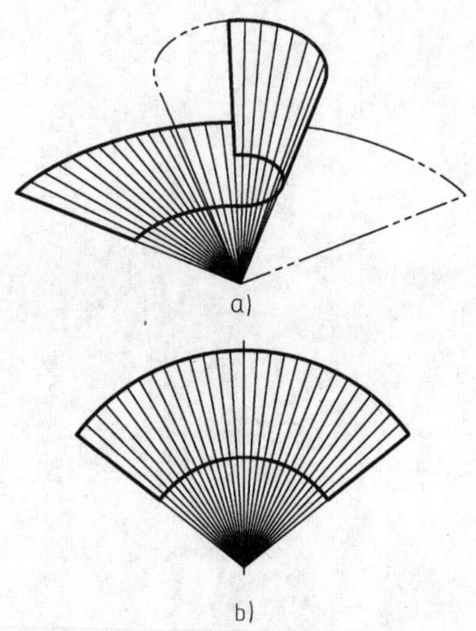

图 13-2　圆台展开过程和展开图

a）圆台展开过程　b）圆台展开图

可摊平在一个平面上的表面，称为可展开面（圆柱面、圆锥面）；不能摊平在一个平面上的表面，称为不可展面（圆球面、螺旋面、椭球面）。立体表面可分为平面、可展曲面和不可展曲面。对于由平面和可展曲面组成的立体，可用不同的展开方法绘制出准确的展开

图；对于由不可展曲面组成的立体，常采用近似展开法绘制展开图。

13.1.2　平面立体的表面展开

1. 按棱线实形直接展开

平面立体是由若干个平面组成的，平面之间有棱线。如果组成立体的各平面和各棱线在正投影图中都已表示出来，那么就可以按一定顺序依次地画出各平面的展开图。该方法适用于所有棱柱结构的立体。

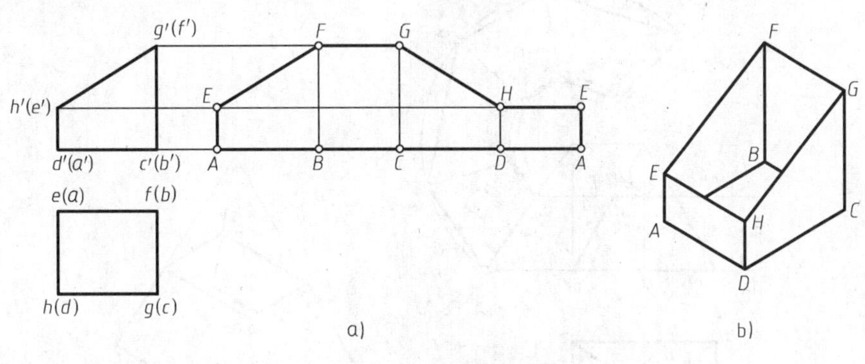

图 13-3　料斗
a）展开图　b）轴测图

图 13-3b 所示的料斗由矩形底面和四个侧面组成。由正投影图可知，底面 $ABCD$ 平行于水平投影面，在水平投影面的投影反映该平面的实形，即 $abcd = ABCD$。各侧棱线 EA、FB、GC 和 HD 均为铅垂线，正面投影反映实长。四个侧面中 $FBCG$ 和 $HDAE$ 为侧平面，侧面投影反映实形；平面 $EABF$ 和 $GCDH$ 为正平面，正面投影反映实形。根据上述关系，可直接作出底平面和四个侧面的实形。具体作图步骤如下：

1）根据 $abcd = ABCD$ 的关系，首先做底面 $ABCD$ 的展开图，将 AB、BC、CD、DA 展平在一条直线上。

2）根据各侧面棱线垂直于底平面的关系，分别绘制出 EA、FB、GC、HD 各棱线，并使 $EA = e'a'$、$FB = f'b'$、$GC = g'c'$、$HD = h'd'$。

3）依次连接各棱线的端点，完成料斗的展开图，如图 13-3a 所示。

2. 求作棱线实形

有些平面立体的棱线不能在正投影图中表达实长，属于一般位置直线。绘制此类立体展开图时，要先用求直线段实长的方法求出所有棱线的实长，再按相应连接关系绘制展开图。

从图 13-4 所示四棱锥台的正投影图中可以看出，各侧面的底边和顶边均反映实长，即 $AB = ab$、$BF = bf$、$FG = fg$、$GA = ga$、$CD = cd$、$DH = dh$、$HE = he$、$EC = ec$；棱锥台的上、下两个面为水平面，水平投影反映实形；前、后、左、右四个侧面，在两个投影图中均不反映实形，即棱线 AD、BC、FE、GH 在两投影中不反映实长。下面以四棱锥台为例，介绍利用直角三角形法求棱线实长并绘制展开图的步骤。

1）先将棱线 AD、BC、FE、GH 的 A、B、F、G 端延长，使之交于 S 点，形成四棱锥。

2）利用直角三角形法求出棱线 BC 的实长。在图 13-4a 所示直角三角形 $c'C_0S_0$ 中，$c'C_0 = sc$，S_0C_0 为棱线 SC 的实长。在 S_0C_0 上截取棱锥台的棱线实长 $BC = B_0C_0$，并从轴测图得知，$AD = FE = GH = BC$。

3）作展开图。首先以 S_0 为圆心，分别以 S_0C_0 和 S_0B_0 为半径，作大、小两个圆弧。然后在大圆弧上截取 $C_0E = CE = ce$，在小圆弧上截取 $B_0F = BF = bf$，最后依次绘制出 EH、HD、DC、FG、GA、AB，完成四棱锥台表面的展开图，如图 13-4a 所示。

画展开图时，可以从任意棱线开始画起。但安排图形时，要尽量使图面紧凑，以免浪费材料。

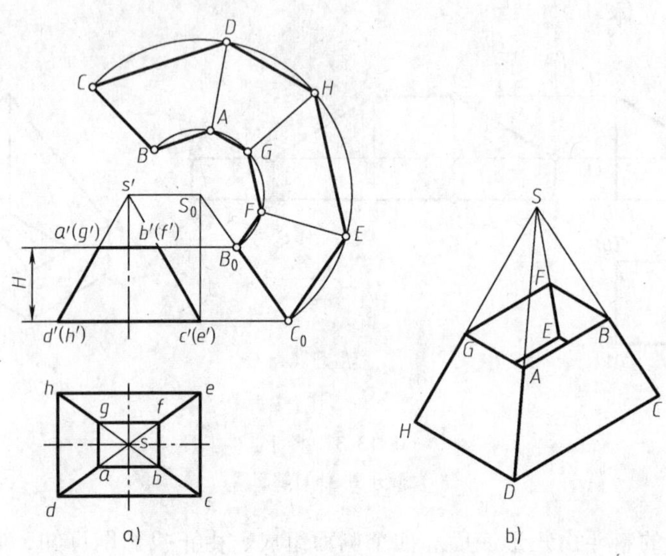

图 13-4　四棱锥台

a）展开图　b）轴测图

3. 三角形法

当组成立体的侧面为四边形并且在正投影图中又不反映实形时，为直接获得棱线的实长和平面的实形，可将四边形分成两个三角形，求出各三角形的实形，即可绘制出展开图。这种采用将侧面分解为三角形的绘制展开图的方法称为三角形法。图 13-5 所示四棱锥台吸气罩的展开图就是采用三角形法绘制的。

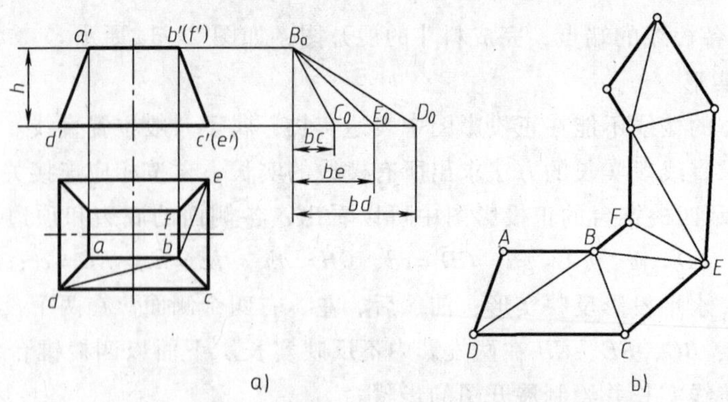

图 13-5　用三角形法绘制四棱锥台吸气罩的展开图

从图 13-5a 中可以看出，吸气罩表面由四个梯形平面组成，前、后两梯形平面垂直于侧投影面，左右两梯形平面垂直于正投影面。但正投影图都无法反映梯形平面的实形，也无法反映四条棱线的实长。因此，绘制展开图时需要首先确定出梯形的实形以及棱线的实长。这里采用三角形法，用连接对角线的方法将梯形分解成两个三角形，通过求三角形各边实长来绘制展开图。从投影图中可知四个侧面的底边和顶边的实长，即 $AB=ab$、$BF=bf$、$CD=cd$、$CE=ce$；由正投影图还可知，四个侧面的四条棱线长度相等。绘制四棱锥台吸气罩展开图的步骤如下：

1）将右边和前边的梯形平面分解成三角形。在平面 $ABCD$ 内，连接对角线 BD，将其分为$\triangle ABD$ 和$\triangle BCD$；在平面 $BCEF$ 内，作对角线 BE，将其分为$\triangle BEF$ 和$\triangle BEC$，如图 13-5a 所示。

2）使用直角三角形法，分别求出对角线 BD、BE 和 BC 的实长，$BD=B_0D_0$、$BE=B_0E_0$、$BC=B_0C_0$，如图 13-5a 所示。

3）根据求出各边的实长，依次拼画出各三角形。先作出前边和右边两个梯形的展开图形，再根据结构前后相同、左右相同的特点，绘制出后边和左边两个梯形的展开图形，完成吸气罩展开图，如图 13-5b 所示。

13.1.3 可展曲面的展开

曲面上连续相邻两直素线平行或相交的曲面称为直纹曲面。直纹曲面可以无变形地摊平在一个平面内，故称为可展曲面，常见的是圆柱面和圆锥面。

1. 正圆柱表面的展开

正圆柱表面的展开图是一个矩形，该矩形的一边长度等于圆柱面素线的长度 H，另一边长度等于圆柱底圆的周长 πD（D 为圆柱的底圆直径），其展开图如图 13-6 所示。

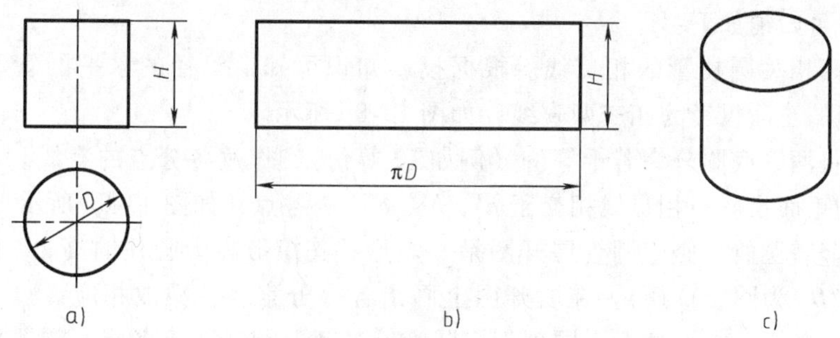

图 13-6 正圆柱表面的展开
a）投影图 b）展开图 c）轴测图

2. 截切正圆柱表面的展开

当使用正垂面 P 将圆柱上方截切成一斜面时，正圆柱变为斜口圆柱。斜面为椭圆形，该椭圆展开后为曲线。可利用圆柱表面素线相互平行而且垂直于底圆的特点来绘制截切正圆柱表面的展开图。绘制截切正圆柱表面展开图时，可以将圆柱表面近似看做多棱柱面，依次画出棱柱每个棱面的实形，然后拼成截切正圆柱表面展开图。作图步骤归纳如下：

1）在水平投影面的投影上，将正圆柱的底圆分为 n 等份（图 13-7a 中 $n=12$），并过各分点作素线的正面投影，与 P_V分别交于点 a'、点 b'、点 c'、点 d'等，如图 13-7a 所示。

2）将正圆柱的底圆展开为一直线，其长度为 πd（d 为圆柱的底圆直径），在其上截取各等分点，得点 0、Ⅰ、Ⅱ、Ⅲ、…，如图 13-7b 所示。

3）过点 0、Ⅰ、Ⅱ、Ⅲ、…作展开线的垂直线，使它们的长度分别等于相应素线的实长。为此可过 a'、b'、c'、d'等各点引水平线与展开图上相应垂直线相交，得 A、B、C、D、…，如图 13-7b 所示。

4）光滑连接各点后，得到截切正圆柱表面的展开图，如图 13-7b 所示。

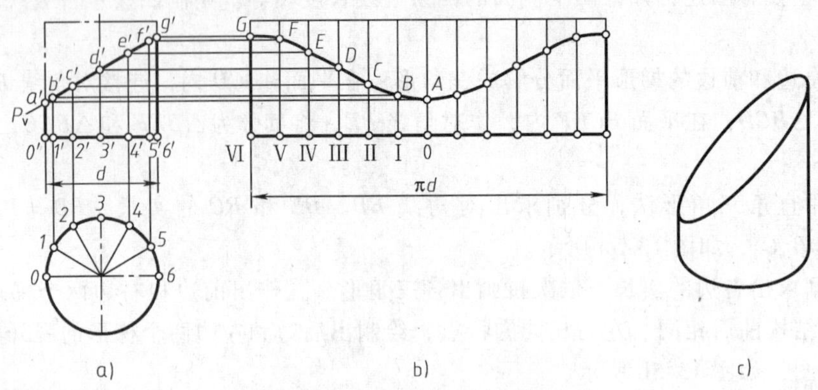

图 13-7　截切正圆柱表面的展开

a）投影图　b）展开图　c）轴测图

3. 等径三通管表面的展开

等径三通管也是常见钣金件之一，是由直径相等的两个圆柱相贯而成的。绘制三通管表面的展开图，需要分别展开两个圆柱表面，绘制两个圆柱表面的展开图才能获得。绘制等径三通管表面的展开图时，要准确地作出相贯线，然后再分别展开各管的表面及面上的相贯线。

作图步骤可归纳如下：

1）求出两相关圆柱管的相贯线。根据投影知识可知，等径的水平圆管和竖直圆管正交，其相贯线的正面投影为相交两直线，如图 13-8a 所示。

2）分别将两管底圆分为若干等份（例如 12 等份），作过各分点的素线。水平圆管和竖直圆管素线的正面投影与相贯线相交于 a'、b'、c'、…各点，如图 13-8a 所示。

3）展开竖直圆管。竖直圆管展开图是一矩形，其矩形高为圆柱的高 L，长为圆柱的底圆周长 πD_1（D_1 为圆管直径）。在展开图上画出各等分素线，截取相应高度，得相贯线上 A、B、C、... 各点的展开位置。同理作出圆管后半部分相贯线上各点。以光滑曲线依次连接相贯线上各点，获得相贯线的展开图，如图 13-8b 所示。

4）展开水平圆管。先按截切圆柱表面展开的方法，展开圆柱的底圆和轮廓。再在相应素线上分别截取相应高度，得到相贯线上 A、B、C、D、E、F、G 各点在展开图上的位置，依次光滑连接各点，作出前半个水平圆管上相贯线的展开图。同理作出水平圆管后半部分相贯线上各点，画出后半个水平圆管上相贯线的展开图，完成整个水平圆管的展开图，如图 13-8c 所示。

4. 正圆锥台表面的展开

依据圆锥的几何特征，圆锥表面展开为一扇形，扇形的中心角 $\theta = 180° \times D/L$，弧长为底圆的周长 πD，其中 D 为圆锥底圆直径，L 为素线的长度。正圆锥台的展开图形，可看成是整个圆锥展开成以 S 为圆心的大扇形，被截去的部分展开成以 S 为圆心的小扇形，大扇形截去小扇形，剩下的环形即为正圆锥台的展开图，如图 13-9 所示，大扇形的弧长为 πD，小扇形的弧长为顶圆的周长 πd（其中 d 为正圆锥台顶圆直径）。

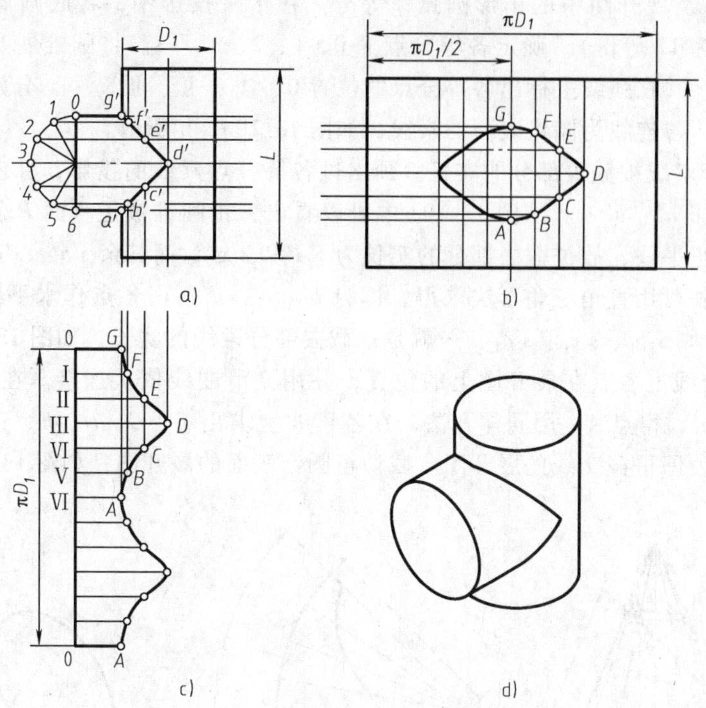

图 13-8　等径三通管表面的展开

a）投影图　b）竖直圆管表面展开图　c）水平圆管表面展开图　d）轴测图

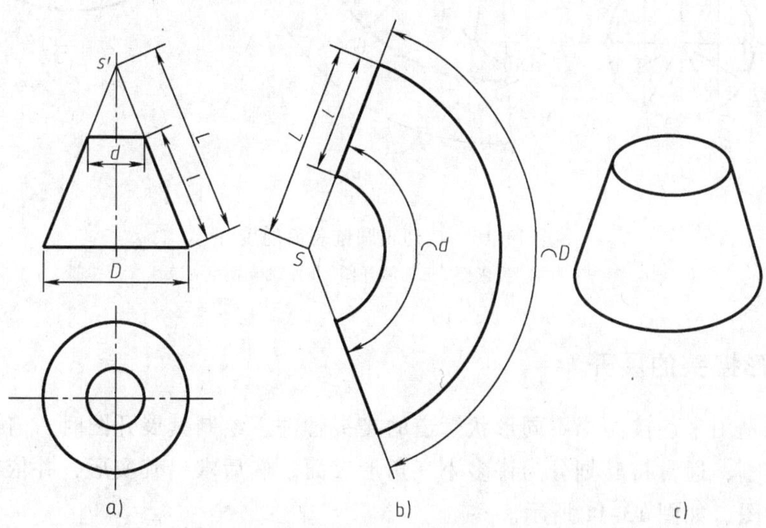

图 13-9　正圆锥台表面的展开

a）投影图　b）展开图　c）轴测图

5. 截切正圆锥表面的展开

截切正圆锥的截交线为曲线。绘制其展开图时，应先绘制出圆锥的展开图，再绘制截交线的展开图。图 13-10 所示为截切正圆锥的表面展开图，其作图步骤如下：

1）作完整的锥面展开图。按圆锥底圆周长 πD 和表面素线长度 L 绘制圆锥的展开图。圆锥展开图是弧长为 πd、半径为 L 的扇形，如图 13-10b 所示。

2）将底圆以及展开图中的扇形圆弧作等分。在水平投影中，将底圆等分为若干等份（图 13-10b 中分为 12 等份），确定各等分点为 0、1、2、3、…。将圆锥展开图的弧线也等分为同样的等份，并在弧线上标出各等分点的位置 0、Ⅰ、Ⅱ、Ⅲ、…，分别将各等分点与圆锥顶点连起来，各连线为圆锥表面的素线，如图 13-10a、b 所示。

3）求作等分素线被截去部分的实长。画出过各等分点素线的投影，标出截平面与各素线交点的正面投影 a'、b'…。从图 13-10a 中可以看出，正圆锥被正垂面 P 斜截之后，因圆锥左右两素线是正平线，故被截去部分的实长为 $s'a'$和 $s'g'$，而其余 $s'b'$、$s'c'$、…各段都不反映实长，其实长可用直角三角形法求得，即自 b'、c'、d'、…各点作水平线与 $s'0'$相交得 b_1'、c_1'、d_1'、…，则 $s'b_1$、$s'c_1$、$s'd_1$、…就是被截去部分素线的实长，如图 13-10a 所示。

4）确定截交线上各点在展开图上的位置，并用光滑曲线依次连接。在展开图中 $S0$ 素线上截取 $SA=s'a'$，得点 A。用同样方法，在各素线上求出 B、C、D、E、…各点，以光滑曲线连接各点后，即得截交线的展开图。截切正圆锥表面的展开图，如图 13-10b 所示。

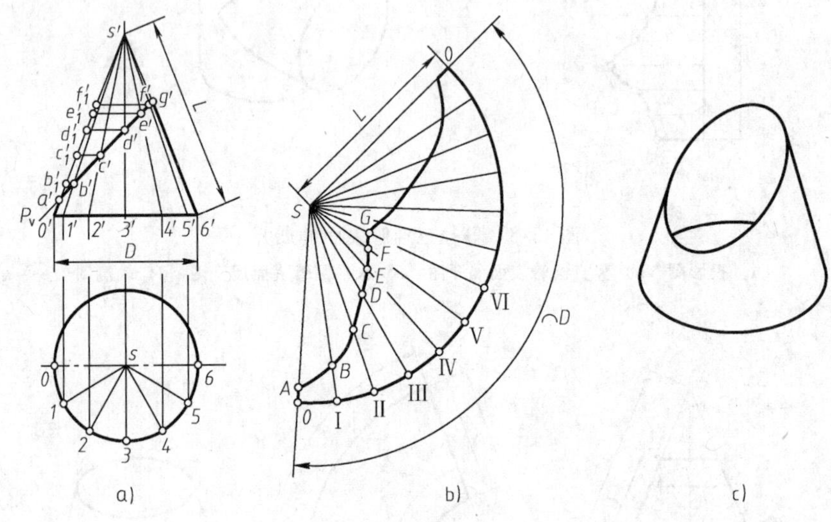

图 13-10　截切正圆锥表面的展开
a）投影图　b）展开图　c）轴测图

13.1.4　变形接头的展开

变形接头是用来连接两个不同形状管道的接头管件。绘制其展开图时，需要将变形接头的表面进行分割，通常将其划分为许多小三角形表面，然后求出其实形，并依次连接组成变形接头的展开图，如图 13-11 所示。

方圆变形接头是一种常用的变形接头，由平面和锥面组成。它上端为圆形，下端为长方形，侧面由四个等腰三角形平面和四个相等的倒置斜椭圆锥面组成，各等腰三角形平面与倒置斜椭圆锥面都相切，平滑过渡。下端长方形的每个边都是等腰三角形的底边，等腰三角形的顶点在上端的圆形上，四个顶点分别为Ⅰ、Ⅳ、Ⅴ、Ⅵ。下端长方形的每个顶点都是倒置斜椭圆锥的顶点，分别为 A、B、C、D。画变形接头展开图时，应先确定平面与锥面的分界线，然后分别求出各等腰三角形和倒置斜椭圆锥的实形，最后按顺序依次展开变形接头的各表面，绘制出其展开图。

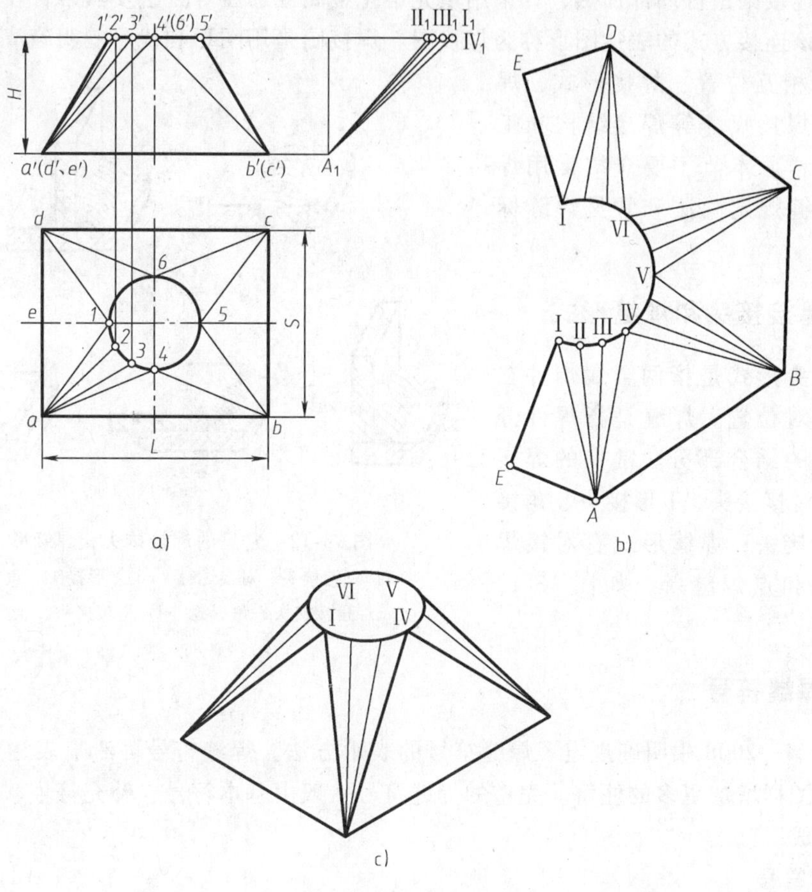

图 13-11　方圆变形接头的展开

a）投影图　b）展开图　c）轴测图

只要将四个切点与下管口矩形各个顶点连起来，就可以把接头表面划分为四个三角形ⅠAD、ⅣAB、ⅤBC、ⅥDC 和四个斜锥面 AⅠⅣ、BⅣⅤ、CⅤⅥ、DⅥⅠ。对于斜锥面可将其近似地分为若干小个三角形，然后求出各个三角形的实形。作图步骤如下：

1）在正投影图中，画出等腰三角形与倒置斜椭圆锥分界线。根据等腰三角形顶点在上端圆上和斜椭圆锥顶点在下端长方形顶点处的关系，在 H 面投影中画出 $a1$、$a4$、$b4$、$b5$、$c5$、$c6$、$d6$、$d1$，并在 V 面投影中画出 $a'1'$、$a'4'$、$b'4'$、…。

2）求作倒置斜椭圆锥面展开实形。将上端管口圆周分为 12 等份，作出四条倒置斜椭圆锥的素线，如图 13-11a 所示。用直角三角形法求斜锥面上四条素线的实长，接口线 $e1$ 为正平线，EⅠ的实长等于正面投影，如图 13-11a 所示，AⅠ = A_1Ⅰ$_1$、AⅡ = A_1Ⅱ$_1$、AⅢ = A_1Ⅲ$_1$、AⅣ = A_1Ⅳ$_1$。

3）根据所得各边的实长，先作出△AⅠE 的实形。然后依次在△AⅠE 一侧作出各斜锥面和三角形的展开图。整个变形接头的展开图，如图 13-11b 所示。

13.2　焊接图

焊接因其工艺简单、生产率高、成本低等优点而被广泛应用。将两个被连接金属件用电弧或火焰在连接处进行局部加热，并采用填充熔化金属或加压等方法使其熔合在一起的过程称为焊接，该连接方式的表达图形称为焊接图。焊接图是用图形和代号等明确清晰地表示出各焊接件的相互位置、焊接形式、焊接要求以及焊接尺寸等焊接结构和工艺技术的图样。本节主要介绍常用焊缝符号、焊缝规定画法和常见焊缝标注方法。

13.2.1 焊接接头和焊缝形式

焊接接头形式是指两金属焊件在焊接时的相对位置。焊缝是指焊件经焊接后形成的结合部分。常见的焊接接头形式有对接接头、T 形接头、角接接头和搭接接头；焊缝形式有对接焊缝、角焊缝和点焊缝等，如图 13-12 所示。

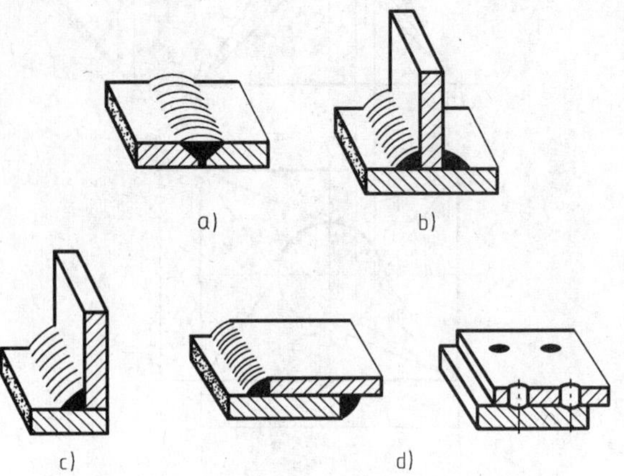

图 13-12 常见的焊接接头和焊缝形式
a）对接接头、对接焊缝 b）T 形接头、角焊缝
c）角接接头、角焊缝 d）搭接接头、点焊缝

13.2.2 焊缝符号

GB/T 324—2008 中明确规定了焊缝符号的表示方法。焊缝符号可清晰表达所要说明的信息，不使图样增加更多的注解。完整的焊缝符号一般由基本符号、补充符号、尺寸符号和指引线等组成。

1. 基本符号

基本符号是表示焊缝横截面的基本形式或特征的符号，其线宽为粗实线宽度的 0.7 倍。常用焊缝的基本符号见表 13-1。标注双面焊焊缝或接头时，基本符号可以组合使用。

表 13-1 常用焊缝的基本符号

名　称	图　例	基本符号	名　称	图　例	基本符号
I 形焊缝		‖	带钝边 J 形焊缝		
V 形焊缝		V	角焊缝		
单边 V 形焊缝			塞焊缝或槽焊缝		⊓
带钝边 V 形焊缝		Y	点焊缝		○
带钝边单边 V 形焊缝					

2. 补充符号

补充符号是补充说明有关焊缝或者接头某些特征的符号。表 13-2 列举了几种常见的补充符号。

表 13-2　常见的补充符号

名　称	图　例	符　号	说　明
平面符号		—	对接焊缝表面平齐(一般需要加工)
凸面符号		⌒	表示焊缝表面凸起
凹面符号	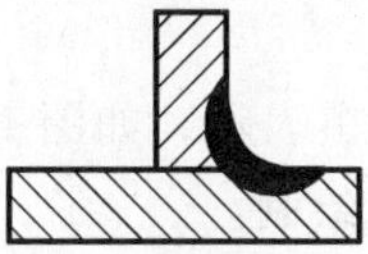	◡	表示焊缝表面凹陷
带垫板符号	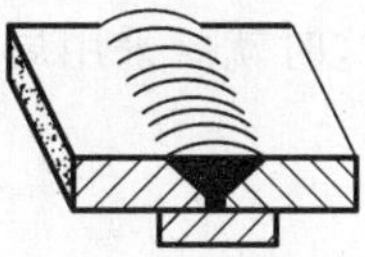	▭	表示焊缝底部有垫板
三面焊缝符号	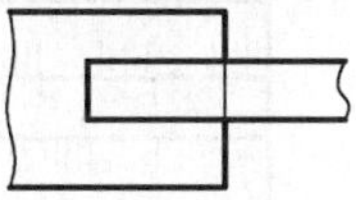	⊏	表示三面带有焊缝
周围焊缝符号	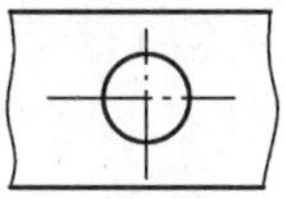	○	表示围绕工件周围焊接
现场符号	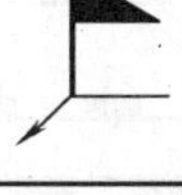	 ⚑	表示在工地或现场焊接

3. 尺寸符号

尺寸符号一般不标注，如需要注明焊缝尺寸时可按国家标准中的规定标注。表 13-3 列举了常用尺寸符号。GB/T 985. 1—2008 和 GB/T 985. 2—2008 中按照完全熔透的原则，规定了对接接头的坡口形式和尺寸。对于不完全熔透的对接接头，允许采用其他形式的焊接坡口。

表 13-3　常用尺寸符号

符号	名　称	符号	名　称	符号	名　称	符号	名　称
δ	工件厚度	p	钝　边	K	焊脚尺寸	β	坡口面角度
α	坡口角度	c	焊缝宽度	H	坡口深度	S	焊缝有效厚度
e	焊缝间距	n	焊缝段数	d	熔核直径或孔径	l	焊缝长度
b	根部间隙	R	根部半径	h	余　高	N	相同焊缝数量

13.2.3　图样中焊缝的表达方法

在技术图样中，一般按照 GB/T 324—2008 中规定的焊缝符号表示焊缝。配合该标准，GB/T 12212—2012 中规定：图样中一般采用焊缝符号表示焊缝，可采用图示法表示。需要在图样中简易地绘制焊缝时，可采用视图、剖视图或断面图等图示法表示，必要时也可用局部放大图表示。

1. 视图

焊缝画法如图 13-13 和图 13-14 所示，表示焊缝的一系列细实线段允许示意绘制，也允许采用加粗线（$2d \sim 3d$，d 为粗实线的线宽）表示焊缝，如图 13-15 所示。但在同一图样中，只允许采用一种画法。在表示焊缝端面的视图中，通常用粗实线绘制出焊缝的轮廓，必要时用细实线画出焊接前的坡口形状。如图 13-16 所示。

2. 剖视图与断面图

在剖视图和断面图中，焊缝的金属熔焊区通常涂黑表示，如图 13-17a 所示。若同时需要表示坡口等的形状时，熔焊区部分也可按图 13-17b 绘制。

3. 局部放大图

必要时焊缝部位可进行放大并标注有关的尺寸，这时就要采用局部放大图的方式，如图 13-18 所示。

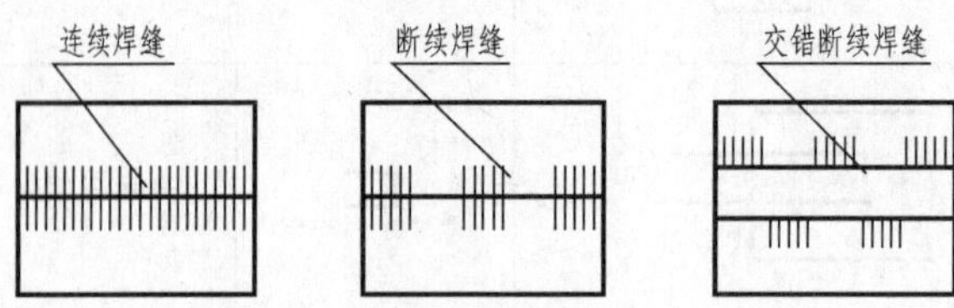

图 13-13　焊缝的视图表达方法（一）

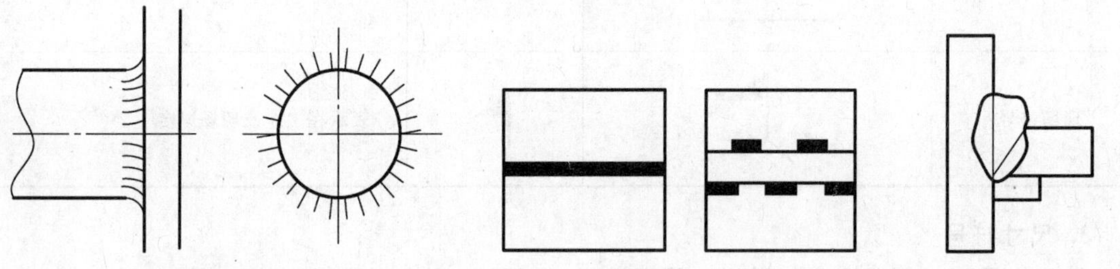

图 13-14　焊缝的视图表达方法（二）　　图 13-15　焊缝的视图表达方法（三）　　图 13-16　焊缝的视图表达方法（四）

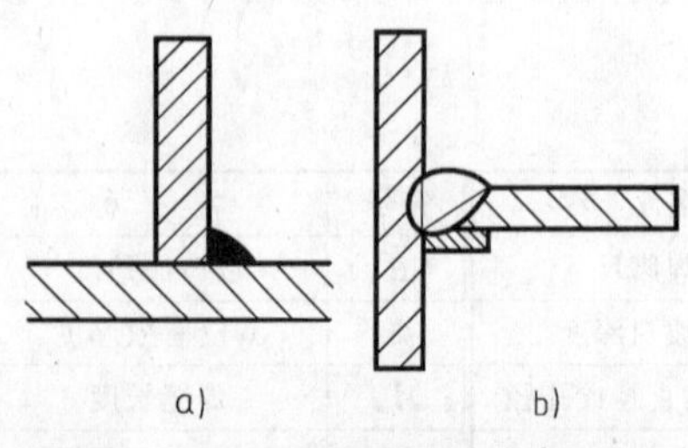

图 13-17　焊缝的断面表达方法

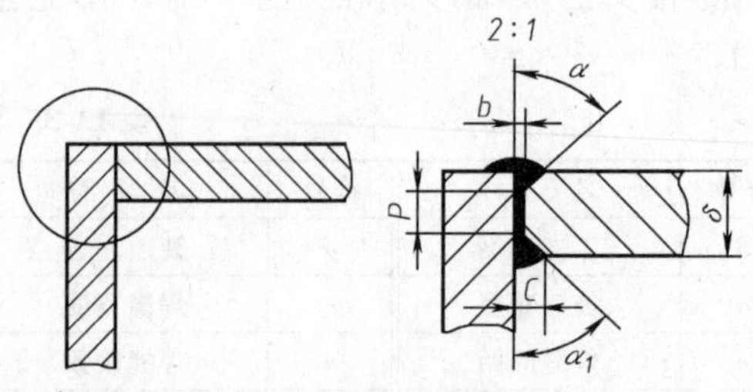

图 13-18　局部放大图

13.2.4　焊缝的标注方法

图样中的每一条焊缝都必须用国家标准规定的符号、代号以及标注方法予以标注，从而说明焊缝与焊接工艺方面的要求。

1. 指引线

指引线是图样上焊接处的标志，一般由箭头线与两条基准线（一条实线基准线，一条虚线基准线）组成，如图 13-19 所示。指引线的箭头指在接头焊缝一侧时，基本符号标在实线基准线的一侧；箭头指在接头焊缝的背面时，基本符号标在虚线基准线的一侧；当焊缝是对称焊缝时，允许省略虚线基准线在明确焊缝分布位置的情况下，有些双面焊缝也可省略虚线基准线。

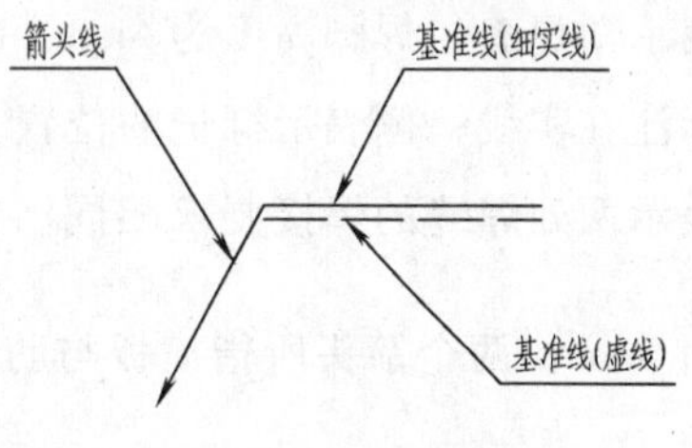

图 13-19　指引线

根据国家标准的规定，标注时，箭头线相对于焊缝的位置一般没有特殊要求，箭头可以指向焊缝的正面或者反面，但当标注带坡口焊缝时（如 V 形焊缝，单边 V 形焊缝，J 形焊缝等），箭头要指向带有坡口一侧的工件。表 13-4 列出了几种焊缝的标注示例。

表 13-4　焊缝的标注示例

视图或剖视图画法示例	焊接符号及定位尺寸简化注法示例	说　明
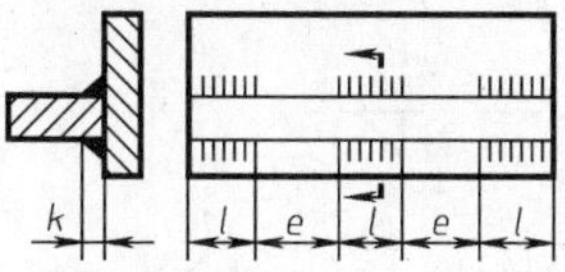	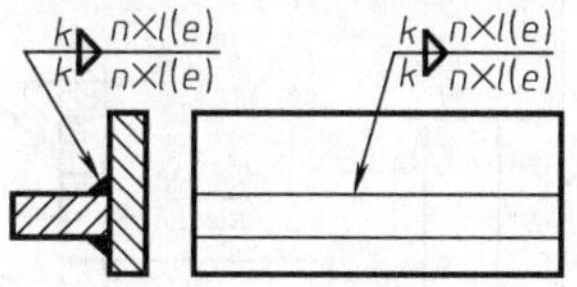	对称断续角焊缝，构件两端均有焊缝
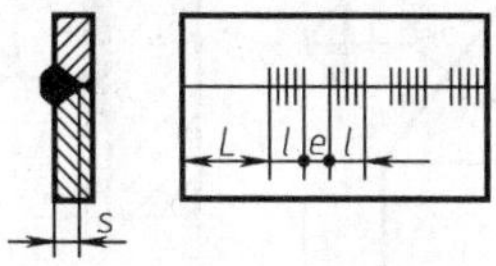	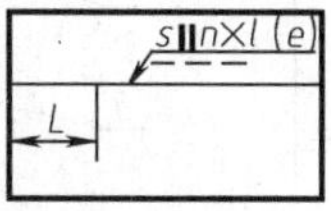	断续 I 形焊缝在箭头侧。焊缝段数 n，每段焊缝长度 l，焊缝间距 e，焊缝有效厚度 s

2. 尺寸标注

焊缝的尺寸标注方法如图 13-20 所示，需满足以下的规则：

1）焊缝的横向尺寸标注在基本符号的左侧。

2）焊缝的纵向尺寸标注在基本符号的右侧。

3）坡口角、坡口面角度、根部间隙标注在基本符号的上侧或下侧。

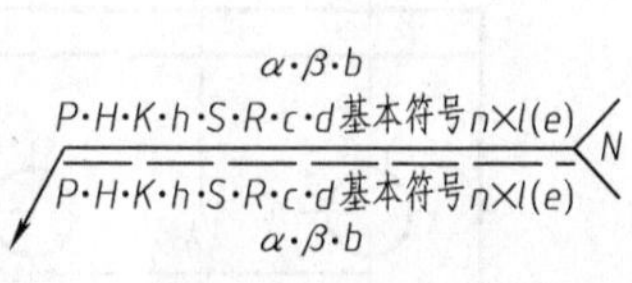

图 13-20　焊缝的尺寸标注方法

4）相同焊缝数量或焊接方法标注在尾部。

5）当所需的尺寸较多，不易分辨时，可在尺寸数据前标注相应的尺寸符号。

这些标注规则不因箭头线方向的改变而改变。

13.2.5　读焊接图举例

焊接图和一般装配图在编号、明细栏、视图等方面是相同的。不同点在于，一些简单的焊接图中会直接标注所有焊接件的详细尺寸，每一个焊接件没有相应的零件图，即焊接图同时可以作为零件图。以图 13-21 所示轴承挂架焊接图为例，来说明焊接图的读图方法。

从明细栏和视图表达得知，轴承挂架由 4 个零件焊接而成。主视图中标注了两处焊缝符号，其中“4 ◺○”表示立板与圆筒之间采用环绕圆筒的周围焊接，焊缝符号中的“◺”表示角焊缝，焊脚高度为 4mm，“○”表示周围焊缝，即环绕圆筒周围均有焊缝，“4 ◺”标注在实线一侧表示标记的位置为可见焊缝；立板与肋板之间的标记有两个箭头指向两处，表示两处焊缝的焊接要求相同。左视图中标记“5 ◺”表示对称连续角焊缝，焊脚高度为 5mm，两个箭头所指横板与肋板、肋板与圆筒之间的焊缝相同；“45° 2 4 V 4 ◸”表示横板上表面与立板的焊缝为单边 V 形焊缝，坡口角度为 45°，根部间隙为 2mm，表面铲平，坡口深度 4mm，虚线下方标记的“4 ◸”表示，横板下表面与立板的焊缝是 4mm 高的角焊缝，为了更清楚的表达该焊缝的结构尺寸，绘制了该处的局部放大图。焊接图技术要求的第一条中注明各焊缝均采用手工电弧焊焊接。

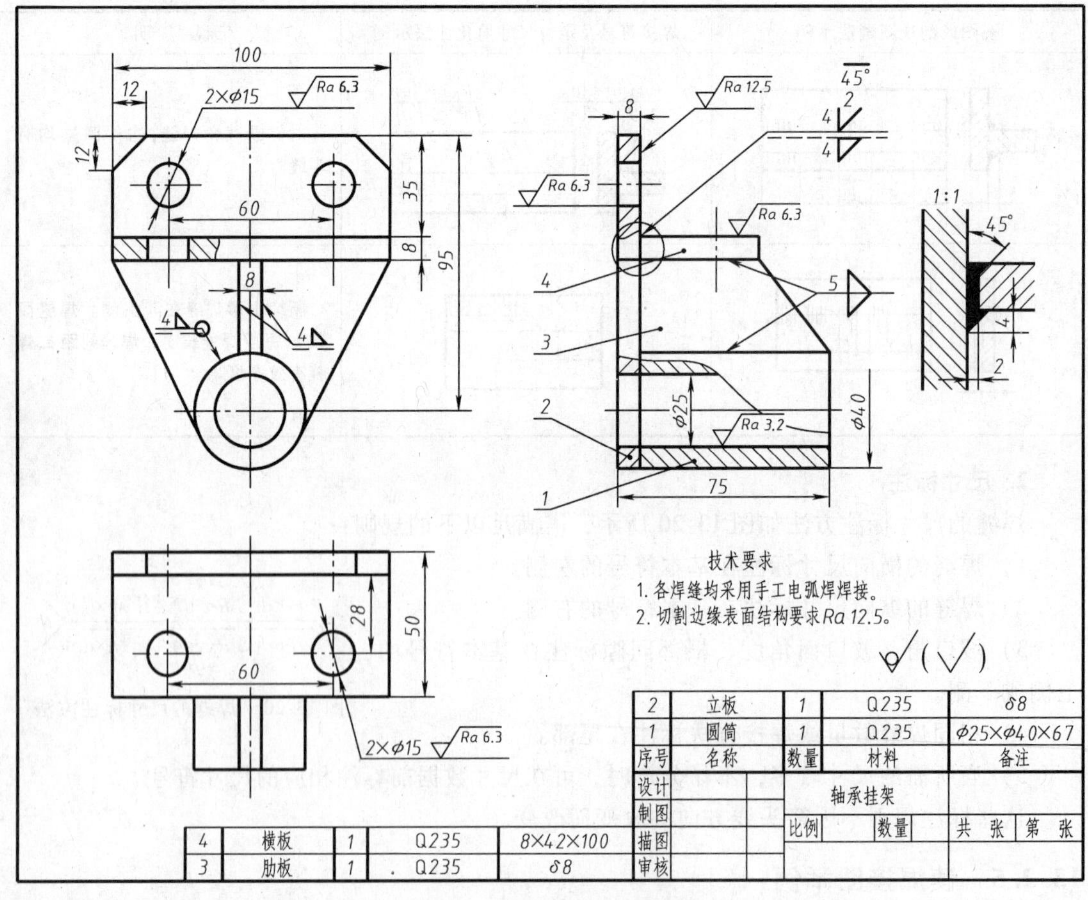

图 13-21　轴承挂架焊接图

13.3　电路图简介

电路图一般是指用导线将电源、开关、用电器、电流表、电压表等元器件连接起来组成电路，再按照统一的符号将它们表示出来的原理布局图。国家标准规定，电路中的元器件在电路图中采用图形符号绘制。一张完整的电路图包括图形符号、文字符号和注释。

13.3.1　电路图的组成

1. 图形符号

图形符号是组成电路中各元器件的简图。将各元器件图形符号连接起来，可表达电路的结构和工作原理。图 13-22 所示为光控定时发声电路图，图中的“ ”、“ ”、“ ”、“ ”、“ ”分别为“电容器”、“电阻器”、“可变电阻器”、“晶体管”和“扬声器”的图形符号。

GB/T 4728《电气简图用图形符号》（如 GB/T 4728.1—2005 和 GB/T 4728.2—2005）中规定了电气简图用图形符号的有关规范。表 13-5 给出了常用电路元器件的图形符号和文字符号。

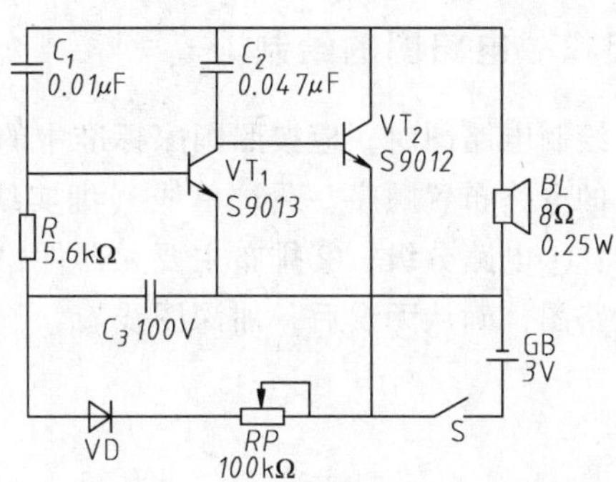

图 13-22　光控定时发声电路图

表 13-5　常用电路元器件的图形符号和文字符号

图形符号	名　称	文字符号	图形符号	名　称	文字符号	图形符号	名　称	文字符号
	导线			电感器、线圈	L		晶体管	V 或 VT
	导线的连接			带磁心的电感圈	L		二极管	V
	电阻器	R		磁心有空隙的电感圈	L		光敏二极管	V
	可调电阻器	R		插头	XP		天线	W
	电容器	C		插座	XS		电池	GB
	可调电容器	C		灯	H		接机壳或接底板	
	极性电容器	C		扬声器	B		传声器	BM
	电源开关	Q						

2. 文字符号

为了强调图形符号的性质，进一步理解图形符号的意义，在图形符号旁边，用字母写出该元器件的文字符号。图 13-22 中的“C”、“R”、“VT”分别对“电容器”、“电阻器”和“晶体管”做了进一步说明。

由于同一电路中相同名称的元器件有多个，绘制电路图时，需将同名的元器件用右下角标注数字的形式加以区别。图 13-22 中的“C_1”、“C_2”、“VT_1”、“VT_2”分别表示该电路中的两个“电容器”和两个“晶体管”。

3. 注释

为了定量地分析、研究电路所表达的设备，需要说明元器件的型号或数值。如图 13-22 所示，“R”旁注写了“5.6kΩ”、“C_1”旁注写了“0.01μF”、“VT_1”旁注写了“S9013”。

13.3.2　电路图的绘制

绘制电路图时，应按照国家标准中的规定，对所有元器件采用对应的图形符号，并按照一定的电路布置顺序，通过单线（细实线）连接等绘制规则绘制。绘制时可按照以下步骤进行：①电路分级；②排布主要元器件；③连接各级电路；④其他元器件的绘制；⑤检查整个电路图，确认无误后，加深图线。

第 14 章　计算机绘制工程图及三维实体造型

【本章学习提要】

通过本章的学习，熟练掌握用计算机软件绘制基本体、组合形体的投影图的作图方法。掌握使用软件进行基本体和简单组合形体造型的方法及零件图和装配图的绘制。掌握计算机三维实体造型的方法。

掌握和运用计算机绘图工具软件绘制工程图样、构建三维实体造型是工程设计者不可缺少的技能。AutoCAD 是美国 Autodesk 公司开发的通用计算机辅助设计软件包。从 1982 年推出以来，就被广泛地应用于机械、电子、建筑等领域。近年来，在地理、气象、航海等特殊图形的绘制领域也得到了广泛应用。AutoCAD 已成为计算机 CAD 系统中应用最为广泛的图形软件之一。本书选用 AutoCAD 2012 版本的绘图软件，介绍计算机辅助绘制二维图形的方法以及利用 CAD 软件进行二维构形和三维造型设计的方法。

14.1　AutoCAD 基本操作

以 WindowsXP 系统下安装好的 AutoCAD 2012 版本为例介绍操作 AutoCAD 的方法。

14.1.1　AutoCAD 的启动与操作界面的介绍

在 Windows 系统下安装 AutoCAD 2012 后，桌面上会创建一个启动图标。在该图标处双击鼠标左键，即启动 AutoCAD 2012 操作界面“草图与注释”工作空间。

在“草图与注释”和“三维建模”工作空间下，其界面主要由标题栏、快速访问工具栏、交互信息工具栏、菜单栏、功能区、绘图区、布局标签、状态栏、命令行窗口等元素组成，如图 14-1 所示，界面元素功能见表 14-1。

表 14-1　AutoCAD 2012 界面元素功能介绍

界面元素名称	功　能	说　明
标题栏	显示应用程序图标和当前操作图形的名称及路径	标题栏位于操作界面的最上方一行中间处
快速访问工具栏	包括“新建”、“打开”、“保存”、“另存为”、“打印”、“放弃”、“重做”、“工作空间”设置、“自定义快速访问”工具	草图与注释 位于操作界面左上方第一行
交互信息工具栏	包括“搜索”、“Autodesk Online 服务”、“交换”和“帮助”等工具	键入关键字或短语 登录 位于快速访问工具栏后面

（续）

界面元素名称	功能	说明
菜单栏	包括“文件”、“编辑”、“视图”、“插入”、“格式”、“工具”、“绘图”、“标注”、“修改”、“参数”、“窗口”、“帮助”	单击快速访问工具栏工具 草图与注释 的 按钮，从下拉菜单中选择“显示”或“隐藏”菜单项，则菜单栏在标题栏下方显示或隐藏 菜单项后有“▶”的说明还有下一级菜单；菜单项后有“...”的，运行后会出现对话框
功能区	包括“常用”、“插入”、“注释”、“参数化”、“视图”、“管理”、“输出”、“插件”和“联机”选项	在菜单栏的下方是功能区。也可从菜单栏中“工具”菜单里“选项板”菜单项中调出或关闭
绘图区	类似手工绘图的图纸，绘图结果都显示在此区域中	在绘图区域内移动鼠标时，十字光标跟着移动，同时，在绘图区下边的状态栏上显示光标点的坐标
工具栏	显示“标准”、“工作空间”、“图层”、“样式”、“对象特性”、“绘图”和“修改”等工具栏	在 AutoCAD 经典工作空间模式下，图 14-2 所示为“标准”、“工作空间”和“图层”工具栏
命令行窗口	提示符等待接受 AutoCAD 命令，显示 AutoCAD 提示信息。	位于操作界面最下端，倒数第二行 注意：用户绘图操作时必须随时注意窗口的显示信息，进行交互操作
布局标签	默认“模型”空间布局是我们通常的绘图环境。单击其中选项卡可以在模型空间或纸空间之间切换	位于绘图区的下方 模型 布局1 布局2
状态栏	用来显示 AutoCAD 当前的状态，左侧显示绘图区的光标定位点、光标的坐标值。右侧图标依次是“推断约束”、“捕捉模式”、“栅格显示”、“正交模式”、“极轴追踪”、“对象捕捉”、“三维对象捕捉”、“对象捕捉追踪”、“允许/禁止动态 UCS”、“动态输入”、“显示/隐藏线宽”、“显示/隐藏透明度”、“快捷特性”和“选择循环”	状态栏位于操作界面的底部 在状态栏单击鼠标右键，去掉快捷菜单中“使用图标”前的“√”，则该处显示图标 INFER 捕捉 栅格 正交 极轴 对象捕捉 3DOSNAP 对象追踪 DUCS DYN 线宽 TPY QP SC
状态托盘	包括“模型和纸空间”、“快速查看布局”、“快速查看图形”、“注释比例”、“注释可见性”、“自动添加注释”、“切换工作空间”、“锁定”、“硬件加速”、“隔离对象”、“状态行的下拉按钮”、“全屏显示”按钮	位于操作界面右侧 模型 1:1

AutoCAD 操作界面是显示、绘制和编辑图形的区域。AutoCAD 2012 提供了草图与注释、三维基础、三维建模、AutoCAD 经典四种工作空间模式供用户选择。习惯操作 AutoCAD 2004 以前版本的用户，可以把工作空间模式设置为“AutoCAD 经典”。

14.1.2 AutoCAD 命令的启动及绘图初始环境的设置

命令是 AutoCAD 绘制和编辑图形的核心，绘图初始环境的设置是保证所绘制的图形符合国家标准规定。AutoCAD 命令的启动及绘图初始环境的设置操作见表 14-2。

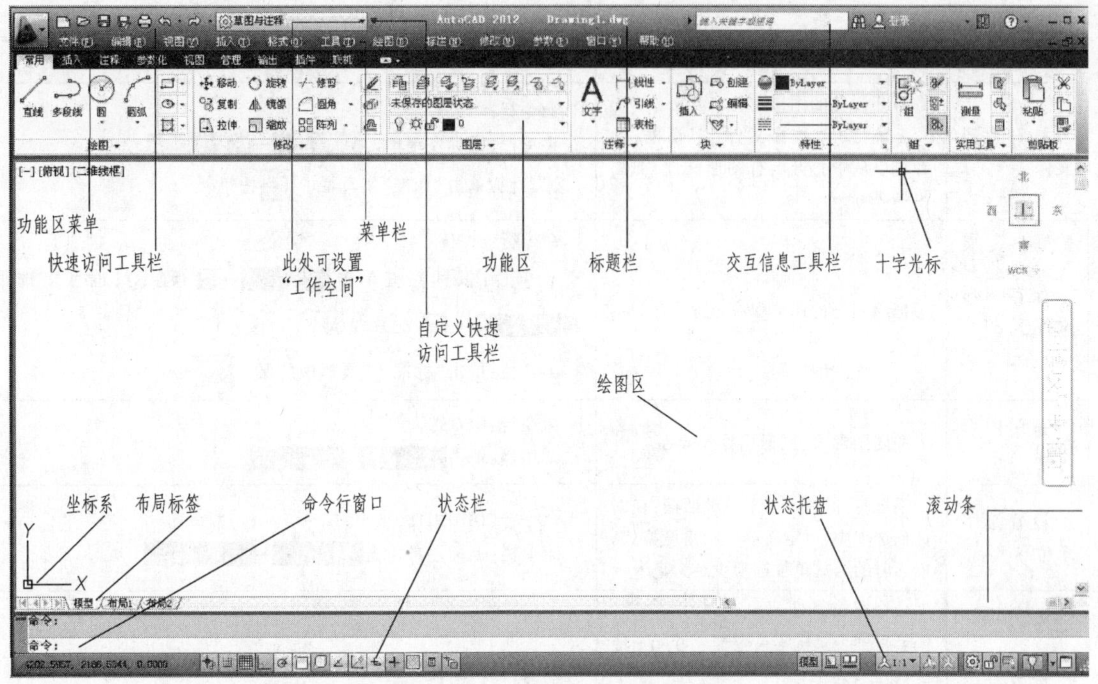

图 14-1　AutoCAD 2012 操作界面

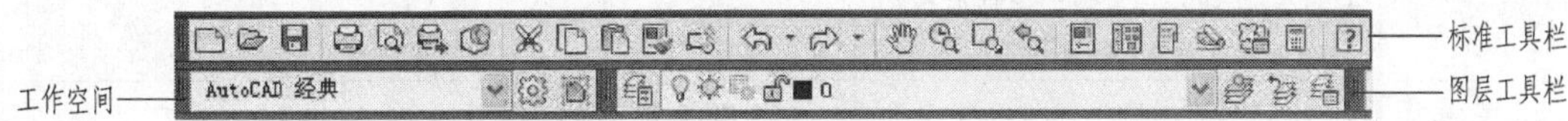

图 14-2　“标准”、“工作空间”和“图层”工具栏

表 14-2　AutoCAD 命令的启动及绘图初始环境的设置操作

命令	功　能	操 作 说 明
用鼠标操作启动命令	鼠标的左键为拾取键，用来指定点、选择对象、工具栏按钮和菜单命令等 鼠标的右键通常为 <Enter> 键，用来结束当前使用的命令。如果右击工具栏或绘图区，系统会弹出相应的快捷菜单	在绘图区移动鼠标时，光标为十字线形式；当光标移到菜单栏、工具栏或对话框内时，光标会变成箭头。鼠标指针移动到菜单栏或工具栏中的命令小图标上，无论是光标或箭头，单击鼠标左键，AutoCAD 都会执行相应的命令和动作
用键盘输入启动命令	AutoCAD 系统接受用户从键盘输入的命令，但格式必须是英文	大部分的绘图和编辑命令都需要键盘输入，如 Mvsetup 命令、系统变量、文本对象、数值参数、点的坐标或是进行参数选择等
命令的重复	用户要重复使用上一次使用的命令	在绘图区中单击鼠标右键，系统打开操作的提示菜单；也可以按 <Enter> 键、<Space> 键
命令的撤销	撤销前面所进行的操作	在命令行键入“U”或在工具栏上单击按钮
创建新图形文件	打开一张新图 系统打开“选择样板”对话框，如图 14-3 所示。从中选择某一样板文件后，单击“打开”按钮，系统进入绘图环境	在命令行输入：NEW 菜单栏：鼠标左键单击 文件(F) → 新建(N)... 工具栏：单击“标准”工具栏中 按钮

（续）

命令	功　能	操作说明
打开图形文件	打开已有的图形文件 系统打开“选择文件”对话框，读者可以从中打开已有图形文件，如图 14-4 所示	命令行：OPEN 菜单栏：鼠标左键单击 文件(F) → 打开(O)... 工具栏：单击“标准”工具栏中 按钮
保存图形文件	把绘制好的图形保存起来	命令行：SAVE 菜单栏：鼠标左键单击 文件(F) → 保存(S)；也可以选择 文件(F) → 另存为(A)... 工具栏：单击“标准”工具栏中的保存 按钮
关闭图形文件	关闭图形文件，退出操作界面	命令行：CLOSE 菜单栏：单击 文件(F) → 关闭(C)
设置绘图单位	系统打开“图形单位”对话框，在对话框选项中，可定义单位和角度格式，插入时的缩放单位选项设定为毫米	命令行：DDUNITS（或 UNITS） 菜单栏：鼠标左键单击 格式(O) → 单位(U)...
设置绘图边界	命令行窗口显示： 指定左下角点或 [开(ON)/关(OFF)] <0.0000,0.0000>: 0,0（按 <Enter> 键） 指定右上角点 <420.0000,297.0000>: 420,297（输入右上角的坐标后按 <Enter> 键设定 A3 幅面图纸）	命令行：LIMITS 菜单栏：鼠标左键单击 格式(O) → 图形界限(I)
显示绘图界限	所绘制的图形均显示在窗口内	菜单栏：鼠标左键单击 视图(V) → 缩放(Z) → 全部(A)

图 14-3 “选择样板”对话框

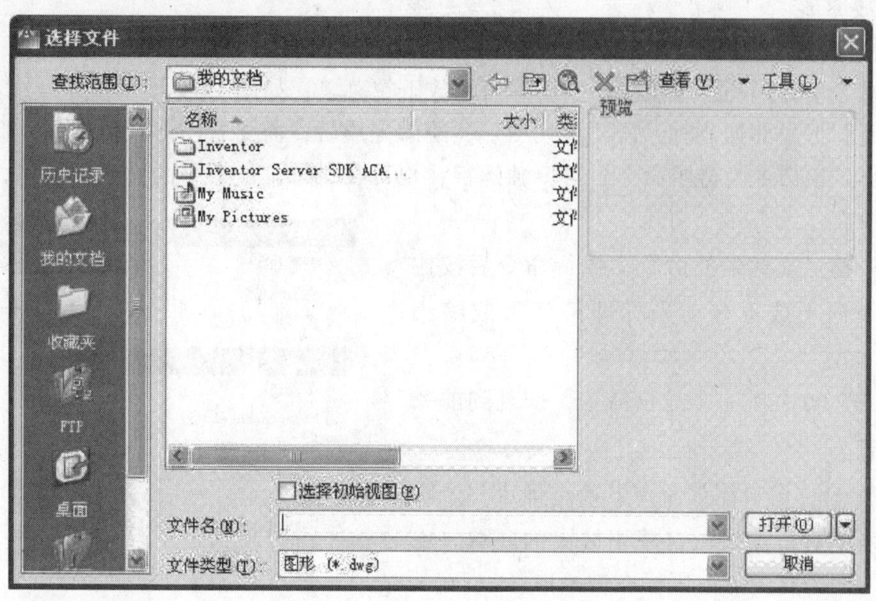

图 14-4 “选择文件”对话框

14.1.3 坐标与数据输入方法

在 AutoCAD 中，点的坐标有以下四种表示方法：

1）绝对直角坐标。组成形式为“x，y”或“x，y，z”，是相对于坐标原点（0，0）或（0，0，0）出发的位移。可以用分数、小数或科学记数等形式表示 X、Y、Z 轴的坐标值。例如“100，150”表示相对于坐标原点（0，0），X 轴坐标为 100，Y 轴坐标为 150。

2）绝对极坐标。组成形式为“距离 < 角度”，也是相对于坐标原点（0，0）或（0，0，0）出发的位移。系统默认 X 轴正向为 0°，Y 轴正向为 90°，逆时针方向测量角度值为正。例如“10 <45”，实际输入时不加引号。

3）相对直角坐标。组成形式为“@ Δx，Δy”或“@ Δx，Δy，Δz”，是相对于前一点的坐标值。例如“@6，9”，实际输入时不加引号。

4）相对极坐标。组成形式为“@ 距离 < 角度”，也是相对前一点的坐标值。例如“@10 <60”，实际输入时不加引号。

14.1.4 图形显示控制

对于一个较复杂的图形来说，我们看整幅图形时往往无法看清局部细节，观察局部细节时又看不到其他部分。为了解决这个问题，AutoCAD 提供了缩放、平移等图形显示控制命令，以方便操作者观察图形和作图。

注意：无论图形显示如何变化，图形本身在坐标系中的位置和尺寸不会改变。

一般情况下，利用鼠标滚轮可实现显示控制。把光标放到图形中要缩放的部位，滚动鼠标中间的滚轮可以放大或缩小图形。当光标处于绘图区时，按住滚轮拖动鼠标可以平移图形。

1. 缩放图形

命令行：Zoom。

菜单栏：单击视图(V)→缩放(Z)。系统弹出缩放下拉菜单，如图 14-5 所示。

在绘制图形局部细节时，需要放大图形，绘图完成后，需要看图形整体效果，此时用缩小命令缩小。该命令为透明命令，可单独运行，也可在执行其他命令的过程中使用，原有的命令不会中断。

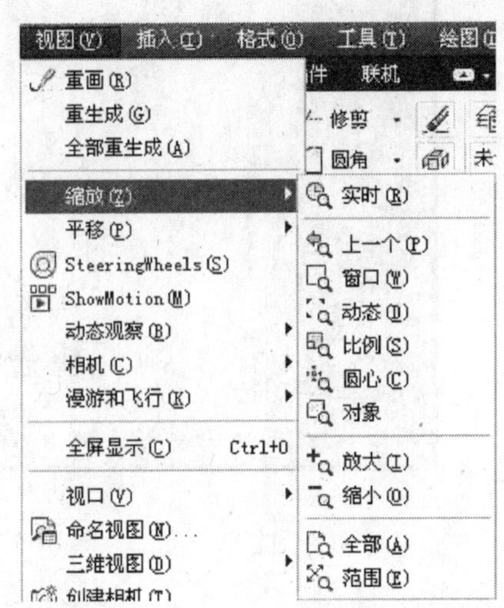

图 14-5　菜单栏中的显示控制命令

实时(R)：实时缩放命令，执行命令后按住鼠标左键，向上或下拖动光标即可放大或缩小图形。

上一个(P)：前一个显示命令，恢复到前一帧显示状态。

窗口(W)：窗口缩放命令，通过确定一个矩形窗口的两个对角点来指定需要放大的区域。通常，窗口的两个对角点由鼠标左键拾取。

动态(D)：动态缩放命令，可以动态改变窗口的位置和大小，使其中的图形平移或缩放。

比例(S)：比例缩放命令，通过指定比例因子，实现比例缩放。

圆心(C)：中心缩放命令，指定一点作为图形显示的中心点，再指定比例因子或窗口高度，来确定图形的缩放。

对象：缩放对象命令，指定一个对象，该对象全部被显示并尽可能被放大。

放大(I)：放大命令，缩放的比例因子为 2×，放大一倍。

缩小(O)：缩小命令，缩放的比例因子为 0.5×，缩小一半。

全部(A)：全图显示命令，按照设定的绘图范围显示全图。

范围(E)：范围放大命令，图形中所有对象全部被显示，未被占用的空白区域不在显示范围内。

2. 平移图形

命令行：Pan。

菜单栏：单击视图(V)→平移(P)。执行上述操作后，在系统弹出的菜单中选择“平移”，按住鼠标左键拖动整个图形，相当于移动图样，借以观察图样的不同部分。该命令也是透明命令。

3. 打开或关闭线宽显示

在模型空间和纸空间绘图时，为了提高显示处理速度，可以关闭线宽显示。单击状态栏上的线宽按钮 +，可实现线宽显示的开、关。

4. 重画与重生成图形

(1) 重画命令　菜单栏：单击视图(V)→重画(R)。系统执行“重画”命令，并在显示内存中更新屏幕，消除图面上不需要的标志符号或重新显示因编辑而产生的某些对象被抹掉的部分（实际图形存在）。

（2）重生成命令　菜单栏：单击视图(V)→重生成(G)。命令执行后，系统可以重新计算屏幕上的图形并调整分辨率，然后显示在屏幕上。在图形缩放（Zoom）后，圆、椭圆或弧有时会以多边形显示，使用重生成命令可以恢复其原来形状。

14.2 AutoCAD 二维绘图与编辑命令

二维图形是指在二维平面空间绘制的图形，由基本图形元素如点、线、圆弧、圆、椭圆、矩形、多边形等构成。本节将介绍绘制这些图形元素的命令的使用方法，以及编辑二维图形的一些命令。

14.2.1 基本绘图命令

在菜单栏的“绘图”下拉菜单中包括了主要的二维绘图命令，如图 14-6 所示。

1. 画直线

命令行：Line。

菜单栏：单击绘图(D)→直线(L)。

功能区：单击常用→绘图工具栏中的按钮。执行上述操作后，命令行窗口显示信息：

命令：_line 指定第一点：（输入直线的起点坐标）

指定下一点或［放弃(U)］：（输入直线的端点坐标）

指定下一点或［放弃(U)］：（输入下一个直线的端点坐标）

指定下一点或［闭合(C)/放弃(U)］：（输入下一个直线的端点坐标，或输入选项“C”使图形闭合，结束命令）

2. 画圆

命令行：Circle。

菜单栏：单击绘图(D)→圆(C)。

功能区：单击常用→绘图工具栏中的按钮。执行上述操作后，命令行窗口显示信息：

命令：_circle 指定圆的圆心或［三点(3P)/两点(2P)/切点、切点、半径(T)］：（指定圆心）

指定圆的半径或［直径(D)］：（指定半径的长度）

在功能区单击常用→绘图工具栏中的圆按钮，如图 14-7 所示，则显示出 AutoCAD 2012 提供 6 种绘制圆的方法。

图 14-8 所示为利用相切命令绘制的圆。

3. 画正多边形

命令行：Polygon。

菜单栏：单击绘图(D)→多边形(Y)。执行上述操作后，命令行窗口显示信息：

命令：_polygon 输入侧面数 <4>：6（输入多边形的边数 6）

指定正多边形的中心点或［边(E)］：（指定多边形的中心点）

输入选项［内接于圆(I)/外切于圆(C)］<I>：（选择内接于圆）

指定圆的半径：50（指定圆的半径为 50mm，结果如图 14-9 所示）

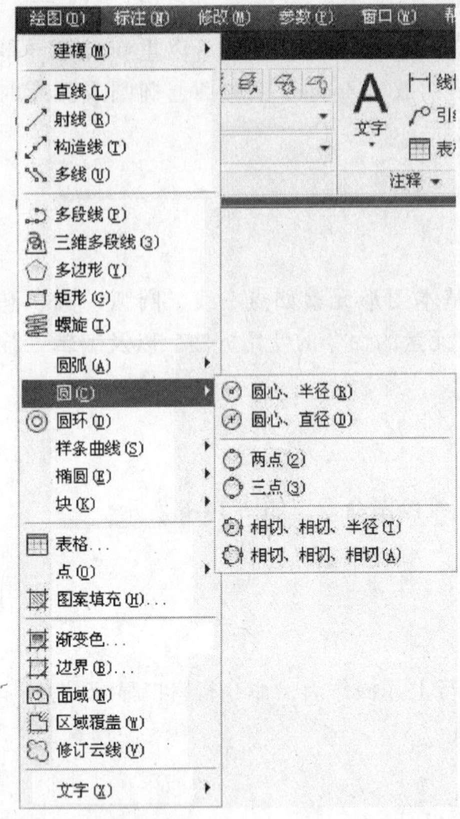

图 14-6 “绘图”下拉菜单

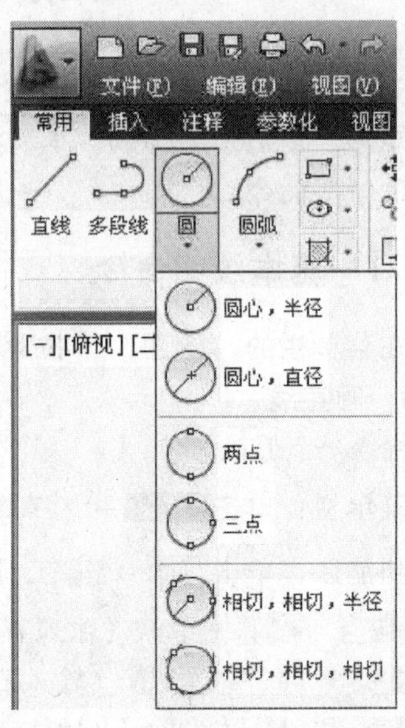

图 14-7 “绘制圆”的下拉菜单

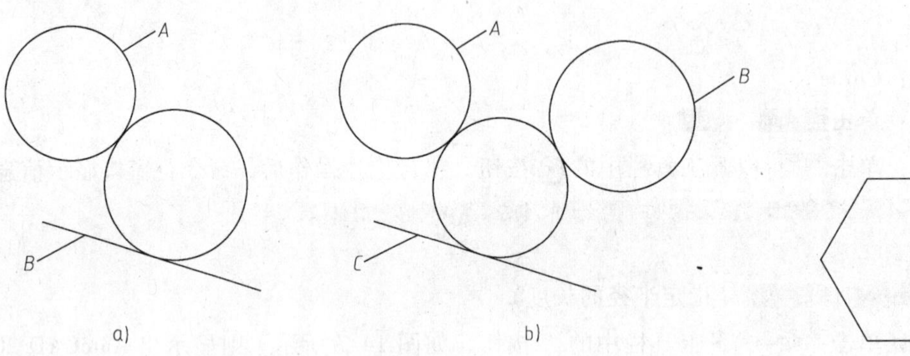

图 14-8 利用相切命令绘制圆的方法

a）指定两个相切对象和半径画圆　b）指定 3 个相切对象画圆

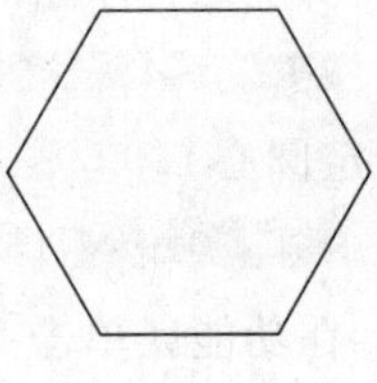

图 14-9 正六边形

4. 画多段线

命令行：Pline。

菜单栏：单击 绘图(D) → 多段线(P)。执行上述操作后，命令行窗口显示信息：

指定起点：（在绘图区指定一个起点）

指定下一个点或 [圆弧(A)/半宽(H)/长度(L)/放弃(U)/宽度(W)]：（指定下一个点）

指定下一点或 [圆弧(A)/闭合(C)/半宽(H)/长度(L)/放弃(U)/宽度(W)]：

提示信息中选项功能如下：

圆弧（A）：从绘制直线方式切换到绘制圆弧方式。

半宽（H）：设置多段线的半线宽度，即多段线的宽度等于输入值的 2 倍。起点和终点的宽度均可指定。

长度（L）：指定绘制直线段的长度。

放弃（U）：删除多段线上的上一段直线段或圆弧段。方便及时修改绘制多段线中的错误。

宽度（W）：设置多段线的宽度，可以分别指定对象的起点半宽和终点半宽。

闭合（C）：封闭多段线并结束命令。

绘制多段线时，在“指定下一点或[圆弧(A)/闭合(C)/半宽(H)/长度(L)/放弃(U)/宽度(W)]:”命令提示下输入 A，可切换到圆弧绘制方式，命令行显示信息为：

指定圆弧的端点或［角度(A)/圆心(CE)/闭合(CL)/方向(D)/半宽(H)/直线(L)/半径(R)/第二个点(S)/放弃(U)/宽度(W)］:

该命令中选项功能从略。

【例 14-1】 用 Pline 命令绘制图 14-10 所示的箭头。

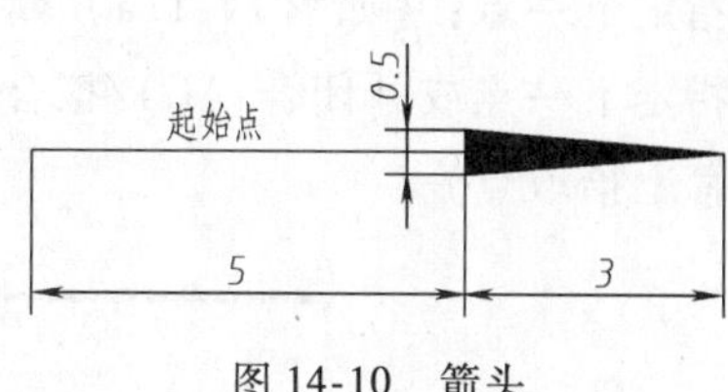

图 14-10 箭头

菜单栏：单击 绘图(D) → 多段线(P)。命令行窗口显示信息：

指定起点：（输入起点坐标）

当前线宽为 0.0000

指定下一个点或 [圆弧(A)/半宽(H)/长度(L)/放弃(U)/宽度(W)]: @5，0 （输入相对坐标@5，0 后按<Enter>键或选择输入长度 L）

指定下一点或 [圆弧(A)/闭合(C)/半宽(H)/长度(L)/放弃(U)/宽度(W)]: W （选择指定宽度）

指定起点宽度 <0.0000>: 0.5 （输入宽度 0.5，按<Enter>键）

指定端点宽度 <0.5000>: 0 （输入终点宽度 0，按<Enter>键）

指定下一点或 [圆弧(A)/闭合(C)/半宽(H)/长度(L)/放弃(U)/宽度(W)]: @3,0 （输入箭头头部点的相对坐标@3，0，也可以选择输入长度 L）

指定下一点或 [圆弧(A)/闭合(C)/半宽(H)/长度(L)/放弃(U)/宽度(W)]: （按<Enter>键结束命令）

5. 画样条曲线

命令行：Spline。

菜单栏：单击 绘图(D) → 样条曲线(S) → 拟合点(F) 或 控制点(C)。

功能区：单击 常用 → 绘图 工具栏中的按钮。执行上述操作后，命令行窗口显示信息：

命令：_spline

当前设置：方式=拟合 节点=弦

指定第一个点或 [方式(M)/阶数(D)/对象(O)]:

在此命令后，如选择“对象（O）”（输入 O），可将多段线编辑得到的二次或三次拟合样条曲线转换成等价的样条曲线（从略）。默认下指定样条曲线的起点，然后再指定样条曲线上的另一个点后，系统显示“指定下一个点或［闭合（C）/拟合公差（F）］ <起

点切向 <Enter>:"，此时可通过继续定义样条曲线的控制点来创建样条曲线，最后按 <Enter> 键结束。

【例 14-2】 绘制图 14-11d 所示的图形。

在菜单栏单击 绘图(D) → 直线(L)，绘制线段 *AB*、*BC*、*CD*。

指定第一个点：150，150（输入 *A* 点坐标，按 <Enter> 键）

指定下一点或［放弃（U）］：@ -40，0（输入 *B* 点相对坐标，按 <Enter> 键）

指定下一点或［放弃（U）］：@0，-40（输入 *C* 点相对坐标，按 <Enter> 键）

指定下一点或［闭合（C）/放弃（U）］：@40，0（输入 *D* 点相对坐标，按 <Enter> 键）

指定下一点或［闭合（C）/放弃（U）］：（按 <Enter> 键结束命令）

在菜单栏单击 绘图(D) → 样条曲线(S) → 拟合点(F)，绘制 *AD* 段样条曲线。

指定第一点或［对象（O）］：150，150（输入 *A* 点坐标，按 <Enter> 键）

指定下一点：（如图 14-11a 所示，用鼠标在屏幕上拾取点）

指定下一点或［闭合（C）/拟合公差（F）］<起点切向>：（如图 14-11b 所示，用鼠标在屏幕上拾取点）

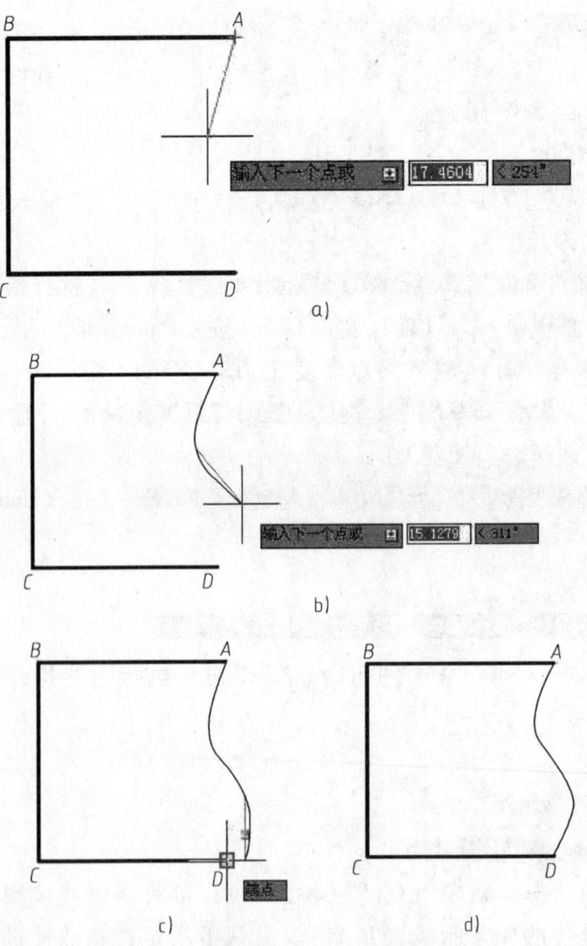

图 14-11　用 line、spline 命令绘制的图形

指定下一点或［闭合（C）/拟合公差（F）］<起点切向>：（用鼠标拾取 *D* 点，如图 14-11c 所示）

指定下一点或［闭合（C）/拟合公差（F）］<起点切向>：（按 <Enter> 键结束点的输入）

指定起点切向：（按 <Enter> 键使用默认的切线方向）

指定终点切向：（按 <Enter> 键使用默认的切线方向，并结束 spline 命令，如图 14-11d 所示）

14.2.2　选择与编辑图形

选择图形对象是编辑的前提，AutoCAD 提供了多种选择图形对象的方法，如点取法、窗口法、对话框法等。同时提供了两种编辑图形对象的方法：先执行编辑命令，然后选择要编辑的图形对象；先选择要编辑的图形对象，然后执行编辑命令。两种方法的执行效果是一样的。

利用 AutoCAD“修改”工具栏中的图形编辑命令，可实现对图形对象的编辑。图形对象被选中后，会显示若干个小方框（夹点），利用小方框可对图形进行简单编辑。而复杂的编辑则要利用图形编辑工具来实现。图形编辑可以帮助用户合理构造和组织图形，保证绘图的准确性，且操作简便。

1. 选择编辑对象

（1）设置对象的选择模式　菜单栏：单击 修改(M) → 选项(N)...。系统弹出“选项”对话框。在“选择集”选项卡中，用户可设置选择集模式，拾取框的大小及夹点功能等，如图 14-12 所示。一般情况下使用系统默认。

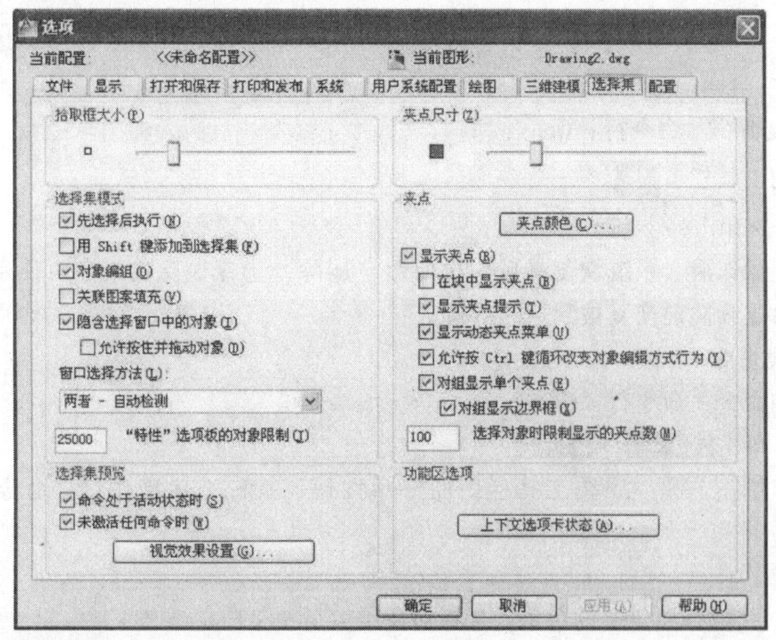

图 14-12　“选项”对话框

（2）选择对象的方法　选择对象时，用户可以采用多种选择方法。如在“选择对象”

提示下，用户可以选择一个对象，也可以逐个选择多个对象；可指定对角点来定义矩形区域，进行窗口或交叉窗口选择；也可向选择集中添加对象或从中删除对象等。

1）默认情况下可直接选择对象。若选取大量对象时可利用该命令提示中的选项功能。

2）窗口（W）选项：单击鼠标左键在合适的位置先确定窗口的左角点，再确定窗口的右角点，绘制一个矩形区域来选择对象。位于矩形窗口内的所有对象即被拾取。

3）窗交（C）选项：使用交叉窗口，绘制一个矩形区域来选择对象。位于矩形窗口内以及与窗口相交的对象均被拾取。

4）图 14-13 所示为向选择集中添加对象。若要从中删除对象，可按住 <Shift> 键，用鼠标拾取要删除的对象即可。图 14-14 所示为从选择集中删除矩形。

2. 删除与恢复类命令

（1）删除命令　命令行：Erase。

菜单栏：单击 修改(M) → 删除(E)。

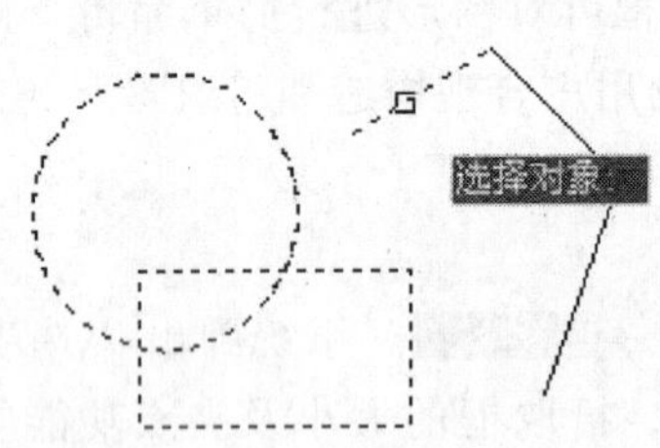

图 14-13　向选择集中添加对象

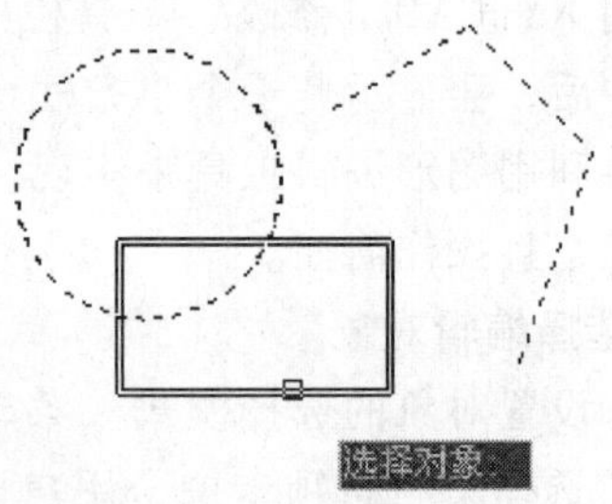

图 14-14　从选择集中删除对象

功能区：单击 常用 → 修改 工具栏中的按钮。执行上述操作后，可删除图形中选中的对象。

（2）恢复命令　命令行：Oops 或 U。

快捷访问工具栏：。

快捷键：<Ctrl + Z> 键。

执行上述操作后，系统恢复最后一次使用“删除”命令删除的对象。使用“undo”取消命令，即可连续向前恢复被删除的对象。

3. 复制类命令

（1）复制命令　命令行：Copy。

菜单栏：单击 修改(M) → 复制(Y)。

功能区：单击 常用 → 修改 工具栏中的 复制 按钮。执行上述操作后，命令行窗口信息提示：

命令：_copy

选择对象：（选择要复制的对象，选择对象结束后按 <Enter> 键）

指定基点或 [位移(D)/模式(O)] <位移>：（指定基点或位移）

指定第二个点或 [阵列(A)] <使用第一个点作为位移>：（指定第二个点或位移后退出）

（2）镜像命令　命令行：Mirror。

菜单栏：单击 修改(M) → 镜像(I)。

功能区：单击 常用 → 修改 工具栏中的 镜像 按钮。执行上述操作后，按命令行窗口信息提示，可以将对象按镜像线对称复制。

(3) 阵列命令　命令行：Array。

菜单栏：单击 修改(M) → 阵列 → 矩形阵列 或 环形阵列 或 路径阵列 。

功能区：单击 常用 → 修改 工具栏中的 阵列 · 显示 矩形阵列 环形阵列 路径阵列”按钮。

执行上述操作后，按命令行窗口信息提示，用户可以在对话框中设置矩形阵列、环形阵列或路径阵列方式。

注意：在矩形阵列中，行距、列距和阵列角度的正、负值将影响阵列方向。行、列值为正将使阵列沿 X 轴或 Y 轴正方向复制对象；阵列角度为正值则沿逆时针方向复制对象，负值则相反。

(4) 偏移命令　命令行：Offset。

菜单栏：单击 修改(M) → 偏移(S)。

功能区：单击 常用 → 修改 工具栏中的 按钮。执行上述操作后，命令行窗口信息提示：

命令：_offset
当前设置：删除源=否　图层=源　OFFSETGAPTYPE=0

指定偏移距离或 [通过(T)/删除(E)/图层(L)] <通过>：20　（输入偏移的距离后按 <Enter> 键）

选择要偏移的对象，或 [退出(E)/放弃(U)] <退出>：　（选择要偏移的对象）

指定要偏移的那一侧上的点，或 [退出(E)/多个(M)/放弃(U)] <退出>：　（指定偏移方向，结束）

默认情况下，用户要先设定偏移距离，再选择要偏移的对象、然后指定偏移方向，完成操作。

选项说明：

“通过（T）”选项：命令行输入 T，命令行提示“选择要偏移的对象，或 [退出（E）/放弃（U）] <退出>：”，选择偏移对象后，命令行提示“指定通过点或 [退出（E）/多个（M）/放弃（U）] <退出>：”，指定复制对象经过的点或输入 M 使对象偏移多次，或按 <Enter> 键结束命令。

“删除（E）”选项：命令行输入 E，命令行提示“要在偏移后删除源对象[⊖]吗？[是（Y）/否（N）] <否>：”，输入 Y 或 N 确定是否删除源对象。

“图层（L）”选项：命令行输入 L，选择要偏移对象的图层。

偏移命令可以对指定的直线、圆弧、圆等对象作同心偏移复制。利用该命令可以创建造型与原始对象造型平行的新对象。在实际应用中，偏移图形对象是一种高效的绘图技巧。

4. 改变几何特性的命令

(1) 修剪命令　命令行：Trim。

菜单栏：单击 修改(M) → 修剪(T)。

⊖ 在 AutoCAD 命令执行过程中系统提示使用“源对象”，因此本章正文中也使用“源对象”一词。

功能区：单击 常用 → 修改 工具栏中的 修剪 按钮。执行上述操作后，命令行窗口信息提示：

选择对象或〈全部选择〉：（选择作为修剪切边的对象，对象选择完成后按 < Enter > 键）。

选择要修剪的对象，或按住〈Shift〉键选择要延伸的对象，或 [栏选(F)/窗交(C)/投影(P)/边(E)/删除(R)/放弃(U)]：（选择要删除的对象）。

使用修剪命令，可以以某一对象为剪切边，修剪其他对象。对象既可以作为剪切边，也可以是被修剪的对象。默认情况下，选择被修剪边，即可删除不要的对象。

选择对象时，如按住 < Shift > 键，系统会自动将“修剪”命令转换成“延伸”命令。“修剪”对象时，按住 < Shift > 键，选择要修剪的对象，可以完成延伸操作。其他选项功能本章从略。

（2）延伸命令　命令行：Extend。

在菜单栏：单击 修改(M) → 延伸(D)。

功能区：单击 常用 → 修改 工具栏中的 按钮。执行上述操作后，按命令行窗口提示信息，先选择作为边界边的对象，按 < Enter > 键。再选择要延伸的对象完成延伸。

注意：延伸命令与修剪命令的使用方法类似，不同的是，使用延伸命令时，如按住 < Shift > 键，同时选择对象，则执行修剪命令；使用修剪命令时，如按住 < Shift > 键，同时选择对象，则执行延伸命令。

（3）拉伸命令　命令行：Stretch。

菜单栏：单击 修改(M) → 拉伸(H)。

功能区：单击 常用 → 修改 工具栏中的 拉伸 按钮。

注意：执行上述操作后，按命令行窗口提示信息，用“交叉窗口（C）”方式或“交叉多边形（CP）”方式选择对象，按 < Enter > 键结束选择对象，按提示操作可实现对象的拉伸（或压缩）。

（4）打断命令　命令行：Break。

菜单栏：单击 修改(M) → 打断(K)。

功能区：单击 常用 → 修改 工具栏中的 按钮。执行上述操作后，命令行窗口提示信息：

命令：_break 选择对象：（选择要打断的对象）

指定第二个打断点 或 [第一点(F)]：（指定第二个打断点或输入 F 重新输入第一个打断点）

注意：在相同的位置指定两个打断点，最快的方法是在提示输入第二点时输入 @0.0 < Enter >。

用“打断”命令对圆、矩形等封闭图形打断时，系统将沿逆时针方向把第一点到第二点之间的对象删除。

（5）倒角命令　命令行：Chamfer。

菜单栏：单击 修改(M) → 倒角(C)。

功能区：单击 常用 → 修改 工具栏中的 倒角 按钮。执行上述操作后，命令行窗口提示信息：

命令：_chamfer
("修剪"模式) 当前倒角距离 1 = 0.0000，距离 2 = 0.0000
选择第一条直线或 [放弃(U)/多段线(P)/距离(D)/角度(A)/修剪(T)/方式(E)/多个(M)]: d　（键盘输入 D 按 <Enter> 键）

指定 第一个 倒角距离 <0.0000>:　（键盘输入第一个倒角边的距离，如 10）

指定 第二个 倒角距离 <10.0000>:　（第二个倒角边的距离默认为 10，按 <Enter> 键）

选择第一条直线或 [放弃(U)/多段线(P)/距离(D)/角度(A)/修剪(T)/方式(E)/多个(M)]:　（图 14-15a 所示）

选择第二条直线，或按住 Shift 键选择直线以应用角点或 [距离(D)/角度(A)/方法(M)]:　（图 14-15b 所示，结果如图 14-15c 所示）

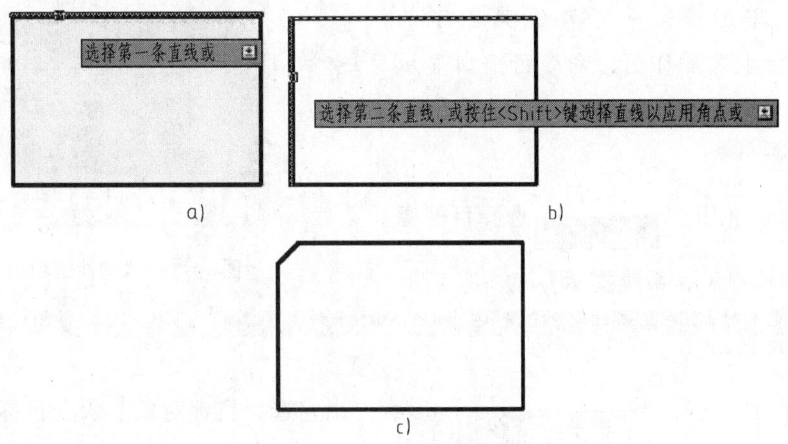

图 14-15　距离为 10mm 的倒角

如果两个倒角距离都为 0，则倒角操作将修剪或延伸这两个对象直至它们相交，但不创建倒角线。

(6) 圆角命令　命令行：Fillet。

菜单栏：单击 修改(M) → 圆角(F)。

功能区：单击 常用 → 修改 工具栏中的 圆角 按钮。执行上述操作后，命令行窗口提示信息：

命令：_fillet
当前设置：模式 = 修剪，半径 = 0.0000
选择第一个对象或 [放弃(U)/多段线(P)/半径(R)/修剪(T)/多个(M)]:　（键盘输入 R，按 <Enter> 键）

指定圆角半径 <0.0000>: 50　（键盘输入圆角半径的值）

选择第一个对象或 [放弃(U)/多段线(P)/半径(R)/修剪(T)/多个(M)]:
选择第二个对象，或按住 Shift 键选择对象以应用角点或 [半径(R)]:　（选择作圆角的两条相邻直线，可完成作圆角。）

(7) 移动命令　命令行：Move。

菜单栏：单击 修改(M) → 移动(V)。

功能区：单击 常用 → 修改 工具栏中的 移动 按钮。执行上述操作后，按命令行窗口提示信息，在指定的方向上按指定的距离移动对象，而对象的大小不变。

5. 对象特性编辑命令

(1) 特性选项板命令　命令行：Properties 或 Ddmodify。

菜单栏：单击 修改(M) → 特性(P)。

功能区：单击 视图 → 选项板 工具栏中的按钮。执行上述操作后，系统弹出“特性”选项板。拾取图形对象后，特性选项板中即列出所拾取对象的全部特性参数，如图14-16所示。在选项板中修改有关参数，便可修改对象特性。

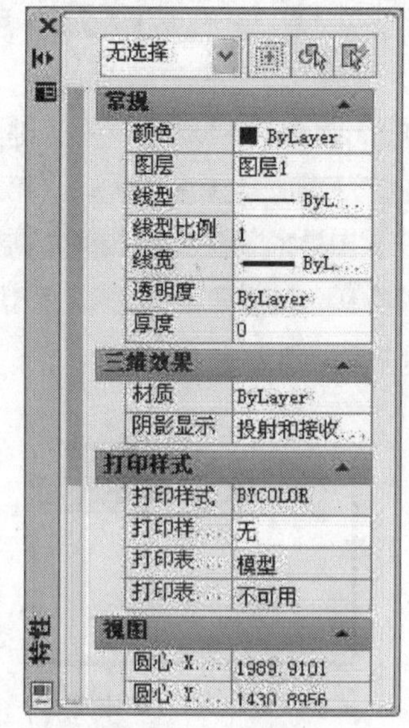

图14-16 “特性选项板

（2）特性匹配命令　命令行：Matchprop。

菜单栏：单击 修改(M) → 特性匹配(M)。

功能区：单击 常用 → 剪贴板 工具栏中的按钮。执行上述操作后，命令行窗口显示信息：

命令：'_matchprop

选择源对象：（用 选择源对象 选择目标源对象，源对象选择后，系统提示）

当前活动设置：颜色 图层 线型 线型比例 线宽 透明度 厚度 打印样式 标注 文字 图案填充 多段线 视口 表格材质 阴影显示 多重引线

选择目标对象或 [设置(S)]:

同时鼠标指针变为 选择目标对象或 形状。用它选择目标对象。所选目标对象即与源对象一致。如图14-17所示，图a中选择源对象，图b中选择目标对象，结果是把源对象（圆）属性复制到目标对象（矩形）上。

注意：特性匹配命令只能改变对象的一般特性和文字特性，不能改变其几何特性。

对象特性是指图形的颜色、图层、线型、线型比例、线宽等一般特性，及几何特性如对象的尺寸、图形位置 X 坐标、Y 坐标、Z 坐标和内容、样式、对正、方向、宽度、高度、旋转、背景遮罩、行距比例、行间距、行距样式等文字特性。

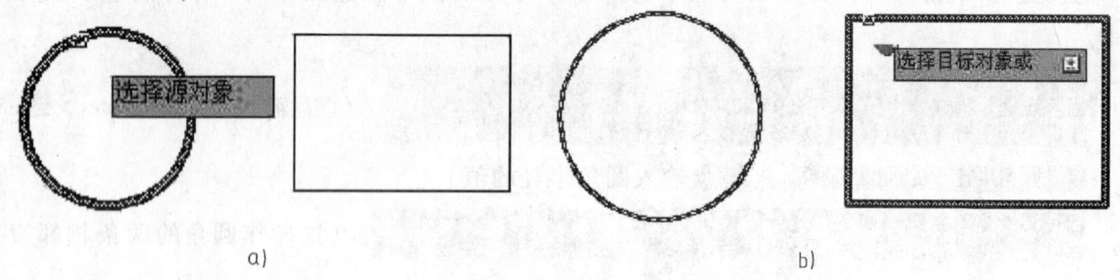

图14-17 特性匹配操作

6. 编辑多段线命令

命令行：Pedit。

菜单栏：单击 修改(M) → 对象(O) → 多段线(P)。

功能区：单击 常用 → 修改 工具栏中的按钮。执行上述操作后，命令行窗口提示：

命令：_pedit 选择多段线或 [多条(M)]:　（用户选择一条多段线）

输入选项 [打开(O)/合并(J)/宽度(W)/编辑顶点(E)/拟合(F)/样条曲线(S)/非曲线化(D)/线型生成(L)/反转(R)/放弃(U)]:

同时，绘图区中鼠标的十字光标下出现一个快捷菜单项，与命令提示行选项对应，用户可对多段线完成打开、合并等操作。如果用户在命令行输入 M 选择多个多段线，其操作方法同上。

注意：执行 Pedit 命令后，如果选择的对象不是多段线，系统将提示“是否将其转换为多段线？ <Y>”。如果输入 Y，便可将选中的对象转换为多段线，此时，命令行提示与前面相同。

14.2.3　精确绘图工具

1. 对象捕捉

在 AutoCAD 2012 中，右键单击状态栏中的，系统会弹出如图 14-18a 所示的“对象捕捉”快捷菜单。也可以在按住 <Ctrl> 键或 <Shift> 键的同时单击鼠标右键，系统会弹出如图 14-18b 所示的“对象捕捉”快捷菜单。

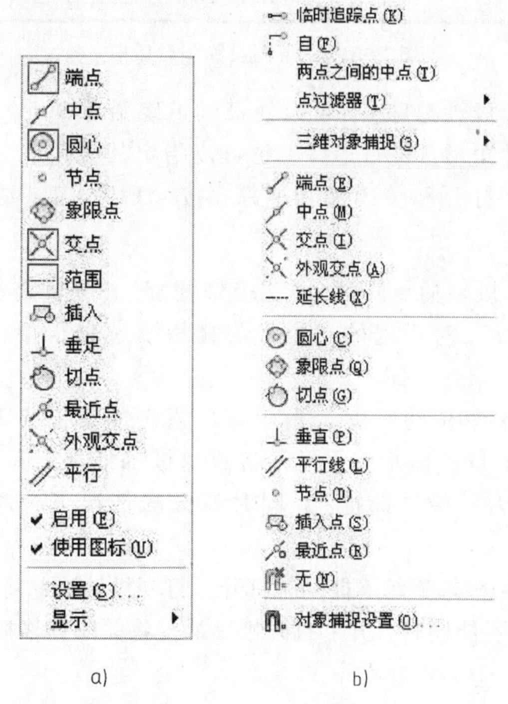

图 14-18　“对象捕捉”快捷菜单

2. 极轴追踪

使用极轴追踪，光标将按指定角度和距离的增量来追踪特征点。使用极轴追踪前先要进行参数设定。

菜单栏：单击工具(T)→绘图设置(F)...。

系统弹出图 14-19 所示的“草图设置”对话框。在“捕捉和栅格”选项卡中，设置极轴距离。在“极轴追踪”选项卡中，可以设置极轴角。在“极轴追踪”选项卡的“对象捕捉追踪设置”选项区域可以设置对象捕捉方式。

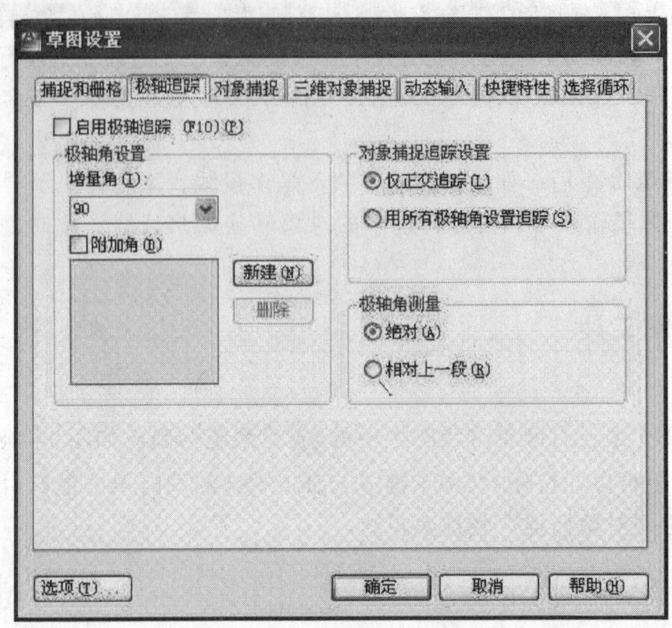

图 14-19　“草图设置”对话框

(1) 指定极轴角度（极轴追踪）　可以使极轴追踪沿着 90°、60°、45°、30°、22.5°、18°、15°、10°和 5°的极轴角增量进行追踪，也可以指定其他角度。注意：必须在“极轴”模式打开的情况下使用。打开和关闭极轴追踪，按 < F10 > 键，或单击状态栏上的“极轴”。

(2) 指定极轴距离（极轴捕捉）　使用“极轴捕捉”，光标将按指定的极轴距离增量进行移动。在“草图设置”对话框的“捕捉与栅格”选项卡中，设置极轴距离，单位为 mm。

例如，如果指定 4 个单位的长度，光标将自指定的第一点开始捕捉 0、4、8、12 长度等。移动光标时，工具栏提示将显示最接近的极轴捕捉增量。必须在“极轴追踪”和“捕捉”模式（设置为“极轴捕捉”）同时打开的情况下，才能将点输入限制为极轴距离。

注意：“正交”模式和极轴追踪不能同时打开。打开极轴追踪将关闭“正交”模式。同样，极轴捕捉和栅格捕捉不能同时打开。打开极轴捕捉将关闭栅格捕捉。

3. 使用坐标输入

可以使用几种坐标输入方法精确绘图，坐标输入详见 14.1.3 节。

4. 使用正交锁定（“正交”模式，快捷键为 < F8 >）

可以将光标限制在水平或垂直方向上移动，以便于精确地创建和修改对象。

14.3　设置符合国家标准要求的绘图环境

按照制图基本知识中介绍的机械制图的图纸幅面和格式、线型及其颜色、线宽、文字样式等要求，用户需要建立自己的样板图。样板图相当于印有图框、标题栏等内容的图纸，其扩展名为“.DWT”。

14.3.1　图层状态与设置

1. 设置图层

图层是图形中使用的主要组织工具。一个图形可有许多不同类型的图形对象，使用图层管理创建多个图层，将信息按功能编组，把特性相同的对象绘制在同一个图层上，执行线型、颜色及其他标准。还可以将类型相似的对象指定给同一个图层使其相关联。例如，可以将构造线、文字、标注和标题栏置于不同的图层上，方便区分和管理。

在工程图样中，图形基本由基准线、轮廓线、虚线、剖面符号、尺寸标注、文字说明等元素构成。使用图层进行管理，可使得图形变得清晰有序。国家标准《机械工程　CAD 制图规则》对图层设置的规定见表 14-3。

表 14-3　图层设置标准

层号	描　述	层号	描　述
01	粗实线	08	尺寸线、投影连线、尺寸终端与符号细实线、尺寸和公差
02	细实线、波浪线、双折线		
03	粗虚线	09	参考圆，包括引出线和终端（如箭头）
04	细虚线	10	剖面符号
05	细点画线	11	文本（细实线）
06	粗点画线	12	文本（粗实线）
07	细双点画线	13、14、15	用户自选

命令行：Layer。

菜单栏：单击 格式(O) → 图层(L)...。

功能区：单击 常用 → 图层 工具栏中的按钮。执行上述操作后，AutoCAD 系统弹出图 14-20 所示的“图层特性管理器”对话框。用户可根据对话框中的功能提示项进行操作。

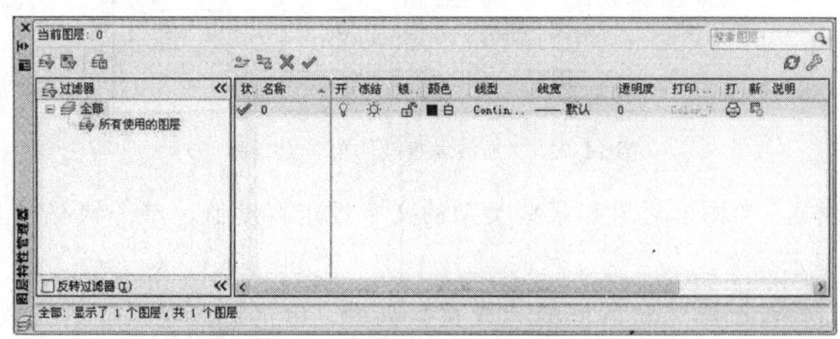

图 14-20　“图层特性管理器”对话框

(1) 创建和命名新图层　单击新建图层按钮，可设置新图层。图层名用户可以自定义，可用线型名定义，如“粗实线”、“细实线”、“点画线”、“虚线”等；也可用图层上绘制的内容定义，如“尺寸”、“文本”、“符号”等。

(2) 设置图层线型　默认情况下图层的线型为 Continuous。由于绘制的对象不同，所以需要对线型进行设置，以便区分。

在“图层特性管理器”对话框的图层列表中，单击“线型”列的“Continuous”，弹出“选择线型”对话框，如图 14-21 所示。在“选择线型”对话框中，单击 加载(L)... 按钮，打开图 14-22 所示的“加载或重载线型”对话框。在对话框的“文件（F）”文本框中选用 Acadiso. lin 文件，从可用线型列表中选择所需线型，单击 确定 按钮，线型被加载到“选择线型”对话框中，在已加载的线型文本框中选择要加载的线型，单击“确定”按钮完成线型设定。

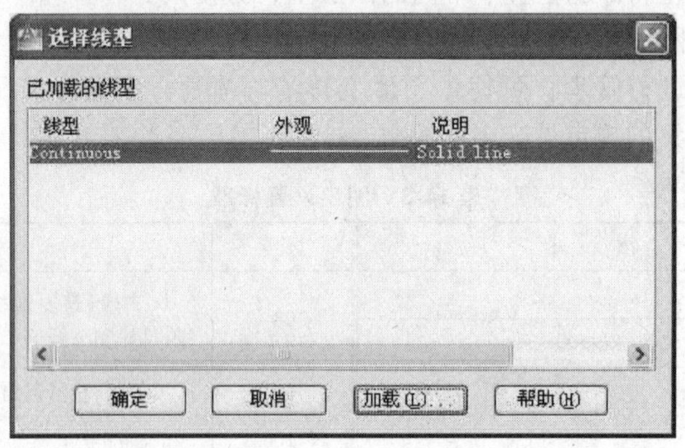

图 14-21 “选择线型”对话框

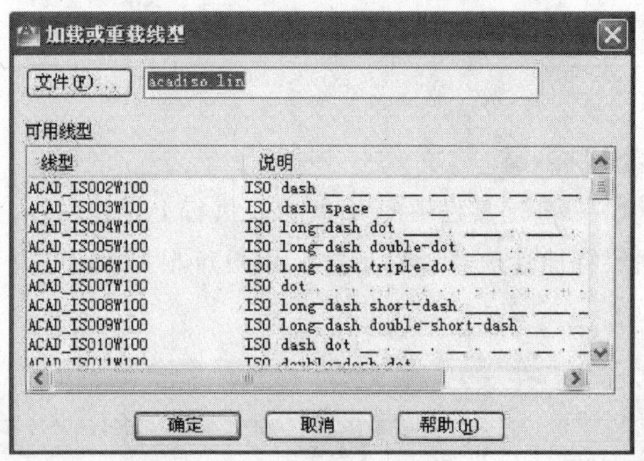

图 14-22 “加载或重载线型”对话框

（3）设置线宽　给图形对象和某些类型的文字设定宽度值。单击状态栏上的“线宽”按钮 +，可以显示线宽。

在“图层特性管理器”对话框的“线宽”列中，单击该图层对应的线宽“—默认”，打开“线宽”对话框，选择需要的线宽，如图 14-23 所示。

菜单栏：单击 格式(O) → 线宽(W)，打开“线宽设置”对话框，如图 14-24 所示，用户可按提示进行相关操作。

（4）设置图层颜色　使用颜色可直观地将对象编组。可通过图层指定对象的颜色，也可单独指定对象的颜色。AutoCAD 默认新建图层的颜色为 7 号色（白色或黑色，由绘图窗口的背景颜色决定）。改变图层颜色的方法为：

在“图层特性管理器”对话框的“颜色”列中，单击该图层对应的颜色图标，打开

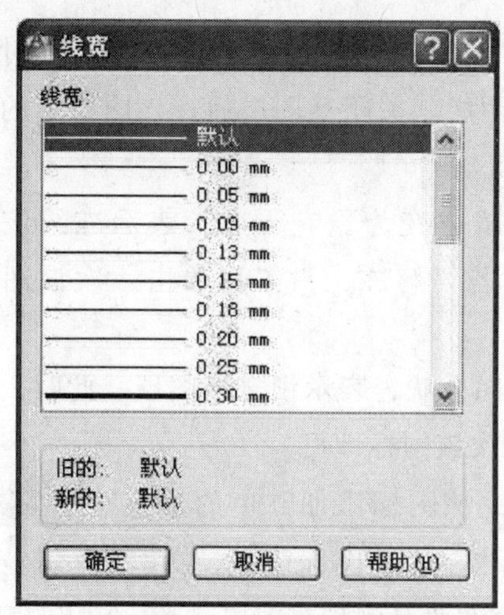

图 14-23　“线宽”对话框

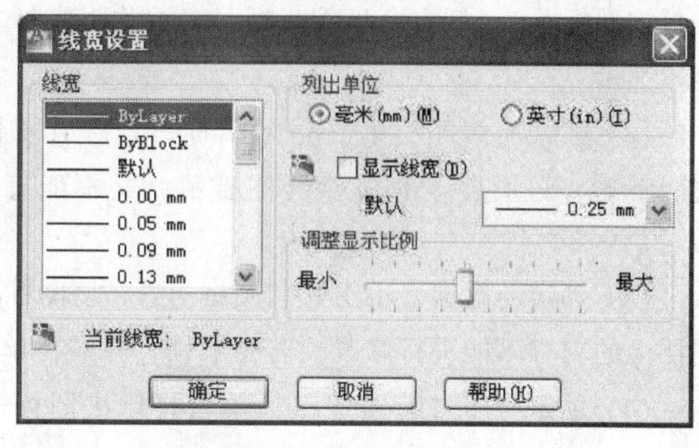

图 14-24　“线宽设置”对话框

“选择颜色”对话框，根据需要进行操作。

上述操作完成后，在“图层特性管理器”对话框中，单击“确定”按钮，退出图层设置。

2. 设置线型比例

在默认情况下，全局线型和单个线型比例均设置为 1.0。比值越小，每个绘图单位中生成的重复图案就越多。对于太短，甚至不能显示一个虚线小段的线段，可以使用更小的线型比例。

在菜单栏单击 格式(O) → 线型(N)，系统弹出“线型管理器”对话框。在“线型管理器”对话框内，从线型列表中选择某一线型后，单击 显示细节(D) 按钮，打开“详细信息”选项卡，在其中设全局比例因子为 0.3，如图 14-25 所示。

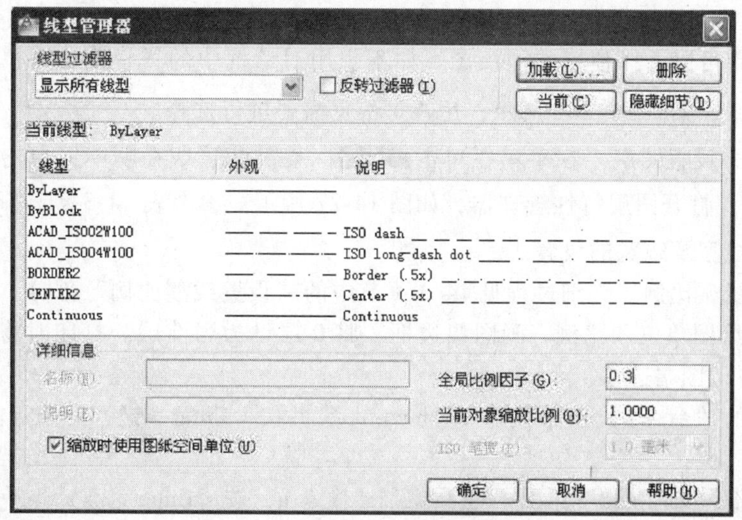

图 14-25　“线型管理器”对话框

3. 管理图层

除了使用“图层特性管理器”对话框创建图层、设置线型、线宽和颜色外，还可对图层进行重命名、删除、显示等的设置和管理。

(1) 开关状态　在“图层特性管理器”对话框中，选择某一图层，单击“开”列对应的灯泡图标，灯泡变暗或变亮，表示关闭或打开该图层。关闭某图层后，该图层上的内容不显示。

(2) 冻结与解冻　单击亮圆图标，该图标变暗或变为雪花形状，表示冻结该图层。此时，该图层上的内容既不显示，又不能打印。若要解冻，只需再单击一次该图标即可。

(3) 锁定与解锁　单击锁状图标，该图标变为闭合状，表示锁定该图层。此时，该图层上的内容不能进行修改。若要解锁，只需再单击一次该图标即可。

(4) 锁定打印与解锁打印　单击打印机图标，该图标添加红色的禁止符号，表示不打印该图层上的对象。若要解锁打印，只需再单击一次该图标即可。

(5) 删除图层　选中某图层后，单击删除图层按钮便可删除该图层。

(6) 设置当前图层　选中某图层后，单击置为当前按钮，该图层即被设置为当前图层。也可以在功能区的“图层”工具栏的 0 中，单击按钮，选择要置换的图层。

14.3.2　建立样板图

建立样板图过程创建一张新图；创建并设置图层；绘制图框和标题栏；将图形文件存盘；退出 AutoCAD。

【例 14-3】　建立横放的 A4 样板图，要求绘制图框、标题栏、设置图层等。

(1) 创建新图　在菜单栏中单击 文件(F) → 新建(N) 或在快捷访问工具栏中单击按钮，弹出图 14-26a 所示的“选择样板”对话框，选文件名为 acad 的样板打开。

在对话框中可以选择预置的样板图。如不想用对话框中的样板图，可单击 打开(O) 按钮右侧的按钮，如图 14-26b 所示，用户可根据需要进行选择。

(2) 创建并设置图层　在菜单栏单击 格式(O) → 图层(L) 或在功能区单击“图层”工具栏中的按钮，打开图层特性管理器，如图 14-27 所示。参考表 14-3 创建新图层并设置图层，同时注意线型及线宽的设置。

(3) 设置线型比例　详细过程见 14.3.1 节中的“设置线型比例”部分。

(4) 设置绘图单位和比例、画图幅边框　将 0 层设为当前层。打印时将 0 层设为“不打印”，即不打印图幅边框。

在命令行的“命令:”光标后输入“mvsetup”并按 <Enter> 键，命令行窗口提示信息：

MVSETUP

是否启用图纸空间? [否(N)/是(Y)] <是>: n　（输入 n，按 <Enter> 键）

输入单位类型 [科学(S)/小数(D)/工程(E)/建筑(A)/公制(M)]: m　（输入 m，按 <Enter> 键）

公制比例
================

(1)　全尺寸
输入比例因子: 1　（输入比例因子 1，按 <Enter> 键）

输入图纸宽度：297　（输入图纸宽度 297，按 < Enter > 键）

输入图纸高度：210　（输入图纸高度 210，按 < Enter > 键）

a)

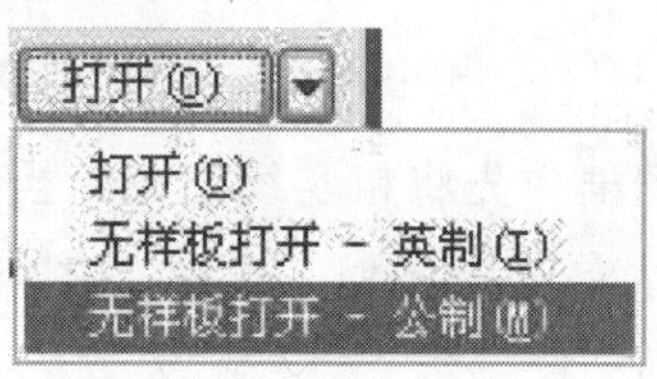

b)

图 14-26　“选择样板”对话框

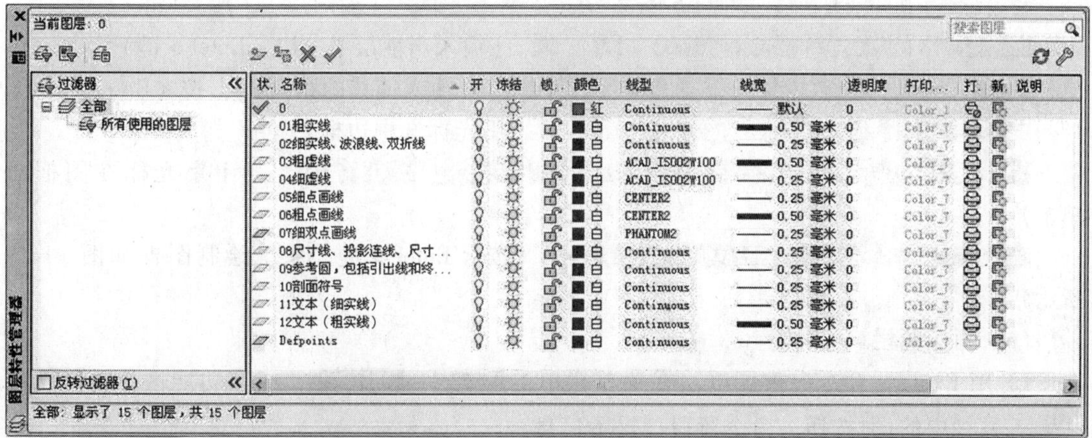

图 14-27　图层、线型及线宽的设置

操作完成后，绘图区中出现一个按所设定的图幅自动绘制的图幅边框，如图 14-28 所示。

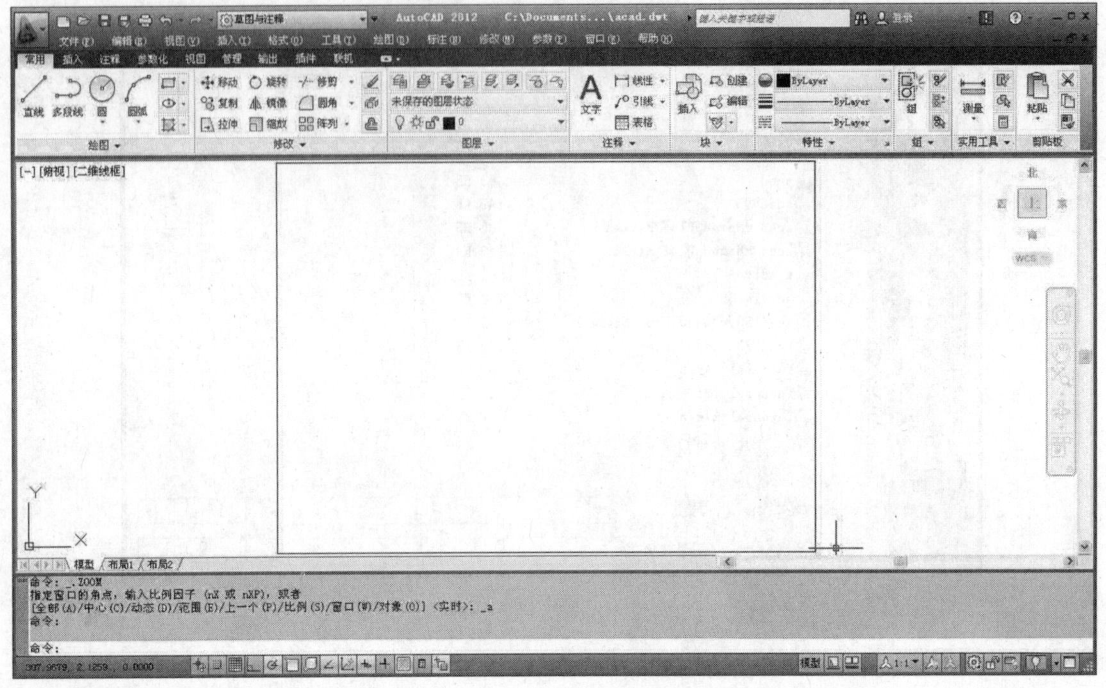

图 14-28　用 Mvsetup 命令绘制图幅边框

（5）用偏移命令 Offset 画图框　先将粗实线层设为当前层。在功能区“图层”工具栏的 0 中单击按钮，选择“01 粗实线”图层，并单击状态栏上的“线宽”按钮。

在功能区单击“修改”工具栏中偏移按钮，命令行窗口提示信息：

命令：_offset

当前设置：删除源=否　图层=当前　OFFSETGAPTYPE=0

指定偏移距离或 [通过(T)/删除(E)/图层(L)] <通过>：L　（输图层 L，按 <Enter> 键）

输入偏移对象的图层选项 [当前(C)/源(S)] <当前>：c　（输入当前层 C，按 <Enter> 键）

指定偏移距离或 [通过(T)/删除(E)/图层(L)] <通过>：10　（输入偏移的距离 10，按 <Enter> 键）

选择要偏移的对象，或 [退出(E)/放弃(U)] <退出>：　（用光标选中边框）

指定要偏移的那一侧上的点，或 [退出(E)/多个(M)/放弃(U)] <退出>：　（十字光标在图框内单击）

选择要偏移的对象，或 [退出(E)/放弃(U)] <退出>：　（按 <Enter> 键，系统绘制图框如图 14-29 所示）

（6）画标题栏

1）用 Explode 命令分解图框。在菜单栏单击 修改(M) → 分解(X)，或在功能区单击 常用 → 修改 工具栏中的按钮。命令行窗口提示信息：

命令：_explode
选择对象：　（光标选中要分解的对象“粗线框”，按 <Enter> 键）

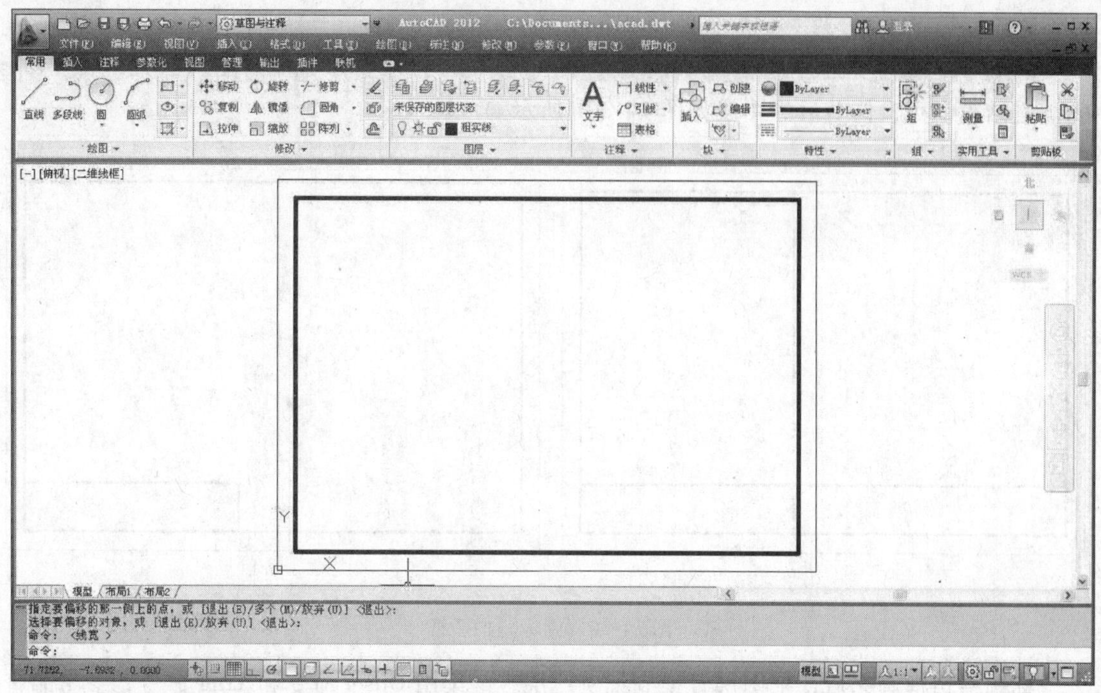

图 14-29　offset 命令画图框

选择对象：找到 1 个

选择对象：（按 <Enter> 键或单击鼠标右键，退出命令，图框被打碎）

2）在菜单栏单击 修改(M) → 偏移(S)，或在功能区单击 常用 → 修改 工具栏中的按钮。命令行窗口提示信息：

指定偏移距离或 [通过(T)/删除(E)/图层(L)] <通过>:120　（输入标题栏的长，按 <Enter> 键）

选择要偏移的对象，或 [退出(E)/放弃(U)] <退出>:　（光标选中要偏移的边框）

指定要偏移的那一侧上的点，或 [退出(E)/多个(M)/放弃(U)] <退出>:　（十字光标在图框内单击）

选择要偏移的对象，或 [退出(E)/放弃(U)] <退出>:　（按 <Enter> 键或单击鼠标右键，结束命令）

按 <Enter> 键或鼠标右键重复上一步的 Offset 命令。

指定偏移距离或 [通过(T)/删除(E)/图层(L)] <通过>:28　（输入标题栏的宽，按 <Enter> 键）

选择要偏移的对象，或 [退出(E)/放弃(U)] <退出>:　（光标选中要偏移的边框）

指定要偏移的那一侧上的点，或 [退出(E)/多个(M)/放弃(U)] <退出>:　（十字光标在图框内单击）

选择要偏移的对象，或 [退出(E)/放弃(U)] <退出>:　（单击鼠标右键，结束命令）

即绘制图 14-30a 所示的图线。

3）在菜单栏单击 修改(M) → -/-- 修剪(T)，或在功能区单击 常用 → 修改 工具栏中的 -/-- 修剪 按钮。命令行窗口提示信息：

命令：_trim

当前设置：投影=UCS，边=无

选择剪切边...

选择对象或 <全部选择>:　（选择要修剪的线，结束后按 <Enter> 键；或按空格键全

部选择）

选择要修剪的对象，或按住 Shift 键选择要延伸的对象，或

[栏选(F)/窗交(C)/投影(P)/边(E)/删除(R)/放弃(U)]:　（拾取要修剪掉的图线部分，按 <Enter>键结束命令，修剪后的图线如图 14-30b 所示。）

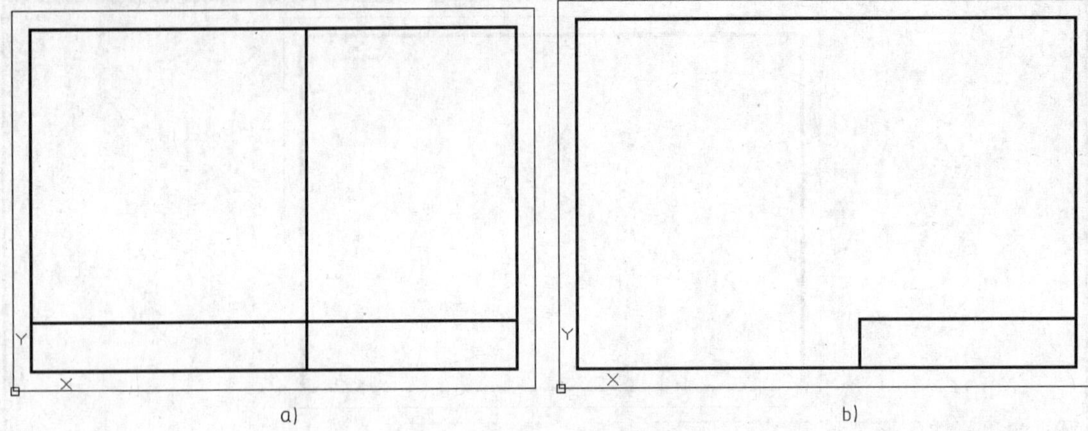

a)　　　　b)

图 14-30　画标题栏边框

标题栏边框画完后，把图层置换到细实线层，继续用 Offset 命令和 Trim 命令，参考第 2 章中图 2-6 所示的尺寸画出标题栏内的分格线，过程从略。标题栏的绘制也可用表格生成，具体操作详见 14.3.3 节。

（7）在标题栏中书写文字

（8）保存图形文件　完成后的样板图如图 14-31 所示。为了以后使用方便，将其定义为样板图保存起来。操作方法：

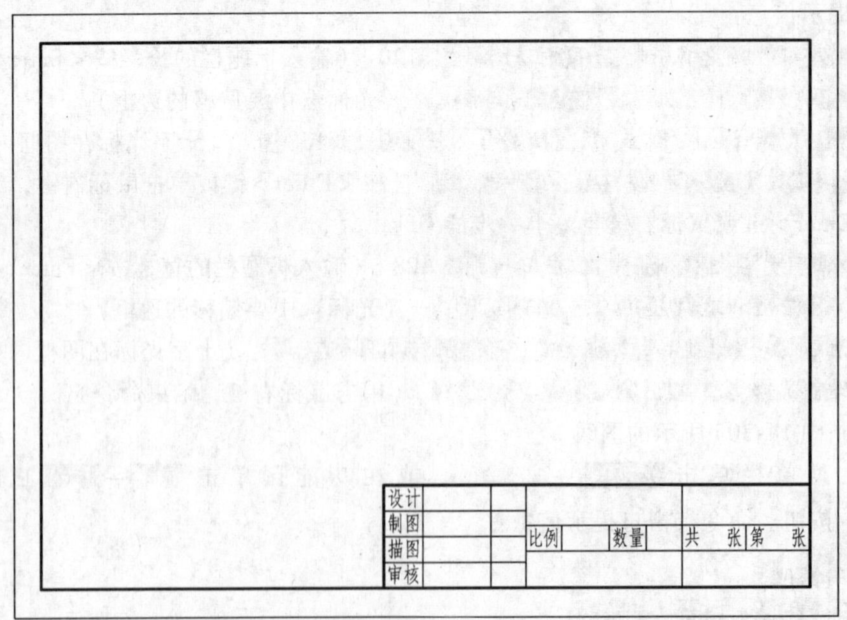

图 14-31　A4 样板图

在快速访问工具栏中单击按钮。在“文件另存为”对话框中的“文件名”文本框中（*.dwt）输入文件名“A4-H”，单击“保存”按钮完成保存。

读者可以绘制符合我国制图标准的其他样板图文件。用 GB_ax 开头的文件保存样板图，x 为数字 0~4，其图幅尺寸分别与 0、1、2、3、4 号图幅相对应。

14.3.3　在样板图中使用文字和表格

文字是重要的图形元素，是工程图样中不可缺少的组成部分。添加到图形中的文字和表格可以表达各种信息，如技术要求、标题栏信息、标签，甚至是图形的一部分。

1. 设置文字样式

在 AutoCAD 中，所有文字都与文字样式相关联。如在文字注释和尺寸标注时，通常使用当前的文字样式，文字样式包括“字体”、“字型”、“高度”等参数。

菜单栏：单击 格式(O) → 文字样式(S)...。

功能区：常用 → 注释 工具栏中的按钮。

系统弹出“文字样式”对话框，如图 14-32 所示。

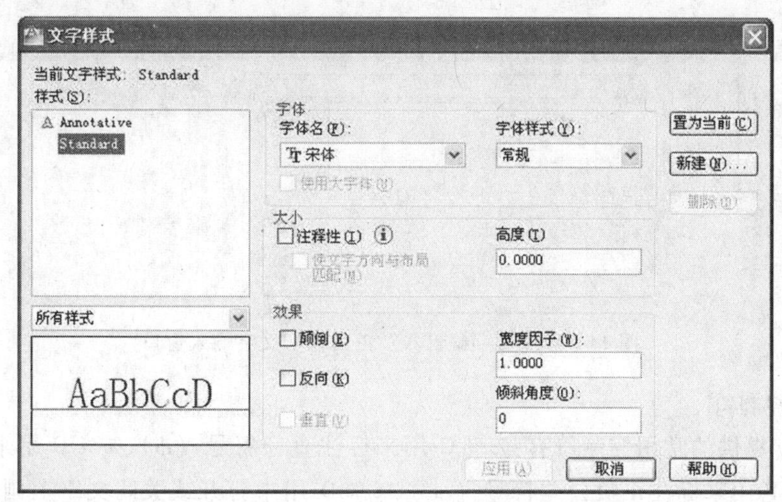

图 14-32　“文字样式”对话框

（1）设置样式名　在“文字样式”对话框中，文字样式默认为 Standard（标准）。为了符合国家标准，应重新设置文字的样式。单击“文字样式”对话框中的“新建”按钮，弹出“新建文字样式”对话框，如图 14-33 所示。在“样式名：”文本框中输入新名称，如“汉字”，然后单击“确定”按钮。

图 14-33　“新建文字样式”对话框

（2）设置字体　在图 14-32 所示的“文字样式”对话框的下拉列表框中选 gbenor.shx，并注意在“使用大字体（U）”前的方框内打“√”；在“大字体（B）”选项中选 gbcbig.shx。最后单击“置为当前（C）”按钮。

AutoCAD 提供了符合标注要求的字体形文件，如 gbeitc. shx 和 gbcbig. shx 等。gbeitc. shx 用于标注斜体字母；gbcbig. shx 用于标注中文。

(3) 设置文字大小　在“文字样式”对话框的“大小”选项区的“高度（T)”文本框内输入文字的高度。

注意：“文字样式”对话框中的“高度（T)”、“宽度因子（W)”、“倾斜角度（O)”等均使用默认参数，不能改变。

2. 书写文字

菜单栏：单击 绘图(D) → 文字(X)。系统弹出 单行文字(S)（书写单行文字）和 多行文字(M)...（书写多行文字）。

功能区：常用 → 注释 ▾ 工具栏中的 A。按系统提示，在绘图区中指定一个放多行文字的区域，出现“文字编辑器”工具栏和文字输入窗口，在该窗口中完成文字的书写和编辑，如图 14-34 所示。输入文字并对其进行编辑后，在绘图区单击鼠标左键，完成文字的输入。

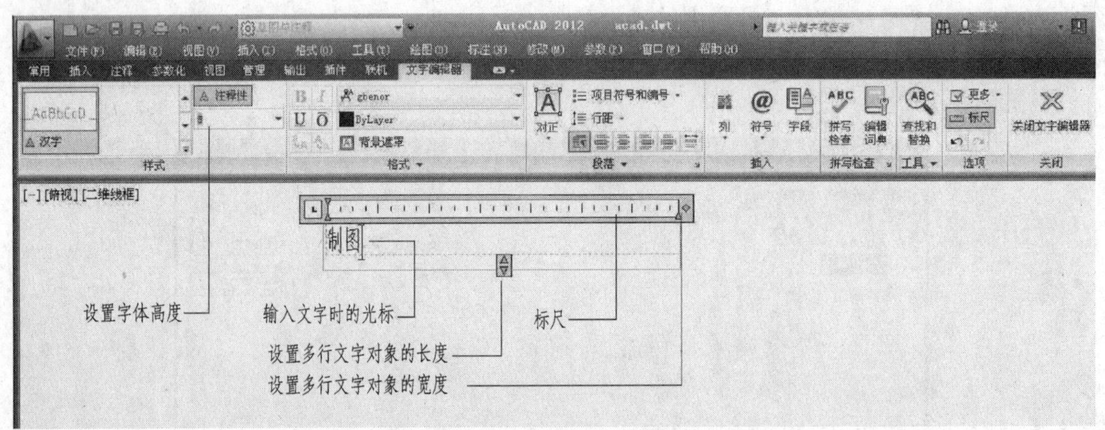

图 14-34　“文字编辑器”工具栏和文字输入窗口

3. 文字控制符

AutoCAD 提供的常用控制符有：%%C 用来标注直径符号（ϕ）、%%D 用来标注角度符号（°）、%%P 用来标注正负公差符号（±）、%%O 用来打开或关闭文字上画线、%%U 用来打开或关闭文字下划线。

4. 设置表格样式和创建表格

(1) 设置表格样式　表格样式控制表格外观。它保证了标准的字体、颜色、文本、高度和行距。操作方法：

菜单栏：单击 格式(O) → 表格样式(B)...。

功能区：单击 常用 → 注释 ▾ 工具栏中的按钮。执行上述操作，弹出图 14-35 所示的“表格样式”对话框。在“表格样式”对话框中，单击 新建(N)... 按钮，弹出“创建新的表格样式”对话框，如图 14-36 所示。

在“新样式名”的文本框中输入样式名，如标题栏。单击 继续 按钮，弹出“新建表格样式”对话框，如图 14-37 所示。用户可根据对话框内提示填写相关内容。单击 确定 按钮，弹出“表格样式”对话框，然后单击 关闭 按钮。

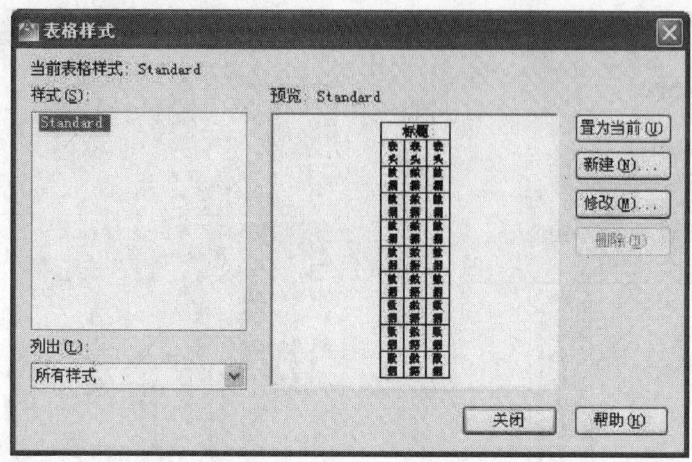

图 14-35 “表格样式”对话框

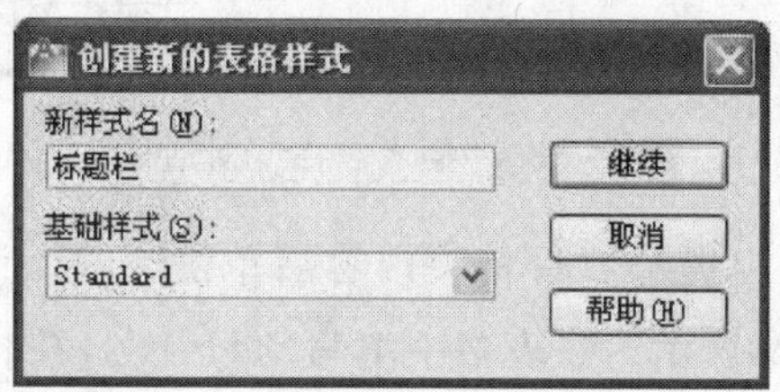

图 14-36 “创建新的表格样式”对话框

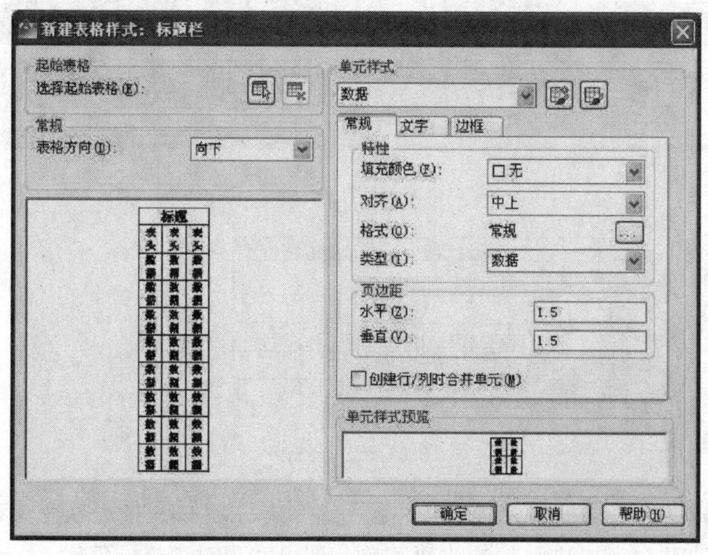

图 14-37 “新建表格样式”对话框

（2）创建表格　菜单栏：单击绘图(D)→表格...。弹出图 14-38 所示的“插入表格”对话框。从“表格样式”下拉列表框中选择表格样式，也可单击后面的按钮，打开对话框，创建新的表格样式。

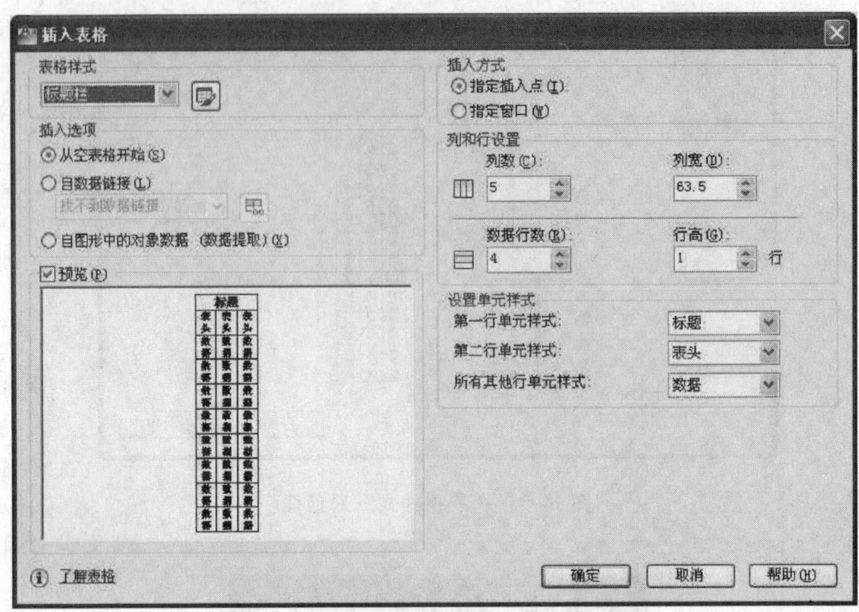

图 14-38 “插入表格”对话框

按“插入表格”对话框内提示填写相关内容后单击 确定 按钮，然后用户指定插入点即生成表格，如图 14-39 所示，在表格中填写“设计”，按提示继续输入表格内的其他文字。

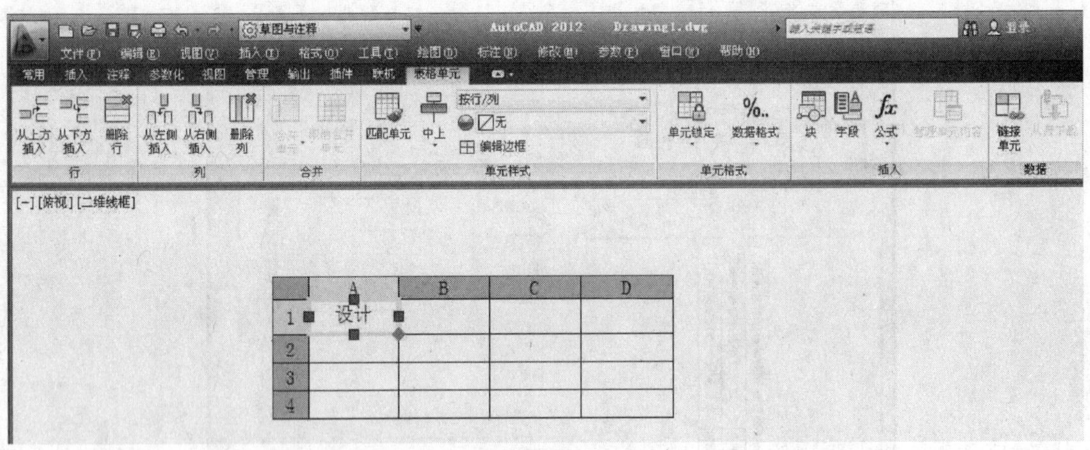

图 14-39 表格

(3) 表格编辑　在表格的单元格内，用鼠标左键单击，单元格边框变为黄色，再用右键单击，系统出现“选中表格单元”的快捷菜单，即可实现对表格的编辑。

注意：表格是一个完整的图块，可以用 Explode 命令 分解，再用绘图命令编辑。

利用书写文字命令填写标题栏中的固定文字，完成标题栏绘制，如图 14-40 所示。绘制标题栏后可将其定义为图块，以便在其他图样中使用。图块的定义与插入详见 14.6.3 节。

设计								
制图			比例		数量		共 张	第 张
描图							天津理工大学	
审核								

图 14-40 学生作业用标题栏

14.4 用 AutoCAD 绘制平面几何图形

【例 14-4】 绘制图 14-41 所示的平面图形。

1）调用 A4 样板图。单击→“选择样板”对话框→文件类型：图形样板（*.dwt），选择“A4-H”→打开。

2）绘制基准线。在菜单栏单击 格式(O) → 图层(L) 或在功能区单击“常用”→“图层”工具栏中的 01粗实线 的右边按钮，从下拉列表框中选 05细点画线，将细点画线层设为当前层。打开“正交”状态，用 Line 命令画出图 14-42a 所示的两条互相垂直的直线。

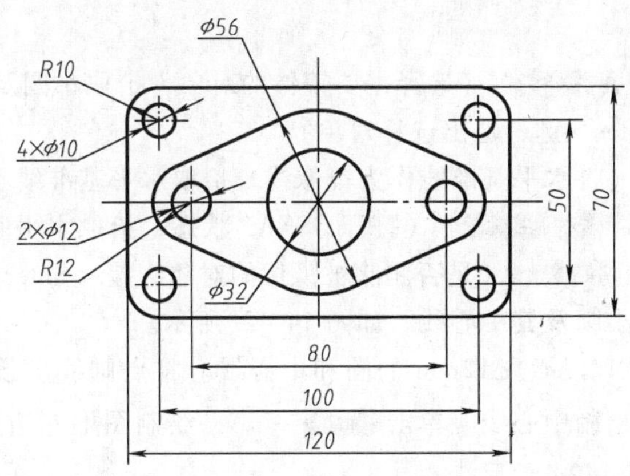

图 14-41 平面图形

3）将粗实线层设为当前层。绘制矩形轮廓，先画矩形的左右两边。

在菜单栏单击 修改(M) → 偏移(S) 或在功能区单击“常用”→“修改”工具栏中的按钮。命令行窗口提示信息：

指定偏移距离或 [通过(T)/删除(E)/图层(L)] <60.0000>: L （输入图层 L，按 <Enter> 键）

输入偏移对象的图层选项 [当前(C)/源(S)] <源>: C （输入当前层 C，按 <Enter> 键）

指定偏移距离或 [通过(T)/删除(E)/图层(L)] <60.0000>: 60 （输入左右两边距垂直基准线的距离，按 <Enter> 键）

选择要偏移的对象，或 [退出(E)/放弃(U)] <退出>: （拾取垂直基准线上的任意一点）

指定要偏移的那一侧上的点，或 [退出(E)/多个(M)/放弃(U)] <退出>: （拾取垂直基准线左方的任意一点，画出矩形的左边）

选择要偏移的对象，或 [退出(E)/放弃(U)] <退出>: （拾取垂直基准线上的任意一点）

指定要偏移的那一侧上的点，或 [退出(E)/多个(M)/放弃(U)] <退出>: （拾取垂直基准线右方的任意一点，画出矩形的右边）

选择要偏移的对象，或 [退出(E)/放弃(U)] <退出>: （按 <Enter> 键结束命令）

用同样的方法再画出矩形的上下两边，绘制的矩形轮廓如图 14-42b 所示。

4）绘制圆角。在菜单栏单击 修改(M) → 圆角。命令行窗口提示信息：

命令：_fillet

当前设置：模式 = 修剪，半径 = 0.0000

选择第一个对象或 [放弃(U)/多段线(P)/半径(R)/修剪(T)/多个(M)]: R （输入 R，按 <Enter> 键）

指定圆角半径 <0.0000>: 10 （输入当前圆角半径）

选择第一个对象或 [放弃(U)/多段线(P)/半径(R)/修剪(T)/多个(M)]: （拾取矩形上边的任一点）

选择第二个对象，或按住 Shift 键选择对象以应用角点或 [半径(R)]: （拾取矩形左边的任意一点，画出矩形左上圆角）

用同样的方法画出其余三个圆角，如图 14-42c 所示。

5）绘制矩形中左边的 2 个 ϕ10mm 的小圆。在菜单栏单击 修改(M) → 偏移(S)，绘出左上角小圆的基准线。用 Circle 命令画出左上角的小圆，如图 14-42d 所示。单击“修改”→ ，整理小圆的中心线，结果如图 14-42e 所示。在菜单栏单击 修改(M) → 镜像，命令行窗口提示信息：

命令：_mirror

选择对象：找到 1 个，总计 3 个 （选择需要镜像的对象，拾取小圆及其中心线）

选择对象： （按 <Enter> 键，退出选择对象）

指定镜像线的第一点： （将水平基准线作为镜像线，拾取水平基准线上的一点）

指定镜像线的第一点：指定镜像线的第二点： （打开 OSNAP 状态，拾取水平基准线上的第二点）

要删除源对象吗？[是(Y)/否(N)] <N>: （是否删除被镜像的对象，按 <Enter> 键默认不删除）

系统画出左下角的小圆及其中心线，如图 14-42f 所示。

6）绘制图形左侧 R12mm、ϕ12mm 的圆和中心线。将点画线层设为当前层，在菜单栏单击 修改(M) → 偏移(S)，绘制中心线。单击 绘图(D) → ，绘制图形左边直径为 ϕ12mm 和半径为 R12mm 的圆，如图 14-42g 所示。

7）在菜单栏单击 修改(M) → 镜像，命令行窗口提示信息：

选择对象： （光标选中左边的直径为 ϕ12mm 和半径为 R12mm 的圆以及 2 个直径为 ϕ10mm 的圆和中心线后，按 <Enter> 键）

指定镜像线的第一点： （光标移到垂直基准线的上方，捕到端点后，按 <Enter> 键）

指定镜像线的第一点：指定镜像线的第二点： （光标移到垂直基准线的下方，捕到端点后，按 <Enter> 键）

要删除源对象吗？[是(Y)/否(N)] <N>: （按 <Enter> 键，结束命令，绘图结果如图 14-42h 所示）

8）在菜单栏单击 绘图(D) → ，绘制直径为 ϕ56mm、ϕ32mm 的圆，如图 14-42i 所示。

9）用 Line “画直线”命令绘制圆的切线。在“状态栏”右键单击 → 设置(S)...，弹出“草图设置”对话框，在“对象捕捉”选项卡中，只选择“对象捕捉模式”中的“☑ 切点(N)”，其他都不选。

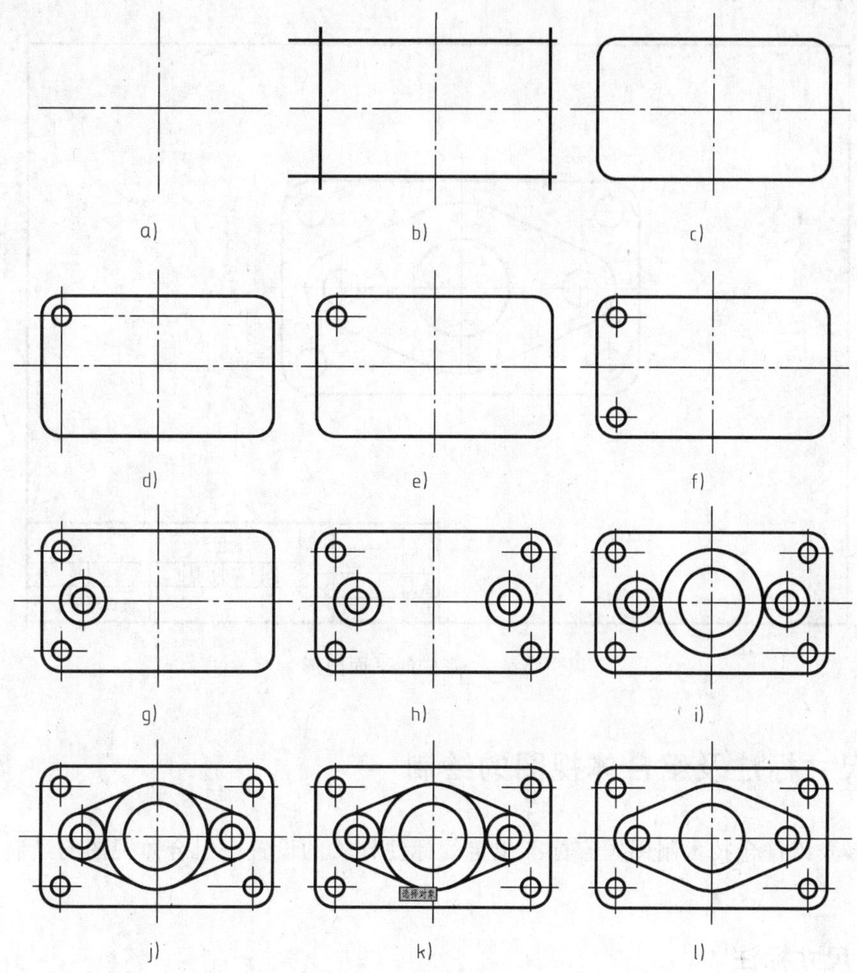

图 14-42　平面图形的绘制过程

在菜单栏单击 绘图(D)→ 直线(L)，按命令行窗口提示信息操作，画切线。按 < Enter > 键调用画线命令，完成四段切线的绘制，如图 14-42j 所示。

10）在菜单栏单击 修改(M)→ 修剪，命令行提示信息：

命令：_trim

当前设置：投影=UCS，边=无

选择剪切边...

选择对象或〈全部选择〉：（光标选择左边 R12mm 圆）

选择对象：找到 1 个，总计 7 个（光标选择直线，此时系统继续提示：“选择对象：”，按图 14-42k 所示选中对象后显示虚线，按 < Enter > 键）

选择要修剪的对象，或按住 Shift 键选择要延伸的对象，或

[栏选(F)/窗交(C)/投影(P)/边(E)/删除(R)/放弃(U)]：（光标选中要删除的圆弧部分，都删除后按 < Enter > 键，结果如图 14-42l 所示）

11）在菜单栏单击 修改(M)→ ，整理中心线，用 Move 命令 将平面图形调整到合适的位置，用“文字书写”命令 单行文字(S)（书写单行文字）和 多行文字(M)...（书写多行文

字），填写标题栏，整理结果如图 14-43 所示。

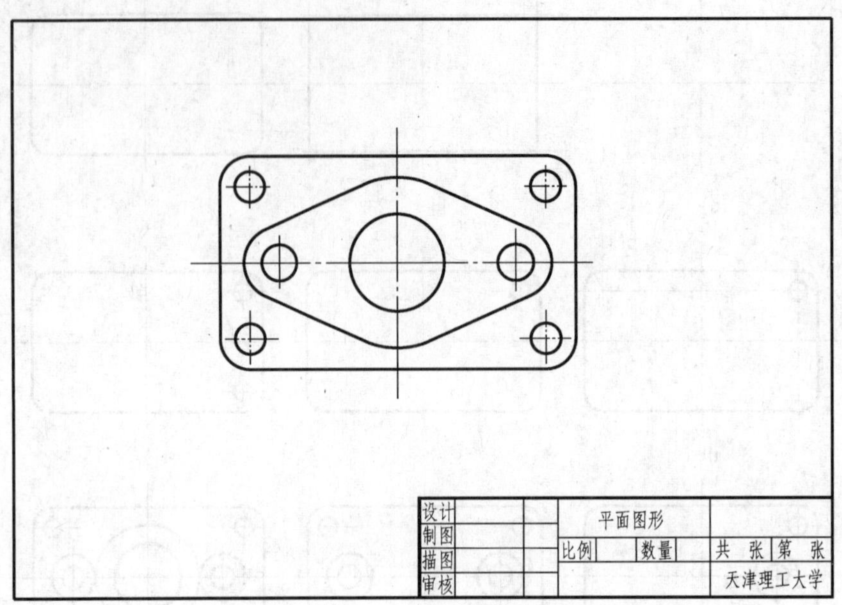

图 14-43 完成的平面图形

14.5 尺寸标注及组合体视图的绘制

本节将介绍符合技术制图国家标准规定的标注样式的设置、组合体视图的绘制和组合体尺寸标注。

14.5.1 尺寸标注

AutoCAD 为用户提供了一套完整的尺寸标注模块，方便用户标注、设置、编辑和修改，以适应各个国家的技术标准及各个专业尺寸标注的规定和要求。

1. 设置尺寸标注样式

标注样式控制标注的格式和外观，如尺寸线、尺寸界线、尺寸文本和尺寸线终端的样式及尺寸精度、尺寸公差等。为了符合国家技术标准的规定，在尺寸标注之前要先进行标注样式的设置，把图层置换到“08 尺寸线”层。尺寸样式设置操作如下：

在菜单栏单击 格式(O) → 标注样式(D)... 或在功能区单击 常用 → 注释 工具栏中的按钮。执行上述操作后，弹出“标注样式管理器”对话框，如图 14-44 所示。对话框左侧“样式(S)”列表列出了尺寸样式的名称，中间预览区可以预览选定的尺寸样式。右侧 置为当前(U) 按钮可以将左侧选中的尺寸样式作为当前样式；新建(N)... 按钮用来设置新的样式；修改(M)... 按钮、替代(O)... 按钮用来修改尺寸变量，比较(C)... 按钮可比较标注样式的差异。尺寸样式的默认设置为“ISO-25”。

单击 新建(N)... 按钮，弹出“创建新标注样式”对话框，如图 14-45 所示。在“新样式名”文本框中输入新标注样式的名字，如“GB 全尺寸”。系统将在后面的设置中，以“ISO-25”为基础样式进行设置，单击 继续 按钮，弹出“新建标注样式：GB 全尺寸”对话框，如图 14-46 所示。

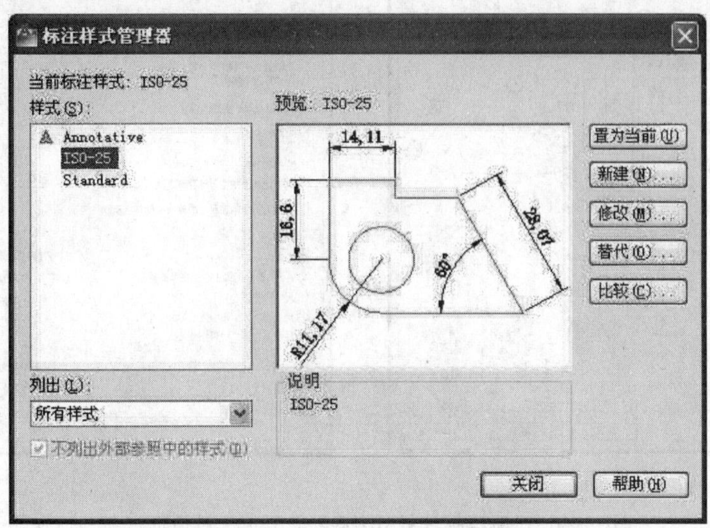

图 14-44　“标注样式管理器”对话框

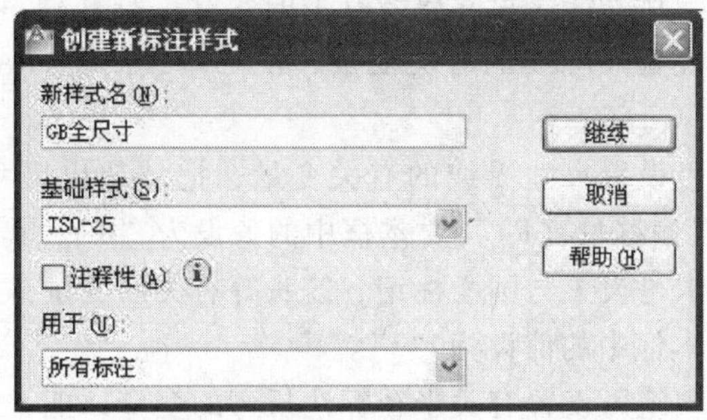

图 14-45　“创建新标注样式”对话框

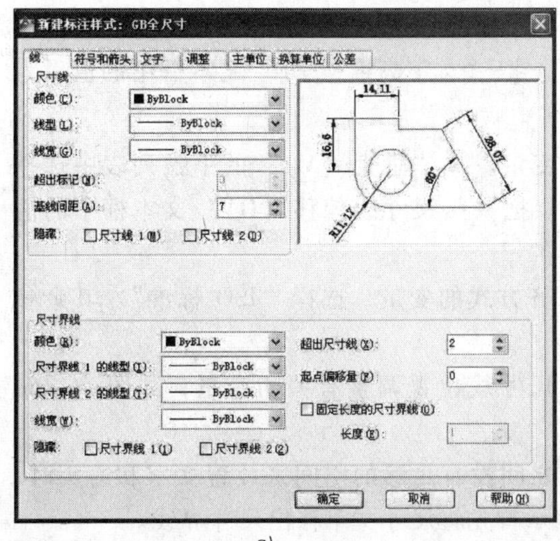

a)

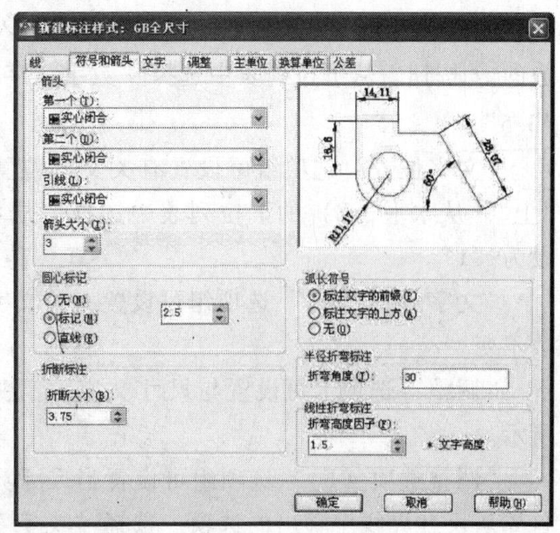

b)

图 14-46　“新建标注样式：GB 全尺寸”对话框

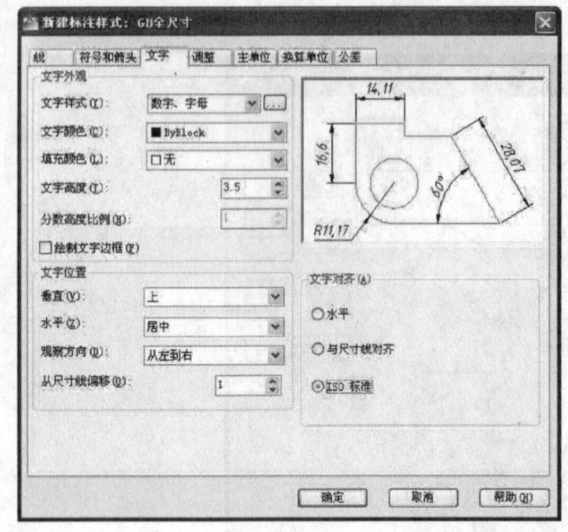

c)

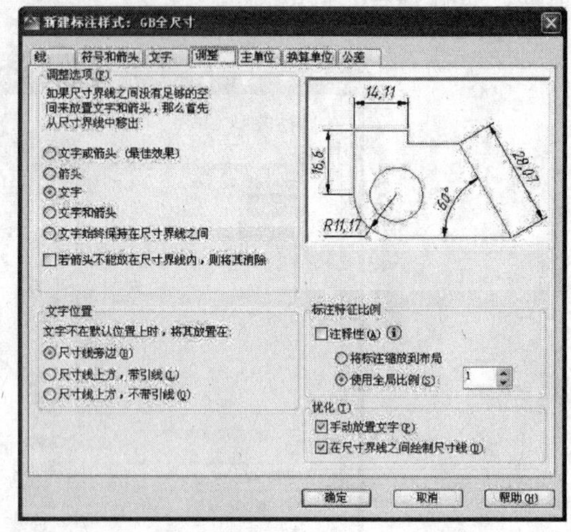

d)

图 14-46 “新建标注样式：GB 全尺寸”对话框（续）

注意：默认尺寸样式“ISO-25”不能随意修改。

“线”选项卡可设置与尺寸线、尺寸界线有关的变量，如图 14-46a 所示。

“尺寸线”选项区可设置尺寸线的有关变量，把“基线间距（A）”文本框中的值设为“7”。

“尺寸界线”选项组可设置尺寸界线的有关变量，把“超出尺寸线（X）”文本框中的值的设为“2”，把“起点偏移量（F）”文本框中的值设为“0”。其余参数暂时不变。

“符号和箭头”选项卡可设置与圆心标记、箭头等有关的变量，如图 14-46b 所示。

“箭头大小（I）”文本框中的值设为“3”。

“半径折弯标注”选项组可设置有关半径标注折弯的变量，把“折弯角度（J）”文本框中的值设为“30”。其余参数不变。

“文字”选项卡可设置与尺寸文字有关的变量，如图 14-46c 所示。

“文字外观”选项组用于设置有关文字外观的变量。单击“文字样式（Y）”文本框右边的按钮，从下拉列表中选择“数字、字母”。把“文字高度（T）”文本框中的值设为“3.5”。

“文字位置”选项组可设置有关文本位置的变量。从“垂直（V）”的下拉列表中选择“上”。从水平（Z）的下拉列表中选择“居中”。把“从尺寸线偏移（O）”文本框中的值设为“1”。

“文字对齐（A）”选项组可设置有关文字对齐方式的变量，选择“ISO 标准”。其余参数不变。

“调整”选项卡可设置与尺寸文字、箭头、尺寸线位置调整有关的变量，如图 14-46d 所示。

“调整选项（F）”选项组可设置当尺寸界线之间没有足够的空间来放置文字和箭头时，首先从尺寸界线中移出的选项。选择“文字”表示首先将尺寸文字移出尺寸界线。

“优化（T）”选项组可设置是否手动放置文字及是否总是在尺寸界线之间绘制尺寸线。把“手动放置文字（P）”和“在尺寸界线之间绘制尺寸线（D）”两项全部选中，其余参数不变。

“新建标注样式：GB 全尺寸”对话框的其余选项卡中的参数暂时不变。

完成上述操作后，单击“确定”按钮，弹出“标注样式管理器”对话框，选择“样式(S)”列中的“GB 全尺寸”，单击[置为当前(U)]按钮，将“GB 全尺寸”设为当前样式，如图 14-47 所示。单击[关闭]按钮完成设置。

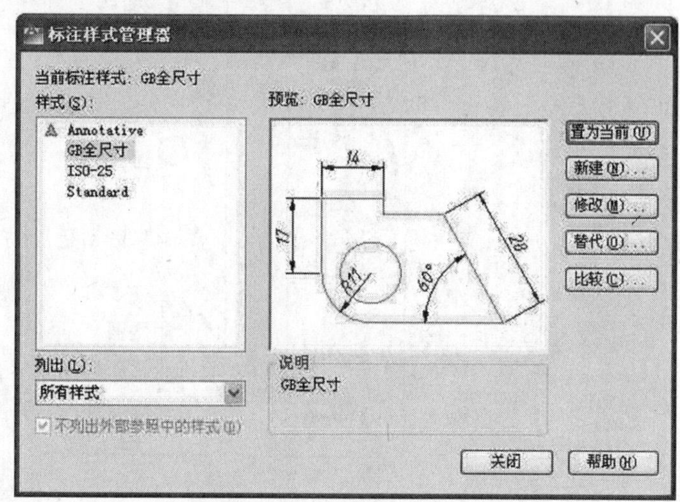

图 14-47　“标注样式管理器”对话框

提示：设置国家标准“GB 全尺寸”尺寸样式，可在绘制样板图时进行，并作为样板图保存，方便使用。

【例 14-5】　绘制含有“GB 全尺寸”尺寸样式的样板图。

1）调用【例 14-3】中的 A4 样板图。按 14.5.1 节中设置尺寸标注样式的操作设置尺寸样式。

2）以“A4-H”为文件名保存文件，文件的扩展名为“.dwt”。

2. 调用尺寸标注命令

菜单栏：单击[标注(N)]按钮，系统弹出“标注”下拉列表，如图 14-48a 所示。

功能区：单击[常用]按钮，在[注释]中单击[线性]后的黑三角按钮或[引线]后黑三角按钮。系统弹出“标注尺寸”快捷菜单，如图 14-48b、c 所示。

14.5.2　绘制组合体视图并标注尺寸

【例 14-6】　在【例 14-5】建立的 A4 样板图上绘制图 14-49 所示的组合体三视图并标注尺寸。

1）调用 A4 样板图。

2）画基准线（布局）。单击状态栏“正交”按钮，或按 <F8> 键，进入正交状态。把“线宽 LWT”关闭；单击“图层”工具栏中的图层下拉列表[01粗实线]，将“01 粗实线”层置为当前层；调用 Line 命令绘制各视图位置的基准线，如图 14-50a 所示。

用 Offset 命令绘制出视图中圆的中心线和底板圆孔轴线，如图 14-50b 所示。

3）绘制组合体底板的三视图。

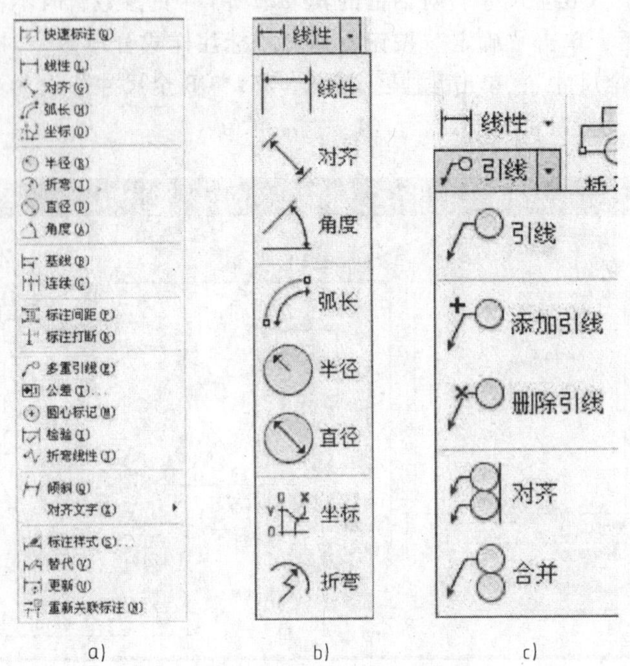

图 14-48　“标注尺寸”快捷菜单

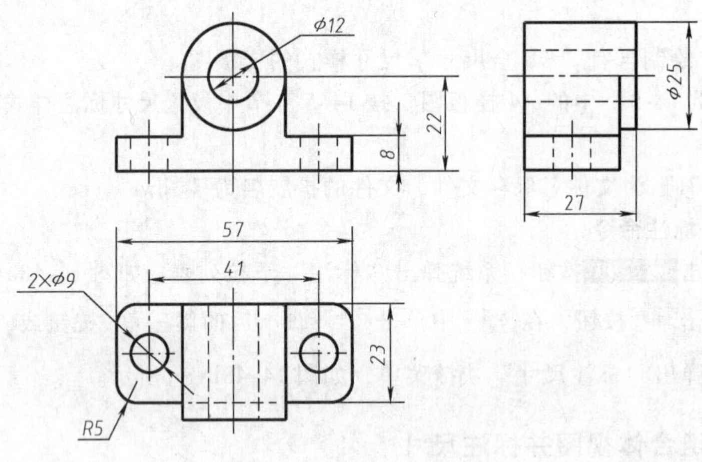

图 14-49　组合体三视图

① 单击“对象捕捉”按钮，或按 <F3> 键，打开目标捕捉状态。

② 调用“偏移”、“修剪”、“圆角”、“圆”“删除”等命令绘制组合体底板的三视图，并将主视图和左视图中孔的轮廓线换到“细虚线”层，如图 14-50c 所示。

③ 用“圆”、“偏移”、“直线”、“修剪”等命令绘制圆柱部分的三视图，并将俯视图和左视图中孔的轮廓线换到“细虚线”层，如图 14-50d 所示。

④ 用“修剪”、“直线”命令绘制俯视图上底板被圆柱遮挡部分的虚线，

如图 14-50e 所示。

⑤ 退出目标捕捉状态，用“打断”命令或调整夹点位置的方法整理对称中心线和轴线。将各条对称中心线和轴线换至“细点画线”层，如图 14-50f 所示。

4）单击“线宽 LWT”按钮，进入线宽显示状态，检查图形，调整各视图之间的相对位置。

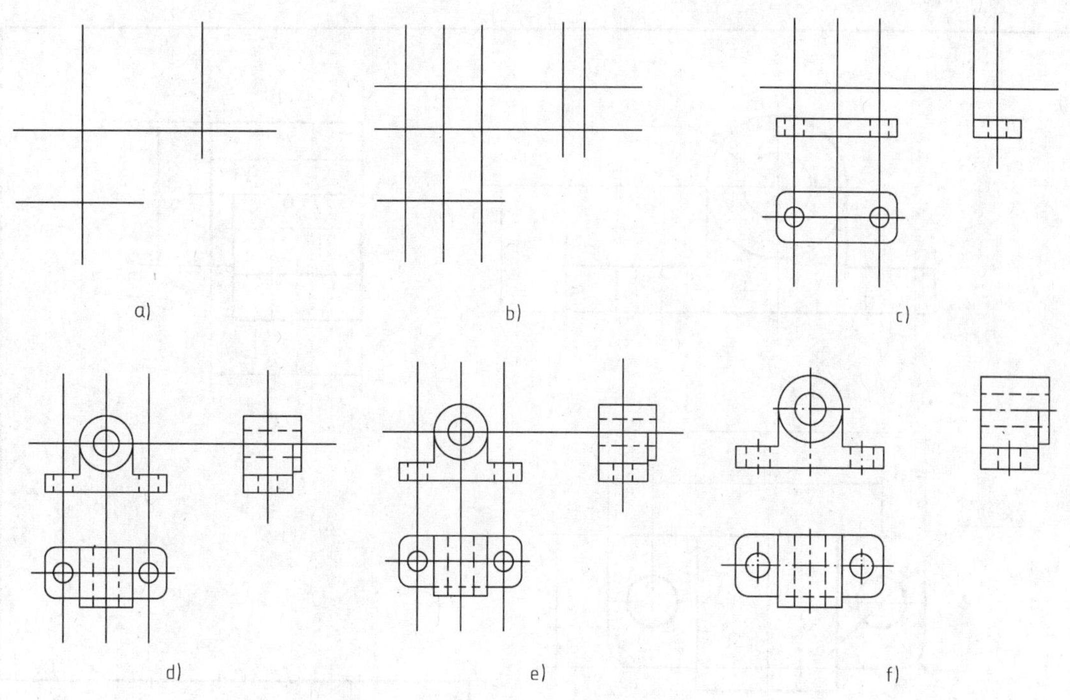

图 14-50 组合体三视图的绘图步骤

5）标注尺寸。第一步：单击“图层”工具栏中的图层下拉列表 05细点画线，将“08 尺寸线”层置为当前层。

第二步：标注底板尺寸。在功能区单击“常用”→“注释”工具栏中的 线性 按钮，在俯视图中注出底板的长“57”、宽“23”，在主视图中注出底板的高“8”；单击 线性 后黑三角按钮，从下拉菜单中单击 半径，在俯视图中注出底板圆角半径“*R*5”，用 线性 命令注出俯视图上圆孔的左右定位尺寸“41”。

标注底板上圆孔的直径尺寸“2 × ϕ9”时，单击 线性 后黑三角→ 直径，操作过程如下。

命令：_dimdiameter

选择圆弧或圆：（在圆周上拾取任意一点）

标注文字 = 9

指定尺寸线位置或 [多行文字(M)/文字(T)/角度(A)]：t （选择重新输入文字，按 <Enter> 键）

输入标注文字 <9>：2*%%c9 （输入文字 2 * %%C9，按 <Enter> 键）

指定尺寸线位置或 [多行文字(M)/文字(T)/角度(A)]：（指定尺寸线的位置）

第三步：在“注释”工具栏单击 直径 按钮，标注直径尺寸“ϕ12”和“ϕ25”。单击 直径 后黑三角按钮，从下拉菜单中单击 线性，标注圆柱的定位尺寸“22”、圆柱的长度尺寸“27”。

6）填写标题栏。将“11 文本（细实线）层置为当前层。用“Mtext 文字书写”命令及“汉字”样式填写标题栏中图名等内容。完成后的组合体三视图如图 14-51 所示。

7）存图。

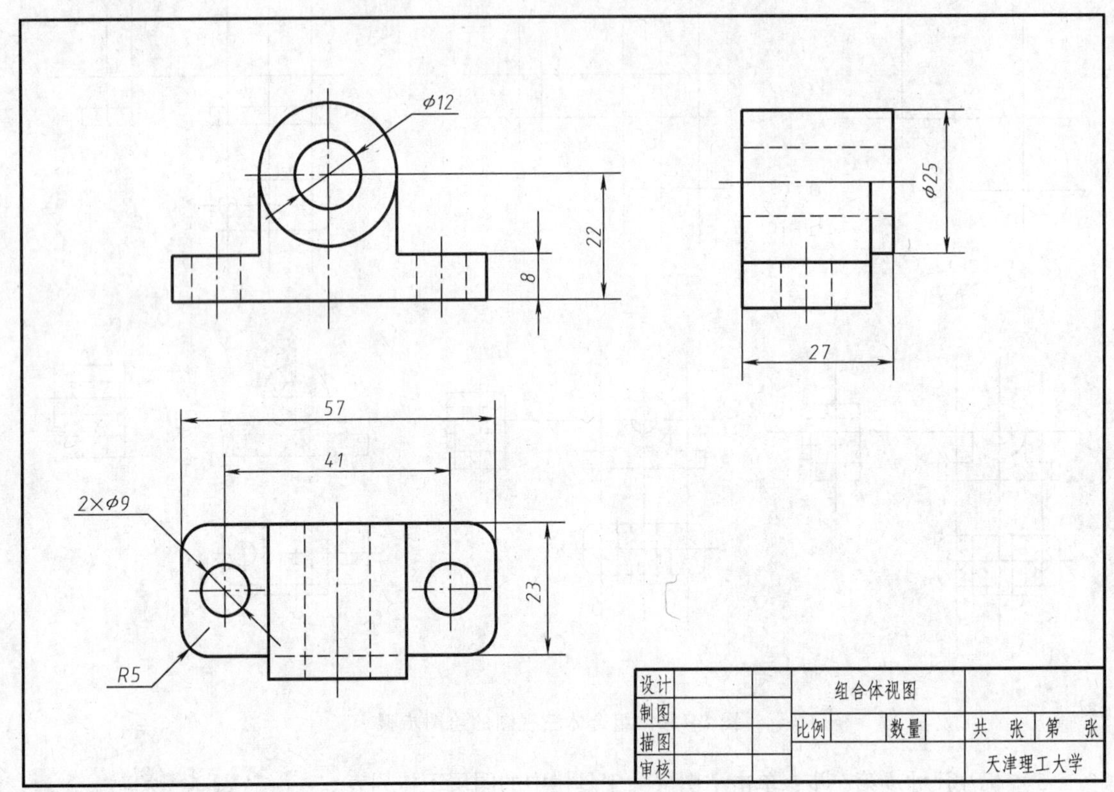

图 14-51　组合体三视图

14.6　用 AutoCAD 绘制机械零件图

本节将介绍利用 AutoCAD 的“图案填充”绘制剖面符号；“图块”命令操作方法；半线尺寸、公差的设置；表面结构符号的绘制；机械零件图的绘制方法。

14.6.1　剖视图、断面图的画法

1. 绘制剖面符号

在 AutoCAD 中，“图案填充”是指用图案去填充图形中的某个区域，以表达该区域的特征，用填充图案表达一个零件的剖切区域，也可使用不同的填充图案来表达不同零件或材料。绘制剖面符号前，首先把当前图层置换到“10 剖面符号”层，然后进行图案填充设置。

菜单栏：单击 绘图(D) → 图案填充(H)。功能区：单击 常用 → 绘图 工具栏中的 按钮。执行上述命令操作后，出现“图案填充创建”工具栏，如图 14-52 所示。

图 14-52 “图案填充创建”工具栏

命令提示行窗口显示信息：

命令：_hatch

拾取内部点或 [选择对象(S)/设置(T)]：T　　　（键盘输入 T，按 <Enter> 键）

系统弹出“图案填充和渐变色”对话框，如图 14-53 所示。通过该对话框中的选项，可以设置剖面图案的定义方式、设置剖面图案的特性、确定绘制剖面图案的范围等。

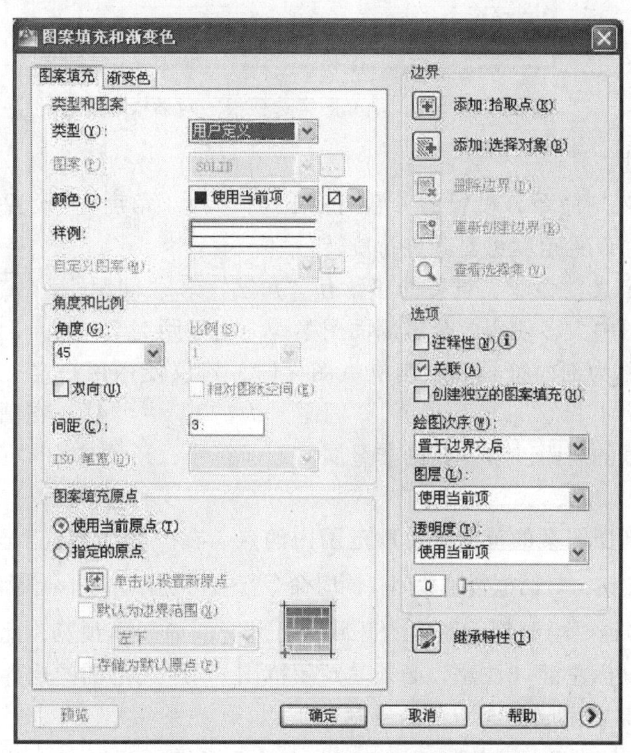

图 14-53 “图案填充和渐变色”对话框

（1）设置剖面图案的定义方式　在“图案填充”选项卡中，单击“类型”下拉列表框右侧的按钮，在下拉列表中有三种剖面图案的定义方式。

选择“预定义”命令，可以使用 AutoCAD 提供的图案。选择“用户定义”命令，可临时自定义平行线或相互垂直的两组平行线图案。选择“自定义”命令，可使用已定义好的图案。

在选择“预定义”命令的情况下，单击“图案”下拉列表框右侧的按钮，弹出“填充图案选项板”对话框，如图 14-54 所示，从中可以选择需要的图案。

（2）设置剖面图案的特性　在“图案填充和渐变色”对话框的“图案填充”选项卡中

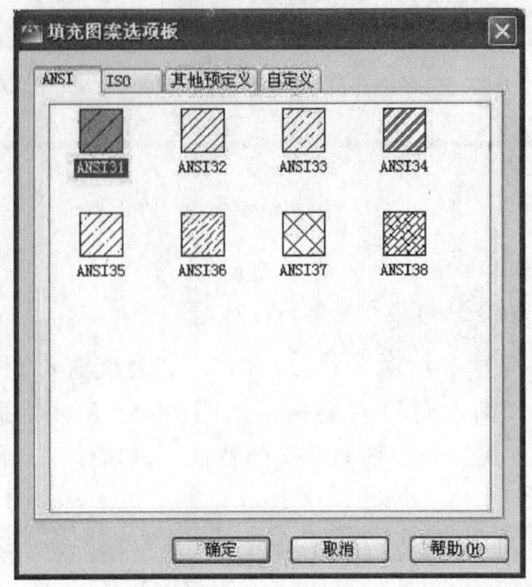

图 14-54　“填充图案选项板”对话框

设置剖面图案的特性。

如选择“预定义”命令，设置的参数有“比例”和“角度”。设置比例可对预定义图案进行放大或缩小，设置角度可对其进行旋转。

如选择“用户定义”命令，设置的参数有“角度”和“间距”。

提示：机械制图中大多使用的金属剖面图案是一组间距为 2 ~ 4mm 且与 X 轴正向成 45°或 135°的平行线，称为剖面符号。绘制机械图样时，建议使用用户定义的剖面符号。故一般设定“角度”为“45”、“135”等值，“间距”为“2” ~ “4”。在画装配图时，根据需要可以调整剖面符号的间距。若需要画非金属的剖面符号，还须选中“双向”，使得剖面符号呈网格状。

(3) 确定绘制剖面图案的范围　拾取范围内的点。在“图案填充和渐变色”对话框中，单击 添加:拾取点(K) 按钮，对话框暂时关闭，同时命令行窗口提示用户：拾取内部点或[选择对象(S)/设置(T)]:，把光标移到要绘制剖面图案的区域，可进行剖面图案预览，此时，在要绘制剖面图案的范围内单击鼠标左键（注意，必须是封闭范围），所选范围的边界处会出现封闭的虚线框，按 <Enter> 键后完成剖面图案的绘制。

选择对象。单击 添加:选择对象(B) 按钮，此时对话框暂时关闭，并提示用户选择绘制剖面图案的一个或几个范围对象。选中后，所选范围对象的边界处出现虚线框，按 <Enter> 键后完成剖面图案的绘制。

2. 波浪线的画法

局部剖视图或断面图中的波浪线画法详见 14.2.1 节中的“5. 画样条曲线”。

3. 绘图举例

【例 14-7】　绘制图 14-55a 所示的剖视图。

1) 调用样板图 A4-H，置换图层，用“直线”、“圆”、“偏移”、“修剪” 修剪、“样条曲线”、“删除”等命令绘制图 14-55b 所示的视图。

2) 选中图 14-55b 中的虚线，单击“图层”工具栏中的图层下拉列表

01粗实线，将它们置换成粗实线。

3）置换图层到“10 剖面符号”层。单击“图层”工具栏中的图层下拉列表 10剖面符号，将“10 剖面符号”层置换为当前层。

4）在菜单栏单击 绘图(D) → 图案填充(H)...，在命令行窗口提示后输入字母“T”，然后按 <Enter> 键，系统弹出“图案填充和渐变色”对话框，选“用户定义”选项，设置“角度”为“45”，“间距”为“3”。

5）单击 添加:拾取点(K) 按钮后按照提示操作：

拾取内部点或 [选择对象(S)/设置(T)]:　（分别在左、右“L”形中拾取点）

拾取内部点或 [选择对象(S)/设置(T)]:　（按 <Enter> 键，结束选择，绘制剖面线如图 14-55c 所示）

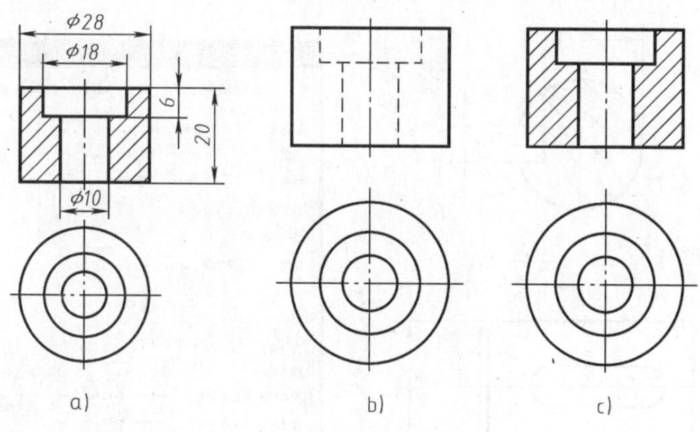

图 14-55　绘制剖视图

【例 14-8】　绘制图 14-56 所示的轴端断面图。

1）置换图层，调用“直线”、“圆”、“偏移”、“修剪” 修剪、“删除”等命令绘制轴端和键槽的视图，如图 14-56 所示。

2）置换图层到“10 剖面符号”层。单击“图层”工具栏中的图层下拉列表 10剖面符号 将“10 剖面符号”层置换为当前层。

3）在功能区单击 常用 → 图层 工具栏中的按钮，打开“图层特性管理器”，冻结 05 细点画线层 05细点画线 白 ACAD_ISO04W100，图形不显示点画线。

4）在菜单栏单击 绘图(D) → 图案填充(H)...，打开“图案填充和渐变色”对话框，选“用户定义”命令，设置“角度”为“45”，“间距”为“3”。

5）单击 添加:拾取点(K) 按钮后按照提示操作：

拾取内部点或 [选择对象(S)/设置(T)]:　（在圆形截面中拾取点）

拾取内部点或 [选择对象(S)/设置(T)]:　（按 <Enter 键>，结束选择，绘制剖面线）

6）解冻点画线层，图形中显示点画线。

14.6.2　剖视图尺寸样式和尺寸公差注法的设置

在半剖视图、局部剖视图中，表示内部结构的虚线一般省略不画。在标注内部对称方向尺寸时，尺寸线应该超过对称线，并且只画单边箭头和尺寸界线。如果把这种尺寸样式称为“半线尺寸”，那么尺寸样式的设置只需在“GB 全线尺寸”样式的基础上稍加改动即可。

1. 半线尺寸注法的设置

菜单栏单击 格式(O) → 标注样式(D)... 或在功能区单击 常用 → 注释 工具栏中的按钮。

系统弹出的“标注样式管理器”对话框，选择尺寸样式“GB 全线尺寸”，单击 新建(N)... 按钮，打开“创建新标注样式”对话框，在新样式名文本框中输入“GB 半线尺寸”，单击 继续 按钮，弹出“新建标注样式：GB 半线尺寸”对话框，在“线”选项卡中，单击“尺寸线”选项组中“隐藏”的“尺寸线 1（M）”或“尺寸线 2（D）”单选按钮，及“尺寸界线”选项组中“隐藏”的“尺寸界线 1（1）”或“尺寸界线（2）单选按钮”。

注意：这两个选择要一致，如图 14-57 所示都选第二个。单击 确定 按钮，返回“标注样式管理器”对话框，单击 关闭 按钮退出。

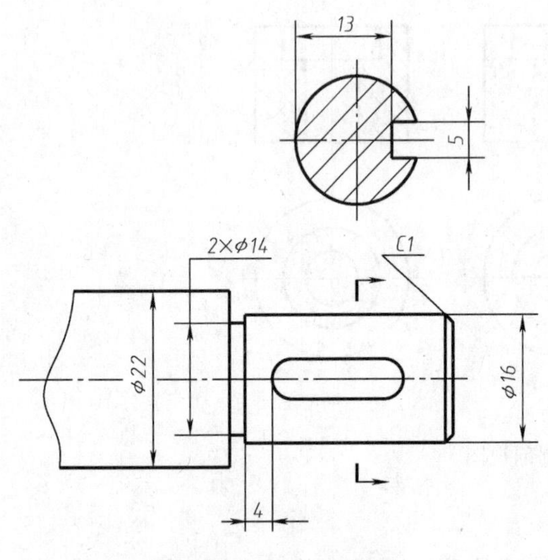

图 14-56　轴端断面图

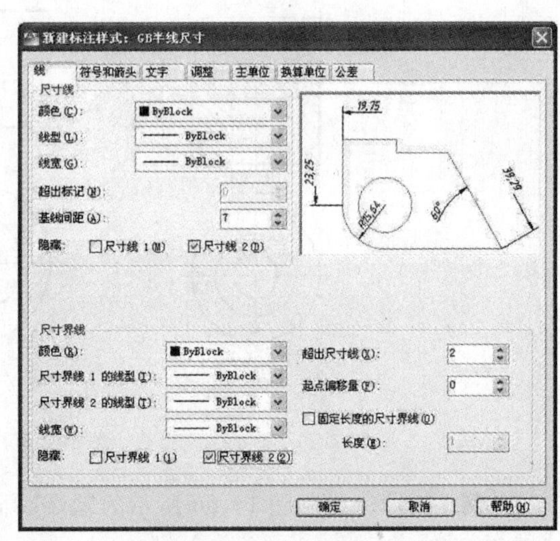

图 14-57　“新建标注样式：GB 半线尺寸”对话框的“线”选项卡

2. 尺寸公差注法的设置

1）对称式偏差，例如“50 ±0.01”

对称式偏差可以用以下两种方法标注。

① 直接输入。在使用标注尺寸的命令标注尺寸时，对于提示：

[多行文字(M)/文字(T)/角度(A)/水平(H)/垂直(V)/旋转(R)]: t　（选择输入 t，重新输入文字）

输入标注文字 <50>: 50%%P0.01　（输入“50%%P0.01”可以得到“50 ±0.01”）

② 设置尺寸样式。单击按钮，弹出“标注样式管理器”对话框，选择尺寸样式“GB 全线尺寸”，单击 新建(N)... 按钮，弹出“创建新标注样式”对话框，在新样式名文本框中输入“GB 对称偏差”，单击 继续 按钮，弹出“新建标注样式：GB 对称偏差”对话框，如图 14-58 所示。在“公差”选项卡中，选择“方式”下拉列表中的“对称”命令，将“精度”设为“0.000”，再将“上偏差”设置为“0.01”，其他设置不变。单击 确定 按钮，回到“标注样式管理器”对话框，选取“GB 对称偏差”，单击 置为当前(U) 按钮，即可利用该样式标注带对称偏差的尺寸。

2）不对称偏差，例如“$\phi 50^{-0.025}_{-0.050}$”。

不对称偏差只能用设置尺寸样式的方法进行标注，方法如下。

单击按钮，弹出“标注样式管理器”对话框，选择尺寸样式“GB”全线尺寸，单击 新建(N)... 按钮，弹出“创建新标注样式”对话框，在新样式名文本框中输入“GB 不对称偏差”，单击 继续 按钮，弹出“新建标注样式：GB 不对称偏差”对话框，如图 14-59 所示。在“公差”选项卡中，选择“方式”下拉列表中的“极限偏差”命令，将“精度”设为“0.000”，再将“上偏差”[1]设置为“-0.025”，“下偏差”[2]设置为“0.05”，注意“下偏差”的值本身带有“-”号。“高度比例”设为“0.7”，其他设置不变。

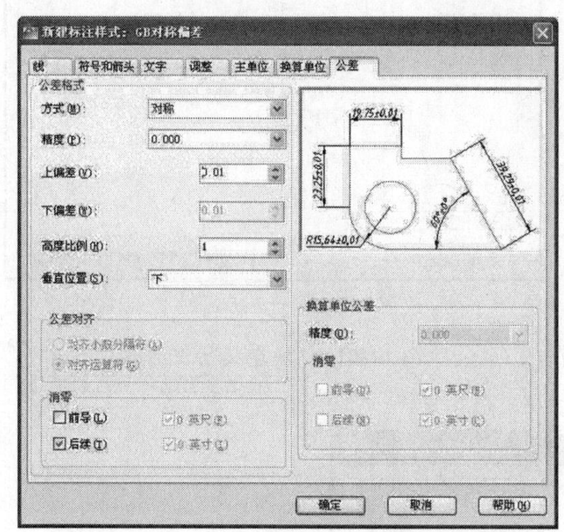

图 14-58　“新建标注样式：GB 对称偏差”对话框

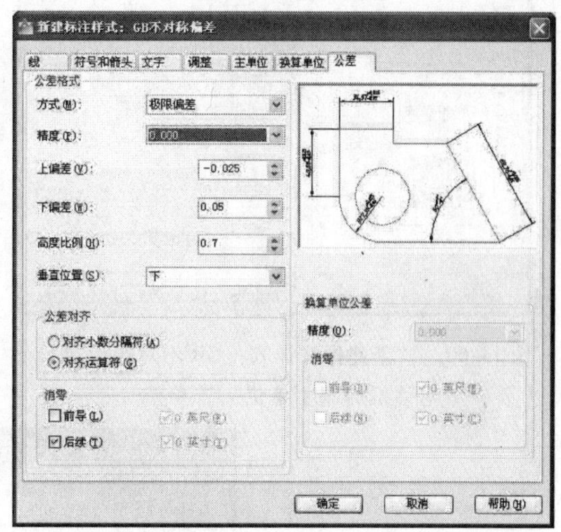

图 14-59　“新建标注样式：GB 不对称偏差”对话框

注意：在非圆投影上标注尺寸“$\phi50^{-0.025}_{-0.050}$”时，可同时将“新建标注样式：GB 不对称偏差”对话框的“主单位”选项卡中的“前缀（X）”设置为“%%C”，以便注出“ϕ”，如图 14-60 所示。

单击 确定 按钮，回到“标注样式管理器”对话框，选取“GB 不对称偏差”，单击 置为当前(U) 按钮，即可利用该样式标注带不对称偏差的尺寸。

14.6.3　图块

图块是图形设计中的一个重要概念。通过块操作可将多个图形实体作为一个整体使用。把重复绘制的图形创建为块保存起来，需要时将文件直接插入到当前图形中，从而提高绘图效率。标题栏、表面结构符号等均可建成图块。

1. 创建图块

(1) 块（Block）　菜单栏：单击 绘图(D) → 块(K) → 创建(M)...。

功能区：单击 常用 → 块 工具栏中的 创建 按钮。系统弹出“块定义”对话框，如图 14-61 所示。在“名称（N）”文本框中输入图块名。单击“对象”选项组中的 选择对象(T) 按钮，在

[1] 按照国家标准，应用上极限偏差，但为了与软件保持一致，本节仍用上偏差。

[2] 按照国家标准，应用下极限偏差，但为了与软件保持一致，本节仍用下偏差。

图中拾取要定义成图块的图形对象。在“基点”选项组中单击 拾取点(K) 按钮，在图中拾取插入基点，基点应选择插入图块时能够准确定位的点；或直接输入基点的 *X*、*Y*、*Z* 坐标值。其他设置视情况而定。单击 确定 按钮，完成图块的定义。

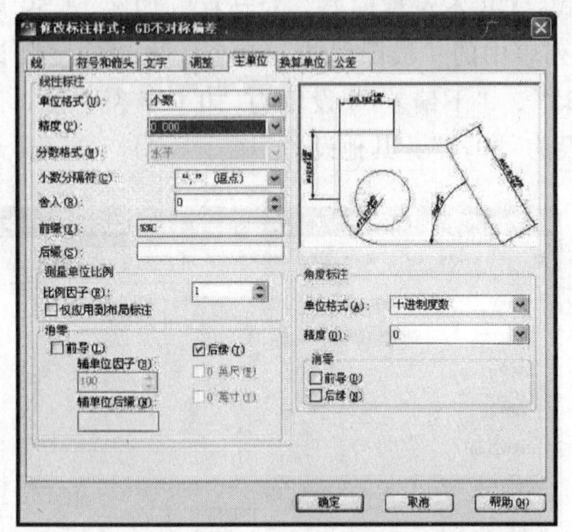

图 14-60 “新建标注样式：GB 不对称偏差”对话框的“主单位”选项卡

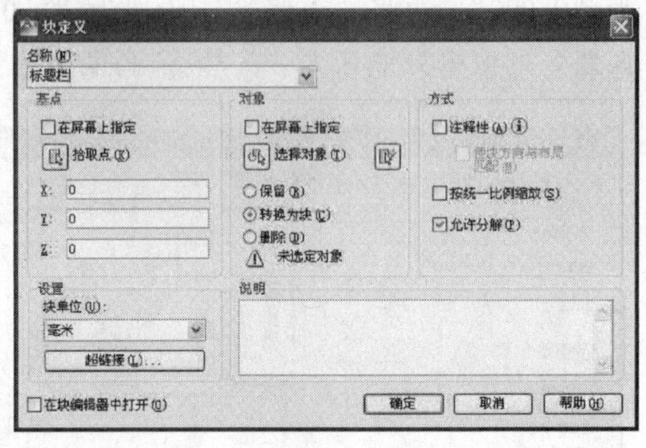

图 14-61 “块定义”对话框

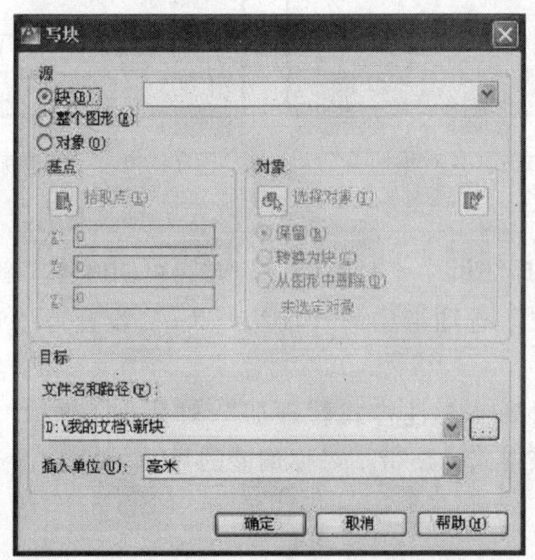

图 14-62 “写块”对话框

注意：用 Block 命令定义的图块只可供当前的图形使用。若想供其他图形使用，则需要用 Wblock 命令将定义的图块存储在磁盘的图形文件中。

（2）写块（Wblock） 在命令行输入“Wblock”后按 <Enter> 键，弹出“写块”对话框，如图 14-62 所示。在“源”选项组中单击“块（B）”单选按钮，在其右侧的下拉列表中选择图块名；在“目标”选项组的“文件和路径（F）”的下拉列表框里选择保存图块的路径。最后单击“确定”按钮即可。

在菜单栏单击 文件(F) → 输出(E)...，弹出“输出数据”对话框。对话框中给出了保存图块的路径和图块名，将“文件类型”设为“块（*.dwg）”，单击“保存”按钮后，命令行窗口提示信息：

[块=输出文件(=)/整个图形(*)] <定义新图形>: 标题栏　（输入已经建立的图块名，按 <Enter> 键退出命令）

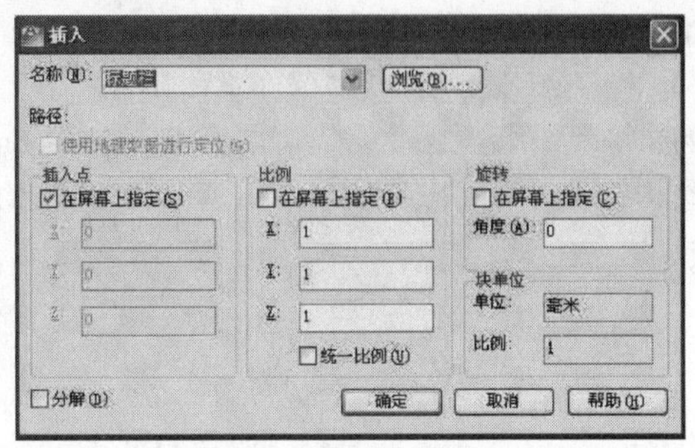

图 14-63　“插入”对话框

2. 图块插入命令（Insert）

菜单栏：单击 插入(I) → 块(B)... 。

功能区：单击 常用 → 块 工具栏中的按钮。系统弹出“插入”对话框，如图 14-63 所示。若插入图块用 Block 命令定义的，则在“名称”下拉列表中选择；若插入图块用 Wblock 命令定义的，则单击 浏览(B)... 按钮，系统显示“选择图形文件”对话框，从中选择所要插入的图块文件名，如图 14-64 所示，然后单击 打开(O) 按钮返回“插入”对话框，此时用户可根据需要设置选项，完成后单击 确定 按钮，绘图区会出现图块图形，拾取插入点后完成插入图块的操作。

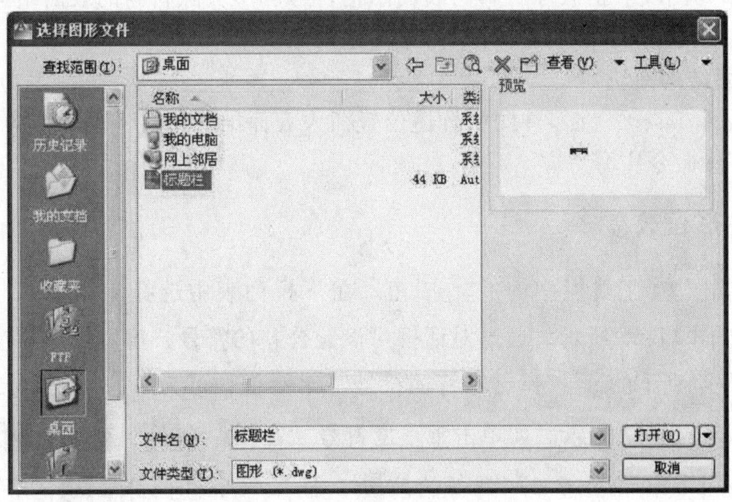

图 14-64　“选择图形文件”对话框

14.6.4　标注表面结构

1. 绘制表面结构符号

去除材料的表面结构符号（图 14-65a）的绘制方法如下：

单击 常用 → 绘图 工具栏中的按钮。

命令行窗口提示信息：

命令: _pline

指定起点：（任意拾取一点作为起点）

指定下一个点或 [圆弧(A)/半宽(H)/长度(L)/放弃(U)/宽度(W)]：@5.6<180 （按 <Enter> 键）

指定下一点或 [圆弧(A)/闭合(C)/半宽(H)/长度(L)/放弃(U)/宽度(W)]：@5.6<-60 （按 <Enter> 键）

指定下一点或 [圆弧(A)/闭合(C)/半宽(H)/长度(L)/放弃(U)/宽度(W)]：@11.2<60 （按 <Enter> 键）

指定下一点或 [圆弧(A)/闭合(C)/半宽(H)/长度(L)/放弃(U)/宽度(W)]：（按 <Enter> 键退出命令）

不去除材料的表面结构符号的画法是在图 14-65a 所示的基础上绘制内切圆。

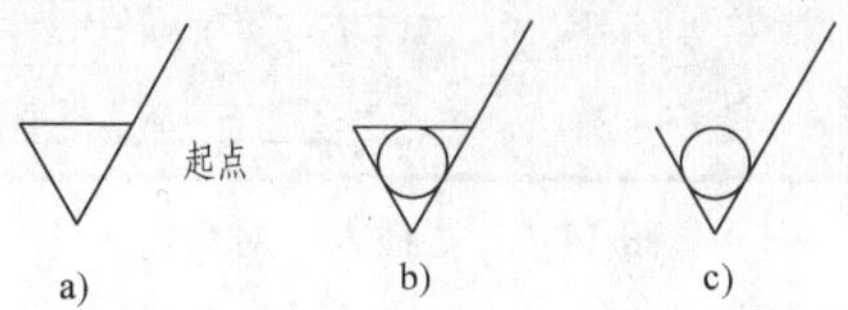

图 14-65　表面结构符号的画法

功能区：单击 常用 → 绘图 ▾ 工具栏中的 圆 按钮，在下拉列表中选择 相切，相切，相切 命令，按命令行窗口提示信息完成内切圆的绘制，如图 14-65b 所示，然后用 命令擦去等边三角形的顶边，如图 14-65c 所示。

2. 定义表面结构图块

创建表面结构图块。把去除材料的表面结构符号和不去除材料的表面结构符号分别定义为图块，插入基点选择表面结构符号三角形下边的角。

3. 插入表面结构图块

输入插入命令 Insert，在零件图的合适位置插入表面结构符号。表面结构符号中的 *Ra* 值用文字书写 Mtext 命令注写。

14.6.5　标注形位公差㊀

功能区：单击 注释 工具栏中的 标注 ▾ 按钮。在下拉列表中选择 命令，弹出“形位公差”对话框，如图 14-66 所示。通过对话框可设置公差的符号、值及基准等参数。

单击“符号”列下的■，弹出“特征符号”对话框，可为第一个或第二个公差选择几何特征符号，如图 14-67 所示。如单击垂直度符号“⊥”，“符号”列下的■变为⊥。

单击“公差 1”和“公差 2”列下的前■，插入一个直径符号∅；单击后■，打开“附加符号”对话框，可为公差选择包容条件符号。中间为文本框，可输入公差值如∅ 0.02 。

“基准 1”、“基准 2”、“基准 3”列可设置公差基准和包容条件。如在“基准 1”列下文本框中输入字母“A”，“高度”及其他选项默认，单击 确定 按钮，系统提示“输入公差位置：”，光标确定位置后，屏幕显示 ⊥ | ∅0.02 | A 。

注意：在标注“形位公差”时，先用“多重引线”命令画出引线。

㊀ 按照国家标准，应用几何公差，但为了与软件保持一致，本节仍用形位公差。

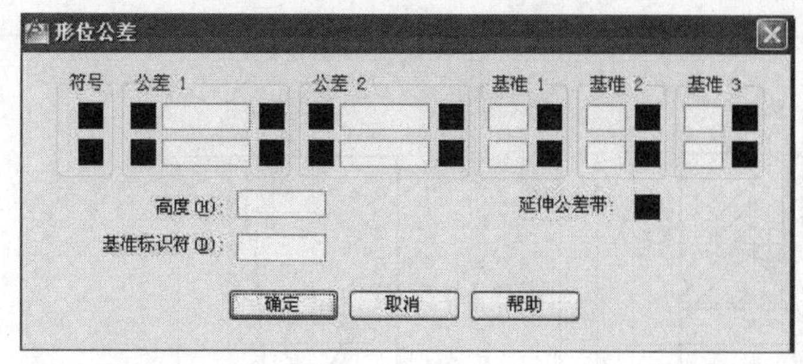

图 14-66　“形位公差”对话框

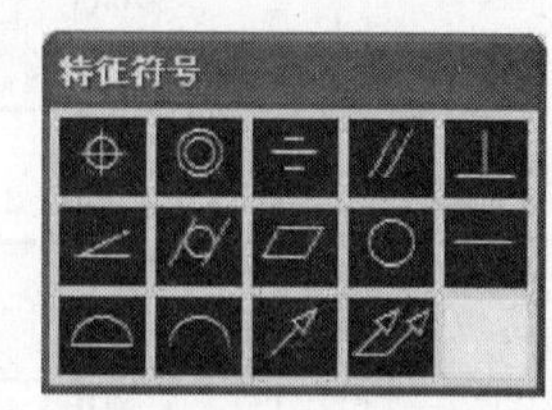

图 14-67　“特征符号”对话框

功能区：单击 常用 → 注释 工具栏中的 引线 按钮。用户可按提示操作，出现文字编辑窗口时，不输文字，按 <Esc> 键退出。

14.6.6　绘制零件图

【例 14-9】　绘制图 14-68 所示的旋塞阀阀体零件图。

1）调用样板图 A4-H。

2）画基准线（布局）。在功能区单击“常用”→“图层”工具栏中图层下拉列表 01粗实线 的右边按钮，从下拉列表中选“01 粗实线”层。调用命令画基准线、布局。

3）调用“圆”、“偏移”、“修剪” 修剪、“删除”等命令画主、俯、左三视图。主视图画成全剖视图，左视图画成半剖视图。

4）用鼠标选中绘图基准线，并把它们置换成点画线。

5）置换图层到“10 剖面符号”层；冻结“05 细点画线”层；在菜单栏单击 绘图(D) → 图案填充(H)...，绘制主视图和左视图上的剖面符号；解冻“05 细点画线“层。

6）用写块（Wblock）命令将绘制的图形建成图块保存，以便画装配图用。阀体为旋塞阀的主要零件，要把它的主、俯两个视图做成一个图块。

7）阀体零件的尺寸标注。单击“图层”工具栏中的图层下拉列表 08尺寸线，将“08 尺寸线”层置为当前层。

在功能区单击“常用”→“注释”工具栏中的 线性、半径、直径 等按钮完成尺寸标注。

8）利用块操作和书写命令 Mtest 或 Text 标注表面结构符号。

9）在功能区单击 常用 → 注释 工具栏中的 A 按钮，注写“技术要求”，填写标题栏。

10）存图。

14.7　用 AutoCAD 绘制机械装配图

在 AutoCAD 中，图块插入法是绘制装配图的方法之一。将装配图涉及的零件按有关视图分别做成图块，然后依照装配关系拼插各零件的图块，并在此基础上进行编辑和修改即完成装配图绘制。

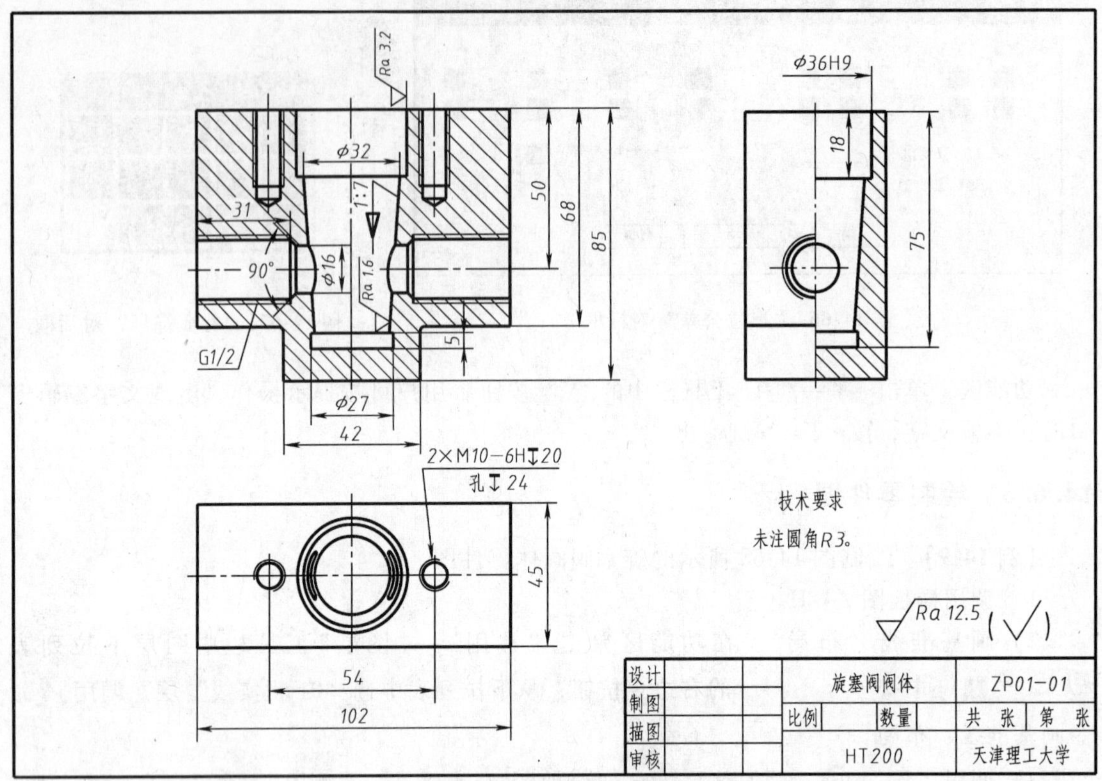

图 14-68　旋塞阀阀体零件图

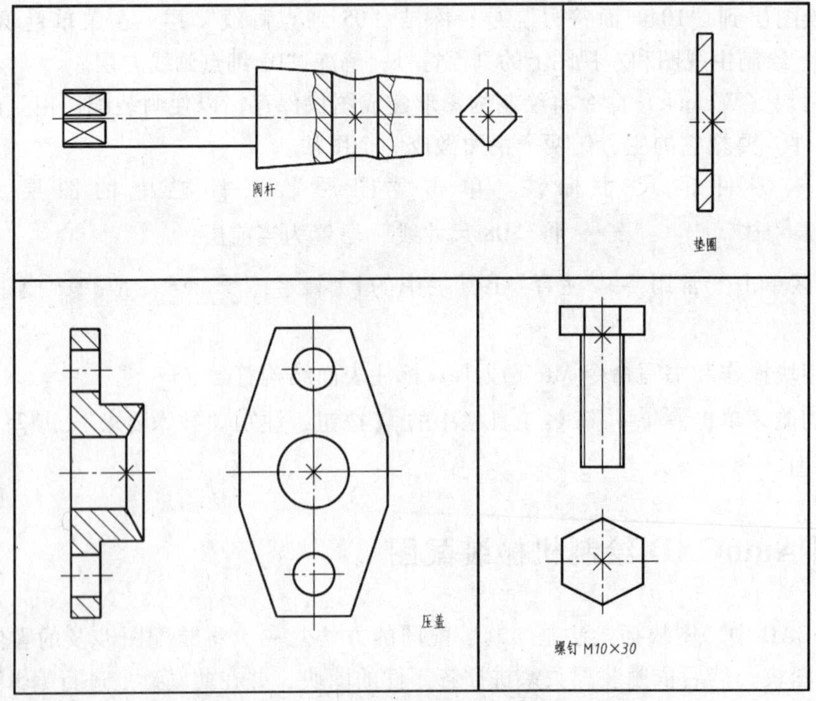

图 14-69　与旋塞阀装配图有关的各零件视图

14.7.1　建立零件图块

组成旋塞阀的各零件的视图除【例 14-9】绘制的旋塞阀阀体视图外，还有图 14-69 所示的零件视图。用 Wblock 命令分别将这些零件的有关视图建成图块保存起来。在建立零件图块时，只需将与装配图有关的各零件的视图和剖视图做成图块。一般一个视图或剖视图建成一个图块。如果视图和剖视图中有标注（如尺寸、文字等），建立图块前应先擦去。在选择各图块的插入点时，要选择能方便、准确地在装配图上定位的点，如图 14-69 所示用“×”标出的各点。

为了方便对装配零件的查找，图块名命名采用：××装配用主视、××装配用俯视、××装配用左视。如压盖的两个视图的块名可分别叫做“压盖装配用主视”、“压盖装配用俯视”。

14.7.2　拼画装配图

按装配关系和装配顺序插入零件图块。在菜单栏单击 插入(I) → 块(B) 或在功能区单击 常用 → 块 工具栏中的按钮，执行 Insert 命令，插入组成旋塞阀的各零件图块，构造未经修改的旋塞阀装配图，如图 14-70 所示。

构造装配图时要注意：

1）装配图绘图环境的设置应与各零件图一致，如图层、颜色、线型等。

2）块插入时注意调整各零件的绘图比例，与装配图一致。

3）插入图块的当前层应为“0”层，因为图块中“0”层上的对象按当前图层的颜色、线型绘制，而其他图层上的对象按原信息绘制。

4）装配图上的插入点一般用目标捕捉功能确定，并和零件图块上的插入点相匹配。

5）为了使各零件装配定位方便，要注意插入图块的顺序。

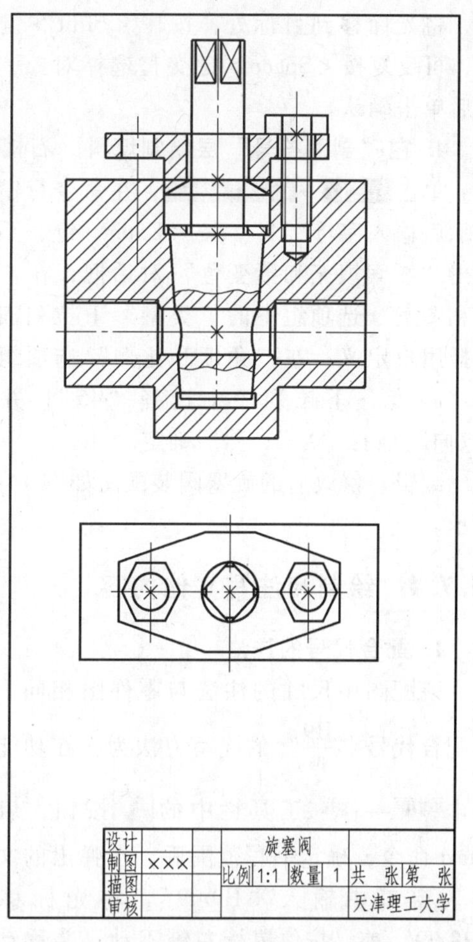

图 14-70　未经修改的旋塞阀装配图

调用样板图 A4-H。在此环境下，执行 Mvsetup 命令，绘制竖放的 A4 图框，删除 A4-H 的图框，并把标题栏移到图框的右下角。将“0”层作为当前层→插入“阀体”图块→分解“阀体”图块，调整各视图的相对位置→插入“阀杆装配用主视”、“阀杆装配用俯视”图块→插入“垫圈装配用主视”图块→插入“压盖装配用主视”图块→插入“压盖装配用俯视”图块→插入右边“螺栓 M10×30 装配用主视”图块→插入“螺栓 M10×30 装配用俯视”图块，结果如图 14-70 所示。

14.7.3　修改装配图

图 14-70 所示装配图中被遮挡的图线、螺纹联接处的画法、剖面符号的方向和间隔等都需要用修改命令进行修改、整理。

1. 分解图块

图块是一个整体，必须用“分解”命令（Explode）先将图块分解，才能修改其中的图线。

2. 修改剖面符号

若只修改剖面符号的方向和间隔，可移动光标到剖面符号处，当剖面符号变虚时，双击鼠标左键，调用“图案填充编辑”对话框，根据需要修改参数后确定。如果对剖面符号进行修剪，修剪前也必须用“分解”命令（Explode）分解剖面符号，因为剖面符号也是图块。

3. 重叠对象的选取

零件图块插入后，零件之间经常出现重叠或相距很近的情况。在选取编辑修改的对象时，将光标移到目标处，按住 <Shift> 键不动，可反复按 <Space> 键交替选择对象，选对后单击确认。

4. 在“剖面符号”层绘制填料（石棉绳）

单击 绘图(D) → 图案填充(H)，在命令行窗口提示后输入字母“T”，按 <Enter> 键，系统弹出“图案填充和渐变色”对话框，在“类型和图案”选项组中的“类型”下拉列表中选择用户定义；在“角度和比例”选项组中的“角度”下拉列表中选择“45”，并在“双向”前打“√”，然后确定。

编辑、修改后的旋塞阀装配图如图 14-71 所示。

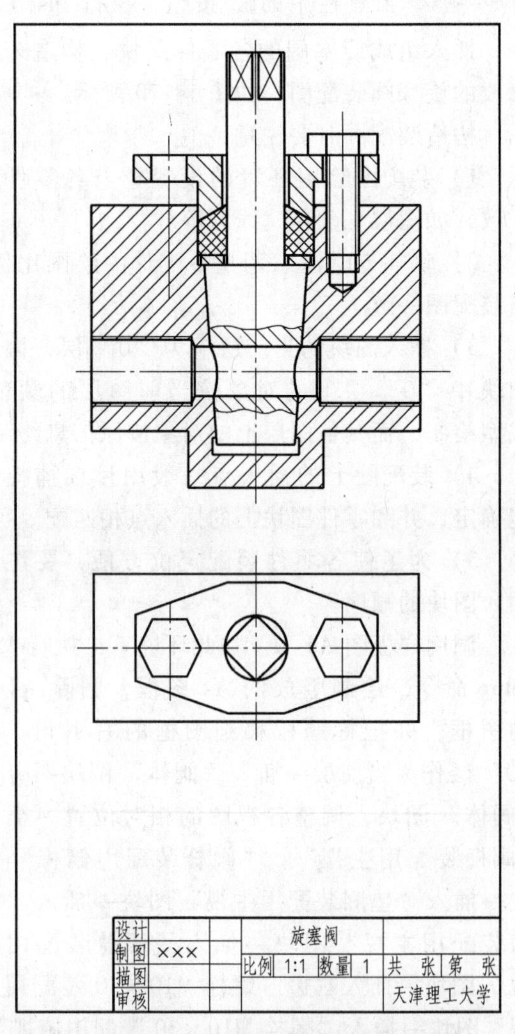

图 14-71　编辑、修改后的旋塞阀装配图

14.7.4　绘制和注写其他内容

1. 配合代号的注法

装配图中尺寸的注法与零件图相同。其中配合代号“$\frac{H9}{f9}$”的注写方法为：在功能区单击 常用 → 注释 工具栏中的按钮，启动 Mtext 命令，确定书写范围后，在弹出的文字输入窗口中输入“H9/f9”，将光标移到“H9/f9”前，按住鼠标左键不动，并移动光标涂蓝“H9/f9”后，在“格式”工具栏中单击堆叠“$\frac{a}{b}$”即可，详见“14.3.3 在样板

图中使用文字和表格”。

2. 零件序号的注法

利用多重引线命令[多重引线]标注零件序号。

功能区：单击[常用]→[注释]后的黑三角，打开下拉菜单，从中选择“多重引线设置”。

系统弹出“多重引线样式管理器”对话框，如图 14-72 所示。单击[新建(N)...]按钮，在对话框中的“新样式名”文本框中输入样式名，如序号，然后单击“继续”按钮。

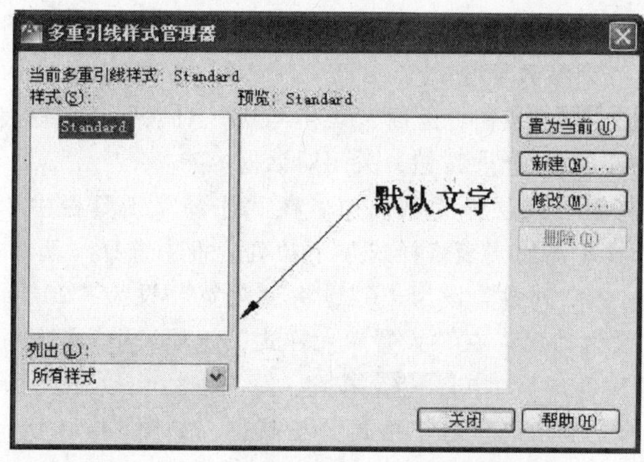

图 14-72　“多重引线样式管理器”对话框

系统弹出“修改多重引线样式：序号”对话框，选择“引线格式”选项卡，单击“箭头”选项组下的“符号”下拉列表框后的[▾]按钮，从下拉列表中选[●点]，在“大小”框中输入“0.2”。选择“引线结构”选项卡，在“基线设置”选项组下的文本框中输入“5”。选择“内容”选项卡，设置“文字样式”为“数字、字母”，文字高度为“5”。把“引线连接”选项组的“连接位置-左”的下拉列表框设为第一行加下划线，如图 14-73 所示。设置完成后，单击[确定]按钮回到“多重引线样式管理器”对话框。在“样式”下面的窗口中选择“序号”，单击[置为当前(U)]按钮后，再单击[关闭]按钮退出。

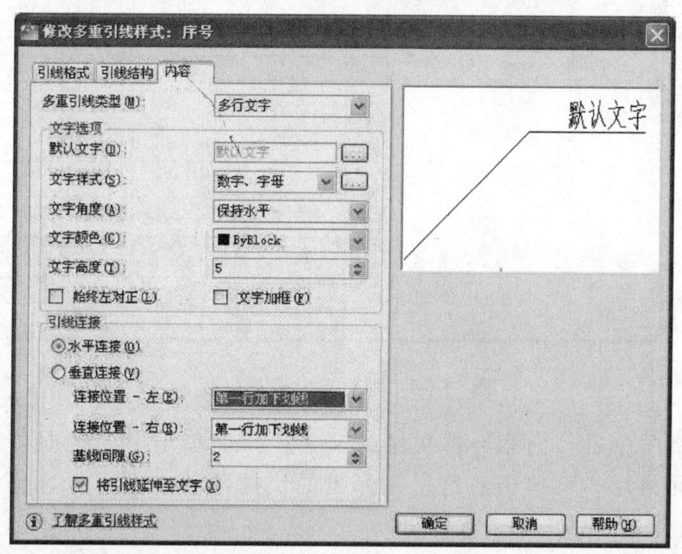

图 14-73　“修改多重引线样式：序号”对话框

3. 绘制明细栏

明细栏可以用“表格”命令绘制，详见“14. 3. 3 在样板图中使用文字和表格”。

在功能区的“注释”下拉列表中单击按钮，弹出“表格样式”对话框，单击右侧的“新建”按钮，弹出“创建新的表格样式”对话框，在“新样式名”文本框中输入表格样式的名称“明细栏”。然后单击“继续”按钮，弹出“新建表格样式：明细栏”对话框。

在“数据”选项卡中，设置数据单元格的有关变量。在“文字”选项组中，将“文字”选择为“数字、字母”，“文字高度”设为“5”；在“边框”选项组中，将“线宽”设为“0. 25”；将“页边距”选项组中的“垂直”文本框设为“0”，将“表格方向”下拉列表框设为“向上”，其余参数不变。

设置完成后，单击确定按钮，返回“表格样式”对话框。选择表格样式“明细栏”，单击置为当前(U)按钮，再单击关闭按钮，关闭对话框。

插入表格前，先将细实线层作为当前层。在“注释”工具栏中单击表格按钮，弹出“插入表格”对话框。在左侧的“表格样式”下拉列表框中选择“明细栏”。在右侧的“列和行设置”选项组中，将“列数”设为“6”，将“列宽”设为“20”，将“数据行数”设为“5”，将“行高”设为“1”。在“设置单元样式”选项组中，把第一行（第二行）单元样式改为“数据”，设置完成后单击确定按钮。

捕捉拾取标题栏的左上角，弹出“格式”工具栏，如图 14-74 所示。同时，表格处于输入单元格文字状态，可以填写单元格的内容。通过按 <Tab> 键或上、下、左、右等方向键，可以在单元格间切换。输入完成后，单击确定按钮退出命令。

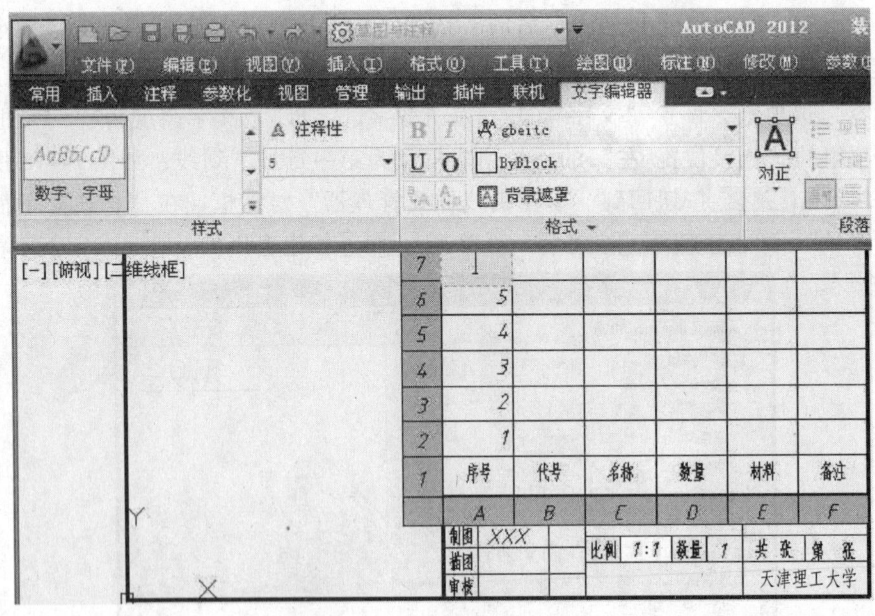

图 14-74　填写单元格的内容

退出插入表格命令后，仍然可再次输入文字。只需单击单元格即可进入文字编辑状态。单击选中单元格后，再单击右键，在弹出的快捷菜单中还可以选择增加或删除表格中的行或列。

在明细栏的左边处加画一条粗实线，以符合国家标准要求。修改明细栏的列宽和行高。

用交叉窗口选择整列单元格，在“特性”选项卡中，将“单元宽度”和“单元高度”按尺寸要求设置，明细栏的尺寸详见第 2 章。明细栏绘制完成后的旋塞阀装配图，如图 14-75 所示。

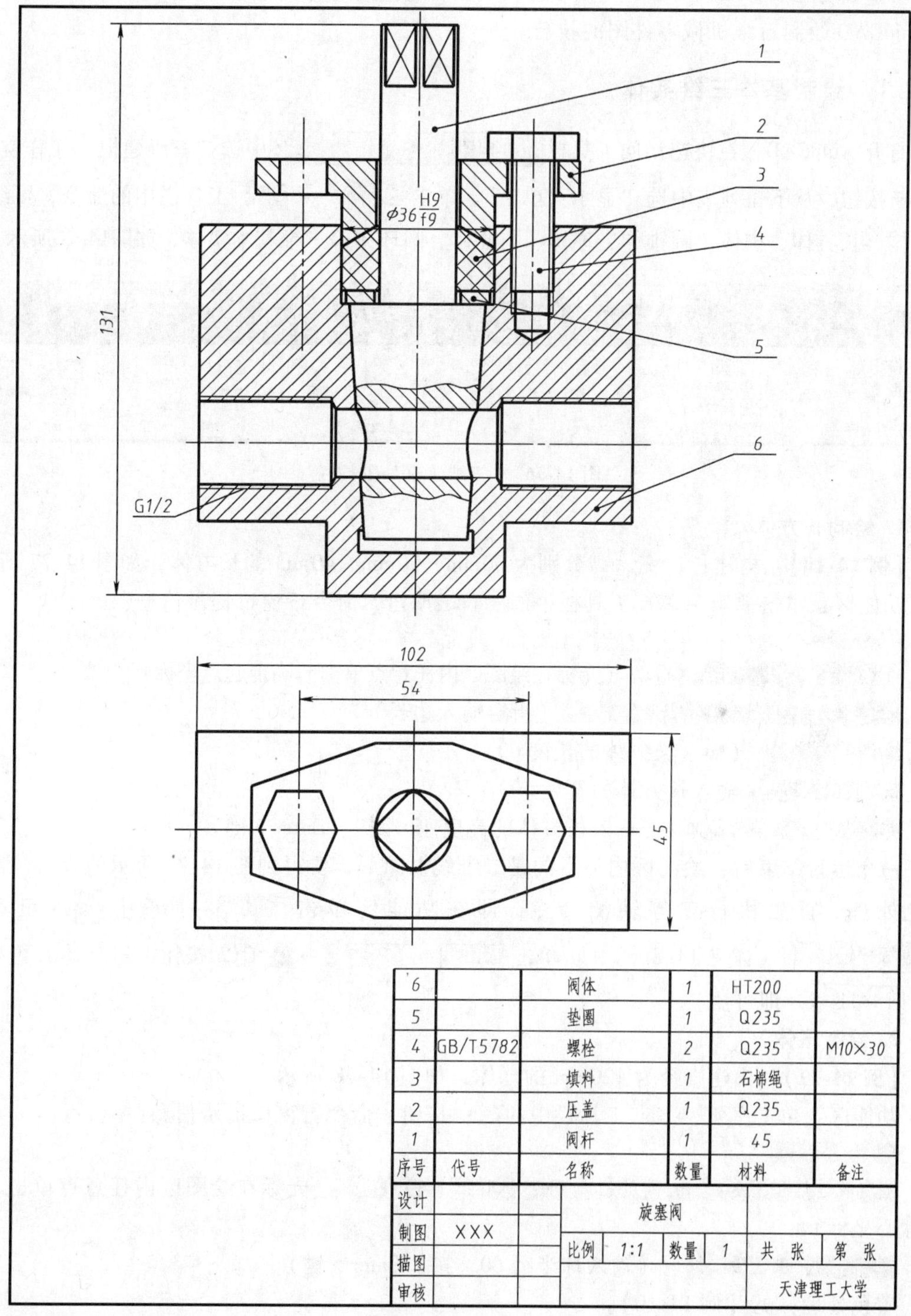

图 14-75　旋塞阀装配图

14.8 机械零件三维造型设计

本节将介绍 AutoCAD 三维建模的基本知识。通过对基本零件三维建模方法的学习，掌握 AutoCAD 绘制三维机械零件图的技巧。

14.8.1 绘制基本三维实体

打开 AutoCAD，在快速访问工具栏 草图与注释 中选“三维建模”工作空间，单击 按钮，从下拉列表中选“显示菜单栏”。单击 实体 → 图元 工具栏中的命令，可绘制多段体、长方体、楔体、圆锥体、球体、圆柱体、圆环体等三维基本实体，如图14-76所示。

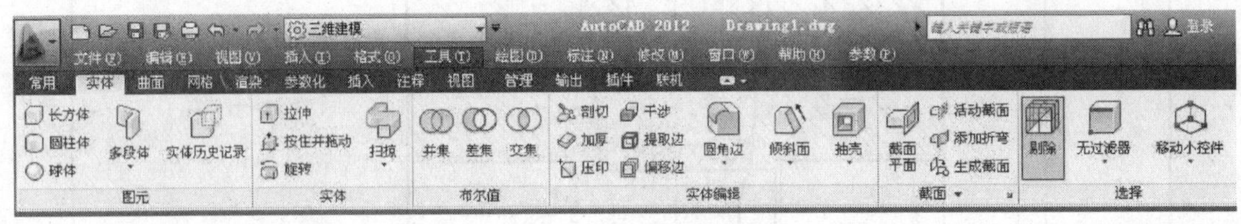

图 14-76 “三维建模”工具栏

1. 绘制长方体

【例 14-10】 构建长、宽、高分别为 60mm、50mm、40mm 的长方体，如图 14-77 所示。

功能区：单击 实体 → 图元 工具栏中的 长方体 按钮，命令行窗口提示信息：

命令：_box

指定第一个角点或 [中心(C)]： （光标在绘图区内任意点单击，确定起点坐标）

指定其他角点或 [立方体(C)/长度(L)]：l （指定输入边长）

指定长度：60 （输入长方体的长度 60）

指定宽度：50 （输入长方体的宽度 50）

指定高度或 [两点(2P)]：30 （输入长方体的高度 40 后按 <Enter> 键）

命令运行结束后，绘图区内显示的是二维线框图形，要得到图 14-77 所示的效果，需要着色处理。首先执行正等轴测命令，即在功能区单击 视图 → 视图 中 按钮选择 西南等轴测 （详见 14.8.5），再单击 视图 → 视觉样式 → 着色 按钮，进行体着色操作（详见 14.8.5）即可。

2. 绘制球体

【例 14-11】 构建直径为 120mm 的球体，如图 14-78 所示。

功能区：单击 实体 → 图元 工具栏中的 球体 按钮，命令行窗口提示信息：

命令：_sphere

指定中心点或 [三点(3P)/两点(2P)/切点、切点、半径(T)]： （光标在绘图区内任意点单击，确定球心坐标）

指定半径或 [直径(D)]：60 （输入球半径 60，按 <Enter> 键）

着色处理：见【例 14-10】。

3. 绘制圆柱体

【例 14-12】 构建直径为 60mm、高度为 80mm 的圆柱体，如图 14-79 所示。

功能区：单击 实体 → 图元 工具栏中的 圆柱体 按钮，命令行窗口提示信息：

命令：_cylinder

指定底面的中心点或 [三点(3P)/两点(2P)/切点、切点、半径(T)/椭圆(E)]:　（光标在绘图区内任意点单击，确定圆柱体底面中心点坐标）

指定底面半径或[直径(D)] <60.0000>: 30　（输入底面半径 30，按 <Enter> 键）

指定高度或 [两点(2P)/轴端点(A)] <30.0000>: 80　（输入圆柱体高度 80，按 <Enter> 键）

着色处理：见【例 14-10】。

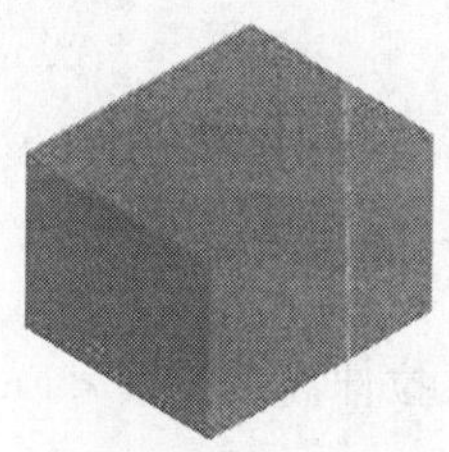

图 14-77　长方体

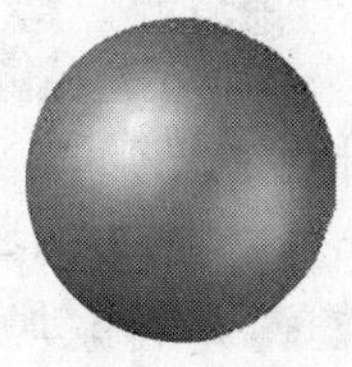

图 14-78　球体

图 14-79　圆柱体

4. 其他基本体的绘制

功能区：单击 实体 → 图元，在“图元”工具栏中可拾取绘制其他基本体的命令，按提示操作即可。

14.8.2　通过二维图形构建三维实体

1. 用拉伸命令构建三维实体

用拉伸命令构建三维实体，首先要选择需拉伸的二维图形对象，再选择绘制好的拉伸路径或给出拉伸高度及拉伸倾斜角度。倾斜角度为 0°，构建柱体；倾斜角度不为 0°，构建锥体。注意：可拉伸的二维图形必须是闭合的面域，如多段线、多边形、矩形、圆、椭圆等。

用直线或圆弧创建的二维图形，需用“边界”命令创建面域或多段线，也可用 Pedit 命令将它们转换为单个多段线对象，再使用拉伸命令。

【例 14-13】　构建以图 14-80a 所示图形作为底面、高度为 12mm 的平板，如图 14-80b 所示。

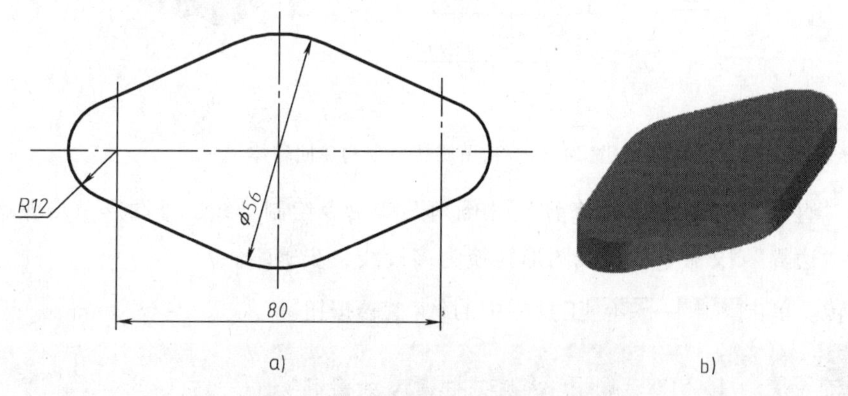

图 14-80　利用拉伸命令构建平板

1）用“圆”、“直线”、“修剪”等命令绘制平板底面图形，擦除点画线，只留轮廓线，步骤略。

2）用“边界”命令创建面域或多段线。单击“常用”→“绘图”工具栏中的按钮，弹出“边界创建”对话框，单击对话框中的“拾取点”按钮，命令行窗口提示信息：

```
命令：_boundary
```

```
拾取内部点：
```
（在图形内部单击）

```
拾取内部点：
```
（按 < Enter > 键结束命令）

3）拉伸。单击“实体”→“实体”工具栏中的拉伸按钮。命令行窗口提示信息：

```
命令：_extrude
当前线框密度： ISOLINES=4，闭合轮廓创建模式 = 实体
选择要拉伸的对象或 [模式(MO)]：_MO 闭合轮廓创建模式 [实体(SO)/曲面(SU)] <实体>：_SO
```

```
选择要拉伸的对象或 [模式(MO)]：
```
（拾取绘制好的图形）

```
选择要拉伸的对象或 [模式(MO)]：
```
（按 < Enter > 键退出选择）

```
指定拉伸的高度或 [方向(D)/路径(P)/倾斜角(T)/表达式(E)] <-12.0000>：12
```
（输入拉伸高度，按 < Enter > 键结束命令）

4. 单击“视图”→“视图”中按钮选择“西南等轴测”；单击“视图”→“视觉样式”→“着色”按钮。

2. 用旋转命令构建三维实体

用旋转命令构建三维实体，首先选择需要旋转的二维对象，并选择当前用户坐标系 UCS 的 X 轴或 Y 轴作为旋转轴，也可用事先绘制好的直线作为旋转轴，最后给出旋转角度。同拉伸命令一样，旋转的二维图形必须是闭合对象，如多段线、多边形、矩形、圆、椭圆等。

【例 14-14】 以图 14-81a 所示图形作为母线、绕给定旋转轴旋转构建图 14-81b 所示的三维实体。

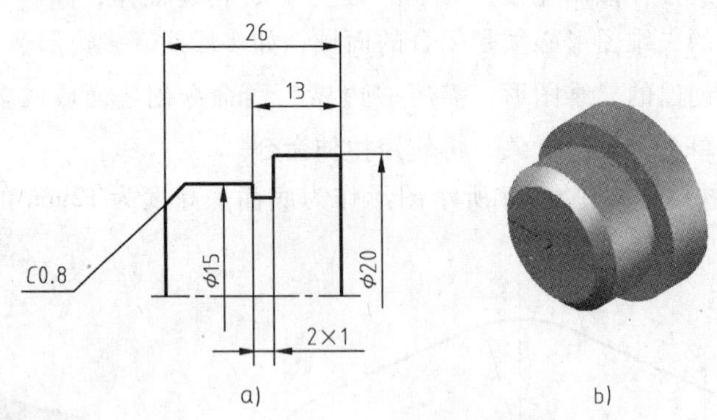

图 14-81　利用旋转命令构建回转体

1）用“直线”、“偏移”、“修剪”、“倒角”等命令绘制母线二维图形，步骤略。

2）用“边界”命令将母线图形转换为多段线，步骤略。

3）旋转。单击“实体”→“实体”工具栏中的旋转按钮。

```
命令：_revolve
当前线框密度： ISOLINES=4，闭合轮廓创建模式 = 实体
选择要旋转的对象或 [模式(MO)]：_MO 闭合轮廓创建模式 [实体(SO)/曲面(SU)] <实体>：_SO
```

```
选择要旋转的对象或 [模式(MO)]：找到 1 个
```
（拾取已经编辑为多段线的母线，按 < Enter > 键）

```
选择要旋转的对象或 [模式(MO)]：
```
（按 < Enter > 键退出选择）

指定轴起点或根据以下选项之一定义轴 [对象(O)/X/Y/Z] <对象>:　（捕捉拾取轴线的一个端点）

指定轴端点:　（捕捉拾取轴线的另一个端点）

指定旋转角度或 [起点角度(ST)/反转(R)/表达式(EX)] <360>:　（按 <Enter> 键默认旋转 360°）

4）单击 视图 → 视图 中 按钮选择 西南等轴测；单击 视图 → 视觉样式 → 着色 按钮。

14.8.3　用实体编辑命令构建三维实体

在功能区：单击 实体 → 实体编辑 工具栏中的按钮，可以调用命令构建三维实体。

1. 用剖切命令构建三维实体

用剖切命令对实体进行剖切，可以保留剖切实体的一部分或全部。也可移去指定部分生成新的实体。剖切必须沿剖切平面进行，确定剖切平面的常用方法有：三点法、*XY*、*YZ* 或 *ZX* 的平行面法。

【例 14-15】 在构建的球体（半径为 50mm）上切去球冠，切平面距球心距离为 30mm，如图 14-82 所示。

1）构建球体后，单击 视图 → 视图 中 按钮选择 西南等轴测，结果如图 14-82a 所示。

2）单击 视图 → 坐标 → 按钮，将坐标原点捕捉到球心处，如图 14-82b 所示。

3）切去球冠。单击 实体 → 实体编辑 工具栏中的 剖切 按钮，命令行窗口提示信息：

命令：_slice

选择要剖切的对象：找到 1 个　（拾取球体上的任意一点）

选择要剖切的对象：　（按 <Enter> 键，退出选择）

指定 切面 的起点或 [平面对象(O)/曲面(S)/Z 轴(Z)/视图(V)/XY(XY)/YZ(YZ)/ZX(ZX)/三点(3)] <三点>: xy

（选择 *XY* 平面，按 <Enter> 键）

指定 XY 平面上的点 <0,0,0>: 0,0,30　（输入 *XY* 平面上的点的坐标）

在所需的侧面上指定点或 [保留两个侧面(B)] <保留两个侧面>:　（捕捉拾取球心）

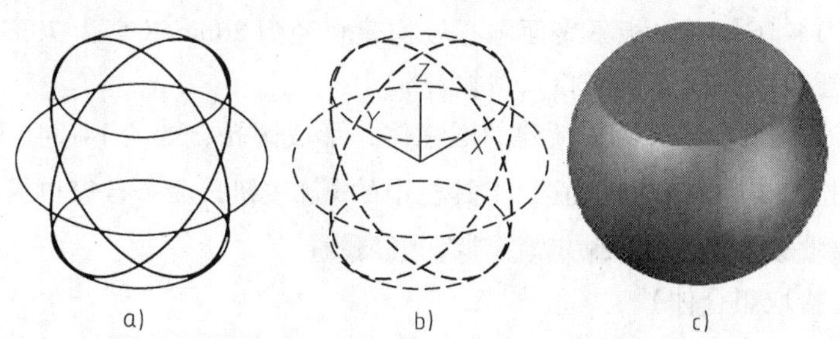

图 14-82　切去球冠的球体

4）单击 视图 → 视觉样式 → 着色 按钮，如图 14-82c 所示。

2. 布尔运算构建三维实体

在功能区单击 实体 → 布尔值 工具栏中的按钮，可调用布尔运算。布尔运算包括“并集”、“差集”和“交集”。利用布尔运算可以构建复合实体。

（1）用“并集”命令构建复合体　执行并集命令，可以合并两个或多个实体，构成一个复合实体。

【例 14-16】 在【例 14-13】构建的平板下表面圆心处生成一个直径为 36mm、高为 60mm 的铅垂圆柱，然后将两者合并为图 14-83c 所示的组合体。

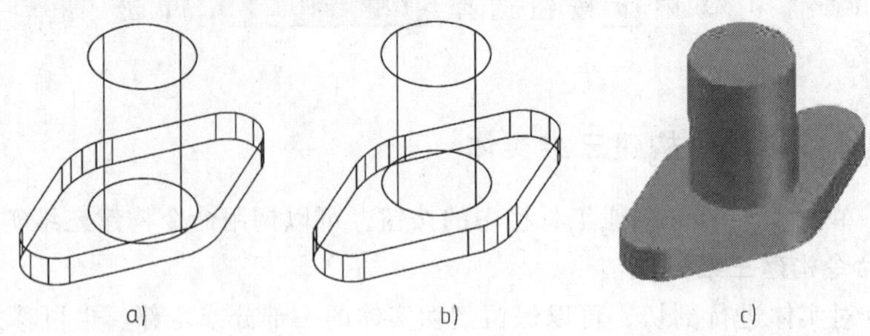

图 14-83　使用“并集”命令将独立的两个实体复合为一体

1）参照【例 14-13】构建平板的方法，在平板下表面圆心处构建圆柱，如图 14-83a 所示（注意捕捉平板下表面圆心），过程略。

2）用“并集”命令将两者复合为一体，如图 14-83b 所示。

在功能区单击 实体 → 布尔值 工具栏中的“并集”按钮，命令行窗口提示：

选择对象：（拾取平板）

选择对象：（拾取圆柱）

选择对象：（按 <Enter> 键退出选择）

3）单击 视图 → 视图 中 选择 西南等轴测 按钮；单击 视图 → 视觉样式 → 着色 按钮，如图 14-83c 所示。

（2）用差集命令构建复合体　执行差集命令，删除两实体间的公共部分。如在对象上减去一个圆柱，即在机械零件上增加孔。

【例 14-17】 在【例 14-16】的基础上，在圆柱部分生成一个直径为 26mm 的通孔，如图 14-84c 所示。

1）参照【例 14-16】在平板下表面圆心处构建直径为 26mm、高为 70mm 的圆柱，如图 14-84a 所示（注意捕捉圆柱底面圆心），过程略。

2）用差集命令从组合体上减去新建的圆柱体，形成圆孔，如图 14-84b 所示。

在功能区单击“实体”→“布尔值”工具栏中的按钮，命令行窗口提示：

命令：_subtract 选择要从中减去的实体、曲面和面域...

选择对象：（拾取组合体）

选择对象：（按 <Enter> 键退出选择）

选择要减去的实体、曲面和面域...

选择对象：（拾取新建的圆柱）

选择对象：（按 <Enter> 键退出选择）

3）单击 视图 → 视图 中 选择 西南等轴测 按钮；单击 视图 → 视觉样式 → 着色 按钮，如图 14-84c 所示。

（3）用交集命令构建复合体　执行交集命令，可以用两个或多个重叠实体的公共部

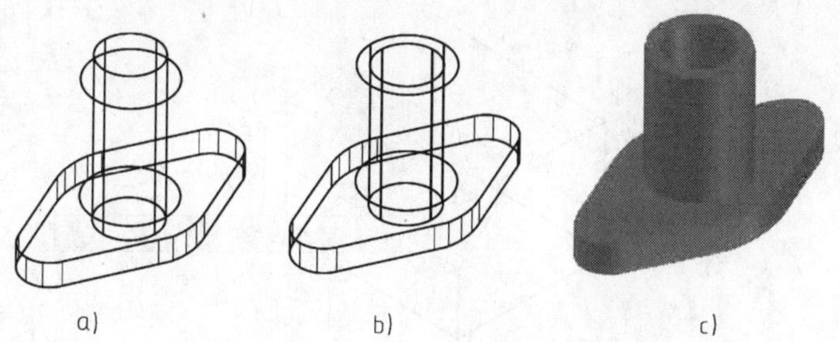

图 14-84　使用差集命令在实体上增加孔

分构建复合实体。

【例 14-18】　利用相交的圆柱和三棱柱构建图 14-85c 所示的实体。

1）创建圆柱和正三棱柱并令它们有重叠的区域，如图 14-85a 所示，过程略。

2）用交集命令形成新的立体，如图 14-85b 所示。在功能区单击“实体”→“布尔值”工具栏中的按钮，命令行窗口提示信息：

选择对象：　（拾取圆柱）

选择对象：　（拾取三棱柱）

选择对象：　（按 < Enter > 键退出选择）

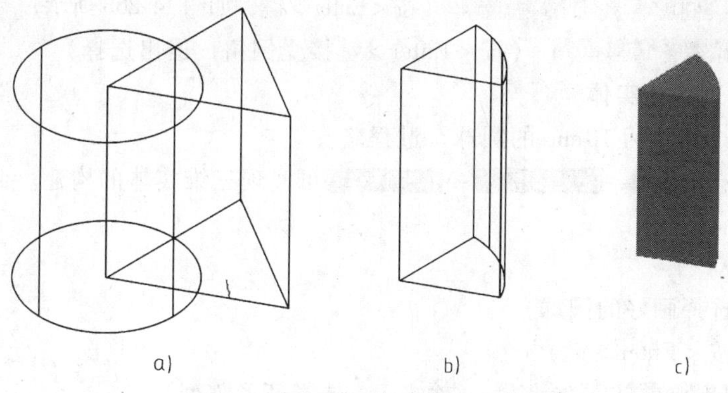

图 14-85　利用交集命令构建实体

3）单击 视图 → 视图 中选择 西南等轴测 按钮；单击 视图 → 视觉样式 → 着色 按钮，如图 14-85c 所示。

3. 三维实体的倒角、圆角

在功能区单击“实体”→“实体编辑”工具栏中的“倒角边”和“圆角边”按钮，按命令行提示操作，可对三维实体进行倒角、圆角。

【例 14-19】　在【例 14-10】构建的长方体前部上边生成距离为 20mm 的倒角，如图 14-86c所示。

在功能区单击“实体”→“实体编辑”工具栏中的按钮，命令行窗口提示：

命令：_CHAMFEREDGE 距离 1 = 1.0000，距离 2 = 1.0000

选择一条边或 [环(L)/距离(D)]：d　（键入字母 d，按 < Enter > 键）

指定距离 1 或 [表达式(E)] <1.0000>：20　（输入第一条边倒角距离，按 < Enter > 键）

指定距离 2 或 [表达式(E)] <1.0000>：20　（输入第二条边倒角距离，按 < Enter > 键）

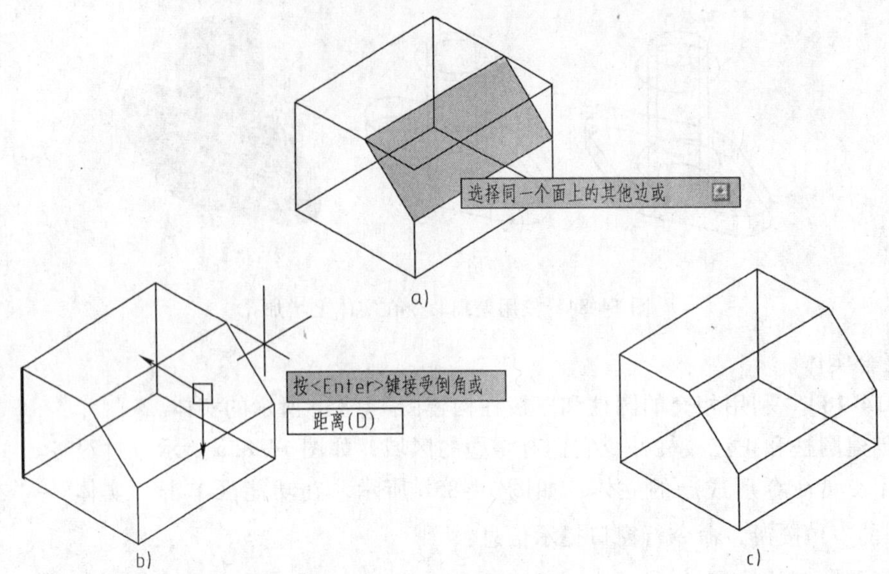

图 14-86　长方体倒角

选择一条边或 [环(L)/距离(D)]:　（拾取前上棱边，如图 14-86a 所示）

选择同一个面上的其他边或[环(L)/距离(D)]:　（按 <Enter> 键，如图 14-86b 所示）

按<Enter>键接受倒角或 [距离(D)]:　（按 <Enter> 键接受倒角，退出选择）

4. 用三维阵列构建实体

首先构建一个直径为 10mm 的圆球，过程略。

在菜单栏单击 修改(M) → 三维操作(3) → 三维阵列(3) 可实现三维实体的构建。命令行窗口提示：

命令:

命令: _3darray

选择对象:　（选择画好的圆球）

选择对象:　（按 <Enter> 键）

输入阵列类型 [矩形(R)/环形(P)] <矩形>:p　（输入 P，选择环形阵列）

输入阵列中的项目数目:　（输入阵列的数目 10）

指定要填充的角度 (+=逆时针, -=顺时针) <360>:　（按 <Enter> 键）

旋转阵列对象? [是(Y)/否(N)] <Y>:　（按 <Enter> 键）

指定阵列的中心点:　（指定阵列中心的第一点（0，0，0））

指定旋转轴上的第二点:　（指定阵列中心的第二点（0，0，5），结果如图 14-87a 所示）

单击 视图 → 视觉样式 → 着色 按钮，结果如图 14-87b 所示。利用此方法可创建轴承滚珠。

14.8.4　在用户坐标系（UCS）中构建三维实体

在 AutoCAD 中，坐标系分为世界坐标系（WCS）和用户坐标系（UCS）。世界坐标系（WCS）是一个绝对的坐标系统。在默认情况下，AutoCAD 使用世界坐标系绘制二维图形。构建三维模型时经常需要修改坐标系的原点和方向。为了方便用户使用，AutoCAD 允许用户根据自己的需要设定坐标系，即使用用户坐标系（UCS）。它可以变动。单击功能区中的“常用”按钮，“坐标”工具栏显示在用户界面中，如图 14-88 所示。

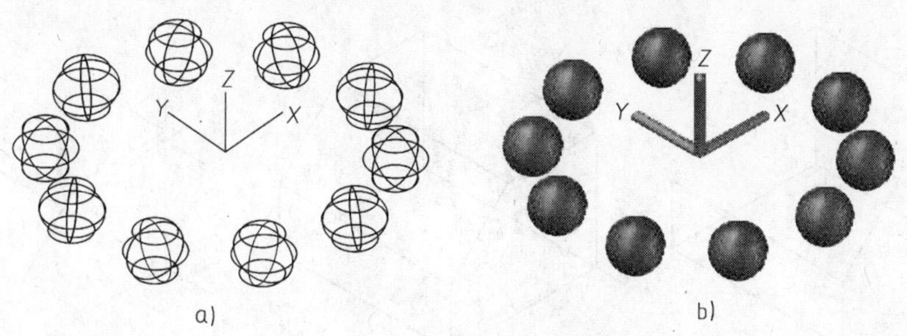

图 14-87 用三维阵列构建实体

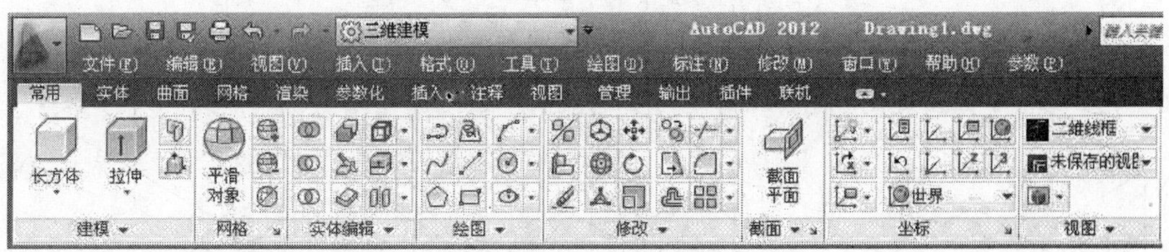

图 14-88 “坐标”工具栏显示在用户界面中

1. UCS 命令

在菜单栏单击 工具(T) → 新建 UCS(W)，调用用户坐标系（UCS）命令，如图 14-89 所示。也可在“坐标”工具栏上直接单击，调用 UCS 的相关命令，如图 14-90 所示。

2. 用 UCS 命令构建实体

（1）UCS 命令　在 坐标 工具栏上，单击 世界 中的▾按钮，出现下拉菜单，选择不同的图标可以启动不同的正交 UCS 命令，如“主视”、“俯视”、“右视”等。

（2）原点 UCS　在“坐标”工具栏中，单击按钮，可重新设置坐标原点。

（3）三点 UCS　在“坐标”工具栏中，单击按钮，可重新设置坐标。

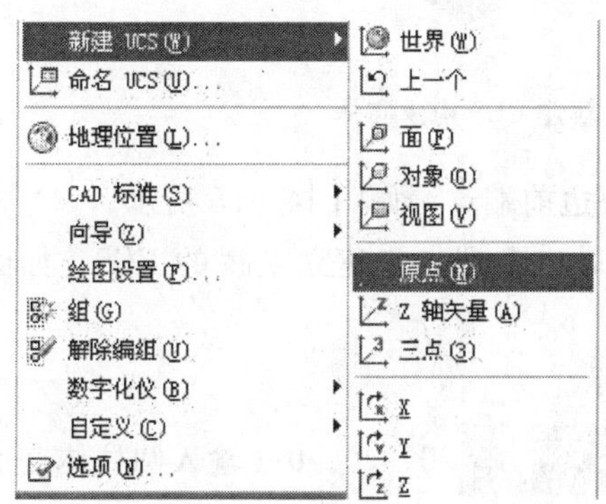

图 14-89 UCS 命令及其命令图标

图 14-90 “坐标”工具栏

【例 14-20】 在【例 14-19】的基础上，在倒角后的长方体左侧面上构建直径为 20mm、高为 8mm 的圆柱；在长方体的斜面上构建直径为 20mm、高为 10mm 的圆柱，如图 14-91h 所示。

1）单击 常用 → 世界 中的▾按钮，选择 左视，移动 UCS 坐标到立体的左侧面，侧面线变虚，然后捕捉拾取立体左后下角点，如图 14-91a 所示。

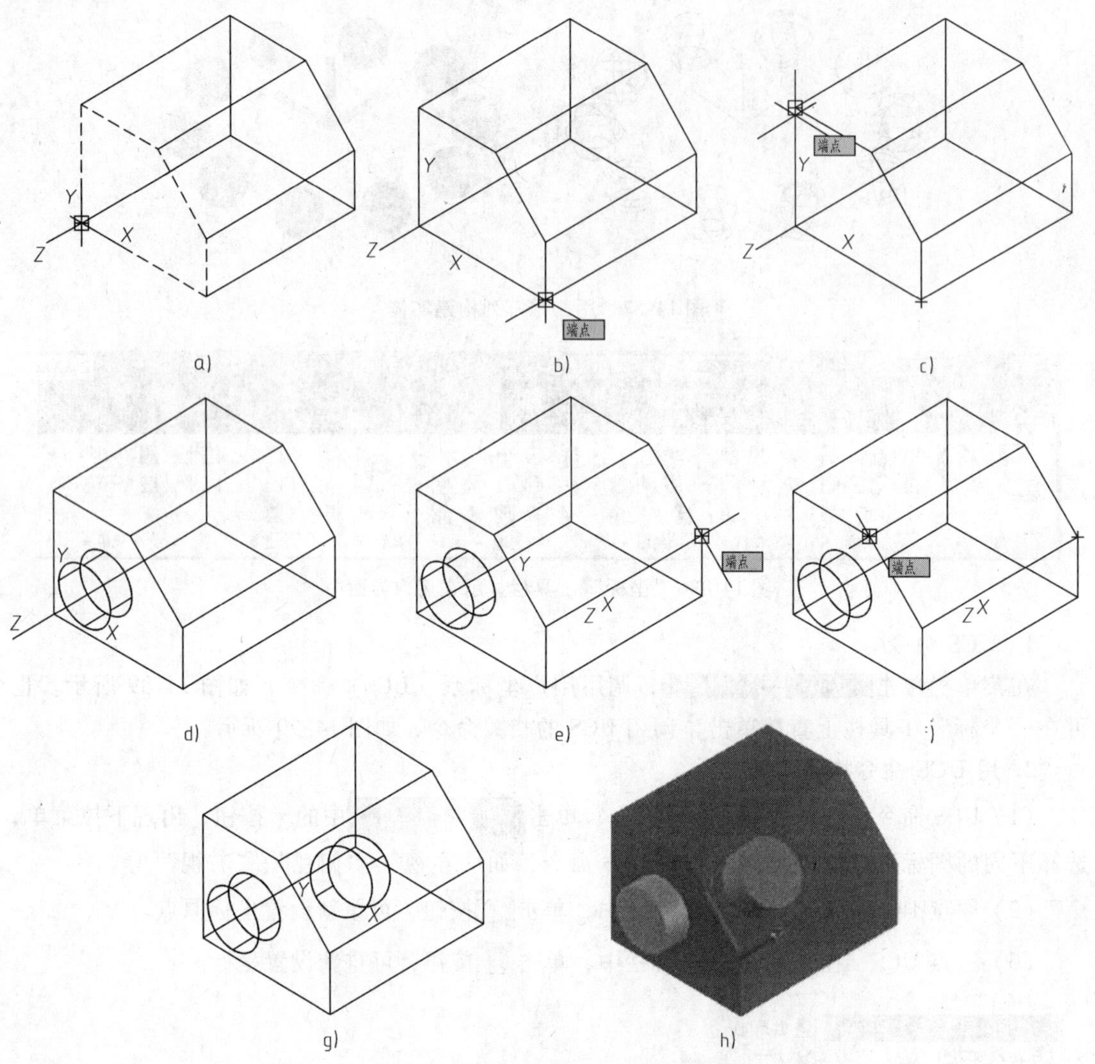

图 14-91　利用正交 UCS、移动 UCS、新建 UCS 构建实体

2）光标沿底边（与 X 轴方向一致）移动，拾取底边前端点，如图 14-91b 所示。

3）光标沿后边（与 Y 轴方向一致）移动，拾取后边上端点，建立左视的 UCS，如图 14-91c 所示。

4）在建立的 UCS 中生成圆柱体，如图 14-91d 所示。

命令：_cylinder
指定底面的中心点或[三点(3P)/两点(2P)/切点、切点、半径(T)/椭圆(E)]：20，20，0（输入圆柱体底面的中心点坐标）

指定底面半径或［直径(D)］<11.9505>：10（输入圆柱体底面的半径，按〈Enter〉键）

指定高度或［两点(2P)/轴端点(A)］<46.7844>：8（输入圆柱体高度，按〈Enter〉键）

5）单击 键命令，移动 UCS 坐标到立体的斜面上，斜面线变虚，捕捉拾取立体斜面的左前角点，确定新原点；捕捉拾取立体斜面的右前角点，确定 X 轴，如图 14-91e 所示；捕捉拾取立体斜面的左后角点，确定 Y 轴，如图 14-91f 所示；利用三点在斜面上新建 UCS。

6）在建立的 UCS 中生成圆柱体，如图 14-91g 所示。

命令：_cylinder

指定底面的中心点或[三点(3P)/两点(2P)/切点、切点、半径(T)/椭圆(E)]:15，15，0（输入圆柱体底面的中心点坐标）

指定底面半径或 [直径(D)] <10.0000>:10（输入圆柱体底面的半径，按〈Enter〉键）

指定高度或 [两点(2P)/轴端点(A)] <8.0000>:10（输入圆柱体高度，按〈Enter〉键）

单击 视图 → 视觉样式 → 着色 按钮，如图 14-91h 所示。

14.8.5　三维实体着色

1. 三维视图命令和视觉样式命令

在菜单栏单击 视图(V) → 三维视图(D) 或在功能区单击“视图”工具栏中的按钮，可调用“三维视图”命令，如图 14-92 所示。在菜单栏单击 视图(V) → 视觉样式(S) 或在功能区单击“视觉样式”工具栏中的按钮，可调用“视觉样式”命令，如图 14-93 所示。

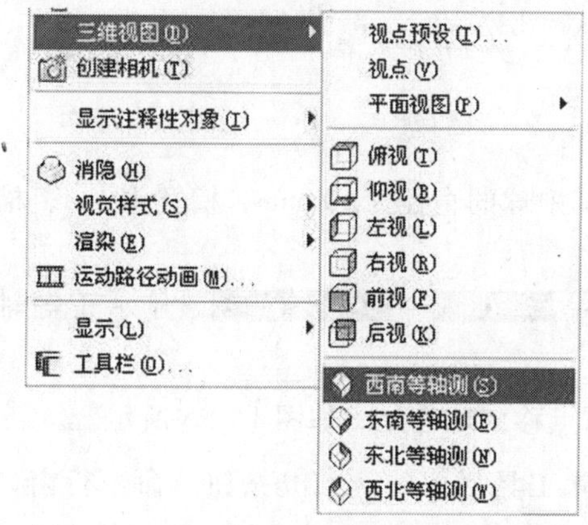

图 14-92　“三维视图”菜单及其命令图标

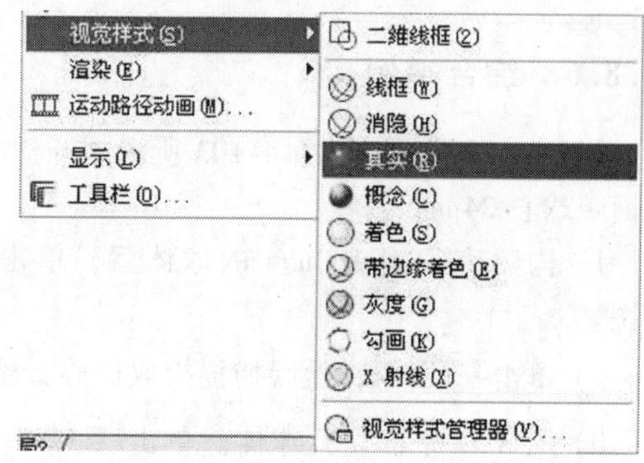

图 14-93　“视觉样式”菜单及其命令图标

利用“三维视图”命令，可以显示生成实体的六个二维基本视图和四个方向的正等轴测图。利用“视觉样式”命令，可以生成各种模型图像，如二维线框图、三维线框图、三维消隐、真实、概念。通过“视觉样式管理器”可以进行精度等参数调整。系统默认的显示为俯视图、二维线框。

2. 利用三维视图命令和视觉样式命令构建真实感实体

（1）正等轴测图　在菜单栏单击 视图(V) → 三维视图(D) → 西南等轴测(S) 或在功能区单击“视图”工具栏中的按钮。

（2）三维线框　在菜单栏单击 视图(V) → 视觉样式(S) → 线框(W) 或在功能区单击“视觉样式”工具栏中的按钮。

（3）实体着色　在菜单栏单击 视图(V) → 视觉样式(S) → 真实(R)。

此命令可以对实体着色并在多边形面之间光顺边界，使实体具有真实感，并显示已应用到对象的材质。双击对象弹出工具栏对话框，按提示可实现对实体颜色的调整。

【例 14-21】　构建直径为 50mm 的圆球，分别用正等轴测图的三维线框和体着色表示，如图 14-94 所示。

1）构建圆球，结果显示为圆的二维线框的俯视图，如图 14-94a 所示。

2）单击 视图(V) → 三维视图(D) → 西南等轴测(S)，显示圆的二维线框的正等轴测图。如图 14-94b 所示。

3）单击 视图(V) → 视觉样式(S) → 三维线框(3)，用三维线框表示的正等轴测图，如图 14-94c 所示。

4）实体着色。在菜单栏单击 视图(V) → 视觉样式(S) → 真实(R)。双击圆球，弹出属性对话框，单击对话框中“颜色” ByLayer 的 ▾ 按钮，从下拉列表中选中 颜色 253，结果显示为圆柱体着色的正等轴测图，如图 14-94d 所示。

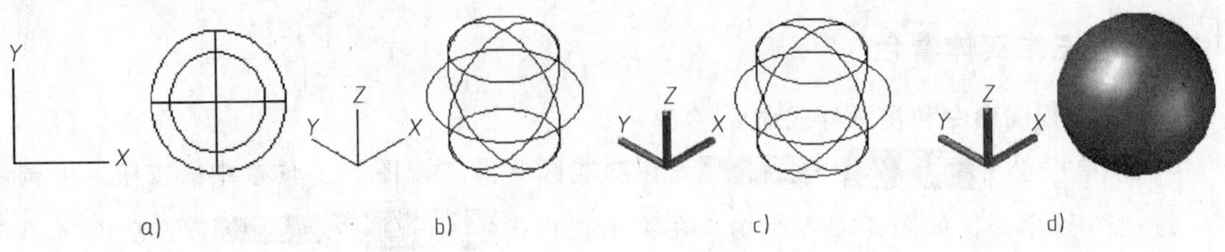

图 14-94　各种显示方式的比较

14.8.6　综合举例

【例 14-22】 构建图 14-103 所示的开槽半球，其中球的直径为 100mm，槽宽 40mm，槽底面距球心 24mm。

1）构建直径为 100mm 的球体后，单击 视图(V) → 三维视图(D) → 西南等轴测(S)，显示正等轴测图。

2）单击 命令，然后捕捉拾取球心，将坐标原点移到球心处，如图 14-95 所示。

3）用 *XOY* 平面切开球体。单击 实体 → 实体编辑 工具栏中的 剖切按钮，命令行窗口提示信息：

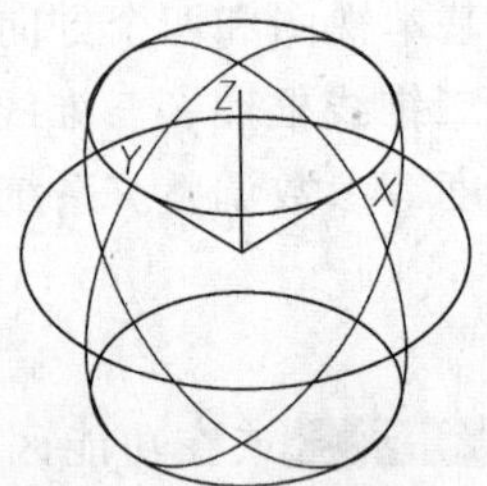

图 14-95　正等轴测图 UCS

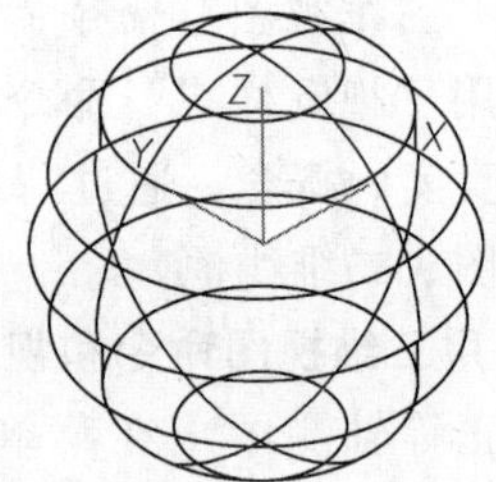

图 14-96　球体被分为两部分

命令: _slice

选择要剖切的对象: 找到 1 个 （拾取球体上的任意一点）

选择要剖切的对象: （按 <Enter> 键，退出选择）

指定 切面 的起点或 [平面对象(O)/曲面(S)/Z 轴(Z)/视图(V)/XY(XY)/YZ(YZ)/ZX(ZX)/三点(3)] <三点>: xy （选择 *XOY* 平面，按 <Enter> 键）

指定 XY 平面上的点 <0，0，0>　（按 <Enter> 键默认，默认值为（0，0，0））

在所需的侧面上指定点或 [保留两个侧面(B)] <保留两个侧面>: b （选择“保留两侧”）

此时球体被分为两部分，如图 14-96 所示。

4）单击删除 命令，拾取下半球体上的任意一点，按 <Enter> 键，下半球体被删掉，仅剩上半球体，如图 14-97 所示。

5）在球心上方 24mm 处，用 *XOY* 平行面切开半球。单击 实体 → 实体编辑 工具栏中 剖切按钮（过程同上），上半球又被分为两部分，如图 14-98 所示。

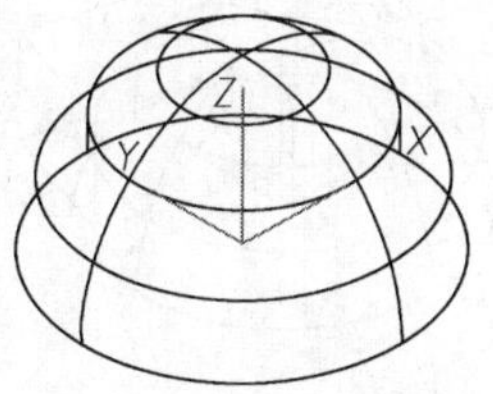

图 14-97　上半球体

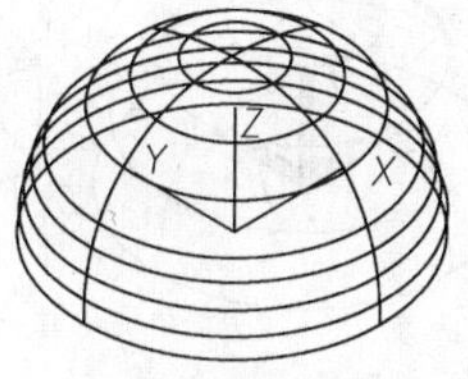

图 14-98　上半球体被分为两部分

6）在球心右方 20mm 处，用 *YOZ* 平行面切开半球的上部。单击 实体 → 实体编辑 工具栏中的 剖切按钮，命令行窗口提示：

命令：_slice

选择要剖切的对象：找到 1 个（拾取球冠上的任意一点）

选择要剖切的对象：（按 <Enter> 键，退出选择）

指定 切面 的起点或 [平面对象(O)/曲面(S)/Z 轴(Z)/视图(V)/XY(XY)/YZ(YZ)/ZX(ZX)/三点(3)] <三点>：（指定 *YOZ* 面为剖切面，按 <Enter> 键）

指定 YZ 平面上的点 <0,0,0>：20，0，0（输入 *YOZ* 平面上的点，按 <Enter> 键）

在所需的侧面上指定点或 [保留两个侧面(B)] <保留两个侧面>：b（选择“保留两侧”）

球冠分为两部分，如图 14-99 所示。

7）同样，单击 实体 → 实体编辑 工具栏中的 剖切按钮，在球心左方 20mm 处，用 *YOZ* 平行面切开球冠的左侧部分。球冠左侧又被分为两部分，如图 14-100 所示。

8）擦除球冠的中间部分，如图 14-101 所示。

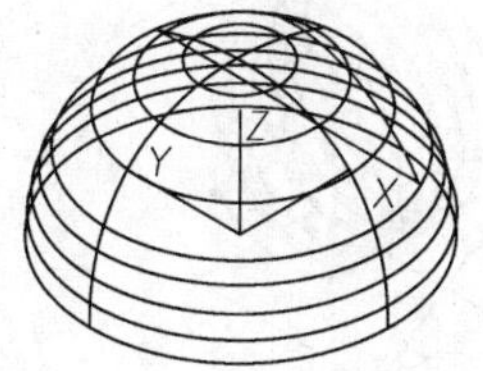

图 14-99　球冠分为两部分

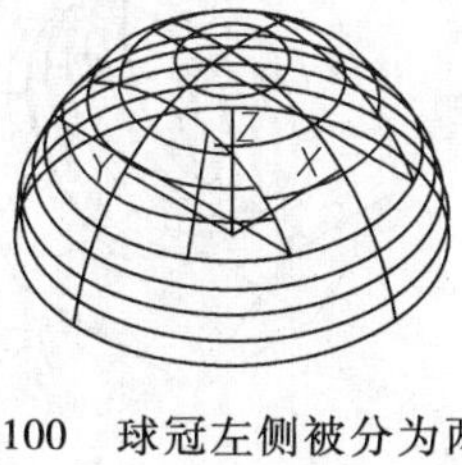

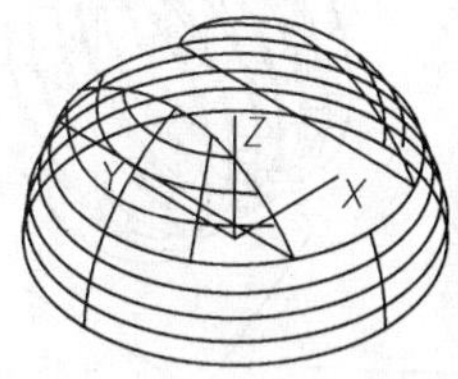

图 14-100　球冠左侧被分为两部分

图 14-101　擦去球冠中间部分

9）用并集命令将剩余的三部分合为一体，如图 14-102 所示。

10）着色，如图 14-103 所示，过程略。

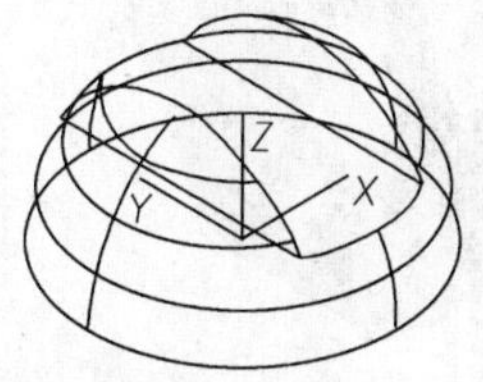

图 14-102　用并集命令合为一体

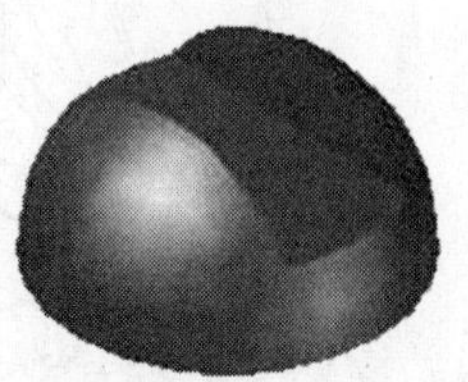
图 14-103　着色

该题也可以通过差集命令完成。先构建半球与长方体，如图 14-104 所示，移动长方体至两者处于符合题目要求的正确位置，如图 14-105 所示，差集运算完成通槽的构建，具体步骤略。

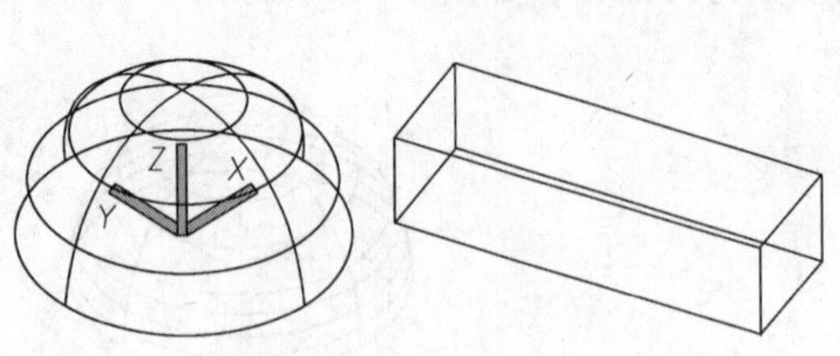

图 14-104　构建半球与长方体

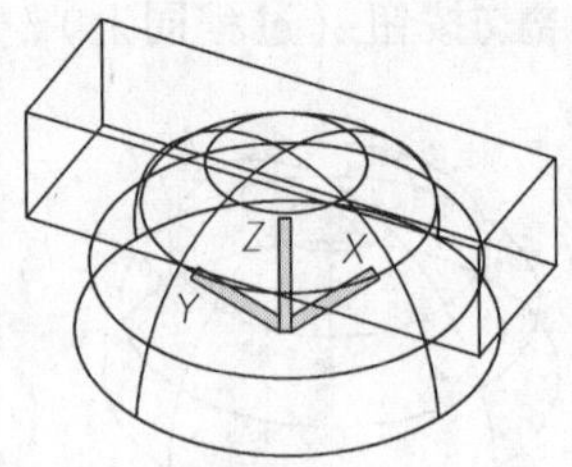

图 14-105　移动长方体至正确位置

【例 14-23】　绘制 M10 螺母的立体图，螺母的对边距离 $s=16$。

1）单击 视图 →视图 中 ▾ 按钮选择 西南等轴测 ，将当前视图方向设置为西南等轴测图。

2）单击 常用 → 绘图 ▾ 工具栏中的 按钮，绘制图 14-106a 所示的多段线，点的坐标为（0，0）（0，−0.5）、（@5，0）、（@ −0.5，0.5）、（@0.5，0.5）、（@ −5，0）、（@0，−0.5）。

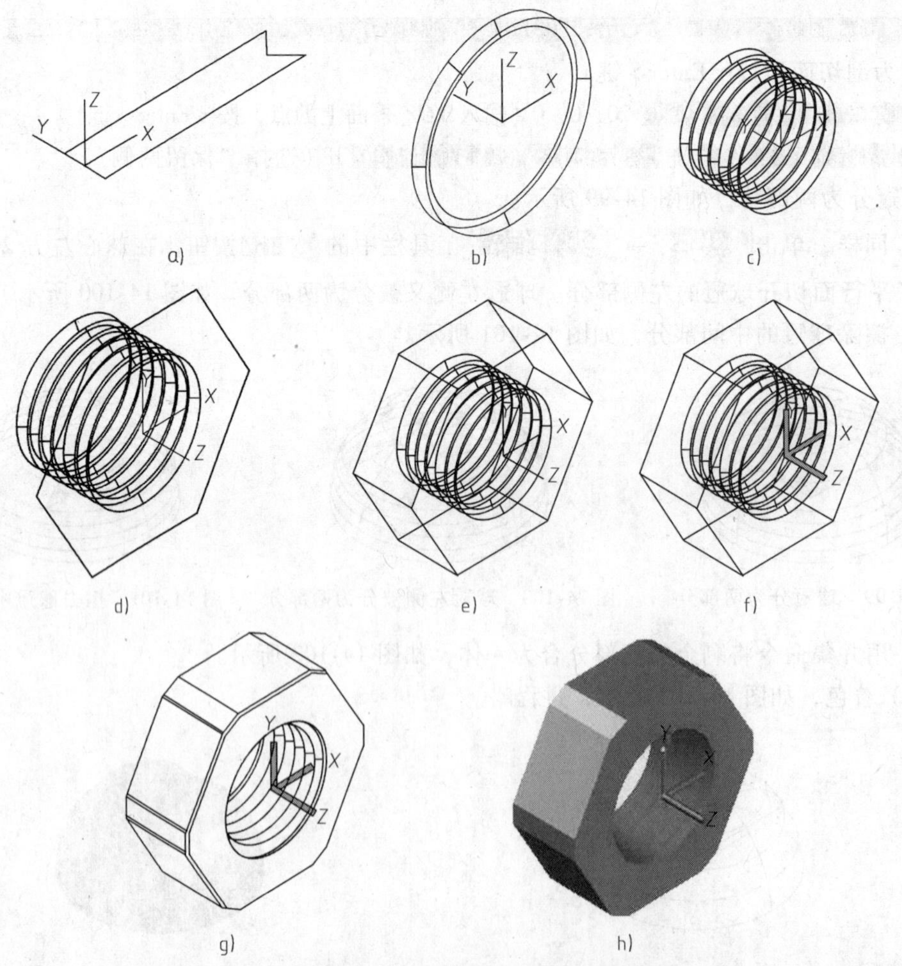

图 14-106　绘制螺母

3）在功能区单击 实体 → 实体 工具栏中的 旋转 按钮，结果如图 14-106b 所示。

4）在菜单栏单击 修改(M) → 三维操作(3) → 三维阵列(3)，按命令提示，选矩形（R）阵列，行数为 6，列数和层数为 1，行间距为 1，结果如图 14-106c 所示。

5）在功能区的 实体 → 布尔值 工具栏中，单击按钮，将阵列后的螺纹并集处理。

6）先设置视图方向为前视图，然后再选择西南等轴测图，重新设置原点。单击 常用 → 绘图 工具栏中的按钮，绘制六边形，外切于圆的半径为 8mm，如图 14-106d 所示。

7）单击 常用 → 建模 工具栏中的 拉伸按钮，拉伸六边形，厚度为 -6mm，如图 14-106e 所示。

8）在菜单栏的 实体 → 布尔值 工具栏中，单击按钮，将正六边体和阵列的螺纹进行差集处理，如图 14-106f 所示。

9）单击 实体 → 实体编辑 工具栏中的按钮，将六边体的棱边作倒角处理，倒角距离为 1mm，消隐处理图形，如图 14-106g 所示。

10）单击 视图 → 视觉样式 → 着色按钮，结果如图 14-106h 所示。

【例 14-24】 构建图 14-107 所示的组合体。

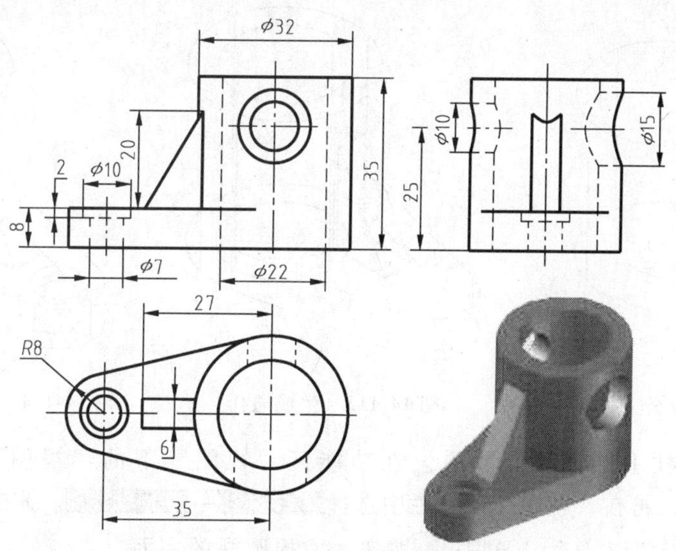

图 14-107　组合体

1）构建底板、圆柱体。在“视图” 俯视 状态下绘制底板和圆柱体。底板用“拉伸”命令构建；绘制圆柱体时注意捕捉拾取底板底面右侧的圆心；单击 西南等轴测 按钮，结果如图 14-108 所示。

构建肋板。在工具栏上选择 前视，执行多段线命令，用相对坐标输入点的坐标，绘制图 14-109 所示的肋板平面图，用拉伸命令 拉伸构建肋板，厚度为 6mm，如图 14-110 所示。

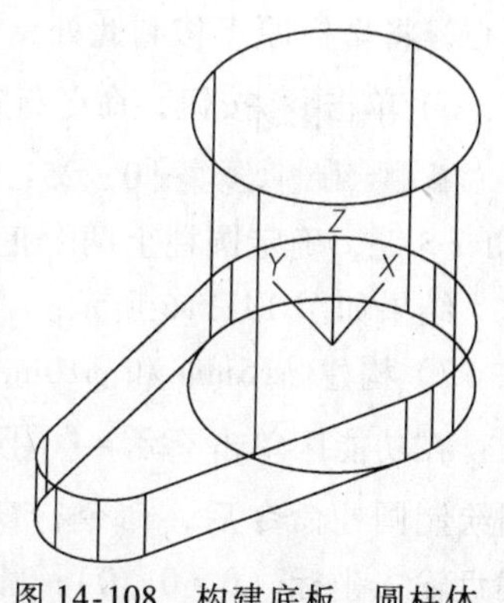

图 14-108　构建底板、圆柱体

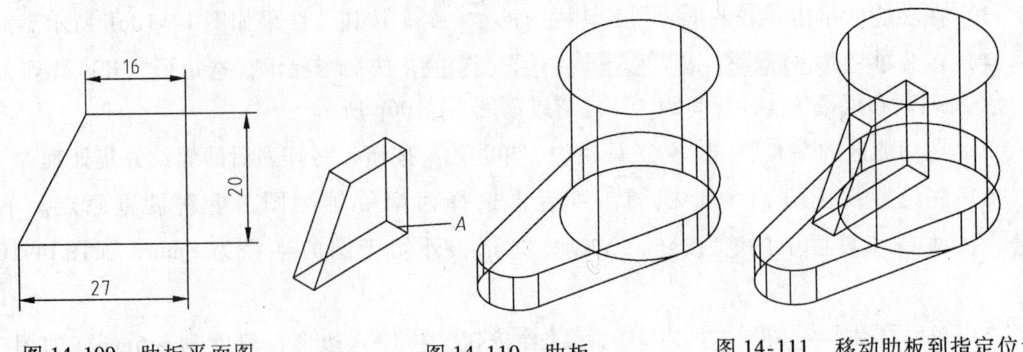

图 14-109　肋板平面图　　图 14-110　肋板　　图 14-111　移动肋板到指定位置

用移动命令将其移到图 14-111 所示的位置。肋板的移动基点 *A* 用“中点捕捉”拾取，移动的目标点为底板上表面右侧的圆心，捕捉拾取。

2）用并集命令，将底板、圆柱体、肋板结合为一体，如图 14-112 所示。

3）在工具栏上选择俯视，用差集命令构建 ϕ22mm 的通孔，如图 14-113 所示，注意捕捉底面圆心，过程略。

4）用差集命令构建底板上的小孔，如图 14-114 所示。

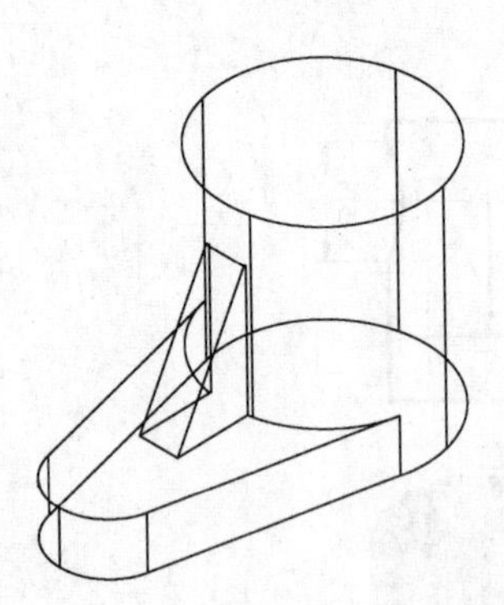

图 14-112　用并集命令结合为一体

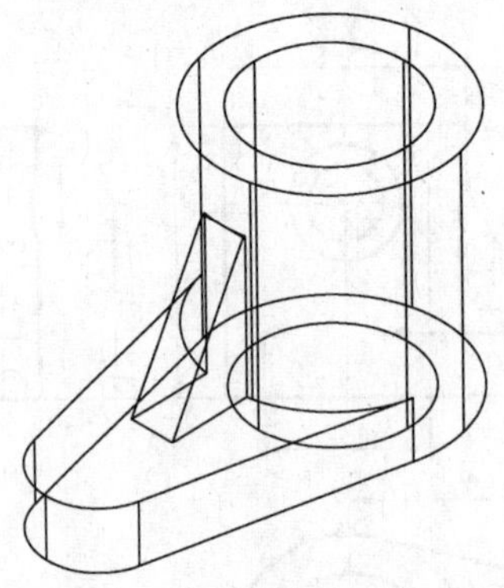

图 14-113　生成通孔

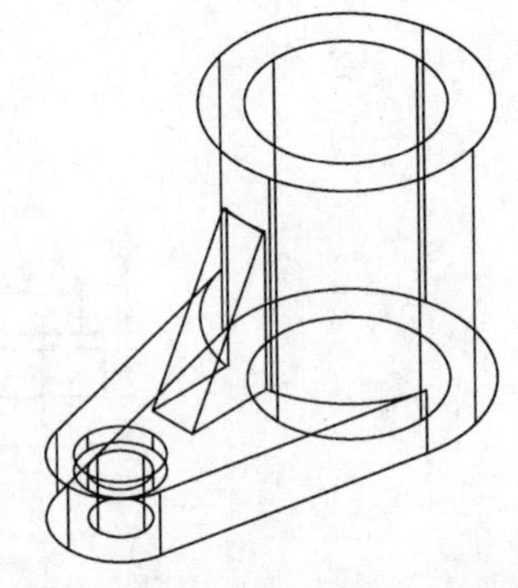

图 14-114　生成底板上的小孔

5）构建圆柱上的两个正垂孔。在功能区“视图”下的“视图”工具栏中选择三维视图(D)→前视，再在“视图”工具栏中选择三维视图(D)→西南等轴测。捕捉工具只设定为圆心捕捉。在“坐标”工具栏上单击按钮，捕捉圆柱的底面圆心，将坐标原点移到此处，如图 14-115 所示。

6）单击按钮，命令行窗口提示：

指定新原点 <0, 0, 0>: 0，25，0　（输入新的原点坐标，按 <Enter> 键，确定圆柱上两个正垂孔的位置）

结果如图 14-116 所示。

7）构建 ϕ15mm 和 ϕ10mm 的圆柱，如图 14-117 所示。注意：在功能区单击实体→图元工具栏中的圆柱体按钮。调用绘制圆柱命令后，命令行窗口提示输入圆柱底面中心点时，键盘输入坐标（0，0，0）；圆柱的长为 30mm。

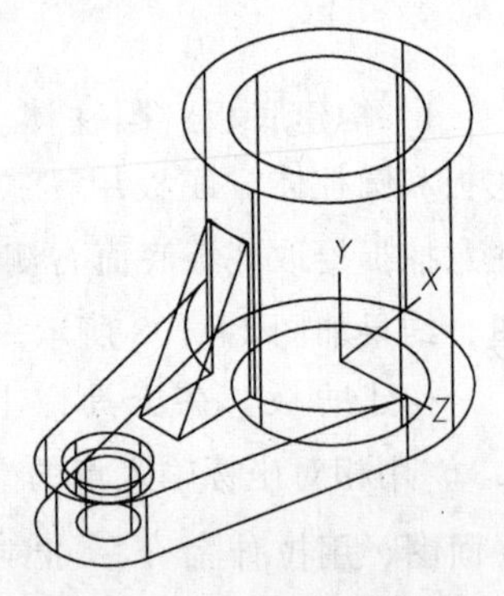

图 14-115　设置坐标原点

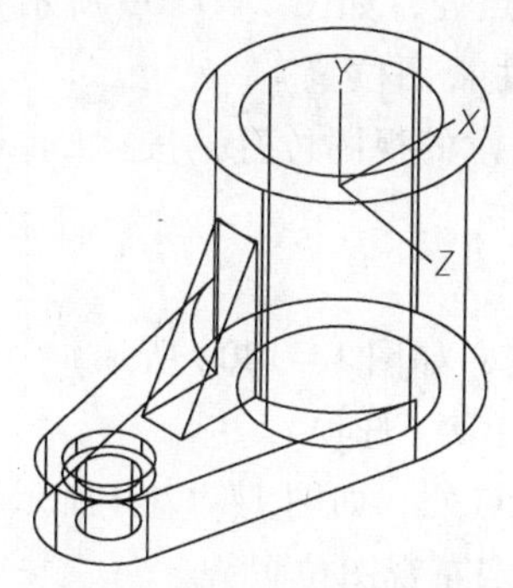

图 14-116　两个正垂圆柱的原点坐标

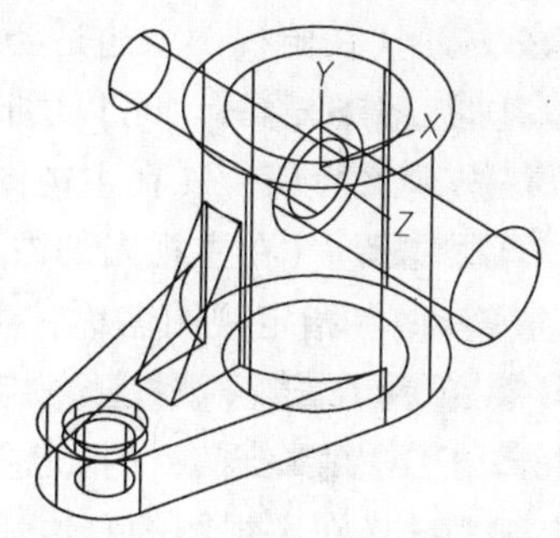

图 14-117　生成两个正垂圆柱

8）用差集命令形成圆筒上的孔，如图 14-118 所示。

9）整理，完成着色，如图 14-119 所示。

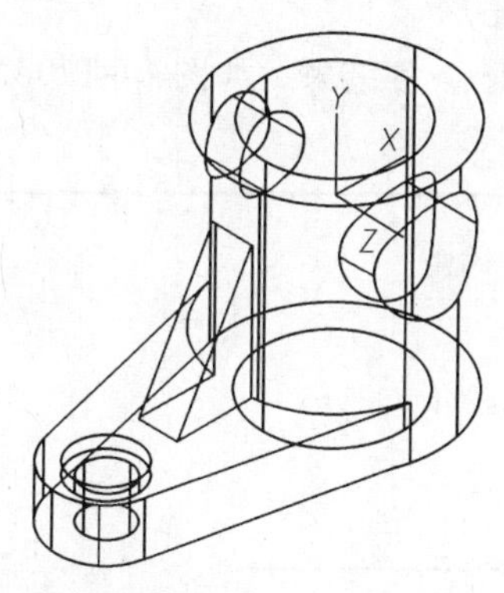

图 14-118　生成两个正垂孔

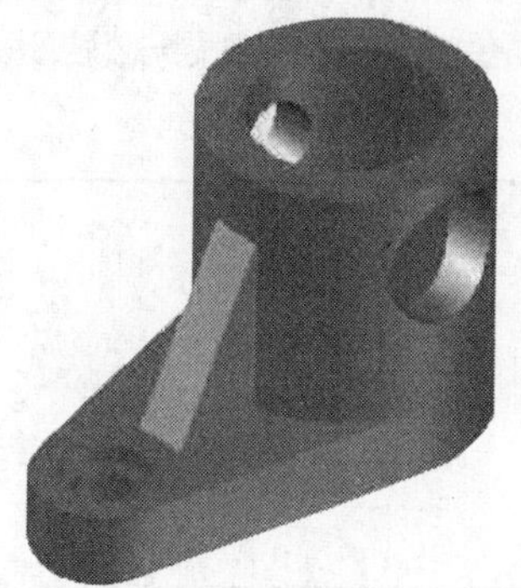

图 14-119　着色

【例 14-25】　将图 14-119 所示的三维实体转化为二维三视图。

利用 AutoCAD 提供的由三维模型生成二维图形的命令，即“视图”命令（Solview）和“图形”命令（Soldraw）实现三维到二维的转换。

1）打开图 14-120 所示的三维实体文件。单击“布局 1”按钮，转换到纸空间。

2）生成主视图、俯视图和左视图。在菜单栏单击 绘图(D) → 建模(M) → 设置(U) → 视图(V)，命令行窗口提示：

命令：_solview

输入选项 [UCS(U)/正交(O)/辅助(A)/截面(S)]：u（选择 UCS（U）用户坐标选项）

输入选项 [命名(N)/世界(W)/?/当前(C)] <当前>：（默认当前，按 <Enter> 键）

输入视图比例 <1>：（默认当前，按 <Enter> 键）

指定视图中心：（中心取决于当前模型空间的范围。指向视口的任意处，选视图位置）

指定视图中心 <指定视口>：（指定视图位置可以尝试多个点，此视图指到俯视图位置，按 <Enter> 键）

指定视口的第一个角点：（在俯视图的左上角拾取一点）

指定视口的对角点：（在俯视图的右下角拾取一点）

输入视图名：（指定名称为：俯视图，按 <Enter> 键，如图 14-120a 所示）

输入选项 [UCS(U)/正交(O)/辅助(A)/截面(S)]：o（选择“正交 O”选项）

指定视口要投影的那一侧：（指定俯视图视口的下边框中点处，如图 14-120b 所示）

指定视图中心：（在俯视图上边适当位置拾取一点，确定主视图位置）

指定视图中心 <指定视口>：（可以尝试多个点，直到确定满意的视图位置，按 <Enter> 键）

指定视口的第一个角点：（在主视图的左上角拾取一点）

指定视口的对角点：（在主视图的右下角拾取一点）

输入视图名：（指定视图名称：主视图，按 <Enter> 键，如图 14-120c 所示）

输入选项 [UCS(U)/正交(O)/辅助(A)/截面(S)]：O（选择“正交 O”选项）

指定视口要投影的那一侧：（指定主视图视口的左边框中点处，如图 14-120d 所示）

指定视图中心：（在主视图的右边适当位置拾取一点，确定左视图位置）

指定视图中心 <指定视口>：（可以尝试多个点，直到确定满意的视图位置。按 <Enter> 键）

指定视口的第一个角点：（在左视图的左上角拾取一点）

指定视口的对角点：（在左视图的右下角拾取一点）

输入视图名：（指定视图名称：左视图，按 <Enter> 键）

输入选项 [UCS(U)/正交(O)/辅助(A)/截面(S)]：（按 <Enter> 键结束，如图 14-120e 所示）

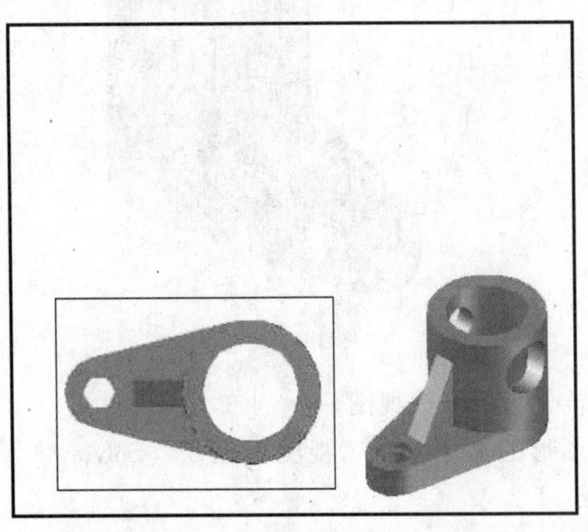

a)

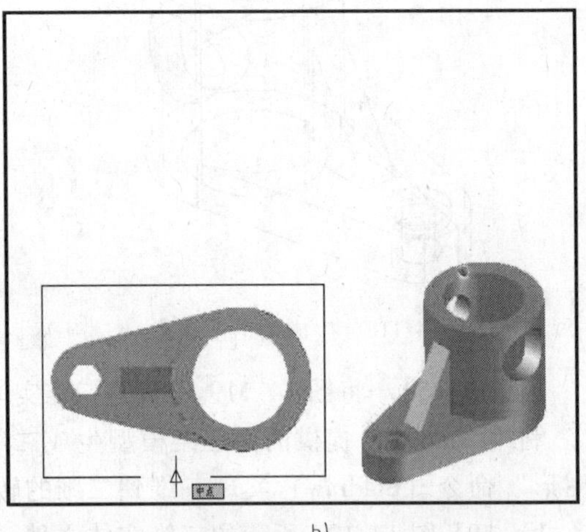

b)

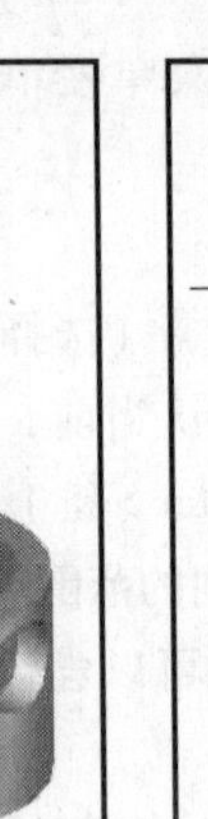

c)

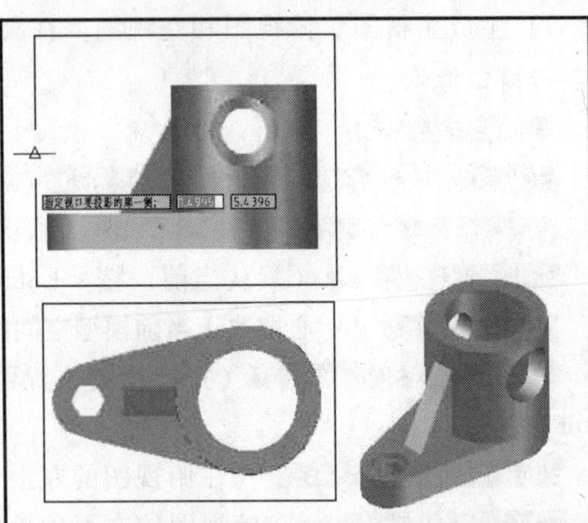

d)

图 14-120　生成主视图、俯视图和左视图

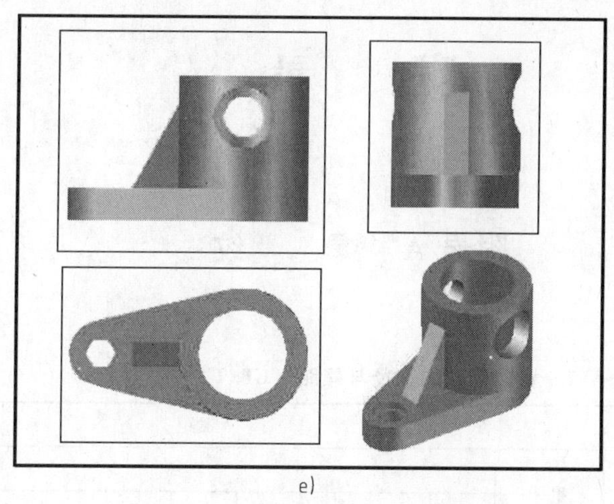

e)

图 14-120　生成主视图、俯视图和左视图（续）

3）设置图形。在菜单栏单击 绘图(D) → 建模(M) → 设置(U) → 图形(D)。命令行窗口提示：

命令：_soldraw

选择要绘图的视口...

选择对象：找到 1 个，总计 3 个（选择主视图视口、俯视图视口和左视图视口）

选择对象：（按 <Enter> 键，结束命令，系统显示处理后的二维图形，如图 14-121a 所示）

4）编辑图形。在布局空间的二维视图中缺少中心线，轮廓线线型、剖面符号等也不符合国家标准。因此，要对图形进行整理。在“布局 1”中，鼠标指向离虚线近的视口边框，单击使视口边框变虚，如图 14-121a 所示。选中后，拾取擦除命令（Erase）擦除，此时，空间只显示主、俯、左三视图，回到“模型”空间，擦除轴测立体，如图 14-121b 所示。利用三维旋转命令，把主视图、左视图旋转到俯视图投影面。操作方法：在菜单栏单击 修改(M) → 三维操作(3) → 三维旋转(R)，按命令提示操作，完成旋转；在菜单栏单击 视图(V) → 三维视图(D) → 俯视(T)，把视图换到二维空间。利用移动命令，按视关系进行视图的整理，整理出符合自己需要的图形，过程从略。

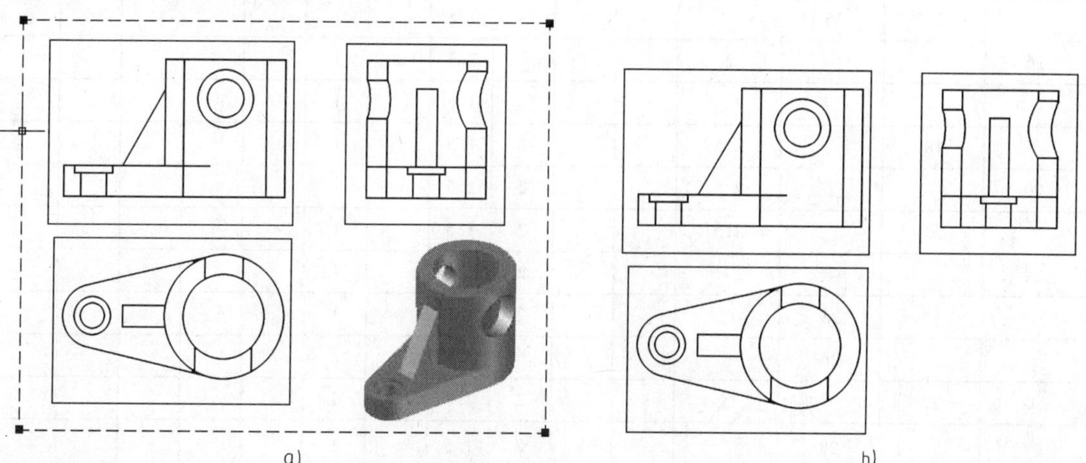

a)　　b)

图 14-121　由三维实体生成的二维图形

附　录

附录A　螺　　纹

1. 普通螺纹

表 A-1　普通螺纹的直径与螺距（GB/T 193—2003）　　　　（单位：mm）

公称直径 d、D			螺距											
				细　牙										
第1系列	第2系列	第3系列	粗牙	4	3	2	1.5	1.25	1	0.75	0.5	0.35	0.25	0.2
3			0.5									0.35		
	3.5		0.6									0.35		
4			0.7								0.5			
	4.5		0.75								0.5			
5			0.8								0.5			
		5.5									0.5			
6			1							0.75				
		7	1							0.75				
8			1.25						1	0.75				
		9	1.25						1	0.75				
10			1.5					1.25	1	0.75				
		11	1.5				1.5		0	0.75				
12			1.75					1.25	1					
	14		2				1.5		1					
		15					1.5		1					
16			2				1.5		1					
		17					1.5		1					
	18		2.5			2	1.5		1					
20			2.5			2	1.5		1					
	22		2.5			2	1.5		1					
24			3			2	1.5		1					
		25				2	1.5		1					
		26					1.5							
	27		3			2	1.5		1					
		28				2	1.5		1					
30			3.5		(3)	2	1.5		1					

（续）

公称直径 d、D			螺距											
第 1 系列	第 2 系列	第 3 系列	粗牙	细　牙										
				4	3	2	1.5	1.25	1	0.75	0.5	0.35	0.25	0.2
		32				2	1.5							
	33		3.5		(3)	2	1.5							
		35					1.5							
36			4		3	2	1.5							
		38					1.5							
	39		4		3	2	1.5							
		40			3	2	1.5							
42			4.5	4	3	2	1.5							
	45		4.5	4	3	2	1.5							
48			5	4	3	2	1.5							
		50			3	2	1.5							
	52		5	4	3	2	1.5							
		55		4	3	2	1.5							
56			5.5	4	3	2	1.5							
		58		4	3	2	1.5							
	60		5.5	4	3	2	1.5							
		62		4	3	2	1.5							
64			6	4	3	2	1.5							

注：1. 优先选用第 1 系列，其次选择第 2 系列，第 3 系列尽可能不用。

2. 括号内的尺寸尽可能不用。

3. M14 × 1.25 仅用于火花塞，M35 × 1.5 仅用于滚动轴承锁紧螺母。

代号的含义：

D——内螺纹的基本大径（公称直径）

d——外螺纹的基本大径（公称直径）

D_2——内螺纹的基本中径

d_2——外螺纹的基本中径

D_1——内螺纹的基本小径

d_1——外螺纹的基本小径

H——原始三角形高度

P——螺距

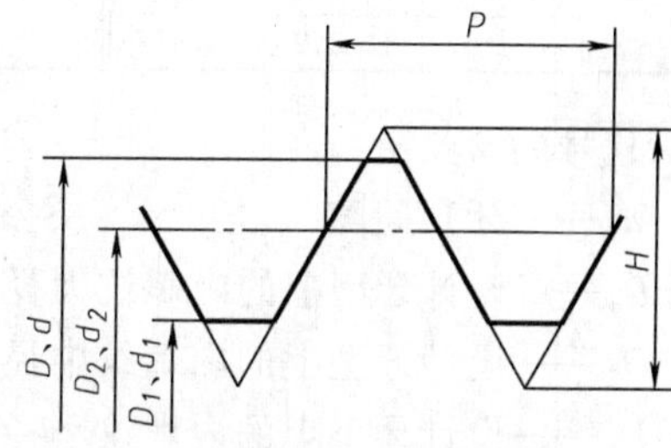

标记示例：

M16-6H：粗牙普通内螺纹，大径为 16mm，螺距为 2mm，中径和顶径的公差带均为 6H，中等旋合长度，右旋。

M16 × 1.5-5g6g：细牙普通外螺纹，大径为 16mm，螺距为 1.5mm，中径公差带为 5g，顶径公差带为 6g，中等旋合长度，右旋。

2. 梯形螺纹

表 A-2　普通螺纹的基本尺寸（GB/T 196－2003）

公称直径（大径）D、d	螺距 P	中径 D_2、d_2	小径 D_1、d_1
3	0.5	2.675	2.459
	0.35	2.773	2.621
3.5	0.6	3.110	2.850
	0.35	3.273	3.121
4	0.7	3.545	3.242
	0.5	3.675	3.459
4.5	0.75	4.013	3.688
	0.5	4.175	3.959
5	0.8	4.480	4.134
	0.5	4.675	4.459
5.5	0.5	5.175	4.959
6	1	5.350	4.917
	0.75	5.513	5.188
7	1	6.350	5.917
	0.75	6.513	6.188
8	1.25	7.188	6.647
	1	7.350	6.917
	0.75	7.513	7.188
9	1.25	8.188	7.647
	1	8.350	7.917
	0.75	8.513	8.188
10	1.5	9.026	8.375
	1.25	9.188	8.647
	1	9.350	8.917
	0.75	9.513	9.188
11	1.5	10.026	9.376
	1	10.350	9.917
	0.75	10.513	10.188
12	1.75	10.863	10.106
	1.5	11.026	10.316
	1.25	11.188	10.647
	1	11.350	10.917

公称直径（大径）D、d	螺距 P	中径 D_2、d_2	小径 D_1、d_1
14	2	12.0701	11.835
	1.5	13.026	12.376
	1.25	13.188	12.647
	1	13.350	12.917
15	1.5	14.026	13.376
	1	14.350	13.917
16	2	14.701	13.835
	1.5	15.026	14.376
	1	15.350	14.917
17	1.5	169.026	15.376
	1	16.35	15.917
18	2.5	16.376	15.294
	2	16.701	15.835
	1.5	17.026	16.376
	1	17.350	16.917
20	2.5	18.376	17.294
	2	18.701	17.835
	1.5	19.026	18.376
	1	19.350	18.917
22	2.5	20.376	19.294
	2	20.701	19.835
	1.5	21.026	20.376
	1	21.350	20.917
24	3	22.051	20.752
	2	22.701	21.835
	1.5	23.026	22.376
	1	23.350	22.917
25	2	23.701	22.835
	1.5	24.026	23.376
	1	24.350	23.917
26	1.5	25.026	24.376
27	3	25.051	23.752

公称直径（大径）D、d	螺距 P	中径 D_2、d_2	小径 D_1、d_1
27	2	25.701	24.835
	1.5	26.026	25.376
	1	26.350	25.917
28	2	26.701	25.835
	1.5	27.026	26.376
	1	27.350	26.917
30	3.5	27.727	26.211
	3	28.051	26.752
	2	28.701	27.835
	1.5	29.026	28.376
	1	29.350	28.917
32	2	30.701	29.835
	1.5	31.026	30.376
33	3.5	30.727	29.211
	3	31.051	29.752
	2	31.701	30.835
	1.5	32.026	31.376
35	1.5	34.026	33.376
36	4	33.402	31.67
	3	34.051	32.752
	2	34.701	33.835
	1.5	35.026	34.376
38	1.5	37.026	36.376
39	4	36.402	34.670
	3	37.051	35.752
	2	37.701	36.835
	1.5	38.026	37.376
40	3	38.051	36.752
	2	38.701	37.835
	1.5	39.026	38.376

代号的含义

a_c——牙顶间隙

D_4——设计牙型上的内螺纹大径

D_2——设计牙型上的内螺纹中径

D_1——设计牙型上的内螺纹小径

d——设计牙型上的外螺纹大径（公称直径）

d_2——设计牙型上的外螺纹中径

d_3——设计牙型上的外螺纹小径

H_1——基本牙型牙高

H_4——设计牙型上的内螺纹牙高

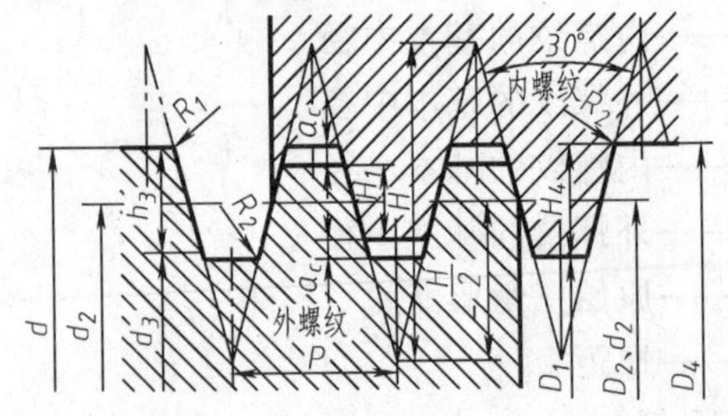

标记示例

Tr40×3-7H：梯形内螺纹，公称直径为 40mm，螺距为 3mm，单线右旋，中径公差带为 7H，中等旋合长度。

Tr40×6（P3）LH-7e-L：梯形外螺纹，公称直径为 40mm，导程为 6mm，螺距为 3mm，双线左旋，中径公差带为 7e，长旋合长度。

h_3——设计牙型上的外螺纹牙高

P——螺距

表 A-3　梯形螺纹的基本尺寸（GB/T 5796.3—2005）

公称直径 d 第一系列	公称直径 d 第二系列	螺距 P	中径 $D_2=d_2$	大径 D_4	小径 d_3	小径 D_1
8		1.5	7.25	8.30	6.20	6.50
	9	1.5	8.25	9.30	7.20	7.50
		2	8.00	9.50	6.50	7.00
10		1.5	9.25	10.30	8.20	8.50
		2	9.00	10.50	7.50	8.00
	11	2	10.00	11.50	8.50	9.00
		3	9.50	11.50	7.50	8.00
12		2	11.00	12.50	9.50	10.00
		3	10.50	12.50	8.50	9.00
	14	2	13.00	14.50	11.50	12.00
		3	12.50	14.50	10.50	11.00
16		2	15.00	16.50	13.50	14.00
		4	14.00	16.50	11.50	12.00
	18	2	17.00	18.50	15.50	16.00
		4	16.00	18.50	13.50	14.00
20		2	19.00	20.50	17.50	18.00
		4	18.00	20.50	15.50	16.00
	22	3	20.50	22.50	18.50	19.00
		5	19.50	22.50	16.50	17.00
		8	18.00	23.00	13.00	14.00
24		3	22.50	24.50	20.50	21.00
		5	21.50	24.50	18.50	19.00
		8	20.00	25.00	15.00	16.00

公称直径 d 第一系列	公称直径 d 第二系列	螺距 P	中径 $D_2=d_2$	大径 D_4	小径 d_3	小径 D_1
	26	3	24.50	26.50	22.50	23.00
		5	23.50	26.50	20.50	21.00
		8	22.00	27.00	17.00	18.00
28		3	26.50	28.50	24.50	25.00
		5	25.50	28.50	22.50	23.00
		8	24.00	29.00	19.00	20.00
	30	3	28.50	30.50	26.50	27.00
		6	27.00	31.00	23.00	24.00
		10	25.00	31.00	19.00	20.00
32		3	30.50	32.50	28.50	29.00
		6	29.00	33.00	25.00	26.00
		10	27.00	33.00	21.00	22.00
	34	3	32.50	34.50	30.50	31.00
		6	31.00	35.00	27.00	28.00
		10	29.00	35.00	23.00	24.00
36		3	34.50	36.50	32.50	33.00
		6	33.00	37.00	29.00	30.00
		10	31.00	37.00	25.00	26.00
	38	3	36.50	38.50	34.50	35.00
		7	34.50	39.00	30.00	31.00
		10	33.00	39.00	27.00	28.00
40		3	38.50	40.50	36.50	37.00
		7	36.50	41.00	32.00	33.00
		10	35.00	41.00	29.00	30.00

3. 55°非密封管螺纹

代号的含义

D——内螺纹大径

d——外螺纹大径

D_2——内螺纹中径

d_2——外螺纹中径

D_1——内螺纹小径

d_1——外螺纹小径

P——螺距

r——螺纹牙顶和牙底的圆弧半径

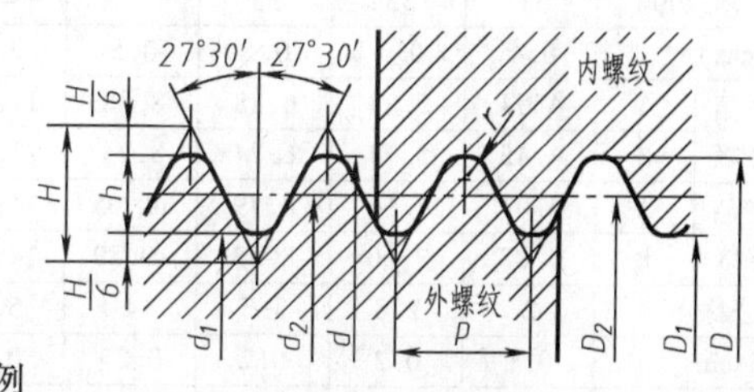

标记示例

G3/4：尺寸代号为 3/4 的非密封管螺纹，右旋圆柱内螺纹。

G3/4LH：尺寸代号为 3/4 的非密封管螺纹，左旋圆柱内螺纹。

G3/4A：尺寸代号为 3/4 的非密封管螺纹，公差等级为 A 级的右旋圆柱外螺纹。

G3/4B-LH：尺寸代号为 3/4 的非密封管螺纹，公差等级为 B 级的左旋圆柱外螺纹。

表 A-4　55°非密封管螺纹（GB/T 7307—2001）

尺寸代号	第 25.4mm 内所包含的牙数 n	螺距 P	大径 d、D	中径 d_2、D_2	小径 d_1、D_1	牙高 h
1/4	19	1.337	13.157	12.301	11.445	0.856
3/8	19	1.337	16.662	15.806	14.950	0.856
1/2	14	1.814	20.955	19.793	18.634	1.162
3/4	14	1.814	26.441	25.279	24.117	1.162
1	11	2.309	33.249	31.770	30.291	1.479
1¼	11	2.309	41.910	40.431	38.952	1.479
1½	11	2.309	47.803	46.324	44.845	1.479
2	11	2.309	59.614	58.135	56.656	1.479
2½	11	2.309	75.184	73.705	72.226	1.479
3	11	2.309	87.884	86.405	84.926	1.479

附录 B　螺纹紧固件

1. 六角头螺栓

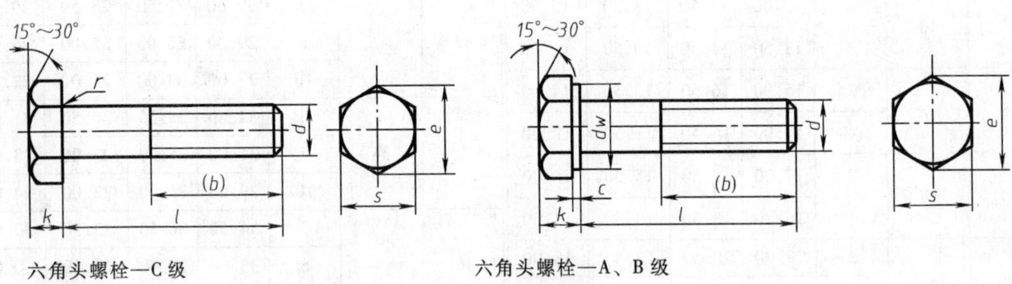

六角头螺栓—C 级　　　　六角头螺栓—A、B 级

标记示例

螺栓 GB/T 5782 M12×80：螺纹规格 d = M12，公称长度 l = 80mm，性能等级为 8.8 级，表面氧化，产品等级为 A 级的六角头螺栓。

表 B-1　六角头螺栓—C 级（GB/T 5780—2000）、六角头螺栓—A、B 级（GB/T 5782—2000）

螺纹规格 d			M3	M4	M5	M6	M8	M10	M12	M16	M20	M24	M30
b 参考	l≤125		12	14	16	18	22	26	30	38	46	54	66
	125<l≤200		18	20	22	24	28	32	36	44	52	60	72
	l≤200		31	33	35	37	41	45	49	57	65	73	85
c(max)			0.4	0.4	0.5	0.5	0.6	0.6	0.6	0.8	0.8	0.8	0.8
d_w min	产品等级	A	4.57	5.88	6.88	8.88	11.63	14.63	16.63	22.49	28.19	33.61	—
		B	4.45	5.74	6.74	8.74	11.47	14.47	16.47	22	27.7	33.25	42.75
e	产品等级	A	6.01	7.66	8.79	11.05	14.38	17.77	20.03	26.75	33.53	39.98	—
		B	5.88	7.50	8.63	10.89	14.20	17.59	19.85	26.17	32.95	39.55	50.85
k 公称			2	2.8	3.5	4	5.3	6.4	7.5	10	12.5	15	18.7
r min			0.1	0.2	0.2	0.25	0.4	0.4	0.6	0.6	0.8	0.8	1
s 公称			5.5	7	8	10	13	16	18	24	30	36	46
l(商品规格范围)			20~30	25~40	25~50	30~60	40~80	45~100	50~120	65~160	80~200	90~240	110~300
l(系列)			12,16,20,25,30,35,40,45,50,(55),60,(65),70,80,90,100,120,130,140,150,160,180,200,200,240,260,280,300,320,340,360										

注：1. A 级用于 d≤24mm 和 l≤10d 或 l≤150mm（按较小值）的螺栓，B 级用于 d>24mm 或 l>10d 或 l>150mm（按较小值）的螺栓。尽可能不用括号内的规格。

2. 螺纹规格 d 的范围：在 GB/T 5780—2000 中为 M5~M64；在 GB/T 5782—2000 中为 M1.6~M64。

3. 公称长度 l 的范围：在 GB/T 5780—2000 中为 25~500mm；在 GB/T 5782—2000 中为 12~500mm。

2. 双头螺柱

$b_m = 1d$（GB/T 897—1988）　　$b_m = 1.25d$（GB/T 898—1988）

$b_m = 1.5d$（GB/T 899—1988）　　$b_m = 2d$（GB/T 900—1988）

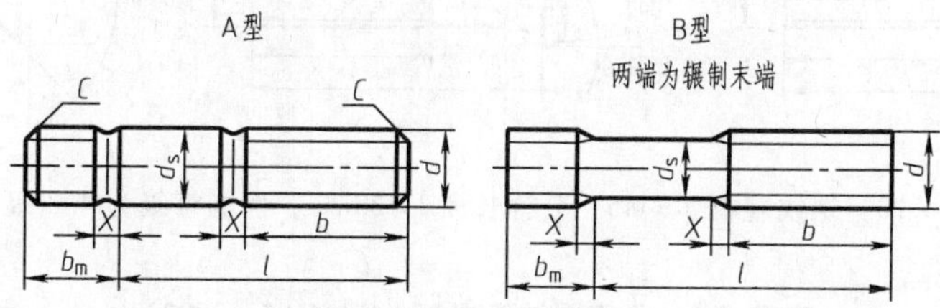

标记示例

螺柱 GB/T 897M10×50：两端均为粗牙普通螺纹，d = M10，公称长度 l = 50mm，性能等级为 4.8 级，不经表面处理，B 型，$b_m = 1d$ 的双头螺柱。

表 B-2　双头螺柱各部分尺寸　　（单位：mm）

<table>
<tr><td>螺纹规格 d</td><td>M5</td><td>M6</td><td>M8</td><td>M10</td><td>M12</td><td>M16</td><td>M20</td><td>M24</td><td>M30</td><td>M36</td><td>M42</td><td>M48</td></tr>
<tr><td>$b_m = 1d$</td><td>5</td><td>6</td><td>8</td><td>10</td><td>12</td><td>16</td><td>20</td><td>24</td><td>30</td><td>36</td><td>42</td><td>48</td></tr>
<tr><td>$b_m = 1.25d$</td><td>6</td><td>8</td><td>10</td><td>12</td><td>15</td><td>20</td><td>25</td><td>30</td><td>38</td><td>45</td><td>52</td><td>60</td></tr>
<tr><td>$b_m = 1.5d$</td><td>8</td><td>10</td><td>12</td><td>15</td><td>18</td><td>24</td><td>30</td><td>36</td><td>45</td><td>54</td><td>63</td><td>72</td></tr>
<tr><td>$b_m = 2d$</td><td>10</td><td>12</td><td>16</td><td>20</td><td>24</td><td>32</td><td>40</td><td>48</td><td>60</td><td>72</td><td>84</td><td>96</td></tr>
<tr><td>l</td><td colspan="12">b</td></tr>
<tr><td>16</td><td rowspan="4">10</td><td rowspan="2"></td><td rowspan="2"></td><td rowspan="4"></td><td rowspan="4"></td><td rowspan="6"></td><td rowspan="8"></td><td rowspan="11"></td><td rowspan="14"></td><td rowspan="15"></td><td rowspan="16"></td><td rowspan="18"></td></tr>
<tr><td>(18)</td></tr>
<tr><td>20</td><td rowspan="2">10</td><td rowspan="2">12</td></tr>
<tr><td>(22)</td></tr>
<tr><td>25</td><td rowspan="9">16</td><td rowspan="3">14</td><td rowspan="3">16</td><td rowspan="2">14</td><td rowspan="3">16</td></tr>
<tr><td>(28)</td></tr>
<tr><td>30</td><td rowspan="4">16</td><td rowspan="4">20</td></tr>
<tr><td>(32)</td><td rowspan="11">18</td><td rowspan="14">22</td><td rowspan="4">20</td></tr>
<tr><td>35</td><td rowspan="3">25</td></tr>
<tr><td>(38)</td></tr>
<tr><td>40</td><td rowspan="13">26</td><td rowspan="4">30</td></tr>
<tr><td>45</td><td rowspan="12">30</td><td rowspan="5">35</td><td rowspan="2">30</td></tr>
<tr><td>50</td></tr>
<tr><td>(55)</td><td rowspan="5"></td><td rowspan="5">45</td></tr>
<tr><td>60</td><td rowspan="9">38</td><td rowspan="2">40</td></tr>
<tr><td>(65)</td><td rowspan="3">45</td></tr>
<tr><td>70</td><td rowspan="7">46</td><td rowspan="5">50</td><td rowspan="3">50</td></tr>
<tr><td>(75)</td></tr>
<tr><td>80</td><td rowspan="5"></td><td rowspan="5"></td><td rowspan="5">54</td><td rowspan="5">60</td><td rowspan="3">60</td></tr>
<tr><td>(85)</td><td rowspan="4">70</td></tr>
<tr><td>90</td></tr>
<tr><td>(95)</td><td rowspan="2"></td><td rowspan="2">66</td><td rowspan="2">80</td></tr>
<tr><td>100</td></tr>
</table>

3. 螺钉

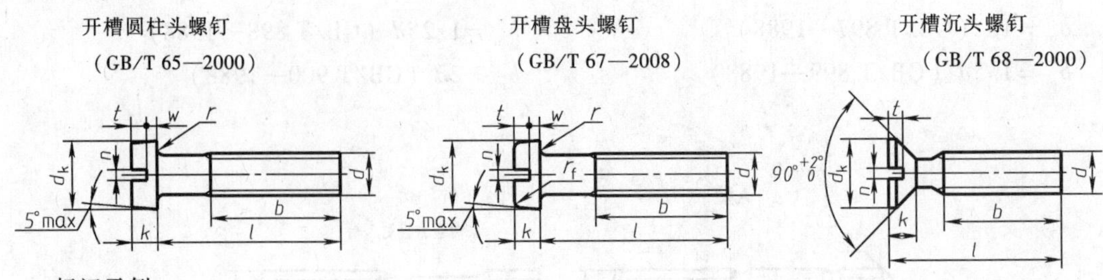

标记示例

螺钉 GB/T 65 M5×20：螺纹规格 d = M5，公称长度 l = 20mm，性能等级为 4.8 级，不经表面处理的 A 级开槽圆柱头螺钉。

表 B-3-1　开槽圆柱头螺钉（GB/T 65—2000）　　（单位：mm）

螺纹规格	d_{kmax}	k_{max}	$n_{公称}$	t_{min}	l	b
M4	7	2.6	1.2	1.1	5～40	$l \leqslant 40$ 时，制出全螺纹 $l > 40$ 时，$b_{min} = 38$
M5	8.5	3.3	1.2	1.3	6～50	
M6	10	3.9	1.6	1.6	8～60	
M8	13	5	2	2	10～80	
M10	16	6	2.5	2.4	12～80	

长度系列为 5，6，8，10，12，(14)，16，20，25，30，35，40，45，50，(55)，60，(65)，70，(75)，80（括号内的规格尽量不用）。

表 B-3-2　开槽盘头螺钉（GB/T 67—2000）　　（单位：mm）

螺纹规格	d_{kmax}	k_{max}	$n_{公称}$	t_{min}	l	b
M4	8	2.4	1.2	1	5～40	$l \leqslant 40$ 时，制出全螺纹 $l > 40$ 时，$b_{min} = 38$
M5	9.5	3	1.2	1.2	6～50	
M6	12	3.6	1.6	1.4	8～60	
M8	16	4.8	2	1.9	10～80	
M10	20	6	2.5	2.4	12～80	

长度系列为 5，6，8，10，12，(14)，16，20，25，30，35，40，45，50，(55)，60，(65)，70，(75)，80（括号内的规格尽量不用）。

表 B-3-3　开槽沉头螺钉（GB/T 68—2000）　　（单位：mm）

螺纹规格	d_{kmax}	k_{max}	$n_{公称}$	t_{min}	l	b
M4	8.4	2.7	1.2	1	6～40	$l \leqslant 45$ 时，制出全螺纹 $l > 45$ 时，$b_{min} = 38$
M5	9.3	2.7	1.2	1.1	8～50	
M6	11.3	3.3	1.6	1.2	8～60	
M8	15.8	4.65	2	1.8	10～80	
M10	18.3	5	2.5	2	12～80	

长度系列为 5，6，8，10，12，(14)，16，20，25，30，35，40，45，50，(55)，60，(65)，70，(75)，80（括号内的规格尽量不用）。

4. 紧定螺钉

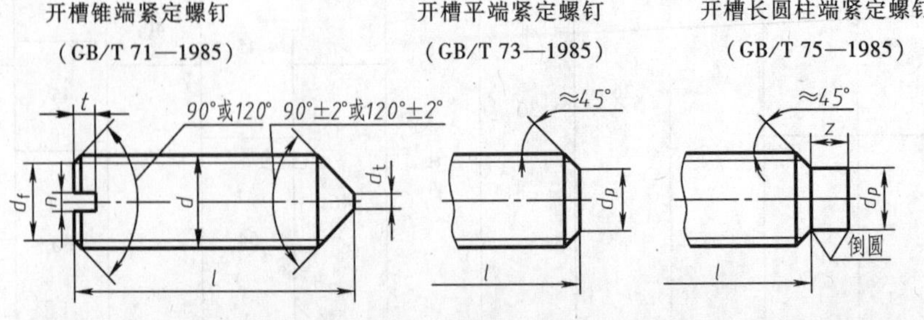

标记示例

螺钉 GB/T 75 M5×12：螺纹规格 d = M5，公称长度 l = 12mm，性能等级为 14H 级，表面氧化的开槽长圆柱端紧定螺钉。

表 B-4 开槽紧定螺钉 （单位：mm）

螺纹规格 d		M1.2	M1.6	M2	M2.5	M3	M4	M5	M6	M8	M10	M12
P		0.25	0.35	0.4	0.45	0.5	0.7	0.8	1	1.25	1.5	1.75
d_f ≈		螺纹小径										
d_t	min	—	—	—	—	—	—	—	—	—	—	—
	max	0.12	0.16	0.2	0.25	0.3	0.4	0.5	1.5	2	2.5	3
d_p	min	0.35	0.55	0.75	1.25	1.75	2.25	3.2	3.7	5.2	6.64	8.14
	max	0.6	0.8	1	1.5	2	2.5	3.5	4	5.5	7	8.5
n	公称	0.2	0.25	0.25	0.4	0.4	0.6	0.8	1	1.2	1.6	2
	min	0.26	0.31	0.31	0.46	0.46	0.66	0.86	1.06	1.26	1.66	2.06
	max	0.4	0.45	0.45	0.6	0.6	0.8	1	1.2	1.51	1.91	2.31①
t	min	0.4	0.56	0.64	0.72	0.8	1.12	1.28	1.6	2	2.4	2.8
	max	0.52	0.74	0.84	0.95	1.05	1.42	1.63	2	2.5	3	3.6
z	min	—	0.8	1	1.2	1.5	2	2.5	3	4	5	6
	max	—	1.05	1.25	1.25	1.75	2.25	2.75	3.25	4.3	5.3	6.3
GB/T 71—1985	l(公称长度)	2~6	2~8	3~10	3~12	4~16	6~20	8~25	8~30	10~40	12~50	14~60
	l(短螺钉)	2	2~2.5	2~2.5	2~3	2~3	2~4	2~5	2~6	2~8	2~10	2~12
GB/T 73—1985	l(公称长度)	2~6	2~8	2~10	2.5~12	3~16	4~20	5~25	6~30	8~40	10~50	12~60
	l(短螺钉)	—	2	2~2.5	2~3	2~3	2~4	2~5	2~6	2~6	2~8	2~10
GB/T 75—1985	l(公称长度)	—	2.5~8	3~10	4~12	5~16	6~20	8~25	8~30	10~40	12~50	14~60
	l(短螺钉)	—	2~2.5	2~3	2~4	2~5	2~6	2~8	2~10	2~14	2~16	2~20
l(系列)		2,2.5,3,4,5,6,8,10,12,(14),16,20,25,30,35,40,45,50,(55),60										

①在 GB/T 73—1985 中，此值为 2.8。

5. 螺母

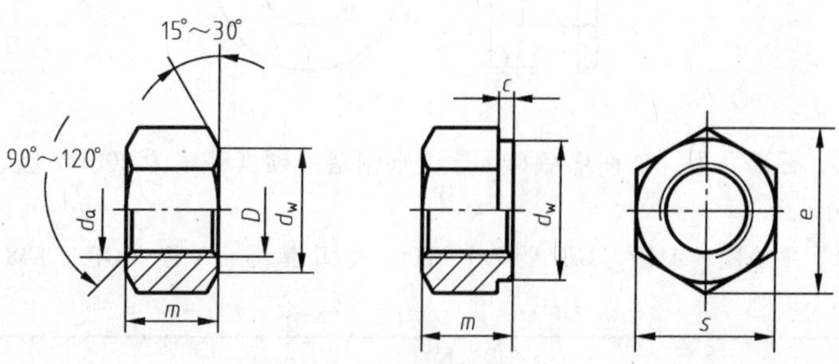

标记示例

螺母 GB/T 6170 M12：螺纹规格 D = M12，性能等级为 8 级，不经表面处理，产品等级为 A 级的 1 型六角螺母。

表 B-5　1型六角螺母　A级和B级（GB/T 6170—2000）　　（单位：mm）

	螺纹规格 D	$S_{公称}$	e_{min}	m_{max}	d_{wmin}	c_{max}
优选的螺纹规格	M1.6	3.2	3.41	1.3	2.4	0.2
	M2	4	4.32	1.6	3.1	0.2
	M2.5	5	5.45	2	4.1	0.3
	M3	5.5	6.01	2.4	4.6	0.4
	M4	7	7.66	3.2	5.9	0.4
	M5	8	8.79	4.7	6.9	0.5
	M6	10	11.05	5.2	8.9	0.5
	M8	13	14.38	6.8	11.6	0.6
	M10	16	17.77	8.4	14.6	0.6
	M12	18	20.03	10.8	16.6	0.6
	M16	24	26.75	14.8	22.5	0.8
	M20	30	32.95	18	27.7	0.8
	M24	36	39.55	21.5	33.3	0.8
	M30	46	50.85	25.6	42.8	0.8
	M36	55	60.79	31	51.1	0.8
	M42	65	71.3	34	60	1
	M48	75	82.6	38	69.5	1
	M56	85	93.56	45	78.7	1
	M64	95	104.86	51	88.2	1
非优选的螺纹规格	M3.5	6	6.58	2.8	5	0.4
	M14	21	23.36	12.8	19.6	0.6
	M18	27	29.56	15.8	24.9	0.8
	M22	34	37.29	19.4	31.4	0.8
	M27	41	45.2	23.8	38	0.8
	M33	50	55.37	28.7	46.6	0.8
	M39	60	66.44	33.4	55.9	1
	M45	70	76.95	36	64.7	1
	M52	80	88.25	42	74.2	1
	M60	90	99.21	48	83.4	1

注：A级用于 $D\leqslant16$mm；B级用于 $D>16$mm 的螺母。

6. 垫圈

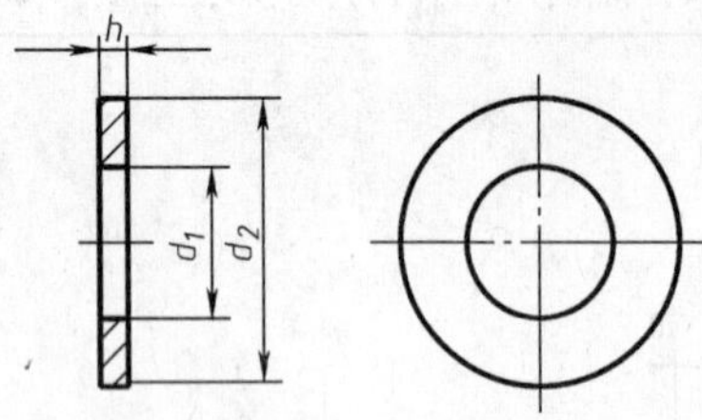

标记示例

垫圈 GB/T 97.1 8：标准系列、公称规格 8mm，由钢制造的硬度等级为 200HV 级、不经表面处理、产品等级为 A 级的平垫圈。

表 B-6-1　平垫圈　A级（GB/T 97.1—2002）、**小垫圈　A级**（GB/T 848—2002）

（单位：mm）

公称规格（螺纹大径 d）		优选尺寸												非优选尺寸				
		3	4	5	6	8	10	12	16	20	24	30	36	14	18	22	27	33
平垫圈	d_1	3.2	4.3	5.3	6.4	8.4	10.5	13	17	21	25	31	37	15	19	23	28	34
	d_2	7	9	10	12	16	20	24	30	37	44	56	66	28	34	39	50	60
	h	0.5	0.8	1	1.6	1.6	2	2.5	3	3	4	4	5	2.5	3	3	4	5

（续）

公称规格（螺纹大径 d）		优选尺寸												非优选尺寸				
		3	4	5	6	8	10	12	16	20	24	30	36	14	18	22	27	33
小垫圈	d_1	3.2	4.3	5.3	6.4	8.4	10.5	13	17	21	25	31	37	15	19	23	28	34
	d_2	6	8	9	11	15	18	20	28	34	39	50	60	24	30	37	44	56
	h	0.5	0.5	1	1.6	1.6	1.6	2	2.5	3	4	4	5	2.5	3	3	4	5

注：平垫圈适用于六角头螺栓、螺钉和六角螺母，小垫圈适用于圆柱头螺钉；硬度等级均为200HV和300HV级。

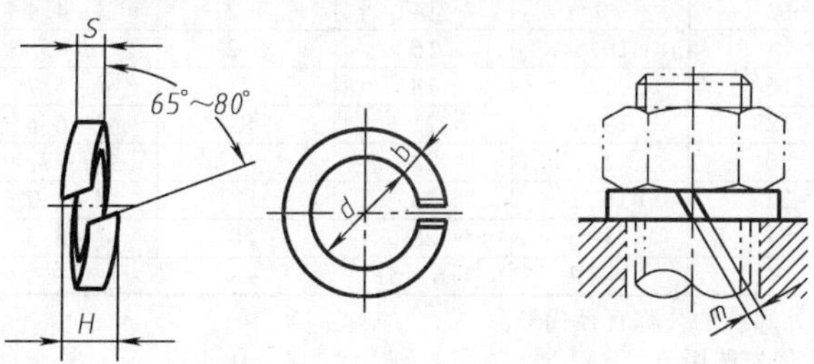

标记示例

垫圈 GB/T 93 16：规格16mm，材料为65Mn，表面氧化的标准型弹簧垫圈。

表 B-6-2　标准型弹簧垫圈（GB/T 93—1987）　（单位：mm）

公称尺寸	4	5	6	8	10	12	(14)	16	(18)	20	(22)	24	(27)	30	36	42	48
$d_{1\min}$	4.1	5.1	6.1	8.1	10.2	12.2	14.2	16.2	18.2	20.2	22.5	24.5	27.5	30.5	36.5	42.5	48.5
$s(b)$	1.1	1.3	1.6	2.1	2.6	3.1	3.6	4.1	4.5	5	5.5	6	6.8	7.5	9	10.5	12
$m\leqslant$	0.55	0.65	0.8	1.05	1.3	1.55	1.8	2.05	2.25	2.5	2.75	3	3.4	3.75	4.5	5.25	6
$H_{\min}$	2.2	2.6	3.2	4.2	5.2	6.2	7.2	8.2	9	10	11	12	13.6	15	18	21	24

注：括号内尺寸尽量不用。

附录 C　螺纹联接结构

1. 普通螺纹收尾、肩距、退刀槽和倒角

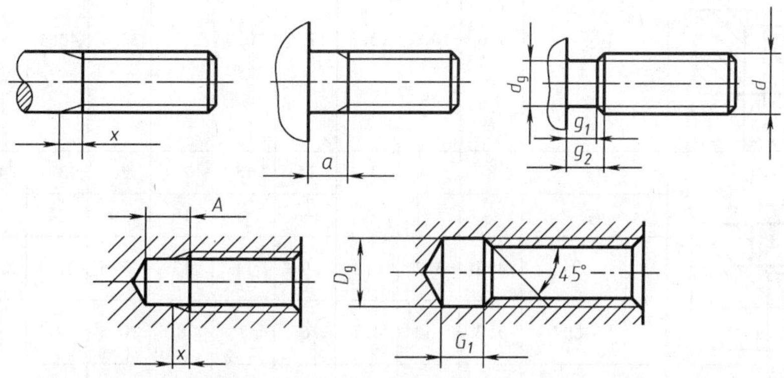

表 C-1　普通螺纹收尾、肩距、退刀槽和倒角的尺寸（GB/T 3—1997）（单位：mm）

螺距	收尾 x(max)		肩距		退刀槽			
P	外螺纹	内螺纹	外螺纹($a_{\max}$)	内螺纹($A_{\max}$)	$g_{1\min}$	d_g	G_1	D_g
0.5	1.25	2	1.5	3	0.8	$d-0.8$	2	$D+0.3$
0.6	1.5	2.4	1.8	3.2	0.9	$d-1$	2.4	
0.7	1.75	2.8	2.1	3.5	1.1	$d-1$	2.8	
0.75	1.9	3	2.25	3.8	1.2	$d-1.2$	3	
0.8	2	3.2	2.4	4	1.3	$d-1.3$	3.2	
1	2.5	4	3	5	1.6	$d-1.6$	4	

（续）

螺距	收尾 x(max)		肩距		退刀槽			
P	外螺纹	内螺纹	外螺纹(α_{max})	内螺纹(A_{max})	g_{1min}	d_g	G_1	D_g
1.25	3.2	5	4	6	2	$d-2$	5	$D+0.5$
1.5	3.8	6	4.5	7	2.5	$d-2.3$	6	
1.75	4.3	7	5.3	9	0.3	$d-2.6$	7	
2	5	8	6	10	3.4	$d-3$	8	
2.5	6.3	10	7.5	12	4.4	$d-3.6$	10	
3	7.5	12	9	14	5.2	$d-4.4$	12	
3.5	9	14	10.5	16	6.2	$d-5$	14	
4	10	16	12	18	7	$d-5.7$	16	
4.5	11	18	13.5	21	8	$d-6.4$	18	
5	12.5	20	15	23	9	$d-7$	20	
5.5	14	22	16.5	25	11	$d-7.7$	22	
6	15	24	18	28	11	$d-8.3$	24	
参考值	≈2.5P	=4P	≈3P	≈6～5P	—	—	=4P	—

注：1. D 和 d 分别为内、外螺纹的公称直径代号。
2. 收尾和肩距的值为优先选用值。
3. 外螺纹始端端面的倒角一般为45°，也可取60°或30°；倒角深度应大于或等于螺纹牙型高度。内螺纹入口端面的倒角一般为120°，也可取90°；端面倒角直径为（1.05～1）D。

2. 通孔与沉孔

螺栓和螺钉用通孔（GB/T 5277—1985）　沉头螺钉用沉孔（GB/T 152.2—1988）

圆柱头螺钉用沉孔（GB/T 152.3—1988）　六角头螺栓和六角螺母用沉孔（GB/T 152.4—1988）

表 C-2　通孔与深孔尺寸　（单位：mm）

螺纹规格			M4	M5	M6	M8	M10	M12	M16	M20	M24	M30	M36
螺栓和螺钉用通孔	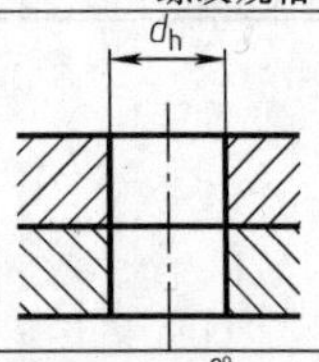 d_h	精装配	4.3	5.3	6.4	8.4	10.5	13	17	21	25	31	37
		中等装配	4.5	5.5	6.6	9	11	13.5	17.5	22	26	33	39
		粗装配	4.8	5.8	7	10	12	14.5	18.5	24	28	35	42
沉头螺钉用沉孔（$90^{\circ}{}^{-2^{\circ}}_{-4^{\circ}}$）	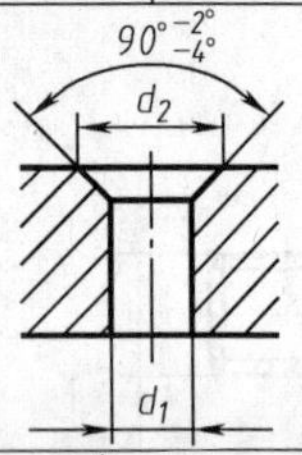 d_2		9.6	10.6	12.8	17.6	20.3	24.4	32.4	40.4	—	—	—
圆柱头螺钉用沉孔	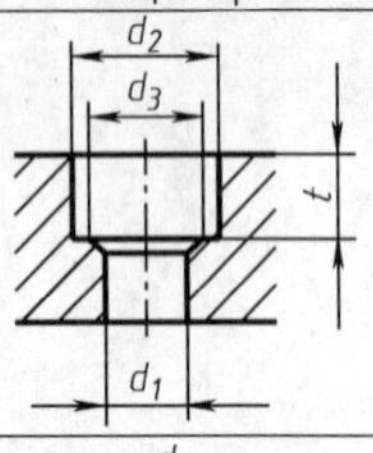 d_2		8	10	11	15	18	20	26	33	40	48	57
	d_3		—	—	—	—	—	16	20	24	28	36	42
	t	①	4.6	5.7	6.8	9	11	13	17.5	21.5	25.5	32	38
		②	3.2	4	4.7	6	7	8	10.5	—	—	—	—
六角头螺栓和六角螺母用沉孔	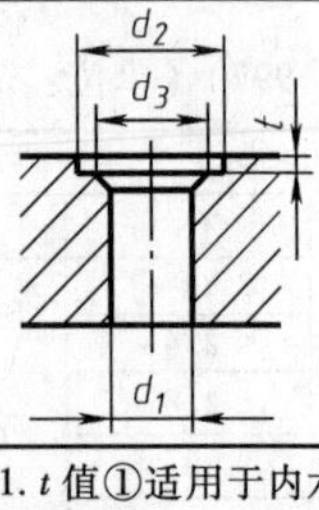 d_2		10	11	13	18	22	26	33	40	48	61	71
	d_3		—	—	—	—	—	16	20	24	28	36	42

注：1. t 值①适用于内六角圆柱头螺钉；t 值②适用于开槽圆柱头螺钉和内六角花形圆柱头螺钉。
2. 图中 d_1 的尺寸均按中等装配的通孔确定。
3. 对于六角头螺栓和六角螺母用沉孔中的尺寸 t，只要能制出与通孔轴线垂直的圆平面即可。

附录D　键　与　销

1. 平键

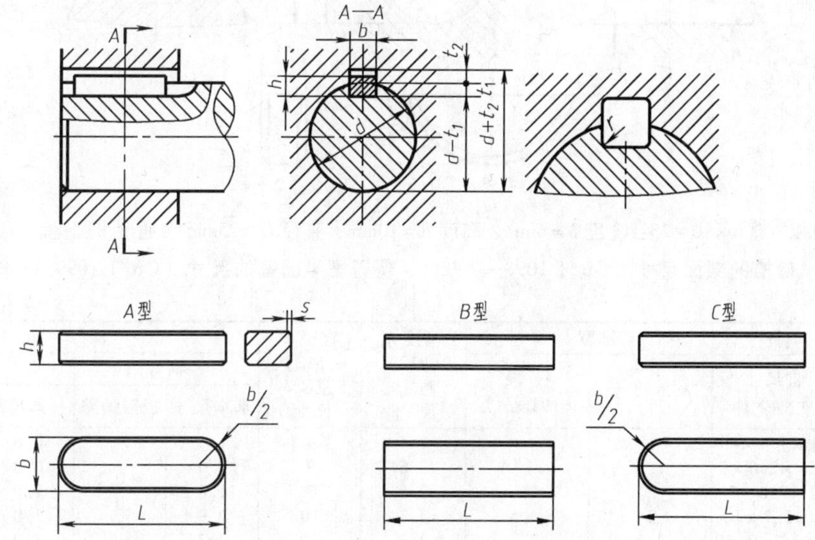

标记示例

GB/T 1096　键 16×10×100：宽度 $b=16$mm、高度 $h=10$mm、长度 $L=100$mm 普通 A 型平键。

GB/T 1096　键 B 16×10×100：宽度 $b=16$mm、高度 $h=10$mm、长度 $L=100$mm 普通 B 型平键。

GB/T 1096　键 C 16×10×100：宽度 $b=16$mm、高度 $h=10$mm、长度 $L=100$mm 普通 C 型平键。

表 D-1　键槽的剖面尺寸（GB/T 1095—2003）、普通平键的型式尺寸（GB/T 1096—2003）

（单位：mm）

键				深度			
轴径 d	键尺寸 $b\times h$	基本尺寸		轴 t_1		毂 t_2	
		b(h8)	L(h14)	基本尺寸	极限偏差	基本尺寸	极限偏差
自 6~8	2×2	2	6~20	1.2	+0.1 0	1.0	+0.1 0
>8~10	3×3	3	6~36	1.8		1.4	
>10~12	4×4	4	8~45	2.5		1.8	
>12~17	5×5	5	10~56	3.0		2.3	
>17~22	6×6	6	14~70	3.5		2.8	
>22~30	8×7	8	18~90	4.0	+0.2 0	3.3	+0.2 0
>30~38	10×8	10	22~110	5.0		3.3	
>38~44	12×8	12	28~140	5.0		3.3	
>44~50	14×9	14	36~160	5.5		3.8	
>50~58	16×10	16	45~180	6.0		4.3	
>58~65	18×11	18	50~200	7.0		4.4	
>65~75	20×12	20	56~220	7.5		4.9	
>75~85	22×14	22	63~250	9.0		5.4	

L系列：6,8,10,12,14,16,18,20,22,25,28,32,36,40,45,50,56,63,70,80,90,100,110,125,140,160,180,200,220,250,280,320,360,400,450,500。

2. 半圆键

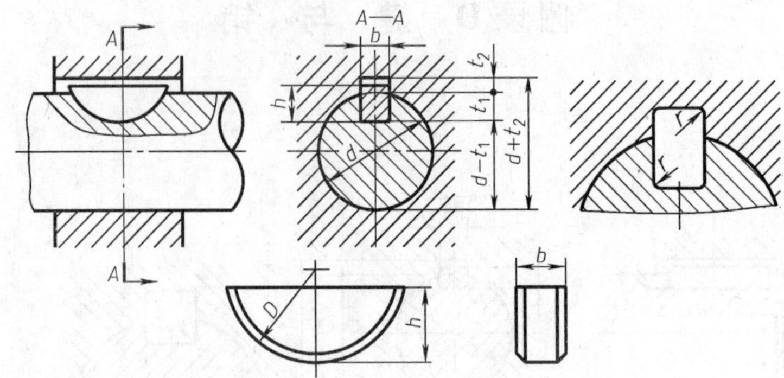

标记示例

GB/T 1099.1　键 6×10×25：宽度 $b=6$mm、高度 $h=10$mm、直径 $D=25$mm 普通型半圆键。

表 D-2　键槽的剖面尺寸（GB/T 1098—2003）、普通型半圆键的尺寸（GB/T 1099.1—2003）

（单位：mm）

轴	键	键宽 b		高度 h	直径 D	深　度			
轴直径 d 传递扭矩用	键尺寸 $b\times h\times D$	基本尺寸	极限偏差	(h12) 基本尺寸	(h12) 基本尺寸	轴 t_1 基本尺寸	轴 t_1 极限偏差	毂 t_2 基本尺寸	毂 t_2 极限偏差
自 3～4	1×1.4×4	1		1.4	4	1.0		0.6	
>4～5	1.5×2.6×7	1.5		2.6	7	2.0		0.8	
>5～6	2×2.6×7	2		2.6	7	1.8	+0.1 0	1.0	
>6～7	2×3.7×10	2		3.7	10	2.9		1.0	
>7～8	2.5×3.7×10	2.5		3.7	10	2.7		1.2	
>8～10	3×5×13	3		5	13	3.8		1.4	+0.1 0
>10～12	3×6.5×16	3		6.5	16	5.3		1.4	
>12～14	4×6.5×16	4		6.5	16	5.0	+0.2 0	1.8	
>14～16	4×7.5×19	4	0 −0.025	7.5	19	6.0		1.8	
>16～18	5×6.5×16	5		6.5	16	4.5		2.3	
>18～20	5×7.5×19	5		7.5	19	5.5		2.3	
>20～22	5×9×22	5		9	22	7.0		2.3	
>22～25	6×9×22	6		9	22	6.5		2.8	
>25～28	6×10×25	6		10	25	7.5	+0.3 0	2.8	
>28～32	8×11×28	8		11	28	8.0		3.3	+0.2 0
>32～38	10×13×32	10		13	32	10		3.3	

3. 销

圆柱销　不淬硬钢和奥氏体不锈钢（GB/T 119.1—2000）

圆柱销　淬硬钢和马氏体不锈钢（GB/T 119.2—2000）

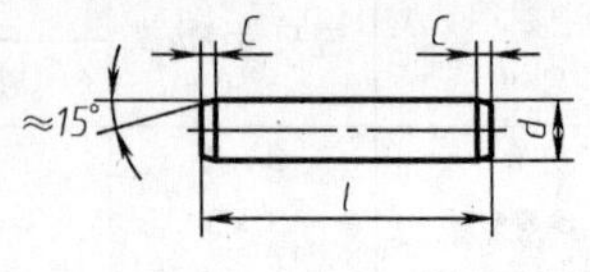

标记示例

销　GB/T 119.1　6m6×30：公称直径 $d=6$mm，公差为 m6，公称长度 $l=30$mm，材料为钢，不经淬火、不经表面处理的圆柱销。

销　GB/T 119.2　6×30：公称直径 $d=6$mm，公差为 m6，公称长度 $l=30$mm，材料为钢，普通淬火（A 型）、表面氧化处理的圆柱销。

表 D-3-1　圆柱销　（单位：mm）

d		1	1.5	2	2.5	3	4	5	6	8	10	12	16	20
C		0.2	0.3	0.35	0.4	0.5	0.63	0.8	1.2	1.6	2	2.5	3	3.5
l	GB/T 119.1	4～10	4～16	6～20	6～24	8～30	8～40	10～50	12～60	14～80	18～95	22～140	26～180	35～200
	GB/T 119.2	3～10	4～16	5～20	6～24	8～30	10～40	12～50	14～60	18～80	22～100	26～100	40～100	50～100

注：1. 长度系列：2，3，4，5，6，8，10，12，14，16，18，20，22，24，26，28，30，32，35，40，45，50，55，60，65，70，75，80，85，90，95，100。公称长度大于 100mm，按 20mm 递增。

2. GB/T 119.1 规定的圆柱销，公差为 m6 和 h8；GB/T 119.2 规定的圆柱销，公差为 m6，其他公差由供需双方协议。

圆锥销（GB/T 117—2000）

A 型（磨削）：锥面表面粗糙度 $Ra = 0.8\mu m$

B 型（切削或冷镦）：锥面表面粗糙度 $Ra = 3.2\mu m$

$$r_2 \approx a/2 + d + (0.021)^2/(8a)$$

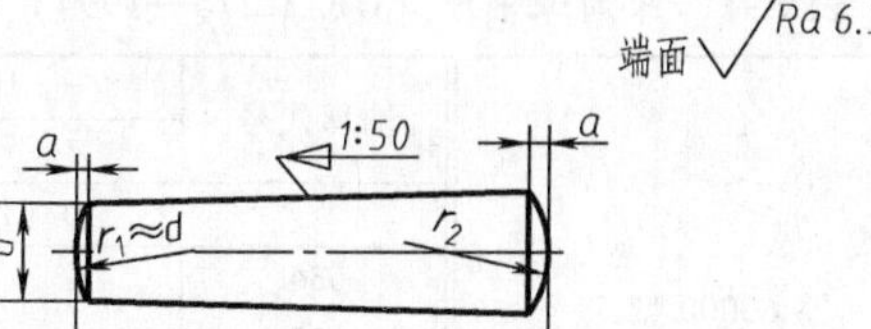

标记示例

销　GB/T 117　6×30：公称直径 d = 6mm，公称长度 l = 30mm，材料为 35 钢，热处理硬度 28～38HRC，表面氧化处理的 A 型圆柱销。

表 D-3-2　圆锥销　（单位：mm）

$d(h10)$	1	1.5	2	2.5	3	4	5	6	8	10	12	16	20
$a \approx$	0.12	0.2	0.25	0.3	0.4	0.5	0.63	0.8	1	1.2	1.6	2	2.5
l	6～16	8～24	10～35	10～35	12～45	14～55	18～60	22～90	22～120	26～160	32～180	40～200	45～200

注：1. 长度系列：6，8，10，12，14，16，18，20，22，24，26，28，30，32，35，40，45，50，55，60，65，70，75，80，85，90，95，100，120，140，160，180，200。公称长度大于 200mm，按 20mm 递增。

2. 其他公差，如 a11、c11 和 f8，由供需双方协议。

开口销（GB/T 91—2000）

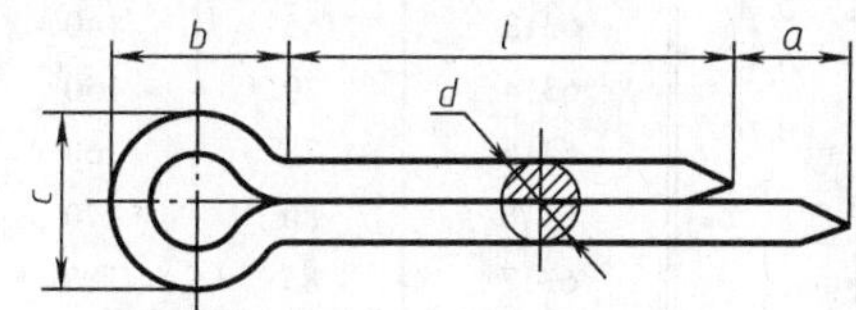

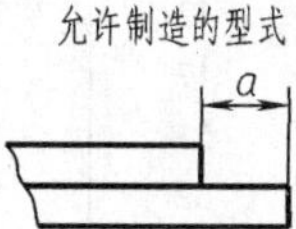

标记示例

销 GB/T 91　5×50：公称规格为 5mm，公称长度 l = 50mm，材料为 Q215 或 Q235，不经表面处理的开口销。

表 D-3-3　开口销　（单位：mm）

公称规格（销孔直径）	d_{max}	c_{max}	$b \approx$	a_{max}	l
0.6	0.5	1.0	2	1.6	4～12
0.8	0.7	1.4	2.4	1.6	5～16
1	0.9	1.8	3	1.6	6～20
1.2	1.0	2.0	3	2.5	8～25
1.6	1.4	2.8	3.2	2.5	8～32
2	1.8	3.6	4	2.5	10～40
2.5	2.3	4.6	5	2.5	12～50
3.2	2.9	5.8	6.4	3.2	14～63
4	3.7	7.4	8	4	18～80
5	4.6	9.2	10	4	22～100
6.3	5.9	11.8	12.6	4	32～125
8	7.5	15	16	4	40～160
10	9.5	19	20	6.3	45～200
13	12.4	24.8	26	6.3	71～250
16	15.4	30.8	32	6.3	112～280
20	19.3	38.5	40	6.3	160～280

注：1. 长度系列：4，5，6，8，10，12，14，16，18，20，22，25，28，32，36，40，45，50，56，63，71，80，90，100，112，125，140，160，180，200，224，250，280。

2. 根据供需双方协议，允许采用公称规格为 3、6 和 12mm 的开口销。

附录E 滚动轴承

1. 深沟球轴承

表 E-1 深沟球轴承（GB/T 276—1994）

60000 型
（旧 0000 型）

轴承代号	外形尺寸 mm			
	d	D	B	r
10（旧特轻（1））系列				
606	6	17	6	0.3
607	7	19	6	0.3
608	8	22	7	0.3
609	9	24	7	0.3
6000	10	26	8	0.3
6001	12	28	8	0.3
6002	15	32	9	0.3
6003	17	35	10	0.3
6004	20	42	12	0.6
6005	25	47	12	0.6
6006	30	55	13	1
6007	35	62	14	1
6008	40	68	15	1
6009	45	75	16	1
6010	50	80	16	1
6011	55	90	18	1.1
6012	60	95	18	1.1
02（旧轻（2）窄）系列				
623	3	10	4	0.15
624	4	13	5	0.2
625	5	16	5	0.3
626	6	19	6	0.3
627	7	22	7	0.3
628	8	24	8	0.3
629	9	26	8	0.3
6200	10	30	9	0.6
6201	12	32	10	0.6
6202	15	35	11	0.6
6203	17	40	12	0.6
6204	20	47	14	1
6205	25	52	15	1
6206	30	62	16	1
6207	35	72	17	1.1
6208	40	80	18	1.1
6209	45	85	19	1.1
6210	50	90	20	1.1
6211	55	100	21	1.5
6212	60	110	22	1.5

轴承代号	外形尺寸 mm			
	d	D	B	r
03（旧中（3）窄）系列				
634	4	16	5	0.3
635	5	19	6	0.3
6300	10	35	11	0.6
6301	12	37	12	1
6302	15	42	13	1
6303	17	47	14	1
6304	20	52	15	1.1
6305	25	62	17	1.1
6306	30	72	19	1.1
6307	35	80	21	1.5
6308	40	90	23	1.5
6309	45	100	25	1.5
6310	50	110	27	2
6311	55	120	29	2
6312	60	130	31	2.1
6313	65	140	33	2.1
6314	70	150	35	2.1
6315	75	160	37	2.1
6316	80	170	39	2.1
6317	85	180	41	3
6318	90	190	43	3
04（旧重（4）窄）系列				
6403	17	62	17	1.1
6404	20	72	19	1.1
6405	25	80	21	1.5
6406	30	90	23	1.5
6407	35	100	25	1.5
6408	40	110	27	2
6409	45	120	29	2
6410	50	130	31	2.1
6411	55	140	33	2.1
6412	60	150	35	2.1
6413	65	160	37	2.1
6414	70	180	42	3
6415	75	190	45	3
6416	80	200	48	3
6417	85	210	52	4
6418	90	225	54	4
6420	100	250	58	4
6422	110	280	65	4

2. 圆锥滚子轴承

表 E-2　圆锥滚子轴承（GB/T 297—1994）

30000 型
（旧 7000 型）

轴承代号	外形尺寸 mm							
	d	D	T	B	r_1 r_2	C	r_3 r_4	E
20（旧特轻（1）宽）系列，$\alpha=14°10'\sim17°$								
32006	30	55	17	17	1	13	1	44.438
32007	35	62	18	18	1	14	1	50.510
32008	40	68	19	19	1	14.5	1	56.897
32009	45	75	20	20	1	15.5	1	63.248
32010	50	80	20	20	1	15.5	1	67.841
32011	55	90	23	23	1.5	17.5	1.5	76.505
32012	60	95	23	23	1.5	17.5	1.5	80.634
32013	65	100	23	23	1.5	17.5	1.5	85.567
32014	70	110	25	25	1.5	19	1.5	93.633
32015	75	115	25	25	1.5	19	1.5	98.358
02（旧轻（2）窄）系列，$\alpha=12°57'10''\sim16°10'20''$								
30202	15	35	11.75	11	0.6	10	0.6	—
30203	17	40	13.25	12	1	11	1	31.408
30204	20	47	15.25	14	1	12	1	37.304
30205	25	52	16.25	15	1	13	1	41.135
30206	30	62	17.25	16	1	14	1	49.990
30207	35	72	18.25	17	1.5	15	1.5	58.844
30208	40	80	19.75	18	1.5	16	115	65.730
30209	45	85	20.75	19	1.5	16	1.5	70.440
30210	50	90	21.75	20	1.5	17	1.5	75.078
30211	55	100	22.75	21	2	18	1.5	84.197
30212	60	110	23.75	22	2	19	1.5	91.876
30213	65	120	24.75	23	2	20	1.5	101.934
30214	70	125	26.25	24	2	21	1.5	105.748
30215	75	130	27.25	25	2	22	1.5	110.408
22（旧特宽（5））系列，$\alpha=12°28'\sim16°10'20''$								
32204	20	47	19.25	18	1	15	1	35.810
32205	25	52	19.25	18	1	16	1	41.331
32206	30	62	21.25	20	1	17	1	48.982
32207	35	72	24.25	23	1.5	19	1.5	57.087
32208	40	80	24.75	23	1.5	19	1.5	64.715
32209	45	85	24.75	23	1.5	19	1.5	69.610
32210	50	90	24.75	23	1.5	19	1.5	74.226
32211	55	100	26.75	25	2	21	1.5	82.837
32212	60	110	29.75	28	2	24	1.5	90.236
32213	65	120	32.75	31	2	27	1.5	99.484
32214	70	125	33.25	31	2	27	1.5	103.765
32215	75	130	33.25	31	2	27	1.5	108.932
03（旧中（3）窄）系列，$\alpha=10°45'29''\sim12°57'10''$								
30302	15	42	14.25	13	1	11	1	33.272
30303	17	47	15.25	14	1	12	1	37.420
30304	20	52	16.25	15	1.5	13	1.5	41.318
30305	25	62	18.25	17	1.5	15	1.5	50.637
30306	30	72	20.75	19	1.5	16	1.5	58.287
30307	35	80	22.75	21	2	18	1.5	65.769
30308	40	90	25.25	23	2	20	1.5	72.703
30309	45	100	27.25	25	2	22	1.5	81.780
30310	50	110	29.25	27	2.5	23	2	90.633
30311	55	120	31.5	29	2.5	25	2	99.146
30312	60	130	33.5	31	3	26	2.5	107.769
30313	65	140	36	33	3	28	2.5	116.846
30314	70	150	38	35	3	30	2.5	125.244
30315	75	160	40	37	3	31	2.5	134.097
23（旧中宽（6））系列，$\alpha=10°45'29''\sim12°57'10''$								
32303	17	47	20.25	19	1	16	1	36.090
32304	20	52	22.25	21	1.5	18	1.5	39.518
32305	25	62	25.25	24	1.5	20	1.5	48.637
32306	30	72	28.75	27	1.5	23	1.5	55.767
32307	35	80	32.75	31	2	25	1.5	62.829
32308	40	90	35.25	33	2	27	1.5	69.253
32309	45	100	38.25	36	2	30	1.5	78.330
32310	50	110	42.25	40	2.5	33	2	86.260
32311	55	120	45.5	43	2.5	35	2	94.316
32312	60	130	48.5	46	3	37	2.5	102.939

附录 F 其他标准

1. 密封件

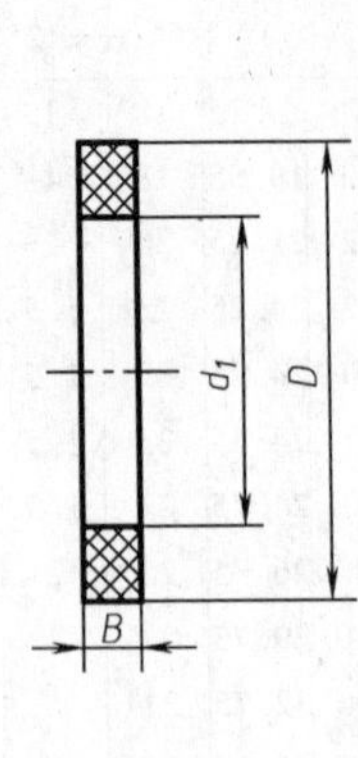

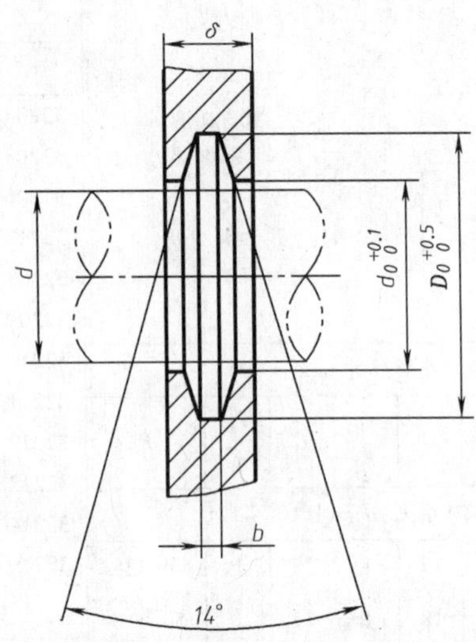

表 F-1 毡圈油封型式和尺寸（JB/ZQ 4604—1986）

			15	20	25	30	35	40	45	50	55	60	65	70	75	80	85	90	95	100
轴径	d		15	20	25	30	35	40	45	50	55	60	65	70	75	80	85	90	95	100
毡圈	D		29	33	39	45	49	53	61	69	74	80	84	90	94	102	107	112	117	122
	d_r		14	19	24	29	34	39	44	49	53	58	63	68	73	78	83	88	93	98
	B		6		7				8							9			10	
槽	D_0		28	32	38	44	48	52	60	68	72	78	82	88	92	100	105	110	115	120
	d_0		16	21	26	31	36	41	46	51	56	61	66	71	77	82	87	92	97	102
	b		5		6				7							8				
	δ_{min}	钢	10		12											15				
		铸铁	12		15											18				

注：本标准适用于线速度小于 5m/s 时，作为防尘、封油之用的毡圈油封。

2. 砂轮越程槽

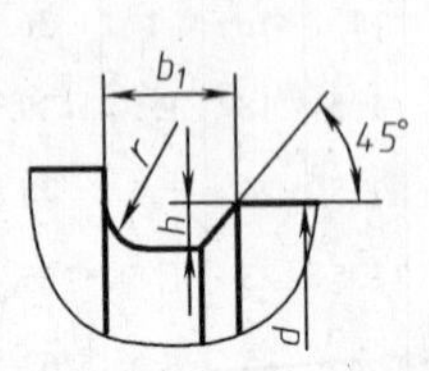

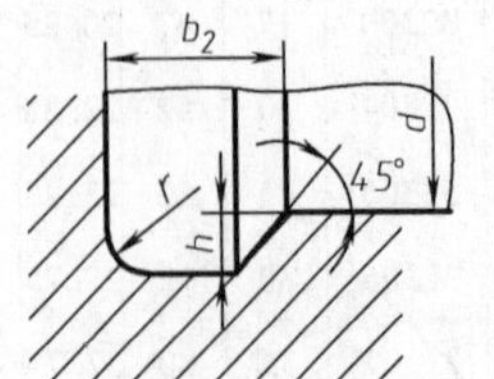

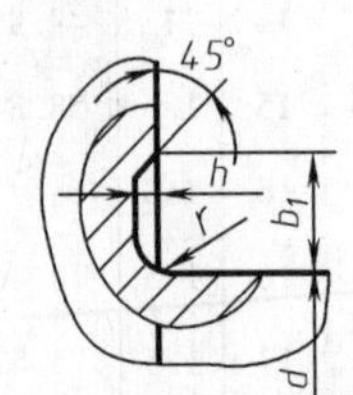

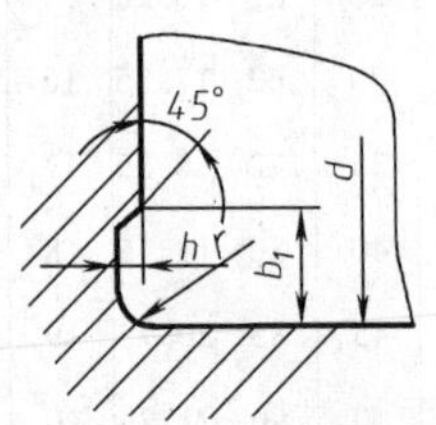

表 F-2 砂轮越程槽（GB/T 6403. 5—2008）

b_1	0.6	1.0	1.6	2.0	3.0	4.0	5.0	8.0	10
b_2	2.0	3.0		4.0		5.0		8.0	10
h	0.1	0.2		0.3	0.4		0.6	0.8	1.2
r	0.2	0.5		0.8	1.0		1.6	2.0	3.0
d	~10			10~50		50~100		100	

3. 倒角与倒圆

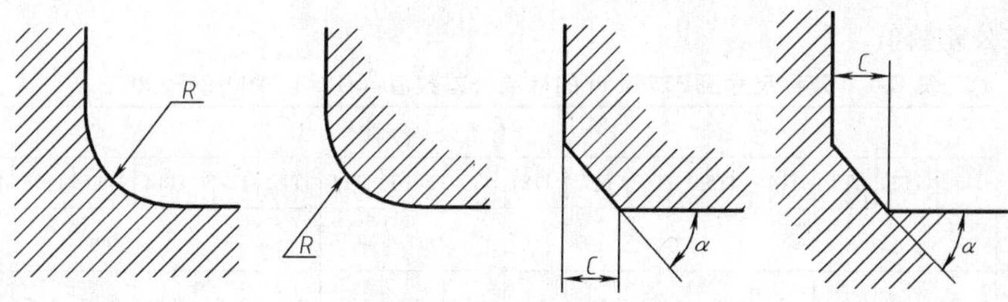

表 F-3　与直径 ϕ 相应的倒角 C、倒圆 R 的推荐值（GB/T 6403.4—2008）

ϕ	<3	>3~6	>6~10	>10~18	>18~30	>30~50	>50~80	>80~120	>120~180
C 或 R	0.2	0.4	0.6	0.8	1.0	1.6	2.0	2.5	3.0

4. 常用的金属材料

表 F-4　常用的金属材料

名称	牌号	应用举例	说　明
碳素结构钢	Q235A	吊钩、拉杆、车钩、套圈、汽缸、齿轮、螺钉、螺母、连杆、轮轴、楔、盖及焊接件	其牌号由代表屈服强度的字母(Q)、屈服强度值、质量等级符号(A、B、C、D)表示
优质碳素结构钢	15	常用低碳渗碳钢，用作小轴、小模数齿轮、仿形样板、滚子、销子、摩擦片、套筒、螺钉、螺柱、拉杆、垫圈、起重钩、焊接容器等	优质碳素结构钢牌号数字表示平均含碳量(以万分之几计)，锰的质量分数较高的钢须在数字之后标“Mn” 碳的质量分数≤0.25%的碳钢是低碳钢(渗碳钢)的质量分数 碳的质量分数在0.25%~0.60%之间的碳钢是中碳钢(调质钢) 碳的质量分数大于0.60%的碳钢是高碳钢
	45	用于制造齿轮、齿条、连接杆、蜗杆、销子、选平机叶轮、压缩机和泵的活塞等，可代替渗碳钢作齿轮、曲轴、活塞销等，但须表面淬火处理	
	65Mn	适于制造弹簧、弹簧垫圈、弹簧环，也可用作机床主轴、弹簧卡头、机床丝杆、铁道钢轨等	
灰铸铁	HT150	用于制造端盖、齿轮泵体、轴承座、阀壳、管子及管路附件、手轮、一般机床底座、床身、滑座、工作台等	“HT”为“灰铁”二字汉语拼音的第一个字母，数字表示抗拉强度 如 HT150 表示灰铸铁的抗拉强度为 150MPa
	HT200	用于制造汽缸、齿轮箱体、刀架、机体、飞轮、齿条、衬筒、一般机床铸有导轨的床身及中等压力(8MPa 以下)的油缸、液压泵和阀的壳体等	
一般工程用铸钢	ZG270-500	用途广泛，可用作轧钢机机架、轴承座、连杆、箱体、曲拐、缸体等	“ZG”为“铸钢”二字汉语拼音的第一个字母，后面的第一组数字代表屈服强度值，第二组数字代表抗拉强度值
锡青铜	ZCuSn5Pb5Zn5	在较高负荷、中等滑动速度下工作的耐磨、耐腐蚀零件，如轴瓦、衬套、缸套、活塞、离合器、泵体压盖以及蜗轮等	铸造非铁合金牌号的第一个字母“Z”为“铸”字汉语拼音第一个字母。基本金属元素符号及合金化元素符号，按其元素名义含量的递减次序排列在“Z”的后面。含量相等时，按元素符号在周期表中的顺序排列

附录G　极限与配合

1. 标准公差数值

表G-1　公称尺寸至3150mm的标准公差数值（GB/T 1800.2—2009）

公称尺寸/mm		标准公差等级																	
		IT1	IT2	IT3	IT4	IT5	IT6	IT7	IT8	IT9	IT10	IT11	IT12	IT13	IT14	IT15	IT16	IT17	IT18
大于	至	μm											mm						
—	3	0.8	1.2	2	3	4	6	10	14	25	40	60	0.1	0.14	0.25	0.4	0.6	1	1.4
3	6	1	1.5	2.5	4	5	8	12	18	30	48	75	0.12	0.18	0.3	0.48	0.75	1.2	1.8
6	10	1	1.5	2.5	4	6	9	15	22	36	58	90	0.15	0.22	0.36	0.58	0.9	1.5	2.2
10	18	1.2	2	3	5	8	11	18	27	43	70	110	0.18	0.27	0.43	0.7	1.1	1.8	2.7
18	30	1.5	2.5	4	6	9	13	21	33	52	84	130	0.21	0.33	0.52	0.84	1.3	2.1	3.3
30	50	1.5	2.5	4	7	11	16	25	39	62	100	160	0.25	0.39	0.62	1	1.6	2.5	3.9
50	80	2	3	5	8	13	19	30	46	74	120	190	0.3	0.46	0.74	1.2	1.9	3	4.6
80	120	2.5	4	6	10	15	22	35	54	87	140	220	0.35	0.54	0.87	1.4	2.2	3.5	5.4
120	180	3.5	5	8	12	18	25	40	63	100	160	250	0.4	0.63	1	1.6	2.5	4	6.3
180	250	4.5	7	10	14	20	29	46	72	115	185	290	0.46	0.72	1.15	1.85	2.9	4.6	7.2
250	315	6	8	12	16	23	32	52	81	130	210	320	0.52	0.81	1.3	2.1	3.2	5.2	8.1
315	400	7	9	13	18	25	36	57	89	140	230	360	0.57	0.89	1.4	2.3	3.6	5.7	8.9
400	500	8	10	15	20	27	40	63	97	155	250	400	0.63	0.97	1.55	2.5	4	6.3	9.7
500	630	9	11	16	22	32	44	70	110	175	280	440	0.7	1.1	1.75	2.8	4.4	7	11
630	800	10	13	18	25	36	50	80	125	200	320	500	0.8	1.25	2	3.2	5	8	12.5
800	1000	11	15	21	28	40	56	90	140	230	360	560	0.9	1.4	2.3	3.6	5.6	9	14
1000	1250	13	18	24	33	47	66	105	165	260	420	660	1.05	1.65	2.6	4.2	6.6	10.5	16.5
1250	1600	15	21	29	39	55	78	125	195	310	500	780	1.25	1.95	3.1	5	7.8	12.5	19.5
1600	2000	18	25	35	46	65	92	150	230	370	600	920	1.5	2.3	3.7	6	9.2	15	23
2000	2500	22	30	41	55	78	110	175	280	440	700	1100	1.75	2.8	4.4	7	11	17.5	28
2500	3150	26	36	50	68	96	135	210	330	540	860	1350	2.1	3.3	5.4	8.6	13.5	21	33

注：1. 公称尺寸大于500mm的IT1～IT5的标准公差数值为试行的。

2. 公称尺寸小于或等于1mm时，无IT14～IT18。

2. 轴的基本偏差数值

表 G-2　轴的基本偏差数值（GB/T 1800.1—2009）

（单位：μm）

公称尺寸/mm		基本偏差数值(上极限偏差 es)											
		所有标准公差等级											
大于	至	a	b	c	cd	d	e	ef	f	fg	g	h	js
—	3	-270	-140	-60	-34	-20	-14	-10	-6	-4	-2	0	偏差 = $\pm\frac{IT_n}{2}$，式中 IT_n 是 IT 值数
3	6	-270	-140	-70	-46	-30	-20	-14	-10	-6	-4	0	
6	10	-280	-150	-80	-56	-40	-25	-18	-13	-8	-5	0	
10	14	-290	-150	-95		-50	-32		-16		-6	0	
14	18												
18	24	-300	-160	-110		-65	-40		-20		-7	0	
24	30												
30	40	-310	-170	-120		-80	-50		-25		-9	0	
40	50	-320	-180	-130									
50	65	-340	-190	-140		-100	-60		-30		-10	0	
65	80	-360	-200	-150									
80	100	-380	-220	-170		-120	-72		-36		-12	0	
100	120	-410	-240	-180									
120	140	-460	-260	-200		-145	-85		-43		-14	0	
140	160	-520	-280	-210									
160	180	-580	-310	-230									
180	200	-660	-340	-240		-170	-100		-50		-15	0	
200	225	-740	-380	-260									
225	250	-820	-420	-280									
250	280	-920	-480	-300		-190	-110		-56		-17	0	
280	315	-1050	-540	-330									
315	355	-1200	-600	-360		-210	-125		-62		-18	0	
355	400	-1350	-680	-400									
400	450	-1500	-760	-440		-230	-135		-68		-20	0	
450	500	-1650	-840	-480									
500	560					-260	-145		-76		-22	0	
560	630												
630	710					-290	-160		-80		-24	0	
710	800												
800	900					-320	-170		-86		-26	0	
900	1000												
1000	1120					-350	-195		-98		-28	0	
1120	1250												
1250	1400					-390	-220		-110		-30	0	
1400	1600												
1600	1800					-430	-240		-120		-32	0	
1800	2000												
2000	2240					-480	-260		-130		-34	0	
2240	2500												
2500	2800					-520	-290		-145		-38	0	
2800	3150												

（续）

公称尺寸/mm		基本偏差数值（下极限偏差 ei）																		
		IT5 和 IT6	IT7	IT8	IT4 ~ IT7	≤IT3 >IT7	所有标准公差等级													
大于	至	j			k		m	n	p	r	s	t	u	v	x	y	z	za	zb	zc
—	3	−2	−4	−6	0	0	+2	+4	+6	+10	+14		+18		+20		+26	+32	+40	+60
3	6	−2	−4		+1	0	+4	+8	+12	+15	+19		+23		+28		+35	+42	+50	+80
6	10	−2	−5		+1	0	+6	+10	+15	+19	+23		+28		+34		+42	+52	+67	+97
10	14	−3	−6		+1	0	+7	+12	+18	+23	+28		+33		+40		+50	+64	+90	+130
14	18													+39	+45		+60	+77	+108	+150
18	24	−4	−8		+2	0	+8	+15	+22	+28	+35		+41	+47	+54	+63	+73	+98	+136	+188
24	30											+41	+48	+55	+64	+75	+88	+118	+160	+218
30	40	−5	−10		+2	0	+9	+17	+26	+34	+43	+48	+60	+68	+80	+94	+112	+148	+200	+274
40	50											+54	+70	+81	+97	+114	+136	+180	+242	+325
50	65	−7	−12		+2	0	+11	+20	+32	+41	+53	+66	+87	+102	+122	+144	+172	+226	+300	+405
65	80									+43	+59	+75	+102	+120	+146	+174	+210	+274	+360	+480
80	100	−9	−15		+3	0	+13	+23	+37	+51	+71	+91	+124	+146	+178	+214	+258	+335	+445	+585
100	120									+54	+79	+104	+144	+172	+210	+254	+310	+400	+525	+690
120	140	−11	−18		+3	0	+15	+27	+43	+63	+92	+122	+170	+202	+248	+300	+365	+470	+620	+800
140	160									+65	+100	+134	+190	+228	+280	+340	+415	+535	+700	+900
160	180									+68	+108	+146	+210	+252	+310	+380	+465	+600	+780	+1000
180	200	−13	−21		+4	0	+17	+31	+50	+77	+122	+166	+236	+284	+350	+425	+520	+670	+880	+1150
200	225									+80	+130	+180	+258	+310	+385	+470	+575	+740	+960	+1250
225	250									+84	+140	+196	+284	+340	+425	+520	+640	+820	+1050	+1350
250	280	−16	−26		+4	0	+20	+34	+56	+94	+158	+218	+315	+385	+475	+580	+710	+920	+1200	+1550
280	315									+98	+170	+240	+350	+425	+525	+650	+790	+1000	+1300	+1700
315	355	−18	−28		+4	0	+21	+37	+62	+108	+190	+268	+390	+475	+590	+730	+900	+1150	+1500	+1900
355	400									+114	+208	+294	+435	+530	+660	+820	+1000	+1300	+1650	+2100
400	450	−20	−32		+5	0	+23	+40	+68	+126	+232	+330	+490	+595	+740	+920	+1100	+1450	+1850	+2400
450	500									+132	+252	+360	+540	+660	+820	+1000	+1250	+1600	+2100	+2600
500	560				0	0	+26	+44	+78	+150	+280	+400	+600							
560	630									+155	+310	+450	+660							
630	710				0	0	+30	+50	+88	+175	+340	+500	+740							
710	800									+185	+380	+560	+840							
800	900				0	0	+34	+56	+100	+210	+430	+620	+940							
900	1000									+220	+470	+680	+1050							
1000	1120				0	0	+40	+66	+120	+250	+520	+780	+1150							
1120	1250									+260	+580	+840	+1300							
1250	1400				0	0	+48	+78	+140	+300	+640	+960	+1450							
1400	1600									+330	+720	+1050	+1600							
1600	1800				0	0	+58	+92	+170	+370	+820	+1200	+1850							
1800	2000									+400	+920	+1350	+2000							
2000	2240				0	0	+68	+110	+195	+440	+1000	+1500	+2300							
2240	2500									+460	+1100	+1650	+2500							
2500	2800				0	0	+76	+135	+240	+550	+1250	+1900	+2900							
2800	3150									+580	+1400	+2100	+3200							

注：公称尺寸小于或等于 1mm 时，基本偏差 a 和 b 均不采用。公差带 js7 ~ js11，若 IT_n 值数是奇数，则取偏差 = $\pm\frac{IT_n-1}{2}$。

（续）

公称尺寸/mm		基本偏差数值																					
		下极限偏差 EI												上极限偏差 ES									
		所有标准公差等级												IT6	IT7	IT8	≤IT8	>IT8	≤IT8	>IT8	≤IT8	>IT8	≤IT7
大于	至	A	B	C	CD	D	E	EF	F	FG	G	H	JS	J			K		M		N		P 至 ZC
—	3	+270	+140	+60	+34	+20	+14	+10	+6	+4	+2	0	偏差 = ±$\frac{IT_n}{2}$，式中 IT_n 是 IT 值数	+2	+4	+6	0	0	−2	−2	−4	−4	在大于 IT7 的相应数值上增加一个 Δ 值
3	6	+270	+140	+70	+46	+30	+20	+14	+10	+6	+4	0		+5	+6	+10	−1+Δ		−4+Δ	−4	−8+Δ	0	
6	10	+280	+150	+80	+56	+40	+25	+18	+13	+8	+5	0		+5	+8	+12	−1+Δ		−6+Δ	−6	−10+Δ	0	
10	14	+290	+150	+95		+50	+32		+16		+6	0		+6	+10	+15	−1+Δ		−7+Δ	−7	−12+Δ	0	
14	18																						
18	24	+300	+160	+110		+65	+40		+20		+7	0		+8	+12	+20	−2+Δ		−8+Δ	−8	−15+Δ	0	
24	30																						
30	40	+310	+170	+120		+80	+50		+25		+9	0		+10	+14	+24	−2+Δ		−9+Δ	−9	−17+Δ	0	
40	50	+320	+180	+130																			
50	65	+340	+190	+140		+100	+60		+30		+10	0		+13	+18	+28	−2+Δ		−11+Δ	−11	−20+Δ	0	
65	80	+360	+200	+150																			
80	100	+380	+220	+170		+120	+72		+36		+12	0		+16	+22	+34	−3+Δ		−13+Δ	−13	−23+Δ	0	
100	120	+410	+240	+180																			
120	140	+460	+260	+200		+145	+85		+43		+14	0		+18	+26	+41	−3+Δ		−15+Δ	−15	−27+Δ	0	
140	160	+520	+280	+210																			
160	180	+580	+310	+230																			
180	200	+660	+340	+240		+170	+100		+50		+15	0		+22	+30	+47	−4+Δ		−17+Δ	−17	−31+Δ	0	
200	225	+740	+380	+260																			
225	250	+820	+420	+280																			
250	280	+920	+480	+300		+190	+110		+56		+17	0		+25	+36	+55	−4+Δ		−20+Δ	−20	−34+Δ	0	
280	315	+1050	+540	+330																			
315	355	+1200	+600	+360		+210	+125		+62		+18	0		+29	+39	+60	−4+Δ		−21+Δ	−21	−37+Δ	0	
355	400	+1350	+680	+400																			
400	450	+1500	+760	+440		+230	+135		+68		+20	0		+33	+43	+66	−5+Δ		−23+Δ	−23	−40+Δ	0	
450	500	+1650	+840	+480																			
500	560					+260	+145		+76		+22	0					0		−26		−44		
560	630																						
630	710					+290	+160		+80		+24	0					0		−30		−50		
710	800																						
800	900					+320	+170		+86		+26	0					0		−34		−56		
900	1000																						
1000	1120					+350	+195		+98		+28	0					0		−40		−66		
1120	1250																						
1250	1400					+390	+220		+110		+30	0					0		−48		−78		
1400	1600																						
1600	1800					+430	+240		+120		+32	0					0		−58		−92		
1800	2000																						
2000	2240					+480	+260		+130		+34	0					0		−68		−110		
2240	2500																						
2500	2800					+520	+290		+145		+38	0					0		−76		−135		
2800	3150																						

（续）

公称尺寸/mm		基本偏差数值												Δ 值					
		上极限偏差 ES																	
		标准公差等级大于 IT7												标准公差等级					
大于	至	P	R	S	T	U	V	X	Y	Z	ZA	ZB	ZC	IT3	IT4	IT5	IT6	IT7	IT8
—	3	-6	-10	-14		-18		-20		-26	-32	-40	-60	0	0	0	0	0	0
3	6	-12	-15	-19		-23		-28		-35	-42	-50	-80	1	1.5	1	3	4	6
6	10	-15	-19	-23		-28		-34		-42	-52	-67	-97	1	1.5	2	3	6	7
10	14	-18	-23	-28		-33		-40		-50	-64	-90	-130	1	2	3	3	7	9
14	18						-39	-45		-60	-77	-108	-150						
18	24	-22	-28	-35		-41	-47	-54	-63	-73	-98	-136	-188	1.5	2	3	4	8	12
24	30				-41	-48	-55	-64	-75	-88	-118	-160	-218						
30	40	-26	-34	-43	-48	-60	-68	-80	-94	-112	-148	-200	-274	1.5	3	4	5	9	14
40	50				-54	-70	-81	-97	-114	-136	-180	-242	-325						
50	65	-32	-41	-53	-66	-87	-102	-122	-144	-172	-226	-300	-405	2	3	5	6	11	16
65	80		-43	-59	-75	-102	-120	-146	-174	-210	-274	-360	-480						
80	100	-37	-51	-71	-91	-124	-146	-178	-214	-258	-335	-445	-585	2	4	5	7	13	19
100	120		-54	-79	-104	-144	-172	-210	-254	-310	-400	-525	-690						
120	140	-43	-63	-92	-122	-170	-202	-248	-300	-365	-470	-620	-800	3	4	6	7	15	23
140	160		-65	-100	-134	-190	-228	-280	-340	-415	-535	-700	-900						
160	180		-68	-108	-146	-210	-252	-310	-380	-465	-600	-780	-1000						
180	200	-50	-77	-122	-166	-236	-284	-350	-425	-520	-670	-880	-1150	3	4	6	9	17	26
200	225		-80	-130	-180	-258	-310	-385	-470	-575	-740	-960	-1250						
225	250		-84	-140	-196	-284	-340	-425	-520	-640	-820	-1050	-1350						
250	280	-56	-94	-158	-218	-315	-385	-475	-580	-710	-920	-1200	-1550	4	4	7	9	20	29
280	315		-98	-170	-240	-350	-425	-525	-650	-790	-1000	-1300	-1700						
315	355	-62	-108	-190	-268	-390	-475	-590	-730	-900	-1150	-1500	-1900	4	5	7	11	21	32
355	400		-114	-208	-294	-435	-530	-660	-820	-1000	-1300	-1650	-2100						
400	450	-68	-126	-232	-330	-490	-595	-740	-920	-1100	-1450	-1850	-2400	5	5	7	13	23	34
450	500		-132	-252	-360	-540	-660	-820	-1000	-1250	-1600	-2100	-2600						
500	560	-78	-150	-280	-400	-600													
560	630		-155	-310	-450	-660													
630	710	-88	-175	-340	-500	-740													
710	800		-185	-380	-560	-840													
800	900	-100	-210	-430	-620	-940													
900	1000		-220	-470	-680	-1050													
1000	1120	-120	-250	-520	-780	-1150													
1120	1250		-260	-580	-840	-1300													
1250	1400	-140	-300	-640	-960	-1450													
1400	1600		-330	-720	-1050	-1600													
1600	1800	-170	-370	-820	-1200	-1850													
1800	2000		-400	-920	-1350	-2000													
2000	2240	-195	-440	-1000	-1500	-2300													
2240	2500		-460	-1100	-1650	-2500													
2500	2800	-240	-550	-1250	-1900	-2900													
2800	3150		-580	-1400	-2100	-3200													

注：1. 公称尺寸小于或等于 1mm 时，基本偏差 A 和 B 及大于 IT8 的 N 均不采用。公差带 JS7 ~ JS11，若 IT_n 值数是奇数，则取偏差 = $\pm\frac{IT_{n-1}}{2}$。

2. 对小于或等于 IT8 的 K、M、N 和小于或等于 IT7 的 P 至 ZC，所需 Δ 值从表内右侧选取。例如：18 ~ 30mm 段的 K7，Δ = 8μm，所以 ES = (-2 + 8)μm = +6μm；18mm ~ 30mm 段的 S6，Δ = 4μm，所以 ES = (-35 + 4)μm = -31μm。特殊情况：250 ~ 315mm 段的 M6；ES = -9μm（代替 -11μm）。

3. 常用孔的优先公差带极限偏差

表 G-3 常用孔的优先公差带极限偏差（GB/T 1800.2—2009） （单位：μm）

公称尺寸/mm		公差带									
		C	D	F	G	H					
大于	至	11	9	8	7	5	6	7	8	9	10
—	3	+120 +60	+45 +20	+20 +6	+12 +2	+4 0	+6 0	+10 0	+14 0	+25 0	+40 0
3	6	+115 +70	+60 +30	+28 +10	+16 +4	+5 0	+8 0	+12 0	+18 0	+30 0	+48 0
6	10	+170 +80	+76 +40	+35 +13	+20 +5	+6 0	+9 0	+15 0	+22 0	+36 0	+58 0
10	14	+205 +95	+93 +50	+43 +16	+24 +6	+8 0	+11 0	+18 0	+27 0	+43 0	+70 0
14	18										
18	24	+240 +110	+117 +65	+53 +20	+28 +7	+9 0	+13 0	+21 0	+33 0	+52 0	+84 0
24	30										
30	40	+280 +120	+142 +80	+64 +25	+34 +9	+11 0	+16 0	+25 0	+39 0	+62 0	+100 0
40	50	+290 +130									
50	65	+330 +140	+174 +100	+76 +30	+40 +10	+13 0	+19 0	+30 0	+46 0	+74 0	+120 0
65	80	+340 +150									
80	100	+390 +170	+207 +120	+90 +36	+47 +12	+15 0	+22 0	+35 0	+54 0	+87 0	+140 0
100	120	+400 +180									
120	140	+450 +200	+245 +145	+106 +43	+54 +14	+18 0	+25 0	+40 0	+63 0	+100 0	+160 0
140	160	+460 +210									
160	180	+480 +230									
180	200	+530 +240	+285 +170	+122 +50	+61 +15	+20 0	+29 0	+46 0	+72 0	+115 0	+185 0
200	225	+550 +260									
225	250	+570 +280									
250	280	+620 +300	+320 +190	+317 +56	+69 +17	+23 0	+32 0	+52 0	+81 0	+130 0	+210 0
280	315	+650 +330									
315	355	+720 +360	+350 +210	+151 +62	+75 +18	+25 0	+36 0	+57 0	+89 0	+140 0	+230 0
355	400	+760 +400									
400	450	+840 +440	+385 +230	+165 +68	+83 +20	+27 0	+40 0	+63 0	+97 0	+155 0	+250 0
450	500	+880 +480									

（续）

公称尺寸/mm		公差带							
		H			K	N	P	S	U
大于	至	11	12	13	7	9	7	7	7
—	3	+60 0	+100 0	+140 0	0 −10	−4 −29	−6 −16	−14 −24	−18 −28
3	6	+75 0	+120 0	+180 0	+3 −9	0 −30	−8 −20	−15 −27	−19 −31
6	10	+90 0	+150 0	+220 0	+5 −10	0 −36	−9 −24	−17 −32	−22 −37
10	14	+110 0	+180 0	+270 0	+6 −12	0 −43	−11 −29	−21 −39	−26 −44
14	18								
18	24	+130 0	+210 0	+330 0	+6 −15	0 −52	−14 −35	−27 −48	−33 −54
24	30								−40 −61
30	40	+160 0	+250 0	+390 0	+7 −18	0 −62	−17 −42	−34 −59	−51 −76
40	50								−61 −86
50	65	+190 0	+300 0	+460 0	+9 −21	0 −74	−21 −52	−42 −72	−76 −106
65	80							−48 −78	−91 −121
80	100	+220 0	+350 0	+540 0	+10 −25	0 −87	−24 −59	−59 −93	−111 −146
100	120							−66 −101	−131 −166
120	140	+250 0	+400 0	+630 0	+12 −28	0 −100	−28 −68	−77 −117	−155 −195
140	160							−85 −125	−175 −215
160	180							−93 −133	−195 −235
180	200	+290 0	+460 0	+720 0	+13 −33	0 −115	−33 −79	−105 −151	−219 −265
200	225							−113 −159	−241 −287
225	250							−123 −169	−267 −313
250	280	+320 0	+520 0	+810 0	+16 −36	0 −130	−36 −88	−138 −190	−295 −347
280	315							−150 −202	−330 −382
315	355	+360 0	+570 0	+890 0	+17 −40	0 −140	−41 −98	−169 −226	−369 −426
355	400							−187 −244	−414 −471
400	450	+400 0	+630 0	+970 0	+18 +45	0 −155	−45 −108	−209 −272	−467 −530
450	500							−229 −292	−517 −580

4. 常用轴的优先公差带极限偏差

表 G-4　常用轴的优先公差带极限偏差（GB/T 1800.2—2009）　（单位：μm）

公称尺寸/mm		公差带											
		e		f					g			h	
大于	至	8	9	5	6	7	8	9	5	6	7	5	6
—	3	-14 -28	-14 -39	-6 -10	-6 -12	-6 -16	-6 -20	-6 -31	-2 -6	-2 -8	-2 -12	0 -4	0 -6
3	6	-20 -38	-20 -50	-10 -15	-10 -18	-10 -22	-10 -28	-10 -40	-4 -9	-4 -12	-4 -16	0 -5	0 -8
6	10	-25 -47	-25 -61	-13 -19	-13 -22	-13 -28	-13 -25	-13 -49	-5 -11	-5 -14	-5 -20	0 -6	0 -9
10	14	-32 -59	-32 -75	-16 -24	-16 -27	-16 -34	-16 -43	-16 -59	-6 -14	-6 -17	-6 -24	0 -8	0 -11
14	18												
18	24	-40 -73	-40 -92	-20 -29	-20 -33	-20 -41	-20 -53	-20 -72	-7 -16	-7 -20	-7 -28	0 -9	0 -13
24	30												
30	40	-50 -89	-50 -112	-25 -36	-25 -41	-25 -50	-25 -64	-25 -87	-9 -20	-9 -25	-9 -34	0 -11	0 -16
40	50												
50	65	-60 -106	-60 -134	-30 -43	-30 -49	-30 -60	-30 -76	-30 -104	-10 -23	-10 -29	-10 -40	0 -13	0 -19
65	80												
80	100	-72 -126	-72 -159	-36 -51	-36 -58	-36 -71	-36 -90	-36 -123	-12 -27	-12 -34	-12 -47	0 -15	0 -22
100	120												
120	140	-85 -148	-85 -185	-43 -61	-43 -68	-43 -83	-43 -106	-43 -143	-14 -32	-14 -39	-14 -54	0 -18	0 -25
140	160												
160	180												
180	200	-100 -172	-100 -215	-50 -70	-50 -79	-50 -96	-50 -122	-50 -165	-15 -35	-15 -44	-15 -61	0 -20	0 -29
200	225												
225	250												
250	280	-110 -191	-110 -240	-56 -79	-56 -88	-56 -108	-56 -137	-56 -186	-17 -40	-17 -49	-17 -69	0 -23	0 -32
280	315												
315	355	-125 -214	-125 -265	-62 -87	-62 -98	-62 -119	-62 -151	-62 -202	-18 -43	-18 -54	-18 -75	0 -25	0 -36
355	400												
400	450	-135 -232	-135 -290	-68 -95	-68 -108	-68 -131	-68 -165	-68 -223	-20 -47	-20 -60	-20 -83	0 -27	0 -40
450	500												

（续）

公称尺寸/mm		公差带											
		h						js			k		
大于	至	7	8	9	10	11	12	5	6	7	5	6	7
—	3	0 -10	0 -14	0 -25	0 -40	0 -60	0 -100	±2	±3	±5	+4 0	+6 0	+10 0
3	6	0 -12	0 -18	0 -30	0 -48	0 -75	0 -120	±2.5	±4	±6	+6 +1	+9 +1	+13 +1
6	10	0 -15	0 -22	0 -36	0 -58	0 -90	0 -150	±3	±4.5	±7	+7 +1	+10 +1	+16 +1
10 14	14 18	0 -18	0 -27	0 -43	0 -70	0 -110	0 -180	±4	±5.5	±9	+9 +1	+12 +1	+19 +1
18 24	24 30	0 -21	0 -33	0 -52	0 -84	0 -130	0 -210	±4.5	±6.5	±10	+11 +2	+15 +2	+23 +2
30 40	40 50	0 -25	0 -39	0 -62	0 -100	0 -160	0 -250	±5.5	±8	±12	+13 +2	+18 +2	+27 +2
50 65	65 80	0 -30	0 -46	0 -74	0 -120	0 -190	0 -300	±6.5	±9.5	±15	+15 +2	+21 +2	+32 +2
80 100	100 120	0 -35	0 -54	0 -87	0 -140	0 -220	0 -350	±7.5	±11	±17	+18 +3	+25 +3	+38 +3
120 140 160	140 160 180	0 -40	0 -63	0 -100	0 -160	0 -250	0 -400	±9	±12.5	±20	+21 +3	+28 +3	+43 +3
180 200 225	200 225 250	0 -46	0 -72	0 -115	0 -185	0 -290	0 -460	±10	±14.5	±23	+24 +4	+33 +4	+50 +4
250 280	280 315	0 -52	0 -81	0 -130	0 -210	0 -320	0 -520	±11.5	±16	±26	+27 +4	+36 +4	+56 +4
315 355	355 400	0 -57	0 -89	0 -140	0 -230	0 -360	0 -570	±12.5	±18	±28	+29 +4	+40 +4	+61 +4
400 450	450 500	0 -63	0 -97	0 -155	0 -250	0 -400	0 -630	±13.5	±20	±31	+32 +5	+45 +5	+68 +5

5. 优先、常用配合

表 G-5-1　基孔制优先、常用配合（GB/T 1801—2009）

基准孔	轴																				
	a	b	c	d	e	f	g	h	js	k	m	n	p	r	s	t	u	v	x	y	z
	间隙配合								过渡配合			过盈配合									
H6						H6/f5	H6/g5	H6/h5	H6/js5	H6/k5	H6/m5	H6/n5	H6/p5	H6/r5	H6/s5	H6/t5					
H7						H7/f6	◤H7/g6	◤H7/h6	H7/js6	◤H7/k6	H7/m6	◤H7/n6	◤H7/p6	H7/r6	◤H7/s6	H7/t6	◤H7/u6	H7/v6	H7/x6	H7/y6	H7/z6
H8					H8/e7	◤H8/f7	H8/g7	◤H8/h7	H8/js7	H8/k7	H8/m7	H8/n7	H8/p7	H8/r7	H8/s7	H8/t7	H8/u7				
				H8/d8	H8/e8	H8/f8		H8/h8													
H9			H9/c9	◤H9/d9	H9/e9	H9/f9		◤H9/h9													
H10			H10/c10	H10/d10				H10/h10													
H11	H11/a11	H11/b11	◤H11/c11	H11/d11				◤H11/h11													
H12		H12/b12						H12/h12													

注：1. $\frac{H6}{n5}$、$\frac{H7}{p6}$在公称尺寸小于或等于 3mm 和$\frac{H8}{r7}$在公称尺寸小于或等于 100mm 时，为过渡配合。

2. 标注◤的配合为优先配合。

表 G-5-2　基轴制优先、常用配合（GB/T 1801—2009）

基准轴	孔																				
	A	B	C	D	E	F	G	H	JS	K	M	N	P	R	S	T	U	V	X	Y	Z
	间隙配合								过渡配合			过盈配合									
h5						F6/h5	G6/h5	H6/h5	JS6/h5	K6/h5	M6/h5	N6/h5	P6/h5	R6/h5	S6/h5	T6/h5					
h6						F7/h6	◤G7/h6	◤H7/h6	JS7/h6	◤K7/h6	M7/h6	◤N7/h6	◤P7/h6	R7/h6	◤S7/h6	T7/h6	◤U7/h6				
h7					E8/h7	◤F8/h7		◤H8/h7	JS8/h7	K8/h7	M8/h7	N8/h7									
h8				D8/h8	E8/h8	F8/h8		H8/h8													
h9				◤D9/h9	E9/h9	F9/h9		◤H9/h9													
h10				D10/h10				H10/h10													
h11	A11/h11	B11/h11	◤C11/h11	D11/h11				◤H11/h11													
h12		B12/h12						H12/h12													

注：标注◤的配合为优先配合。

参 考 文 献

[1] 柴富俊，等. 工程图学与专业绘图基础 [M]. 北京：国防工业出版社，2008.

[2] 陈经斗，等. 画法几何及机械制图 [M]. 天津：天津大学出版社，1997.

[3] 刘黎，等. 画法几何基础及机械制图 [M]. 北京：电子工业出版社，2006.

[4] 董培蓓. 工程图学简明教程 [M]. 天津：天津大学出版社，2010.

[5] 孙根正，王永平. 工程制图基础 [M]. 3 版. 北京：高等教育出版社，2010.

[6] 刘衍聪，等. 工程图学教程 [M]. 北京：高等教育出版社，2011.

[7] 陆国栋，张树有，谭建荣，等. 图学应用教程 [M]. 2 版. 北京：高等教育出版社，2010.

[8] 李丽. 现代工程制图 [M]. 2 版. 北京：高等教育出版社，2010.

[9] 王晓琴，宋玲. 工程制图与图学思维方法 [M]. 武汉：华中科技大学出版社，2009.

[10] Cecil Jensen, Jay. Helsel R. Short. 工程制图基础 [M]. 5 版. 窦忠强，改编. 北京：清华大学出版社，2009.

[11] CAD/CAM/CAE/技术联盟. AutoCAD 2012 中文版机械设计从入门到精通 [M]. 北京：清华大学出版社，2012.

[12] 胡腾，李增民. AutoCAD 2008 中文版 [M]. 北京：清华大学出版社，2007.

[13] 全国技术产品文件标准化技术委员会，中国标准出版社第三编辑室. 技术产品文件标准汇编 机械制图卷 [M]. 2 版. 北京：中国标准出版社，2009.

[14] 全国技术产品文件标准化技术委员会，中国标准出版社第三编辑室. 技术产品文件标准汇编 技术制图卷 [M]. 2 版. 北京：中国标准出版社，2009.

[15] 叶玉驹. 机械制图手册 [M]. 4 版. 北京：机械工业出版社，2008.

[16] 邱宣怀，等. 机械设计 [M]. 4 版. 北京：高等教育出版社，2007.

《工程图学与CAD基础教程》

穆浩志　主编

读者信息反馈表

尊敬的老师：

您好！感谢您多年来对机械工业出版社的支持和厚爱！为了进一步提高我社教材的出版质量，更好地为我国高等教育发展服务，欢迎您对我社的教材多提宝贵意见和建议。另外，如果您在教学中选用了本书，欢迎您对本书提出修改建议和意见。

机械工业出版社教育服务网网址：http：//www. cmpedu. com

一、基本信息

姓名：__________　性别：__________　职称：__________　职务：__________

邮编：__________　地址：______________________________

任教课程：______________________________

电话：______-______________（H）______________（O）

电子邮件：______________　手机：____________

二、您对本书的意见和建议

（欢迎您指出本书的疏误之处）

三、您对我们的其他意见和建议

请与我们联系：

100037　机械工业出版社·高等教育分社　舒恬　收

电话：010-8837 9217　　传真：010-6899 7455

电子邮箱：shutianCMP@ gmail. com